Springer-Lehrbuch

Springer
Berlin
Heidelberg
New York
Barcelona
Budapest
Hongkong
London
Mailand
Paris
Santa Clara
Singapur
Tokio

Wolfgang Domschke · Armin Scholl
Stefan Voß

Produktions-planung

Ablauforganisatorische Aspekte

Zweite, überarbeitete
und erweiterte Auflage

Mit 134 Abbildungen
und 48 Tabellen

Springer

Prof. Dr. Wolfgang Domschke
Technische Universität Darmstadt, Institut für Betriebswirtschaftslehre,
Fachgebiet Operations Research
Hochschulstraße 1, D-64289 Darmstadt

Dr. Armin Scholl
Technische Universität Darmstadt, Institut für Betriebswirtschaftslehre,
Fachgebiet Operations Research
Hochschulstraße 1, D-64289 Darmstadt

Prof. Dr. Stefan Voß
Technische Universität Braunschweig,
Institut für Wirtschaftswissenschaften,
Abteilung Allgemeine Betriebswirtschaftslehre,
Wirtschaftsinformatik und Informationsmanagement
Abt-Jerusalem-Straße 7, D-38106 Braunschweig

ISBN 3-540-63560-2 Springer-Verlag Berlin Heidelberg New York

ISBN 3-540-56585-X 1. Auflage, Springer-Verlag Berlin Heidelberg New York

Die Deutsche Bibliothek – CIP-Einheitsaufnahme
Domschke, Wolfgang: Produktionsplanung: ablauforganisatorische Aspekte / Wolfgang Domschke; Armin Scholl; Stefan Voß. – 2., überarb. und erw. Aufl. – Berlin; Heidelberg; New York; Barcelaona; Budapest; Hongkong; London; Mailand; Paris; Santa Clara; Singapur; Tokio: Springer, 1997
(Springer-Lehrbuch)
ISBN 3-540-63560-2

Printed in Germany

SPIN 10518754 43/2202-5 4 3 2 1 0 – Gedruckt auf säurefreiem Papier

Vorwort zur 2. Auflage

Mehrfacher Einsatz in Lehrveranstaltungen und die durchwegs bei Studierenden wie Kollegen sehr positive Aufnahme unserer Produktionsplanung erlauben es uns, nunmehr eine Neuauflage mit unverändert beibehaltener Grundkonzeption zu erstellen.

Seit der Erstauflage des Buches sind zu den behandelten Themengebieten zahlreiche Publikationen (oder sollte man sagen: eine Unzahl) erschienen. Dies gilt insbesondere für die Themenbereiche Losgrößen- und Maschinenbelegungsplanung (Kap. 3 und 5), wo wir uns im wesentlichen auf Hinweise zu neuerer Literatur sowie zu einigen erst in jüngster Zeit behandelten Fragestellungen beschränken. Dies gilt nicht in gleichem Maße für die Fließbandabstimmung (Kap. 4), wo in den letzten Jahren umfangreiche eigene Literatur entstanden ist, die entsprechenden Eingang in unsere Ausführungen gefunden hat.

Hinweise von Lesern haben wir dankend aufgenommen; stellvertretend sei Herr Prof. Dr. Andreas Drexl genannt, der zahlreiche Verbesserungsvorschläge gemacht hat. Ein herzlicher Dank für tatkräftige Unterstützung bei der Neuauflage gilt ferner den Damen Dipl.-Math. Gabriela Krispin, Dr. Gabriele Schneidereit, Uta Schott und Andrea Servaty sowie Herrn Dipl.-Wirtsch.-Inf. Robert Klein.

Darmstadt und Braunschweig, im Juli 1997 *Wolfgang Domschke, Armin Scholl, Stefan Voß*

Aus dem Vorwort zur 1. Auflage

Das Buch basiert auf einer an der Technischen Hochschule Darmstadt regelmäßig für Wirtschafts-Ingenieure, -Informatiker und -Mathematiker angebotenen Vorlesung, die sich mit ablauforganisatorischen Aspekten der Produktionsplanung beschäftigt. Zu diesem Themenbereich gehören im wesentlichen Fragen der Transport- und der innerbetrieblichen Standortplanung, der Lagerhaltung und der Losgrößenplanung, der Fließbandabstimmung, der Maschinenbelegungs- sowie der Projektplanung.

Da Modelle und Lösungsverfahren aus den Bereichen *Transport-, innerbetriebliche Standort-* und *Projektplanung* im Rahmen weiterer vertiefender Vorlesungen behandelt werden und dazu teilweise eigene Buchveröffentlichungen existieren, liegt der **Schwerpunkt** der oben genannten Vorlesung und des Buches auf den Themengebieten **Lagerhaltung/Losgrößenplanung, Fließbandabstimmung** und **Maschinenbelegungsplanung.**

Aufgrund unserer fachlichen Ausrichtung beschäftigen wir uns insbesondere mit der Entwicklung und Anwendung von *quantitativen Methoden* in den genannten Bereichen. Die vorliegende

Publikation soll unter diesem Aspekt einerseits ein *Lehrbuch* als Grundlage für Vorlesungen in den Bereichen Produktionswirtschaft, Operations Research sowie angrenzender Fachgebiete der Betriebswirtschaftslehre, der Ingenieurwissenschaften und der Mathematik und andererseits ein *Handbuch* für auf diesen Gebieten tätige Wissenschaftler und Praktiker darstellen.

Wir beginnen unsere Ausführungen mit einem einleitenden Kapitel zur Einordnung der oben genannten Fragestellungen der Produktionsplanung und der Ablauforganisation in den betriebswirtschaftlichen Kontext. Kapitel 2 vermittelt grundlegende Begriffe und Vorgehensweisen quantitativer Methoden.

In den Kapiteln 3 bis 5 werden die genannten Schwerpunkte ausführlich behandelt, wobei wir uns im wesentlichen auf *deterministische Fragestellungen* beschränken. Jedes Kapitel beginnt mit einer Klassifikation von in der Literatur behandelten Problemstellungen und Modellen. In den jeweils folgenden Unterkapiteln beschäftigen wir uns mit einer Auswahl der klassifizierten Probleme. Zunächst behandeln wir in der Regel einfache Grundmodelle, die einerseits in der Literatur ausführlich diskutiert werden und andererseits zur Darstellung wesentlicher Aspekte des betrachteten Gebietes gut geeignet sind. Danach folgen zumeist allgemeinere Modelle, die zwar weniger restriktiv und damit realitätsnäher sind, die aber hinsichtlich ihrer Darstellbarkeit und Lösbarkeit häufig deutlich größere Schwierigkeiten aufwerfen. Über die betrachteten Modelle hinaus geben wir eine Vielzahl von Hinweisen auf weitere Verallgemeinerungsmöglichkeiten. Dennoch waren wir aus Zeit- und Platzgründen nicht in der Lage, den gegenwärtigen Stand der Forschung auf den behandelten Gebieten vollständig zu dokumentieren. Wegen der immensen Anzahl von Publikationen können auch Monographien zu jedem einzelnen der Gebiete diesem Anspruch kaum gerecht werden.

Ein besonders herzlicher Dank gilt unserer Mitarbeiterin und Kollegin, Frau *Dipl.-Math. Birgit Schildt*. Über die gesamte Entstehungszeit hinweg hat Sie die Entwicklung des Buches mitverfolgt und uns durch zahlreiche Diskussionen, Ratschläge und Verbesserungsvorschläge unterstützt. Die Kollegen *Prof. Dr. Andreas Drexl*, *Prof. Dr. Klaus Neumann* und *Prof. Dr. Hartmut Stadtler* haben Teile des Manuskriptes aufmerksam gelesen, wir danken Ihnen für viele nützliche Hinweise. Beim Korrekturlesen und der letzten Überarbeitung des Manuskriptes haben uns v.a. Frau *Dipl.-Kfm. Anita Buchsbaum* sowie die Studentinnen *Barbara Eipel*, *Petra Gast*, *Ursula Holzapfel* und *Gabriela Krispin* tatkräftig unterstützt.

Für verbliebene inhaltliche und formale Mängel sind wir natürlich selbst verantwortlich. Da wir über Inhalt und Darstellung vieler Passagen bei wechselnden Mehrheiten mit 2:1 abgestimmt haben, kann jedoch gegebenenfalls jeder für sich behaupten, der Unterlegene (aber Schlauere) gewesen zu sein.

Den Herren *Dr. Werner Müller* und *Dr. Peter Schuster* danken wir für die Aufnahme des Buches in die Reihe der Springer-Lehrbücher.

Darmstadt, im Januar 1993 *Wolfgang Domschke*, *Armin Scholl*, *Stefan Voß*

Inhaltsverzeichnis

Symbolverzeichnis

Allgemein verwendete Symbole

$:=$	definitionsgemäß gleich (Wertzuweisung in Verfahren)
$\forall$, $\exists$	für alle, es gibt ein
$\mathbb{N}$, $\mathbb{Z}$, $\mathbb{R}$	Menge der natürlichen, ganzen, reellen Zahlen
$\mathbb{Z}_+$, $\mathbb{R}_+$	Menge der nichtnegativen ganzen, reellen Zahlen
ϕ	leere Menge
$>>$	sehr viel größer als
$\Rightarrow$, $<=>$	logische Implikation, logische Äquivalenz
$\wedge$, $\vee$	logisches und, logisches oder
∞	unendlich; wir definieren $\infty \pm p := \infty$ für $p \in \mathbb{R}$
$i \in I$, $i \notin I$	i ist Element der Menge I, i ist nicht Element der Menge I
$I \subseteq J$, $I \subset J$	I ist Teilmenge von J, I ist echte Teilmenge von J
$I \cup J$, $I \cap J$	Vereinigung der Mengen I und J, Durchschnitt der Mengen I und J
$I - J$, $I \times J$	Differenz bzw. kartesisches Produkt der Mengen I und J
$\min \{a_i \mid i=1,...,m\}$	Minimum aller $a_1, a_2, ..., a_m$
$\lvert a \rvert$, $\lvert I \rvert$	Absolutbetrag von a, Mächtigkeit der Menge I
$\lceil a \rceil$	obere Gaußklammer: kleinste ganze Zahl, die größer oder gleich a ist
$\lfloor a \rfloor$	untere Gaußklammer: größte ganze Zahl, die kleiner oder gleich a ist
$c_{ij} = c(i,j) = c[i,j]$	Kosten (Länge, Zeit etc.) auf Pfeil (i,j) bzw. auf Kante [i,j]
$E(X)$	Erwartungswert einer Zufallsvariablen X
$G = [V,E]$	ungerichteter Graph mit Knotenmenge V und Kantenmenge E
$G = (V,E)$	gerichteter Graph mit Knotenmenge V und Pfeilmenge E
GE	Geldeinheit
ggT, kgV	größter gemeinsamer Teiler, kleinstes gemeinsames Vielfaches
L	Liste
LB (LB_μ)	untere Schranke für den Zielfunktionswert (in Knoten P_μ)
LE	Längeneinheit
lim	Grenzwert
M	hinreichend große Zahl für fiktive Bewertungen
ME	Mengeneinheit
$\mathcal{N}(i)$, $\mathcal{N}_i$	Menge der unmittelbaren Nachfolger des Knotens i
$\mathcal{N}_i^m$	Menge der unmittelbaren und mittelbaren Nachfolger des Knotens i
o.B.d.A.	ohne Beschränkung der Allgemeinheit
P_μ	Teilproblem bei einem B&B-Verfahren
sgn(x)	$= -1$ für $x < 0$, $= 1$ für $x \geq 0$
UB (UB_μ)	obere Schranke für den Zielfunktionswert (in Knoten P_μ)
$\mathcal{V}(i)$, $\mathcal{V}_i$	Menge der unmittelbaren Vorgänger des Knotens i
$\mathcal{V}_i^m$	Menge der unmittelbaren und mittelbaren Vorgänger des Knotens i

Var(X)	Varianz einer Zufallsvariablen X
x	vorwiegend als Vektor von Variablen x_i, etwa $(x_1, x_2, \ldots, x_n)$
ZE	Zeiteinheit

Wichtige Bezeichnungen in Kapitel 3

a_{jk} (α_{jk})	Produktionskoeffizient: ME von Produkt j, die in 1 ME von $k \in \mathcal{N}_j$ $(\mathcal{N}_j^m)$ eingeht
$B_{t\tau}$	kumulierte Nachfrage in den Perioden t bis τ
b, b_j, b_{jt}	Bedarfsrate oder Absatzgeschwindigkeit (ME pro ZE)[1]
c_j, c_t	Lagerhaltungskosten (GE pro ME und ZE)
c_j^s	systemweite Lagerhaltungskosten des Produktes j
e_j	Einstandspreis des Produktes j
F	fixe Bestellkosten für eine Sammelbestellung
f, f_j, f_t	losfixe Kosten (GE pro Bestell- bzw. Rüstvorgang)
k_j	Kapazitätsbedarf des Produktes j
κ	verfügbare Kapazität
L_j, L_{jt}	systemweiter Lagerbestand
l_t, l_{jt}	Lagerbestand
μ_j	Nachfolger von Produkt j in einer konvergierenden Produktstruktur
n	Anzahl an Produkten j = 1,...,n
p, p_j	Produktions- oder Fertigungsgeschwindigkeit
π_j	Vielfaches eines Basiszyklus τ_B für Produkt j
$\pi_{ij} := \tau_i / \tau_j$	Losauflageverhältnis für die Zyklusdauern der Produkte i und j
q, q_j, q_{jt}	Losgröße bzw. Bestellmenge
q^*, q_j^*	optimale Losgröße bzw. Bestellmenge
q^e, q_j^e	Losgröße bzw. Bestellmenge gemäß EOQ-Formel
r_j	Rüstzeit für Produkt j
$\rho_j := b_j / p_j$	Belegungszeitanteil einer Maschine durch Produkt j (ohne Rüstvorgänge)
$\rho_j \cdot \tau_j$	Produktionsdauer des Produktes j pro Zyklus
S, s	Bestellgrenze, Bestellpunkt
$\sigma_j := \rho_j \cdot \tau_j + r_j$	Belegungszeit der Maschine durch Produkt j während eines Zyklus
T	Planungshorizont (Anzahl der Perioden t = 1,...,T im Planungszeitraum)
τ, τ_j	Zyklusdauer (in Kap. 3.1, 3.2 und 3.4); τ als Periodenindex (in Kap. 3.3)
τ^*, τ_j^*	optimale Zyklusdauer
τ^e, τ_j^e	Zyklusdauer gemäß EOQ-Formel
τ_B, τ_B^e	Basiszyklus, Basiszyklus gemäß EOQ-Formel
$w_j := c_j \cdot b_j / 2$	bzw. $w_j := b_j \cdot (1 - \rho_j) \cdot c_j / 2$
y_{jt}	binäre Zustandsvariable der Produktion bezüglich Produkt j in Periode t
z_t, z_{jt}	binäre Rüstvariable

1 Falls ein Index j angegeben ist, bezieht sich die Bezeichnung auf verschiedene Produkte j = 1,...,n. Bei einem Index t ist nach verschiedenen Perioden t = 1,...,T zu unterscheiden.

Wichtige Bezeichnungen in Kapitel 4

A	Menge aller Arbeitsgänge; A = {1,...,n}
b	Gesamtbedarf aller (Produkt-) Varianten im Planungszeitraum
b_v	Bedarf an Variante v im Planungszeitraum
BG	Bandwirkungsgrad
c	Taktzeit (Auflageintervall)
c_{max}, c_o	obere Schranke für die Taktzeit
c_{min}, c_u	untere Schranke für die Taktzeit
$\bar{c}$, $\bar{c}_k$	Leerzeit der aktuellen Station bzw. der Station k
E_j	früheste Station für Arbeitsgang j
$G^T = (V, E^T)$	transitive Hülle eines Graphen G
GL(m)	Gesamtleerzeit bei m Stationen ($= m \cdot c - t_{sum}$)
$L_j(m)$	späteste Station für Arbeitsgang j, falls höchstens m Stationen verfügbar sind
LC	untere Schranke für die Taktzeit
l	Lohnsatz für Normalarbeit
m	Anzahl an Stationen k = 1,...,m
m*	optimale Stationsanzahl
m_{max}, $\bar{m}$	obere Schranke für die Stationsanzahl
m_{min}	untere Schranke für die Stationsanzahl
n	Anzahl an Arbeitsgängen j = 1,...,n
p	Anzahl an Produktvarianten v = 1,...,p
RW_j	Rangwert für Arbeitsgang j
S_k	Belegung der Station k mit Arbeitsgängen
T	Dauer eines Planungszeitraumes (Schichtdauer etc.)
t_j	Bearbeitungszeit für Arbeitsgang j
t_{jv}	Bearbeitungszeit für Arbeitsgang j der Variante v
t_{max}, t_{sum}	größte Bearbeitungszeit eines Arbeitsganges, Summe der t_j aller Aufträge
$t(S_k)$	Belegungszeit einer Station k mit Belegung S_k
τ_{kv}	Belegungszeit der Station k durch 1 ME von Variante v
τ_v	mittlere Belegungszeit der Stationen durch 1 ME von Variante v
UC	obere Schranke für die Taktzeit
VS	Vorrangstrenge
x_{jk}	binäre Zuordnungsvariable bezüglich Arbeitsgang j und Station k
y_k	Binärvariable für die Parallelisierung von Station k
Z_k	Zustand (Menge eingeplanter Arbeitsgänge) auf Stufe k

Wichtige Bezeichnungen in Kapitel 5

A_{ji}	Arbeitsgang von Auftrag j, der auf Maschine i auszuführen ist
A_{jh}	h-ter Arbeitsgang von Auftrag j ($A_{jh} = A_{ji}$, wenn $i = \mu_{jh}$ gilt)
a_j, a_{jh}, a(o)	Bereitstellungszeitpunkt von Auftrag j, von Arbeitsgang A_{jh} bzw. o
$[\alpha \mid \beta \mid \gamma]$	Problem: Maschinencharakteristik α, Auftragscharakteristik β, Zielsetzung γ
D_j, D, D_{max}	Durchlaufzeit von Auftrag j, Durchlaufzeitensumme, maximale Durchlaufzeit
F	Flow Shop
F_j, F_{ji}	realisierter Fertigstellungszeitpunkt des Auftrags j bzw. des Arbeitsganges A_{ji}
f_j, $\bar{f}_j$	gewünschter bzw. nicht überschreitbarer Fertigstellungstermin des Auftrags j
g_j	Anzahl an Arbeitsgängen des Auftrags j
HP	Heterogene parallele Maschinen
IP	Identische parallele Maschinen
J	Job Shop bzw. Menge aller Aufträge J = {1,...,n}
L_i, LE_i	Leerzeit der Maschine i, effektive Leerzeit der Maschine i
m	Anzahl an Maschinen $M_1, \ldots, M_m$
μ_{jh}	Maschine, auf der Arbeitsgang h von Auftrag j zu fertigen ist
$\boldsymbol{\mu}_j = (\mu_{j1}, \ldots, \mu_{jg_j})$	Maschinenfolge von j
n	Anzahl an Aufträgen j = 1,...,n
$\mathcal{N}_A(A_{jh})$	Nachfolger des Arbeitsganges A_{jh} in der Arbeitsgangfolge des Auftrags j
$\mathcal{N}_M(A_{jh})$	Nachfolger des Arbeitsganges A_{jh} in der Auftragsfolge auf Maschine μ_{jh}
n_j, n_{jh}, n(o)	Nachlaufzeit von Auftrag j, von Arbeitsgang A_{jh} bzw. o
O	Open Shop
o	abkürzende Schreibweise für einen Arbeitsgang (Operation)
ω_j	Gewichtungsfaktor für Auftrag j
p_i	Fertigungsgeschwindigkeit (-sfaktor) der Maschine i
pmtn	preemption (Unterbrechbarkeit)
prec	precedence contraints (Reihenfolgebeziehungen)
res	Ressourcenbeschränkung
RW_j	Rangwert des Auftrags j
T_j, T_{max}	Terminabweichung des Auftrags j, maximale Terminabweichung
t_j	(Grund-) Bearbeitungszeit von Auftrag j
t_{ji}, t(o)	Bearbeitungszeit von Auftrag j auf Maschine i bzw. von Arbeitsgang o
τ_{jk}^i	reihenfolgeabhängige Rüstzeit
UP	Uniforme parallele Maschinen
$\mathcal{V}_A(A_{jh})$	Vorgänger des Arbeitsganges A_{jh} in der Arbeitsgangfolge des Auftrags j
V_j, V_{max}	Verspätung (Terminüberschreitung) des Auftrags j, maximale Verspätung
$\mathcal{V}_M(A_{jh})$	Vorgänger des Arbeitsganges A_{jh} in der Auftragsfolge auf Maschine μ_{jh}
$V_\#$	Anzahl verspäteter Aufträge
W_j, W_{max}	Wartezeit von Auftrag j, maximale Wartezeit eines Auftrags
Z	Zykluszeit

Kapitel 1:
Betriebswirtschaftliche Grundlagen

Gegenstand des Buches ist die Darstellung von Modellen und Verfahren zur Beschreibung, Analyse und Lösung von Problemen, die sowohl der Produktionsplanung als auch der Ablauforganisation zugerechnet werden können.

Im Mittelpunkt unserer Ausführungen stehen Probleme der **Losgrößenplanung**, der **Fließbandabstimmung** und der **Maschinenbelegungsplanung**. Um diese Gebiete in den betriebswirtschaftlichen Kontext einordnen zu können, definieren wir im vorliegenden Kapitel wesentliche Begriffe aus den Bereichen Planung, Produktion, Organisation und speziell der Produktionsplanung und der Ablauforganisation.

1.1 Planung

Unter **Planung** versteht man die geistige Vorwegnahme zukünftiger Handlungsalternativen, deren Bewertung anhand zu verfolgender Zielsetzungen und die dementsprechende Auswahl einer oder mehrerer zu realisierender Alternativen (*Lösungen*). Planung dient also der Entscheidungsvorbereitung und -findung. Bei der Planung wird auf systematische Weise versucht, ein Problem durch Abstraktion, d.h. durch Beschränkung auf wesentliche Problemmerkmale, und durch eine möglichst gute *Prognose* zukünftiger Entwicklungen zu analysieren bzw. zu lösen. Eine Hauptschwierigkeit der Planung besteht in ihrer antizipativen Vorgehensweise, d.h. in der Schwierigkeit, zukünftige Entwicklungen vorherzusagen. Daher steigt die Planungskomplexität mit wachsender zeitlicher Reichweite der Planung. Den Zeitpunkt, bis zu dem geplant wird, bezeichnet man als *Planungshorizont*.

Im folgenden betrachten wir den Begriff Planung vorwiegend aus betriebswirtschaftlicher Sicht; siehe z.B. auch Kreikebaum (1989), Schneeweiß (1992) sowie Pfohl und Stölzle (1997).

Der **Planungsprozeß** läßt sich in folgende Schritte unterteilen:

- Erkennen von (Entscheidungs-) Problemen und gegebenenfalls Zerlegen in handhabbare Teilprobleme (Problemanalyse)
- Setzen von Zielen (Zielbildung) unter Beachtung übergeordneter Unternehmensziele (z.B. ökonomische und soziale Ziele)
- Alternativensuche
- Prognose zukünftiger Erwartungen und Datenermittlung
- Bewertung und Auswahl von Alternativen (Lösungsfindung)

Das Ergebnis des Planungsprozesses bildet einen **Plan.**

Eng verknüpft mit Planung ist der Begriff Kontrolle. Aufgabe der **Kontrolle** ist die Ermittlung von Istwerten während der Plandurchführung, deren Vergleich mit den entsprechenden Planwerten (*Soll-Ist-Vergleich*) und das Einleiten von Korrekturmaßnahmen zur Anpassung von Plan- und Istwerten (**Steuerung**). Dabei werden die Gründe für Plan-Ist-Abweichungen analysiert (*Abweichungsanalyse*).

In der Regel läßt sich Planung hierarchisch strukturieren. Daher unterscheidet man nach der zeitlichen Reichweite von Planung drei Ebenen (vgl. Abb. 1.1):

- strategische (langfristige) Planung
- taktische (mittelfristige) Planung
- operative (kurzfristige) Planung

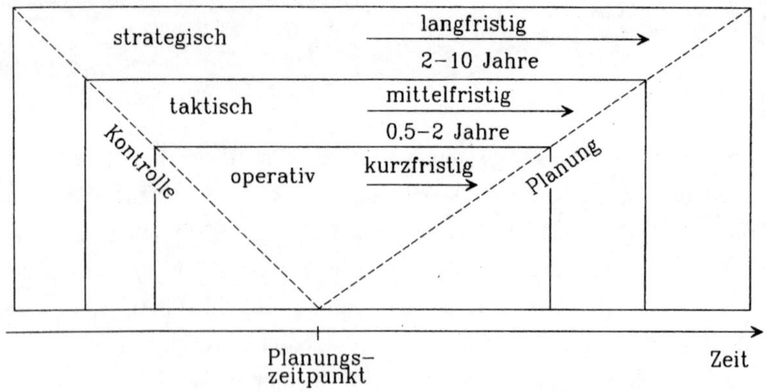

Abb. 1.1

Unter **strategischer Planung** versteht man den langfristig (2 bis 10 Jahre) orientierten Prozeß der Lösungssuche für in der Zukunft entstehende (Entscheidungs-) Probleme. Ihre Hauptaufgabe besteht in der Wahrung existierender und der Erschließung neuer Erfolgspotentiale, um die Lebensfähigkeit des Unternehmens zu sichern. Bei der strategischen Planung untersucht man daher einerseits das eigene Unternehmen in bezug auf Stärken und Schwächen, andererseits werden Umweltbedingungen (exogene Einflüsse) und dabei insbesondere konkurrierende Unternehmen analysiert. Das Ziel der strategischen Planung besteht also darin, zukünftige *Strategien* (Handlungsrichtungen) so festzulegen, daß durch die Ausnutzung der unternehmensspezifischen Stärken unter Beachtung der prognostizierten Entwicklung von Umweltbedingungen Wettbewerbsvorteile für das Unternehmen entstehen. Bei der strategischen Planung werden z.B. Entscheidungen über die Branchenzugehörigkeit und die Art des Vertriebssystems getroffen. Aufgrund der Unsicherheiten über zukünftige Entwicklungen sind langfristige Probleme zumeist schlecht strukturiert. Daher können strategische Pläne oft nur vage formuliert werden. Geeignete Methoden zur Handhabung derartiger Probleme sind qualitative Verfahren wie z.B. Szenario-Technik, Delphi-Methode, Brainstorming und Portfolio-Methoden; vgl. etwa Zäpfel (1989 a).

Die **taktische Planung** besitzt eine Reichweite von etwa 0.5 bis 2 Jahren. Auf Basis der im Rahmen der strategischen Planung entwickelten Handlungsrichtungen sind hierbei vor allem Entscheidungen über das Leistungsprogramm, die bereitzustellenden Potentiale sowie die Organisation des Unternehmens zu treffen. Hierzu gehören Fragen bezüglich Kapitalausstattung, Investition, Personal und Informationssystemen. Die taktische Planung dient also der Konkretisierung und Ausgestaltung der durch die strategische Planung vorgegebenen Rahmendaten. Taktische Planungsprobleme können z.B. mit Hilfe der Simulation oder den Methoden der Projektplanung behandelt werden.

Im Rahmen der **operativen Planung** wird eine konkrete, kurzfristig orientierte Detailplanung auf Wochen-, Tage- oder Stundenbasis vorgenommen. Dies geschieht auf Grundlage der Vorgaben aus den vorgelagerten Planungsstufen. Hierbei wird in der Regel eine starke Dekomposition im Hinblick auf einzelne Kompetenzbereiche vorgenommen. Aufgrund der Fristigkeit und der Aufgabenzerlegung handelt es sich bei operativen Planungsproblemen im Gegensatz zu denjenigen auf anderen Planungsstufen am ehesten um wohldefinierte, deterministische Fragestellungen. Daher können zur Lösung derartiger Problemstellungen quantitative Methoden, also insbesondere Verfahren der mathematischen Planungsrechnung (des **Operations Research**), eingesetzt werden.

Vor allem die taktische und die operative Planung werden als **rollierende Planung** durchgeführt. Dies bedeutet, daß Pläne während des Planungszeitraumes, d.h. vor Erreichen des Planungshorizontes, aufgrund veränderter Daten (ggf. mehrfach) modifiziert werden. Es wird zwar bis zum Planungshorizont geplant, der Plan ist aber nur für die erste Teilperiode verbindlich. Vor Beginn der nächsten Teilperiode wird die Plandurchführung im Rahmen der Kontrolle durch Vergleich zwischen geplanten und realisierten Werten überprüft und der Plan dementsprechend und gemäß neuer Prognosen aktualisiert. Dabei wird der Planungshorizont jeweils um eine Teilperiode in die Zukunft verschoben.

Zur Beschreibung von im Rahmen der Planung auftretenden Sachverhalten oder Problemen verwendet man bewußt oder unbewußt *Modelle*, d.h. vereinfachende Abbilder von realen Systemen oder Problemen (vgl. auch Kap. 2.1).

1.2 Produktion

Produktion bedeutet, Sachgegenstände, Dienstleistungen, Informationen sowie andere immaterielle Werte in einer Folge von Bearbeitungs-, Montage- und Transportvorgängen durch das Zusammenwirken von menschlicher Arbeit, Betriebsmitteln und Werkstoffen herzustellen.

1.2.1 Grundlegende Begriffe und Gegenstand der Produktion

Zunächst wollen wir einige Begriffe definieren, die wir in den nachfolgenden Abschnitten verwenden; vgl. dazu auch Busse von Colbe und Laßmann (1991, S. 72 ff.), Kistner und Steven (1993) sowie Küpper und Helber (1995):

- *Subjekte:* alle im Unternehmen befindlichen Personen und -gruppen
- *Güter:* Man unterscheidet materielle und immaterielle Güter. *Materielle Güter* sind körperliche Gegenstände (Sachen). *Immaterielle Güter* sind Dienstleistungen, Informationen, Rechte und andere immaterielle Werte (z.B. Firmenimage).
- *Verrichtungen:* Zuführung (z.B. Beschaffung), Einsatz, Umwandlung (z.B. Verarbeitung, Montage), Lagerung und Verwertung (z.B. Absatz, Übermittlung) von Gütern

Güter lassen sich ferner in *Arbeitsmittel* (Güter, mit deren Hilfe Verrichtungen vorgenommen werden; z.B. Maschinen, Betriebsstoffe) und *Objekte* oder *Werkstücke* (Güter, an denen Verrichtungen vorgenommen werden) unterteilen. Sämtliche Verrichtungen an Gütern und auch an Subjekten sollen unter dem Begriff **Arbeit** subsumiert werden. Konkrete Ausprägungen von Arbeit heißen **Arbeitsvorgänge**, Arbeit ausführende Subjekte und dabei verwendete Arbeitsmittel **Arbeitsträger**. Hierunter versteht man insbesondere Menschen und Maschinen, die Verrichtungen zur Erfüllung eines Betriebszwecks durchführen. Eine Kombination von Arbeitsträgern, die gemeinsam unmittelbar an denselben Objekten arbeiten, bezeichnet man als **Produktiveinheit**. Arbeitsträger und Objekte heißen **Produktionsfaktoren**.

Produktion (oder **Fertigung**) kann nun definiert werden als Prozeß, bei dem zum Zweck der Erstellung von Gütern Produktionsfaktoren kombiniert und transformiert werden. Die Menge der in die Produktion eingehenden Produktionsfaktoren wird auch als *Input*, der Kombinations- und Transformationsprozeß als **Produktionsprozeß**, und die hergestellten Güter werden als **Produkte** oder *Output* bezeichnet (vgl. Abb. 1.2).

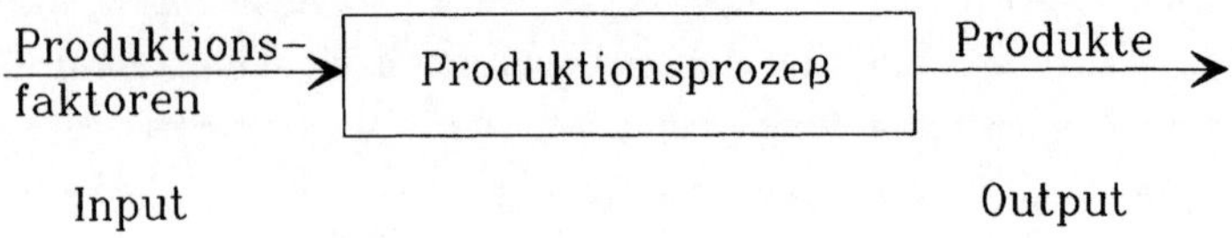

Abb. 1.2

Mit der Planung herzustellender Produkte, der dafür erforderlichen Produktionsfaktoren sowie der Planung des eigentlichen Produktionsprozesses beschäftigt man sich im Rahmen der **Produktionsplanung**.

Nach Gutenberg (1983) können die in den Produktionsprozeß eingehenden Faktoren wie folgt klassifiziert werden:

- *Menschliche Arbeitskraft*, die nach Art der Verrichtung und dem Objektbezug in *ausführende* und *dispositive Arbeit* unterschieden wird.
- *Betriebsmittel:* Zum Vollzug der Produktion eingesetzte Arbeitsmittel wie maschinelle Anlagen, Gebäude, Grundstücke, Informationen sowie in letzter Zeit auch Algorithmen und Computer-Codes.
- *Werkstoffe* (Material): Bei der Produktion verbrauchte oder in Produkte eingehende Güter. Dazu zählen Roh-, Hilfs- und Betriebsstoffe, Energie sowie Einzel- und Bauteile.

Betriebsmittel, ausführende menschliche Arbeit und Werkstoffe werden als *elementare Faktoren* und dispositive menschliche Arbeit als *dispositive Faktoren* bezeichnet. Nach ihrer Wiederverwendbarkeit unterteilt man elementare Faktoren in *Potentialfaktoren* (z.B. menschliche Arbeit, Maschinen, Gebäude) und *Repetierfaktoren* (z.B. Hilfs- und Betriebsstoffe).

Eine **Produktionsfunktion** ist eine ggf. mehrdeutige Abbildung, die jeder möglichen Inputkombination (Faktorvektor) damit erzielbare Outputkombinationen (Produktvektoren) zuordnet. Eine derartige Abbildung ist in der Regel sehr vereinfachend, da von vielen organisatorischen und technologischen Details abstrahiert wird. Produktionsfunktionen betrachtet man im Rahmen der **Produktionstheorie**, die grundsätzliche Beziehungen zwischen Einsatz- und Ausbringungsmengen im Hinblick auf ökonomische Kriterien untersucht und somit eine Grundlage der Produktionsplanung bildet; vgl. z.B. Busse von Colbe und Laßmann (1991), Kistner (1993) sowie Fandel (1996).

Wir geben einige weitere Begriffe an, die in den folgenden Kapiteln verwendet werden:

Komplexe *Arbeitsabläufe* werden im Hinblick auf ihre Planbarkeit geeignet in (handhabbare) kleinste Verrichtungen (Arbeitselemente) zerlegt. Dabei sind die Arbeitselemente z.B. bezüglich ihres Zeitbedarfs und der Qualifikations- oder Leistungsanforderungen an die Arbeitsträger zu untersuchen. Mit diesem Bereich beschäftigt man sich im Rahmen der **Arbeitsanalyse**; vgl. z.B. Küpper und Helber (1995, S. 6 ff.).

Eine Menge von Arbeitselementen, die sich räumlich und zeitlich abgeschlossen an einem Objekt durchführen lassen, bezeichnet man als **Arbeitsgang**. Je detaillierter die Arbeitsanalyse durchgeführt wird, desto (ökonomisch und ergonomisch) sinnvoller lassen sich die Arbeitselemente zu Arbeitsgängen zusammenfassen (**Arbeitssynthese**). Darüber hinaus ist dann eine bessere Abstimmung zwischen Arbeitsgängen und Produktiveinheiten möglich. Fragen der Arbeitsanalyse und -synthese lassen sich mit sogenannten REFA-Methoden behandeln; vgl. REFA (1975, 1992). Die Abkürzung **REFA** steht dabei für den *Verband für Arbeitsstudien und Betriebsorganisation e.V.*, ehemals Reichsverband für Arbeitsstudien.

Ein allgemeinerer als der oben angegebene Produktionsbegriff ergibt sich, wenn man unter Produktion den gesamten Entstehungsprozeß von Produkten versteht. Dann umfaßt sie außer der eigentlichen Fertigung die *Produktionsprogrammplanung*, *Arbeitsvorbereitung*, *Beschaffung* und *interne Logistik* sowie die *Qualitätskontrolle;* vgl. Reichwald und Dietel (1991, S. 399 f.).

1.2.2 Produktionsformen

In der betrieblichen Praxis existieren sehr unterschiedliche **Produktionsformen**, die die Art und den Schwierigkeitsgrad von Problemen der Produktionsplanung beeinflussen. Sie können im wesentlichen in bezug auf folgende Kriterien klassifiziert werden, zwischen denen enge gegenseitige Abhängigkeiten bestehen:

Mechanisierungsgrad: Zu unterscheiden sind hier *manuelle, mechanisierte* und *automatisierte* Produktion.

Stufigkeit der Produktion (*betriebsmittelorientiert*): Wird ein Produkt in einem oder mehreren unmittelbar aufeinanderfolgenden Arbeitsgängen durch eine Produktiveinheit hergestellt, so sprechen wir von *einstufiger Fertigung*. Durchläuft ein Produkt jedoch mehrere Produktiveinheiten mit ggf. auftretenden Unterbrechungen bzw. Lagerungen, so liegt eine *mehrstufige Fertigung* vor.

Marktbezug: Liegt der Fertigung ein konkreter Kundenauftrag zugrunde, so spricht man von *Kundenauftragsfertigung*. Wird ein Produkt hingegen ohne konkreten Kundenauftrag, also für den *anonymen Absatzmarkt*, gefertigt, so kann man von *Marktfertigung* (oder auch *Lagerfertigung*) sprechen. Werden Produkte für den Eigenbedarf erstellt, fehlt also der direkte Bezug zum Absatzmarkt, so nennen wir dies *Erstellung von Eigenleistungen*.

Repetitionstyp: Nach der von einem Produkt herzustellenden Gesamtmenge (Produktionsvolumen) unterscheidet man Massen-, Sorten-, Serien- und Einzelfertigung. *Massenfertigung* liegt vor, wenn ein Produkt in großen Mengen über einen längeren Zeitraum ohne oder nur mit geringen Modifikationen produziert wird. Bei *Sortenfertigung* wird ein Produkt ebenfalls in großer Stückzahl, aber verschiedenen *Varianten* (Sorten), hergestellt. Die Varianten unterscheiden sich in Ausstattungsdetails (z.B. unterschiedliche Motorentypen bei der PKW-Fertigung) voneinander. *Serienfertigung* bedeutet, daß mehrere Produkte jeweils in begrenzter Menge hergestellt werden. Bei *Einzelfertigung* wird ein Einzelstück (oder auch wenige Einzelstücke) gefertigt.

Anordnungstyp (Organisationsform oder Organisationstyp der Fertigung): In Abhängigkeit von der räumlichen Anordnung der Produktiveinheiten und den dadurch erforderlichen Transportprozessen unterscheidet man vor allem zwischen den Formen Fließfertigung und Werkstattfertigung:

Orientiert man die räumliche Anordnung der Produktiveinheiten an der zeitlichen Abfolge von Arbeitsgängen, die an einem oder einer Anzahl ähnlicher Produkte (Objekte) auszuführen sind, so spricht man von **Fließfertigung** (*ablauforientierte, objektzentralisierte* Fertigung). In diesem Fall werden Produkte in einem kontinuierlichen Prozeß gemäß der Anordnungsreihenfolge von Produktiveinheit zu Produktiveinheit weitergereicht.

Demgegenüber liegt der Anordnungstyp **Werkstattfertigung** vor, wenn die Produktiveinheiten nach Verrichtungsarten räumlich zu Gruppen (Werkstätten) zusammengefaßt werden. Dies bezeichnet man als *verrichtungszentralisierte* oder *funktionsorientierte* Anordnung.

Man unterscheidet weitere Anordnungstypen, die Aspekte der Fließ- und/oder der Werkstattfertigung enthalten:

Werkstattfließfertigung bedeutet, daß verrichtungsorientiert gebildete Werkstätten in einer ablauforientierten Reihenfolge angeordnet sind.

Bei der *Baustellen-* oder *Standplatzfertigung* werden insbesondere schwer bewegliche oder unbewegliche Werkstücke ortsgebunden bearbeitet (z.B. Großanlagenbau am Installationsort).

Als Vorteile der Fließfertigung können geringe *Durchlaufzeiten* (Verweildauern von Produkten im System; vgl. Kap. 1.5.1), geringe Transportstrecken, gleichmäßige Kapazitätsauslastung (der Produktiveinheiten) und gute Raumausnutzung genannt werden. Demgegenüber ist das in Betriebsmitteln gebundene Kapital häufig sehr groß, die Flexibilität hinsichtlich Produktvariationen gering und das System anfällig bei Störungen an Einzelkomponenten. Bei der Werkstattfertigung ist eine größere Flexibilität durch die Möglichkeit von *Maschinenumrüstungen* (z.B. Werkzeugwechsel) hervorzuheben. Allerdings sind gegenüber der Fließfertigung häufig längere Transportwege, höhere Lagerbestände, höhere Durchlaufzeiten und ungleichmäßigere Kapazitätsauslastung in Kauf zu nehmen. Da die beiden Anordnungstypen jeweils gravierende Nachteile aufweisen, versucht man Zwischenformen zu finden, die sowohl flexibel sind als auch eine hohe Integration von Funktionen (z.B. Integration von Transport- und Rüstvorgängen in den eigentlichen Produktionsablauf) erreichen. Gegenüber den oben genannten herkömmlichen Produktionsformen geschieht dies neuerdings verstärkt durch den Einsatz von computergestützten Informationssystemen und automatisierten Betriebsmitteln. Man unterscheidet dabei v.a. folgende Formen; vgl. dazu auch Scheer (1990) sowie Tempelmeier und Kuhn (1992):

Ein *Bearbeitungszentrum* ist eine numerisch gesteuerte Maschine (NC-Maschine), die über eine automatische Werkzeugwechseleinrichtung verfügt. Dadurch wird es möglich, hintereinander mehrere Bearbeitungsvorgänge ohne explizites Umrüsten durchzuführen.

Flexible Fertigungszellen bestehen aus mehreren Bearbeitungszentren und verfügen über Pufferlager für Werkstücke sowie automatische Spann- und Beladevorrichtungen. Dies bedeutet, daß flexible Fertigungszellen eine Menge unterschiedlicher Produkte automatisch (d.h. weitgehend ohne steuernde Eingriffe von außen) bearbeiten können. Derartige Systeme können sogar autonom arbeiten, wenn auch die Bereitstellung und die Weitergabe von Werkstücken, z.B. durch den Einsatz *fahrerloser Transportsysteme,* automatisiert ist.

Als *flexibles Fertigungssystem* (engl. *flexible manufacturing system,* FMS) bezeichnet man eine Weiterentwicklung der flexiblen Fertigungszelle, die neben einem Bearbeitungssystem zusätzlich aus einem Materialfluß- und einem Informationsflußsystem besteht. Der gesamte Fertigungsablauf wird durch einen Computer (Leitrechner) gesteuert. Da Rüstvorgänge sehr stark im Fertigungsablauf integriert bzw. zeitliche Überlappungen von Fertigung und Werkzeugwechseln möglich sind, können Durchlaufzeiten gegenüber der herkömmlichen Werkstattfertigung verkürzt werden. Durch Verwendung vielseitiger Maschinen ist eine weitaus höhere Flexibilität als bei herkömmlicher Fließfertigung vorhanden.

Flexible Transferstraßen folgen grundsätzlich dem Organisationstyp Fließfertigung. Durch flexible Betriebsmittel wird jedoch eine schnelle Umrüstbarkeit der Transferstraße in bezug auf Werkstücktransport, Materialfluß und Bearbeitung erreicht.

Bei der *Fließinselfertigung* werden Endprodukte aus gegebenen Teilen vollständig innerhalb einer Fertigungs- oder Montageinsel hergestellt. Die Betriebsmittel werden innerhalb der Insel in der Reihenfolge des Produktionsablaufes angeordnet. Häufig entsprechen die Funktionen denjenigen von flexiblen Fertigungssystemen.

1.3 Produktionsplanung

Die Produktionsplanung befaßt sich mit der Planung herzustellender Produkte, der dafür erforderlichen Produktionsfaktoren sowie der Planung des eigentlichen Produktionsprozesses. Sie läßt sich damit in die folgenden Bereiche unterteilen; vgl. Gutenberg (1983):

- Produktionsprogrammplanung
  Festlegung zu erstellender Produkte (Produktarten und -mengen)
- Bereitstellungsplanung
  Bereitstellung von Produktionsfaktoren
- Produktionsprozeßplanung
  Strukturierung räumlicher und zeitlicher Arbeits- und Bewegungsvorgänge; Planung und Steuerung der eigentlichen Produktionsdurchführung

Die genannten Bereiche lassen sich gemäß der Aussagen in Kap. 1.1 nach ihrer zeitlichen Reichweite in strategische, taktische und operative Produktionsplanung unterteilen; vgl. Zäpfel (1982, 1989 a, 1989 b).

Zur *strategischen Produktionsplanung* gehören langfristige Entscheidungen im Rahmen der Produktionsprogramm- und der Bereitstellungsplanung. Festzulegen sind dabei die zu erstellenden Produkt- und Dienstleistungsarten sowie ein grobes Mengengerüst. Darüber hinaus ist über die Wahl und Bereitstellung von Betriebsmitteln zu entscheiden. Eng verknüpft damit sind Überlegungen hinsichtlich der Organisation der Fertigung sowie der betrieblichen Standortwahl. Es sind also langfristige qualitative Strukturentscheidungen bezüglich folgender Kriterien zu treffen:

- Sortiment: Was soll produziert werden?
- Standort: Wo soll produziert werden?
- Verfahren: Wie soll produziert werden?
- Produktionsfaktoren: Womit soll produziert werden?

Zur *taktischen Produktionsplanung* zählen im Rahmen der Vorgaben der strategischen Planung neben einer detaillierteren mengen- und artmäßigen Festlegung des Produktionsprogramms (z.B. im Hinblick auf die mengenmäßigen Anteile verschiedener Produktvarianten) mittelfristige Kapazitätsanpassungsmaßnahmen (z.B. in bezug auf maschinelle Anlagen, Personal, Lagerbestände sowie Entscheidungen über *Eigenfertigung oder Fremdbezug*).

Zur *operativen Produktionsplanung (Produktionssteuerung)* zählen die kurzfristige Programmplanung (z.B. wöchentliche oder tägliche Produktionsmengenplanung), die Bereitstellung von Werkstoffen und die Produktionsprozeßplanung.

1.3.1 Produktionsprogrammplanung

Im Rahmen der **Produktionsprogrammplanung** kann man auf Basis der Fristigkeit zwischen potentiellem und aktuellem Produktionsprogramm unterscheiden; vgl. z.B. Reichwald und Dietel (1991).

Das **potentielle Produktionsprogramm** enthält langfristige Entscheidungen über grundsätzlich zu fertigende Produktarten unter Beachtung der Unternehmensziele. Es ist also zu entscheiden, in welchen Produktfeldern das Unternehmen aktiv sein will und wie entsprechende Produktlinien ausgestaltet werden sollen. Ein *Produktfeld* beschreibt dabei die Menge der Produkte, die auf ein Grundbedürfnis (z.B. nach Kleidung) bzw. ein Grundprodukt zurückgeführt werden können. Beispiele für Produktfelder sind Bekleidung, Haushaltstechnik, Unterhaltungselektronik. Als *Produktlinie* (Produktgruppe) bezeichnet man die von einem Unternehmen für ein bestimmtes Produktfeld hergestellten Erzeugnisse (z.B. dessen Küchengeräteprogramm).

Das potentielle Produktionsprogramm läßt sich vor allem durch folgende Merkmale charakterisieren:

- Programmstruktur
- Produktstandardisierung
- Marktbezug

Die *Programmstruktur* wird gekennzeichnet durch die Anzahl der Produktarten bzw. Produktlinien (*Breite* des Programms) und die Anzahl der zu durchlaufenden Fertigungsstufen (*Tiefe* des Programms oder Grad der vertikalen Integration).

Standardisierte Produkte werden aus vorgegebenen Einzel- und Bauteilen gefertigt. Demgegenüber werden *Individualprodukte* in hohem Maße an den konkreten Anforderungen einzelner Kunden orientiert. Dies bedeutet, daß in der Regel nur auf wenige standardisierte Bauteile zurückgegriffen werden kann. Teilstandardisierte Produkte (Produktvarianten) können mit Hilfe eines *Baukastenprinzips* hergestellt werden.

Unter *Marktbezug* versteht man die Art der Auftragserteilung (vgl. Kap. 1.2.2). Dabei bestehen enge Beziehungen zu der Programmstruktur und der Produktstandardisierung. Während Individualprodukte zumeist eine komplexe Struktur aufweisen und an konkrete Kundenaufträge gebunden sind, sind standardisierte Produkte in der Regel einfacher aufgebaut und werden in größeren Mengen für den anonymen Markt produziert.

Die genannten Größen kennzeichnen je nach ihrer Ausprägung den Schwierigkeitsgrad sowie die Variabilität eines entsprechenden Planungsproblems.

Das **aktuelle Produktionsprogramm** legt auf Grundlage der Vorgaben aus der strategischen und taktischen Produktionsplanung (potentielles Produktionsprogramm und Produktionsfaktoren) die in einem vorgegebenen Zeitraum tatsächlich herzustellenden Produkte nach Art, Menge und zeitlichem Rahmen fest. Dabei sind wiederum die übergeordneten Unternehmensziele zu berücksichtigen. Die Planung des aktuellen Produktionsprogramms ist eng mit der Beschaffungs- und Absatzplanung verknüpft. Dies bedeutet, daß das Produktionsprogramm unter Berücksichtigung der Absatzerwartungen des Unternehmens, der vorhandenen Produktionskapazitäten und der Beschaffungsmöglichkeiten zu planen ist.

Im Rahmen der Produktionsprogrammplanung lassen sich Methoden des Operations Research, insbesondere der linearen Planungsrechnung, einsetzen. In der Literatur wird ein einfaches derartiges Planungsproblem mit der Zielsetzung der Deckungsbeitragsmaximierung oft wie folgt formuliert; vgl. z.B. Schneeweiß (1997, S. 141 ff.):

Zu produzieren seien n Produkte mit gegebenen Absatzpreisen p_j und variablen Herstellkosten k_j $(j = 1,...,n)$. Daraus ergeben sich Deckungsbeiträge $d_j := p_j - k_j$. Die Produkte werden auf m verschiedenen Arbeitsträgern mit begrenzten Produktionskapazitäten κ_i (z.B. Maschinenstunden) gefertigt $(i = 1,...,m)$. Die Produktion einer Einheit des Produktes j benötigt a_{ij} Kapazitätseinheiten des i-ten Arbeitsträgers. Für jedes Produkt ist eine Absatzhöchstmenge b_j einzuhalten. Es ergibt sich folgendes mathematisches Optimierungsmodell:

$$\text{Maximiere } DB(\mathbf{x}) = \sum_{j=1}^{n} d_j \cdot x_j \tag{1.1}$$

unter den Nebenbedingungen

$$\sum_{j=1}^{n} a_{ij} \cdot x_j \le \kappa_i \qquad \text{für alle } i = 1,...,m \tag{1.2}$$

$$x_j \le b_j \qquad \text{für alle } j = 1,...,n \tag{1.3}$$

$$x_j \ge 0 \qquad \text{für alle } j = 1,...,n \tag{1.4}$$

Im Modell (1.1) – (1.4) wird angenommen, daß der Produktionsprozeß durch eine linear-limitationale Produktionsfunktion (Leontief-Produktionsfunktion) beschrieben werden kann. Darüber hinaus wird unterstellt, daß alle Produkte beliebig teilbar sind. Es handelt sich somit um ein lineares Optimierungsproblem mit reellwertigen Variablen, für das effiziente Lösungsverfahren bekannt sind. Kann die beliebige Teilbarkeit der Produkte nicht unterstellt werden, so sind die Variablen x_j auf ganzzahlige Werte zu beschränken, wodurch sich im allgemeinen Fall ein ungleich schwierigeres Problem ergibt (vgl. Kap. 2.4).

1.3.2 Bereitstellungsplanung

Im Rahmen der **Bereitstellungsplanung** sind die für die Produktion benötigten Produktionsfaktoren, d.h. Betriebsmittel, Arbeitskräfte und Werkstoffe, geeignet zur Verfügung zu stellen. Dies betrifft sowohl die Quantität als auch die Qualität dieser Faktoren sowie den Zeitpunkt der Bereitstellung. Je nach Art der Faktoren handelt es sich um Probleme mit unterschiedlichen Fristigkeiten und Zielsetzungen.

Bereitstellung von Betriebsmitteln

Langfristig zu planen ist insbesondere die Bereitstellung von *immobilen Betriebsmitteln* (z.B. Grundstücke, Gebäude) und *langlebigen maschinellen Anlagen*. Im Rahmen dieser Planung sind Entscheidungen über *betriebliche Standorte* (**Standortplanung**) zu treffen. Die Beschaffung sonstiger Betriebsmittel und die Wahl ihrer (*innerbetrieblichen*) *Standorte* erfolgt in der Regel mittelfristig. Eng damit in Verbindung steht die Wahl des Anordnungstyps. Bei Fließfertigung kann dabei die Notwendigkeit der **Fließbandabstimmung** entstehen (vgl. Kap. 4). Bei Werkstattfertigung entstehen Probleme der **Layoutplanung** (vgl. Kap. 1.5.2). Auch die Wahl der Ausprägung, der Größe und der Standorte von **Lagern** ist Gegenstand der lang- und mittelfristigen Bereitstellungsplanung von Betriebsmitteln. Kurzfristig sind bei gegebenem Betriebsmittelbestand Veränderungen von Kapazitäten durch geeignete Anpassungsmaßnahmen (z.B. Veränderung der Intensität oder der Betriebszeit, Wiederinbetriebnahme alter Anlagen) möglich.

Die Bereitstellungsplanung von Betriebsmitteln bezeichnet man auch als **Investitionsplanung** (im engeren Sinne). Eng damit verbunden ist die **Finanzplanung**, die sich mit der Beschaffung der erforderlichen Finanzmittel beschäftigt. Auch in diesen Planungsbereichen können Methoden des Operations Research eingesetzt werden. Beispielsweise läßt sich das Modell (1.1), (1.2) und (1.4) auch als Modell der simultanen **Finanz-** und **Investitionsprogrammplanung** interpretieren; vgl. z.B. Kruschwitz (1993) sowie Blohm und Lüder (1995). Dabei werden n Finanzierungs- und/oder Investitionsalternativen betrachtet. Die Variablen x_j sind im einfachen Fall Binärvariablen, deren Werte darüber entscheiden, ob die Alternativen $j = 1,...,n$ realisiert werden oder nicht (vgl. Kap. 2.1). Die d_j bezeichnen die mit den Alternativen verbundenen Kapitalwerte. Die Bedingungen (1.2) stellen Budgetrestriktionen dar.

Im Rahmen der Investitionsplanung sind auch Entscheidungen über *Instandhaltung* (vgl. z.B. Bosch und Jensen (1983)) und *Nutzungsdauern* (vgl. z.B. Kruschwitz (1993)) zu treffen.

Bereitstellung von Arbeitskräften

Sie erfolgt im Rahmen der **Personal(potential)planung** und ist als mittel- bis langfristig einzustufen. Kurzfristige Veränderungen der gegebenen Kapazitäten sind in der Regel nur in Form von Überstunden oder durch Einsatz von *Springern* möglich. Die kurzfristige Arbeitsverteilung wird im Rahmen der **Personaleinsatzplanung** vorgenommen.

Bereitstellung von Werkstoffen

Eher als kurz- bis mittelfristig sind Fragen der Bereitstellung von Werkstoffen (*Materialien*), d.h. der **Materialbedarfsplanung**, einzustufen; vgl. z.B. Bloech et al. (1993), Schneeweiß (1997) sowie Kap. 1.3.4. Man unterscheidet dabei zwischen verbrauchs- und bedarfsorientierter Planung.

Bei der **verbrauchsorientierten Materialbedarfsplanung** geht man zur Schätzung zukünftiger Bedarfe (**Bedarfsprognose**) vom Verbrauch in der Vergangenheit und der aktuellen Periode aus. Man unterstellt also, daß sich bisherige Bedarfsverläufe in der Zukunft fortsetzen werden und extrapoliert sie in zukünftige Perioden. Dabei müssen verschiedene Komponenten von Bedarfsverläufen unterschieden werden:

- konstanter Verlauf: im Zeitablauf relativ gleichbleibender Bedarf
- trendförmiger Verlauf: längerfristig steigende oder fallende Bedarfsentwicklung
- saisonaler Verlauf: zyklisch wiederkehrender Wechsel zwischen Perioden mit schwacher und solchen mit starker Nachfrage
- zufällige Schwankungen: durch zufällige oder nicht explizit berücksichtigte Einflüsse verursachte (kleinere) Bedarfsausschläge

Wichtige Vorgehensweisen der verbrauchsgesteuerten Bedarfsplanung sind *Regressionsverfahren*, Bildung von (*gleitenden*) *Durchschnitten* und Verfahren der *exponentiellen Glättung*; vgl. z.B. Nahmias (1989) sowie Mertens (1994).

Die **programmgesteuerte Materialbedarfsplanung** geht von den im kurzfristigen Produktionsprogramm festgelegten detaillierten Produktionsmengen aus und bestimmt die Bedarfe an Werkstoffen aufgrund struktureller und mengenmäßiger Zusammenhänge zwischen Produktionsfaktoren und Produkten. Derartige *Produktionszusammenhänge* werden als **Produktstruktur** (oder *Erzeugnisstruktur*) bezeichnet. Da dieser Begriff im Zusammenhang mit den in Kap. 3 behandelten Losgrößen- und Bestellmengenproblemen eine wesentliche Rolle spielt, wollen wir näher darauf eingehen. Produktstrukturen lassen sich mit Hilfe von sogenannten **Stücklisten** (oder auch *Gozintographen*) abbilden. Dabei kann man Vor-, Zwischen- und Endprodukte unterscheiden. Als **Vorprodukte** bezeichnen wir Rohstoffe sowie fremdbezogene Einzel- und Bauteile. Eigenerstellte, wieder in den Produktionsprozeß eingehende Produkte (Einzel- oder Bauteile) fassen wir als **Zwischenprodukte** auf. Im Unternehmen nicht weiterverarbeitete Produkte bezeichnen wir als **Endprodukte**.

Im einfachsten Fall der Produktion wird ein Produkt unmittelbar aus einem oder mehreren Vorprodukten gefertigt; in Abb. 1.3 wird z.B. ein Endprodukt E aus den Vorprodukten V1, V2 und V3 hergestellt.

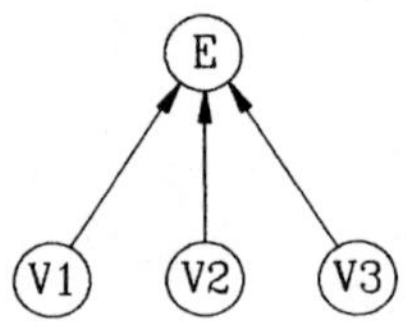

Abb. 1.3

Geht ein (Vor- oder Zwischen-) Produkt direkt in ein anderes (Zwischen- oder End-) Produkt ein, so sprechen wir von einer **Produktbeziehung** (*Gozinto-Beziehung*).

Die Produkte in einer Produktstruktur lassen sich in sogenannte **Dispositionsstufen** einteilen: Alle Endprodukte befinden sich per definitionem auf Stufe 1. Alle Produkte, die nur in Endprodukte eingehen, sind auf Stufe 2 angeordnet. Auf Stufe i befinden sich nur Produkte, die in mindestens ein Produkt der Stufe i–1 und ggf. in Produkte der Stufen 1,...,i–2 eingehen.

Einstufige Disposition liegt dann vor, wenn es nicht notwendig bzw. nicht sinnvoll ist, Vor- und Zwischenprodukte explizit in die Planung mit einzubeziehen, d.h. falls von der Produktstruktur abstrahiert werden kann. Andernfalls spricht man von *mehrstufiger Disposition.*

Beim Vorhandensein mehrerer Dispositionsstufen können verschiedene Produktstrukturen unterschieden werden (vgl. Abb. 1.4). Bei einer **seriellen Struktur** (a) wird ein Endprodukt aus einem Vorprodukt, evtl. über verschiedene Zwischenproduktzustände, hergestellt. Bei einer **konvergierenden Struktur** (b) wird ein Endprodukt stufenweise aus mehreren Vor- und Zwischenprodukten zusammengebaut (*Montagestruktur*, engl. *assembly system*). Jedes Vor- oder Zwischenprodukt geht in genau ein übergeordnetes Produkt ein. Werden aus einem Vorprodukt stufenweise mehrere Endprodukte hergestellt, so spricht man von einer **divergierenden Struktur** (c). Jedes Zwischen- oder Endprodukt wird aus genau einem untergeordneten Produkt erzeugt. Wird eine konvergierende Struktur mit einer divergierenden über genau ein Zwischenprodukt verbunden, welches als einziges Endprodukt der konvergierenden und als einziges Vorprodukt der divergierenden Struktur aufgefaßt werden kann, so erhält man eine **umverteilende Struktur** (d). Bei einer **allgemeinen Struktur** (e) sind beliebige Beziehungen zwischen Produkten erlaubt.

Alle Strukturen in Abb. 1.4 besitzen drei Dispositionsstufen.

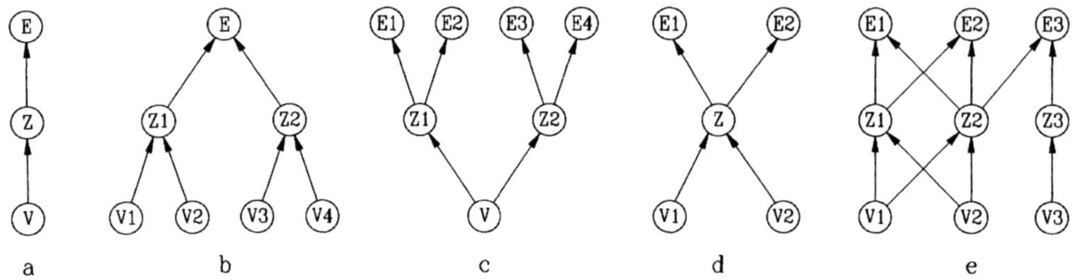

Abb. 1.4

Als Verfahren der programmgesteuerten Materialbedarfsplanung, die von Produktstrukturen ausgehen, sind z.B. das *Dispositionsstufen-* und das *Gozintoverfahren* zu nennen; vgl. z.B. Tempelmeier (1995, S. 125 ff.).

Die Entscheidung darüber, ob für einen Werkstoff eine programm- oder eine verbrauchsgesteuerte Bedarfsplanung vorzunehmen ist, wird vor allem von seinem Wert bzw. seiner Bedeutung für den Ablauf des Produktionsprozesses bestimmt. Programmgesteuerte Verfahren sind zwar aufwendiger als verbrauchsgesteuerte, liefern aber aufgrund der Beachtung des aktuellen Produktionsprogramms und der Produktstruktur genauere Bedarfsinformationen. Zur Entscheidung, ob Produkte verbrauchs- oder programmgesteuert geplant werden sollen, verwendet man häufig eine **ABC-Analyse.** Dabei unterteilt man die Produkte nach ihrem Wert (oder ihrer Bedeutung) zumeist in drei Gruppen (A-, B- und C-Produkte). Nun stellt man die Häufigkeiten der einzelnen Produktgruppen ihrem Anteil am Gesamtwert aller Produkte gegenüber. Hierbei ist typisch, daß A-Produkte mit einem Anteil von bis zu

80% am Gesamtwert einen mengenmäßigen Anteil von nur etwa 20% besitzen. B- und C-Produkte mit Wertanteilen von ca. 15% bzw. 5% weisen mengenmäßige Anteile von ungefähr 30% bzw. 50% auf. Daher wird der Bedarf von A- und B-Produkten eher programmgesteuert und derjenige von C-Produkten eher verbrauchsgesteuert ermittelt. Vgl. zu weiteren Ausführungen z.B. Silver und Peterson (1985).

Die durch die Materialbedarfsplanung ermittelten Bedarfsmengen sind Ausgangspunkt für die **Materialbeschaffungsplanung**. Letztere umfaßt sämtliche Entscheidungen über die Beschaffung von Werkstoffen, d.h. es ist festzulegen, zu welchen Zeitpunkten bestimmte Mengen von Materialien in einer gewünschten Qualität bereitgestellt werden sollen. Dies geschieht in der Regel durch (rechtzeitiges) Auslösen einer **Bestellung**. Dabei kann es sich um selbst erstellte oder von anderen Unternehmen bezogene Werkstoffe handeln. Man kann verschiedene *Beschaffungsarten* unterscheiden:

- *Einzelbeschaffung:* Ein Beschaffungsvorgang wird unmittelbar durch einen konkreten Bedarf ausgelöst.
- *Fertigungssynchrone Beschaffung:* Benötigte Mengen werden möglichst zeitnah zu ihrem Verbrauch beschafft (vgl. auch Kap. 1.3.4.2; *just-in-time*).
- *Vorratsbeschaffung:* Vor allem laufend benötigte Repetierfaktoren werden auf Vorrat beschafft, so daß die Kontinuität des Produktionsprozesses gewährleistet ist.

Insbesondere im Zusammenhang mit der Vorratsbeschaffung spielt die **Lagerhaltung** eine wichtige Rolle. Ein *Lager* ist ein Bereich, in dem Vor-, Zwischen- oder Endprodukte aufbewahrt werden, bis sie weiterverarbeitet oder abgesetzt werden können. Die gelagerte Menge eines Produktes wird als *Lagerbestand*, seine zeitliche Entwicklung als *Lagerbestandsverlauf* bezeichnet. Ein Lager dient also vorwiegend der zeitlichen Synchronisation von Beschaffung, Produktion und Absatz, d.h. der Überbrückung des zeitlichen Auseinanderfallens von Güterangebot und -nachfrage. Eine wichtige Kenngröße in diesem Zusammenhang ist der **Servicegrad**. Er beschreibt das Verhältnis zwischen unmittelbar (aus Produktions- und Lagerbeständen) zu befriedigender Nachfrage und der auftretenden Gesamtnachfrage und kann auch als *Grad der Lieferbereitschaft* bezeichnet werden.

Lagerhaltung verursacht unterschiedliche Kosten. Aufgrund des Wertes der gelagerten Produkte entstehen *Kapitalbindungskosten*, d.h. Opportunitätskosten für alternative Kapitalverwendung. Darüber hinaus fallen Kosten für die Unterhaltung des Lagers, für Personal etc. an. Demgegenüber entstehen in der Regel bei jedem Beschaffungsvorgang fixe *Bestellkosten*. Da sich die genannten Kostengrößen in Abhängigkeit von der jeweiligen *Bestellmenge* gegenläufig verhalten, ergibt sich ein Optimierungsproblem (Bestellmengenproblem; siehe Kap. 3).

Neben dem genannten Kostengesichtspunkt (*losbedingte Lagerung*) sprechen weitere Ursachen für das Halten von Lagerbeständen:

- *Saisonale Bedarfsverläufe:* Produziert oder vertreibt ein Unternehmen Produkte, die nur zu ganz bestimmten Zeiten des Jahres nachgefragt werden (Saisonartikel, z.B. Gartenmöbel), so ist in Zeiten mit geringer oder nicht existierender Nachfrage zu entscheiden, ob für den Bedarf der nächsten Saison auf Lager produziert oder die Produktionsrate in diesen Zeiten verringert werden soll.

- *Sicherheitsaspekte:* Aufgrund unsicherer Zukunftserwartungen ist es häufig sinnvoll, Lagerreserven (*Sicherheitsbestände*) zu halten, die Nachfrageschwankungen oder Lieferstörungen auffangen können und so zur Erreichung bestimmter Servicegrade beitragen.
- *Sonstige Gründe:* Lagerbestände können auch zur Ausnutzung von Rabatten oder Sammelbestellungsvorteilen sowie zur Erzielung von Spekulationsgewinnen dienen.

Die obigen Ausführungen beziehen sich vorwiegend auf die mengenmäßige und zeitliche Bereitstellung. Hinzu kommen Fragen der Bereitstellung von Gütern am gewünschten Ort, also Probleme der **Transportplanung** (vgl. Kap. 1.5.2).

1.3.3 Produktionsprozeßplanung

Die **Produktionsprozeßplanung** oder **Produktionsdurchführungsplanung** beschäftigt sich mit der zeitlichen, mengenmäßigen und räumlichen Planung des Produktionsvollzugs auf Wochen-, Tage- oder Stundenbasis; vgl. Zäpfel (1982), Adam (1983), Scheer (1990), Reichwald und Dietel (1991), Hoitsch (1993), Hansmann (1997). Der Anstoß zur Realisierung der Produktionsdurchführung sowie ihre Überwachung und Sicherung erfolgen im Rahmen der **Produktionssteuerung und -kontrolle.**

Auf Grundlage der durch ein aktuelles Produktionsprogramm vorgegebenen Produktionsmengen und der Vorgaben aus der Materialbedarfsplanung sind konkrete Fertigungsaufträge zu bilden und einzuplanen. Ein **Fertigungsauftrag** ist eine zeitlich determinierte Arbeitsanweisung zur Herstellung einer bestimmten Menge eines Vor-, Zwischen- oder Endproduktes. Dabei sind folgende Entscheidungen zu treffen:

- Welche Fertigungsaufträge sind zu bilden bzw. gemeinsam auszuführen?
- Welche Produktiveinheiten werden zur Bearbeitung von Fertigungsaufträgen mit welchen Intensitäten eingesetzt? Welche Werkstoffe werden verwendet?
- In welcher Reihenfolge sind Fertigungsaufträge, die dieselben Produktiveinheiten benötigen, einzuplanen?
- Detaillierte zeitliche Festlegung der Ausführung von Fertigungsaufträgen.

Dabei ist zu beachten, daß diese Entscheidungen unter Berücksichtigung der durch die Produktionsform vorgegebenen Strukturen und der durch die Bereitstellungsplanung determinierten Kapazitäten zu treffen sind. Kurzfristige Kapazitätsanpassungen sind in begrenztem Umfang möglich.

Die im Rahmen der Produktionsprozeßplanung durchzuführenden Aufgaben werden in der Regel innerhalb einer sukzessiv erfolgenden Planung in folgende Teilaufgaben zerlegt:[1]

---

[1] Dabei wird häufig vereinfachend davon ausgegangen, daß z.B. Losgrößen ohne Berücksichtigung von Kapazitäten bestimmt werden können.

- **Losgrößenbestimmung**

  Es wird entschieden, ob unter Berücksichtigung vorgegebener Zielsetzungen eine Zusammenfassung von Fertigungsaufträgen zu Losen sinnvoll ist. Unter einem **Los** (einer **Losgröße**) versteht man eine Menge (Anzahl) gleichartiger Objekte, die von einer Produktiveinheit unmittelbar hintereinander ohne Rüstvorgänge zu fertigen sind. Ein Entscheidungsproblem entsteht dadurch, daß bestimmte Kostenarten von der Losgröße in unterschiedlicher Weise abhängen. Gesucht werden unter Einhaltung vorgegebener Restriktionen kostenminimale Losgrößen und deren zeitliche Verteilung innerhalb eines betrachteten Planungszeitraumes.

- **Durchlauf- und Kapazitätsterminierung**

  Für jeden Fertigungsauftrag müssen früheste und späteste Zeitpunkte für die Bearbeitung sowie entsprechende Pufferzeiten so ermittelt werden, daß vereinbarte *Liefertermine* bzw. Terminvorgaben aus der Materialbedarfsplanung eingehalten werden können. Die **Durchlaufterminierung** bezieht sich nur auf zeitliche Aspekte und kann mit Hilfe der *Netzplantechnik* (s.u.) durchgeführt werden. Ausgehend von den bei der Durchlaufterminierung gewonnenen Informationen über die benötigten Kapazitäten während des Planungszeitraumes wird im Rahmen der **Kapazitätsterminierung** ein *Kapazitätsabgleich*, d.h. ein Ausgleich zwischen Kapazitätsbedarf und -angebot, durchgeführt; vgl. z.B. Czeranowsky (1974).

- **Reihenfolgeplanung und Feinterminierung**

  Es werden Reihenfolgen für die Bearbeitung von Aufträgen gebildet (engl. *sequencing*), und es wird eine detaillierte zeitliche Verteilung der Aufträge auf einzelne Maschinen vorgenommen. Beide Aufgaben faßt man unter den Begriffen **Maschinenbelegung** oder **Maschinenbelegungsplanung** (engl. *scheduling*) zusammen.

Aufgrund der Ergebnisse der Durchlauf- und Kapazitätsterminierung werden Fertigungsaufträge zur Ausführung freigegeben (**Auftragsfreigabe**). Die der Auftragsfreigabe nachgeordneten Aufgaben der Reihenfolgeplanung und der Feinterminierung werden demgemäß häufig dem Bereich der Steuerung zugeordnet.

Art und Schwierigkeitsgrad der zu lösenden Probleme werden maßgeblich durch die Produktionsform beeinflußt. Abb. 1.5 gibt einen Überblick über die Zusammenhänge zwischen den obigen Planungsbereichen und den wesentlichen Produktionsformen Repetitions- und Anordnungstyp.

Bei *Einzelfertigung* handelt es sich zumeist um die mehrstufige Fertigung eines oder weniger komplexer Produkte. In diesem Fall spricht man häufig auch von (Fertigungs-) *Projekten.* Für die Behandlung der hierbei entstehenden Probleme der Durchlauf- und Kapazitätsterminierung eignen sich Methoden der **Netzplantechnik** bzw. der **Projektplanung** (vgl. Kap. 1.5.2). Erste derartige Methoden wie CPM, MPM und PERT wurden speziell für diesen Repetitionstyp entwickelt. Bei Einzelfertigung sind die Anordnungstypen Werkstatt- und

Baustellenfertigung vorherrschend. Daraus resultiert die Notwendigkeit der Reihenfolgeplanung und Feinterminierung. Methoden für dabei zu lösende **Maschinenbelegungsprobleme** beschreiben wir in Kap. 5. Aufgrund der geringen Produktstandardisierung spielen bei der Einzelfertigung Losgrößenprobleme eine eher untergeordnete Rolle.

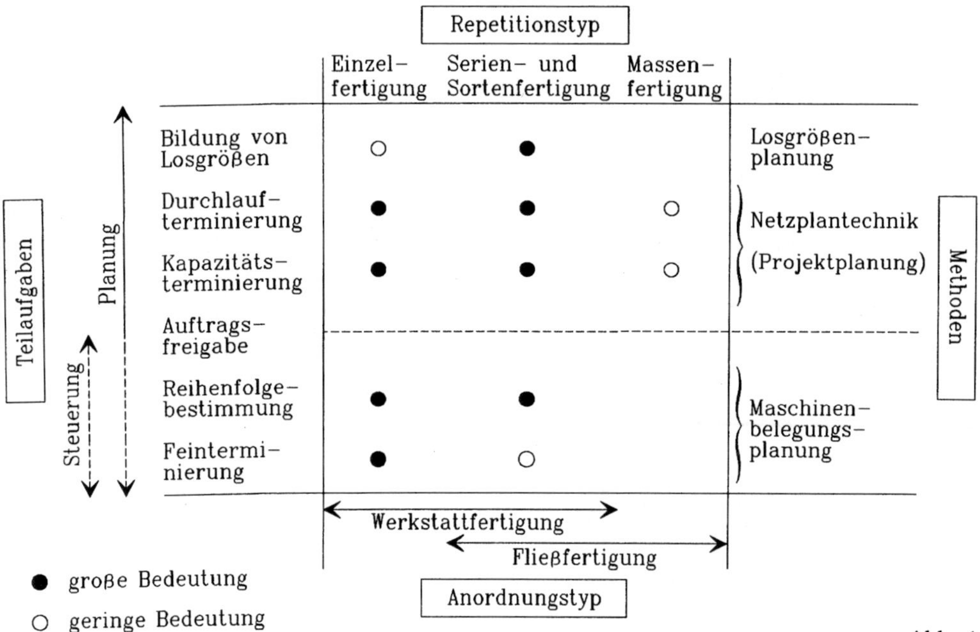

Abb. 1.5

Bei *Sorten- und Serienfertigung* entstehen typischerweise **Losgrößenprobleme** (vgl. Kap. 3). Diese sind oft mit Problemen der Durchlauf- und Kapazitätsterminierung und auch der Reihenfolgebestimmung verknüpft; vgl. dazu das Problem des Sortenwechsels in Kap. 3.2.2.3.

Bei *Massenfertigung* herrscht der Anordnungstyp der Fließfertigung vor. Daher beschränken sich die Entscheidungen vorwiegend auf die zeitliche Einteilung von Arbeitskräften und die Festlegung von Produktionsintensitäten zur Anpassung der Produktionsmengen an das gegebene aktuelle Produktionsprogramm.

1.3.4 Konzepte der Produktionsplanung und -steuerung

Die im Rahmen der Produktionsplanung und -steuerung anfallenden vielfältigen und komplexen Planungsaufgaben bedingen in hohem Maße den Einsatz elektronischer Datenverarbeitungsanlagen. Daher sind in vielen Unternehmen entsprechende rechnerunterstützte Produktionsplanungs- und -steuerungssysteme im Einsatz. Die folgenden Kapitel geben einen kurzen Überblick über den heutigen Entwicklungsstand, neuere Konzepte und die Einbindung derartiger Systeme in das Gesamtkonzept einer computergestützten Fertigung; vgl. auch Scheer (1990, 1994), Reichwald und Dietel (1991), Drexl et al. (1994) sowie Hansmann (1997).

1.3.4.1 Entwicklungsstand von PPS-Systemen

Produktionsplanungs- und -steuerungssysteme (PPS-Systeme) sind rechnerunterstützte Systeme, die zur Planung, Steuerung und Kontrolle des Materialflusses in sämtlichen die Produktion im weiteren Sinne betreffenden Bereichen von der Auftragsbearbeitung über die Materialwirtschaft und die eigentliche Produktion bis hin zum Versand (*logistische Kette*) eingesetzt werden.

Wie in Kap. 1.3.1 bis 1.3.3 ausgeführt, umfaßt die Produktionsplanung eine Vielzahl von Teilproblemen aus den Planungsbereichen Produktionsprogramm, Bereitstellung und Produktionsprozeß mit vielfältigen gegenseitigen Abhängigkeiten. Dies führt dazu, daß es zumeist nicht möglich ist, sämtliche Teilprobleme gemeinsam im Rahmen einer **Simultanplanung** zu betrachten, da entsprechende Modelle sehr kompliziert werden und mit heutigen Rechenmethoden in der Regel nicht optimal gelöst werden können. Außerdem bestehen Schwierigkeiten dabei, Daten für das Gesamtproblem in ausreichendem Detaillierungsgrad zu beschaffen und Entscheidungen innerhalb der Produktionsplanung auf die verschiedenen Managementebenen im Unternehmen zu verteilen.

Daher wird die Produktionsplanung in heutigen PPS-Systemen in der Regel als **Sukzessivplanung** durchgeführt. Dies bedeutet, daß man eine Aufteilung der Produktionsplanung in verschiedene Planungsebenen zugrundelegt, diese Ebenen sukzessive betrachtet und dort entstehende Optimierungsprobleme in der Regel *heuristisch* löst. Dabei werden die Ergebnisse vorhergehender Planungsstufen jeweils als Daten für die nachfolgenden Stufen berücksichtigt. Nimmt man eine hierarchische Aufteilung in Planungsebenen vor, so spricht man von **hierarchischer Planung**; vgl. Hax und Candea (1984), Stadtler (1988) sowie Steven (1994). Um auch Auswirkungen von Entscheidungen auf diejenigen in vorhergehenden Planungsebenen mit zu berücksichtigen, erfolgt eine Sukzessivplanung in der Regel rollierend.

Die meisten heutigen PPS-Systeme basieren auf dem Konzept **MRP II** (*manufacturing resource planning*)[2] mit folgender Grobaufteilung in Planungsebenen; vgl. z.B. Fleischmann (1988), Drexl et al. (1994) und die vorhergehenden Abschnitte:[3]

- Planung des aktuellen Produktionsprogramms (*master production schedule*)
- Materialbedarfsplanung
- Durchlaufterminierung
- Kapazitätsterminierung
- Steuerung und Kontrolle der Produktion

2 Dieses Konzept stellt eine Weiterentwicklung des **MRP** (*material requirements planning*) dar.

3 Aufgrund der Vielzahl der in der Praxis existierenden PPS-Systeme wird es zunehmend wichtiger, hinsichtlich ihrer Funktionalität eine geeignete Transparenz zu schaffen; vgl. zu einer umfassenden Übersicht Fandel et al. (1997).

Bei der **Planung des aktuellen Produktionsprogramms** werden *Primärbedarfe* (d.h. unmittelbar Kundenaufträgen zuordenbare Bedarfe) für Endprodukte und absatzfähige Ersatzteile bestimmt. Dazu werden die Daten konkreter Kundenaufträge und Prognosen über Absatzwerte herangezogen. Dieser Planungsbereich ist in vielen PPS-Systemen nur ungenügend unterstützt, obwohl er die Grundlage für die nachfolgende Ebene der Materialbedarfsplanung darstellt.

Ausgehend von den zuvor ermittelten Primärbedarfen erfolgt bei der **Materialbedarfsplanung** die Bestimmung von *Sekundärbedarfen* (abgeleiteten Bedarfen) für Zwischen- und Vorprodukte. Dies geschieht mit Hilfe von Verfahren zur *Stücklistenauflösung* unter Berücksichtigung der Periodenzuordnung der Bedarfe. Dabei wird die Produktstruktur stufenweise, von den Endprodukten ausgehend, betrachtet. Für jedes Produkt werden zunächst aus den Bedarfen übergeordneter Produkte *Bruttobedarfe* ermittelt. Daraus ergeben sich unter Berücksichtigung der aktuellen Lagerbestände *Nettobedarfe*, die zu *Bestellmengen* (bei fremdbezogenen Gütern) bzw. *Produktionslosen* (bei eigengefertigten Produkten) zusammenzufassen sind. Dazu werden in den meisten PPS-Systemen auch bei mehrstufiger Mehrproduktfertigung häufig nur einfache (Einprodukt-) Modelle verwendet und heuristisch gelöst.

Ausgehend von den grob terminierten Nettobedarfen erfolgt bei der **Durchlaufterminierung** die zeitliche Einplanung der Produktionsaufträge (Lose) auf den Produktiveinheiten. Dazu werden Starttermine für die einzelnen Arbeitsgänge eines Auftrags bestimmt.

Bei der **Kapazitätsterminierung** wird in jeder Periode ein Vergleich zwischen geplantem Kapazitätsbedarf und verfügbarer Kapazität durchgeführt. Reicht in einer oder mehreren Perioden die Kapazität nicht aus, so wird im Rahmen eines *Kapazitätsabgleichs* eine zeitliche Umverteilung von Aufträgen vorgenommen. Dies geschieht häufig manuell oder mit Hilfe einfacher Heuristiken (z.B. Prioritätsregelverfahren), wodurch die wegen zeitlicher Interdependenzen zwischen Produkten und/oder Arbeitsgängen entstehenden Auswirkungen auf vor- bzw. nachgelagerte Dispositionsstufen jedoch nur ungenügend berücksichtigt werden können.

Nach der Freigabe der Fertigungsaufträge erfolgt im Rahmen der **Produktionssteuerung** die Bildung von Auftragsreihenfolgen für die Produktiveinheiten (*Reihenfolgeplanung*) und ihre detaillierte zeitliche Einplanung (*Feinterminierung*). Vor der Auftragsfreigabe und/oder vor der tatsächlichen Ausführung eines Auftrags wird im Rahmen einer *Verfügbarkeitsprüfung* festgestellt, ob die erforderlichen Produktionsfaktoren zum geplanten Zeitpunkt vorhanden sind. Während der Ausführung erfolgt eine ständige **Kontrolle des Auftragsfortschritts**, indem Ist-Daten mit den geplanten Daten verglichen werden. Die Erhebung der Fertigungs-Ist-Daten erfolgt über die *Betriebsdatenerfassung* (BDE). Bei Soll-Ist-Abweichungen sind Fertigungsauftragsdaten wie Termine oder Mengen zu revidieren.

Zur Realisierung all dieser Planungsaufgaben wird eine Fülle von Daten benötigt. Diese **Grunddaten** werden in Datenbanken gespeichert und lassen sich wie folgt unterteilen:

- Auftragsdaten: Prognosen der Absatzentwicklung und Daten von Kundenaufträgen
- Teilestammdaten: produktbezogene Informationen bezüglich Teilenummern, Produktionszeiten, Stückkosten etc.
- Erzeugnisstrukturdaten: Informationen über die Produktstruktur
- Arbeitsgangdaten: Arbeitspläne mit den zur Erstellung eines Produktes erforderlichen Arbeitsgängen, deren Zuordnung zu Betriebsmitteln und Angaben über Rüst- und Bearbeitungszeiten
- Betriebsmitteldaten: Informationen über Kapazitäten von Betriebsmitteln

PPS-Systeme haben sich in der betrieblichen Praxis weitgehend durchgesetzt, obwohl die in einigen der Planungsebenen implementierten Lösungsverfahren wenig leistungsfähig sind. Daher soll dieses Buch auch dazu beitragen, alternative Lösungsansätze für einzelne Planungsbereiche (insbesondere Losgrößenplanung und Maschinenbelegungsplanung) vorzustellen. Derartige Verfahren können, sofern sie nicht unmittelbar in PPS-Systemen Eingang finden, zumindest zur Validierung von in PPS-Systemen eingesetzten Vorgehensweisen oder im Rahmen dezentraler Fertigungssteuerungssysteme, wie sie in heutigen elektronischen *Fertigungsleitständen* möglich sind, verwendet werden.

1.3.4.2 Neuere Ansätze für PPS-Systeme

Ein Hauptmangel vieler PPS-Systeme besteht in der strikt sukzessiven Planung; vgl. Fleischmann (1988) sowie Drexl et al. (1994). Durch die relativ späte Beachtung von Kapazitäten erhält man oft erhöhte Durchlaufzeiten und damit erhöhte Lagerbestände innerhalb der Produktion (engl. *in-process-inventories*). Dies kann dazu führen, daß wichtige Aufträge als Eilaufträge mit erhöhter Priorität (manuell) eingelastet werden müssen, was zu einer weiteren Erhöhung von Durchlaufzeiten anderer Aufträge führen kann.

Um diesem und einigen anderen im letzten Kapitel angedeuteten Mängeln zu begegnen, wurden und werden in der Literatur verschiedene Planungsansätze für Teilprobleme betrachtet, von denen wir einige im folgenden kurz skizzieren. Nach Ansicht von Drexl et al. (1994) stellen auch diese Planungs- und Steuerungskonzepte allenfalls Teillösungen dar. Insbesondere werden PPS-Systeme in der Praxis vornehmlich für spezielle Bereiche entwickelt (z.B. Fertigungsbetriebe mit (Klein-) Serienfertigung), ohne eine unmittelbare Übertragbarkeit auf andere Organisationsformen zu gewährleisten.

a) Simultane Planung der Materialbedarfe und Auftragsterminierung:

Zwischen der Materialdisposition und der Terminierung bestehen enge Zusammenhänge, die in einer Sukzessivplanung nur ungenügend berücksichtigt werden können. Daher versucht z.B. das System *OPT* (vgl. Fox (1982)), zunächst Aufträge einzuplanen, die Engpaßmaschinen belasten, und erst anschließend die anderen Aufträge unter Beachtung der so gesetzten Termine zu berücksichtigen. Problematisch ist dabei, daß Engpaßmaschinen ex ante bestimmt werden müssen.

b) Fortschrittszahlenkonzept:

Dieses Konzept wurde für die Sorten- und Serienfertigung bei Fließorganisation entwickelt und dient der Darstellung der zeitlichen Entwicklung des Materialflusses in sämtlichen die Produktion (i.w.S.) betreffenden Bereichen von der Beschaffung bis zum Absatz. Dies geschieht mit Hilfe sogenannter *Fortschrittszahlen*, die kumulierte Bedarfs-, Produktions- oder Absatzmengen zu bestimmten Zeitpunkten beschreiben. Durch Vergleich von Soll- mit Ist-Fortschrittszahlen können Produktionsrückstände oder -vorläufe sowie mittlere Durchlaufzeiten leicht ermittelt werden. Dabei werden Soll-Fortschrittszahlen einzelnen autonomen Kontrolleinheiten innerhalb des Beschaffungs- und Produktionsbereiches zugeordnet, um eine Dezentralisierung (Flexibilisierung) der Fertigungssteuerung und damit letztlich niedrigere Lagerbestände bei hoher Verfügbarkeit zu erreichen. Da jedoch die Soll-Fortschrittszahlen verbindlich vorgegeben sind, ist der Handlungsspielraum der Disponenten oft stark eingeschränkt, vor allem wenn vorgelagerte Bereiche spätestmöglich fertigen; vgl. Glaser (1991).

c) Just-in-time / Kanban:

Das **Just-in-time-Prinzip (JIT)** besagt, daß eine Produktion erst auf Abruf durch nachgelagerte Stufen ausgelöst werden soll und im Idealfall keine Zwischenlagerbestände auftreten, um einerseits die Lieferbereitschaft aufrechtzuerhalten und andererseits Lagerkosten zu reduzieren. Man spricht daher auch von **bedarfssynchroner Fertigung**, deren Realisierbarkeit allerdings von einer Reihe von Vorbedingungen abhängt:

- möglichst gleichmäßige Nachfrage nach homogenen Produkten
- geringe Rüstzeiten
- hohe Produktqualität wegen des Fehlens von Reservebeständen

Eine mögliche Realisierung des Just-in-time-Prinzips ist **Kanban**. Es wurde von japanischen Unternehmen entwickelt, um eine Bestandssenkung innerhalb der Produktion zu erreichen. Dazu unterhält jede Fertigungsstufe *kleine* Pufferlager (*Kanban-Behälter*), die eine bestimmte Losgröße aufnehmen können. Bei Unterschreitung eines Mindestbestandes wird ein Bestellvorgang ausgelöst. Dies geschieht dezentral und manuell mit Hilfe sogenannter *Kanbans*, d.h. Identifikationskarten für Vor-, Zwischen- oder Endprodukte, die an den Kanban-Behältern angebracht sind. Die (losweise) Bestellung an vorgelagerte Fertigungsstufen bzw. an Zulieferer erfolgt also nach dem *Hol-Prinzip*. Ein sinnvoller Einsatz eines Kanban-Systems ist allerdings nur unter den beim Just-in-time-Prinzip genannten Bedingungen möglich, da starke Nachfrageschwankungen oder ungleichmäßige Produktion zu stark schwankenden Losgrößen und Auslastungen der Kanban-Behälter führen. Außerdem sollten ein hoher Wiederholungsgrad (Sorten-, Serienfertigung) und eine Fließorganisation vorliegen.

d) Belastungsorientierte Auftragsfreigabe:

Dieser Ansatz dient durch *Automatisierung der Auftragsfreigabe* als Planungsverfahren bei Werkstattfertigung; vgl. Wiendahl (1987). Vor allem bei diesem Anordnungstyp treten aufgrund unterschiedlicher Reihenfolgen der Produkte auf den Produktiveinheiten häufig sehr hohe Durchlaufzeiten und damit große Lagerbestände auf. Bis zu 85 % der Durchlaufzeiten bestehen aus sogenannten Übergangszeiten (Transport-, Wartezeiten). Durch diesen sehr hohen Anteil ergeben sich große Unsicherheiten bei der Terminplanung, die zu einer verfrühten Einlastung und damit zu Stauungen vor den Betriebsmitteln und zu längeren realisierten Durchlaufzeiten führen. Daher müssen, wie oben erwähnt, wichtige Aufträge als Eilaufträge durch das Fertigungssystem geschleust werden, was wiederum zur Verlängerung von Durchlaufzeiten anderer Aufträge führt. Dieser Zusammenhang wird auch als *Fehlerkreis der Fertigungssteuerung* oder als *Durchlaufzeitsyndrom* bezeichnet.

Aufgrund dessen sollte bereits bei der Auftragsfreigabe sichergestellt sein, daß genügend Kapazitäten zur Verfügung stehen, um die termingerechte Durchführung des Auftrags zu gewährleisten. Dort setzt die belastungsorientierte Auftragsfreigabe an. In jeder Planperiode werden Aufträge zunächst nach ihrer Dringlichkeit eingestuft und sortiert. Für die Aufträge wird nun eine Durchlaufterminierung mit Berechnung von zeitlichen Puffern durchgeführt. Eine Einplanung (in Sortierreihenfolge) wird nur dann vorgenommen, wenn an sämtlichen Produktiveinheiten eine vorgegebene Belastungsgrenze (z.B. 200 – 300 % der Periodenkapazität) nicht überschritten wird. Ansonsten wird der Auftrag in die nächste Periode verschoben. Praktische Erfahrungen zeigen, daß Durchlaufzeiten durch die belastungsorientierte Auftragsfreigabe in bestimmten Fällen reduziert werden können. Nachteilig ist jedoch, daß keine gezielte Steuerung einzelner Aufträge möglich ist. Außerdem stellt die Vorgabe der Belastungsgrenze ein Problem dar, weil zu niedrige Schranken zu schlechter Systemauslastung führen. Es wird vorgeschlagen, Schranken mit Hilfe von Simulationen zu bestimmen.

Eine einfache und anschauliche Darstellungsmöglichkeit im Zusammenhang mit der belastungsorientierten Auftragsfreigabe ist das sogenannte *Trichtermodell*. Dabei werden die Werkstätten als Trichter, deren Kapazität als der Trichterauslaß und die vor den Werkstätten wartenden Aufträge als ihre Füllhöhe interpretiert.

1.3.4.3 PPS-Systeme im Rahmen des CIM-Konzeptes

In der Vergangenheit verwendete man für einzelne Planungsbereiche isolierte Informationssysteme mit den Problemen mehrfacher Datenerfassung und -haltung und demzufolge schwer zu pflegender und inkonsistenter Datenbestände. Seit einigen Jahren versucht man, sämtliche technischen und betriebswirtschaftlichen Aufgabenbereiche eines Industriebetriebs mit Hilfe unternehmensweiter Informationssysteme, die auf gemeinsamen (einheitlichen) Datenbeständen arbeiten, zu unterstützen; vgl. zu einer Kritik dieses Ansatzes Wedekind (1988). Dieses

Gesamtkonzept bezeichnet man als **computerintegrierte Fertigung** (engl. *Computer Integrated Manufacturing*, **CIM**). CIM beinhaltet folgende Komponenten:

- Produktionsplanung und -steuerung: Rechnerunterstützung für betriebswirtschaftliche Aufgaben (s. Kap. 1.3.4.1 und 1.3.4.2).
- Computer Aided Design (CAD): Rechnerunterstützung bei der *Konstruktion* (Entwurf) von Produkten bezüglich Gestalt und Funktion. Erfassung, Speicherung und Verarbeitung vielfältiger technologischer und geometrischer Daten sowie deren graphische Darstellung. Konstruieren erfolgt zumeist interaktiv am Terminal.
- Computer Aided Planning (CAP): Rechnerunterstützung bei der produktbezogenen Planung von technologischen Produktionsvorgängen. Dazu gehören v.a. die Erstellung von *Arbeitsplänen* (Beschreibung der einzelnen Fertigungsvorgänge sowie deren Zusammenhang), die Programmierung von NC-Maschinen und Robotern sowie die Planung von Prüfvorgängen (vgl. CAQ).
- Computer Aided Manufacturing (CAM): Rechnerunterstützung bei der *Automatisierung von Fertigungsprozessen.* Dies geschieht insbesondere durch den Einsatz flexibler Produktiveinheiten (Bearbeitungszentren, flexible Fertigungszellen und -systeme; vgl. Kap. 1.2.2), automatisierter Transport- und Lagersysteme sowie Rechnersystemen zur Prozeßsteuerung und -überwachung.
- Computer Aided Quality Assurance (CAQ): Rechnerunterstützung bei der Sicherung der Produktqualität durch ständige Überwachung während des gesamten Materialflusses mittels automatisierter Funktionsprüf- und Meßsysteme. Dabei besteht eine Tendenz, Meß- und Prüfvorgänge in die eigentliche Fertigung zu integrieren. Aufgrund der Meßergebnisse sind steuernde Eingriffe wie Änderung von Maschinenparametern oder vorbeugende Instandhaltungsmaßnahmen einzuleiten.

Zwischen diesen CIM-Komponenten bestehen vielfältige Beziehungen, die durch entsprechende Schnittstellen abgebildet werden müssen; vgl. Scheer (1994).

1.4 Organisation

In Kap. 1.1 haben wir bereits darauf hingewiesen, daß die Realisierung eines Planes im Rahmen der *Organisation* des Unternehmens erfolgt, ohne diesen Begriff näher zu erläutern. Wesentliche Aspekte der betriebswirtschaftlichen Organisationslehre betreffen Fragen der Organisation und Planung von Abläufen und führen unmittelbar zu den Gebieten Ablauforganisation und Ablaufplanung. In den folgenden Abschnitten werden wir sehen, daß die Produktionsplanung sehr stark mit Fragestellungen der Organisation verzahnt ist.

Bezüglich des **Gegenstandes der Organisation** lassen sich zwei wesentliche Konzeptionen unterscheiden, je nachdem, ob die Tätigkeit an sich (das Gestalten) oder das Ergebnis derartigen Gestaltens im Vordergrund steht.

Im Rahmen der *instrumentalen Konzeption* versteht man unter Organisation das bewußte Gestalten von Beziehungen zwischen allen im Unternehmen befindlichen Personen und Personengruppen, Arbeitsmitteln und Objekten. Aufgrund dieser Begriffsauffassung entspricht die instrumentale Konzeption einer *Strukturierungskonzeption*, bei der Organisation betriebsgestaltende Regelungen beinhaltet.

Organisieren als Tätigkeit beabsichtigt demzufolge, Ordnungen und Beziehungen zu schaffen, nach denen (soziale) Gebilde gestaltet werden und Prozesse ablaufen sollen. Diese Tätigkeit erfolgt zielgerichtet unter Beachtung von vorgegebenen Rahmenbedingungen.

Bei derartigem bewußtem Gestalten wird grundsätzlich unterstellt, daß solche Entscheidungen getroffen oder vorbereitet werden, die über den Einzelfall hinausgehende strukturierende oder ordnende, d.h. allgemeine Wirkung besitzen. Ziel ist dabei eine "integrative Strukturierung von Ganzheiten"; vgl. Kosiol (1976). Demzufolge verstehen wir unter Organisation das bewußte Gestalten bzw. die Regelung von Beziehungen zwischen Subjekten, Arbeitsmitteln und Objekten sowie auszuführenden Verrichtungen in einem Unternehmen (z.B. eine ökonomisch sinnvolle Zusammenstellung von Betriebsmitteln und Subjekten zu Produktiveinheiten). Darüber hinaus können hierzu auch Beziehungen nach außen zählen (z.B. die Festlegung von Beschaffungs- und Absatzstrukturen).

Gegenüber der instrumentalen Konzeption steht die *institutionale Konzeption* mit der Unternehmung als zielgerichtetem Handlungssystem. In dieser eher *verhaltenswissenschaftlichen* Konzeption wird ein weiter gefaßter Organisationsbegriff im Sinne einer integrativen, auf Interdisziplinarität abzielenden Sichtweise unterstellt. Zielgerichtete, soziale Gebilde oder Systeme werden als Organisation bezeichnet. Gegenstand der Organisation bei dieser Konzeption ist die Untersuchung des Verhaltens und Handelns der in Sozialgebilden befindlichen Personen und -gruppen sowie der Bestimmungsgrößen ihrer Verhaltensweisen.

Im Rahmen der Produktionsplanung wird eine eher an pragmatisch-praktischen Problemen der Unternehmung orientierte Sichtweise, die vornehmlich nach betriebsgestaltenden Regelungen fragt, verfolgt. Dementsprechend unterstellen wir im folgenden einen der instrumentalen (Strukturierungs-) Konzeption folgenden Organsationsbegriff. Der gemäß dieser Konzeption formulierte Begriff des Organisierens beinhaltet die Unterteilung der (betrieblichen) Organisation in zwei Teilbereiche, die man als *Aufbau-* und *Ablauforganisation* bezeichnet; vgl. zu den folgenden Ausführungen z.B. Nordsieck (1960), Kosiol (1980), Bühner (1991), Kreikebaum (1994) sowie Küpper und Helber (1995).

Die **Aufbauorganisation** schafft grundlegende Strukturen und Ordnungen; sie legt den institutionellen Rahmen eines Unternehmens fest. Innerhalb der Aufbauorganisation werden insbesondere *langfristige* Entscheidungen über Art und Anzahl der im Betrieb einzusetzenden Subjekte und Arbeitsmittel getroffen. Sie regelt (ebenfalls langfristig) Beziehungen zwischen diesen Elementen. Innerhalb der Aufbauorganisation werden also Beziehungsarten festgelegt, die einen länger anhaltenden Einfluß auf den Unternehmensprozeß haben. Hierzu gehören z.B. die Festlegung von Macht- und Kommunikationsbeziehungen zwischen den Personen und -gruppen eines Unternehmens, die Strukturierung von Informationsflüssen, die Aufgliederung des Unternehmens in organisatorische Teilbereiche sowie die Aufgabenverteilung. Auch die Festlegung von Produktionsformen (z.B. Werkstatt- oder Fließfertigung), langfristige Standortentscheidungen (z.B. für Betriebsstätten) sowie die Gestaltung von Kommunikationssystemen lassen sich diesem Bereich zuordnen.

Die **Ablauforganisation** befaßt sich mit der *kurz- und mittelfristigen* räumlichen, zeitlichen sowie sachlichen Strukturierung von Arbeits- und Bewegungsvorgängen (innerhalb des Unternehmens). Die von der Aufbauorganisation geschaffenen Strukturen bilden für sie einen gewissen Rahmen (in Form von Vorgaben oder Daten), innerhalb dessen ein konkreter Vollzug zu planen ist. Gegenstand der Ablauforganisation ist mithin die Untersuchung und Gestaltung von Raum-, Zeit- und Gruppierungsbeziehungen; vgl. auch Ellinger und Haupt (1980). Sie lassen sich kurz wie folgt charakterisieren:

- *Raumbeziehungen:* Wo sind Arbeitsvorgänge auszuführen?
  Festlegung einer räumlichen An- und Zuordnung von Elementen (sofern nicht bereits im Rahmen einer langfristigen Planung aus der Aufbauorganisation vorgegeben; z.B. Zuordnung von Maschinen zu Plätzen, Zuordnung von Aufträgen zu Maschinen) sowie die räumliche Ausgestaltung von Bewegungsvorgängen (z.B. Transporte).
- *Zeitbeziehungen:* Wann sind Arbeitsvorgänge auszuführen?
  Hierzu zählen u.a. die Reihenfolgeplanung von Aufträgen auf einer Maschine und die Projektplanung.
- *Gruppierungsbeziehungen:* Welche Arbeitsvorgänge sollen "gemeinsam" ausgeführt, welche Arbeitsmittel und -träger miteinander kombiniert werden?
  Zielgerichtete Zuordnung von Elementen zu Gruppen bzw. Klassen. Es entstehen Gruppen von Elementen (Objekte, Subjekte, Arbeitsmittel) mit gemeinsamen Merkmalen. Beispiele hierfür sind die Bildung von Fertigungslosen, die Zusammenstellung von Produktiveinheiten sowie bei Subjekten eine Entscheidung über Gruppenstärken (von Arbeitskolonnen oder -schichten).

Im folgenden Kapitel erläutern wir ablauforganisatorische Probleme näher und zeigen dabei Interdependenzen mit der Produktionsplanung auf; vgl. dazu auch Haupt (1987). Faßt man eine Abfolge von Arbeitsvorgängen als *Prozeß* auf, so daß Gegenstand der Ablauforganisation die Strukturierung von Arbeits- und Bewegungsprozessen ist, so läßt sich anstelle des Begriffes Ablauforganisation auch der der **Prozeßorganisation** verwenden; vgl. Gaitanides (1983).

1.5 Ablauforganisatorische Probleme der Produktionsplanung

Im folgenden skizzieren wir die wichtigsten **Gruppen ablauforganisatorischer Entscheidungsprobleme**, sofern sie im Kontext der Produktionsplanung von Bedeutung sind. Dazu gehen wir zunächst auf mögliche Zielsetzungen ein, bevor wir die Entscheidungsprobleme klassifizieren.

1.5.1 Ziele

Das Setzen von Zielen bzw. die Zielbildung erfolgt im Rahmen des Planungsprozesses; vgl. Kap. 1.1 sowie Bamberg und Coenenberg (1994). **Ziele** beziehen sich auf die Angabe von anzustrebenden, zu erreichenden bzw. erreichbaren Zuständen sowie deren Bewertung ggf. im Verhältnis zu anderen Zuständen. Sie enthalten Informationen darüber, welche Handlungsalternativen ein Entscheidungsträger als vorteilhaft oder als nachteilig betrachtet.

Je nachdem, ob sich Ziele auf vorliegende Aufträge oder auf Arbeitsträger beziehen, unterscheidet man *auftrags-* und *arbeitsträgerorientierte Ziele*. Eine weitere Möglichkeit der Untergliederung erfolgt nach *zeitlichen, qualitativen* und nach *Kosten-Gesichtspunkten*.

In den bei der Maschinenbelegungsplanung (s. Kap. 5) betrachteten Modellen verwenden wir z.B., wie in der Literatur üblich, vorwiegend Zeitgrößen. In der Praxis interessieren zwar grundsätzlich eher Kostengrößen, die jedoch aufgrund von Bewertungsproblemen kaum zu operationalisieren sind; vgl. Schneeweiß (1997, S. 95 ff.). Qualitative Ziele gehen in die meisten Modelle gar nicht oder nur in Form zu erfüllender Mindestanforderungen ein.

Eine Übersicht über mögliche Zielsetzungen im Rahmen ablauforganisatorischer Probleme der Produktionsplanung zeigt Tab. 1.1; vgl. Zäpfel (1982), Hoitsch (1993), Daub (1994) sowie Küpper und Helber (1995). Im folgenden werden wir die aufgeführten sowie eine Reihe weiterer Ziele näher erläutern. Dabei untergliedern wir hinsichtlich der in Tab. 1.1 vorgenommen Einteilung. Übergeordnete sowie übergreifende kombinierte Zielsetzungen sind ebenfalls z.B. im Rahmen von Problemen mit mehrfacher Zielsetzung möglich.

	auftragsorientiert	arbeitsträgerorientiert
Kostengrößen	Terminüberschreitungs-, Verzögerungskosten	Rüst-, Beschleunigungs-, Leerkosten
Zeitgrößen	Durchlauf-, Warte-, Zyklus-, Terminüberschreitungszeit	Leer-, Rüst-, Belegungszeit
qualitative Größen	Mindestqualität der Produkte	Arbeitszufriedenheit, Motivation, Entscheidungsbeteiligung

Tab. 1.1

In der Literatur unterscheidet man zwischen *Formal-* und *Sachzielen*. Die Minimierung von Kosten- oder Zeitgrößen zählt zu den Formalzielen, die Berücksichtigung qualitativer Größen zu den Sachzielen.

Kostengrößen

Im folgenden listen wir eine Reihe wesentlicher Kostenarten auf, deren Minimierung als Kostenziel in unseren späteren Ausführungen von Bedeutung ist. Kostenarten, die sich z.T. gemäß unserer Ausführungen in Kap. 1.3 erklären (*Fertigungs-*, *Bestell-* oder *Lagerhaltungskosten*), werden jedoch nicht explizit erläutert.

- *Rüstkosten* entstehen bei der Vorbereitung von Arbeitsträgern oder Betriebsmitteln für die Fertigung. Hierbei kann es sich um sogenannte *direkte* Kosten für das Einrichten von Betriebsmitteln als auch für das Umrüsten innerhalb der Fertigung handeln. *Indirekte* Rüstkosten können z.B. zu Beginn der Fertigung eines Produktes entstehen (Lerneffekte, vgl. z.B. Kap. 4.3.6.5). Darüber hinaus stellen oft auch *Opportunitätskosten*, die sich aus einer möglichen alternativen Nutzung von Arbeitsträgern während des Rüstens ergeben, indirekte Rüstkosten dar.
- *Terminüberschreitungskosten* sind Kosten, die für die Nichteinhaltung gewünschter Fertigstellungstermine von Aufträgen anfallen. Hierzu zählen auch *Fehlmengenkosten* in Form von Konventionalstrafen sowie entgangener Deckungsbeiträge (*Opportunitätskosten*). Werden im Zuge der Durchlauf- und Kapazitätsterminierung mögliche Überschreitungen von Lieferterminen festgestellt, so sind ggf. geeignete zeitliche und intensitätsmäßige Anpassungsmaßnahmen vorzunehmen (Überstunden, Fremdvergabe von Arbeiten). Dafür anfallende Kosten lassen sich als *Anpassungs-* oder *Beschleunigungskosten* klassifizieren.
- *Leerkosten* entstehen, falls Betriebsmittel (vorübergehend) nicht genutzt werden.
- *Verzögerungskosten* sind Kosten, die durch Störungen im Produktionsprozeß entstehen (z.B. Ausfall von Arbeitsträgern, unplanmäßiger Stop eines Fließbandes).

Zeitgrößen

Eng mit den für den Produktionsprozeß entscheidungsrelevanten Kosten sind entsprechende Zeiten verbunden. Analog zu obigen Kostengrößen lassen sich Zeitgrößen betrachten (*Rüst-*, *Leer-*, *Fertigungs-*, *Bestell-*, *Lager-*, *Terminüberschreitungszeit*). Weitere wesentliche Zeitgrößen sind:

- Die *Durchlaufzeit* eines Auftrags beschreibt die Zeitspanne, die von seiner Bereitstellung (Auftragsfreigabe) bis zu seiner Fertigstellung vergeht. Dies beinhaltet neben Fertigungs- (*Belegungs-*) auch ggf. zu berücksichtigende Rüst- und/oder *Transportzeiten* zwischen verschiedenen Werkstätten sowie *Wartezeiten* (vor Arbeitsträgern).

  Als Zielsetzungen werden die "Minimierung der (Summe der) Durchlaufzeiten" oder die "Minimierung der maximalen Durchlaufzeit" für einen vorgegebenen Auftragsbestand betrachtet.

- Die *Zykluszeit* stellt für einen gegebenen Auftragsbestand den Zeitraum vom Beginn der Bearbeitung des ersten Auftrags bis zur Fertigstellung des letzten Auftrags dar. Sie läßt sich auch als *Belegungszeit* des gesamten Fertigungssystems interpretieren.

  Die "Minimierung der Zykluszeit" stellt das am häufigsten verfolgte Zeitziel dar und entspricht bei gleichzeitiger Auftragsfreigabe aller Aufträge eines gegebenen Auftragsbestandes der "Minimierung der maximalen Durchlaufzeit". Eng damit verbunden sind die Zielsetzungen der "Maximierung der *Kapazitätsauslastung*" (vgl. hierzu das sog. Dilemma der Ablaufplanung in Kap. 1.5.2 sowie 5.1.3.3) und der "Maximierung des *Bandwirkungsgrades*" (s. Kap. 4.3.1.1).

Qualitative Größen

Im Rahmen qualitativer Ziele werden Qualitätsgrößen sowie soziale Ziele berücksichtigt. Hierzu gehören insbesondere *Sachziele* wie z.B. die "Maximierung des Servicegrades" (Lieferbereitschaft). Qualitätsgrößen betreffen sowohl interne als auch externe Aspekte der Fertigung. Im ersten Fall gehören hierzu die Berücksichtigung von Qualitätsmerkmalen der Produktion (z.B. die Lebensdauer von Arbeitsträgern und die Güte der gefertigten Produkte) und im zweiten Fall soziale Größen, die z.B. die Motivation und Arbeitszufriedenheit von Mitarbeitern sowie den Umweltschutz betreffen.

Zielbeziehungen

Zwischen Zielen lassen sich folgende Beziehungen unterscheiden:

- *Komplementäre Ziele:* Zwei Ziele heißen zueinander komplementär, wenn mit der Verbesserung (Verschlechterung) des Zielerreichungsgrades des einen auch derjenige des anderen verbessert (verschlechtert) wird.
- *Konkurrierende Ziele:* Zwei Ziele heißen konkurrierend oder konfliktär, wenn mit der Verschlechterung (Verbesserung) des Zielerreichungsgrades des einen derjenige des anderen verbessert (verschlechtert) wird.
- *Indifferente Ziele:* Die Ziele sind weder komplementär noch konkurrierend; Maßnahmen zur Erreichung eines Ziels beeinflussen die anderen Ziele nicht.

Die genannten Beziehungen müssen sich nicht über den gesamten Wertebereich der Ziele erstrecken; vielmehr ist es möglich, daß sich zwei Ziele in einem bestimmten Bereich komplementär, in anderen konkurrierend oder indifferent (neutral) zueinander verhalten. Ein Beispiel für den Wechsel zwischen komplementären und konkurrierenden Abschnitten bilden die Ziele Gewinn- und Umsatzmaximierung (in Abhängigkeit von der Ausbringungsmenge) eines monopolistischen Anbieters. Erstreckt sich die Komplementarität über den gesamten Bereich, so sprechen wir auch von *äquivalenten* oder *identischen Zielen.* Derartige Zielbeziehungen spielen insbesondere in Kap. 4 und 5 eine Rolle. Sie führen dazu, daß unter äquivalenten Zielen jeweils nur eines explizit betrachtet zu werden braucht. Ein einfaches Beispiel für Zieläquivalenz ergibt sich bei Betrachtung der Ziele "Minimierung der mittleren Durchlaufzeit" sowie "Minimierung der Summe der Durchlaufzeiten".

1.5.2 Arten von Entscheidungsproblemen

Ablauforganisatorische Entscheidungsprobleme der Produktionsplanung sind sehr eng mit Problemen der Ablaufplanung verbunden. Der Begriff der **Ablaufplanung** ist dabei jedoch nicht mit dem der Ablauforganisation gleichzusetzen; vgl. z.B. Gaitanides (1992) sowie Küpper und Helber (1995). Unter *Ablaufplanung* (*im engeren Sinne*) versteht man die Planung der räumlichen und zeitlichen Abläufe von Produktionsprozessen. Oftmals wird hierunter sogar lediglich die Maschinenbelegungsplanung verstanden; vgl. z.B. Seelbach (1975), Adam (1983) und Gutenberg (1983). Demgegenüber ist *Ablaufplanung im weiteren Sinne* im wesentlichen mit unserer Definition der Produktionsprozeßplanung bzw. der Produktionsdurchführungsplanung gleichzusetzen. Ablauforganisation beschränkt sich gegenüber der Ablaufplanung nicht nur auf den Produktionsbereich, sondern befaßt sich mit allen Unternehmensbereichen sowie, insbesondere im Rahmen operativer und taktischer Planung, mit Interdependenzen zur Aufbauorganisation.[4] Aufgrund dieser Begriffsabgrenzung lassen sich folgende Problemarten dem Bereich ablauforganisatorischer Entscheidungsprobleme der Produktionsplanung zurechnen.

a) Probleme der Arbeitsverteilung

Arbeitsverteilung bedeutet die Festlegung von Arbeitsvorgängen bzw. Arbeitsgängen sowie die geeignete Kombination von Arbeitsträgern zu Produktiveinheiten.

Probleme der Arbeitsverteilung hängen stark mit dem Grad der Aufteilung von Arbeit auf Subjekte und Arbeitsträger zusammen; sie bedingen jedoch nicht notwendig eine Zuordnung von Arbeitsgängen auf genau festgelegte Arbeitsträger. Vielmehr können Arbeitsgänge auch einer Klasse von Arbeitsträgern oder Produktiveinheiten zugeordnet werden. Eine detailliertere Planung erfolgt dann z.B. im Rahmen einer konkreten Maschinenbelegungsplanung oder einer Fließbandabstimmung. Mit derartigen Problemen befassen wir uns in den Kap. 5 bzw. 4.

b) Gruppierungsprobleme

Probleme der Gruppierung befassen sich mit der Ausgestaltung von Gruppierungsbeziehungen (vgl. Kap. 1.4). Eine Untergliederung läßt sich dabei hinsichtlich der geeigneten Zusammenfassung von Subjekten, Arbeitsmitteln und Objekten vornehmen. Dabei stellt insbesondere die Gruppierung von Objekten ein wesentliches ablauforganisatorisches Entscheidungsproblem der operativen Produktionsplanung dar.

Gruppierung von Subjekten:
Es sind Entscheidungen über die Zusammensetzung und die Stärke von Arbeitsgruppen zu treffen.

---

[4] Vgl. auch Gaitanides (1992) sowie Küpper und Helber (1995). Für eine weitere Klassifikation ablauforganisatorischer Probleme nach organisatorischen Elementen, die sich an der Untergliederung nach Subjekten, Arbeitsmitteln und Objekten orientiert, siehe Schweitzer (1974).

Gruppierung von Arbeitsmitteln:

Es sind Entscheidungen über die art- und mengenmäßige Zusammensetzung von Arbeitsmitteln zu treffen. Dies beinhaltet insbesondere die Festlegung des Anordnungstyps der Fertigung. Im Rahmen der Festlegung geeigneter Kombinationen von Produktionsfaktoren zu Produktiveinheiten bestehen darüber hinaus Interdependenzen zu Problemen der Arbeitsverteilung.

Gruppierung von Objekten:

Es sind Entscheidungen über die Arten und Größe von Losen oder Bestellmengen zu treffen. Derartige Probleme der Lagerhaltungs- bzw. Losgrößenplanung nehmen in unseren folgenden Ausführungen einen breiten Raum ein (siehe Kap. 3).

c) Reihenfolgeprobleme

Probleme der Reihenfolgeplanung und Feinterminierung bzw. *Maschinenbelegungsprobleme* betreffen die räumliche und zeitliche Festlegung von Aufträgen und Arbeitsgängen.

Derartige Probleme bestehen darin, unter Optimierung vorgegebener Zielsetzungen und Beachtung von Restriktionen eine zeitliche Zuordnung von Aufträgen zu Arbeitsträgern bzw. Maschinen zu bestimmen. Wie der Klassifikation in Kap. 5.1 zu entnehmen ist, lassen sich hierunter sehr viele verschiedenartige und unterschiedlich schwierige Fragestellungen subsumieren. Die Komplexität derartiger Fragestellungen hängt u.a. von den zu betrachtenden Zielgrößen sowie den zwischen ihnen vorhandenen Beziehungen ab. Beispielsweise besteht häufig ein Zielkonflikt zwischen den Zielsetzungen der "Minimierung der Durchlaufzeit" und der "Maximierung der Kapazitätsauslastung". In diesem Zusammenhang spricht Gutenberg (1983) vom **Dilemma der Ablaufplanung** (vgl. Kap. 5.1.3.3).

Neben Problemen der Lagerhaltungs- und Losgrößenplanung stellen Maschinenbelegungsprobleme einen weiteren Schwerpunkt dieses Buches dar (siehe Kap. 5).

d) Probleme der Leistungsabstimmung

Leistungsabstimmungsprobleme ergeben sich bezüglich der zeitlichen und mengenmäßigen Synchronisation der von Arbeitsträgern zu erbringenden Leistungen sowie der zeitlichen Anordnung von Arbeitsgängen.

Bei *Problemen der Fließbandabstimmung* handelt es sich um spezielle Probleme der Leistungsabstimmung von Arbeitsträgern und der zeitlichen Anordnung von Arbeitsgängen, beschränkt auf die Organisationsform der Fließfertigung. Dabei sind Arbeitsgänge so auf Arbeitsträger (Stationen) zu verteilen und deren Leistungen untereinander so abzustimmen, daß die Produktionsgeschwindigkeiten aller Stationen annähernd gleich groß sind. Mit derartigen Problemen befassen wir uns in Kap. 4.

e) Transportprobleme

Gesucht ist insbesondere eine räumliche, aber auch eine zeitliche Ausgestaltung von Bewegungsvorgängen. Dabei können verschiedene Aspekte im Vordergrund stehen wie z.B.

die Festlegung von Transportwegen, zu verwendenden Transportmitteln, zu bildender Transportlose sowie die Verteilung von Transportmengen auf verschiedene Zielorte; vgl. z.B. Domschke (1995).

f) **Probleme der Projektplanung**

Probleme der Projektplanung treten in der Regel bei der Vorbereitung und Durchführung von großen Einzelaufträgen (z.B. bei Baustellenfertigung) auf. Betrachtet werden Probleme der Struktur- und der Zeitplanung sowie Fragen der Kapazitäts- und der Kostenplanung. Derartige Fragestellungen werden u.a. mit Methoden der Netzplantechnik behandelt; vgl. z.B. Küpper et al. (1975), Altrogge (1994), Schwarze (1994) sowie Domschke und Drexl (1995). Übersichten zur Projektplanung unter Berücksichtigung von Kapazitäts- und Kostenaspekten finden sich u.a. in Slowinski und Weglarz (1989), Domschke und Drexl (1991), Özdamar und Ulusoy (1995) sowie Drexl et al. (1997).

g) **Probleme der Standortplanung**

Standortprobleme beinhalten gemeinsame Aspekte von Gruppierungs- und Raumbeziehungen und stehen somit in engem Zusammenhang mit Transportproblemen. Während betriebliche Standortprobleme (z.B. Wahl eines Lagerstandortes) eher der Aufbauorganisation zuzuordnen sind, können insbesondere kurz- und mittelfristige Fragen der innerbetrieblichen Standortplanung eher als ablauforganisatorische Aspekte angesehen werden; vgl. z.B. Kern (1980). Zu Modellen und Verfahren der Standort- und Layoutplanung siehe z.B. Francis et al. (1992) sowie Domschke und Drexl (1996).

Aufgrund des von uns präferierten Bezuges der Ablauforganisation zur Produktionsplanung haben wir bei unserer Klassifikation Zusammenhänge innerhalb von Produktionsprozessen in den Vordergrund gestellt. Interdependenzen zwischen einzelnen der angesprochenen Problembereiche sind möglich, wie man sich z.B. anhand von Problemen der simultanen Losgrößen- und Maschinenbelegungsplanung überlegt (vgl. Probleme der Sortenschaltung in Kap. 3.2.2.3); siehe ferner Daub (1994).

In den Kapiteln 3 bis 5 des Buches befassen wir uns insbesondere mit deterministischen Modellen der Bereiche a) bis d) der obigen Klassifikation. Die Ausführungen untergliedern wir dabei nach

- Lagerhaltung / Losgrößenplanung (Kap. 3)
- Fließbandabstimmungsprobleme (Kap. 4)
- Maschinenbelegungsprobleme (Kap. 5)

Eine Aussparung der anderen Punkte spiegelt dabei keine Wertung hinsichtlich ihrer Wichtigkeit innerhalb der Ablauforganisation und/oder der Produktionsplanung wieder, sondern trägt vielmehr der Existenz geeigneter aktueller Lehrbücher in den entsprechenden Gebieten Rechnung.

1.6 Literaturverzeichnis

Adam, D. (1983): Produktionsdurchführungsplanung. In: Jacob, H. (Hrsg.): Industriebetriebslehre, 2. Aufl., Gabler, Wiesbaden, S. 651 - 832.

Altrogge, G. (1994): Netzplantechnik. 2. Aufl., Oldenbourg, München - Wien.

Bamberg, G. und G. Coenenberg (1994): Betriebswirtschaftliche Entscheidungslehre. 8. Aufl., Vahlen, München.

Bloech, J.; R. Bogaschewsky, U. Götze und F. Roland (1993): Einführung in die Produktion. 2. Aufl., Physica, Heidelberg.

Blohm, H. und K. Lüder (1995): Investition. 8. Aufl., Vahlen, München.

Bosch, K. und U. Jensen (1983): Instandhaltungsmodelle - Eine Übersicht. OR Spektrum **5**, S. 105 - 118 und 129 - 148.

Bühner, R. (1991): Betriebswirtschaftliche Organisationslehre. 5. Aufl., Oldenbourg, München - Wien.

Busse von Colbe, W. und G. Laßmann (1991): Betriebswirtschaftstheorie, Band 1: Grundlagen, Produktions- und Kostentheorie. 5. Aufl., Springer, Berlin u.a.

Czeranowsky, G. (1974): Programmplanung bei Auftragsfertigung. Gabler, Wiesbaden.

Daub, A. (1994): Ablaufplanung - Modellbildung, Kapazitätsabstimmung und Unsicherheit. Eul, Bergisch Gladbach - Köln.

Domschke, W. (1995): Logistik: Transport. 4. Aufl., Oldenbourg, München - Wien.

Domschke, W. und A. Drexl (1991): Kapazitätsplanung in Netzwerken: Eine Übersicht über neuere Modelle und Verfahren. OR Spektrum **13**, S. 63 - 76.

Domschke, W. und A. Drexl (1995): Einführung in Operations Research. 3. Aufl., Springer, Berlin u.a.

Domschke, W. und A. Drexl (1996): Logistik: Standorte. 4. Aufl., Oldenbourg, München - Wien.

Drexl, A.; B. Fleischmann, H.-O. Günther, H. Stadtler und H. Tempelmeier (1994): Konzeptionelle Grundlagen kapazitätsorientierter PPS-Systeme. Zeitschrift für betriebswirtschaftliche Forschung **46**, S. 1022 - 1045.

Drexl, A.; R. Kolisch und A. Sprecher (1997): Neuere Entwicklungen in der Projektplanung. Zeitschrift für betriebswirtschafliche Forschung **49**, S. 95 - 120.

Ellinger, T. und R. Haupt (1980): Ablauforganisation, zeitliche Aspekte der. In: Grochla, E. (Hrsg.): Handwörterbuch der Organisation, 2. Aufl., Poeschel, Stuttgart, Sp. 22 - 30.

Fandel, G. (1996): Produktion I: Produktions- und Kostentheorie. 5. Aufl., Springer, Berlin u.a.

Fandel, G.; P. Francois und K.-M. Gubitz (1997): PPS- und integrierte betriebliche Softwaresysteme. 2. Aufl., Springer, Berlin u.a.

Fleischmann, B. (1988): Operations-Research-Modelle und -Verfahren in der Produktionsplanung. Zeitschrift für Betriebswirtschaft **58**, S. 347 - 372.

Fox, R.E. (1982): MRP, Kanban or OPT: what's best? Inventories & Production **2**, S. 32 - 43.

Francis, R.L.; L.F. McGinnis und J.A. White (1992): Facility layout and location: an analytical approach. 2. Aufl., Prentice-Hall, Englewood Cliffs.

Gaitanides, M. (1983): Prozeßorganisation. Vahlen, München.

Gaitanides, M. (1992): Ablauforganisation. In: Frese, E. (Hrsg.): Handwörterbuch der Organisation, 3. Aufl., Poeschel, Stuttgart, Sp. 1 - 18.

Glaser, H. (1991): Verfahren zur Fertigungssteuerung in alternativen PPS-Systemen - Eine kritische Analyse. In: Scheer, A.-W. (Hrsg.): Fertigungssteuerung - Expertenwissen für die Praxis, Oldenbourg, München - Wien, S. 21 - 37.

Glaser, H.; W. Geiger und V. Rohde (1992): PPS Produktionsplanung und -steuerung. 2. Aufl., Gabler, Wiesbaden.

Günther, H.-O. und H. Tempelmeier (1995): Produktionsmanagement. 2. Aufl., Springer, Berlin u.a.

Gutenberg, E. (1983): Grundlagen der Betriebswirtschaftslehre, Band 1: Die Produktion. 24. Aufl. (1. Aufl. 1951), Springer, Berlin u.a.

Hansmann, K.-W. (1997): Industrielles Management. 5. Aufl., Oldenbourg, München - Wien.

Haupt, R. (1987): Produktionstheorie und Ablaufmanagement. Poeschel, Stuttgart.

Hax, A.C. und D. Candea (1984): Production and inventory management. Prentice-Hall, Englewood Cliffs.

Hoitsch, H.-J. (1993): Produktionswirtschaft - Grundlagen einer industriellen Betriebswirtschaftslehre. 2. Aufl., Vahlen, München.

Kern, W. (1980): Ablauforganisation, räumliche Aspekte der. In: Grochla, E. (Hrsg.): Handwörterbuch der Organisation. 2. Aufl., Poeschel, Stuttgart, Sp. 8 - 21.

Kistner, K.-P. (1993): Produktions- und Kostentheorie. 2. Aufl., Physica, Würzburg - Wien.

Kistner, K.-P. und M. Steven (1993): Produktionsplanung. 2. Aufl., Physica, Heidelberg.

Kosiol, E. (1976): Organisation der Unternehmung. 2. Aufl., Gabler, Wiesbaden.

Kosiol, E. (1980): Ablauforganisation, Grundprobleme der. In: Grochla, E. (Hrsg.): Handwörterbuch der Organisation, 2. Aufl., Poeschel, Stuttgart, Sp. 1 - 8.

Kreikebaum, H. (1989): Strategische Unternehmensplanung. 3. Aufl., Kohlhammer, Stuttgart u.a.

Kreikebaum, H. (1994): Industrielle Unternehmensorganisation. In: Schweitzer, M. (Hrsg.): Industriebetriebslehre, 2. Aufl., Vahlen, München, S. 149 - 217.

Kruschwitz, L. (1993): Investitionsrechnung. 5. Aufl., de Gruyter, Berlin.

Küpper. H.-U. und S. Helber (1995): Ablauforganisation in Produktion und Logistik, 2. Aufl., Schäffer-Poeschel, Stuttgart.

Küpper, W.; K. Lüder und L. Streitferdt (1975): Netzplantechnik. Physica, Würzburg - Wien.

Mertens, P. (Hrsg.) (1994): Prognoserechnung. 5. Aufl., Physica, Würzburg - Wien.

Nahmias, S. (1989): Production and operations analysis. Irwin, Homewood - Boston.

Nordsieck, F. (1960): Organisation. In: Schwantag, K. und H. Seischab (Hrsg.): Handwörterbuch der Betriebswirtschaft, Band III, 3. Aufl., Poeschel, Stuttgart, Sp. 4235 - 4242.

Özdamar, L. und G. Ulusoy (1995): A survey on the resource-constrained project scheduling problem. IIE Transactions **27**, S. 574-586.

Pfohl, H.-C. und W. Stölzle (1997): Planung und Kontrolle. 2. Aufl., Springer, Berlin u.a.

REFA (1975): Methodenlehre des Arbeitsstudiums. Teil 2: Datenermittlung. 4. Aufl., Hanser, München.

REFA (1992): Methodenlehre der Betriebsorganisation - Ablauforganisation im Bürobereich. Hanser, München.

Reichwald, R. und B. Dietel (1991): Produktionswirtschaft. In: Heinen, E. (Hrsg.): Industriebetriebslehre - Entscheidungen im Industriebetrieb, 9. Aufl., Gabler, Wiesbaden, S. 395 - 622.

Scheer, A.-W. (1990): Computer integrated manufacturing: CIM, der computergesteuerte Industriebetrieb. 4. Aufl., Springer, Berlin u.a.

Scheer, A.-W. (1994): Wirtschaftsinformatik: Referenzmodelle für industrielle Geschäftsprozesse. 4. Aufl., Springer, Berlin u.a.

Schneeweiß, C. (1992): Planung 2. Springer, Berlin u.a.

Schneeweiß, C. (1997): Einführung in die Produktionswirtschaft. 6. Aufl., Springer, Berlin u.a.

Schwarze, J. (1994): Netzplantechnik: Eine Einführung in das Projektmanagement. 7. Aufl., Neue Wirtschafts-Briefe, Herne - Berlin.

Schweitzer, M. (1974): Ablauforganisation. In: Grochla, E. und W. Wittmann (Hrsg.): Handwörterbuch der Betriebswirtschaft, 4. Aufl., Poeschel, Stuttgart, Sp. 1 - 8.

Seelbach, H. (1975): Ablaufplanung. Physica, Würzburg.

Silver, E.A. und R. Peterson (1985): Decision systems for inventory management and production planning. 2. Aufl., Wiley, New York u.a.

Slowinski, R. und J. Weglarz (Hrsg.) (1989): Advances in project scheduling. Elsevier, Amsterdam u.a.

Stadtler, H. (1988): Hierarchische Produktionsplanung bei losweiser Fertigung. Physica, Heidelberg.

Steven, M. (1994): Hierarchische Produktionsplanung - Konzeption und Einsatzbereich. 2. Aufl., Physica, Heidelberg.

Tempelmeier, H. (1995): Material-Logistik, Quantitative Grundlagen der Materialbedarfs- und Losgrößenplanung. 3. Aufl., Springer, Berlin u.a.

Tempelmeier, H. und H. Kuhn (1992): Flexible Fertigungssysteme. Springer, Berlin u.a.

Wedekind, H. (1988): Die Problematik des Computer Integrated Manufacturing (CIM). Informatik-Spektrum 11, S. 29 - 39.

Wiendahl, H.-P. (1987): Belastungsorientierte Fertigungssteuerung. Hanser, München - Wien.

Zäpfel, G. (1982): Produktionswirtschaft - Operatives Produktions-Management. de Gruyter, Berlin u.a.

Zäpfel, G. (1989 a): Strategisches Produktions-Management. de Gruyter, Berlin u.a.

Zäpfel, G. (1989 b): Taktisches Produktions-Management. de Gruyter, Berlin u.a.

Kapitel 2: Grundlagen quantitativer Methoden

Quantitative Methoden beschäftigen sich, ausgehend von praktischen Problemen, mit Modellbildung und Lösungsfindung (Entwicklung und Anwendung geeigneter Verfahren); ferner umfassen sie Methoden zur Datenermittlung. In diesem Kapitel beschreiben wir einige wesentliche Grundlagen quantitativer Methoden, die für unsere weiteren Ausführungen von Bedeutung sind.

2.1 Modelle und Probleme

Ein **Modell** ist ein vereinfachtes (isomorphes oder homomorphes) Abbild eines realen Systems oder **Problems.** Im Rahmen quantitativer Methoden werden im wesentlichen Entscheidungs- bzw. Optimierungs- sowie Simulationsmodelle benutzt.[1]

Ein **Entscheidungs**- bzw. **Optimierungsmodell** ist eine formale Darstellung eines Entscheidungs- oder Planungsproblems, das in seiner einfachsten Form eine Menge von Alternativen und eine diese bewertende Zielfunktion enthält. Es wird aufgestellt, um mit geeigneten Verfahren optimale oder suboptimale Lösungsvorschläge ermitteln zu können. **Simulationsmodelle** sind häufig sehr komplexe Optimierungsmodelle, für die keine analytischen Lösungsverfahren existieren. Sie dienen dem Zweck, die Konsequenzen einzelner Alternativen zu bestimmen (zu untersuchen, "durchzuspielen").

Während Operations Research unmittelbar von Optimierungs- oder Simulationsmodellen ausgeht, dienen ihm Beschreibungs-, Erklärungs- sowie Prognosemodelle zur Informationsgewinnung. **Beschreibungsmodelle** bilden Elemente und deren Beziehungen in realen Systemen ab. Sie enthalten jedoch keine Hypothesen über reale Wirkungszusammenhänge und erlauben daher keine Erklärung oder Prognose realer Vorgänge. Ein Beispiel für ein Beschreibungsmodell ist die Buchhaltung. **Erklärungsmodelle** werten empirische Gesetzmäßigkeiten oder Hypothesen zur Erklärung von Sachverhalten aus; Produktionsfunktionen sind Beispiele für Erklärungsmodelle. **Prognosemodelle** werden in der Regel zur Gruppe der Erklärungsmodelle gezählt; sie dienen der Vorhersage von zukünftigen Entwicklungen, z.B. des zukünftigen Verbrauchs eines Produktionsfaktors (vgl. Kap. 1.3.2).

Im folgenden werden wir in der Regel den Begriff Problem synonym zu Modell verwenden, obwohl nicht das zugrundeliegende (praktische) Problem, sondern nur sein (vereinfachtes) Abbild gemeint ist. Der Grund hierfür liegt darin, daß diese Gleichsetzung in der Literatur

---

[1] Vgl. allgemein zu den behandelten Modelltypen z.B. Dinkelbach (1982), Rieper (1992) sowie Bamberg und Coenenberg (1994).

weithin gebräuchlich ist und zu einigen feststehenden Begriffen (z.B. Transportproblem anstelle von Transportmodell) geführt hat.

In unseren Ausführungen treten vor allem Optimierungsprobleme (bzw. -modelle) mit linearen Nebenbedingungen auf. Ein derartiges Problem läßt sich allgemein wie folgt formulieren:

Minimiere (oder Maximiere) $z = F(\mathbf{x})$ (2.1)

unter den Nebenbedingungen

$$A\mathbf{x} = \mathbf{b} \tag{2.2}$$

$$\mathbf{x} \in W \tag{2.3}$$

Dabei sind:

$\mathbf{x} = (x_1,...,x_n)$	Variablenvektor mit n Komponenten $x_1,...,x_n$
$F(\mathbf{x})$	Zielfunktion in Abhängigkeit von $x_1,...,x_n$
$A = (a_{ij})$	Koeffizientenmatrix mit m Zeilen und n Spalten
$\mathbf{b} = (b_1,...,b_m)$	Vektor der rechten Seite mit m Komponenten
$W = W_1 \times ... \times W_n$	Wertebereiche der Variablen $x_1,...,x_n$

(2.1) beschreibt eine zu minimierende bzw. zu maximierende **Zielfunktion.** Dabei kann es sich um eine lineare oder eine nichtlineare (z.B. quadratische) Funktion handeln. Eine Verallgemeinerung von (2.1) für den Fall *mehrfacher Zielsetzungen* ist denkbar. (2.2) ist ein System mit m Gleichungen **(Nebenbedingungssystem).**[2] In (2.3) werden die Wertebereiche der (Entscheidungs-) **Variablen** angegeben. Dabei können die Variablen z.B. auf (nichtnegative) reelle, (nichtnegative) ganzzahlige oder binäre Werte (0 oder 1) beschränkt werden.

Ein Vektor $\mathbf{x}$, der die Bedingungen (2.2) und (2.3) erfüllt, heißt **(zulässige) Lösung** und entspricht einer Alternative im obigen Sinne. Das Nebenbedingungssystem (2.2) beschreibt folglich in Verbindung mit (2.3) alle verfügbaren Handlungsalternativen (Lösungen). Als **optimale Lösung** bezeichnen wir einen Vektor $\mathbf{x}$, für den die Zielfunktion ein globales Minimum (Maximum) annimmt.

Neben den Entscheidungsvariablen besitzt das Problem (2.1) – (2.3) eine Reihe sogenannter "freier Variablen" oder Platzhalter für die *Daten* (vgl. Kap. 2.6.1) des Problems, die wir als **Parameter** bezeichnen, nämlich die Koeffizienten der Zielfunktion F sowie der Koeffizientenmatrix A und der rechten Seite **b**. Eine konkrete *Ausprägung* des Problems (2.1) – (2.3) in Form fest vorgegebener Parameter bezeichnen wir als **Probleminstanz** oder **Problemausprägung.**[3] Die **Größe** oder **Länge** einer Probleminstanz läßt sich z.B. mit Hilfe der benötigten

2 Ungleichungen können durch Einführen von sogenannten *Schlupfvariablen* in Gleichungen umgeformt werden.

3 Man beachte, daß mit der Vorgabe der Parameter für eine Probleminstanz auch die Anzahl der Parameter festgelegt wird, z.B. die Anzahl der Zeilen und Spalten der Matrix A. Die entsprechenden Werte m und n lassen sich demzufolge ebenfalls als Parameter auffassen.

Bits zur Speicherung ihrer Daten in einem Rechner angeben. Unter der Annahme der Darstellbarkeit sämtlicher Parameter mit begrenzter Stellenzahl kann hierfür die *Anzahl der Parameter* verwendet werden. Demnach beschreiben die (*Größen-*) Parameter m und n die Größe (Länge) von Instanzen des Problems (2.1) – (2.3).

Ein erstes Beispiel zu obigem, allgemeinem Optimierungsproblem haben wir in Kap. 1.3.1 in Form eines **Modells der Produktionsprogrammplanung** betrachtet. Als zweites Beispiel beschreiben wir das **Knapsack-Problem,** ein dem Modell der Produktionsprogrammplanung verwandtes binäres Optimierungsproblem:

Ein Wanderer kann in seinem Rucksack unterschiedlich nützliche Gegenstände (Güter) verschiedenen Gewichts mitnehmen. Welche soll er auswählen, so daß bei einem einzuhaltenden Höchstgewicht maximaler Gesamt-Nutzen erzielt wird?

Insgesamt stehen n Gegenstände zur Mitnahme bereit. Mit d_j bezeichnen wir den jeweiligen Nutzenwert des j-ten Gegenstandes, mit a_j sein Gewicht und mit b das einzuhaltende Höchstgewicht des Rucksacks. Unter Verwendung von Binärvariablen x_j (= 1, falls Gut j mitzunehmen ist, und 0 sonst) läßt sich ein dem Knapsack-Problem entsprechendes mathematisches Modell wie folgt formulieren:

$$\text{Maximiere } F(\mathbf{x}) = \sum_{j=1}^{n} d_j \cdot x_j \tag{2.4}$$

unter den Nebenbedingungen

$$\sum_{j=1}^{n} a_j \cdot x_j \leq b \tag{2.5}$$

$$x_j \in \{0,1\} \qquad \text{für alle } j = 1,\dots,n \tag{2.6}$$

Probleminstanzen des Knapsack-Problems sind durch Angabe des Parameters n für die Problemgröße sowie der Parameter b und d_j, a_j für alle j = 1,...,n charakterisiert.

Eine Verallgemeinerung des Knapsack-Problems entsteht dadurch, daß man analog zu (1.2) mehrere (m > 1) Nebenbedingungen des Typs (2.5) betrachtet:

$$\sum_{j=1}^{n} a_{ij} \cdot x_j \leq b_i \qquad \text{für alle } i = 1,\dots,m \tag{2.7}$$

Neben einer Gewichtsbedingung könnte es sich dabei z.B. um eine zusätzliche Volumenrestriktion des Rucksacks handeln.

Das Problem (2.4), (2.6) und (2.7) bezeichnet man auch als *mehrperiodiges Knapsack-Problem,* da die Restriktionen (2.7) als Budgetrestriktionen für i = 1,...,m Perioden in einem Modell der Investitionsprogrammplanung interpretiert werden können; vgl. Domschke und Drexl (1995, S. 140 ff.).

Optimierungsmodelle bzw. -probleme sind v.a. nach folgenden Gesichtspunkten unterteilbar:

(1) Hinsichtlich des **Informationsgrades** in deterministische und stochastische Modelle: Bei **deterministischen** Modellen werden die Parameter der Zielfunktion(en) und der Nebenbe-

dingungen als bekannt (d.h. fest vorgegeben) vorausgesetzt. Kann jedoch für mindestens einen Parameter kein fester Wert, sondern lediglich eine Wahrscheinlichkeitsverteilung angegeben werden, so liegt ein **stochastisches** Modell vor. Ist man auch nicht in der Lage, Wahrscheinlichkeitsverteilungen anzugeben, oder handelt es sich um schlecht quantifizierbare Daten, so kann man Modelle der **Fuzzy-Theorie** (Theorie unscharfer Mengen) mit sogenannten linguistischen Variablen verwenden; siehe z.B. Zimmermann (1991) und Rommelfanger (1994).

Deterministische Modelle dienen der *Entscheidungsfindung bei Sicherheit*, stochastische und Fuzzy-Modelle vor allem der *Entscheidungsfindung bei Risiko.*

(2) In Modelle mit **einer** und solche mit **mehreren Zielfunktionen**: Im Fall von Konflikten zwischen mehreren Zielen kann nur dann "optimiert" werden, wenn zusätzlich zu den Zielfunktionen und zum Nebenbedingungssystem Kriterien für die Bedeutung (Wichtigkeit) der unterschiedlichen Ziele angegeben werden. Eine Möglichkeit der Lösung von Zielkonflikten besteht darin, eine *lexikographische Ordnung* der Ziele vorzugeben. Dies bedeutet im Fall zweier Ziele, daß unter den optimalen Lösungen bezüglich des wichtigsten Ziels eine solche gewählt wird, die das *nachgeordnete* zweite Ziel bestmöglich erfüllt.

(3) Hinsichtlich des **Typs der Zielfunktion(en) und Nebenbedingungen** in lineare Modelle mit reellen Variablen, lineare Modelle mit ganzzahligen oder Binärvariablen, nichtlineare Modelle usw.

2.2 Problemklassen

Die in unseren Ausführungen in Kap. 3 bis 5 auftretenden Modelle sind vorwiegend Modelle bzw. Probleme der linearen, der ganzzahligen (linearen) und kombinatorischen, der nichtlinearen oder der dynamischen Optimierung bzw. lassen sich den entsprechenden Problemklassen zuordnen; vgl. z.B. Hillier und Lieberman (1988) oder Domschke und Drexl (1995) und die dort jeweils angegebene Literatur.

Lineare Optimierung: Die Modelle bestehen aus einer (oder mehreren) linearen Zielfunktion(en) und linearen Nebenbedingungen; die Variablen dürfen (in der Regel nur nichtnegative) reelle Werte annehmen. Einige sehr einfache Modelle der Maschinenbelegungsplanung gehören dieser Problemklasse an. Darüber hinaus entstehen lineare Optimierungsprobleme durch Relaxation von ganzzahligen und kombinatorischen Optimierungsproblemen (s.u.).

Ganzzahlige (lineare) und kombinatorische Optimierung: Bei der ganzzahligen (linearen) Optimierung sind Zielfunktion(en) und Nebenbedingungen linear. Die Variablen dürfen jedoch nur ganzzahlige oder binäre Werte annehmen; vgl. als Beispiel das Knapsack-Problem in Kap. 2.1. Ist die Ganzzahligkeits- bzw. Binaritätsforderung nur auf eine Teilmenge der Variablen beschränkt, so spricht man von gemischt-ganzzahligen bzw. gemischt-binären Problemen.

Durch Modelle der kombinatorischen Optimierung werden *Zuordnungsprobleme* (z.B. Zuordnung von Maschinen zu Plätzen, so daß bei Werkstattfertigung minimale Kosten für Transporte zwischen den Maschinen entstehen), *Reihenfolge-* und/oder *Gruppierungsprobleme* (vgl. Kap. 1.5.2) beschrieben. Viele kombinatorische Optimierungsprobleme lassen sich mathematisch als ganzzahlige oder binäre (lineare) Optimierungsmodelle formulieren.

Ein in den nachfolgenden Abschnitten mehrmals auftretendes Problem der kombinatorischen Optimierung ist das **Traveling Salesman-Problem (TSP)**, das sich verbal wie folgt skizzieren läßt: Ein Handlungsreisender möchte eine Anzahl von Kunden an verschiedenen Orten besuchen. Nach Abschluß der Besuche möchte er an seinen Ausgangsort zurückkehren. Welchen Weg soll er wählen – in welcher Reihenfolge soll er die Kunden besuchen –, so daß die dabei insgesamt zurückzulegende Entfernung so gering wie möglich ist? Vgl. zum TSP und Lösungsmöglichkeiten z.B. Domschke (1997) sowie das umfassende Werk von Lawler et al. (1985).

Dynamische Optimierung: Hier werden Modelle betrachtet, die in einzelne "Stufen" (z.B. Zeitabschnitte) zerlegt werden können, so daß die Gesamtoptimierung durch eine stufenweise, rekursive Optimierung ersetzbar ist. Ein typisches Anwendungsbeispiel ist das Wagner-Whitin-Modell der dynamischen Losgrößenplanung (vgl. Kap. 3.3.1).

Nichtlineare Optimierung: Die betrachteten Modelle besitzen eine nichtlineare Zielfunktion und/oder mindestens eine nichtlineare Nebenbedingung. Modelle dieser Art betrachten wir v.a. im Rahmen der statischen Losgrößenplanung in Kap. 3.2.

2.3 Lösungsverfahren

Im folgenden geben wir einen kurzen Überblick über wichtige Verfahren oder Prinzipien zur Lösung von Problemen aus den im vorigen Abschnitt genannten Problemklassen bzw. Teilgebieten des Operations Research. Wir definieren zunächst:

Definition 2.1: Unter einem **Algorithmus** oder (Lösungs-) **Verfahren** verstehen wir eine Vorschrift, nach der Eingabedaten in einer vorgegebenen Reihenfolge durch eine endliche Anzahl von Schritten (**Operationen**) in Ausgabedaten (Ergebnisse, Lösungen) umgeformt werden.

Der **Rechenaufwand** eines Algorithmus (**Rechenzeit** oder Laufzeit) bezieht sich auf die Anzahl der auszuführenden Operationen (d.h. elementare Operationen wie Addition oder Vergleich zweier Zahlen mit begrenzter Stellenzahl), die zur Lösung des Problems erforderlich sind.

Sei $\mathcal{L}$ die Länge der Eingabedaten eines Problems (die Größe einer Probleminstanz; z.B. die Anzahl n der Gegenstände beim Knapsack-Problem). Man sagt, der Rechenaufwand $R(\mathcal{L})$ eines Algorithmus sei von der (Größen-) **Ordnung $f(\mathcal{L})$**, in Zeichen **$O(f(\mathcal{L}))$**, wenn er für hinreichend großes $\mathcal{L}$ proportional zur Funktion $f(\mathcal{L})$ ist; d.h. wenn $R(\mathcal{L}) \leq c \cdot f(\mathcal{L})$ mit $c \in \mathbb{R}_+$ gilt. Statt vom Rechenaufwand $O(f(\mathcal{L}))$ spricht man auch von der **Komplexität $O(f(\mathcal{L}))$**. Der Rechenaufwand eines Verfahrens heißt **polynomial**, wenn $f(\mathcal{L})$ ein Polynom (ausschließlich) in der Länge $\mathcal{L}$ der Eingabedaten mit konstanten Exponenten ist. Der Rechenaufwand wird auch dann als polynomial bezeichnet, wenn sich $f(\mathcal{L})$ nach oben durch ein Polynom abschätzen läßt (z.B. für den Fall $f(\mathcal{L}) = \log \mathcal{L}$). Besitzt ein Verfahren keinen polynomialen Aufwand, so sprechen wir (vereinfachend) von **exponentiellem** Aufwand.[4] Entsprechend lassen sich Algorithmen in die Klassen der polynomialen und der exponentiellen Verfahren unterteilen.

Der Speicherplatzbedarf eines Algorithmus läßt sich ebenfalls mit Hilfe der O-Notation beschreiben.

Mit Blick auf die Lösungsgüte unterscheidet man zwei Klassen von Verfahren, wobei eine höhere Lösungsgüte zumeist größeren Rechenaufwand bzw. Speicherplatzbedarf bedingt:

Exakte Verfahren liefern in endlich vielen Schritten eine optimale Lösung.

Heuristische Verfahren (Heuristiken) bieten keine Garantie, daß ein Optimum gefunden (bzw. als solches erkannt) wird. Sie beinhalten "Vorgehensregeln", die für die jeweilige Problemstruktur sinnvoll und erfolgversprechend sind.

Wir beschreiben prinzipielle Lösungsverfahren bzw. Klassen von Verfahren, die in unseren späteren Ausführungen von Bedeutung sind. Wir orientieren uns dabei zunächst an obiger Unterteilung in Problemklassen und gehen in den nachfolgenden Kapiteln näher auf exakte und heuristische Verfahren für Probleme der ganzzahligen und kombinatorischen Optimierung ein.

(Exakte) Verfahren zur Lösung linearer Optimierungsprobleme:

Besitzen die Probleme keine spezielle Struktur, so eignet sich der *Simplex-Algorithmus* als exaktes Lösungsverfahren; vgl. z.B. Dantzig (1966) oder Domschke und Drexl (1995). Da es Probleme gibt, anhand derer gezeigt werden kann, daß der Simplex-Algorithmus keinen polynomialen Rechenaufwand besitzt, sollte auch auf die *Ellipsoid-Methode* von Khachijan (1979) und die *projektive Methode* von Karmarkar (1984) hingewiesen werden; vgl. dazu z.B. auch Grötschel et al. (1988). Sie sind in der Lage, allgemeine lineare Optimierungsprobleme mit polynomialem Aufwand zu lösen. Im Hinblick auf das durchschnittliche Laufzeitverhalten sind jedoch heute verfügbare Implementierungen des Simplex-Algorithmus zumeist denjenigen der zuletzt genannten Algorithmen überlegen.

Zur Lösung linearer Optimierungsprobleme mit spezieller Struktur existieren oftmals auf die Problemstellung angepaßte, effizientere Algorithmen. Derartige Probleme sind u.a. *Transport- und Flußprobleme*; vgl. z.B. Domschke (1995). Auch *Probleme der Bestimmung kürzester Wege* sowie *minimaler spannender Bäume* (vgl. Def. 2.16 in Kap. 2.5) lassen sich als lineare Optimierungsprobleme formulieren, für die geeignete polynomiale Algorithmen existieren.

Dynamische und nichtlineare Optimierung:

Wir betrachten spezielle Modelle und Verfahren der dynamischen Optimierung insbesondere in Kap. 3.3 und 4.3.3.1. Allgemein zur dynamischen Optimierung siehe z.B. Bellman (1957), Schneeweiß (1974), Hillier und Lieberman (1988, S. 316 ff.) sowie Domschke und Drexl (1995, S. 143 ff.) und die dort angegebene Literatur.

---

[4] Auf eine Unterteilung von Verfahren mit exponentiellem Rechenaufwand wollen wir verzichten, verweisen jedoch auf unsere Aussagen zu pseudopolynomialen Algorithmen in Kap. 2.4.

Einige einfache Modelle der nichtlinearen Optimierung lassen sich exakt mittels Differentialrechnung oder mittels eines Lagrange-Ansatzes lösen (vgl. Kap. 3.2). Vielfach ist man jedoch auf heuristische Lösungsverfahren angewiesen. Vgl. allgemein zu Methoden der nichtlinearen Optimierung z.B. Collatz und Wetterling (1971) sowie Horst und Tuy (1993). Zu Verfahren der Variationsrechnung mit Anwendungen bei Problemen der Produktionsplanung vgl. z.B. Feichtinger und Hartl (1986).

Ganzzahlige (lineare) und kombinatorische Optimierung:

Die hier betrachteten Modelle sind in der Regel wesentlich schwieriger lösbar als lineare Optimierungsmodelle mit kontinuierlichen Variablen. Als *exakte Verfahren* sind zu nennen:

(1) Entscheidungsbaumverfahren

(a) Vollständige Enumeration

(b) Unvollständige (begrenzte) Enumeration; hierzu zählen *Branch & Bound-Verfahren*

(c) Verfahren der dynamischen Optimierung

(2) Schnittebenenverfahren; siehe z.B. Salkin (1975) oder Meyer und Hansen (1996, S. 69 ff.)

Zur Lösung der in diesem Buch behandelten Problemstellungen werden neben einigen Ansätzen der dynamischen Optimierung überwiegend Branch & Bound-Verfahren verwendet, auf deren Lösungsprinzipien wir im folgenden eingehen. Aufgrund der Problemkomplexität (siehe Kap 2.4) kommen in diesem Bereich auch heuristische Verfahren zum Einsatz, die wir in Kap. 2.3.2 klassifizieren und exemplarisch beschreiben.

2.3.1 Branch & Bound-Verfahren

Im folgenden beschreiben wir die grundlegenden Prinzipien und Komponenten von Branch & Bound-Verfahren (abgekürzt **B&B-Verfahren**). Dabei gehen wir davon aus, daß ein **Minimierungsproblem** zu lösen ist (die Vorgehensweise bei Maximierungsproblemen ist analog); vgl. z.B. Voß (1990), Domschke und Drexl (1995, Kap. 6), Domschke (1997, Kap. 1.2) sowie Scholl et al. (1997):

- Ermittlung oberer und unterer Schranken für die optimalen Zielfunktionswerte von Problemen (**upper** und **lower bounds**)
- Verzweigen von Problemen in Teilprobleme (**branching**)
- Ausloten von (Teil-) Problemen (**bounding**)
- Anwendung von logischen Tests zur Problemreduktion

Im Rahmen von Minimierungsproblemen stellt der Zielfunktionswert jeder zulässigen Lösung eine **obere Schranke** (UB) für den Zielfunktionswert einer optimalen Lösung dar. Man erhält diese Schranken z.B. mit Hilfe geeigneter heuristischer Verfahren. Als *aktuelle obere Schranke* wird jeweils die im Verlaufe des Verfahrens erhaltene beste (kleinste) obere Schranke bezeichnet.

Eine **untere Schranke** (LB) für ein (Teil-) Problem erhält man durch **Relaxation**, d.h. Lockerung oder Elimination einer oder mehrerer Nebenbedingungen dieses Problems, und optimales Lösen des so relaxierten Problems. Eine mögliche Relaxation für (gemischt-) ganzzahlige Optimierungsprobleme besteht darin, die Ganzzahligkeitsbedingungen wegzulassen (*LP-Relaxation*). Eine weitere Art der Relaxation entsteht dadurch, daß andere Nebenbedingungen eines Problems weggelassen werden. Die Verletzung derartiger Nebenbedingungen kann durch Gewichtung mit geeigneten Multiplikatoren in der Zielfunktion berücksichtigt werden. Dadurch entsteht der Typ der *Lagrange-Relaxation*; siehe z.B. Geoffrion (1974), Domschke und Drexl (1995, S. 125 ff.) sowie Kap. 3.3.2.3.

Das **Grundprinzip des Verzweigens** von Problemen besteht darin, ein zu lösendes Problem so in eine Anzahl von Teilproblemen zu zerlegen, daß jedes dieser Teilprobleme möglichst weniger zulässige Lösungen als das Ausgangsproblem besitzt; die Gesamtheit der zulässigen Lösungen dieser Teilprobleme ergibt wieder die Menge der zulässigen Lösungen des Ausgangsproblems. Bei den meisten B&B-Verfahren zur Lösung binärer oder gemischt-binärer Optimierungsprobleme wird jedes Problem in genau zwei Teilprobleme zerlegt. Dies geschieht, indem eine noch nicht festgelegte Binärvariable in einem Teilproblem zu 1 und im anderen Teilproblem zu 0 fixiert wird.

Ausloten: Ein (Teil-) Problem bezeichnet man als ausgelotet, wenn es aus folgenden Gründen nicht weiter betrachtet bzw. verzweigt zu werden braucht:

- Die Relaxation besitzt keine zulässige Lösung; damit gilt dasselbe für das zu lösende (Teil-) Problem.
- Die für die Relaxation erhaltene untere Schranke eines (Teil-) Problems ist größer oder gleich der aktuellen oberen Schranke.
- Die erhaltene optimale Lösung der Relaxation ist auch für das Ausgangsproblem zulässig. Ist ihr Zielfunktionswert besser als die aktuelle obere Schranke, so ist diese zu aktualisieren.

Ist ein Problem nach dem Lösen einer Relaxation nicht ausgelotet, so wird es entweder in einer *Kandidatenliste* (Liste der noch nicht vollständig verzweigten (Teil-) Probleme; vgl. Kap. 2.6.1) gespeichert, oder es wird eine modifizierte, möglichst verschärfte Relaxation gebildet. Diese zuletzt genannte Vorgehensweise wird insbesondere im Rahmen der Anwendung von Lagrange-Relaxationen eingesetzt.

Logische Tests: In vielen Fällen erweist es sich als sinnvoll, die vorgegebenen Problemdaten mit Hilfe logischer Tests zu reduzieren. Neben einer engen Einbindung in B&B-Verfahren können solche Reduktionstests auch vor der Durchführung oder zur Entwicklung heuristischer Verfahren angewandt werden. Sie lassen sich in zwei Gruppen unterteilen:

- Ergänzung von Nebenbedingungen
- Tests zur Fixierung von Variablen

Zusätzliche Nebenbedingungen aufgrund logischer Überlegungen können z.B. bei der Bildung von Relaxationen eine Rolle spielen. Eine größere Rolle hinsichtlich der Verringerung vorgegebener Problemdaten spielen logische Tests zur Fixierung von Variablen. Ein Problem bzw. die Daten eines Problems lassen sich z.B. dann reduzieren, wenn man zeigen kann, daß eine Variable in einer optimalen Lösung keinen von 0 verschiedenen Wert annehmen kann.

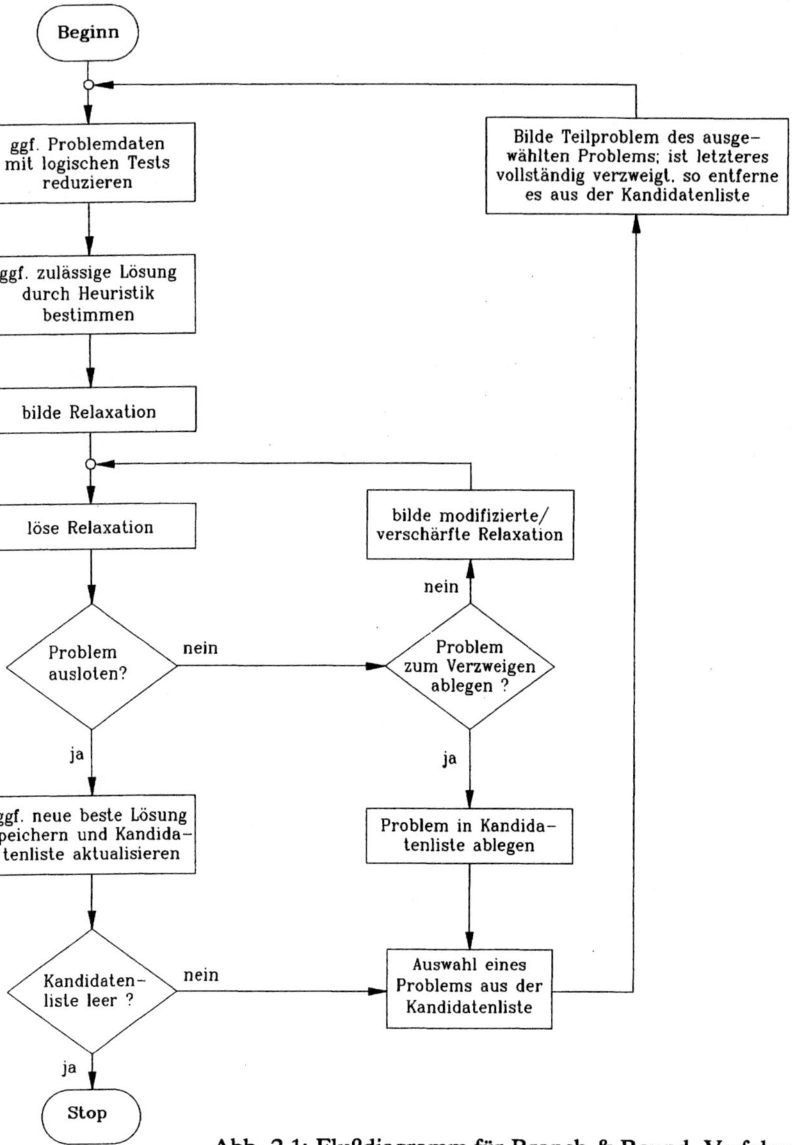

Abb. 2.1: Flußdiagramm für Branch & Bound-Verfahren

Aus Erwägungen hinsichtlich Rechenzeit- oder Speicherplatzbedarf kann es sich als sinnvoll erweisen, zu jedem (eventuell reduzierten) Problem eine zulässige Lösung und damit eine gegebenenfalls bessere obere Schranke zu bestimmen.

Der Ablauf von B&B-Verfahren läßt sich durch das in Abb. 2.1 dargestellte Flußdiagramm, das die wesentlichen Verfahrensteile beinhaltet, veranschaulichen.

Das B&B-Verfahren endet, sobald die Kandidatenliste vollständig abgearbeitet ist. Die zuletzt gespeicherte beste zulässige Lösung des Ausgangsproblems ist optimal. Befinden sich noch Probleme in der Kandidatenliste, so wird nach einer vorzugebenden **Auswahlregel** ein Problem aus der Liste gewählt und verzweigt. Vollständig verzweigte Probleme werden aus der Liste entfernt. Eine mögliche Auswahlregel ist die **LIFO-Regel** (Last In - First Out), bei der jeweils das zuletzt in der Kandidatenliste abgelegte Problem zuerst weiter bearbeitet wird. Dabei können zwei Realisierungsmöglichkeiten unterschieden werden:

a) Bei der *reinen Tiefensuche* (engl. *laser search*) wird für jedes betrachtete Problem zunächst nur ein Teilproblem gebildet und das Problem selbst wieder in der Kandidatenliste abgelegt. Das gebildete Teilproblem wird weiterbearbeitet. Im Flußdiagramm der Abb. 2.1 wird eine reine Tiefensuche unterstellt.

b) Bei der *Tiefensuche mit vollständiger Verzweigung* wird jedes betrachtete Problem vollständig in Teilprobleme zerlegt und sofort aus der Kandidatenliste gelöscht. Eines der gebildeten Teilprobleme wird unmittelbar weiterbearbeitet, die anderen werden in der Kandidatenliste abgelegt. Dabei kann die Reihenfolge der Betrachtung dieser Teilprobleme durch eine zusätzliche Auswahlregel (z.B. die MLB-Regel) gesteuert werden.

Weitere Auswahlregeln sind die **FIFO-Regel** (First In - First Out) oder die **MLB-Regel** (Minimal Lower Bound). Bei letzterer wird eine nach monoton steigenden unteren Schranken der Teilprobleme sortierte Kandidatenliste verwendet und jeweils das erste Problem in der Liste ausgewählt.

Bemerkung 2.1: Als Spezialfall eines B&B-Verfahrens kann man die sogenannte **Binäre Suche** auffassen. Dabei wird vorausgesetzt, daß ein geordneter Wertebereich (z.B. eine sortierte Folge möglicher Zielfunktionswerte) vorliegt, in dem ein Element mit bestimmten Eigenschaften zu suchen bzw. seine Existenz festzustellen ist. Bei der Binären Suche wird dieser Wertebereich fortwährend halbiert (Intervallhalbierung). Aufgrund der Ordnung (Sortierung) des Bereichs kann jeweils entschieden werden, in welchem der beiden entstehenden Teilbereiche sich das gesuchte Element befinden kann. Die Suche endet, sobald der zu überprüfende Bereich einelementig ist. Ein Beispiel für dieses Prinzip befindet sich in Kap. 4.3.4.1.

2.3.2 Heuristische Verfahren

Heuristische Verfahren lassen sich in folgende Gruppen unterteilen; vgl. allgemein zu Heuristiken Witte (1979), Müller-Merbach (1981), Pearl (1984) sowie Zanakis et al. (1989):

(1) *Eröffnungsverfahren*

(2) *Lokale Suchverfahren / Verbesserungsverfahren*

(3) *Unvollständig ausgeführte exakte Verfahren*

(4) *Relaxationsbasierte Verfahren*

(5) *Kombinationen aus (1) – (4):* üblich ist eine Kombination aus (1) und (2)

Über obige Unterteilung hinaus kann man zwischen deterministischen und stochastischen heuristischen Verfahren unterscheiden.

Deterministische Verfahren ermitteln bei mehrfacher Anwendung auf ein und dasselbe Problem und gleichen Startbedingungen (was sich bei unseren algorithmischen Beschreibungen im Voraussetzungsteil und im Startschritt niederschlägt) stets dieselbe Lösung.

Stochastische Verfahren enthalten demgegenüber eine zufällige Komponente, die bei wiederholter Anwendung des Algorithmus auf ein und dasselbe Problem in der Regel zu unterschiedlichen Lösungen führt.

2.3.2.1 Eröffnungsverfahren

Eröffnungsverfahren dienen der Bestimmung zulässiger Lösungen eines betrachteten Problems. Ein grundlegendes Prinzip ist die iterative Vervollständigung bisheriger Teillösungen. Wird in jedem Verfahrensschritt nach größtmöglicher Verbesserung des Zielfunktionswertes (der bisherigen Teillösung) getrachtet, so bezeichnet man derartige Verfahren als **greedy** oder **myopisch** (gierig, kurzsichtig). Den Gegensatz dazu bilden **vorausschauende Verfahren**, die in jedem Schritt abschätzen, welche Auswirkungen z.B. eine Variablenfixierung auf die in nachfolgenden Schritten noch erzielbare Lösungsgüte besitzt.

Zu den Eröffnungsverfahren zählen insbesondere *Prioritätsregelverfahren*, die vor allem für Probleme der Reihenfolgeplanung (vgl. Kap. 4 und 5) verwendet werden. Sie gehen grundsätzlich in den folgenden beiden Schritten vor:

Schritt 1: Bestimme für jedes einzuplanende Objekt (z.B. Auftrag) einen Rangwert mit Hilfe einer Prioritätsregel (Sortierregel).

Schritt 2: Betrachte bzw. plane die Objekte in der durch die Rangwerte bestimmten Reihenfolge ein (ggf. unter Beachtung vorgegebener Modell-Restriktionen).

Worst Case-Analyse:

Da Heuristiken keine Garantie für das Auffinden optimaler Lösungen bieten, interessiert man sich z.B. für Aussagen über die Qualität erhaltener Lösungen im Verhältnis zu optimalen Lösungen. Eine Art der Abschätzung bietet die Worst Case-Analyse, bei der nach der größtmöglichen Abweichung einer heuristisch ermittelten Lösung von einer optimalen Lösung gefragt wird. Bezeichnen $F(\mathbf{x})$ und $F(\mathbf{x}^*)$ den Zielfunktionswert einer heuristisch ermittelten bzw. einer optimalen Lösung, so bedeutet $F(\mathbf{x})/F(\mathbf{x}^*) \le 2$, daß die heuristische Lösung im schlimmsten Fall um 100% von einer optimalen Lösung abweicht. Ein Beispiel für die Worst Case-Analyse einer Heuristik findet sich in Kap. 4.3.2.3.

2.3.2.2 Lokale Suchverfahren

Lokale Suchverfahren starten zumeist mit einer zulässigen Lösung eines Problems, die entweder zufällig oder durch Anwendung eines Eröffnungsverfahrens bestimmt wird. In jeder Iteration wird von der gerade betrachteten Lösung **x** zu einer Lösung aus der **Nachbarschaft** $\mathcal{NB}(\mathbf{x})$ fortgeschritten. $\mathcal{NB}(\mathbf{x})$ enthält sämtliche Lösungen, die sich aus **x** durch (einmalige) Anwendung einer zu spezifizierenden Transformationsvorschrift ergeben. Dabei werden v.a. folgende Typen von **Transformationsvorschriften** eingesetzt:

- Veränderung einer Lösung an genau einer Stelle, z.B. durch Umschalten einer Position eines binären Lösungsvektors von 0 auf 1 oder umgekehrt ("Kippen eines Bits").
- Vertauschen von Elementen, z.B. innerhalb einer Permutation.
- Verschieben von Elementen, z.B. innerhalb einer Permutation.

Eine Transformation, bei der aus einer Lösung **x** eine Lösung $\mathbf{x}' \in \mathcal{NB}(\mathbf{x})$ entsteht, bezeichnet man auch als **Zug**.

Beispiele für Transformation(svorschrift)en:

- Beim Knapsack-Problem (2.4) – (2.6) können Züge z.B. so definiert sein, daß in **x** gewählte Gegenstände aus dieser Lösung herausgenommen bzw. nicht in **x** enthaltene hinzugefügt werden. Daher enthält $\mathcal{NB}(\mathbf{x})$ alle Lösungen, die sich von **x** in genau einer Komponente unterscheiden. Denkbar ist auch, daß ein in **x** gewählter Gegenstand gegen einen (oder mehrere) in **x** nicht enthaltene ausgetauscht wird.
- Bei Verfahren für Probleme, deren Lösungen sich als Permutationen darstellen lassen (wie z.B. beim TSP), enthält $\mathcal{NB}(\mathbf{x})$ z.B. alle Lösungen, die aus **x** durch Vertauschen von zwei Elementen oder durch Verschieben eines Elementes zwischen zwei andere entstehen.

Neben der Definition der Nachbarschaft lassen sich Verfahren v.a. hinsichtlich der folgenden Strategien zur Untersuchung der Nachbarschaft und Auswahl eines Zuges unterscheiden:

Untersuchungsreihenfolge: In welcher Reihenfolge werden die Nachbarlösungen $\mathbf{x}' \in \mathcal{NB}(\mathbf{x})$ untersucht?

Die Reihenfolge kann *zufällig* oder *systematisch* gewählt werden. Dabei kann sich die Systematik an einer vorgegebenen Numerierungsreihenfolge oder an einer geeigneten Prioritätsregel orientieren. Beim Knapsack-Problem (2.4) – (2.6) kann man aufzunehmende Gegenstände in der Reihenfolge monoton fallender relativer Nutzen d_j/a_j und zu entfernende in umgekehrter Reihenfolge untersuchen.

Evaluationsstrategie: Wie werden die untersuchten Nachbarlösungen bewertet?

In der Regel bewertet man die Lösungen mit ihren *Zielfunktionswerten.* Bei manchen Problemen kann dies jedoch zu aufwendig sein, so daß man sich mit einer *Abschätzung* begnügen muß.

Auswahlstrategie: Zu welcher der untersuchten Nachbarlösungen wird übergegangen, um von ihr aus in der nächsten Iteration die Suche fortzusetzen?

Eine Möglichkeit besteht darin, in jeder Iteration nur zu einer besseren Lösung, d.h. einer solchen mit geringerem Zielfunktionswert, überzugehen. Derartige Vorgehensweisen bezeichnet man als (reine) **Verbesserungsverfahren.** In Abhängigkeit davon, welche Lösung jeweils gewählt wird, unterscheidet man:

- **First fit:** Die erste gefundene verbessernde Nachbarlösung wird gewählt.
- **Best fit:** $\mathcal{NB}(\mathbf{x})$ wird vollständig durchsucht. Es wird zu einer Nachbarlösung übergegangen, die zur größten Verbesserung des Zielfunktionswertes führt. Daher spricht man hierbei auch von der **Methode des steilsten Abstiegs** (bei Maximierungsproblemen von der Methode des steilsten Anstiegs; *steepest descent* bzw. *steepest ascent*).

Reine Verbesserungsverfahren enden, sobald in einer Iteration keine verbessernde Nachbarlösung existiert. Die gefundene Lösung stellt für die gewählte Nachbarschaftsdefinition ein lokales Optimum dar, dessen Zielfunktionswert deutlich schlechter als der eines globalen Optimums sein kann. Um ein solches lokales Optimum wieder verlassen zu können, müssen Züge erlaubt werden, die zwischenzeitlich zu Verschlechterungen des Zielfunktionswertes führen. Heuristiken, die diese Möglichkeit vorsehen, nennen wir **lokale Suchverfahren** (im engeren Sinne). Da bei solchen Verfahren auch dann eine Auswahlentscheidung getroffen werden muß, wenn es keinen verbessernden Zug gibt, müssen die Begriffe First fit und Best fit modifiziert werden:

- **First fit:** Die erste gefundene verbessernde Nachbarlösung wird gewählt. Verschlechternde Lösungen werden zufällig, in Abhängigkeit vom Ausmaß der Verschlechterung oder nur dann gewählt, wenn es keine verbessernde Lösung gibt.
- **Best fit:** $\mathcal{NB}(\mathbf{x})$ wird vollständig durchsucht. Es wird zur besten Nachbarlösung übergegangen, also die größte Verbesserung oder die kleinste Verschlechterung des Zielfunktionswertes realisiert (bei Minimierungsproblemen: *steepest descent – mildest ascent).*

Der Unterschied zwischen Verbesserungsverfahren und lokalen Suchverfahren soll mit Hilfe der Abb. 2.2 verdeutlicht werden. Dort ist der Verlauf einer zu minimierenden Zielfunktion F(x) in Abhängigkeit von einer Variablen x aufgetragen. Startet ein Verbesserungsverfahren z.B. in der Lösung x^1, so gelangt es über wenige Verbesserungen zum lokalen Minimum in x^2.

Ein lokales Suchverfahren gelangt u.U. aus x^2 wieder heraus, indem es einen oder mehrere Züge zur schlechteren Lösung x^4 durchführt. Ausgehend von dieser Lösung kann es gelingen, die optimale Lösung x^* zu erreichen.

Bei Verbesserungsverfahren sind sämtliche "besuchten" Lösungen voneinander verschieden, da sie im Verfahrensverlauf immer bessere Zielfunktionswerte besitzen. Bei lokalen Suchverfahren (i.e.S.) kann es jedoch vorkommen, insbesondere bei Anwendung von Best fit, daß man erneut zu bereits besuchten Lösungen gelangt. Bei unveränderter Vorgehensweise resultiert dies in einem fortwährenden "Kreisen" des Verfahrens. Führt man in unserem Beispiel einen verschlechternden Zug von x^2 nach x^3 aus, so würde man mit Best fit in der nächsten Iteration unmittelbar dorthin zurückkehren, da x^2 die beste Nachbarlösung von x^3 ist. Selbst wenn man die unmittelbare Rückkehr ausschließt, kann die Suche über eine Folge von Zügen ins Kreisen geraten.

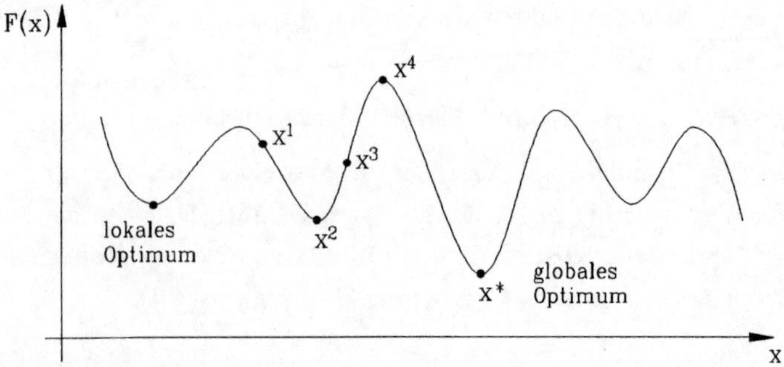

Abb. 2.2

Um das Kreisen möglichst zu vermeiden, kann man sogenannte **heuristische Metastrategien** wie *Simulated Annealing* oder *Tabu Search* einsetzen. Man bezeichnet derartige Vorgehensweisen deshalb als Metastrategien, weil das jeweilige Grundprinzip zur Steuerung des Suchprozesses auf eine Vielzahl von Problemen und Nachbarschaftsdefinitionen anwendbar ist. Im folgenden skizzieren wir Grundversionen der genannten Metastrategien. Ausführlichere Darstellungen findet man z.B. in Aarts und Korst (1989), de Werra und Hertz (1989), Glover (1989, 1990 a und b), Kuhn (1992), Glover und Laguna (1993), Domschke et al. (1996 a, 1996 b), Aarts und Lenstra (1997) sowie Domschke (1997, Kap. 1.3); vgl. zu Anwendungsmöglichkeiten sowie weiteren Metastrategien auch Reeves (1993), Pesch und Voß (1995) sowie Osman und Kelly (1996).

Simulated Annealing:

Der Name **Simulated Annealing** (*Simulierte Abkühlung*) kennzeichnet die Analogie des zugrundeliegenden Prinzips mit einem physikalischen Abkühlungsvorgang in der Thermodynamik. Annealing bezeichnet dort den gesteuerten Erstarrungsvorgang in einem Molekülgitter, der einen Zustand minimaler freier Gitterenergie im Festkörper zum Ziel hat.

Ausgehend von einer zulässigen Lösung $\mathbf{x}$, wird eine zulässige Lösung $\mathbf{x}' \in \mathcal{NB}(\mathbf{x})$ bestimmt. Besitzt $\mathbf{x}'$ einen besseren Zielfunktionswert als $\mathbf{x}$, so wird das Verfahren (die Suche) mit $\mathbf{x}'$ fortgesetzt; die Transformation, die $\mathbf{x}$ in $\mathbf{x}'$ überführt, wird also akzeptiert. Besitzt $\mathbf{x}'$ jedoch einen schlechteren Zielfunktionswert als $\mathbf{x}$, so wird der Übergang von $\mathbf{x}$ zur neuen Lösung $\mathbf{x}'$ nicht generell abgelehnt. Vielmehr wird diese Verschlechterung mit der Wahrscheinlichkeit $P(\Delta,\alpha) = e^{-\Delta/\alpha}$ erlaubt. $P(\Delta,\alpha)$ ist abhängig von der Höhe Δ der in Kauf zu nehmenden Verschlechterung und von einem vorzugebenden Temperaturparameter α. Dieser Parameter wird zu Beginn des Verfahrens so gewählt, daß durchaus auch Verschlechterungen des Zielfunktionswertes, z.B. um 15 oder 20%, möglich sind. Im Laufe des Verfahrens wird er sukzessive reduziert, die Temperatur des Systems also gesenkt, so daß am Ende des Verfahrens nur noch Verbesserungen erlaubt werden.

Aufgrund der vielfältigen Möglichkeiten der Vorgabe von Parametern ist es u.U. schwierig und aufwendig, besonders günstige Parameterkombinationen zu finden, die bei geringer Rechenzeit zu guten Lösungen führen. Unabhängig von der Parameterwahl empfiehlt es sich u.U., mehrere Startlösungen zu erzeugen und jeweils mit Simulated Annealing zu verbessern.

Threshold Accepting: Es handelt sich dabei um eine vereinfachte Variante von Simulated Annealing. Es wird jede betrachtete Nachbarlösung akzeptiert, die den Zielfunktionswert höchstens um einen vorzugebenden Wert (Schranke, Threshold) Δ verschlechtert. Im Laufe des Verfahrens wird Δ sukzessive auf 0 reduziert; vgl. z.B. Dueck und Scheuer (1990).

Tabu Search:

In der einfachsten Version von Tabu Search wird in jeder Iteration die Nachbarschaft $\mathcal{NB}(\mathbf{x})$ vollständig untersucht. Unter allen (nicht verbotenen) Nachbarn wird derjenige mit dem besten Zielfunktionswert – auch wenn er eine Verschlechterung darstellt – ausgewählt und als Ausgangspunkt für die nächste Iteration verwendet. Dabei wird das *Prinzip des steepest descent / mildest ascent* zugrundegelegt, d.h. es wird versucht, eine größtmögliche Verbesserung oder – wenn es keine verbesserte Nachbarlösung gibt – eine geringstmögliche Verschlechterung des Zielfunktionswertes zu realisieren. Im Gegensatz zum stochastischen Simulated Annealing wird also eine schlechtere Lösung nicht zufällig, sondern nur dann akzeptiert, wenn es keine Verbesserungsmöglichkeit gibt.

Um nun jedoch immer dann, wenn eine Verschlechterung akzeptiert wurde, nicht wieder zu einer zuvor besuchten, besseren Lösung zurückzukehren, müssen derartige Lösungen verboten – *tabu gesetzt* – werden. Da das Speichern und Überprüfen von vollständigen Lösungen aber in vielen Fällen zu aufwendig ist, kann man sich u.U. mit der Speicherung bereits erzielter Zielfunktionswerte begnügen. Zumeist ist es jedoch günstiger, Informationen über die in zurückliegenden Iterationen ausgeführten Züge zu speichern.

Als **Zug** bezeichnet man (wie allgemein für lokale Suchverfahren erläutert) das Verändern einer Lösung $\mathbf{x}$, durch das eine Nachbarlösung $\mathbf{x}'$ entsteht. Unter dem zu einem Zug z **komplementären Zug** $\bar{z}$ (auch kurz als **Komplement** von z bezeichnet) versteht man einen Zug, der die Wirkung von z unmittelbar rückgängig macht.

Ein Zug und dessen Komplement werden durch sogenannte **Attribute** beschrieben. In Abhängigkeit von der betrachteten Problemstellung und der gewählten Nachbarschaftsstruktur unterscheidet man *einattributige* und *mehrattributige* Züge. Das Verändern einer 0-1-Lösung an einer Stelle des Lösungsvektors läßt sich als einattributiger Zug dokumentieren (z.B. durch z die Fixierung der Variablen x_z zu 1 und durch $\bar{z}$ die Fixierung derselben Variablen zu 0). Das Vertauschen von Lösungselementen stellt dagegen einen mehrattributigen Zug dar (Austausch von Gegenständen beim Knapsack-Problem).

Das erneute Besuchen bereits betrachteter Lösungen und damit das Kreisen des Verfahrens um ein lokales Optimum läßt sich also grundsätzlich dadurch verhindern, daß man Züge für eine bestimmte Anzahl aufeinanderfolgender Iterationen verbietet (**Tabuisierung** von Zügen).

Wesentlicher Bestandteil des Verfahrens ist damit die Führung sogenannter **Tabulisten**, in denen tabu gesetzte Züge verwaltet werden. Hierauf gehen wir unten näher ein.

Die Vorgehensweise von Tabu Search zur Lösung eines Minimierungsproblems läßt sich nun wie folgt allgemein formulieren:

Tabu Search

Voraussetzung: Eine zulässige Lösung $\mathbf{x}$ mit zugehörigem Zielfunktionswert $F(\mathbf{x})$; Speicherplatz für die aktuell beste zulässige Lösung $\mathbf{x}^*$ und deren Zielfunktionswert $F(\mathbf{x}^*)$; zu Beginn ist $\mathbf{x}^* := \mathbf{x}$ und $F(\mathbf{x}^*) := F(\mathbf{x})$.

Iteration:

Solange ein vorzugebendes Abbruchkriterium nicht erfüllt ist, führe aus:

(1) Wähle aus $\mathcal{NB}(\mathbf{x})$ einen zulässigen (nicht verbotenen) Nachbarn $\mathbf{x}'$ mit kleinstem Zielfunktionswert $F(\mathbf{x}')$ aus und setze $\mathbf{x} := \mathbf{x}'$.
Falls $F(\mathbf{x}') < F(\mathbf{x}^*)$, setze $F(\mathbf{x}^*) := F(\mathbf{x}')$ und $\mathbf{x}^* := \mathbf{x}'$.

(2) Tabulisten-Management: Verbiete tabu zu setzende Züge (bzw. tabu zu setzende Lösungen), und aktualisiere dadurch die Tabuliste entsprechend.

Abbruch und Ergebnis: Nach Eintritt eines Abbruchkriteriums sind $\mathbf{x}^*$ die beste im Verlauf des Verfahrens ermittelte zulässige Lösung und $F(\mathbf{x}^*)$ der zugehörige beste Zielfunktionswert.

* * * * *

Ein übliches Abbruchkriterium für Tabu Search besteht in der Vorgabe einer maximalen Anzahl durchzuführender Iterationen oder einer maximalen Rechenzeit. Eine zulässige Anfangslösung kann zufällig ermittelt oder mit Hilfe eines heuristischen Eröffnungsverfahrens bestimmt werden.

Das in Schritt 2 angesprochene **Tabulisten-Management** betrifft Entscheidungen hinsichtlich der Auswahl der tabu zu setzenden Züge und der Dauer ihres Tabustatus. Die Definition und Verwaltung von Tabulisten kann auf unterschiedliche Art und Weise erfolgen:

- **Statische, starre Tabuliste:** In jeder Iteration wird genau ein Zug, nämlich das Komplement des jeweils letzten Zuges, für eine feste Dauer, d.h. eine feste Anzahl von Iterationen, tabu gesetzt. Die Idee der Vorgehensweise besteht darin, den Zug so lange zu verbieten, bis die Wahrscheinlichkeit des Wiedererreichens einer Lösung durch den tabu gesetzten Zug gering ist. Die gewählte *Tabudauer* TD, auch bezeichnet als Länge der Tabuliste, beeinflußt die Güte der mit Tabu Search erzielbaren Lösungen erheblich. Wird TD zu klein gewählt, kann das Verfahren schnell ins Kreisen geraten; ist TD zu groß, so werden viele Züge unnötigerweise verboten, so daß sich gute Lösungen in der Nachbarschaft bereits besuchter Lösungen u.U. nicht erreichen lassen.

- **Statische, flexible Tabuliste:** Grundsätzlich ist zu empfehlen, die Tabudauer in Abhängigkeit von der Art der Problemstellung und der Größe der zu lösenden Probleminstanzen zu wählen. Günstig kann sich darüber hinaus auswirken, bei mehreren Durchläufen von Tabu Search für dasselbe Problem die Listenlänge zu variieren oder auch während des Verfahrens die Länge zwischen einer unteren und einer oberen Schranke zu verändern; vgl. z.B. Scholl und Voß (1996).
- **Dynamische Tabuliste:** Es wird in jeder Iteration eine im vorhinein nicht vorgegebene Anzahl an Zügen verboten. Zu nennen sind die *Cancellation Sequence Methode* und die *Reverse Elimination Methode;* vgl. Glover (1989, 1990 a und b), Dammeyer und Voß (1993) sowie Voß (1995). Letztere Methode gewährleistet, daß nicht zuviele und garantiert alle Züge tabu gesetzt werden, die zu einer bereits aufgesuchten Lösung führen würden.

Um bei Anwendung statischer Methoden des Tabulisten-Managements zu vermeiden, daß vielversprechende Lösungen unnötigerweise verboten werden, verwendet man sogenannte *Aspirationskriterien.* Ein *globales* Kriterium überprüft, ob man durch Ausführung eines verbotenen Zuges eine Lösung mit einem neuen, insgesamt besten Zielfunktionswert erhält. Von einem *lokalen* Kriterium spricht man, wenn Zielfunktionswerte von Lösungen verglichen werden, die bestimmte gemeinsame Attribute aufweisen. Führt ein verbotener Zug zu einer Lösung mit einem Zielfunktionswert, der besser ist als der bisher beste für diese Attributkombination, so ist die Lösung ebenfalls noch nicht betrachtet worden.

Darüber hinaus kann es sinnvoll sein, Tabu Search derart zu steuern, daß bisher wenig betrachtete Bereiche des Lösungsraums untersucht werden (**Diversifizierung**) oder daß die Suche in einem vielversprechenden Bereich **intensiviert** wird. Beides läßt sich mit Hilfe von Statistiken über den bisherigen Lösungsverlauf erreichen.

Zu den neueren heuristischen Metastrategien lassen sich – außer den oben dargestellten Methoden – auch **genetische Algorithmen** und **neuronale Netze** zählen. Die Grundidee genetischer Algorithmen besteht darin, eine Population (d.h. Menge) von Lösungen zu erzeugen. Iterativ werden diese reproduziert (d.h. identisch übernommen), gekreuzt (d.h. zufällig Kombinationen zweier Lösungen gebildet) bzw. mutiert (d.h. elementweise zufällig verändert). Weitere Informationen zu genetischen Algorithmen findet man z.B. in Goldberg (1989), Kopfer (1992), Bierwirth (1993), Kolen und Pesch (1994), Michalewicz (1994) sowie Nissen (1994). Zu neuronalen Netzen vgl. z.B. Masson und Wang (1990) sowie Rehkugler und Zimmermann (1994).

2.3.2.3 Weitere heuristische Verfahren

Neben den zuvor betrachteten Eröffnungs- und lokalen Suchverfahren sind unvollständig ausgeführte exakte sowie relaxationsbasierte Verfahren zur Gruppe der Heuristiken zu zählen:

- *Unvollständig ausgeführte exakte Verfahren:* Viele exakte Verfahren – vor allem B&B-Verfahren – liefern während ihrer Ausführung mehrere zulässige Lösungen. Daher läßt sich ein solches Verfahren z.B. nach einer bestimmten Rechenzeit abbrechen. Da man bei einem B&B-Verfahren auch über untere Schranken verfügt, kann der Abbruch etwa dann erfolgen, wenn eine vorgegebene Mindestlösungsgüte erreicht ist.

- *Relaxationsbasierte Verfahren:* Ausgehend von einer geeigneten Lösung einer Relaxation läßt sich in vielen Fällen eine gute zulässige Lösung des Ausgangsproblems gewinnen. Dabei werden bislang verletzte, relaxierte Bedingungen sukzessive durch Ergänzung oder Veränderung von Lösungselementen erfüllt. Bei der LP-Relaxation lassen sich zulässige Lösungen häufig durch Runden nichtganzzahliger Variablenwerte erzielen. Im Rahmen der Lösung von Lagrange-Relaxationen durch Subgradientenverfahren (siehe z.B. Kap. 3.3.2.3) ist zumeist ein Großteil der relaxierten Nebenbedingungen bereits erfüllt, so daß die aktuelle Lösung "nahezu" zulässig ist. In einem solchen Fall kann durch geringe Veränderungen und entsprechend geringe Erhöhung des Zielfunktionswertes eine zulässige Lösung generiert werden. Eine solche Vorgehensweise bezeichnet man als *Lagrange-Heuristik*; vgl. etwa Beasley (1993) sowie Domschke und Drexl (1996, Kap. 3.6). Wie im Falle vorzeitig abgebrochener exakter Verfahren kann die Lösungsgüte mit Hilfe der (ohnehin) berechneten Schranken abgeschätzt werden.

2.4 Komplexität von Problemen und Verfahren

Für die Mehrzahl praktischer Probleme (z.B. der Produktionsplanung) wird man per se behaupten, sie seien schwierig oder komplex. Vielfach wird ein Problem dann als komplex bezeichnet, wenn kein Verfahren zu seiner optimalen Lösung mit polynomialem Rechenaufwand (in Abhängigkeit von der Länge der Eingabedaten) bekannt ist.

In der **Komplexitätstheorie** (vgl. dazu z.B. Garey und Johnson (1979), Bachem (1980) oder Papadimitriou und Steiglitz (1982)) hat man für verschiedene Problemklassen untersucht, welchen Rechenaufwand sie im ungünstigsten Fall verursachen. Dabei hat man sich zunächst vorwiegend mit Entscheidungsversionen von Optimierungsproblemen beschäftigt. Wir beginnen demzufolge mit der Betrachtung derartiger Probleme und behandeln daran anschließend Aussagen zur Komplexität von Optimierungsproblemen.

Entscheidungsversionen von Problemen:

Definition 2.2: Unter der **Entscheidungsversion** eines Problems (kurz **EV-Problem** genannt) versteht man ein Modell bzw. eine Umformulierung eines Problems dergestalt, daß als Lösung nur eine der beiden Antworten "ja" oder "nein" in Frage kommt.

Beispiel: Eine Entscheidungsversion des Knapsack-Problems (2.4) - (2.6) ist:

Gegeben seien die Parameter, wie in Kap. 2.1 beschrieben, sowie eine nichtnegative reelle Zahl B, die einen vorgegebenen Mindestnutzen darstellt.
Frage: Gibt es eine die Kapazitätsrestriktion (2.5) erfüllende zulässige Lösung $\mathbf{x}$, so daß die Summe der Nutzenwerte der in $\mathbf{x}$ gewählten Gegenstände die Zahl B nicht unterschreitet?

Die Entscheidungsversion eines Problems enthält keine explizit vorgegebene Zielfunktion; vielmehr wird nach der Existenz einer zulässigen Lösung des ursprünglichen Problems unter Berücksichtigung einer weiteren Nebenbedingung gefragt.

Die Antwort zu obiger Entscheidungsversion des Knapsack-Problems kann demnach durch Lösen des folgenden Problems erhalten werden:

Bestimme **x** unter den Nebenbedingungen

$$F(\mathbf{x}) = \sum_{j=1}^{n} d_j \cdot x_j \geq B \tag{2.8}$$

$$\sum_{j=1}^{n} a_j \cdot x_j \leq b \qquad (2.9) = (2.5)$$

$$x_j \in \{0,1\} \qquad \text{für alle } j = 1,\dots,n \qquad (2.10) = (2.6)$$

Existiert eine zulässige Lösung, so lautet die Antwort "ja", andernfalls "nein".

Es gibt auch Probleme, die von der Formulierung her schon als Entscheidungsversion vorliegen. Ein Beispiel hierfür ist das Problem **Partition**:

Gegeben seien eine endliche Menge M sowie Gewichte w(a) für alle $a \in M$.
Frage: Gibt es eine Teilmenge M' von M, so daß gilt: $\sum_{a \in M'} w(a) = \sum_{a \in M-M'} w(a)$?

Hinsichtlich ihrer Komplexität können EV-Probleme in verschiedene Klassen unterteilt werden; für eine ausführliche Darstellung sowie formalere Beschreibungen der angegebenen Klassen siehe Garey und Johnson (1979).

Definition 2.3:

a) Die **Klasse P** enthält diejenigen EV-Probleme, für die es zur Bestimmung von Lösungen bei beliebigen Eingabedaten Algorithmen mit polynomialem Rechenaufwand (in Abhängigkeit von der Länge dieser Daten bzw. der Größe des Problems) gibt.

b) Ein EV-Problem gehört zur **Klasse NP**, falls es einen polynomialen Algorithmus mit folgender Eigenschaft gibt: Für eine gegebene (positive) Lösung des Problems kann mit polynomialem Aufwand überprüft werden, ob sie bei der Entscheidungsversion tatsächlich die Antwort "ja" erzeugt.[5]

c) Die **Klasse der NP-vollständigen Probleme** (engl. *NP-complete*) enthält alle Probleme aus der Klasse NP, für die gilt: Es ist bislang kein Algorithmus bekannt, der eines der Probleme garantiert mit polynomialem Aufwand löst; fände man aber für eines dieser Probleme ein polynomiales Verfahren, so wären sämtliche Probleme der Klasse polynomial lösbar.

5 Bezüglich der Namensgebung der Klasse NP sei angemerkt, daß sich die in ihr enthaltenen EV-Probleme auf einem sogenannten *nichtdeterministischen Rechner* mit polynomialem Aufwand (d.h. nichtdeterministisch polynomial) lösen lassen. Nichtdeterministisch bedeutet dabei, daß es für jede Probleminstanz mit Antwort "ja" eine zulässige (aber nicht im vorhinein bekannte) Folge von Anweisungen gibt, die das Problem mit polynomialem Aufwand löst. Es wird unterstellt, daß ein nichtdeterministischer Rechner in der Lage ist, die korrekte Befehlssequenz zu "erraten".

Bemerkung 2.2 (*Beziehungen zwischen den genannten Klassen*; vgl. Abb. 2.3 sowie Def. 2.4): Obige Definition NP-vollständiger Probleme (gemäß Def. 2.3 c) bedeutet anschaulich, daß diese Klasse die "schwersten" Probleme aus NP beinhaltet.

Ein Problem aus NP ist NP-vollständig, wenn die Existenz eines polynomialen Algorithmus zur Lösung dieses Problems die Gleichheit der Klassen P und NP implizieren würde. Ein Problem Π aus NP ist, mit anderen Worten, genau dann NP-vollständig, falls es für jedes Problem Π' aus NP einen polynomialen Algorithmus gibt, der aus einer Lösung von Π (mit geeigneten Eingabedaten) eine Lösung von Π' liefert.

Die prinzipielle Technik, um zu zeigen, daß zwei Probleme "verwandt" sind, d.h. zur selben Klasse gehören, besteht darin, eine konstruktive **Transformation** der Eingabedaten des einen Problems in äquivalente Eingabedaten des anderen Problems mit polynomialem Aufwand anzugeben.[6] Formal sind für die NP-Vollständigkeit eines Problems Π also zwei Eigenschaften zu zeigen:

- $\Pi \in NP$
- alle anderen Probleme $\Pi' \in NP$ sind polynomial auf Π transformierbar

Aufgrund dieser Eigenschaften gilt, daß ein polynomialer Algorithmus zur Lösung von Π dazu verwendet werden könnte, um alle anderen NP-vollständigen Probleme mit polynomialem Aufwand zu lösen, d.h. Π läßt sich mit polynomialem Aufwand in jedes $\Pi' \in NP$ transformieren.

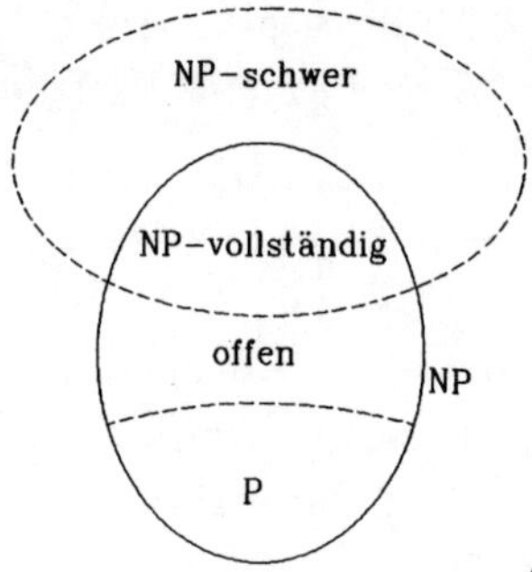

Abb. 2.3

Cook (1971) hat in einer grundlegenden Arbeit die Existenz eines NP-vollständigen Problems gezeigt. Demzufolge reicht gemäß obiger Eigenschaften zum Beweis der NP-Vollständigkeit eines Problems der Nachweis seiner Zugehörigkeit zu NP sowie seine Transformation (mit polynomialem Aufwand) in ein als NP-vollständig bewiesenes Problem aus. Hierauf aufbauend hat Karp (1972) für eine Reihe weiterer Probleme ihre Zugehörigkeit zur Klasse der NP-vollständigen Probleme gezeigt. Hierzu gehörte unter anderem das Problem Partition. Im folgenden Beispiel zeigen wir, ausgehend von dieser Kenntnis, die NP-Vollständigkeit der Entscheidungsversion des Knapsack-Problems. Ähnliche Beweise im Rahmen der Losgrößen- und der Maschinenbelegungsplanung behandeln wir in Kap. 3.3.2.1 bzw. 5.4.1.3; für weitere Beweistechniken siehe Garey und Johnson (1979, S. 63 ff.).

Beispiel: Die Entscheidungsversion des Knapsack-Problems (**KP**) gehört zu NP, da für jeden binären Vektor **x** durch einfache Summation (polynomialer Aufwand) die Gültigkeit der

---

6 Wir bezeichnen eine Transformation eines Problems π in ein Problem π' als **Reduktion**, wenn π' ein **Spezialfall** von π ist, d.h. wenn sich π' aus π durch Festlegung (Einschränkung) von Parameterwerten ergibt. Z.B. handelt es sich beim Knapsack-Problem um einen Spezialfall des mehrperiodigen Knapsack-Problems, der durch Festlegung des Parameters m auf den Wert 1 entsteht. Man beachte, daß durch Einschränkung der Wertebereiche von Variablen kein Spezialfall zu entstehen braucht.

Bedingungen (2.8) und (2.9) überprüft werden kann. Zum Nachweis der Reduktion von KP auf Partition gehen wir von speziellen Eingabedaten aus:

$$d_j = a_j \text{ für alle } j = 1,...,n \quad \text{sowie} \quad B = b = \frac{1}{2} \cdot \sum_{j=1}^{n} d_j$$

Für diesen Fall ergibt sich aus einer Lösung von KP mit der Antwort "ja" unmittelbar eine Lösung des Problems Partition.

Die Entscheidungsversion des mehrperiodigen Knapsack-Problems ist ebenfalls NP-vollständig, da es sich für den Fall nur einer Nebenbedingung (m = 1 in (2.7)) auf KP reduzieren läßt und seine Zugehörigkeit zu NP analog zu KP nachgewiesen werden kann.

Optimierungsprobleme:

Unsere bisherigen Ausführungen zur Komplexitätstheorie haben sich auf EV-Probleme beschränkt. Im folgenden beziehen wir Optimierungsprobleme in die Betrachtung ein.

Definition 2.4:

a) Die **Klasse der polynomial lösbaren Probleme** enthält sämtliche Probleme, zu deren (exakter) Lösung ein Algorithmus mit polynomialem Aufwand existiert.

b) Die **Klasse der NP-schweren Probleme** (engl. *NP-hard*) enthält solche Probleme (nicht notwendig aus NP), für die gilt: Es ist bislang kein Algorithmus bekannt, der eines der Probleme garantiert mit polynomialem Rechenaufwand optimal löst; fände man aber für eines dieser Probleme ein polynomiales Verfahren, so wären sämtliche Probleme der Klasse NP polynomial lösbar.

Bemerkung 2.3 (vgl. Abb. 2.3):

a) Man beachte, daß es sich bei Problemen in Def. 2.4 sowohl um Optimierungsprobleme als auch um EV-Probleme handeln kann.

b) Sämtliche Entscheidungsversionen polynomial lösbarer Optimierungsprobleme gehören der Klasse P an.

c) Der einzige Unterschied zwischen den Klassen der NP-vollständigen und der NP-schweren Probleme liegt in der Zugehörigkeit der jeweiligen Probleme zur Klasse NP. Man überlegt sich, daß es für jedes NP-schwere Problem eine Transformation in ein NP-vollständiges EV-Problem mit polynomialem Aufwand geben muß. Demzufolge ist z.B. das (ursprüngliche) Knapsack-Problem (2.4) – (2.6) NP-schwer, da sich eine entsprechende Transformation in seine Entscheidungsversion mit polynomialem Aufwand angeben läßt.

Weitere Aussagen:

Bemerkung 2.4: Zur Abgrenzung verschiedener Probleme hinsichtlich ihrer Komplexität ist es sinnvoll, allgemeine Aussagen zu möglichen Beziehungen zwischen ihnen zu machen.

Für zwei Probleme Π' und Π schreiben wir Π' → Π, wenn Π' ein Spezialfall von Problem Π (und somit unter Umständen leichter lösbar) ist. Im Sinne der Komplexitätstheorie läßt sich dazu folgende Aussage treffen:

> Gilt Π' → Π und ist Π polynomial lösbar, so ist auch Π' polynomial lösbar. Ist Π' hingegen NP-vollständig oder NP-schwer, so ist das Bestimmen einer optimalen Lösung für Π mindestens genau so schwierig wie für Π'.

Aus Def. 2.4 ergibt sich die Motivation zur Unterteilung von Lösungsverfahren in exakte und heuristische Verfahren. Ist ein Problem polynomial lösbar, so wird man in der Regel zu seiner Lösung ein entsprechendes exaktes Verfahren anwenden. Ist ein Problem hingegen NP-schwer (oder NP-vollständig), so bieten sich zwei Vorgehensweisen zur Entwicklung von Lösungsverfahren an. Zum einen ist man an Algorithmen (z.B. B&B-Verfahren) zur exakten Lösung interessiert. Zum anderen aber ist es notwendig, insbesondere um große (praktische) Probleme bearbeiten zu können, Heuristiken zu entwickeln. Dabei ist vom jeweiligen Anwender die Entscheidung gefragt, welche Art der Vorgehensweise er als sinnvoll einschätzt. Ergänzend sei angemerkt, daß exakte Lösungen zur Evaluierung der Güte heuristischer Lösungen verwendet werden können.

Abschließend wollen wir darauf hinweisen, daß auch NP-schwere Probleme gegebenenfalls *effizient* (schnell, mit vertretbarem Rechenaufwand) gelöst werden können. Hierzu definieren wir die Klasse der **pseudopolynomialen** Verfahren, eine Teilmenge der Klasse der exponentiellen Algorithmen. Hierbei handelt es sich um solche Verfahren, deren Rechenaufwand zwar durch ein Polynom beschrieben werden kann, dieses aber neben der Länge der Daten auch von den Datenwerten selbst (Werte von Parametern, die nicht die Länge der Daten bestimmen; z.B. die Gewichte a_j beim Knapsack-Problem) abhängt.[7]

Beispiel: Das Problem Partition ist mit pseudopolynomialem Aufwand lösbar. Der Rechenaufwand hängt größenordnungsmäßig auch von der Summe der Elementgewichte $B := \sum_{a \in M} w(a)$ und nicht nur von der Länge der Daten (Anzahl der Elemente aus M) ab. Ein entsprechendes Verfahren der dynamischen Optimierung läßt sich wie folgt angeben:

Für unsere Ausführungen betrachten wir eine geringfügige Umformulierung des Problems. Gegeben seien eine endliche Menge mit $n = |M|$ Elementen, die positive Gewichte $a_1,...,a_n$ besitzen. Darüber hinaus sei die Summe $B := a_1 + ... + a_n$ eine gerade Zahl (andernfalls existiert keine *Zerlegung*, d.h. die Antwort ist "nein"). In Anlehnung an unsere Beschreibung der dynamischen Optimierung in Kap. 2.2 definieren wir für alle $i = 1,...,n$ und $k = 0,...,B/2$ jeweils folgendes Problem $\mathbf{P_{ik}}$:

---

7 Man beachte dabei, daß bei begrenzter Stellenzahl s die Parameter a_j Werte von bis zu 2^s-1 annehmen können. Bei unbegrenzter Stellenzahl (z.B. zur Darstellung von irrationalen Zahlen) ist hingegen schon die Länge der Eingabedaten unbegrenzt.

Bestimme **x** unter den Nebenbedingungen

$$\sum_{j=1}^{i} a_j \cdot x_j = k \qquad (2.11)$$

$$x_j \in \{0,1\} \qquad \text{für alle } j = 1,...,i \qquad (2.12)$$

Man überlegt sich leicht, daß $P_{n,B/2}$ gerade dem Problem Partition entspricht. Darüber hinaus haben die Probleme $P_{1,0}$ sowie P_{1,a_1} eine zulässige Lösung (d.h. die entsprechende Antwort lautet "ja"); alle anderen Probleme P_{1k} für $k \notin \{0, a_1\}$ besitzen keine zulässige Lösung. Im Sinne einer stufenweisen, rekursiven Optimierung besitzt P_{ik} für $i \neq 1$ eine zulässige Lösung genau dann, wenn gilt:

> Entweder besitzt $P_{i-1,k}$ eine zulässige Lösung (in diesem Fall ist in P_{ik} die Variable x_i zu 0 zu setzen), oder $P_{i-1,k-a_i}$ mit $a_i \leq k$ besitzt eine zulässige Lösung (in diesem Fall ist in P_{ik} die Variable x_i zu 1 zu setzen).

$P_{n,B/2}$ läßt sich nun rekursiv lösen, indem man für alle $k = 0,...,B/2$ zunächst Probleme P_{2k}, danach alle Probleme P_{3k} usw. bis zu Problemen P_{nk} löst.

Tab. 2.1 gibt die entsprechenden Antworten für ein Partitions-Problem mit $n = 4$ Elementen und Gewichten $\mathbf{a} = (3,4,2,3)$, also $B = 12$, an.

P_{ik} i	k 0	1	2	3	4	5	6
1	ja	–	–	ja	–	–	–
2	ja	–	–	ja	ja	–	–
3	ja	–	ja	ja	ja	ja	ja
4	ja	–	ja	ja	ja	ja	ja

Tab. 2.1

Die Anzahl zu lösender Teilprobleme ist $n \cdot (B/2+1)$, daher ist der Rechenaufwand von der Größenordnung $O(n \cdot B)$. Unter der Annahme $a_j = 2^n$ für alle $j = 1,...,n$ kann der exponentielle Charakter dieses pseudopolynomialen Rechenaufwandes veranschaulicht werden: Mit $B = n \cdot 2^n$ ergibt sich der Rechenaufwand zu $O(n^2 \cdot 2^n)$. Weisen die a_j jedoch genügend kleine Werte auf, so verfügt man über ein polynomiales Verfahren.

2.5 Graphentheoretische Grundlagen

Für die Ausführungen in den Kapiteln 3 bis 5 benötigen wir einige Begriffe aus der Graphentheorie, die wir im folgenden definieren; vgl. hierzu z.B. auch Halin (1989), Neumann und Morlock (1993), Domschke (1995) oder Domschke und Drexl (1995).

Definition 2.5: Ein **Graph** G besteht aus einer nichtleeren **Knotenmenge** V, einer **Kantenmenge** oder **Pfeilmenge** E sowie einer auf E definierten Abbildung ω *(Inzidenzabbildung)*, die jedem Element aus E genau ein Knotenpaar i und j aus V zuordnet.

Ist das jedem Element aus E zugewiesene Knotenpaar *geordnet*, so bezeichnen wir G als **gerichteten Graphen**; die Elemente von E nennen wir **Pfeile**. Ist das jedem Element aus E zugewiesene Knotenpaar *nicht geordnet*, so bezeichnen wir G als **ungerichteten Graphen**; die Elemente von E nennen wir **Kanten**.

Bemerkung 2.5: Für eine Kante, die die Knoten i und j miteinander *verbindet*, verwenden wir die Schreibweise [i,j]; die Knoten i und j nennen wir **Endknoten** der Kante. Für einen Pfeil, der von einem Knoten i zu einem Knoten j *führt*, verwenden wir die Schreibweise (i,j); i nennt man **Anfangsknoten** und j **Endknoten** des Pfeiles.

Wir verzichten auf die explizite Angabe der Inzidenzabbildung ω und schreiben bei ungerichteten Graphen G = [V,E], bei gerichteten Graphen G = (V,E). Knoten bezeichnen wir meist durch natürliche Zahlen i = 1,...,n, wobei n die Anzahl der Knoten von G angibt.

Definition 2.6: Zwei Pfeile mit identischen Anfangs- und Endknoten nennt man **parallele Pfeile**. Analog lassen sich **parallele Kanten** in ungerichteten Graphen definieren.
Einen Pfeil (i,i) bzw. eine Kante [i,i] nennt man **Schlinge**.

Einen Graphen ohne parallele Kanten bzw. Pfeile und ohne Schlingen bezeichnet man als **schlichten Graphen**. Einen Graphen mit endlicher Knoten- und Kanten- bzw. Pfeilmenge bezeichnet man als **endlichen Graphen**. Ein gerichteter, schlichter, endlicher Graph heißt **Digraph**.

In unseren weiteren Ausführungen interessieren nur endliche, schlichte Graphen, so daß wir uns im folgenden auf die Betrachtung dieser Graphen beschränken.

Beispiele:

a) Abb. 2.4 enthält einen gerichteten Graphen G = (V,E) mit der Knotenmenge V = {1,2, 3,4} und der Pfeilmenge E = {(1,2), (1,3), (2,1), (3,2), (4,2)}.

b) Abb. 2.5 zeigt einen ungerichteten Graphen G = [V,E] mit der Knotenmenge V = {1,2,3,4} und der Kantenmenge E = {[1,2], [1,3], [2,3], [2,4]}.

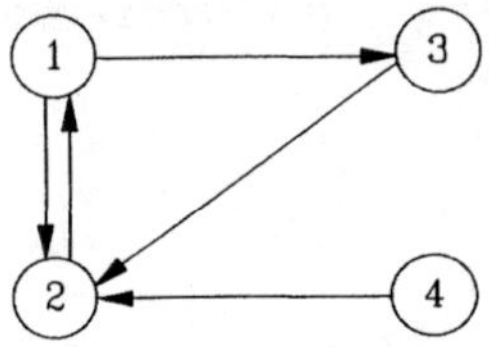

Abb. 2.4

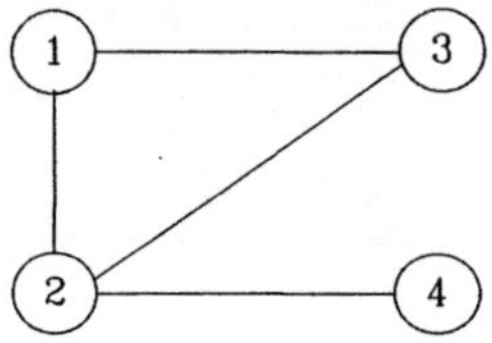

Abb. 2.5

Definition 2.7: Ein schlichter *gerichteter* Graph heißt **vollständig**, wenn für jedes Knotenpaar i, j ein Pfeil (i,j) und ein Pfeil (j,i) existieren. Ein vollständiger gerichteter Graph mit n Knoten besitzt also $n \cdot (n-1)$ Pfeile. Entsprechend nennt man einen schlichten *ungerichteten* Graphen **vollständig**, wenn für jedes Knotenpaar i, j eine Kante [i,j] existiert. Besitzt er n Knoten, so sind damit $n \cdot (n-1)/2$ Kanten vorhanden.

Definition 2.8: Sei G = (V,E) ein gerichteter Graph.

Eine Folge $p_1,...,p_t$ von Pfeilen heißt **Weg** von G, wenn eine Folge $j_0,...,j_t$ von Knoten mit $p_h = (j_{h-1},j_h)$ für alle h = 1,...,t existiert. Einen Weg symbolisieren wir durch die in ihm enthaltenen Knoten, z.B. $w = (j_0,...,j_t)$.

Eine Folge $p_1,...,p_t$ von Pfeilen heißt **Kette** von G, wenn eine Folge $j_0,...,j_t$ von Knoten mit $p_h = (j_{h-1},j_h)$ oder $p_h = (j_h,j_{h-1})$ für alle h = 1,...,t existiert. Für eine Kette schreiben wir $k = [j_0,...,j_t]$.

Analog läßt sich eine *Kette* (= Weg) in einem ungerichteten Graphen definieren.

Ein Weg bzw. eine Kette mit identischem Anfangs- und Endknoten ($j_0 = j_t$) heißt **geschlossener Weg** oder **Zyklus** bzw. **geschlossene Kette** oder **Kreis**. Ein Graph heißt *zyklenfrei* bzw. *kreislos*, wenn er keinen Zyklus bzw. keinen Kreis enthält.

Ein Pfeil (i,j) heißt **transitiv**, falls es einen Weg von i nach j mit mindestens zwei Pfeilen gibt.

Ein zyklenfreier gerichteter Graph G = (V,E) heißt **topologisch sortiert**, wenn für jeden Pfeil $(i,j) \in E$ die Beziehung $i < j$ gilt.

Definition 2.9:

a) In einem *gerichteten* Graphen G heißt ein Knoten j (unmittelbarer) **Nachfolger** eines Knotens i, wenn in G ein Pfeil (i,j) existiert; i bezeichnet man entsprechend als (unmittelbaren) **Vorgänger** von j. Man sagt ferner, i und j seien mit dem Pfeil *inzident*.

   Die Menge aller Nachfolger eines Knotens i bezeichnen wir mit $\mathcal{N}(i)$ oder $\mathcal{N}_i$, die Menge seiner Vorgänger mit $\mathcal{V}(i)$ oder $\mathcal{V}_i$. Vorgänger und Nachfolger eines Knotens i bezeichnet man auch als dessen **Nachbarn**, ausgedrückt durch NB(i).

   Ein Knoten i mit $\mathcal{V}(i) = \phi$ heißt **Quelle**, ein Knoten i mit $\mathcal{N}(i) = \phi$ **Senke** des Graphen.

   Wir sagen, Knoten j sei *unmittelbarer oder mittelbarer Nachfolger* eines Knotens i, wenn in G ein Weg von i nach j existiert; analog bezeichnen wir i als *unmittelbaren oder mittelbaren Vorgänger* von j. Die entsprechenden Mengen von Nachfolgern bzw. Vorgängern symbolisieren wir durch $\mathcal{N}_i^m$ bzw. $\mathcal{V}_j^m$.

b) Analog zu a) nennen wir in einem *ungerichteten* Graphen G die Knoten i und j **Nachbarn**, wenn [i,j] eine Kante von G ist. Die Menge der Nachbarn eines Knotens i bezeichnen wir mit NB(i).
   Die Anzahl der mit einem Knoten inzidenten Kanten heißt **Grad des Knotens** oder **Knotengrad**.

Beispiele:

a) In Abb. 2.4 sind w = (1, 3, 2, 1) ein geschlossener Weg und k = [1, 3, 2, 4] eine Kette. Ferner gilt z.B. $\mathcal{N}(2) = \{1\}$, $\mathcal{V}(2) = \{1,3,4\}$, NB(2) = {1,3,4} und $\mathcal{N}_4^m = \{1,2,3\}$.

b) In Abb. 2.5 ist k = [1, 3, 2, 4] eine Kette. Ferner gilt z.B. NB(1) = {2,3} und NB(2) = {1,3,4}.

Definition 2.10: Ein gerichteter oder ungerichteter Graph G heißt **zusammenhängend**, wenn jedes Knotenpaar von G durch mindestens eine Kette verbunden ist.

Definition 2.11: Ein zusammenhängender, kreisloser Graph heißt **Baum**. Ein kreisloser Graph heißt **Wald**; er besteht aus einer Menge von Bäumen.

Definition 2.12: Einen Graphen G bezeichnet man als **bipartiten Graphen**, wenn seine Knotenmenge V in zwei Teilmengen V_1 und V_2 mit folgenden Eigenschaften zerlegbar ist:

(1) $V_1 \cup V_2 = V$ und $V_1 \cap V_2 = \phi$ (Eigenschaften einer Zerlegung).
(2) Die Knoten aus V_1 besitzen untereinander keine Verbindung (Kante bzw. Pfeil).
(3) Die Knoten aus V_2 besitzen untereinander keine Verbindung (Kante bzw. Pfeil).

Beispiele: Klassische Transportprobleme oder Bottleneck-Transportprobleme sind auf bipartiten, gerichteten Graphen definiert; siehe z.B. Abb. 5.34 in Kap. 5.4.2.3.

Definition 2.13: Einen gerichteten bzw. ungerichteten Graphen G, dessen sämtliche Pfeile bzw. Kanten eine Bewertung c(i,j) bzw. c[i,j] besitzen, bezeichnet man als **(pfeil- bzw. kanten-) bewerteten Graphen.** c interpretieren wir hierbei als eine Abbildung $c: E \to \mathbb{R}$, die jedem Pfeil bzw. jeder Kante die Kosten für den Transport einer ME von i nach j (bzw. zwischen i und j), die Länge der Verbindung, eine Fahrzeit für die Verbindung o.ä. zuordnet. Bewertete Graphen bezeichnen wir mit G = (V,E,c) bzw. G = [V,E,c]. Für die Bewertung c(i,j) eines Pfeiles bzw. c[i,j] einer Kante verwenden wir bevorzugt die Indexschreibweise c_{ij}.

Bemerkung 2.6: Anstatt oder zusätzlich zu Pfeil- bzw. Kantenbewertungen kann ein Graph eine oder mehrere *Knotenbewertungen* $b: V \to \mathbb{R}$ besitzen. In Kap. 4 betrachten wir z.B. Graphen, bei denen Arbeitsgänge durch Knoten und deren Bearbeitungszeiten als Knotenbewertungen dargestellt werden.

Definition 2.14: Seien G = (V,E,c) ein bewerteter, gerichteter Graph und $w = (j_0,\dots,j_t)$ ein Weg von G. Die Summe aller Pfeilbewertungen

$c(w) := \sum_{h=1}^{t} c_{j_{h-1} j_h}$ bezeichnet man als **Länge des Weges** w.

Einen Weg w^*_{ij} von G bezeichnet man als **kürzesten Weg** von Knoten i nach Knoten j, falls in G kein anderer Weg w_{ij} von i nach j mit $c(w_{ij}) < c(w^*_{ij})$ existiert. $c(w^*_{ij})$ nennt man **(kürzeste) Entfernung** von i nach j in G. Analog wird ein Weg w^*_{ij} als **längster** oder **kritischer Weg** bezeichnet, wenn $c(w^*_{ij}) \geq c(w_{ij})$ für alle Wege w_{ij} gilt.

In der Regel betrachten wir kürzeste Wege in Graphen mit nichtnegativen Bewertungen und längste Wege in zyklenfreien Graphen.

Definition 2.15: Sei G ein ungerichteter oder gerichteter Graph mit Knotenmenge V und Kanten- bzw. Pfeilmenge E.

a) Ein Graph G' mit Knotenmenge $V' \subseteq V$ und Kanten- bzw. Pfeilmenge $E' \subseteq E$ heißt **Teilgraph** von G. Einen zusammenhängenden Teilgraphen mit maximaler Knoten- und Kanten- bzw. Pfeilzahl bezeichnet man als **Zusammenhangskomponente** von G.

b) Ein zusammenhängender, kreisloser Teilgraph T eines zusammenhängenden Graphen G mit Knotenmenge V und Kanten- bzw. Pfeilmenge $\bar{E}$ heißt **spannender Baum** von G.

Definition 2.16: Sei $G = [V,E,c]$ ein bewerteter, zusammenhängender, ungerichteter Graph. Einen spannenden Baum $T^* = [V,\bar{E}^*]$ von G mit minimaler Summe der Kantenbewertungen bezeichnet man als **minimalen spannenden Baum** von G.

Beispiele:

a) $w_{15}^* = (1,2,3,5)$ ist ein kürzester Weg von Knoten 1 nach Knoten 5 mit $c(w_{15}^*) = 50$ im Graphen der Abb. 2.6.

b) Für den Graphen G in Abb. 2.7 gilt: $T = [V,\bar{E}]$ mit $\bar{E} = \{[1,3], [2,3], [3,4], [3,5], [3,6]\}$ ist ein spannender Baum von G. $T^* = [V,\bar{E}^*]$ mit $\bar{E}^* = \{[1,3], [2,5], [3,4], [3,5], [5,6]\}$ ist der minimale spannende Baum von G mit 16 als Summe seiner Kantenbewertungen.

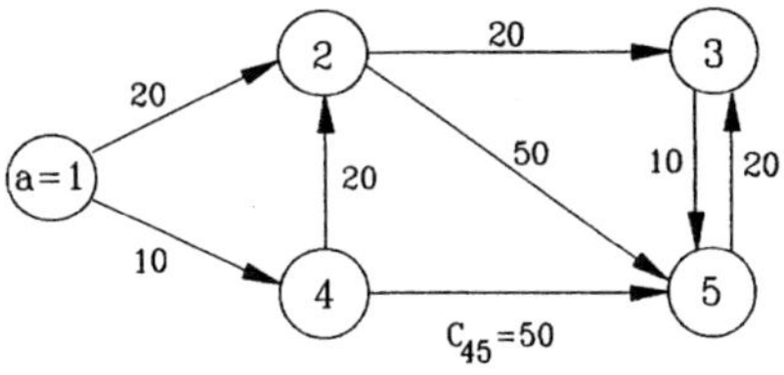

Abb. 2.6

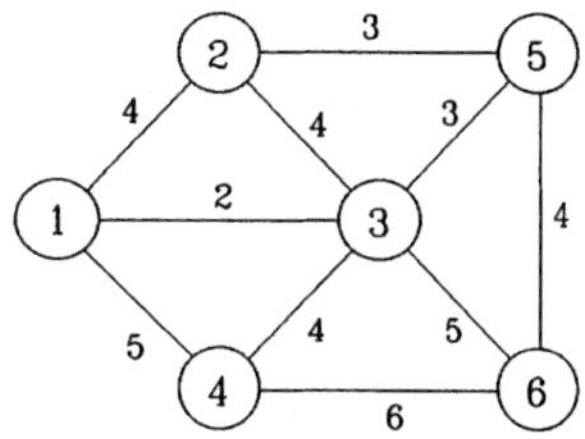

Abb. 2.7

Definition 2.17: Sei $G = [V,E]$ ein zusammenhängender, ungerichteter Graph. Eine größtmögliche Teilmenge $\bar{E}$ von E mit der Eigenschaft, daß jeder Knoten von V mit maximal einer Kante aus $\bar{E}$ inzident ist, bezeichnet man als **Matching maximaler Kardinalität** von G.

Beispiel: In Abb. 2.7 stellt $\bar{E} = \{[1,2], [3,5], [4,6]\}$ ein Matching maximaler Kardinalität dar.

Definition 2.18: Ein (zyklenfreier) gerichteter Graph $G = (V,E)$ heißt **Wurzelbaum mit der Wurzel $r \in V$** (engl. **out-tree**, r für root), wenn r *Quelle* von G ist und jeder andere Knoten $i \in V$ durch genau einen von r nach i führenden Weg mit r verbunden ist. Analog heißt G **in-tree**, wenn er genau eine Senke $s \in V$ besitzt und jeder andere Knoten $i \in V$ durch genau einen von i nach s führenden Weg mit s verbunden ist.

Die größte Anzahl an Pfeilen in einem Weg von der Wurzel zu einem Blatt (Knoten ohne Nachfolger) in einem Wurzelbaum heißt **Höhe** des Baumes.

Definition 2.19: Ein Wurzelbaum heißt **binär**, wenn jeder Knoten einen, zwei oder keinen Nachfolger besitzt. Nachfolger eines Knotens bezeichnet man als **linken** bzw. **rechten Sohn**.

Definition 2.20: Ein zusammenhängender Teilgraph eines Wurzelbaumes, der einen Knoten (als Wurzel) und alle seine unmittelbaren und mittelbaren Nachfolger enthält, heißt **Teilbaum.** Als **linken** bzw. **rechten Teilbaum** eines Knotens bezeichnet man den Teilbaum, der den linken bzw. rechten Sohn des Knotens als Wurzel besitzt.

Definition 2.21: Ein binärer Baum heißt **balanciert** (ausgeglichen), wenn für jeden Knoten i gilt: Die Höhen des linken und des rechten Teilbaumes unterscheiden sich höchstens um eins.

Bemerkung 2.7: Balancierte Bäume mit n Knoten besitzen die günstige Eigenschaft, daß Operationen zum Suchen, Löschen oder Einfügen von Knoten (bei Erhaltung der Balancierungseigenschaft) einen Aufwand von O(log n) verursachen; vgl. z.B. Maurer (1974, S. 136 ff.).

2.6 Hilfsmittel aus der Informatik

In den Kapiteln 3 bis 5 stellen wir eine Reihe von Lösungsverfahren formal dar. Dazu bedienen wir uns sowohl hinsichtlich der Darstellung von Problemdaten als auch hinsichtlich der Beschreibung von Verfahrensabläufen einiger Hilfsmittel aus der Informatik. Dies geschieht vor allem unter dem Aspekt, eine *Implementierung* (Programmierung) von Verfahren auf Rechenanlagen zu erleichtern.

2.6.1 Darstellung von Daten

Unter **Daten** verstehen wir hier die Gesamtheit der Parameter- und Variablenwerte, die ein Problem (Modell) und seine Lösung beschreiben, sowie Werte von Hilfsgrößen, die aus Verfahrensgründen notwendig sind. Eine für Rechenanlagen geeignete Form der Darstellung bzw. Organisation von Daten innerhalb von Computerprogrammen, d.h. von (Modell-) *Objekten* (z.B. Knoten eines Graphen) und deren *Beziehungen* (z.B. Kanten oder Pfeile), bezeichnet man als **Datenstruktur.**

Die Bildung von Datenstrukturen geschieht mit Hilfe der durch die verwendete **Programmiersprache** (z.B. Fortran, Pascal, Modula, C) zur Verfügung gestellten Datentypen. Ein **Datentyp** legt den Wertebereich und zulässige Operationen für Variablen fest. Dabei unterscheidet man zwischen *elementaren* und *zusammengesetzten* Datentypen. Erstere beziehen sich auf einzelne Variablen, letztere kombinieren mehrere Variablen gleicher oder unterschiedlicher Datentypen miteinander. Beispielsweise bietet die Sprache Pascal elementare Datentypen wie *real* oder *integer* für reellwertige bzw. ganzzahlige Variablen und entsprechende arithmetische Operationen. Auf den von sämtlichen höheren Programmiersprachen unterstützten zusammengesetzten Datentyp Feld (engl. *array*) wollen wir näher eingehen.

Ein **Feld** dient zur Aufnahme mehrerer Datenwerte desselben Datentyps (z.B. reellwertige Bearbeitungszeiten verschiedener Aufträge). Mit F[1..m] definieren wir ein *eindimensionales Feld* der Länge m, d.h. eine Datenstruktur für einen Vektor mit m *Komponenten* oder Elementen. Mit M[1..m,1..n] wird ein *zweidimensionales Feld* mit $m \cdot n$ Komponenten, also eine Datenstruktur für eine $m \times n$-Matrix, definiert. Der Zugriff auf entsprechende Elemente erfolgt mit Hilfe eines *Index* $i \in [1,...,m]$ in Form von F[i] oder F_i für das i-te Element des Feldes F bzw. mit Hilfe von Indizes $i \in [1,...,m]$ und $j \in [1,...,n]$ in Form von M[i,j] oder M_{ij} für das Element in der i-ten Zeile und j-ten Spalte der Matrix M.

Häufig gibt es mehrere Möglichkeiten der Datenstrukturbildung. Die Wahl der zu realisierenden Datenstruktur hat einerseits Auswirkungen auf die *Rechenzeit* eines Programms, insbesondere aufgrund der Zugriffsoperationen zum Auffinden von gespeicherten Datenwerten, andererseits bestimmt sie den *Bedarf an Speicherplatz* im Hauptspeicher eines Rechners. In der Regel gilt, daß sich Rechenzeit- und Speicherplatzbedarf gegenläufig verhalten, da kürzere Rechenzeiten häufig nur durch das Halten zusätzlicher Daten (z.B. Zwischenergebnisse) erreicht werden können. Ein einfaches Beispiel für derartige Effizienzbetrachtungen behandeln wir in Kap. 5.5.3.1; allgemein verweisen wir z.B. auf Wirth (1983), Horowitz und Sahni (1987) sowie Ottmann und Widmayer (1993).

Zur formalen und programmiersprachenunabhängigen Beschreibung von Datenstrukturen können abstrakte Datentypen verwendet werden. Ein **abstrakter Datentyp** beschreibt eine Menge (Klasse) von Objekten (z.B. Listen, s.u.) und die auf den Objekten ausführbaren Operationen auf einer höheren (abstrakten) Ebene, ohne Aussagen über die konkrete Realisierung in Programmen zu treffen.

Im folgenden geben wir abstrakte Datentypen an, die wir in Verfahrensbeschreibungen verwenden, ohne sie exakt zu definieren; vgl. dazu z.B. Meyer (1990) sowie Ottmann und Widmayer (1993).

Der abstrakte Datentyp **lineare Liste** $L = <a_1,...,a_m]$ beschreibt eine (Reihen-) Folge von endlich vielen Werten (*Listenelementen*) $a_1,...,a_m$ eines gemeinsamen Datentyps (z.B. eine Folge reeller Zahlen). Häufig benötigt man *geordnete Listen* zur Speicherung von *sortierten* Elementfolgen (z.B. eine monoton steigend sortierte Zahlenfolge). $L = <]$ bezeichnet eine *leere Liste* ohne Elemente. Zur Bearbeitung von Listen werden v.a. folgende Operationen benötigt:

- Zugriff auf das Element an der i-ten Position in einer Liste L; Schreibweise: L[i]
- Ermitteln des Vorgängers bzw. Nachfolgers eines Elementes innerhalb der Liste
- Einfügen eines Elementes (oder auch einer Menge von Elementen) in eine Liste an einer bestimmten Position oder gemäß der gewünschten Sortierung
- Löschen eines Elementes x oder auch einer Menge X von Elementen aus einer Liste L; Schreibweisen: $L := L - x$ bzw. $L := L - X$ [8]
- Aneinanderhängen zweier Listen $L_1 = <a_1,...,a_m]$ und $L_2 = <b_1,...,b_n]$ zu einer Liste $L = <a_1,...,a_m,b_1,...,b_n]$; Schreibweise: $L := <L_1,L_2]$

[8] Besteht eine Liste (bzw. eine Menge) nur aus einem einzigen Element, so kann auf die Angabe von Listen- bzw. Mengenklammern verzichtet werden.

Spezielle Listen, bei denen nur am Anfang oder Ende Elemente hinzugefügt oder gelöscht werden können, sind Stapel und Schlange. Beim abstrakten Datentyp **Stapel** (z.B. zur Darstellung eines Bücherstapels) werden gemäß *LIFO-Prinzip* Elemente nur am Listenende angefügt bzw. entnommen. Beim abstrakten Datentyp **Schlange** (z.B. zur Abbildung von Warteschlangen an einer Kasse) können gemäß *FIFO-Prinzip* Elemente nur am Anfang (Schlangenkopf) entfernt und am Ende (Schlangenende) hinzugefügt werden.

Für den abstrakten Datentyp lineare Liste und seine speziellen Ausprägungen existieren in jeder Programmiersprache unterschiedliche Implementierungsmöglichkeiten (z.B. einfach, doppelt oder zyklisch verkettet mit Hilfe von Feldern; vgl. Domschke (1995, Kap. 2)). In neueren Programmiersprachen (z.B. Pascal, C) können Listen mit Hilfe von Zeigervariablen (*pointer*) einfach verwaltet werden.

Weitere abstrakte Datentypen können z.B. für Mengen und Graphen definiert werden. Der abstrakte Datentyp **Menge** entspricht dem mathematischen Mengenkonzept; für entsprechende Schreibweisen und Operationen verweisen wir auf das Symbolverzeichnis. Der abstrakte Datentyp **Graph** beschreibt die Darstellung für Daten von Graphen (vgl. Kap. 2.5) sowie Operationen für den Zugriff, das Einfügen und Löschen von Knoten und Pfeilen.

2.6.2 Beschreibung von Verfahrensabläufen

Zur Beschreibung von Verfahrensabläufen verwenden wir häufig einen **Pseudo-Code**, d.h. eine um natürlich-sprachliche Elemente erweiterte Pascal-ähnliche Schreibweise. Dies geschieht v.a. aus folgenden Gründen:

- Unabhängigkeit von einer konkreten Programmiersprache
- Bessere Verständlichkeit durch natürlich-sprachliche Elemente
- Graphische Ablaufdarstellungen wie Flußdiagramme oder Nassi-Shneiderman-Diagramme sind bei längeren Verfahrensbeschreibungen häufig sehr unhandlich

Ein mit Hilfe dieses Pseudo-Codes beschriebenes Verfahren besteht aus einer Folge von **Anweisungen**, die jeweils voneinander durch Semikolon getrennt werden. Einige Anweisungen enthalten wiederum Anweisungsfolgen, die durch die Schlüsselworte **begin** und **end** eingeschlossen sind. Folgende Anweisungen sind zu unterscheiden (Schlüsselworte sind fett, Platzhalter sind in spitze Klammern eingeschlossen):

- **Wertzuweisung:** <Variable> := <Ausdruck>

  Der Wert einer Variablen ergibt sich durch Auswertung eines arithmetischen Ausdrucks. Beispiel: Durch die Anweisung $x := x + y$ wird der Wert der Variablen x um denjenigen der Variablen y erhöht.

- **Bedingte Anweisung:** **if** <Ausdruck> **then** <Anweisung 1> **else** <Anweisung 2>

  Falls der Boole'sche Ausdruck wahr ist, wird die Anweisung 1, ansonsten die Anweisung 2 ausgeführt. Dabei kann es sich jeweils auch um Anweisungsfolgen handeln und der else-

Teil weggelassen werden. Beispiel: Die Anweisung ***if*** $x > 5$ ***then stop else*** $y := 8$ bewirkt für den Fall, daß die Variable x einen größeren Wert als 5 aufweist, den Abbruch des Verfahrens. Andernfalls wird der Variablen y der Wert 8 zugewiesen.
Ein *Boole'scher Ausdruck* besteht entweder aus einem einzelnen Vergleich oder einer Folge logisch durch die Schlüsselworte **and** oder **or** verknüpfter Vergleiche.

- **Laufanweisung: for** <Variable> := <Startwert> **to** <Endwert> **do** <Anweisung>

  Die (Kontroll-) Variable erhält sukzessive alle ganzzahligen Werte aus dem Intervall zwischen Start- und Endwert zugewiesen. Für jeden dieser Variablenwerte wird die Anweisung (bzw. die Anweisungsfolge) ausgeführt.[9]
  Durch Angabe einer ganzzahligen Schrittweite (**step** <Schrittweite>) kann die Wertemenge der Kontrollvariablen zusätzlich eingeschränkt (Schrittweite ≥ 2) bzw. die Betrachtungsreihenfolge umgekehrt (Schrittweite ≤ -1) werden. Beispiel: Durch die Anweisung ***for*** $i := 10$ ***to*** 1 ***step*** -2 ***do*** $j := j + i$ wird der Wert der Variablen j sukzessive um die geradzahligen Werte 10, 8,..., 2 erhöht.

  Die Laufanweisung kann aus Gründen der einfacheren Darstellung auch folgende Form aufweisen: **for** <Variable> $\in$ <Menge> **do** <Anweisung>
  Dies bedeutet, daß die Anweisung für jedes Mengenelement ausgeführt werden soll. Beispiel: Die Anweisung ***for*** $j \in \mathcal{N}(i)$ ***do*** *markiere Knoten j* bewirkt, daß sämtliche unmittelbaren Nachfolger eines Knotens i innerhalb eines Graphen markiert werden.

- **Schleifen:**

  a) **while** <Ausdruck> **do** <Anweisung>
  Die Anweisung wird solange wiederholt ausgeführt, bis der Boole'sche Ausdruck den Wahrheitswert falsch aufweist. Beispiel: ***while*** $i > 0$ ***do*** $i := i - 1$ zählt den Wert der Variablen i auf 0 herunter, falls er vorher positiv war. Andernfalls wird die Anweisung überhaupt nicht ausgeführt.

  b) **repeat** <Anweisung> **until** <Ausdruck>
  Die Anweisung wird solange (mindestens einmal) ausgeführt, bis der Ausdruck den Wahrheitswert wahr liefert. Beispiel: ***repeat*** $i := i - 1$ ***until*** $i \leq 0$ zählt den Wert von i bei positivem Anfangswert ebenfalls auf 0 herunter. Ein nichtpositiver Anfangswert für i wird um 1 reduziert.

- **Sprunganweisung: goto** <Marke>

  Das Verfahren fährt bei der mit einer Marke versehenen Anweisung fort. Obwohl die Verwendung von Sprunganweisungen den Prinzipien einer *strukturierten Programmierung* widerspricht, erleichtert sie in manchen Fällen die Darstellung eines Verfahrens.

- **Unterprogramm: procedure** <Name> <Parameter>; **begin** <Anweisung> **end;**

9 Falls der Startwert größer als der Endwert ist, wird die Anweisung überhaupt nicht ausgeführt.

Unterprogramme sind Anweisungsfolgen, die mit Hilfe eines Namens und eventuell zu übergebender Parameter an beliebig vielen Stellen des Algorithmus aktiviert werden können. Die Verwendung von Unterprogrammen dient vor allem der Übersichtlichkeit und vermeidet mehrfaches Angeben gleicher Anweisungsfolgen.

Beispiel: Mit ***procedure*** *vertausche x,y;* ***begin*** *z:=x; x:=y; y:=z* ***end;*** wird ein Unterprogramm definiert, das die Werte zweier Parameter x und y vertauscht.

- Darüber hinaus werden zur Vereinfachung **natürlich-sprachliche Anweisungen** wie z.B. *füge das Element x an das Ende der Liste L an* verwendet.

2.7 Literaturverzeichnis

Aarts, E. und J. Korst (1989): Simulated annealing and Boltzmann machines. Wiley, Chichester.

Aarts, E. und J.K. Lenstra (Hrsg.) (1997): Local search in combinatorial optimization. Wiley, Chichester.

Bachem, A. (1980): Komplexitätstheorie im Operations Research. Zeitschrift für Betriebswirtschaft **50**, S. 812 - 844.

Bamberg, G. und G. Coenenberg (1994): Betriebswirtschaftliche Entscheidungslehre. 8. Aufl., Vahlen, München.

Beasley, J.E. (1993): Lagrangean relaxation. In: Reeves, C.R. (Hrsg.): Modern heuristic techniques for combinatorial problems, Blackwell, Oxford, S. 243 - 303.

Bellman, R. (1957): Dynamic programming. Princeton University Press, Princeton.

Bierwirth, C. (1993): Flowshop Scheduling mit parallelen genetischen Algorithmen. Deutscher Universitäts-Verlag, Wiesbaden.

Collatz, L. und W. Wetterling (1971): Optimierungsaufgaben. 2. Aufl., Springer, Berlin u.a.

Collins, N.E.; R.W. Eglese und B.L. Golden (1988): Simulated annealing - an annotated bibliography. American Journal of Mathematical and Management Sciences **8**, S. 209 - 307.

Cook, S.A. (1971): The complexity of theorem-proving procedures. Proceedings of the 3rd Annual ACM Symposium on Theory of Computing, ACM, New York, S. 151 - 158.

Dammeyer, F. und S. Voß (1993): Dynamic tabu list management using the reverse eliminiation method. Annals of Operations Research **41**, S. 31 - 46.

Dantzig, G.B. (1966): Lineare Programmierung und Erweiterungen. Springer, Berlin u.a.

de Werra, D. und A. Hertz (1989): Tabu search techniques: a tutorial and an application to neural networks. OR Spektrum **11**, S. 131 - 141.

Dinkelbach, W. (1982): Entscheidungsmodelle. de Gruyter, Berlin - New York.

Domschke, W. (1995): Logistik: Transport. 4. Aufl., Oldenbourg, München - Wien.

Domschke, W. (1997): Logistik: Rundreisen und Touren. 4. Aufl., Oldenbourg, München - Wien.

Domschke, W. und A. Drexl (1995): Einführung in Operations Research. 3. Aufl., Springer, Berlin u.a.

Domschke, W. und A. Drexl (1996): Logistik: Standorte. 4. Aufl., Oldenbourg, München - Wien.

Domschke, W.; P. Forst und S. Voß (1992): Tabu search techniques for the quadratic semi-assignment problem. In: Fandel, G.; T. Gulledge und A. Jones (Hrsg.): New directions for Operations Research in manufacturing, Springer, Berlin u.a., S. 389 - 405.

Domschke, W.; R. Klein und A. Scholl (1996 a): Taktische Tabus - Tabu Search: Durch Verbote schneller optimieren. c't - Magazin für Computertechnik, Heft 12, S. 326 - 332.

Domschke, W.; R. Klein und A. Scholl (1996 b): Tabu Search - Lösungsstrategie für komplexe Optimierungsprobleme. WiSt - Wirtschaftswissenschaftliches Studium **25**, S. 606 - 610.

Dueck, G. und T. Scheuer (1990): Threshold accepting: A general purpose optimization algorithm appearing superior to simulated annealing. Journal of Computational Physics **90**, S. 161 - 175.

Feichtinger, G. und R.F. Hartl (1986): Optimale Kontrolle ökonomischer Prozesse: Anwendungen des Maximumprinzips in den Wirtschaftswissenschaften. de Gruyter, Berlin - New York.

Garey, M.R. und D.S. Johnson (1979): Computers and intractability: a guide to the theory of NP-completeness. Freeman, New York.

Geoffrion, A.M. (1974): Lagrangean relaxation for integer programming. Mathematical Programming Study **2**, S. 82 - 114.

Glover, F. (1989): Tabu search - part I. ORSA Journal on Computing **1**, S. 190 - 206.

Glover, F. (1990 a): Tabu search - part II. ORSA Journal on Computing **2**, S. 4 - 32.

Glover, F. (1990 b): Tabu search: A tutorial. Interfaces **20** (4), S. 74 - 94.

Glover, F. und M. Laguna (1993): Tabu search. In: Reeves, C.R. (Hrsg.): Modern heuristic techniques for combinatorial problems, Blackwell, Oxford, S. 70 - 150.

Goldberg, D.E. (1989): Genetic algorithms in search, optimization and machine learning. Addison Wesley, Reading.

Grötschel, M.; L. Lovasz und A. Schrijver (1988): Geometric algorithms and combinatorial optimization. Springer, Berlin u.a.

Halin, R. (1989): Graphentheorie. 2. Aufl., Wissenschaftliche Buchgesellschaft, Darmstadt.

Hillier, F.S. und G.J. Lieberman (1988): Operations Research. 4. Aufl., Oldenbourg, München - Wien.

Horowitz, E. und S. Sahni (1987): Fundamentals of data structures in Pascal. 2. Aufl., Computer Science Press, Maryland.

Horst, R. und H. Tuy (1993): Global optimization: Deterministic approaches. 2. Aufl., Springer, Berlin u.a.

Karmarkar, N. (1984): A new polynomial-time algorithm for linear programming. Combinatorica **4**, S. 373 - 395.

Karp, R.M. (1972): Reducibility among combinatorial problems. In: Miller, R.E. und J.W. Thatcher (Hrsg.): Complexity of computer computation, Plenum Press, New York, S. 85 - 103.

Khachijan, L.G. (1979): A polynomial algorithm in linear programming. Soviet Mathematics Doklady **20**, S. 191 - 194.

Kolen, A. und E. Pesch (1994): Genetic local search in combinatorial optimization. Discrete Applied Mathematics **48**, S. 273 - 284.

Kopfer, H. (1992): Konzepte genetischer Algorithmen und ihre Anwendungen auf das Frachtoptimierungsproblem im gewerblichen Güterverkehr. OR Spektrum **14**, S. 137 - 147.

Kuhn, H. (1992): Heuristische Suchverfahren mit simulierter Abkühlung. WiSt - Wirtschaftswissenschaftliches Studium **8**, S. 387 - 391.

Lawler, E.L.; J.K. Lenstra, A.H.G. Rinnooy Kan und D.B. Shmoys (Hrsg.) (1985): The traveling salesman problem. Wiley, Chichester.

Masson, E. und Y.-J. Wang (1990): Introduction to computation and learning in artificial neural networks. European Journal of Operational Research **47**, S. 1 - 28.

Maurer, H. (1974): Datenstrukturen und Programmierverfahren. Teubner, Stuttgart.

Meyer, B. (1990): Objektorientierte Softwareentwicklung. Hanser, München - Wien, und Prentice-Hall, London.

Meyer, M. und K. Hansen (1996): Planungsverfahren des Operations Research. 4. Aufl., Vahlen, München.

Michalewicz, Z. (1994): Genetic algorithms + data structures = evolution programs. 2. Aufl., Springer, Berlin u.a.

Müller-Merbach, H. (1981): Heuristics and their design: a survey. European Journal of Operational Research **8**, S. 1 - 23.

Neumann, K. und M. Morlock (1993): Operations Research. Hanser, München - Wien.

Nissen, V. (1994): Evolutionäre Algorithmen: Darstellung, Beispiele, betriebswirtschaftliche Anwendungsmöglichkeiten. Deutscher Universitäts Verlag, Wiesbaden.

Osman I.H. und J.P. Kelly (1996): Meta-heuristics: Theory & applications. Kluwer, Boston u.a.

Ottmann, T. und P. Widmayer (1993): Algorithmen und Datenstrukturen. 2. Aufl., BI-Wissenschaftsverlag, Mannheim u.a.

Papadimitriou, C.H. und K. Steiglitz (1982): Combinatorial optimization: Algorithms and complexity. Prentice-Hall, Englewood Cliffs.

Pearl, J. (1984): Heuristics. Addison-Wesley, Reading u.a.

Pesch, E. (1994): Learning in automated manufacturing - A local search approach. Physica, Heidelberg.

Pesch, E. und S. Voß (Hrsg.) (1995): Applied local search. OR Spektrum **17**, Sonderheft 2/3.

Reeves, C.R. (Hrsg.) (1993): Modern heuristic techniques for combinatorial problems. Blackwell, Oxford.

Rehkugler, H. und H.G. Zimmermann (Hrsg.) (1994): Neuronale Netze in der Ökonomie. Vahlen, München.

Rieper, B. (1992): Betriebswirtschaftliche Entscheidungsmodelle - Grundlagen. Neue Wirtschafts-Briefe, Herne - Berlin.

Rommelfanger, H. (1994): Fuzzy Decision Support-Systeme - Entscheiden bei Unschärfe. 2. Aufl., Springer, Berlin u.a.

Salkin, H.M. (1975): Integer programming. Addison-Wesley, Reading u.a.

Schneeweiß, Ch. (1974): Dynamisches Programmieren. Physica, Würzburg - Wien.

Scholl, A. (1995): Balancing and sequencing of assembly lines. Physica, Heidelberg.

Scholl, A.; G. Krispin, R. Klein und W. Domschke (1997): Branch and Bound - Optimieren auf Bäumen: Je beschränkter, desto besser. Erscheint in: c't - Magazin für Computertechnik.

Scholl, A. und S. Voß (1996): Simple assembly line balancing - heuristic approaches. Journal of Heuristics **2**, S. 217 - 244.

Voß, S. (1990): Steiner-Probleme in Graphen. Hain, Frankfurt/Main.

Voß, S. (1993): Tabu search: Applications and prospects. Du, D.-Z. und P.M. Pardalos (Hrsg.): Network optimization problems: Algorithms, complexity and applications, World Scientific, Singapore.

Voß, S. (1995): Solving quadratic assignment problems using the reverse elimination method. In: Nash, S.G. und S. Sofer (Hrsg.): The impact of emerging technologies on Computer Science and Operations Research, Kluwer, Dordrecht, S. 281 - 296.

Wirth, N. (1983): Algorithmen und Datenstrukturen. 3. Aufl., Teubner, Stuttgart.

Witte, T. (1979): Heuristisches Planen. Gabler, Wiesbaden.

Zanakis, S.H.; J.R. Evans und A.A. Vazacopoulos (1989): Heuristic methods and applications: a categorized survey. European Journal of Operational Research **43**, S. 88 - 110.

Zimmermann, H.-J. (1991): Fuzzy set theory and its applications. 2. Aufl., Kluwer, Boston.

Kapitel 3: Lagerhaltung / Losgrößenplanung

Im Rahmen der Formulierung und Lösung von Modellen der Lagerhaltung befaßt man sich insbesondere mit folgenden Fragen:

a) Wieviele Mengeneinheiten (ME) eines Produktes sollen gleichzeitig bestellt oder gemeinsam ohne Umrüsten gefertigt werden (Bestimmung einer *Bestellmenge* oder *Losgröße* q)? Eng damit verknüpft ist die Frage, in welchen zeitlichen Abständen bestellt bzw. ein Los aufgelegt werden soll (Bestimmung einer *Zyklusdauer* τ).

b) Unter welchen Voraussetzungen (bei welchem Lagerbestand, zu welchem Zeitpunkt) soll eine Bestellung veranlaßt bzw. die Fertigung eines Loses in Auftrag gegeben werden (*Bestellpunkt* s)?

c) In welcher *Reihenfolge* sind Lose auf einem oder mehreren Arbeitsträgern zu fertigen? Derartige Probleme treten v.a. bei Mehrproduktmodellen (z.B. Sortenfertigung) auf.

In Kap. 3.1.1 geben wir eine Klassifikation von Lagerhaltungsmodellen anhand wesentlicher Merkmale an. In den Kapiteln 3.1.2 bis 3.3 beschränken wir unsere Ausführungen ausschließlich auf **deterministische Modelle** und deren Lösungsmöglichkeiten. Bei ihnen steht die Beantwortung der Frage a) im Vordergrund; die Frage c) ist bei einigen relevant. Man spricht aus diesem Grund oft auch lediglich von **Losgrößen- bzw. Bestellmengenproblemen**. Mit der zusätzlichen Berücksichtigung der Frage b), die in *stochastischen Problemen* von Bedeutung ist, befassen wir uns in Kap. 3.4.

3.1 Klassifikation von Problemen und Definitionen

3.1.1 Klassifikation

Wie bereits in Kap. 1.3.3 ausgeführt, versteht man unter einer (Produktions-) *Losgröße* eine Anzahl gleichartiger Objekte, die auf einem Arbeitsträger unmittelbar nacheinander ohne Rüstvorgänge zu fertigen sind. Entsprechend ist eine *Bestellmenge* eine Anzahl gleichartiger Objekte, die gleichzeitig bestellt werden bzw. zu liefern sind.[1]

Die Losgröße bzw. Bestellmenge beeinflußt v.a. die Höhe der (durchschnittlich) in einer Planungsperiode oder pro Stück anfallenden losfixen Rüst- bzw. Bestellkosten und die der

---

[1] Unsere Ausführungen werden zeigen, daß oftmals ein- und dasselbe Modell sowohl als Losgrößen- als auch als Bestellmengenmodell interpretierbar ist. Daher verwenden wir die Begriffe Losgröße und Bestellmenge häufig synonym. Die Entscheidung, ob wir ein Problem als Losgrößen- oder als Bestellmengenmodell darstellen, orientiert sich an dem jeweils zugrundeliegenden praktischen Sachverhalt.

variablen Lagerhaltungskosten. Ein Optimierungsproblem mit dem Ziel der Bestimmung einer kostenminimalen Losgröße entsteht dadurch, daß sich bei Veränderung der Losgröße (Bestellmenge) die beiden Kostenarten in gegenläufiger Richtung entwickeln. Dieser Sachverhalt wird durch Abb. 3.1 wiedergegeben und in Kap. 3.2.1 ausführlicher erläutert.

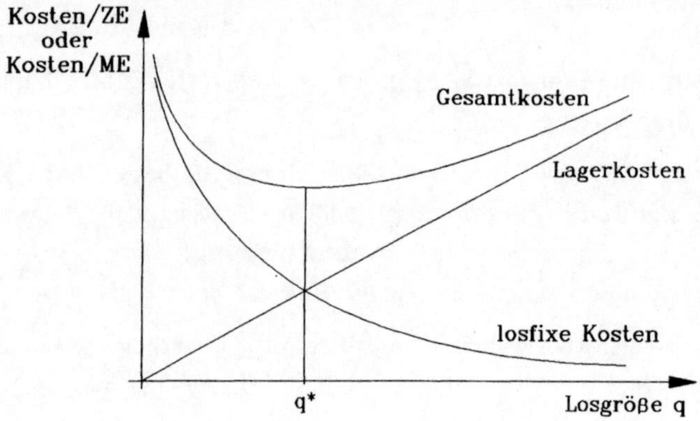

Abb. 3.1

Die obigen Ausführungen skizzieren sehr vereinfacht das Grundproblem der Losgrößen- und Bestellmengenplanung. In der Literatur werden Losgrößen- und Bestellmengenprobleme betrachtet, die sich aufgrund einer Vielzahl von Merkmalen voneinander unterscheiden. Die wichtigsten **Klassifikationskriterien** sind:

1) **Informationsgrad** über die Daten, v.a. über den Absatzverlauf:

   In *deterministischen* Modellen geht man von festen Werten für alle Modellparameter aus.

   In *stochastischen* Modellen schätzt man für jeden Parameter mehrere mögliche Werte sowie Wahrscheinlichkeiten für deren Eintreten, bzw. man unterstellt bestimmte (kontinuierliche) Wahrscheinlichkeitsverteilungen.

2) **Zeitliche Entwicklung von Modellparametern**, v.a. des Absatzverlaufs:

   Bei *statischen*[2] Modellen geht man von im Planungszeitraum unveränderlichen Parameterwerten aus. Insbesondere unterstellt man kontinuierlich auftretende, stets gleich große Nachfragen pro ZE. Bestellungen bzw. Losauflagen können zu beliebigen (reellwertigen) Zeitpunkten erfolgen (kontinuierliche Zeitachse).

   Bei *dynamischen* Modellen können (einige) Parameter zeitlichen Schwankungen unterliegen. Bestellungen bzw. Losauflagen werden (vereinfachend) nur zu diskreten Zeitpunkten vorgenommen.

3) **Wahl des Planungszeitraumes:**

   Bei *unendlichem Planungszeitraum* wird eine unbegrenzte Fortdauer des Betriebsablaufes unterstellt.

---

2 Gelegentlich werden statische Modelle auch als stationär bezeichnet. Wir reservieren diesen Begriff jedoch für Lösungen (Politiken) von Bestellmengen- bzw. Losgrößenproblemen; vgl. Def. 3.2.

Bei *endlichem Planungszeitraum* geht man von einer vorgegebenen Anzahl von jeweils gleichlangen (Planungs-) Perioden aus.

Als *Periode* kann der Planer einen beliebigen Zeitraum, z.B. einen Tag, eine Woche oder 10 Tage, wählen. Die Periode ist die Bezugsgröße für die in das Modell eingehenden Daten (z.B. Absatzmenge oder Lagerhaltungskosten pro Periode). Eine Periode ist weiter unterteilbar in beliebig kleine *Zeiteinheiten (ZE)*, z.B. Minuten oder Stunden. Bei den meisten Modellen werden wir keine Unterscheidung zwischen Periode und Zeiteinheit treffen.

Die Wahl des Planungszeitraumes [0,T] oder des *Planungshorizontes* T steht in engem Zusammenhang mit der zeitlichen Entwicklung von Modellparametern. Bei statischen Modellen unterstellt man in der Regel einen unendlichen Planungshorizont, während bei dynamischen Modellen zumeist von einem endlichen Horizont ausgegangen wird.

4) **Anzahl der zu fertigenden Produkte bzw. der zu disponierenden Güter:**

In *Einproduktmodellen* plant man die Losgröße genau eines Produktes, bzw. man abstrahiert vom Vorhandensein weiterer Produkte, die miteinander z.B. um knappe Kapazitäten konkurrieren.

In *Mehrproduktmodellen* werden Losgrößen für mehrere (im Betriebsablauf miteinander verflochtene bzw. gemeinsam zu disponierende) Produkte simultan ermittelt.

5) **Anzahl der Dispositionsstufen** (vgl. Kap. 1.3.2):

Bei *einstufigen* Modellen nimmt man an, daß die betrachteten Produkte voneinander unabhängig in dem Sinne sind, daß sie nicht durch eine Produktstruktur miteinander verknüpft sind. Gegebenenfalls abstrahiert man von dieser in der Realität vorhandenen Struktur.

Bei *mehrstufigen* Modellen sind die zu disponierenden Produkte durch eine Produktstruktur miteinander verbunden. Mindestens ein Produkt besitzt Vor- und/oder Zwischenprodukte, wobei für alle Produkte simultan Losgrößen zu ermitteln sind.

Bei Bestellmengenmodellen beschränken wir uns auf den einstufigen Fall. Eine Verallgemeinerung entsteht z.B. durch Berücksichtigung eines mehrstufigen Distributionssystems.

6) **Berücksichtigung von Kapazitäten:**

In *unkapazitierten* Modellen abstrahiert man von Kapazitätsrestriktionen im Produktions- und/oder Lagerbereich sowie von Restriktionen auf der Finanzierungsseite.

In *kapazitierten* Modellen wird zumindest eine der genannten Beschränkungen berücksichtigt. Kapazitäten können zeitliche (z.B. Arbeitszeit), mengenmäßige (z.B. Rohstoffbestand, Lagerkapazität) oder monetäre (z.B. Budgetrestriktionen) Größen sein. Kapazitätsbedarf entsteht beim Vollzug der Fertigung, aber auch bei Rüstvorgängen.

7) **Charakterisierung von zu berücksichtigenden Kosten:**

a) *Rüstkosten:* Um ein Produktionslos aufzulegen, sind Rüstvorgänge (Einstellung von Maschinen, Bereitstellung bzw. Wechsel von Werkzeugen usw.) erforderlich. Dadurch entstehen pro Los Rüstkosten, die in der Regel einen mengenunabhängigen (*losfixen*) und einen mengenabhängigen (*variablen*) Teil beinhalten. Sie können reihenfolgeunabhängig oder reihenfolgeabhängig sein, je nachdem, ob vorher bearbeitete Produkte Einfluß auf die Dauer oder Art von Umrüstvorgängen haben. Zur Reduktion von Rüstkosten werden verwandte Produkte oft zu Gruppen (Chargen, Familien) zusammengefaßt.

Bestellkosten: Jede Bestellung verursacht einmalige Kosten, die wie die Rüstkosten in der Regel einen losfixen und einen variablen Teil beinhalten. Der fixe Bestandteil entsteht z.B. durch Einholen von Angeboten, der variable Teil z.B. durch erforderliche Prüfvorgänge bei Eingang der Ware. Durch gemeinsame Bestellung mehrerer Produkte (*Sammelbestellung*) lassen sich häufig insbesondere losfixe Bestellkosten reduzieren.

Bei den in den folgenden Kapiteln betrachteten Modellen gehen wir stets davon aus, daß Rüst- bzw. Bestellkosten nur aus einem fixen Anteil (*losfixen Kosten*) bestehen. Mengenabhängige Anteile lassen sich in Produktionskosten oder Einstandspreise einbeziehen; vgl. c).

b) *Lagerhaltungskosten:* In den meisten Modellen wird eine lineare Abhängigkeit der Lagerhaltungskosten von der pro Periode gelagerten Menge eines Produktes unterstellt. Bei wertvollen Produkten bilden *Kapitalbindungskosten* einen wesentlichen Bestandteil der Lagerhaltungskosten; sie stellen Opportunitätskosten für alternative Investitionen dar. Auch Wertverluste können als Kosten der Lagerung angesehen werden. Durch die Berücksichtigung beschränkter Lagerkapazitäten kann es erforderlich sein, nichtlineare Kostenverläufe zu betrachten (erhöhte Handhabungskosten, Anmietung von Lagerräumen).

c) *Sonstige Kosten:*[3]

- *Fehlmengenkosten:* Erhöhte Kosten für Nachlieferungen (Verzugskosten), Konventionalstrafen, entgangene Deckungsbeiträge (ggf. Opportunitätskosten); vgl. zur Problematik der Bestimmung von Fehlmengenkosten Bem. 3.5 in Kap. 3.2.1.2.
- *Produktionskosten:* Im allgemeinen werden Produktionskosten (= *Fertigungskosten*) als linear und somit entscheidungsirrelevant unterstellt. Es ist jedoch ggf. sinnvoll (da in der Praxis relevant), degressive Verläufe der Fertigungskosten zu betrachten.
- *Einstandspreise:* Mit wachsender Bestellmenge verhalten sie sich in der Regel degressiv, z.B. durch Gewährung von *Mengenrabatten*. In vielen Modellen geht man der Einfachheit halber dennoch von mengenunabhängigen und damit entscheidungsirrelevanten Einstandspreisen pro ME aus.

8) Berücksichtigung von Fehlmengen:

Bei Modellen *ohne Fehlmengen* muß in jeder Periode gewährleistet sein, daß der Bedarf durch die verfügbare Menge gedeckt werden kann. Es handelt sich dabei um spezielle deterministische Modelle.

---

3 Zu weiteren Informationen über zu berücksichtigende Kosten vgl. z.B. Hax und Candea (1984, S. 130 ff.) oder Nahmias (1989, S. 138 ff.).

Fehlmengen werden in der Regel in stochastischen Modellen betrachtet; sie lassen sich aber auch im deterministischen Fall berücksichtigen. Schwierigkeiten treten u.a. durch die Notwendigkeit der Bewertung von Fehlmengen auf. Man unterscheidet zwei Typen von Fehlmengen:

- *Verzugsmengen* bzw. nachlieferbare Fehlmengen (*Vormerkfall*, engl. back order)
- verlorene Aufträge (*Verlustfall*, engl. lost sales)

Den Quotienten aus lieferbarer (unmittelbar verfügbarer) Menge und Bedarf eines Planungszeitraumes bezeichnet man als *Servicegrad* (Lieferbereitschaft); siehe auch Punkt 11.

9) Fertigungsgeschwindigkeiten:

In mehreren Modellen der Losgrößenplanung vernachlässigt man Fertigungsdauern und geht von *unendlicher Fertigungsgeschwindigkeit* (Produktionsgeschwindigkeit) aus. Auch von Rüstzeiten wird in diesen Modellen abstrahiert.

Bei *endlicher Fertigungsgeschwindigkeit* unterstellt man in der Regel eine gleichbleibende Fertigungsdauer pro ME eines Loses. Zusätzlich können reihenfolgeunabhängige oder auch reihenfolgeabhängige *Rüstzeiten* berücksichtigt werden. Eine weitere Verallgemeinerung besteht in der Berücksichtigung von *Lerneffekten*, die zu im Zeitablauf sinkenden Fertigungsdauern führen.

10) Art der Produktweitergabe:

Man spricht von *offener Produktweitergabe*, wenn jede ME eines Produktionsloses direkt nach Fertigstellung der nachgelagerten Produktionsstufe bzw. dem Absatzlager zugeführt wird.

Bei *geschlossener Produktweitergabe* wird die Fertigstellung ganzer Lose abgewartet, bevor diese an die nachfolgende Stufe weitergeleitet werden.

Mischformen dieser Arten sind ebenfalls denkbar und in der Praxis weit verbreitet (z.B. Lossplitting durch Bildung von Transportlosen). Bei unendlicher Fertigungs- bzw. Lagerauffüllgeschwindigkeit spielt die Produktweitergabe keine Rolle.

Bestellungen werden entweder durch genau eine Lieferung oder durch mehrere Teillieferungen befriedigt.

11) Ziele:

In der Regel geht man vom Ziel der *Minimierung der Gesamtkosten* aus. Beispiele für weitere mögliche Zielsetzungen sind:

- Maximierung des Servicegrades (der Lieferbereitschaft)
- Gleichmäßige Kapazitätsauslastung

Die beiden letztgenannten Ziele werden im Rahmen von Modellen oft als zu satisfizierende Ziele in Form von Nebenbedingungen berücksichtigt.

12) Bestelldauern und Bestellpunkte:

Bei Bestellmengenproblemen sind u.U. Bestelldauern zu berücksichtigen. Als **Bestelldauer** (engl. *lead time*) bezeichnen wir diejenige Zeitspanne, die zwischen dem Bestellzeitpunkt und dem Verfügbarkeitszeitpunkt der Güter vergeht. Sie beinhaltet u.a. Zeiten für Lieferantenauswahl, **Lieferfristen** und **Einlagerungsdauern**.

Der **Bestellpunkt** (*Bestell-* oder *Meldebestand;* engl. *reorder point*) ist derjenige Lagerbestand, bei dessen Erreichen oder Unterschreiten eine Bestellung auszulösen ist. Er ist von der Bestelldauer und der in dieser Zeit zu erwartenden Nachfrage abhängig.

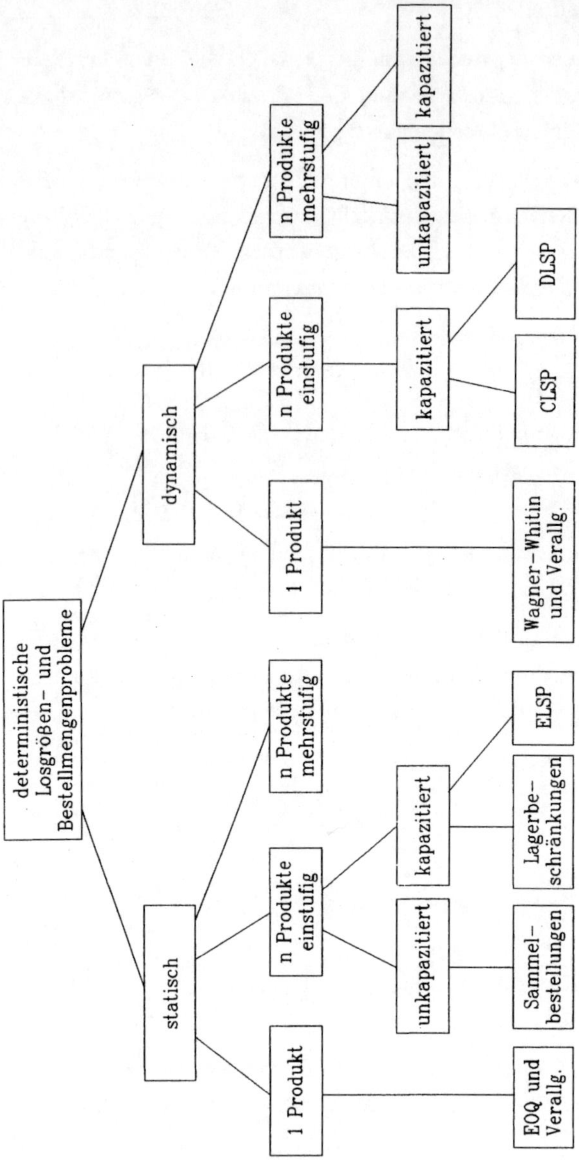

Abb. 3.2

Anhand der Klassifikationsmerkmale läßt sich eine Vielzahl verschiedener Modelle entwickeln. Abb. 3.2 gibt eine Übersicht wesentlicher deterministischer Modellklassen, an der sich die Gliederung der folgenden Kapitel 3.2 und 3.3 orientiert. Bestellpunkte brauchen in diesen Modellen nicht explizit berücksichtigt zu werden (siehe Bem. 3.3 d in Kap. 3.2.1.1), sie sind hingegen wesentlicher Bestandteil der Optimierung in stochastischen Modellen (siehe Kap. 3.4). [4]

3.1.2 Begriffe für deterministische Modelle

Bevor wir einzelne deterministische Modelle und deren Lösungsmöglichkeiten betrachten, wollen wir zusätzlich zu den Begriffen Bestellmenge und Losgröße die immer wieder benötigten Begriffe Zyklusdauer genauer und Politik neu definieren.

Definition 3.1: Als **Zyklusdauer** τ (*Loszyklus* oder *Reichweite* eines Loses q) bezeichnet man ein Zeitintervall zwischen zwei Losauflagen bzw. zwischen zwei Bestellungen.

Im klassischen Bestellmengenmodell (deterministisch, statisch mit unendlichem Planungshorizont, ein Produkt, keine Kapazitätsbeschränkungen und keine Fehlmengen) wird z.B. jeweils nach τ ZE das Lager auf q ME aufgefüllt (vgl. den Lagerbestandsverlauf in Abb. 3.3).

Definition 3.2: Eine Lösung eines Losgrößenproblems bezeichnet man als **Politik** (engl. *policy*), gelegentlich auch als *Losgrößenpolitik* oder *Losauflagepolitik*. Durch eine Politik werden alle Loszyklen und alle zugehörigen Bestellmengen bzw. Losgrößen für den betrachteten Planungszeitraum festgelegt.

Eine Politik nennen wir **q-stationär**, wenn die Bestellmenge bzw. Losgröße für jedes Produkt während des Planungszeitraumes zeitinvariant ist.

Eine Politik nennen wir **τ-stationär**, wenn während des Planungszeitraumes nur zeitinvariante Zyklusdauern für jedes Produkt auftreten.

Eine Politik heißt **stationär**, wenn sie sowohl q- als auch τ-stationär ist. Eine Politik, die weder q- noch τ-stationär ist, bezeichnen wir als **instationär**.

Eine Politik, bei der wir keinerlei Einschränkungen (bezüglich q und τ) machen, bezeichnen wir als **allgemeine Politik**.

Wir werden in Kap. 3.2.1 sehen, daß es für das klassische Bestellmengenmodell eine optimale Politik gibt, die stationär ist (vgl. Abb. 3.3). In Kap. 3.2.3.3 betrachten wir dagegen Beispiele für statische mehrstufige Mehrproduktmodelle, für die nur instationäre Politiken optimal sein können.

Bemerkung 3.1: Für die meisten der im folgenden betrachteten deterministischen Modelle ohne Kapazitätsbeschränkungen gilt folgende Optimalitätsbedingung:

---

4 Für einen allgemeinen Überblick zur Losgrößen- und Bestellmengenplanung siehe auch Orlicky (1975), Bahl et al. (1987), Fleischmann (1988), Bartmann und Beckmann (1989), Salomon (1991), Kistner und Steven (1993), Tempelmeier (1995) sowie Drexl und Kimms (1997).

Es wird für ein Produkt erst dann wieder ein Los aufgelegt, bzw. es trifft erst dann eine Bestellung ein, wenn das Lager vollständig geleert ist.

Wir bezeichnen diese Bedingung als **Regenerationseigenschaft**; im Englischen spricht man von *zero-inventory-property.*

3.2 Statisch - deterministische Modelle

In diesem Kapitel betrachten wir Modelle mit folgenden **Grundannahmen**:

- unendlicher Planungshorizont
- kontinuierliche Nachfrage mit konstanter Nachfragerate (Absatzrate, Absatzgeschwindigkeit, Bedarf pro ZE) nach einem oder mehreren Produkten
- zeitinvariante, positive Kostensätze

Wir beginnen mit einstufigen Einproduktmodellen, betrachten anschließend einstufige Mehrproduktmodelle und beschließen unsere Ausführungen mit mehrstufigen Mehrproduktmodellen.

3.2.1 Einstufige Einproduktmodelle

Die einfachsten Losgrößen- und Bestellmengenprobleme treten auf, wenn ein Endprodukt in einstufiger Produktion erzeugt oder ein einziges Gut disponiert wird. Die im folgenden betrachteten Modelle lassen sich auf den Mehrprodukt-Fall dann anwenden, wenn keine Kopplungen zwischen den Produkten, z.B. durch Kapazitätsbeschränkungen, auftreten.

Wir beginnen mit dem *klassischen Bestellmengen- oder Losgrößenmodell* von Harris (1913) und Andler (1929), das häufig auch Wilson zugeschrieben wird; vgl. zur historischen Entwicklung auch Erlenkotter (1990). In der englischsprachigen Literatur wird es als *Economic Order Quantity Model* **(EOQ-Modell)** bezeichnet. Anschließend geben wir Hinweise auf Verallgemeinerungsmöglichkeiten und betrachten ein Beispiel dafür.

3.2.1.1 Das klassische Bestellmengenmodell (EOQ-Modell)

Es geht von folgenden **Annahmen** aus:[5]

- Disposition eines Gutes
- keine Bestelldauer
- kontinuierliche Nachfrage mit konstantem Bedarf pro ZE
- während des Planungszeitraumes unveränderliche fixe Bestellkosten und lineare Lagerhaltungskosten
- keine Kapazitätsbeschränkungen

---

[5] Bei Betrachtung einer einstufigen Einproduktfertigung mit unendlicher Fertigungsgeschwindigkeit und fixen Rüstkosten erhält man das entsprechende klassische Losgrößenmodell. Dabei spielt die Art der Produktweitergabe aufgrund der Fertigungsgeschwindigkeit keine Rolle.

- Fehlmengen sind nicht erlaubt
- unendlicher Planungshorizont (siehe auch Bem. 3.3 b)

Ziel dieses deterministischen Modells ist die Ermittlung einer Bestellpolitik, die die mittleren Gesamtkosten pro ZE minimiert. Aufgrund der konstanten Absatzgeschwindigkeit werden damit zugleich die Gesamtkosten pro ME minimiert. Aus Abb. 3.1 wird ersichtlich, daß die einzige existierende optimale Politik q-stationär sein muß. Bestellt wird erst dann wieder, wenn das Lager leer ist (vgl. Bem. 3.1). Dies ist wegen der konstanten Absatzgeschwindigkeit nach jeweils τ ZE der Fall. Daher ist die optimale Politik zugleich τ-stationär und damit stationär schlechthin.

Für die formale Darstellung und Lösung des Modells verwenden wir folgende **Parameter**:

b Bedarf (ME pro ZE); auch als Bedarfsrate oder Absatzgeschwindigkeit zu bezeichnen
f fixe Bestellkosten (GE pro Bestellung)
c (variable) Lagerhaltungskosten (GE pro ME und ZE)

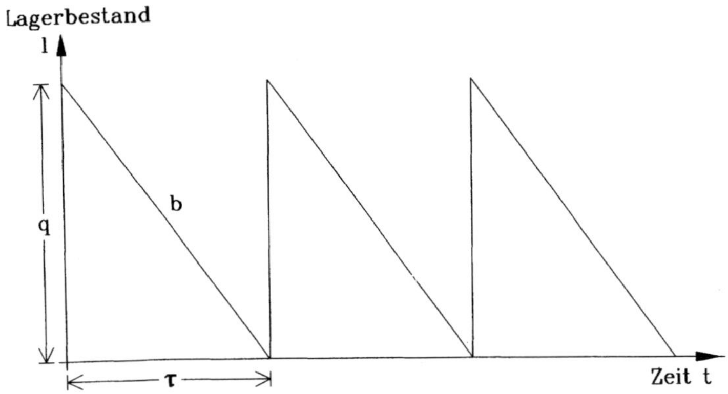

Abb. 3.3

Als (reellwertige) **Variable** des Modells können wir die *Bestellmenge* q oder die *Zyklusdauer* τ betrachten. Es gilt $\tau = q/b$.

Abb. 3.3 zeigt den bei diesem Modell typischen Lagerbestandsverlauf (Sägezahnkurve), wenn man von kontinuierlichem Lagerabgang mit Geschwindigkeit b ausgeht.

In Abhängigkeit von der Bestellmenge q läßt sich die Zielfunktion wie folgt beschreiben:

$$\text{Minimiere } K(q) = \frac{b}{q} \cdot f + \frac{1}{2} \cdot c \cdot q \qquad \text{(in GE pro ZE)}^{6} \qquad (3.1)$$

In Abhängigkeit von der Zyklusdauer τ erhält man folgende Formulierung:

$$\text{Minimiere } K(\tau) = \frac{1}{\tau} \cdot f + \frac{1}{2} \cdot b \cdot c \cdot \tau \qquad \text{(in GE pro ZE)} \qquad (3.2)$$

6 Durch $\overline{K}(q) := K(q)/b = f/q + c \cdot q/2b$ läßt sich die Zielfunktion in GE pro ME ausdrücken.

Die Ausdrücke in (3.1) und (3.2) besitzen folgende Bedeutung:

$\frac{b}{q} = \frac{1}{\tau}$	Bestellhäufigkeit oder -frequenz
$\frac{b}{q} \cdot f = \frac{1}{\tau} \cdot f$	(mittlere) Bestellkosten pro ZE
$\frac{1}{2} \cdot q \cdot c = \frac{1}{2} \cdot b \cdot c \cdot \tau$	(mittlere) Lagerhaltungskosten pro ZE

In Abb. 3.1 werden die in der Kostenfunktion (3.1) enthaltenen losfixen Bestellkosten, Lagerhaltungskosten und Gesamtkosten pro ZE graphisch veranschaulicht.

Eine Lösung für (3.1) und (3.2) erhalten wir mittels Differentialrechnung:

$$K'(q) = -\frac{b}{q^2} \cdot f + \frac{1}{2} \cdot c \overset{!}{=} 0 \qquad \text{bzw.} \qquad K'(\tau) = -\frac{1}{\tau^2} \cdot f + \frac{1}{2} \cdot b \cdot c \overset{!}{=} 0$$

Als optimale Losgröße q^* bzw. optimale Zyklusdauer τ^* ergibt sich:

$$q^* = \sqrt{\frac{2 \cdot b \cdot f}{c}} \qquad \text{bzw.} \qquad \tau^* = \sqrt{\frac{2 \cdot f}{b \cdot c}} \tag{3.3}$$

Die Kosten der optimalen Lösung sind $K(q^*) = K(\tau^*) = \sqrt{2 \cdot b \cdot f \cdot c}$.

Bemerkung 3.2: Im Optimum des EOQ-Modells gelten u.a. folgende Beziehungen, auf denen mehrere heuristische Vorgehensweisen zur Lösung dynamischer Losgrößenmodelle basieren (vgl. Kap. 3.3.1.3 und 3.3.2.2):

a) Die Bestellkosten pro ME und ZE ($\frac{b}{q^2} \cdot f$) sind gleich den Lagerhaltungskosten pro ME und ZE ($\frac{1}{2} \cdot c$); vgl. die erste Ableitung der Kostenfunktion.

b) Die Bestellkosten pro ZE ($\frac{b}{q} \cdot f$) sind gleich den Lagerhaltungskosten pro ZE ($\frac{1}{2} \cdot c \cdot q$).

c) Die bestellfixen Kosten f sind gleich den während eines Bestellzyklus anfallenden Lagerhaltungskosten $\frac{1}{2} \cdot c \cdot q \cdot \tau$.

Bemerkung 3.3: Die Ausdrücke (3.3) bezeichnen wir als *EOQ-Formeln*; in der deutschsprachigen Literatur werden sie zumeist als *Andler'sche Losgrößenformeln* bezeichnet. Sie lassen sich in folgenden Punkten diskutieren:

a) q^* und τ^* können beliebige nichtnegative reelle Werte annehmen. Da die Gesamtkostenfunktion K(q) konvex ist (siehe Abb. 3.1), erhält man jedoch leicht eine ganzzahlige optimale Losgröße durch Vergleich der q^* benachbarten ganzzahligen Werte. Entsprechende Überlegungen gelten, wenn man τ^* unabhängig von q^* betrachtet. Die gleichzeitige Forderung nach Ganzzahligkeit für τ^* und q^* erweist sich demgegenüber als schwieriger, da isoliertes Runden beider Werte nicht ausreicht; vgl. Wissebach (1977, S. 97 ff.).

   Obige Aussagen gelten auch für den Fall, daß nur bestimmte Produktions- oder Bestellquanten (z.B. Paletten) möglich sind.

b) Es wird ein unendlicher Planungshorizont unterstellt. Bei endlichem Horizont T, vorgegebener Nachfragemenge B in [0,T] und übereinstimmendem Lageranfangs- und Lagerendbestand (z.B. = 0) sind nur solche stationären Politiken zulässig, bei denen B/q ganzzahlig ist. Dies ist bei Anwendung von (3.3) bzw. von $q^* = \sqrt{\frac{2 \cdot B \cdot f}{T \cdot c}}$ bei konstanter Absatzgeschwindigkeit $b = B/T$ im allgemeinen nicht gewährleistet. Wegen der Konvexität der Kostenfunktion reicht es jedoch, die q^* nächstgelegenen Losgrößen, für die B/q ganzzahlig ist, kostenmäßig miteinander zu vergleichen.

Gleichzeitige Ganzzahligkeit von q und B/q läßt sich weniger leicht erreichen und ist ökonomisch nicht immer sinnvoll. Eine mögliche Alternative besteht z.B. darin, instationäre Politiken mit von Loszyklus zu Loszyklus leicht variierenden Losgrößen zuzulassen. Vgl. hierzu auch Rachamadugu und Ramasesh (1994).

c) *Sensitivität der EOQ-Formeln:* Die konvexe Kostenfunktion (3.1) bzw. (3.2) besitzt im Bereich der optimalen Lösung q^* bzw. τ^* betragsmäßig geringe Steigungen. Man erkennt dies, wenn man z.B. die relativen Kosten $K(q)/K(q^*)$, die sich bei $q \neq q^*$ ergeben, ermittelt. Man erhält $K(q)/K(q^*) = (\frac{q^*}{q} + \frac{q}{q^*})/2$; vgl. z.B. Meyer und Hansen (1996, S. 165).

Wählt man z.B. $q = 1.2 \cdot q^*$, so nimmt man gegenüber q^* lediglich eine Kostensteigerung von 1.7% in Kauf. Bei $q = 0.8 \cdot q^*$ beträgt die Steigerung 2.5%.

Es läßt sich auch zeigen, daß Schätzfehler hinsichtlich der Parameter f, c und b zu relativ geringen Kostensteigerungen gegenüber der optimalen Lösung führen; siehe z.B. Mykytka und Ramberg (1984). Aus diesen Gründen ist die weite Verbreitung des EOQ-Modells und seiner Verallgemeinerungen trotz der restriktiven Annahmen verständlich.

d) *Bestellpunkt und EOQ-Modell:* Bei vorgegebener Bestelldauer t ist genau t ZE, bevor der Lagerbestand auf Null absinkt, eine neue Bestellung auszulösen. Dabei spielt das Verhältnis von t zur ermittelten optimalen Zyklusdauer τ^* keine Rolle.

Der Bestellpunkt s läßt sich bei gegebener Bestelldauer t wie folgt bestimmen:
$s := b \cdot t$ für $t \leq \tau^*$; nach t ZE ist der Lagerbestand von s auf 0 gesunken;
$s := b \cdot t - q^*$ für $\tau^* \leq t \leq 2\tau^*$; nach s/b ZE trifft die zuletzt aufgegebene Bestellung ein; die neue Bestellung steht nach weiteren τ^* ZE zur Verfügung.
Entsprechende Überlegungen gelten für $i \cdot \tau^* \leq t \leq (i+1) \cdot \tau^*$ mit $i \geq 2$.

3.2.1.2 Modelle mit endlicher Fertigungsgeschwindigkeit

Das klassische Modell ist in vielerlei Hinsicht erweitert worden. Wir betrachten hier zunächst ein Losgrößenmodell, das sich vom klassischen nur durch endliche Fertigungsgeschwindigkeit (verbunden mit offener Produktweitergabe) unterscheidet.[7] Am Ende des Kapitels beziehen wir Verzugsmengen in das Modell ein.

7 Bei Betrachtung der Disposition eines Gutes bei kontinuierlichem Lagerzugang mit der Geschwindigkeit p erhält man ein entsprechendes Bestellmengenmodell.

Wir gehen also zunächst von folgenden **Annahmen** aus:

- Disposition eines Produktes (das auf einer Maschine gefertigt wird); die Disposition von Vor- und Zwischenprodukten wird nicht berücksichtigt
- endliche Fertigungsgeschwindigkeit
- offene Produktweitergabe
- kontinuierliche Nachfrage mit konstantem Bedarf pro ZE
- während des Planungszeitraumes unveränderliche fixe Rüstkosten und lineare Lagerhaltungskosten
- keine Kapazitätsbeschränkungen
- Fehlmengen sind nicht erlaubt
- unendlicher Planungshorizont

Ziel des derart erweiterten Modells ist ebenfalls die Ermittlung derjenigen Losauflagepolitik, die zu minimalen Gesamtkosten pro ZE führt. Wie beim Grundmodell ist die optimale Politik stationär.

Wir verwenden folgende **Parameter**:

b Bedarf (ME pro ZE); Bedarfsrate, Absatzgeschwindigkeit

p Produktion (ME pro ZE); auch Produktions- oder Fertigungsgeschwindigkeit

f fixe Rüstkosten (GE pro Rüstvorgang)

c Lagerhaltungskosten (GE pro ME und ZE)

$\rho := b/p \leq 1$ Belegungszeitanteil der Maschine durch das Produkt

Die Größe $p-b$ beschreibt die Lagerauffüllgeschwindigkeit. Gilt $\rho = 1$, so liegt eine kontinuierliche (d.h. ununterbrochene) Fertigung vor. Andernfalls erhält man folgendes Modell:

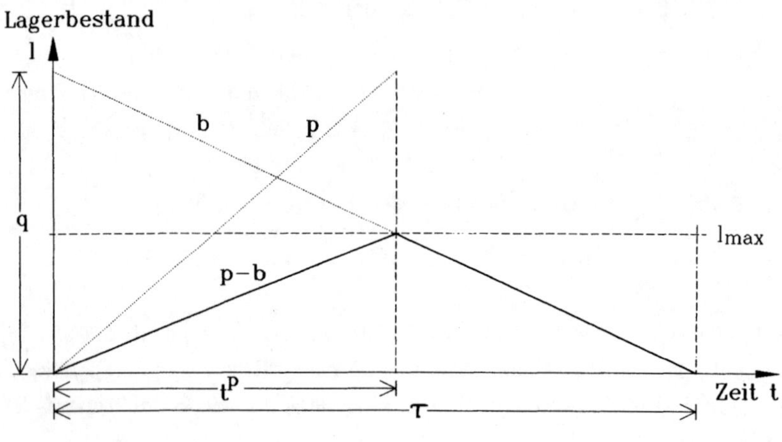

Abb. 3.4 a

Als **Variablen** betrachten wir die Zyklusdauer τ bzw. die *Losgröße* q. Damit erhalten wir folgende Kosten pro ZE (vgl. Abb. 3.4 a):

$$K(\tau) = f/\tau + \tfrac{1}{2} \cdot l_{max} \cdot c \tag{3.4}$$

Die in (3.4) und Abb. 3.4 a verwendeten Hilfsgrößen t^p und l_{max} lassen sich wie folgt ausdrücken: $t^p = q/p$; $l_{max} = q - t^p \cdot b = q \cdot (1-\rho) = b \cdot (1-\rho) \cdot \tau$

Damit ergibt sich $K(\tau) = f/\tau + \frac{1}{2} \cdot b \cdot (1-\rho) \cdot \tau \cdot c$. Ersetzt man unter Verwendung der Beziehung $\tau = q/b$ die Zyklusdauer durch die Losgröße, so ergibt sich die Zielfunktion in GE pro ZE in Abhängigkeit von der Losgröße q:

$$\text{Minimiere } K(q) = f \cdot b/q + \tfrac{1}{2} \cdot q \cdot (1-\rho) \cdot c \tag{3.5}$$

Durch Differentiation und Nullsetzen erhält man die optimalen Größen, d.h. die *EOQ-Formeln für den Fall endlicher Fertigungsgeschwindigkeit*:

$$q^* = \sqrt{\frac{2 \cdot b \cdot f}{c \cdot (1-\rho)}} \quad \text{bzw.} \quad \tau^* = \sqrt{\frac{2 \cdot f}{c \cdot (1-\rho) \cdot b}} \tag{3.6}$$

Erweiterung des Modells durch Einbeziehung von Verzugsmengen:

Wir verwenden zusätzlich die Variable v und den Parameter u mit folgender Bedeutung:

v maximale Verzugsmenge

u Straf- oder Fehlmengenkosten für Verzugsmengen (GE pro ME und ZE)

Damit erhalten wir den in Abb. 3.4 b gezeigten Lagerbestandsverlauf und die folgenden *Kosten pro Loszyklus*:

$$KL(\tau,v) = f + \tfrac{1}{2} \cdot l_{max} \cdot (\tau - t_1 - t_2) \cdot c + \tfrac{1}{2} \cdot v \cdot (t_1 + t_2) \cdot u \tag{3.7}$$

Die in (3.7) verwendeten Hilfsgrößen l_{max}, t_1, t_2 sowie t^p lassen sich wie folgt durch die oben eingeführten Parameter und Variablen ausdrücken:

$t^p = q/p$; $l_{max} = q - v - t^p \cdot b = q - v - q \cdot \rho = q \cdot (1-\rho) - v$; $t_1 = v/(p-b)$; $t_2 = v/b$

Durch Einsetzen in (3.7) und Division von $KL(\tau,v)$ durch $\tau = q/b$ ergeben sich Kosten pro ZE und damit folgendes Optimierungsproblem:

Minimiere K(q,v) =

$$\frac{b}{q} \cdot [f + \tfrac{1}{2} \cdot (q \cdot (1-\rho) - v) \cdot (\frac{q}{b} - \frac{v}{p-b} - \frac{v}{b}) \cdot c + \tfrac{1}{2} \cdot v \cdot (\frac{v}{p-b} + \frac{v}{b}) \cdot u] \tag{3.8}$$

Durch partielle Differentiation und Nullsetzen erhält man die optimalen Größen

$$q^* = \sqrt{\frac{2 \cdot b \cdot f}{c \cdot (1-\rho)} \cdot \frac{c+u}{u}} \quad \text{und} \quad v^* = \sqrt{\frac{2 \cdot b \cdot f \cdot (1-\rho)}{u} \cdot \frac{c}{c+u}} \tag{3.9}$$

Die daraus berechenbare optimale Zyklusdauer ist $\tau^* = q^*/b$.

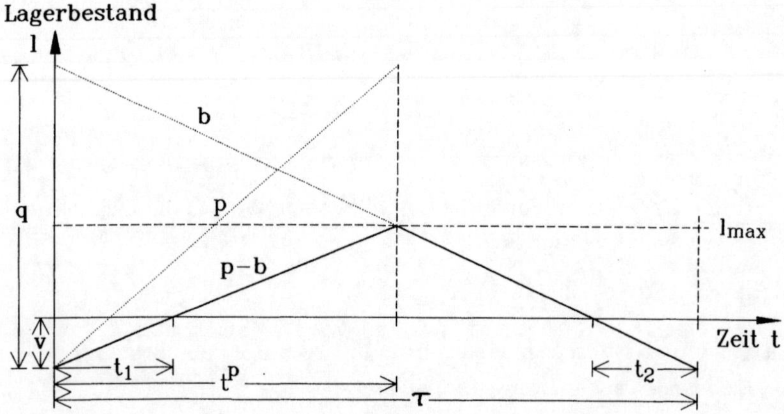

Abb. 3.4 b

Bemerkung 3.4: Für $u \rightarrow \infty$ strebt v^* gegen Null, und wir erhalten für q^* und τ^* die Formeln (3.6). Geht darüber hinaus $p \rightarrow \infty$ und damit $\rho \rightarrow 0$, so erhalten wir die EOQ-Formeln (3.3). Die in Bem. 3.3 getroffenen Aussagen gelten hier analog.

Bemerkung 3.5: In der Praxis ist es schwierig, Fehlmengenkosten (hier Verzugskosten) abzuschätzen. Für einen Planer ist es eher möglich einzuschätzen, welche Verzugsdauer t_{max} er seinen Kunden maximal zumuten kann, ohne daß Aufträge verlorengehen. Derartige lost sales können vermieden werden, wenn man den Fehlmengenkostensatz u aufgrund folgender Überlegung ermittelt:

Die im Modell auftretende maximale Verzugsdauer ist t_2 (wenn man davon ausgeht, daß jeweils die am längsten wartenden Aufträge durch die neue Produktion zuerst ausgeführt werden). Da $t_2 = v/b$ ist, läßt sich aus dem Term für v^* der Formel (3.9) der Strafkostensatz u so ermitteln, daß t_2 den Wert t_{max} annimmt und somit keine Aufträge verloren gehen; vgl. hierzu auch Fogarty und Aucamp (1985).

Ganz analog kann ein Kostensatz u bestimmt werden, wenn man statt einer maximalen Verzugsdauer einen bestimmten Servicegrad fordert. Dieser läßt sich in unserem deterministischen Modell durch $1 - v/q$ definieren.

3.2.1.3 Weitere Verallgemeinerungen des klassischen Modells

Neben den oben betrachteten Erweiterungen lassen sich u.a. nichtlineare Kostenfunktionen (z.B. aufgrund von Rabatten oder sprungfixen Lagerhaltungskosten), Teilsendungen oder allgemeinere (nichtlineare) Bedarfsverläufe in das Grundmodell einbeziehen.

Rabatte in Bestellmengenmodellen: Rabatte werden gewährt, wenn bestimmte Bestellmengen (Rabattgrenzen) überschritten werden. Die Intervalle zwischen den Rabattgrenzen bezeichnet man als Rabattstaffeln. Es sind zwei Rabattformen zu unterscheiden:

a) Der Rabatt wird jeweils auf die volle Bestellmenge gewährt (engl. *all-units-discount*). Beispiel: Ein Produkt kostet 5 GE/ME, ab einer Bestellmenge von 10 ME reduziert sich der Preis auf 3 GE/ME, ab 20 ME reduziert er sich auf 2 GE/ME. Die Einstandskosten E(q) für q ME besitzen den in Abb. 3.5 a dargestellten Verlauf.

b) Der Rabatt wird jeweils nur auf diejenigen Mengen gewährt, die die Rabattgrenzen überschreiten (engl. *incremental discount*).
Für das obige Beispiel ergibt sich der in Abb. 3.5 b dargestellte Verlauf für E(q).

Die Gesamtkosten pro ZE (bestellfixe Kosten, Einstandskosten und Lagerhaltungskosten) stellen für jede Rabattstaffel eine konvexe Funktion dar. Für jede dieser Funktionen ist es mit Hilfe der EOQ-Formeln möglich, ein Minimum zu ermitteln. Durch Vergleich der Minima der einzelnen Rabattstaffeln erhält man das globale Optimum. Für eine detailliertere Darstellung siehe v.a. Nahmias (1989, S. 156 ff.); vgl. auch Hax und Candea (1984, S. 140 ff.) sowie Carlson et al. (1996). Eine Literaturübersicht geben Benton und Park (1996).

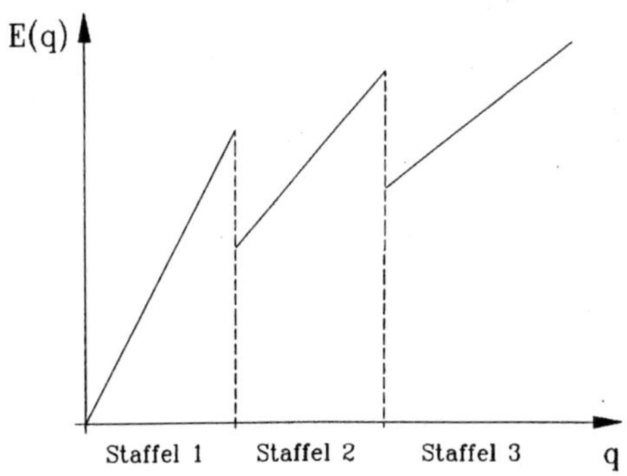

Abb. 3.5 a

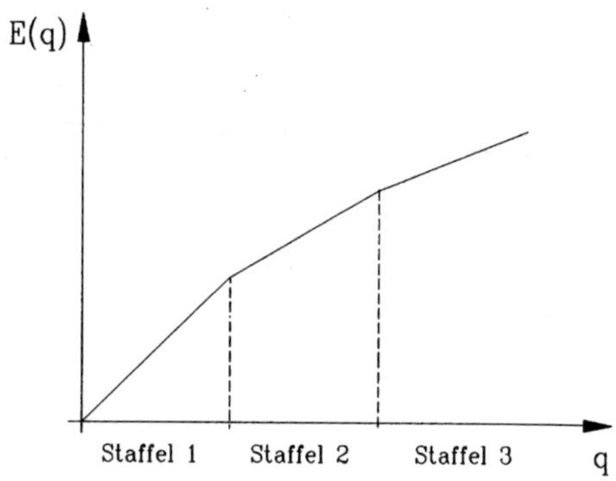

Abb. 3.5 b

Sprungfixe Lagerhaltungskosten, verursacht durch zusätzlich benötigte Lagerkapazitäten, beziehen Rao und Bahari-Kashani (1990) ein.

Veränderliche Einstandspreise: Modelle mit einmaliger, mehrmaliger sowie kontinuierlicher Preissenkung im Zeitablauf behandelt Lackes (1990). Mit steigenden Einstandspreisen beschäftigt sich Yanasse (1990). Vgl. zu derartigen Fragestellungen ferner Buzacott (1975), Bourier und Schwab (1978), ter Haseborg (1982); siehe auch Lev und Weiss (1990).

Teilsendungen: Wird die gesamte Bestellmenge q in m gleichgroßen Teilsendungen geliefert, so verringert dies über den geringeren durchschnittlichen Lagerbestand $\frac{1}{2} \cdot q/m$ die Lagerhaltungskosten, verursacht jedoch für jede Teillieferung zusätzliche Einstandskosten (Kosten der Einlagerung usw.); vgl. z.B. Soom (1976, S. 25 ff.).

Nichtlineare Bedarfsverläufe: Mit zyklischen, nichtlinearen (aber deterministischen) Bedarfsverläufen beschäftigt sich Wissebach (1977, S. 104 ff.). Bezüge zum *Just-in-time-Prinzip* zeigt Stadtler (1992b) auf. Probleme mit monoton wachsender Nachfrage behandelt Naddor

(1971, S. 112 ff.). Diese Modelle sind eher statisch als dynamisch, da man sich zumeist auf die Bestimmung zeitinvarianter Losgrößen oder Loszyklen beschränkt.

Lerneffekte können z.B. zur Reduktion von Rüstkosten führen; vgl. hierzu Muth und Spremann (1983).

Eine Verallgemeinerung des EOQ-Modells unter Einbeziehung von *parallelen Maschinen* bzw. von Werkzeugen in einem Gießereibetrieb betrachtet Stadtler (1992 a).

Falls es möglich ist, *gebrauchte Produkte zu reparieren* anstatt neue zu produzieren, ist neben der Bestimmung optimaler Produktionslosgrößen zu entscheiden, ob und in welchem Umfang eine Reparatur von Produkten erfolgen soll; vgl. z.B. Richter (1996).

3.2.2 Einstufige Mehrproduktmodelle

Die in diesem Kapitel betrachteten Modelle gehen von folgenden **Grundannahmen** aus:

- zu disponieren sind n nicht durch eine Produktstruktur verbundene Produkte (oder Produktarten)
- keine Bestelldauern
- kontinuierliche, konstante Nachfragen (= konstante Absatzgeschwindigkeiten)
- Fehlmengen sind nicht erlaubt
- unendlicher Planungshorizont

Das **Ziel** besteht jeweils darin, gesamtkostenminimale Zyklusdauern und zugehörige Losgrößen für alle n Produktarten zu bestimmen.

Falls zwischen den Produkten keine Kopplungen existieren, ergeben sich (z.B. bei losfixen Bestell- und linearen Lagerhaltungskosten für alle Produkte sowie der Vernachlässigung von Kapazitätsbeschränkungen) optimale Lösungen, indem man die EOQ-Formeln für jedes Produkt separat anwendet. Bei den im folgenden betrachteten Modellen sind jedoch verschiedenartige Kopplungen zwischen den Produkten vorhanden, so daß die EOQ-Formeln nicht oder nur zur Lösung von Relaxationen des eigentlichen Modells verwendet werden können.

Wir beginnen mit einem Bestellmengenmodell, bei dem die Produkte lediglich durch Ersparnisse hinsichtlich der fixen Bestellkosten bei gemeinsamer Bestellung miteinander verbunden sind. In Kap. 3.2.2.2 betrachten wir ein Bestellmengenmodell mit Lagerkapazitätsbeschränkungen. Ab Kap. 3.2.2.3 behandeln wir das sogenannte Economic Lot Scheduling Problem (ELSP), bei dem alle Produkte auf einer Engpaßmaschine zu fertigen sind.

Bei den hier behandelten Problemen ist es häufig schwierig oder unmöglich, unter allen denkbaren Politiken die beste zu ermitteln. Man beschränkt sich daher zumeist auf die Bestimmung spezieller τ-stationärer Politiken, die wir im folgenden definieren.

Definition 3.3:

a) Eine τ-stationäre Politik $\tau = (\tau_1, \tau_2, ..., \tau_n)$ mit $\tau_1 = \tau_2 = ... = \tau_n$ bezeichnen wir als **Politik identischer Loszyklen** (engl. *common cycle-policy*).

b) Eine τ-stationäre Politik heißt **Politik ganzzahliger Vielfacher eines Basiszyklus**, wenn der Loszyklus τ_j jedes Produktes j ein ganzzahliges Vielfaches π_j eines **Basiszyklus** τ_B ist, d.h. $\tau_j := \pi_j \cdot \tau_B$. Solche Politiken bezeichnen wir der Einfachheit halber als **Basispolitiken.** Jede Basispolitik kann man durch unendlich viele Kombinationen $(\tau_B, \pi_1,...,\pi_n)$ beschreiben. Wir geben in der Regel diejenige Kombination mit dem größtmöglichen τ_B an; dabei gilt, daß der größte gemeinsame Teiler $ggT(\pi_j)$ der Multiplikatoren π_j gleich 1 ist.

c) Eine Basispolitik nennen wir **2^x-Politik** (engl. *power-of-2-policy*), wenn sämtliche Multiplikatoren π_j Potenzen von 2, also Elemente der Menge $\{2^x \mid x = 0,1,2,...\}$, sind.

Beispiele: Wir betrachten zwei verschiedene τ-stationäre Politiken $\tau = (\tau_1, \tau_2, \tau_3)$ für ein Problem mit drei Produkten:

a) $\tau_B = 1.5$; $\pi_1 = 1$, $\pi_2 = 2$, $\pi_3 = 3$ (somit $\tau_1 = 1.5$, $\tau_2 = 3$, $\tau_3 = 4.5$) ist eine Basispolitik.

b) $\tau_B = 1.5$; $\pi_1 = 1$, $\pi_2 = 4$, $\pi_3 = 8$ (somit $\tau_1 = 1.5$, $\tau_2 = 6$, $\tau_3 = 12$) besitzt darüber hinaus die Eigenschaft der 2^x-Politik.

Die Beschränkung auf obige Politiken kommt der Ablaufplanung in der Praxis entgegen, da ständig variierende Produktionsabläufe eher zu Fehlern und Störungen führen als gleichförmige. Unter diesen Politiken stellen die Basispolitiken die geringste Einschränkung dar, da sie nur instationäre und einen Teil der stationären Politiken mit nicht-rationalen Zyklusdauern τ_j (z.B. im Zweiprodukt-Fall $\tau_1 = 1$ und $\tau_2 = \sqrt{3}$) ausschließen. Politiken identischer Loszyklen bedeuten demgegenüber eine wesentlich stärkere Einschränkung. Im Hinblick auf Kostensteigerungen, die man bei Betrachtung von 2^x-Politiken in Kauf nimmt, siehe Bem. 3.9.

3.2.2.1 Ein Bestellmengenmodell mit Sammelbestellungen

Wir gehen von den zu Beginn von Kap. 3.2.2 getroffenen Grundannahmen aus und vereinbaren darüber hinaus:

- fixe Bestellkosten F für jede Sammelbestellung und zusätzliche fixe Bestellkosten f_j für jede darin enthaltene Produktart j
- lineare Lagerhaltungskosten c_j (GE pro ME und ZE) für jede Produktart j

Ziel des Modells ist die Bestimmung gesamtkostenminimaler Zyklusdauern τ_j und zugehöriger Losgrößen q_j für alle Produktarten $j = 1,...,n$.

Außer F, f_j und c_j verwenden wir folgende **Parameter:**

b_j Bedarf des Produktes $j = 1,...,n$ (ME pro ZE); Absatzgeschwindigkeit

e_j Einstandspreis des Produktes j (GE pro ME)

$w_j := c_j \cdot b_j / 2$ Abkürzung zur Vereinfachung der weiteren Darstellung

Damit bezeichnet $w_j \cdot \tau_j$ die mittleren Lagerkosten pro ZE für Produkt j. Die mehrfach verwendete EOQ-Formel hat (als Lösung einer Relaxation von (3.3)) für ein isoliert betrachtetes Produkt j gegenüber (3.3) folgendes Aussehen:

$$\tau_j^e = \sqrt{f_j / w_j} \tag{3.10}$$

Die uns bekannten Lösungsansätze für das Modell mit Sammelbestellungen beschränken sich auf die Bestimmung von Politiken ganzzahliger Vielfacher π_j eines Basiszyklus τ_B mittels heuristischer Verfahren. Wir skizzieren im folgenden ein Verfahren von Kaspi und Rosenblatt (1983), das eine Weiterentwicklung der Lösungsvorschläge von Silver (1976) sowie Goyal und Belton (1979) darstellt.

Das zu lösende Modell hat in Abhängigkeit von $\tau = (\pi_1 \cdot \tau_B, \ldots, \pi_n \cdot \tau_B)$ folgende Gestalt:

$$\text{Minimiere } K(\tau_B, \pi_1, \ldots, \pi_n) = \left(\frac{F}{\tau_B} + \sum_{j=1}^{n} \frac{f_j}{\tau_j}\right) + \sum_{j=1}^{n} w_j \cdot \tau_j$$

$$= \left(F + \sum_{j=1}^{n} \frac{f_j}{\pi_j}\right) / \tau_B + \tau_B \cdot \sum_{j=1}^{n} w_j \cdot \pi_j \tag{3.11}$$

Im Fixkostenterm (erster Ausdruck von (3.11)) wird dabei vorausgesetzt, daß alle τ_B ZE zumindest für ein Produkt eine Bestellung aufgegeben wird, wodurch die produktunabhängigen Bestellkosten F entstehen.

Das **Verfahren von Kaspi und Rosenblatt** (1983) läßt sich wie folgt beschreiben:

Schritt 1: Bestimme dasjenige Produkt, für das der Quotient aus Bestellkosten und mit Einstandspreisen bewertetem Absatz pro ZE am geringsten ist.[8] Bezeichne es als Nummer 1.

Nach der Umnumerierung muß also gelten: $\frac{F + f_1}{b_1 \cdot e_1} = \min \left\{ \frac{F + f_j}{b_j \cdot e_j} \mid j = 1, \ldots, n \right\}$

Es wird davon ausgegangen, daß Produkt 1 bei jeder Bestellung mit geordert wird, daß also $\pi_1 = 1$ gilt. Anschließend ermittelt man für alle übrigen Produkte vorläufige, in der Regel nicht ganzzahlige $\pi_j = \sqrt{f_j / (b_j \cdot e_j)} \,/\, \sqrt{(F + f_1)/(b_1 \cdot e_1)}$.

Bei gegebenen π_j erhält man durch Lösung eines EOQ-Modells unter Verwendung der Ausdrücke $F' := (F + \sum_{j=1}^{n} \frac{f_j}{\pi_j})$ und $W := \sum_{j=1}^{n} w_j \cdot \pi_j$ die Basiszyklusdauer

$$\tau_B = \sqrt{F' / W} \tag{3.12}$$

Schritt 2: Bestimme für jedes Produkt j den bei gegebenem τ_B optimalen, in der Regel reellwertigen Multiplikator π_j^r. Zu lösen sind dazu n voneinander unabhängige EOQ-Modelle. Für π_j^r gilt die Beziehung: $(\pi_j^r)^2 = f_j / (w_j \cdot (\tau_B)^2)$

---

8 Bei dieser Berechnung der Quotienten wird unterstellt, daß die Einstandspreise in die (wertbezogenen) Lagerhaltungskosten eingehen.

Bestimme den besten ganzzahligen Wert π_j. Aufgrund der Konvexität der Gesamtkostenfunktion in Abhängigkeit von π_j handelt es sich um $\lfloor \pi_j^r \rfloor$ oder $\lceil \pi_j^r \rceil$. Aufgrund der speziellen Eigenschaft der Funktion kann man zeigen, daß für das gesuchte π_j folgendes gilt:

$$\pi_j \cdot (\pi_j - 1) \; < \; (\pi_j^r)^2 \; \leq \; \pi_j \cdot (\pi_j + 1) \tag{3.13}$$

Schritt 3: Bestimme mit den in Schritt 2 erhaltenen π_j gemäß (3.12) ein neues τ_B.

Wiederhole die Schritte 2 und 3, bis sich die Werte für die π_j und für τ_B nicht mehr oder nur noch geringfügig verändern.

Die den ermittelten stationären Zyklusdauern τ_j äquivalenten stationären Losgrößen sind $q_j = \tau_j \cdot b_j$.

* * *

Bemerkung 3.6: Für das beschriebene Verfahren sind uns Konvergenzaussagen nicht bekannt.

Eine Modifikation des Verfahrens findet man in Kaspi und Rosenblatt (1991):

Sie geht von der Überlegung aus, daß τ_B in einem Intervall $[\tau_{min}, \tau_{max}]$ liegt. Dabei ist $\tau_{min} = \min \{ \sqrt{f_j / w_j} \mid j = 1,...,n \}$. τ_{max} berechnet sich aus (3.12) mit $\pi_j = 1$ für alle j und entspricht der Zyklusdauer der optimalen Politik identischer Loszyklen. Man kann sich überlegen, daß für $\pi_j \geq 1$ der jeweils optimale Basiszyklus kleiner oder gleich τ_{max} ist.

Kaspi und Rosenblatt (1991) sehen vor, das Intervall in eine (beliebige) Anzahl gleich großer Bereiche zu unterteilen und die Schritte 2 und 3 des obigen Algorithmus mit jeweils einem (beliebig zu wählenden) τ_B aus jedem der Bereiche zu starten. Rechentests der Autoren zeigen, daß diese Vorgehensweise sämtlichen anderen ihnen verfügbaren Heuristiken hinsichtlich der Lösungsgüte überlegen ist.

Verschiedene Varianten der Disposition mehrerer Produkte mit unterschiedlichen Annahmen über die durch die gemeinsame Bestellung anfallenden bestellfixen Kosten betrachtet Bogaschewsky (1988, S. 170 ff.).

3.2.2.2 Kapazitierte Bestellmengenmodelle

Nun unterstellen wir zusätzlich zu den zu Beginn von Kap. 3.2.2 getroffenen Grundannahmen beschränkte Kapazität eines gemeinsam von allen Produkten genutzten Lagers und verwenden folgende zusätzliche Parameter:

b_j Bedarf des Produktes j = 1,...,n (ME pro ZE); Absatzgeschwindigkeit

f_j fixe Bestellkosten für Produkt j (GE pro Bestellung)

c_j lineare Lagerhaltungskosten für jede Produktart j (GE pro ME und ZE)

k_j Kapazitätsbedarf einer ME von Produkt j = 1,...,n (z.B. m^2 an Stellfläche)

κ maximale Lagerkapazität (m^2)

$w_j := c_j \cdot b_j/2$ (zur Vereinfachung wie in Kap. 3.2.2.1)

Ziel ist die Ermittlung einer stationären Politik, so daß *auch bei gleichzeitiger Auflage sämtlicher Lose die vorhandene Lagerkapazität ausreicht* (siehe Abb. 3.6 mit Lagerbestandsverläufen für zwei Produkte; der maximale Kapazitätsbedarf bei gleichzeitiger Bestellung beider Produkte wird mit l_{max} bezeichnet).

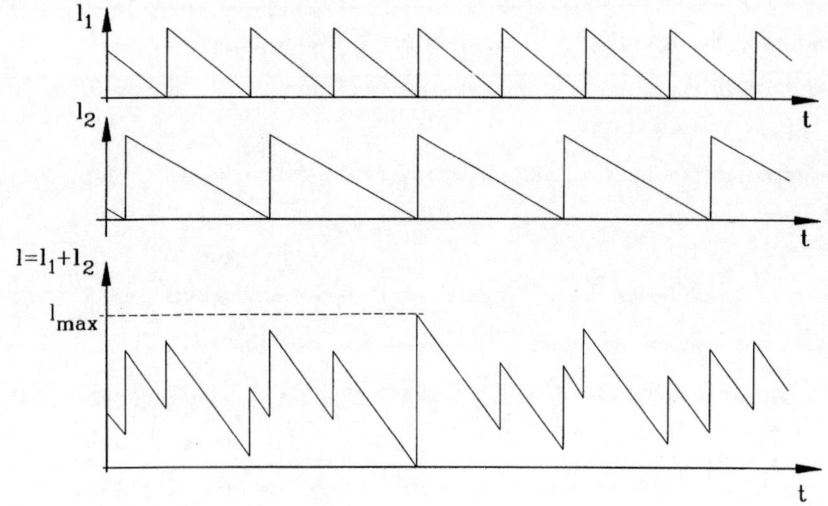

Abb. 3.6

Zu lösen ist damit das folgende **Modell** (statt der q_j könnten als Variablen ebenso die Zyklusdauern $\tau_j = q_j/b_j$ verwendet werden):

Minimiere $$K(\mathbf{q}) = \sum_{j=1}^{n} \left(\frac{b_j}{q_j} \cdot f_j + \frac{1}{2} \cdot c_j \cdot q_j \right) \tag{3.14}$$

unter den Nebenbedingungen

$$\sum_{j=1}^{n} q_j \cdot k_j \le \kappa \tag{3.15}$$

$$q_j > 0 \qquad \text{für alle } j = 1,...,n \tag{3.16}$$

Bei isolierter Betrachtung der Produkte ergeben sich gemäß der EOQ-Formeln folgende Losgrößen bzw. Zyklusdauern:

$$q_j^e = \sqrt{\frac{2 \cdot b_j \cdot f_j}{c_j}} \quad \text{bzw.} \quad \tau_j^e = q_j^e/b_j = \sqrt{f_j / w_j} \qquad \text{für } j = 1,...,n \tag{3.17}$$

Erfüllen die q_j^e die Kapazitätsrestriktion (3.15), so liegt eine optimale Lösung bezüglich (3.14) – (3.16) vor. Andernfalls existiert aufgrund der Konvexität der Zielfunktion eine optimale Lösung, bei der die Bedingung (3.15) als Gleichung gilt. Wir erhalten sie, indem wir durch Aufnahme der Kapazitätsrestriktion, gewichtet mit dem Lagrange-Multiplikator λ, in die Zielfunktion die folgende Lagrange-Funktion bilden:

$$L(\mathbf{q},\lambda) = \sum_{j=1}^{n} \left(\frac{b_j}{q_j} \cdot f_j + \frac{1}{2} \cdot q_j \cdot c_j \right) + \lambda \cdot \left(\sum_{j=1}^{n} q_j \cdot k_j - \kappa \right) \tag{3.18}$$

Ihr Minimum erhalten wir durch partielles Differenzieren nach $q_1,...,q_n$ sowie nach λ. Durch Nullsetzen entsteht ein Gleichungssystem mit $n+1$ Gleichungen und Variablen. Für die Losgrößen erhält man daraus folgende Gleichungen, die noch von λ abhängig sind:

$$q_j^* = \sqrt{\frac{2 \cdot b_j \cdot f_j}{c_j + 2 \cdot \lambda \cdot k_j}} \qquad \text{für alle } j = 1,...,n \tag{3.19}$$

Setzt man diese Formeln in die partielle Ableitung der Lagrange-Funktion nach λ ein, so ergibt sich:

$$\sum_{j=1}^{n} k_j \cdot \sqrt{\frac{2 \cdot b_j \cdot f_j}{c_j + 2 \cdot \lambda \cdot k_j}} = \kappa \tag{3.20}$$

Die linke Seite der Gleichung (3.20) ist eine streng monoton fallende Funktion von λ, die genau an einer Stelle den Wert κ annimmt. Dieser λ-Wert läßt sich näherungsweise mit Iterationsverfahren und bei speziellen Datenkonstellationen auch analytisch bestimmen; vgl. z.B. Neumann (1977, S. 217 ff.) sowie Bem. 3.7.

Bemerkung 3.7: Ökonomisch lassen sich die Losgrößenformeln (3.19) wie folgt interpretieren:

Bei ausreichender Lagerkapazität ist $\lambda = 0$, und (3.19) geht über in die EOQ-Formeln (3.17). Ansonsten führt ein positives λ über die Opportunitätskosten $2 \cdot \lambda \cdot k_j$ zu einer Verteuerung des knappen Lagerraumes. Dies führt zu kleineren Losen und zur Einhaltung der Kapazitätsrestriktion.

Sind für alle Produkte $j = 1,...,n$ die Quotienten k_j / c_j gleich, so reduziert sich bei knapper Lagerkapazität die Losgröße q_j^* gegenüber der unrestringierten optimalen Losgröße q_j^e aus (3.17) auf $q_j^* = q_j^e \cdot (\kappa / \sum_{h=1}^{n} k_h \cdot q_h^e)$. Die Losgröße verringert sich in diesem Fall also gegenüber dem unrestringierten Modell für jedes Produkt um denselben Prozentsatz; vgl. z.B. Nahmias (1989, S. 176).

Modifikationen des obigen Modells:

Die obige Modellformulierung garantiert, daß für die ermittelte stationäre Politik ein zulässiger Bestellplan existiert; sie führt jedoch dazu, daß das Lager im Durchschnitt nur zu 50% ausgelastet ist. Modifiziert man aber die Kapazitätsrestriktion (3.15) zu

$$\sum_{j=1}^{n} \frac{1}{2} \cdot q_j \cdot k_j \le \kappa \tag{3.15)'$$

so muß man unterstellen, daß eine große Zahl von Produkten gegeben ist und die Bestellungen im Zeitablauf sehr gleichmäßig eintreffen. Da die Forderung nach gleichmäßigem Eintreffen von Bestellungen nicht explizit in der Modellformulierung enthalten ist, wird bei Realisierung der erhaltenen Lösung gelegentlich der verfügbare Lagerraum nicht ausreichen.

In der Literatur sind weitere Alternativen zu obigem Modellansatz entwickelt worden. Es wird z.B. vorgeschlagen, statt des in (3.15)' enthaltenen Faktors 1/2 einen "Normalisierungsfaktor" $N \in [0.5, 1]$ einzuführen. Die Höhe von N kann z.B. auch davon abhängen, welche Art der Lagerung vorliegt (chaotische oder systematische Lagerung oder eine Kombination aus beiden); vgl. hierzu etwa Brink (1988, S. 96 ff.) und die dort angegebene Literatur.

Der zeitliche Aspekt des Eintreffens von Lieferungen läßt sich jedoch präzise nur dadurch berücksichtigen, daß man versucht, simultan ein Bestellmengen- und ein Bestellreihenfolgeproblem zu lösen. Da wir genau diesen Aspekt im anschließenden ELSP ausführlich behandeln, wollen wir uns an dieser Stelle mit Literaturhinweisen auf entsprechende Ansätze begnügen. Ein erstes Modell, in dem das Bestellmengen- und das Reihenfolgeproblem simultan formuliert werden, stammt von Page und Paul (1976). Die Autoren reduzieren die Komplexität des entstehenden Problems jedoch, indem sie sich auf die Bestimmung einer optimalen Politik identischer Loszyklen beschränken. Vgl. über diesen Ansatz hinaus v.a. Zoller (1977, 1982), Hartley und Thomas (1982), Brink (1988) sowie Hall (1988).

3.2.2.3 Das ELSP (Economic Lot Scheduling Problem)

Das *Economic Lot Scheduling Problem* ist ein typisches Losgrößen- und Reihenfolgeproblem bei Sortenfertigung. In der deutschsprachigen Literatur wurde (und wird) es daher auch als "Problem optimaler Sortenschaltung" oder als Sortenwechselproblem bezeichnet; vgl. etwa Gutenberg (1960), Müller-Merbach (1962) und Dinkelbach (1964).

Im folgenden beschreiben wir das ELSP (mit den in der englischsprachigen Literatur diskutierten Annahmen) zunächst verbal. Danach geben wir eine mathematische Formulierung an, die noch nicht alle erforderlichen Nebenbedingungen enthält. Abschließend zeigen wir anhand von Beispielen die Problematik des Auffindens zulässiger Lösungen auf, wenn man allgemeine Politiken zuläßt. Mit Lösungsverfahren für das ELSP beschäftigen wir uns ab Kap. 3.2.2.4.

Das **ELSP** geht von folgenden **Annahmen** aus; vgl. z.B. Elmaghraby (1978):

- einstufige Mehrproduktfertigung auf einer Maschine; d.h. es existiert ein Produktionsengpaß, der zu jedem Zeitpunkt höchstens von einem Produkt (durch Produktion oder einen Rüstvorgang) belegt sein kann;
  nur die herzustellenden Produkte, nicht aber ihre Vor- und Zwischenprodukte, werden disponiert
- endliche Fertigungsgeschwindigkeit und reihenfolgeunabhängige Rüstzeit[9] für jedes Produkt
- kontinuierliche, konstante Nachfragen (= konstante Absatzgeschwindigkeiten)
- während des Planungszeitraumes unveränderliche fixe Rüstkosten und lineare Lagerhaltungskosten

9 Bei reihenfolgeabhängigen Rüstzeiten entstünde ein verallgemeinertes Traveling Salesman-Problem; siehe auch Kap. 5.5.1.2.

- Fehlmengen sind nicht erlaubt
- unendlicher Planungshorizont

Ziel des Modells ist die Ermittlung einer Losauflagepolitik und eines entsprechenden Produktionsplanes auf der Engpaßmaschine, so daß die mittleren Gesamtkosten pro ZE minimiert werden.

Das ELSP ist also ein Modell, bei dem simultan ein Losgrößen- und ein Reihenfolgeproblem zu lösen sind. Die dabei auftretenden Schwierigkeiten wollen wir zunächst anhand von Beispielen aufzeigen (bei denen wir uns auf stationäre Politiken beschränken)[10]. Wir verwenden dabei und bei der anschließenden mathematischen Formulierung folgende Bezeichnungen für **Parameter** und **Variablen**:

b_j Bedarf des Produktes j = 1,...,n (ME pro ZE); Absatzgeschwindigkeit

p_j Fertigungsgeschwindigkeit des Produktes j (ME pro ZE)

f_j fixe Rüstkosten für Produkt j (GE pro Rüstvorgang)

c_j Lagerhaltungskosten für Produkt j (GE pro ME und ZE)

r_j Rüstzeit für Produkt j (in ZE)

τ_j Zyklusdauer für Produkt j (in ZE)

q_j Losgröße für Produkt j (in ME)

$\rho_j := b_j/p_j$ Belegungszeitanteil der Maschine durch Produkt j (ohne Rüstvorgänge)

$\rho_j \cdot \tau_j$ Produktionsdauer von Produkt j pro Zyklus

$\sigma_j := \rho_j \cdot \tau_j + r_j = q_j/p_j + r_j$ Belegungszeit der Maschine durch j während eines Zyklus

$w_j := (b_j\,(1-\rho_j)\cdot c_j)/2$ entspricht dem w_j der vorigen Kapitel unter zusätzlicher Einbeziehung endlicher Fertigungsgeschwindigkeiten

Die **Zielfunktion** des ELSP besitzt damit folgendes Aussehen:

$$\text{Minimiere } K(\tau) = \sum_{j=1}^{n} (f_j/\tau_j + w_j \cdot \tau_j) \tag{3.21}$$

Eine Gruppe von naheliegenden **Nebenbedingungen** des Problems ist:

$$\tau_j \geq \rho_j \cdot \tau_j + r_j\,(=\sigma_j) \quad \text{bzw.} \quad \tau_j \geq r_j/(1-\rho_j) \qquad \text{für alle } j = 1,...,n \tag{3.22}$$

Die Bedingungen (3.22) besagen, daß der Loszyklus jedes Produktes außer der reinen Bearbeitungszeit die erforderliche Rüstzeit berücksichtigen muß.

Als Lösung von (3.21) - (3.22) erhalten wir die Zyklusdauern in (3.23), wobei die $\tau_j^e = \sqrt{f_j/w_j}$ die optimalen Zyklusdauern des unrestringierten Modells (siehe auch (3.6)) bezeichnen.

$$\tau_j = \max\,\{\tau_j^e\,,\, r_j/(1-\rho_j)\} \qquad \text{für alle } j = 1,...,n \tag{3.23}$$

10 In Kap. 3.2.2.5 werden wir jedoch auch die Möglichkeit instationärer Politiken betrachten.

Wir betrachten nun zwei Beispiele mit jeweils drei Produkten.

Beispiel 1: Es gelte $\sigma_1 = \sigma_2 = \sigma_3 = 1$; (3.21) – (3.22) habe als Lösung die Zyklusdauern $\tau_1 = \tau_2 = 4$ und $\tau_3 = 8$. Eine von mehreren zulässigen Belegungsmöglichkeiten der Maschine ist in Abb. 3.7 wiedergegeben; Produkt 1 ab Zeitpunkt 0, 4, 8,..., Produkt 2 ab Zeitpunkt 1, 5, 9,... und Produkt 3 ab Zeitpunkt 2, 10, 18,... . Man erkennt, daß sich das Belegungsmuster der Maschine jeweils nach 8 ZE wiederholt, da 8 das kleinste gemeinsame Vielfache der Zyklusdauern aller Produkte ist.

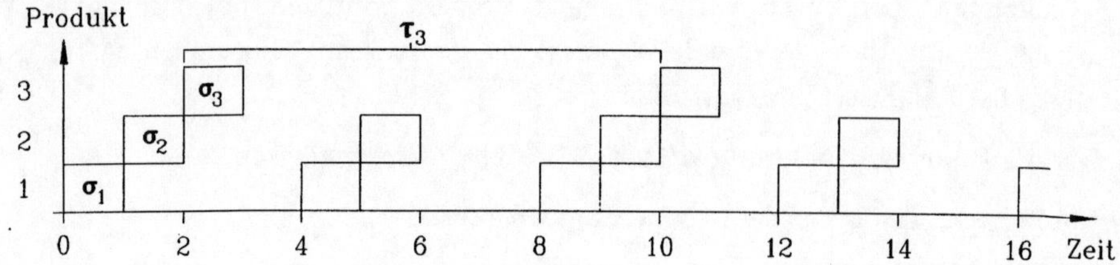

Abb. 3.7

Beispiel 2: Es gelte $\sigma_1 = 1$, $\sigma_2 = 2$, $\sigma_3 = 1$; (3.21) – (3.22) habe als Lösung die Zyklusdauern $\tau_1 = \tau_2 = 5$, $\tau_3 = 6$. Abb. 3.8 zeigt eine unzulässige Belegung der Maschine. Man überlegt sich darüber hinaus anhand der Abbildung, daß keine zeitliche Verlagerungsmöglichkeit von Produkten zu einer überschneidungsfreien Belegung der Maschine führen kann. Nach jeweils 30 ZE wiederholt sich das Belegungsmuster der Maschine, da 30 das kleinste gemeinsame Vielfache aller Zyklusdauern ist.

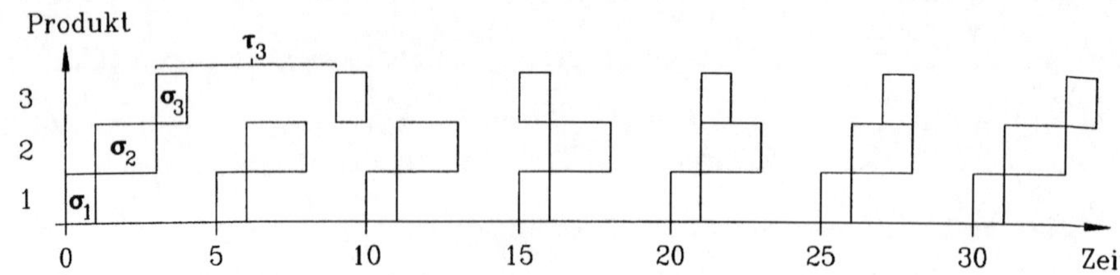

Abb. 3.8

Ausgehend von der obigen Betrachtung, können wir Nebenbedingungen formulieren, die hinsichtlich der Zyklusdauern eines Problems erfüllt sein müssen, damit eine zulässige Maschinenbelegung gefunden werden kann.

Bezeichnet man den Beginnzeitpunkt des ersten Loses für Produkt j mit β_j, so belegt Produkt j die Maschine während folgender Intervalle:

$$[\beta_j + i \cdot \tau_j \, , \, \beta_j + \sigma_j + i \cdot \tau_j) \qquad \text{für alle } i = 0, 1, 2, ...$$

Daher muß eine zulässige Politik (für ein Problem mit n Produkten) **folgende zusätzliche Nebenbedingungen** erfüllen:[11]

[11] Sinnvollerweise gehen wir von ganzzahligen Zyklusdauern aus; man beachte hierzu auch die Bem. 3.3 a.

$$[\beta_j + h \cdot \tau_j\, ,\, \beta_j + \sigma_j + h \cdot \tau_j) \cap [\beta_k + i \cdot \tau_k\, ,\, \beta_k + \sigma_k + i \cdot \tau_k) = \phi \tag{3.24}$$

$$\text{für } j, k = 1,\dots,n \text{ mit } j < k, h = 0,1,\dots,(\text{kgV}(\tau_j, \tau_k)/\tau_j)-1 \text{ und } i = 0,1,\dots,(\text{kgV}(\tau_j, \tau_k)/\tau_k)-1$$

Dabei bezeichnen wir mit $\text{kgV}(\tau_j, \tau_k)$ das kleinste gemeinsame Vielfache der Zyklusdauern τ_j und τ_k. Nach $\text{kgV}(\tau_j, \tau_k)$ ZE wiederholt sich das durch die Produkte j und k verursachte gemeinsame Belegungsmuster auf der Maschine.

Wegen seiner Komplexität ist es im allgemeinen nicht möglich, das Problem (3.21) unter den Nebenbedingungen (3.22) und (3.24) für n Produkte und allgemeine Politiken exakt zu lösen. Wie Hsu (1983) zeigt, ist es NP-schwer.[12] In der Literatur findet man daher vor allem Verfahren für den Zweiprodukt-Fall und Verfahren für n Produkte, bei denen die Menge der zulässigen Politiken auf (zumeist spezielle) τ-stationäre Politiken beschränkt ist. Im einfachsten Fall verwendet man eine Politik identischer Loszyklen; bessere Ergebnisse erzielt man mit 2^x-Politiken. Bei letzteren wiederholt sich das Belegungsmuster der Maschine nach $\max\{\pi_j \mid j = 1,\dots,n\}$ Basisperioden. Bei diesen Politiken läßt sich ein zulässiger Belegungsplan in der Regel leichter erkennen als bei anderen Politiken.

Beispiele: Die Politik in obigem Beispiel 2 ist eine Basispolitik mit $\tau_B = 1$. Die Politik in Beispiel 1 ist darüber hinaus eine 2^x-Politik mit der Basis $\tau_B = 4$ und $\pi_1 = \pi_2 = 1$, $\pi_3 = 2$.

Satz 3.1: Gegeben sei eine Basispolitik $\tau = (\tau_1 = \pi_1 \cdot \tau_B, \tau_2 = \pi_2 \cdot \tau_B)$ für ein *Zweiprodukt-Problem*. Gehen wir o.B.d.A. (siehe Def. 3.3 b) davon aus, daß der größte gemeinsame Teiler $\text{ggT}(\pi_1, \pi_2)$ von π_1 und π_2 gleich 1 ist, so existiert für die Politik τ genau dann eine zulässige Maschinenbelegung, wenn gilt:

$$\tau_B \geq r_1 + r_2 + \rho_1 \tau_1 + \rho_2 \tau_2 = \sigma_1 + \sigma_2 \tag{3.25}$$

Einen Beweis für diesen Satz findet man in Hsu (1983), seine Aussage läßt sich aber auch leicht anhand unserer obigen Beispiele verifizieren. Innerhalb des Belegungsmusters der Maschine gibt es aufgrund der Voraussetzungen des Satzes mindestens ein Intervall der Länge τ_B, innerhalb dessen beide Produkte die Maschine belegen. O.B.d.A. kann man davon ausgehen, daß Produkt 1 in solchen Intervallen stets zuerst gefertigt wird.

Für den Fall von $n \geq 3$ Produkten ist die Bedingung

$$\tau_B \geq \sum_{j=1}^{n} (r_j + \rho_j \tau_j) = \sum_{j=1}^{n} \sigma_j \tag{3.25'}$$

zwar hinreichend, aber nicht notwendig für die Existenz einer zulässigen Maschinenbelegung.

Beispiele: Zu (3.25)' betrachte man ein Dreiprodukt-Problem mit $\sigma_1 = \sigma_2 = \sigma_3 = 1$, $\tau_B = 2$; $\tau_1 = 2$, $\tau_2 = \tau_3 = 4$. Obwohl (3.25)' nicht erfüllt ist, existiert zur angegebenen Politik eine zulässige Maschinenbelegung; z.B. Produkt 1 ab Zeitpunkt 0, Produkt 2 ab Zeitpunkt 1 und Produkt 3 ab Zeitpunkt 3.

12 Es läßt sich sogar zeigen, daß bei gegebenen Zyklusdauern die Suche nach einer zulässigen Maschinenbelegung NP-schwer ist.

3.2.2.4 Das ELSP bei zwei Produkten

In der Literatur findet man mehrere Verfahren, die das ELSP bei zwei Produkten für eingeschränkte stationäre Politiken lösen. Boctor (1982) z.B. beschränkt seine Betrachtung auf Basispolitiken. Er geht von der Bedingung (3.25) in folgender Form aus:

$$\tau_B \geq r_1 + r_2 + \rho_1 (\pi_1 \cdot \tau_B) + \rho_2 (\pi_2 \cdot \tau_B) \tag{3.26}$$

Das Belegungsmuster der Maschine wiederholt sich nach π_2 Auflagen von Produkt 1 bzw. nach π_1 Auflagen von Produkt 2. Bedingung (3.26) läßt sich umformen zu:

$$\tau_B (1 - \pi_1 \cdot \rho_1 - \pi_2 \cdot \rho_2) \geq r_1 + r_2 \qquad (3.26)'$$

Die Ungleichung ist nur dann erfüllbar, wenn die folgenden untereinander äquivalenten Bedingungen gelten:

$$(1 - \pi_1 \cdot \rho_1 - \pi_2 \cdot \rho_2) \geq 0 \Leftrightarrow \pi_1 \leq (1 - \pi_2 \cdot \rho_2)/\rho_1 \Leftrightarrow \pi_2 \leq (1 - \pi_1 \cdot \rho_1)/\rho_2 \tag{3.27}$$

(Falls $(1 - \pi_1 \cdot \rho_1 - \pi_2 \cdot \rho_2) \leq 0$ gilt, verbleibt neben der Produktion keine Zeit für das Umrüsten der Maschine. Bei Gleichheit dieser Bedingung gilt (3.26)' nur, wenn keine Rüstzeiten auftreten.)

Das **Lösungsverfahren von Boctor (1982)** generiert alle hinsichtlich (3.27) zulässigen Vektoren (π_1, π_2) mit $ggT(\pi_1, \pi_2) = 1$ und ermittelt dafür jeweils das optimale τ_B. Dies geschieht dadurch, daß man π_1 im Bereich $1 \leq \pi_1 \leq \lfloor(1 - \rho_2)/\rho_1\rfloor$ variiert und für jeden Wert von π_1 die Variable π_2 im Bereich $1 \leq \pi_2 \leq \lfloor(1 - \pi_1 \cdot \rho_1)/\rho_2\rfloor$ untersucht. Kombinationen, bei denen der $ggT(\pi_1, \pi_2) > 1$ ist, brauchen nicht betrachtet zu werden (vgl. Def. 3.3 b).

Bei gegebenen Multiplikatoren (π_1, π_2) sind die Kosten pro ZE

$$\begin{aligned} K(\tau_B) &= f_1/(\pi_1 \cdot \tau_B) + f_2/(\pi_2 \cdot \tau_B) + w_1 \cdot \pi_1 \cdot \tau_B + w_2 \cdot \pi_2 \cdot \tau_B \\ &= (f_1/\pi_1 + f_2/\pi_2)/\tau_B + (w_1 \cdot \pi_1 + w_2 \cdot \pi_2) \cdot \tau_B \end{aligned} \tag{3.28}$$

Analog zu den EOQ-Formeln erhält man unter ausschließlicher Berücksichtigung der Kostenfunktion den folgenden kostenminimalen Basiszyklus:

$$\tau_B^e = \sqrt{\frac{f_1/\pi_1 + f_2/\pi_2}{w_1 \cdot \pi_1 + w_2 \cdot \pi_2}} \tag{3.29}$$

Falls τ_B^e die Bedingung (3.26)' nicht erfüllt, ist die Basiszyklusdauer zu erhöhen auf:

$$\tau_B = (r_1 + r_2)/(1 - \pi_1 \cdot \rho_1 - \pi_2 \cdot \rho_2) \tag{3.30}$$

Durch Vergleich der für die verschiedenen Kombinationen von π_1 und π_2 anfallenden Kosten erhält man eine optimale stationäre Lösung $(\tau_B^*, \pi_1^*, \pi_2^*)$.

Bemerkung 3.8: Der Rechenaufwand für das Verfahren läßt sich z.B. wie folgt verringern:

a) Bei fixiertem π_1 kann die Laufanweisung "**for** $\pi_2 := 1$ **to** $\lfloor(1 - \pi_1 \cdot \rho_1)/\rho_2\rfloor$ **do**" abgebrochen werden, sobald mit zunehmendem π_2 der Zielfunktionswert ansteigt, also das Minimum der in Abhängigkeit von π_2 konvexen Kostenfunktion durchschritten ist.

b) Eine weitere Möglichkeit zeigen Lee und Danusaputro (1989) auf. Sie gehen von den jeweils durch isolierte Betrachtung beider Produkte erhaltenen EOQ-Lösungen τ_1^e und τ_2^e (vgl. (3.6)) aus und nehmen o.B.d.A. an, daß $\tau_2^e \geq \tau_1^e$ ist.
Ferner sei k so gewählt, daß gilt (vgl. (3.13)):

$$k\,(k-1) \leq (\tau_2^e/\tau_1^e)^2 = (\pi_2/\pi_1)^2 \leq k\,(k+1) \tag{3.31}$$

Die Autoren analysieren den Vektor $(\pi_1,\pi_2) = (1,k)$ und beweisen folgende **Eigenschaft:**

Falls $(\pi_1,\pi_2) = (1,k)$ die Bedingung (3.26)' erfüllt, kann man sich bei der Suche nach dem optimalen Vektor (π_1^*,π_2^*) auf den Bereich $k \leq \tau_2^e/\tau_1^e \leq k+1$ beschränken; ansonsten gilt $\pi_1^* = 1$, und π_2^* liegt im Bereich $1 \leq \pi_2 < k$.

Der durch Lee und Danusaputro **modifizierte Algorithmus von Boctor** läßt sich wie folgt beschreiben:

Schritt 1: Berechne τ_1^e und τ_2^e mit Hilfe der EOQ-Formeln und k gemäß (3.31).

Schritt 2: Berechne τ_B^e in Abhängigkeit von $\pi_1 = 1$ und $\pi_2 = k$ anhand von (3.29).

Schritt 3: Falls $\tau_B^e < (r_1 + r_2)/(1 - \rho_1 - \pi_2 \cdot \rho_2)$, führe Teilschritt a), ansonsten b) aus:

a) Setze $\pi_1^* := 1$, und ermittle durch Kostenvergleich das optimale π_2^* aus dem Intervall $[1,k-1]$.

b) Variiere π_1 im Bereich von 1 bis $\lfloor (1-\rho_2)/\rho_1 \rfloor$ und π_2 jeweils im Bereich von $k \cdot \pi_1$ bis $(k+1) \cdot \pi_1$ und bestimme die kostengünstigste Kombination (π_1^*, π_2^*).

Lee und Danusaputro (1989) zeigen über obige Bemerkung hinaus, unter welchen Bedingungen eine stationäre Basispolitik nicht optimal sein kann und beschreiben eine Vorgehensweise, die für diese Fälle eine bessere, *instationäre* Politik liefert.

3.2.2.5 Das ELSP bei n Produkten

Wie oben bereits ausgesagt, ist das Problem NP-schwer. In der Literatur existieren dafür heuristische Verfahren, ferner gibt es exakte und heuristische Verfahren zur Lösung eingeschränkter Probleme (Probleme mit speziellen Politiken).

Schranken für den optimalen Zielfunktionswert des ELSP

Eine **untere Schranke** für den Zielfunktionswert einer optimalen Lösung des ELSP erhält man durch Lösen von (3.21) - (3.22). Es ergeben sich folgende Zyklusdauern τ_j:

$$\tau_j = \max\,\{\tau_j^e\,,\; r_j/(1-\rho_j)\} \qquad (3.32) = (3.23)$$

Eine weitere **untere Schranke** läßt sich bestimmen, indem man das folgende relaxierte Modell löst:

Minimiere $K(\tau_1,\ldots,\tau_n) = \sum_{j=1}^{n} \left(\frac{1}{\tau_j} \cdot f_j + w_j \cdot \tau_j \right)$ (3.33) = (3.21)

unter der Nebenbedingung

$$\sum_{j=1}^{n} \left(\frac{r_j}{\tau_j} + \rho_j \right) \leq 1 \tag{3.34}$$

(3.34) fordert, daß die Zyklusdauern so groß gewählt werden, daß die im Mittel über alle Produkte erforderlichen Rüstzeiten realisierbar sind. Das Modell läßt sich mit Hilfe eines Lagrange-Ansatzes gemäß Kap. 3.2.2.2 lösen. Die Zyklusdauern ergeben sich zu:

$$\tau_j = \sqrt{(f_j + \lambda \cdot r_j) / w_j} \qquad \text{für } j = 1,\ldots,n$$

Eine **obere Schranke** für den Zielfunktionswert einer optimalen Lösung erhält man, indem man z.B. eine Politik identischer Loszyklen mit $\tau := \tau_1 = \ldots = \tau_n$ für alle Produkte bestimmt; vgl. Hanssmann (1962, S. 158 ff.) oder Müller-Merbach (1962, S. 31 ff.). Durch die folgende Modellformulierung ist gewährleistet, daß jede derartige zulässige Politik auch zu einer zulässigen Maschinenbelegung führt:

$$\text{Minimiere } K(\tau) = \sum_{j=1}^{n} \left(\frac{1}{\tau} \cdot f_j + w_j \cdot \tau \right) \tag{3.35}$$

unter der Nebenbedingung

$$\left(\sum_{j=1}^{n} r_j \right) / \left(1 - \sum_{j=1}^{n} \rho_j \right) \leq \tau \tag{3.36}$$

Das Minimum für $K(\tau)$ unter Vernachlässigung von (3.36) ergibt sich analog zu demjenigen von (3.12) durch Differenzieren und Nullsetzen an der Stelle:

$$\tau = \sqrt{\left(\sum_{j=1}^{n} f_j \right) / \left(\sum_{j=1}^{n} w_j \right)} \tag{3.37}$$

Gilt für das so ermittelte τ die Bedingung (3.36), so stellen τ und $q_j = b_j \cdot \tau$ für alle j eine optimale Politik identischer Loszyklen dar. Ansonsten besitzt die optimale Zyklusdauer aufgrund der Konvexität von $K(\tau)$ den Wert $\tau = \left(\sum_{j=1}^{n} r_j \right) / \left(1 - \sum_{j=1}^{n} \rho_j \right)$.

Beispiel: Gegeben sei ein Problem mit den in Tab. 3.1 enthaltenen Daten.

j	b_j	p_j	r_j	f_j	c_j	ρ_j	w_j
1	1	10	0.5	45	5	0.1	2.25
2	2.5	10	0.25	20	5	0.25	4.69
3	2	16	0.5	20	10	0.125	8.75

Tab. 3.1

a) (3.32) liefert die Zyklusdauern $\tau_1 = 4.47$, $\tau_2 = 2.07$, $\tau_3 = 1.51$. Der zugehörige Zielfunktionswert $K(\tau) = 65.95$ stellt eine *untere Schranke* für den Zielfunktionswert des ELSP dar.

b) Eine *obere Schranke* erhält man durch die Bestimmung der optimalen Politik identischer Loszyklen: Bei isolierter Betrachtung von (3.35) ergibt sich $\tau = 2.33$. Die Bedingung (3.36) ist jedoch nicht erfüllt, und es ergibt sich $\tau = 2.38$ mit $K(\tau) = 85/2.38 + 15.69 \cdot 2.38 = 73.06$. Eine mögliche Belegung der Maschine ist dabei $[0, 0.5 + 2.38/10] = [0, 0.738]$ für Produkt 1, $[0.738, 1.583]$ für Produkt 2 und $[1.583, 2.38]$ für Produkt 3.

Das ELSP bei stationären Politiken

Bessere Lösungen[13] als Politiken identischer Loszyklen liefern im allgemeinen Basispolitiken oder 2^x - Politiken.

Eines der ersten heuristischen Verfahren zur Bestimmung von Basispolitiken stammt von Bomberger (1966). Der Autor beschränkt sich dabei zusätzlich auf Politiken, die die Bedingung (3.25)' erfüllen; in der Literatur wird dieser Ansatz als *basic period approach* bezeichnet. Damit erhält er Basispolitiken, die nicht notwendigerweise optimal sind, zu denen jedoch stets eine zulässige Maschinenbelegung gefunden werden kann.

Weitere Heuristiken zur Bestimmung von Basispolitiken ohne die bei Bomberger genannte Einschränkung stammen z.B. von Doll und Whybark (1973), Fujita (1978), Philipoom et al. (1989) sowie Park und Yun (1984); das zuletzt genannte Verfahren beschreiben wir unten.

Wir beginnen mit einer Heuristik von Haessler (1979) zur Bestimmung von 2^x-Politiken, also von Politiken $\tau = (\pi_1 \cdot \tau_B, ..., \pi_n \cdot \tau_B)$ mit $\pi_j \in \{1, 2, 4, ...\}$ für alle j, und zur Ermittlung einer zugehörigen zulässigen Maschinenbelegung.

In einem ersten Verfahrensteil (Schritte 1 – 5) wird mittels einer heuristischen Vorgehensweise eine möglichst kostengünstige 2^x - Politik τ ermittelt. Sie ist in einem zweiten Verfahrensteil Ausgangspunkt für die Bestimmung einer zulässigen Maschinenbelegung. Dabei geht man von folgender Überlegung aus:

Sei $\omega := \max\{\pi_j \mid j = 1,...,n\}$. Dann ist ω die Anzahl von Basisperioden τ_B, nach denen sich das Belegungsmuster der Maschine wiederholt. $z_j := \omega/\pi_j$ ist die Anzahl der Produktionszyklen von Produkt j in $\omega \cdot \tau_B$ (Belegungshorizont). Wir definieren ferner Binärvariablen für alle j = 1,...,n und k = 1,...,ω mit folgender Bedeutung:

$$x_{jk} = \begin{cases} 1 & \text{falls Produkt j in Basisperiode k produziert wird} \\ 0 & \text{sonst} \end{cases}$$

Damit ist bei vorgegebener Politik τ das Maschinenbelegungsproblem als Zuordnungsproblem ohne Zielfunktion mit den folgenden Nebenbedingungen formulierbar:

$$\sum_{k=1}^{\omega} x_{jk} = z_j \qquad \text{für alle } j = 1,...,n \qquad (3.38)$$

$$x_{jk} = x_{j,k+\pi_j} \qquad \text{für alle j mit } \pi_j \neq \omega \text{ und } k = 1,...,\omega-\pi_j \qquad (3.39)$$

$$\sum_{j=1}^{n} x_{jk} (r_j + \rho_j \cdot \pi_j \cdot \tau_B) \leq \tau_B \qquad \text{für alle } k = 1,...,\omega \qquad (3.40)$$

---

13 Optimal ist eine Politik identischer Loszyklen dann, wenn die Quotienten f_j/w_j aller Produkte gleich sind und das vermöge der EOQ-Formeln ermittelbare τ die Bedingung (3.36) erfüllt.

(3.38) – (3.40) sind bei 2^x-Politiken notwendige und hinreichende Bedingungen für die Existenz einer zulässigen Maschinenbelegung, falls das kleinste π_j gleich 1 ist. Darüber hinaus kann man sich leicht überlegen, daß es zu jeder 2^x-Politik mit $\pi_j > 1$ für alle j eine andere solche Politik gibt, bei der das kleinste π_j gleich 1 ist (vgl. Def. 3.3 b).

Das (im Original sehr knapp beschriebene und von uns leicht modifizierte) **Verfahren von Haessler** (1979) läßt sich wie folgt darstellen:

Schritt 1: Bestimme τ_j für jedes Produkt j gemäß (3.32) und wähle $\tau_B := \min\{\tau_j \mid j = 1,...,n\}$.

Schritt 2: Bestimme die Quotienten $\pi_j^r := \tau_j / \tau_B$.
Falls $\pi_j^r < 1$, so wähle $\pi_j := 1$; falls $\pi_j^r \in \{1,2,4,...\}$, so wähle $\pi_j := \pi_j^r$;
ansonsten bestimme einen Wert $\lambda_j \in \{1,2,4,...\}$ so, daß $\lambda_j < \pi_j^r < 2\lambda_j$ erfüllt ist.
Berechne die Kosten gemäß (3.33) für die Zyklusdauern $\lambda_j \tau_B$ sowie $2\lambda_j \tau_B$ und setze $\pi_j := \lambda_j$ oder $\pi_j := 2\lambda_j$ in Abhängigkeit davon, welcher der beiden Multiplikatoren die niedrigeren Kosten besitzt.

Setze $\tau_j := \pi_j \cdot \tau_B$.

Schritt 3: Berechne einen neuen Wert für τ_B unter Verwendung der aktuellen π_j mit Hilfe der

Formel $$\tau_B = \max\left\{ \sqrt{\sum_j (f_j/\pi_j) \Big/ \sum_j (\pi_j \cdot w_j)}\ ,\ \sum_j (r_j/\pi_j)/(1 - \sum_j \rho_j) \right\}.^{14} \qquad (3.41)$$

Schritt 4: Wiederhole die Schritte 2 und 3 so lange, bis sich die Werte für τ_B und π_j nicht mehr verändern.

Schritt 5: Versuche, durch isolierte Betrachtung der Produkte j = 1,...,n die aktuelle Politik zu verbessern. Dies ist unter Umständen möglich, indem π_j erhöht und gleichzeitig τ_B unter Verwendung von (3.41) gesenkt wird oder umgekehrt.

Schritt 6: Versuche, eine gemäß (3.38) – (3.40) zulässige Maschinenbelegung zu finden.
Sortiere dazu die Produkte primär nach monoton zunehmenden Multiplikatoren π_j und sekundär nach monoton abnehmenden Belegungsdauern σ_j.
Ordne die Produkte j in Sortierreihenfolge jeweils der ersten Basisperiode k (innerhalb der Basisperioden $1,...,\pi_j$), die noch hinreichend Bearbeitungszeit aufweist, zu. Aufgrund der Eigenschaften der 2^x-Politik ist gewährleistet, daß die erforderlichen Zuordnungen dann auch in den Basisperioden $k + \pi_j$, $k + 2\pi_j$, ... möglich sind.
Läßt sich eine zulässige Belegung finden, beende das Verfahren.

Schritt 7: Ausgehend von der (unvollständigen) Belegung aus Schritt 6, kann eine zulässige Lösung bestimmt werden: Plane die verbliebenen (nicht mehr zulässig einplanbaren) Produkte jeweils in derjenigen Periode ein, die die bisher geringste Belegungszeit aufweist. Die größte erforderliche Belegungszeit einer Periode gemäß (3.40) bestimmt eine zulässige Basiszyklusdauer:

14 Der erste Ausdruck von (3.41) entspricht der kostengünstigsten Basisperiode. Der zweite Ausdruck repräsentiert die notwendige, aber nicht hinreichende Bedingung (3.34). Vgl. dazu auch die Formeln (3.29) und (3.30) im Verfahren von Boctor in Kap. 3.2.2.4.

$$\tau'_B := \max \{ \sum_j (x_{jk} \cdot r_j)/(1 - \sum_j x_{jk} \cdot \rho_j \cdot \pi_j) \mid k = 1,...,\omega \} \quad (3.41)'$$

Handelt es sich bei der so erhaltenen zulässigen Politik $(\tau'_B, \pi_1,...,\pi_n)$ um die erste oder die beste bislang erhaltene Lösung, speichere sie.

Schritt 8: Bestimme isoliert für jedes Produkt j mit $\pi_j \geq 2$ die resultierende Kostenveränderung bei Halbierung von π_j und entsprechender Modifikation von τ_B gemäß (3.41). Wähle das Produkt j, das die größte Kostensenkung bewirkt. Sind die Gesamtkosten dieser (unter Umständen nicht zulässigen) Lösung größer oder gleich denjenigen der aktuell besten zulässigen Lösung, so beende das Verfahren; ansonsten nimm diese Halbierung vor und gehe nach Schritt 6.

* * *

Beispiel: Wir betrachten erneut das Problem mit den Daten aus Tab. 3.1 und erhalten:

Schritt 1: Es ergeben sich wie oben die Zyklusdauern $\tau_1 = 4.47$, $\tau_2 = 2.07$, $\tau_3 = 1.51$ mit $K(\tau) = 65.95$. Damit gilt $\tau_B = 1.51$.

Schritt 2: $\pi_1^r := 2.96$; $\pi_2^r := 1.37$; $\pi_3^r := 1$. Die günstigsten Multiplikatoren sind $\pi_1 = 4$ und $\pi_2 = \pi_3 = 1$.

Schritt 3: $\tau_B := 1.67$; ergibt sich aufgrund des zweiten Ausdruckes in (3.41). Die Summe der Kosten beträgt $K(\tau) = 68.15$.

Schritt 4: Bei nochmaliger Anwendung von Schritt 2 und 3 erhält man mit $\pi_1 = 2$; $\pi_2 = \pi_3 = 1$ und $\tau_B := 1.905$ eine Politik mit Kosten $K(\tau) = 66.98$, die sich bei weiteren Durchführungen dieser beiden Schritte nicht weiter verbessern läßt.

Schritt 5: Es ergeben sich bei Variation der π_j keine Verbesserungen.

Schritt 6: Die Sortierreihenfolge ist: 3 ($\sigma_3 = 0.738$), 2 ($\sigma_2 = 0.726$), 1. Die Produkte 2 und 3 sind in jeder Periode in der Reihenfolge 3, 2 zu fertigen. In jeder zweiten Periode müßte Produkt 1 zusätzlich mit $\sigma_1 = 0.881$ eingeplant werden. Diese Maschinenbelegung ist jedoch unzulässig, da $\sigma_1 + \sigma_2 + \sigma_3 > \tau_B$ gilt.

Schritt 7: $\tau'_B := 2.94$ führt zu einer zulässigen Belegung mit Kosten $K(\tau) = 74.015$.

Schritt 8: Man findet die verbesserte Lösung $\pi_1 = \pi_2 = \pi_3 = 1$, $\tau_B := \max \{2.3275; 2.3810\} = 2.381$ (gemäß (3.41)) mit Kosten $K(\tau) = 73.057$. Sie sieht in jeder Basisperiode die Fertigung aller Produkte vor. Sie wurde zuvor nicht bereits in Schritt 4 oder 5 gefunden, da sie zunächst mit Lösungen "konkurrierte", für die sich keine zulässige Maschinenbelegung finden ließ. Die oben in den Schritten 1 bis 4 ausgewiesenen Kosten stellten lediglich untere Schranken für den Zielfunktionswert einer zulässigen Lösung dar.

Bemerkung 3.9: Maxwell und Singh (1983) zeigen, daß die maximale Kostenerhöhung, die durch die Beschränkung des ELSP auf eine optimale 2^x-Politik gegenüber einer optimalen allgemeinen Politik in Kauf zu nehmen ist, 6.1 % beträgt.

Im folgenden skizzieren wir das heuristische **Verfahren von Park und Yun** (1984) zur Bestimmung einer *zulässigen* Basispolitik, d.h. einer Basispolitik, für die eine Maschinenbelegung angegeben werden kann. Statt eines Basiszyklus τ_B und Multiplikatoren π_j wählt man dabei als **Variablen**:

Θ *Belegungshorizont:* Zeitpunkt, ab dem sich der Belegungszustand der Maschine wiederholt

h_j Häufigkeit der Auflage von Produkt j in $[0, \Theta]$

Mit Hilfe dieser Variablen kann eine Basispolitik τ durch $(\tau_1 = \Theta/h_1,..., \tau_n = \Theta/h_n)$ angegeben werden. Der Einfachheit halber schreiben wir auch $\tau = (\Theta,h_1,...,h_n)$.

Vorgehensweise: Es handelt sich um ein iteratives Verfahren mit Iterationen i = 0, 1, 2, ...

Man startet mit der optimalen Politik identischer Loszyklen $\tau^0 = (\Theta^0,h_1^0,...,h_n^0)$ mit $h_1^0 = ... = h_n^0 = 1$, für die eine zulässige Maschinenbelegung existiert.

Sei allgemein $\tau^i = (\Theta^i,h_1^i,...,h_n^i)$ die am Ende von Iteration i bekannte, zulässige Politik.

In Iteration i+1 geht man davon aus, daß die Verdopplung aller Parameter von τ^i zu einer zulässigen Politik $\tau = (2\Theta^i,2h_1^i,...,2h_n^i)$ mit denselben Kosten wie τ^i führt. Man bestimmt alle Politiken $\tau = (\Theta,h_1,...,h_n)$ mit ganzzahligen h_j aus den Intervallen $[h_j^i, 2h_j^i]$. Bei *vorgegebenem* Vektor $\mathbf{h} = (h_1,...,h_n)$ ergeben sich folgende Kosten pro ZE in Abhängigkeit von Θ:

$$K(\Theta) = \sum_{j=1}^{n} f_j h_j/\Theta + \sum_{j=1}^{n} \Theta \cdot w_j/h_j$$

Als optimales Θ erhält man: $\Theta = \sqrt{(\sum_{j=1}^{n} f_j h_j) / (\sum_{j=1}^{n} w_j/h_j)}$

Die beste in Iteration i+1 gefundene, *zulässige* Politik wird mit $\tau^{i+1} = (\Theta^{i+1},h_1^{i+1},...,h_n^{i+1})$ bezeichnet.

Das Verfahren endet, wenn sich der Zielfunktionswert in der letzten Iteration um weniger als einen vorzugebenden Wert verbessert hat.

Die im Laufe des Verfahrens notwendige Überprüfung der Zulässigkeit von Basispolitiken ist selbst ein NP-schweres Problem, zu dessen Lösung Park und Yun (1984) eine Heuristik beschreiben, auf deren detaillierte Wiedergabe wir jedoch verzichten; vgl. ferner Park und Yun (1985). Die Heuristik versucht, durch möglichst gleichmäßige Verteilung der Produkte j auf die in $[0, \Theta]$ verfügbaren Basisperioden eine zulässige Maschinenbelegung zu finden. Dabei sind verallgemeinerte Bin Packing-Probleme zu lösen; vgl. zu Bin Packing-Problemen und Lösungsmöglichkeiten auch Kap. 5.4.1.4, Martello und Toth (1990) sowie Scholl et al. (1997).

Die Rechenvergleiche von Park und Yun (1984) ergeben, daß ihr Verfahren (u.a. aufgrund der betrachteten allgemeineren Politiken) in der Regel bessere Lösungen als dasjenige von Haessler (1979) liefert. Dies wird jedoch mit einer deutlich höheren Rechenzeit erkauft.

Das ELSP mit allgemeinen Politiken

Wir betrachten im folgenden eine mögliche Modellformulierung sowie ein Lösungsverfahren, wie es von Dobson (1987) angegeben wird. Zu bestimmen ist eine Produktionsreihenfolge $\boldsymbol{\eta} = (\eta_1,...,\eta_m)$ mit $m \geq n$, wobei $\eta_i = j$ das an i-ter Position dieser Reihenfolge eingeplante Produkt j bezeichnet. In $\boldsymbol{\eta}$ kann jedes Produkt auch mehrfach auftreten. Ebenfalls gesucht ist für jede Losauflage η_i die unten näher erläuterte Belegungszeit $\sigma(\eta_i)$.

Wir gehen zunächst davon aus, daß eine *Produktionsreihenfolge* $\boldsymbol{\eta} = (\eta_1,...,\eta_m)$ *gegeben* ist und definieren bzw. bestimmen für eine Modellformulierung die folgenden Ausdrücke:

Die *Belegungszeit* $\sigma(\eta_i)$ des Produktes η_i setzt sich aus der Rüstzeit r_{η_i}, der Produktionszeit t_{η_i} sowie der Leerzeit u_{η_i}, die vor der Losauflage für Produkt η_{i+1} eingeplant wird, zusammen (die Rüstzeiten sind Parameter, die Produktions- und Leerzeiten Variablen des Modells). Falls keine Kapazitätsengpässe in der Produktion vorliegen, kann es ökonomisch sinnvoll sein, Leerzeiten einzuplanen. Bezeichnet man darüber hinaus die Summe der Belegungszeiten $\sigma(\eta_i)$ als Belegungshorizont Θ, so wiederholt sich nach jeweils Θ ZE die Produktionsreihenfolge $\boldsymbol{\eta}$.

Bezeichnen f_{η_i} die Fixkosten für die Auflage eines Loses von Produkt η_i und c_{η_i} den Lagerkostensatz für Produkt η_i, so erhalten wir folgendes **Modell** zur Minimierung der Kosten pro ZE:

$$\text{Minimiere } K(\mathbf{t},\mathbf{u},\Theta) = \frac{1}{\Theta}\left(\sum_{i=1}^{m} f_{\eta_i} + \frac{1}{2}\cdot\sum_{i=1}^{m} c_{\eta_i}\cdot(p_{\eta_i}-b_{\eta_i})\cdot(p_{\eta_i}/b_{\eta_i})\cdot t_{\eta_i}^{2}\right) \tag{3.42}$$

unter den Nebenbedingungen

$$\sum_{i\in I_j} p_j\cdot t_{\eta_i} = b_j\cdot\Theta \qquad \text{für alle } j=1,...,n \tag{3.43}$$

$$\sum_{k=i}^{i^+-1} (t_{\eta_k} + r_{\eta_k} + u_{\eta_k}) = (p_{\eta_i}/b_{\eta_i})\cdot t_{\eta_i} \qquad \text{für alle } i=1,...,m \tag{3.44}$$

$$\sum_{i=1}^{m} (t_{\eta_i} + r_{\eta_i} + u_{\eta_i}) = \Theta \tag{3.45}$$

$$\Theta > 0 \text{ und } t_{\eta_i}, u_{\eta_i} \geq 0 \qquad \text{für alle } i=1,...,m \tag{3.46}$$

Die einzelnen Ausdrücke haben folgende Bedeutung:

$p_{\eta_i}\cdot t_{\eta_i}$	an i-ter Position von $\boldsymbol{\eta}$ hergestellte Menge von Produkt η_i
$(p_{\eta_i}/b_{\eta_i})\cdot t_{\eta_i}$	Reichweite eines Loses von Produkt η_i
$(p_{\eta_i}-b_{\eta_i})\cdot t_{\eta_i}$	maximaler Lagerbestand von Produkt η_i

Der Lagerbestand wird während t_{η_i} ZE aufgebaut und anschließend während $(p_{\eta_i}-b_{\eta_i})\cdot t_{\eta_i}/b_{\eta_i}$ ZE verbraucht; die mittleren Lagerhaltungskosten ergeben sich damit zu

$$\tfrac{1}{2} \cdot c_{\eta_i} \cdot (p_{\eta_i} - b_{\eta_i}) \cdot t_{\eta_i}^{\,2} + \tfrac{1}{2} \cdot c_{\eta_i} \cdot (p_{\eta_i} - b_{\eta_i}) \cdot t_{\eta_i} \cdot (p_{\eta_i} - b_{\eta_i}) \cdot t_{\eta_i} / b_{\eta_i} =$$

$$\tfrac{1}{2} \cdot c_{\eta_i} \cdot (p_{\eta_i} - b_{\eta_i}) \cdot (p_{\eta_i} / b_{\eta_i}) \cdot t_{\eta_i}^{\,2}$$

Innerhalb des Nebenbedingungssystems wird als weitere Bezeichnung verwendet:

$I_j := \{i \mid \eta_i = j\}$ die Positionen innerhalb von η, an denen Produkt j aufgelegt wird

Bedingung (3.43) besagt, daß im Laufe der Θ ZE (der Zeitdauer von η) von jedem Produkt j genau so viel produziert werden muß, wie verbraucht ($b_j \cdot \Theta$) wird.

Bei zyklischer Betrachtung der Produktionsreihenfolge η ($\eta_{m+1} = \eta_1$) bezeichnet zu jeder Position i der Wert i^+ die nächste auf i folgende Position, an der das Produkt η_i erneut hergestellt wird. Bedingung (3.44) stellt sicher, daß bei Losauflage von Produkt j in Position i die Losgröße so bemessen wird, daß der Bedarf bis zur Neuauflage von j genau gedeckt ist.

Das vollständige ELSP sieht nun vor, unter allen endlichen Reihenfolgen η möglichst eine kostenminimale zu ermitteln. Da jedoch die Menge $\mathcal{E}$ aller möglichen endlichen Produktionsreihenfolgen unendlich viele Elemente besitzt, kann in der Regel keine optimale Lösung bestimmt werden. Man ermittelt vielmehr:

$$\inf \{ \min \{ \mathbf{K(t,u,\Theta)} \mid \Theta, t_{\eta_i}, u_{\eta_i} \text{ erfüllen (3.43) – (3.46)} \} \mid \eta \in \mathcal{E} \} \qquad (3.47)$$

Dobson (1987) skizziert für das Problem (3.47) ein heuristisches Lösungsverfahren. Es umfaßt drei umfangreichere Schritte, auf deren detaillierte Wiedergabe wir verzichten:

Schritt 1: Durch Weglassen von (3.44) aus (3.42) – (3.46) ergibt sich ein Problem, bei dem die Reihenfolge η aufgrund der zeitlichen Entkopplung der Produkte ihre Bedeutung verliert. Anhand der Relaxation lassen sich reellwertige Auflagehäufigkeiten $h_j = |I_j|$ für jedes Produkt j ermitteln. Diese werden auf Werte aus $\{1, 2, 4, ...\}$ gerundet (vgl. die 2^x - Politik in Def. 3.3 c).

Schritt 2: Ausgehend von den in Schritt 1 ermittelten Häufigkeiten h_j, wird eine möglichst gleichmäßige Verteilung der Losauflagen eines jeden Produktes in der zu bildenden Produktionsreihenfolge η bestimmt. Das dabei zu lösende Problem läßt sich als Maschinenbelegungsproblem mit identischen parallelen Maschinen interpretieren (vgl. Kap. 5.4.1). Die Anzahl der "Maschinen" μ (= Anzahl der Teilfolgen innerhalb von η) ist gleich der größten in $\mathbf{h} = (h_1,...,h_n)$ auftretenden Auflagehäufigkeit.

Die Vorgehensweise entspricht derjenigen von Schritt 6 im Verfahren von Haessler (siehe oben): Die Produkte werden nach monoton abnehmender Auflagehäufigkeit h_j (bzw. nach zunehmenden Multiplikatoren $\pi_j := \mu/h_j$) sortiert. Bei Gleichheit wird weiter sortiert nach abnehmenden durchschnittlichen Fertigungsdauern $t_j = b_j \cdot \Theta / (h_j \cdot p_j)$ pro Losauflage für das Produkt j. Da Θ in diesem Stadium des Verfahrens zwar nicht bekannt, aber für alle Produkte identisch ist, kann Θ für die Bestimmung der t_j o.B.d.A. zu 1 gesetzt werden. In der so bestimmten Sortierreihenfolge der Produkte werden sie jeweils einer noch am wenigsten ausgelasteten Maschinen $k \in \{1,2,...,\pi_j\}$ zugeordnet. Die weiteren h_j-1 Auflagen erfolgen dann auf den Maschinen $k+\pi_j, ..., k+(h_j-1)\cdot\pi_j$.

Die Gesamtreihenfolge η wird durch Aneinanderreihung der oben ermittelten μ Maschinenbelegungen gebildet.

Schritt 3: Ausgehend von den erhaltenen Auflagehäufigkeiten und Produktionsreihenfolgen innerhalb von η, bleibt das oben als (3.42) – (3.46) formulierte Minimierungsproblem zu lösen. Dobson (1987) skizziert sehr knapp eine heuristische Vorgehensweise; vgl. hierzu ergänzend Zipkin (1991).

* * *

Weitere Lösungsansätze und Verfahrensvergleiche finden sich z.B. in Davis (1990, 1995) sowie Bourland und Yano (1997). Hinsichtlich des Rechenzeitbedarfs läßt sich das Verfahren von Davis (1995) weiter verbessern; vgl. Ditt und Kuhn (1997).

Eine Verallgemeinerung des ELSP, bei der durch eine einmalige Investition zu Beginn des Planungszeitraumes Rüstkosten und -zeiten reduziert werden können, behandeln Gallego und Moon (1995).

3.2.3 Mehrstufige Mehrproduktmodelle

Wir gehen im folgenden auf Losgrößenprobleme bei mehrstufiger Mehrproduktfertigung ein. Das Ziel entsprechender Modelle besteht darin, Losgrößen für alle Produkte so zu bestimmen, daß die Gesamtkosten minimiert werden. Im Gegensatz zur einstufigen Fertigung sind Losgrößenentscheidungen nicht nur für Endprodukte, sondern ebenfalls für zu beschaffende Vor- und für selbst zu erstellende Zwischenprodukte zu treffen. Obwohl die Vorprodukte bestellt werden, verwenden wir vereinfachend den Begriff Losgröße für alle Produkte.

Die **Grundannahmen** der in diesem Kapitel betrachteten Modelle lassen sich wie folgt zusammenfassen:

- zu disponieren sind n durch eine Produktstruktur miteinander verknüpfte Produkte (oder Produktarten)
- unendliche Fertigungsgeschwindigkeit und vernachlässigbare Einlagerungsdauern für jedes Produkt
- kontinuierliche, konstante Nachfragen (Primärbedarfe) liegen nur für Endprodukte vor; für Vor- und Zwischenprodukte existieren dagegen keine Primärbedarfe
- Fehlmengen sind nicht erlaubt
- unendlicher Planungshorizont

Das **Ziel** besteht jeweils darin, gesamtkostenminimale Zyklusdauern und zugehörige Losgrößen für alle n Produktarten zu bestimmen.

Wir beginnen unsere Ausführungen mit grundlegenden Begriffen und Definitionen, die auch bei dynamischen Modellen benötigt werden. Danach beschreiben wir ein einfaches unkapazitiertes Modell und erläutern anhand dessen die Probleme bei der Lösungsfindung für mehrstufige Modelle. Anschließend geben wir Hinweise auf allgemeinere Modelle.

3.2.3.1 Grundlegende Begriffe und Definitionen

Ein Produktionszusammenhang zwischen verschiedenen Produkten, d.h. eine Produktstruktur (vgl. Kap. 1.3.2), kann mit Hilfe eines **Gozintographen** G = (V,E) veranschaulicht werden. Die Knotenmenge V enthält einen Knoten für jedes von n zu disponierenden Produkten. Ein in der Menge E enthaltener Pfeil (j,k) besagt, daß Produkt j zur Produktion von Produkt k benötigt wird. Demnach sind Knoten für Vorprodukte Quellen und solche für Endprodukte Senken von G.

Zur genaueren Beschreibung von Produktstrukturen verwenden wir die folgenden (z.T. bereits in Kap. 2 definierten) Bezeichnungen:

a_{jk} Menge (ME) von Produkt j, die unmittelbar in eine ME von Produkt k eingeht (*Direktbedarfskoeffizient* oder *Produktionskoeffizient*)

$\mathcal{V}_j$ Menge der unmittelbaren Vorgänger von j in G

$\mathcal{N}_j$ Menge der unmittelbaren Nachfolger von j in G

μ_j einziger Nachfolger von j, falls $|\mathcal{N}_j| = 1$

α_{jk} Menge von Produkt j, die unmittelbar oder mittelbar in eine ME von Produkt k eingeht

$\mathcal{V}_j^m$ Menge der unmittelbaren und mittelbaren Vorgänger von j in G

$\mathcal{N}_j^m$ Menge der unmittelbaren und mittelbaren Nachfolger von j in G

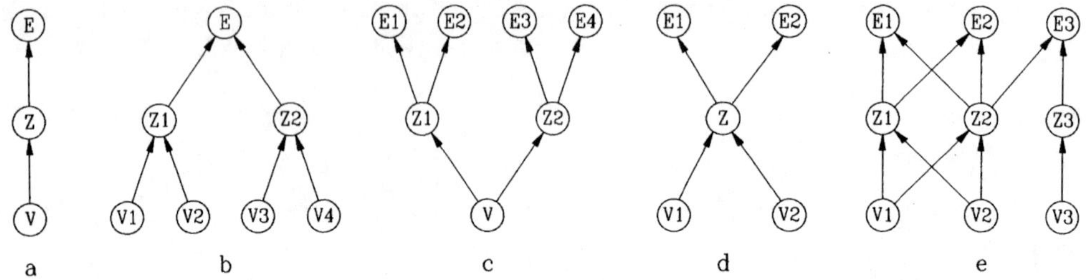

Abb. 3.9

Mit den in Kap. 2.5 eingeführten Begriffen lassen sich die in Kap. 1.3.2 bereits definierten Strukturen wie folgt charakterisieren (vgl. Abb. 3.9 = Abb. 1.4):

- Eine **serielle Struktur** besteht aus einer Quelle und einer Senke (dem einzigen Endprodukt) sowie ggf. weiteren Knoten (den Zwischenprodukten) mit jeweils genau einem Vorgänger und einem Nachfolger (vgl. Abb. 3.9 a).
- Eine **konvergierende Struktur** besitzt genau eine Senke (Endprodukt); jedes andere Produkt hat genau einen Nachfolger (vgl. Abb. 3.9 b). Die Struktur stellt einen in-tree dar.

- Eine **divergierende Struktur** besitzt genau eine Quelle (Vorprodukt); jedes andere Produkt hat genau einen Vorgänger (vgl. Abb. 3.9 c). Die Struktur stellt einen out-tree dar.
- Abb. 3.9 d zeigt eine **umverteilende Struktur** und Abb. 3.9 e eine **allgemeine Struktur.**

Die Komplexität mehrstufiger Probleme hängt u.a. sehr stark vom Vorhandensein von Kapazitätsrestriktionen, von der Fertigungsgeschwindigkeit und der betrachteten Produktstruktur ab. Ferner ist es von Bedeutung, ob *Primärbedarf* (externe Nachfrage) nur bei Endprodukten oder auch bei Zwischenprodukten auftritt. Um Algorithmen mit vertretbarem Rechenaufwand zu erhalten, betrachtet man häufig unkapazitierte Probleme mit unendlicher Fertigungsgeschwindigkeit und Primärbedarf nur für Endprodukte. Selbst für Modelle mit derartigen Restriktionen ist es oft schwierig, eine optimale Politik zu bestimmen. Daher beschränkt man sich in der Regel auf die Bestimmung von Losgrößenpolitiken mit speziellen Eigenschaften, die dennoch eine hohe Lösungsgüte aufweisen und hinsichtlich der praktischen Realisierbarkeit oftmals Vorteile gegenüber allgemeinen Politiken bringen. Den bereits in Def. 3.2 und Def. 3.3 definierten fügen wir im folgenden vor allem für mehrstufige Produktstrukturen relevante Politiken hinzu. Im Anschluß daran erläutern wir verschiedene Politiken anhand von Beispielen.

Definition 3.4: Gegeben sei ein Losgrößenproblem für n Produkte, die durch einen zusammenhängenden Gozintographen G = (V,E) miteinander verknüpft sind.

a) Eine **Politik** eines solchen Problems heißt **geschachtelt** (gekoppelt, engl. *nested policy*), falls für ein Vor- oder Zwischenprodukt nur dann ein Los aufgelegt wird, wenn dies für alle seine (unmittelbaren und mittelbaren) Nachfolger in G geschieht. Diese Definition bedeutet für τ-stationäre Politiken, daß für alle $(i,j) \in E$ das Losauflageverhältnis $\pi_{ij} := \tau_i / \tau_j$ ganzzahlig ist. Eine derartige τ-stationäre Politik läßt sich auch als *Politik ganzzahliger Losauflageverhältnisse* bezeichnen.

   Politiken, die stationär und geschachtelt sind, nennen wir **stationär-geschachtelt.**

b) Eine Losgrößenpolitik eines solchen Problems heißt **schwach geschachtelt,** falls für ein Vor- oder Zwischenprodukt nur dann ein Los aufgelegt wird, wenn dies für mindestens einen seiner (unmittelbaren) Nachfolger in G geschieht.

Bemerkung 3.10: Für die in Def. 3.4 betrachteten Probleme ist jede τ-stationäre, geschachtelte Politik eine Basispolitik (mit geeignet gewähltem Basiszyklus τ_B). Dagegen ist nicht jede τ-stationäre, schwach geschachtelte Politik Basispolitik.

Für serielle und konvergierende Produktstrukturen stimmen die Def. 3.4 a und b überein.

Beispiele: Betrachtet wird ein Losgrößenproblem mit drei Produkten und divergierender Produktstruktur (vgl. Abb. 3.10). Sowohl die Produktionskoeffizienten als auch die Primärbedarfe der Endprodukte 2 und 3 pro Periode seien gleich 1.

	1	2	3
τ^1	2	1	1
τ^2	1	2	1
τ^3	3	2	1
τ^4	3	2	2

Tab. 3.2

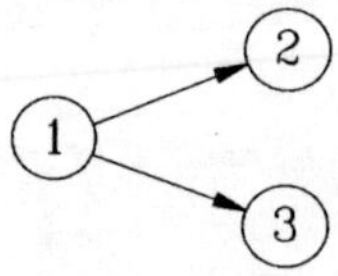

Abb. 3.10

In den Zeilen von Tab. 3.2 sind jeweils zeitinvariante Zyklusdauern für τ-stationäre Politiken angegeben. Zu jedem Vektor τ lassen sich durch Wahl zulässiger Losgrößen verschiedene τ-stationäre Politiken angeben.

τ^1 führt zu geschachtelten 2^x-Politiken mit Basiszyklus[15] $\tau_B = 1$, die somit zugleich Politiken ganzzahliger Losauflageverhältnisse sind. Für die Endprodukte 2 und 3 sind aufgrund des kontinuierlichen Absatzverlaufs die zeitinvarianten Losgrößen $q_2 = q_3 = 1$ optimal. Um einen unnötigen Sicherheitsbestand zu vermeiden (vgl. Bem. 3.1), muß das Lager von Produkt 1 jeweils nach Ablauf eines Loszyklus der Länge $\tau_1 = 2$ ZE entleert sein. Daher ergibt sich mit $q_1 = 4$ auch für das Vorprodukt eine stationäre Losgröße. Dies bedeutet, daß die entsprechende Politik insgesamt stationär ist.

τ^2 beschreibt schwach geschachtelte 2^x-Politiken mit Basiszyklus $\tau_B = 1$. Die beste derartige Politik ist instationär; denn sie besitzt für Produkt 1 von Zyklus zu Zyklus alternierende Losgrößen $q_1 = 3$ und $q_1 = 1$. Die Produkte 2 und 3 besitzen die zeitinvarianten Losgrößen $q_2 = 2$ und $q_3 = 1$.

τ^3 führt zu schwach geschachtelten Basispolitiken mit Basiszyklus $\tau_B = 1$, die aber keine 2^x-Politiken darstellen. Auch hier ist eine entsprechende optimale Politik nicht q-stationär[16] mit alternierenden Losgrößen $q_1 = 7$ und $q_1 = 5$ sowie zeitinvarianten Losgrößen $q_2 = 2$ und $q_3 = 1$. Der Lagerbestandsverlauf für alle Produkte ist in Abb. 3.11 wiedergegeben. Gestrichelt sind die weiter unten definierten systemweiten Lagerbestände enthalten.

τ^4 führt lediglich zu τ-stationären Basispolitiken mit Basiszyklus $\tau_B = 1$. Auch hier ist eine entsprechende optimale Politik nicht q-stationär mit alternierenden Losgrößen $q_1 = 8$ und $q_1 = 4$ sowie zeitinvarianten Losgrößen $q_2 = 2$ und $q_3 = 2$. Eine bessere, instationäre Politik ist diejenige, bei der für Produkt 1 die Zyklusdauer zwischen $\tau_1 = 4$ und $\tau_1 = 2$ mit Losgrößen $q_1 = 8$ und $q_1 = 4$ alterniert und die Zyklusdauern und Losgrößen der Endprodukte zeitinvariant mit Wert 2 sind.

Zur Vereinfachung von Problemformulierung oder Lösungsfindung ist es für die meisten Modelle sinnvoll, nicht die physischen, sondern die *systemweiten Lagerbestände* der verschiedenen Produkte zu betrachten.

---

15 Unter allen geeigneten Basiszyklen geben wir jeweils den größtmöglichen an.

16 Die optimale q-stationäre Politik würde für Produkt 1 eine Losgröße von 6 ME vorsehen. In diesem Fall wäre sein Lagerbestand in den Intervallen [3,6], [9,12] usw. um 1 ME höher als bei der angegebenen nicht q-stationären Politik.

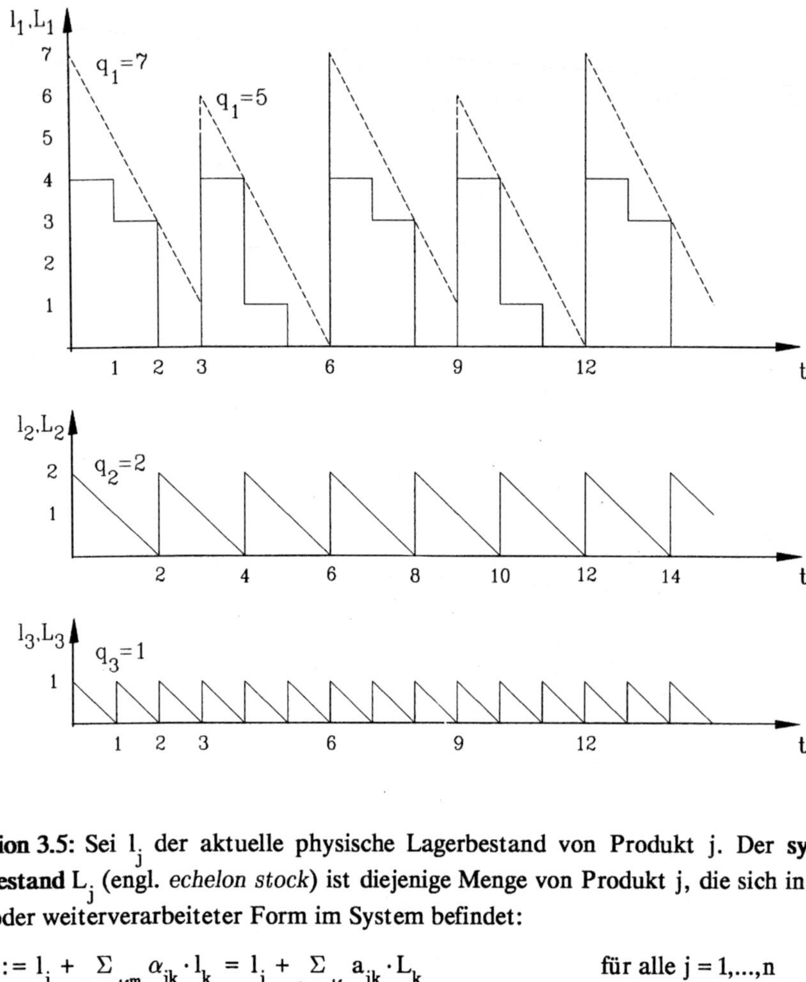

Abb. 3.11

Definition 3.5: Sei l_j der aktuelle physische Lagerbestand von Produkt j. Der **systemweite Lagerbestand** L_j (engl. *echelon stock*) ist diejenige Menge von Produkt j, die sich in ursprünglicher oder weiterverarbeiteter Form im System befindet:

$$L_j := l_j + \sum_{k \in \mathcal{N}_j^m} \alpha_{jk} \cdot l_k = l_j + \sum_{k \in \mathcal{N}_j} a_{jk} \cdot L_k \qquad \text{für alle } j = 1,\dots,n$$

Dementsprechend muß ein **systemweiter Lagerkostensatz** c_j^s eingeführt werden, der die zusätzlich gegenüber den enthaltenen Vorprodukten verursachten Lagerhaltungskosten des Produktes j angibt:[17] $c_j^s := c_j - \sum_{h \in \mathcal{V}_j} a_{hj} \cdot c_h$

Wie aus Abb. 3.11 zu ersehen ist, entspricht der zeitliche Verlauf der systemweiten Lagerbestände bei kontinuierlicher Nachfrage nach den Endprodukten einer Sägezahnkurve. Dadurch vereinfacht sich in vielen Fällen die Berechnung mittlerer Lagerbestände. Insbesondere bei konvergierender Produktstruktur und bei Beschränkung auf stationär-geschachtelte Politiken ergibt sich wie beim EOQ-Modell ein mittlerer Lagerbestand von $q_j/2$.

---

17 Die c_j^s sind als Kapitalbindungskosten für den bei der Herstellung von Produkt j geschaffenen Mehrwert interpretierbar. Dabei wird in der Regel angenommen, daß die systemweiten Lagerhaltungskosten positiv sind; vgl. Clark und Scarf (1960). Das folgt daraus, daß die c_j zum Endprodukt hin monoton wachsen.

Wir betrachten im folgenden ein Modell für konvergierende Produktstrukturen und beschreiben dafür exakte und heuristische Lösungsverfahren.

3.2.3.2 Ein Modell mit konvergierender Produktstruktur

Es geht von folgenden **Annahmen** aus; vgl. Schwarz und Schrage (1975):

- mehrstufige Fertigung eines Endproduktes; zu disponieren sind n Produkte, die über eine konvergierende Produktstruktur miteinander verknüpft sind
- unendliche Fertigungsgeschwindigkeiten für alle Produkte
- keine Bestelldauern, keine Einlagerungsdauern
- kontinuierliche Nachfrage mit konstanter Nachfragerate (= konstante Absatzgeschwindigkeit) nur nach dem Endprodukt
- während des Planungszeitraumes unveränderliche fixe Rüstkosten und lineare Lagerhaltungskosten
- keine Kapazitätsbeschränkungen
- Fehlmengen sind nicht erlaubt
- unendlicher Planungshorizont

Ziel des Modells ist die Ermittlung einer *stationär-geschachtelten* Losgrößenpolitik, die zu minimalen durchschnittlichen Gesamtkosten pro Periode und zur vollständigen Deckung der Nachfrage nach dem Endprodukt n führt.

Wir verwenden folgende **Parameter**:

b_j Bedarf von Produkt j (ME pro Periode); Absatzgeschwindigkeit

f_j fixe Rüstkosten für Produkt j (GE pro Rüstvorgang)

c_j^s systemweiter Lagerkostensatz für Produkt j (GE pro ME und Periode)

Die Absatzgeschwindigkeit liegt zunächst nur für das Endprodukt n vor. Absatzgeschwindigkeiten für die Vor- und Zwischenprodukte $j = 1,...,n-1$ lassen sich durch die Beziehungen $b_j := \alpha_{jn} \cdot b_n$ berechnen.

Als **Variablen** des Modells betrachten wir die Zyklusdauern τ_j aller Produkte und ganzzahlige Faktoren π_j, die das Verhältnis der Zyklusdauern zweier direkt verbundener Produkte j und μ_j kennzeichnen (vgl. Def. 3.4 a und b). Eine Lösung ist vollständig durch Werte für $\pi_1,...,\pi_{n-1}$ und für τ_n bestimmt. Die zusätzlich betrachteten Variablen τ_j dienen nur der übersichtlicheren Darstellung.

Wir erhalten folgende **mathematische Formulierung** des Problems:

$$\text{Minimiere } K(\tau,\boldsymbol{\pi}) = \sum_{j=1}^{n} (f_j/\tau_j + b_j \cdot \tau_j \cdot c_j^s/2) \qquad \text{(in GE pro ZE)} \qquad (3.48)$$

unter den Nebenbedingungen

$$\tau_j = \pi_j \cdot \tau_{\mu_j} \qquad \text{für } j = 1,...,n-1 \qquad (3.49)$$

$$\pi_j \geq 1 \text{ und ganzzahlig} \qquad \text{für } j = 1,...,n-1 \qquad (3.50)$$

$$\tau_n > 0 \qquad (3.51)$$

Die Nebenbedingungen (3.49) und (3.50) erzwingen zusammen mit der Variablenwahl (stationäre τ_j) die Ermittlung einer geschachtelten Losgrößenpolitik.

Eine **untere Schranke** für den optimalen Zielfunktionswert erhält man durch Weglassen der Nebenbedingungen. Dadurch ergibt sich für jedes Produkt $j = 1,...,n$ ein klassisches Losgrößenproblem (EOQ-Modell).

Schärfere untere Schranken lassen sich bestimmen, wenn man die Nebenbedingungen (3.49) und (3.50) durch folgende Bedingungen relaxierend ersetzt:

$$\tau_j \geq \tau_{\mu_j} \qquad \text{für } j=1,...,n-1 \qquad (3.52)$$

(3.48), (3.52), (3.51) ist ein Problem der konvexen Optimierung, so daß jedes lokale auch globales Minimum ist; vgl. Domschke und Drexl (1995, S. 166 f.). Das relaxierte Problem läßt sich mit folgendem Verfahren optimal lösen, wobei vorausgesetzt wird, daß die Produkte gemäß einer topologischen Sortierung des Graphen numeriert sind; zu einem Beweis vgl. Schwarz und Schrage (1975):

Schritt 1: Bestimme isoliert für jedes Produkt mit Hilfe der EOQ-Formel eine Zyklusdauer τ_j. Sind die Bedingungen (3.52) und (3.51) für alle Produkte erfüllt, beende das Verfahren.

Schritt 2: Ermittle dasjenige Produkt i mit kleinstem Index, für das mindestens ein unmittelbarer Vorgänger j mit $\tau_j < \tau_i$ existiert. Gibt es mehrere derartige Vorgänger von i, so wähle einen Vorgänger j mit kleinster Zyklusdauer $\tau_j := \min \{\tau_h \mid h \in \mathcal{V}_i\}$. Vereinige die Knoten der Produkte i und j im Knoten i durch folgende Zuweisungen und lösche Knoten j:

$$f_i := f_i + f_j; \quad c_i^s := c_i^s + c_j^s \cdot \alpha_{ji}; \quad \mu_h := i \text{ für alle } h \in \mathcal{V}_j; \quad \mathcal{V}_i := \mathcal{V}_i \cup \mathcal{V}_j$$

Ermittle für den so entstandenen Knoten i mit Hilfe der EOQ-Formel die Zyklusdauer τ_i. (Diese gilt für alle im Knoten i zusammengefaßten Produkte.)

Wiederhole Schritt 2 so lange, bis nur noch ein Knoten vorhanden ist oder die Bedingungen (3.52) und (3.51) erfüllt sind.

Ergebnis: Weist man allen im Laufe des Verfahrens in einen Knoten i eingegangenen Produkten dessen Zyklusdauer τ_i zu, so erhält man eine optimale Lösung der Relaxation.

* * *

Eine **optimale Lösung** für das eigentliche Problem (3.48) – (3.51) kann mit Hilfe des im folgenden skizzierten **Branch & Bound-Verfahrens** ermittelt werden:

Verzweigung: Zur Bildung von Teilproblemen werden Variablen π_j, die bei Lösung der Relaxation (3.48), (3.52) und (3.51) nichtganzzahlig sind, auf ganzzahlige Werte fixiert. Der

Bereich ganzzahliger Werte, auf die ein π_j fixiert werden kann, läßt sich durch Berechnung von Schranken und logische Tests begrenzen. Dabei spielt die von Schwarz und Schrage (1975) bewiesene Eigenschaft der Quasikonvexität (vgl. z.B. Domschke und Drexl (1995, S. 166)) der Zielfunktion in Abhängigkeit von den π_j eine wesentliche Rolle. Durch Fixierung von π_j können aufgrund der Beziehung $\tau_j = \pi_j \cdot \tau_{\mu_j}$ die Produkte j und μ_j zu einem neuen Knoten $h := \mu_j$ verschmolzen werden. Die Kostensätze des neuen Knotens sind $f_h := f_h + f_j / \pi_j$ sowie $c_h^s := c_h^s + c_j^s \cdot \alpha_{jh} \cdot \pi_j$.

Zu beachten ist, daß nach dem Zusammenlegen von Produkten (zu einem neuen Produktknoten) einige der für das damit reduzierte Problem noch zu bestimmenden π_j das Verhältnis zwischen Zyklusdauern ursprünglich nicht unmittelbar aufeinanderfolgender Produkte beschreiben, wodurch sich deren mögliche Wertebereiche verändern. Beispiel: Werden im Graphen der Abb. 3.12 π_3 zu 2 fixiert und damit Produkt 3 und 4 zu Knoten 4 verschmolzen, so sind die noch zu bestimmenden Variablen π_1 und π_2 auf ganzzahlige Vielfache von 2 beschränkt. Entsprechende Änderungen müßten in der Relaxation des Problems vorgenommen werden. In unserem Beispiel würde für die Produkte 1 und 2 die Ungleichung (3.52) verschärft werden zu $\tau_1 \geq 2 \cdot \tau_4$ bzw. $\tau_2 \geq 2 \cdot \tau_4$.

Relaxation und Schrankenbildung: Untere Schranken für Zielfunktionswerte werden anhand der oben geschilderten Relaxation und deren Lösungsmöglichkeit ermittelt. Obere Schranken erhält man aufgrund zulässiger Lösungen, die mit folgenden Heuristiken bestimmbar sind.

* * *

Ein einfaches **heuristisches Eröffnungsverfahren** stammt von Schwarz und Schrage (1975):

Bestimme die Faktoren $\pi_1,...,\pi_{n-1}$ jeweils isoliert voneinander. Dabei wird sukzessive für jedes in der Produktstruktur unmittelbar benachbarte Produktpaar j und $h := \mu_j$ ein zweistufiges Teilproblem (d.h. ein Problem für zwei Produkte mit serieller Produktstruktur) exakt gelöst. Das zweistufige Problem lautet:

$$\text{Minimiere } K(\pi_j, \tau_h) = f_j/(\pi_j \cdot \tau_h) + a_{jh} \cdot b_h \cdot c_j^s \cdot \pi_j \cdot \tau_h/2 + f_h/\tau_h + b_h \cdot c_h^s \cdot \tau_h/2$$

$$\text{unter den Nebenbedingungen } \pi_j \geq 1 \text{ und ganzzahlig sowie } \tau_h > 0$$

Ohne die Nebenbedingungen, vor allem ohne die Ganzzahligkeitsforderung für π_j, läßt sich das Problem mittels Differentialrechnung lösen. Für ein optimales, nicht ganzzahliges π_j muß danach gelten:

$$\pi_j = \sqrt{(f_j \cdot c_h^s) \;/\; (a_{jh} \cdot f_h \cdot c_j^s)} \tag{3.53}$$

Es läßt sich beweisen, daß ein optimales, ganzzahliges π_j^* aufgrund der vorliegenden speziellen konvexen Zielfunktion die folgende Bedingung erfüllt:

$$\pi_j^* \cdot (\pi_j^* - 1) \leq (f_j \cdot c_h^s)/(a_{jh} \cdot f_h \cdot c_j^s) \leq \pi_j^* \cdot (\pi_j^* + 1) \tag{3.53'}$$

Nach Ermittlung der Faktoren $\pi_1,...,\pi_{n-1}$ können alle $\tau_1,...,\tau_{n-1}$ als ganzzahlige Vielfache von τ_n ausgedrückt werden. Eingesetzt in (3.48) ergibt sich ein einfaches EOQ-Modell zur Bestimmung des optimalen τ_n.

* * *

Mögliche **Verbesserungsverfahren** bestehen darin, iterativ Werte für jeweils ein π_j bei Konstanz der anderen Losauflageverhältnisse zu ermitteln, die zu möglichst geringen Gesamtkosten führen; vgl. z.B. Crowston et al. (1973).

Beispiel: Wir betrachten zu obigem B&B-Verfahren mit vorgeschalteter Heuristik zur Bestimmung einer ersten oberen Schranke ein Beispiel mit vier Produkten, der in Abb. 3.12 wiedergegebenen Produktstruktur und den in Tab. 3.3 angegebenen Kosten. Ferner gelte $b_4 = 1$ und $a_{13} = a_{23} = a_{34} = 1$.

	1	2	3	4
f_j	5	10	2	10
c_j^s	1	1	1	1

Tab. 3.3

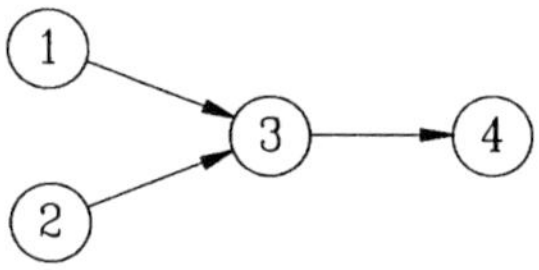

Abb. 3.12

Durch Anwendung des heuristischen Eröffnungsverfahrens erhalten wir die Lösung $\pi_1 = \pi_2 = 2$, $\pi_3 = 1$ und $\tau_4 = 2.55$ (somit $\tau_3 = \tau_4 = 2.55$ und $\tau_1 = \tau_2 = 5.10$). Ihr Zielfunktionswert ergibt die erste obere Schranke $\bar{K} = 15.30$. Insgesamt entsteht der in Abb. 3.13 dargestellte Lösungsbaum, dessen Teilprobleme wir im folgenden näher erläutern.

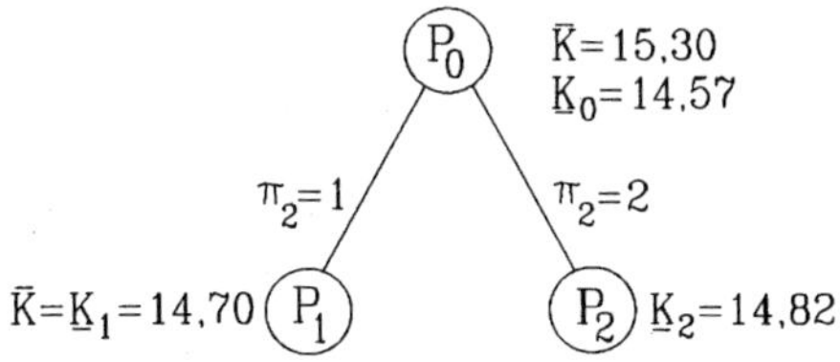

Abb. 3.13

Problem P_0: Tab. 3.4 enthält die Lösung der Relaxation, beginnend mit den durch die EOQ-Formel erhältlichen τ_j-Werten. Knoten mit der Eintragung "–" sind entfallen. Die Kosten der optimalen Lösung der Relaxation sind K = 14.57.

Problem P_1: Es entsteht aus P_0 durch Fixierung von $\pi_2 := 1$ und Vereinigung von Knoten 2 und 3 zum neuen Knoten 3. Der linke Teil von Tab. 3.5 zeigt zunächst die durch das Verzweigen veränderten Kostensätze, danach die bei Lösung der Relaxation erhältlichen Werte $\tau_j = 3.67$ für alle j. Damit ergibt sich ein Zielfunktionswert von K = 14.70, der zugleich auch neue beste obere Schranke ist.

Problem P_2: Es entsteht aus P_0 durch Fixierung von $\pi_2 := 2$ und Vereinigung von Knoten 2 und 3 zum neuen Knoten 3. Als Lösung erhält man $\tau_1 = 3.16$, $\tau_2 = 5.83$, $\tau_3 = \tau_4 = 2.92$ mit Kosten 14.82; siehe Tab. 3.5. Da diese untere Schranke größer ist als die aktuelle obere Schranke $\bar{K} = 14.70$, ist P_2 ausgelotet.

	1	2	3	4	
τ_j	3.16	4.47	2	4.47	wegen $\tau_3 < \tau_4$ Vereinigung von 3 und 4 zu Knoten 4
f_j	5	10	–	12	
c_j^s	1	1	–	2	
τ_j	3.16	4.47	(3.46)	3.46	wegen $\tau_1 < \tau_4$ Vereinigung von 1 und 4 zu Knoten 4
f_j	–	10	–	17	
c_j^s	–	1	–	3	
τ_j	(3.37)	4.47	(3.37)	3.37	damit gilt $\pi_1 = \pi_3 = 1$ und $\pi_2 = 1.33$

Tab. 3.4

Wegen der oben erwähnten Quasikonvexität der Zielfunktion in Abhängigkeit von den π_j steigen die unteren Schranken, die man z.B. beim Verzweigen von P_0 durch Fixierung von π_2 zu 3 oder höheren Werten erhält, monoton an. Damit ist gewährleistet, daß die in P_1 erhaltene zulässige Lösung optimal ist.

P_1	1	3	4	P_2	1	3	4
f_j	5	12	10		5	7	10
c_j^s	1	2	1		1	3	1
τ_j	3.16	3.46	4.47		3.16	2.16	4.47
f_j	–	17	10		5	–	17
c_j^s	–	3	1		1	–	4
τ_j	(3.37)	3.37	4.47		3.16	(2.92)	2.92
f_j	–	–	27				
c_j^s	–	–	4				
τ_j	(3.67)	(3.67)	3.67				

Tab. 3.5

3.2.3.3 Zur Optimalität stationärer und geschachtelter Politiken

In der Literatur wird vermutet, daß sich unter den optimalen allgemeinen Politiken *für konvergierende Strukturen* häufig auch stationär-geschachtelte befinden, so daß man sich auf deren Ermittlung beschränken kann. Crowston et al. (1973) glaubten, zumindest für den Fall *unendlicher Fertigungsgeschwindigkeiten* durch die Ermittlung optimaler stationär-geschachtelter Politiken zugleich optimale allgemeine Lösungen bestimmen zu können. Dies gilt jedoch nur für zweistufige konvergierende Produktstrukturen. Für allgemeinere Strukturen widerlegt dies Williams (1982) durch das folgende Beispiel einer seriellen Struktur mit drei Produkten und $b_3 = 1$ sowie $a_{12} = a_{23} = 1$:

	1	2	3
f_j	49000	4	10000
c^s_j	2000	1	20000

	1	2	3	Gesamtkosten/ZE
τ^1	7	$\sqrt{8}$	1	34002.828
τ^2	7	7	1	34004.07
τ^3	7	1	1	34004.50
τ^4	7	7/3	1	34003.214

τ^1 zeigt die durch *isolierte* Betrachtung der Produkte (Weglassen der Nebenbedingungen) erhaltene Lösung. Der zugehörige Zielfunktionswert stellt eine untere Schranke für den optimalen Wert dar. Aufgrund der Kostenstruktur kann man sich überlegen, daß in jeder optimalen stationär-geschachtelten Politik $\tau_1 = 7$ und $\tau_3 = 1$ und demzufolge $\tau_2 = 7$ oder $\tau_2 = 1$ gelten muß. Die entsprechenden Lösungen sind in den Zeilen 2 und 3 des rechten Tableaus enthalten. Damit weist die optimale stationär-geschachtelte Politik Gesamtkosten in Höhe von 34004.07 auf. Wählt man nun $\tau_2 = 7/3$, so ergibt sich die in Zeile 4 angegebene geringfügig bessere τ-stationäre (aber nicht geschachtelte) Lösung; sie ist zudem nicht q-stationär, da q_2 innerhalb von jeweils 7 ZE alternierend die Werte 3, 2 und 2 annimmt. Läßt man auch instationäre Lösungen zu, so ergibt sich z.B. für die alternierenden Zyklusdauern $\tau_2 = 4$ bzw. $\tau_2 = 3$ mit entsprechenden Losgrößen $q_2 = 4$ und $q_2 = 3$ eine geschachtelte Politik mit Zielfunktionswert 34002.929.

Obwohl stationär-geschachtelte Politiken nicht notwendig optimal sind, liefern sie jedoch in der Regel sehr gute Näherungslösungen. Es gelang (auch uns) bisher nicht, ein ähnlich einfaches Beispiel mit signifikanter Abweichung der besten stationär-geschachtelten Politik vom Optimum zu finden.

Auch *bei endlichen Fertigungsgeschwindigkeiten* können derartige Gegenbeispiele angegeben werden; vgl. Szendrovits (1981).

Für *zweistufige divergierende Produktstrukturen* glaubten Graves und Schwarz (1977), daß mindestens eine optimale stationäre Politik geschachtelt ist. Ein Gegenbeispiel findet sich jedoch in Muckstadt und Singer (1978). Für derartige (und damit *auch für allgemeinere*) *Produktstrukturen* ist es darüber hinaus leicht, Beispiele zu finden, bei denen die besten stationär-geschachtelten Politiken schlechter sind als optimale allgemeine Politiken. Dies zeigt ein Problem mit der divergierenden Produktstruktur aus Abb. 3.14 mit Direktbedarfskoeffizienten $a_{12} = a_{13} = 1$ und den weiteren Daten aus Tab. 3.6:

	1	2	3
f_j	4	1	64
c^s_j	1	2	2
b_j	(2)	1	1
τ_j	2	1	8

Tab. 3.6

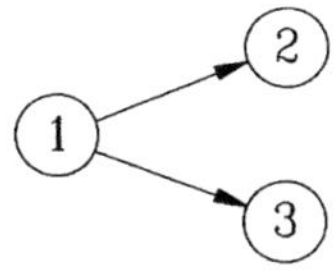

Abb. 3.14

Durch isolierte Lösung von EOQ-Problemen ergeben sich die in der letzten Zeile von Tab. 3.6 angegebenen Zyklusdauern τ_j.

a) Ergänzt um zeitinvariante Losgrößen $\mathbf{q} = (4, 1, 8)$, erhält man eine *stationäre* Politik mit mittleren Gesamtkosten in Höhe von 28. In Abb. 3.15 a ist der Lagerbestandsverlauf des Vorproduktes 1 angegeben (gestrichelt der systemweite, durchgezogen der physische Bestand). Zum Zeitpunkt 0 ist ein Lageranfangsbestand von 6 ME erforderlich, um die Bedarfe der Produkte 2 und 3 zu decken. Deren Lagerbestände sind nicht angegeben, da es sich um einfache Sägezahnverläufe mit den Maximalbeständen 1 bzw. 8 handelt.

b) Variiert man dagegen die Losgröße q_1 des Produktes 1 zyklisch mit den Werten 10, 2, 2, 2 (bei $q_2 = 1$ und $q_3 = 8$), so ergibt sich eine *τ-stationäre* Politik mit Zielfunktionswert 25; vgl. Abb. 3.15 b.

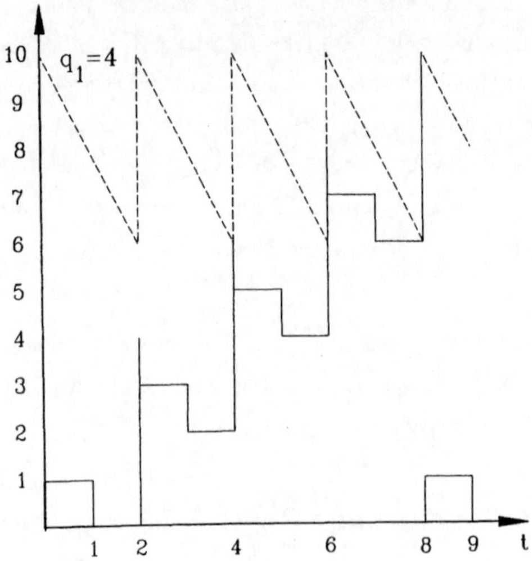

Abb. 3.15 a

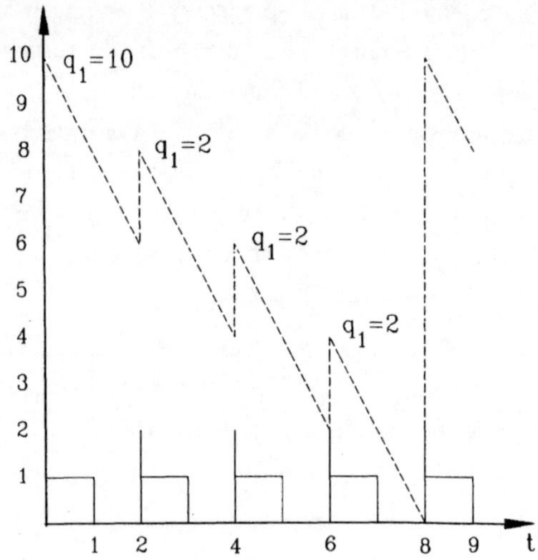

Abb. 3.15 b

Eine optimale stationär-geschachtelte Politik besitzt Zyklusdauern $\tau = (6, 1, 6)$ und Losgrößen $\mathbf{q} = (12, 1, 6)$ mit etwas höheren mittleren Gesamtkosten von 25.33. Man überlegt sich leicht, daß durch Erhöhung von f_3 und/oder Senkung von b_3 die relative Abweichung zwischen optimaler stationär-geschachtelter und optimaler allgemeiner Politik beliebig groß werden kann; vgl. dazu auch Roundy (1985).

3.2.3.4 Weitere Modelle

Roundy (1986) gibt für unkapazitierte Probleme mit konvergierender Produktstruktur einen Algorithmus zur Bestimmung optimaler 2^x-Politiken mit Rechenaufwand $O(n \log n)$ an. Zur Güte von 2^x-Politiken vgl. ferner Roundy (1985) sowie Bastian (1987).

Mehrstufige Mehrproduktmodelle mit divergierender Produktstruktur bei unendlicher Fertigungsgeschwindigkeit ohne Kapazitätsrestriktionen behandeln Graves und Schwarz (1977). Sie beschreiben eine Heuristik und ein B&B-Verfahren.

Maxwell und Muckstadt (1985) beschreiben ein Modell mit allgemeiner Produktstruktur und 2^x-Politiken. Sie lösen das entstehende nichtlineare Problem durch wiederholte Lösung von Flußproblemen. Jackson et al. (1988) betrachten zusätzlich Kapazitätsrestriktionen.

Mayr (1996) betrachtet mehrstufige Mehrproduktmodelle, die eine kombinierte Losgrößen- und Maschinenbelegungsplanung beinhalten (auf den mehrstufigen Fall verallgemeinertes ELSP). Darüber hinaus behandelt er Probleme, bei denen die Produkte auf parallelen Maschinen zu fertigen sind.

3.3 Dynamisch - deterministische Modelle

Bei dynamischen Modellen geht man von einem endlichen Planungshorizont aus, der in gleichlange Perioden unterteilt wird. Wir beginnen mit einstufigen Einproduktmodellen, betrachten in Kap. 3.3.2 einstufige Mehrproduktmodelle und beschäftigen uns abschließend in Kap. 3.3.3 mit mehrstufigen Mehrproduktmodellen.

3.3.1 Einstufige Einproduktmodelle

Wir beginnen mit einem Grundmodell und beschreiben dafür exakte und heuristische Lösungsverfahren; abschließend betrachten wir Verallgemeinerungen dieses Grundmodells.

3.3.1.1 Das Grundmodell von Wagner und Whitin

Als Bestellmengenmodell formuliert, liegen dem Wagner-Whitin-Modell folgende **Annahmen** zugrunde; vgl. Wagner und Whitin (1958):

- Disposition eines Gutes
- keine Lieferfristen und Einlagerungsdauern; Lieferungen treffen jeweils zu Beginn einer Periode ein
- zeitlich veränderliche (dynamische) Nachfrage, die jeweils zu Beginn jeder Periode zu befriedigen ist; siehe hierzu Bem. 3.12
- keine Kapazitätsbeschränkungen
- fixe Bestellkosten und lineare Lagerhaltungskosten, die von Periode zu Periode verschieden sein können
- zeitinvariante und damit entscheidungsirrelevante Einstandspreise
- Fehlmengen sind nicht erlaubt
- endlicher Planungshorizont (T Perioden)

Ziel des Modells ist die Ermittlung derjenigen im Zeitablauf veränderlichen Bestellmengen, die zu minimalen Gesamtkosten im Planungszeitraum führen.

Wir verwenden folgende **Parameter**:

b_t Bedarf (Nachfrage) zu Beginn von Periode $t = 1,...,T$

f_t fixe Bestellkosten in Periode t (GE pro Bestellvorgang)

c_t Lagerhaltungskosten (GE pro ME und Periode), bezogen auf die während der Periode t lagernde Menge

$B_{t\tau} := \sum_{i=t}^{\tau} b_i$ kumulierte Nachfrage im Zeitraum t bis τ[18]

Als **Variablen** wählen wir:

z_t Binärvariable mit

$$z_t = \begin{cases} 1 & \text{falls in Periode t eine Bestellung aufgegeben wird} \\ 0 & \text{sonst} \end{cases}$$

l_t Lagerbestand während der Periode $t = 0,...,T$
Für l_0 und l_T sind Werte (z.B. 0) vorzugeben.

q_t in Periode t zu bestellende Menge

Anhand obiger Annahmen und Begriffe erhalten wir folgende **mathematische Formulierung**:

$$\text{Minimiere } K(\mathbf{z,l,q}) = \sum_{t=1}^{T} (f_t \cdot z_t + c_t \cdot l_t) \tag{3.54}$$

unter den Nebenbedingungen

$$l_{t-1} + q_t - l_t = b_t \qquad \text{für alle } t = 1,...,T \tag{3.55}$$

$$q_t \le B_{tT} \cdot z_t \qquad \text{für alle } t = 1,...,T \tag{3.56}$$

$$l_t \ge 0, \; q_t \ge 0, \; z_t \in \{0,1\} \qquad \text{für alle } t = 1,...,T \tag{3.57}$$

$$l_0 = l_T = 0 \tag{3.58}$$

Eine optimale Lösung ist eine gesamtkostenminimale *Politik*, die durch den Bestellmengenvektor $\mathbf{q} = (q_1,...,q_T)$ determiniert wird. Im Sinne unserer Def. 3.2 ist sie in der Regel nicht stationär.

3.3.1.2 Exakte Verfahren für das Grundmodell

Zur Lösung des Wagner-Whitin-Modells wurde eine Vielzahl von exakten und heuristischen Lösungsverfahren entwickelt. Beide Verfahrenstypen machen sich die folgende, leicht zu begründende Eigenschaft optimaler Lösungen zunutze:

Satz 3.2: Für obiges Modell existiert stets eine optimale Lösung, in der für jedes q_t die folgende Beziehung gilt:

---

18 Im Gegensatz zu den vorhergehenden Kapiteln verwenden wir τ in Kap. 3.3 als Index für Perioden.

$$q_t = 0 \text{ oder } q_t = \sum_{i=t}^{\tau} b_i \text{ mit } t \le \tau \le T \tag{3.59}$$

Die Regenerationseigenschaft (vgl. Bem. 3.1) ist dazu äquivalent:

$$q_t \cdot l_{t-1} = 0 \qquad \text{für alle } t = 1,...,T \tag{3.59)'}$$

Bemerkung 3.11: Der Satz besagt, daß die Bestellung in einer Periode t jeweils vollständige Periodenbedarfe abdeckt. Die Aussage läßt sich wie folgt begründen: Bei (positiven) bestellfixen Kosten und Lagerhaltungskosten lohnt es sich nicht, einen Bedarf b_t in verschiedenen Perioden zu bestellen, da Bestellkosten in der letzten betroffenen Periode ohnehin und Lagerhaltungskosten bei Bestellung in einer früheren Periode zusätzlich auftreten.
Die Periode τ, bis zu der durch ein Los q_t der Bedarf vollständig abgedeckt wird, bezeichnen wir im folgenden als **Reichweite** des Loses.

Bemerkung 3.12: Wesentliche Voraussetzung für die Gültigkeit von Satz 3.2 ist die Annahme, daß der Bedarf einer Periode zu Beginn derselben anfällt. Bei den statischen Modellen sind wir hingegen davon ausgegangen, daß der Periodenbedarf b_t stets gleichmäßig über die Periode verteilt entsteht und daß die durchschnittlich lagernde Menge $b_t/2$ auch Lagerhaltungskosten verursacht. Die Annahme beim Wagner-Whitin-Modell stellt für viele praktische Fälle eine Vereinfachung dar. Daher ist die Wahl der Periodenlänge für die Güte der erzielbaren Lösungen bedeutsam. Bogaschewsky (1988, S. 168) führt dazu aus: "Die Periodenlängen ... sind so festzulegen, daß es nicht wirtschaftlich sein kann, innerhalb einer Periode mehrmals zu bestellen."

Unter Ausnutzung von Satz 3.2 lassen sich exakte Verfahren angeben, die mit polynomialem Rechenaufwand arbeiten. Wir legen unseren Schwerpunkt daher auf diese Lösungsmöglichkeiten. Im nächsten Kapitel skizzieren wir ferner einige heuristische Vorgehensweisen, die bei verallgemeinerten Fragestellungen von Bedeutung sein können.

Das Wagner-Whitin-Modell ist exakt mit *dynamischer Optimierung* lösbar. Es wird in der Literatur häufig zur Erläuterung dieses Lösungsprinzips verwendet; vgl. z.B. Domschke und Drexl (1995, S. 145 f.). Es läßt sich aber auch in ein *Problem der Bestimmung kürzester Wege* und in ein *Warehouse Location-Problem* transformieren und mit dafür geeigneten Verfahren lösen. Wir wollen zur Veranschaulichung des Problems zunächst diese Transformationsmöglichkeiten aufzeigen und daran anschließend einen effizienten Algorithmus darstellen, der auf dem Ansatz der dynamischen Optimierung beruht.

Lösung als Kürzeste-Wege-Problem:

Zur Formulierung des Wagner-Whitin-Modells als Kürzeste-Wege-Problem läßt sich ein gerichteter Graph G = (V,E,d) erzeugen, der folgende Elemente enthält; siehe auch Abb. 3.16 und die unten angegebenen Erläuterungen:

- Die Knotenmenge V = {1,...,T+1}; sie enthält für jede Periode (einschließlich einer fiktiven Periode T+1) genau einen Knoten.

- Die Pfeilmenge $E = \{(t,\tau) \mid t = 1,...,T \text{ und } \tau = t+1,...,T+1\}$; sie enthält für jede Periode t und jede Periode $\tau > t$ genau einen Pfeil (t,τ). Ein Pfeil (t,τ) besitzt folgende Bedeutung: In Periode t ist der Bedarf für die Perioden t bis $\tau - 1$ zu fertigen. Es fallen Rüst- und Fertigungskosten in t und Lagerhaltungskosten für die Bedarfe der Perioden $t + 1$ bis $\tau - 1$ an. Diese Kosten sind in den Pfeilbewertungen zu berücksichtigen.

- Pfeilbewertungen

$$d_{t\tau} := f_t + \sum_{i=t+1}^{\tau-1} b_i \sum_{j=t}^{i-1} c_j \tag{3.60}$$

Durch Ermittlung eines kürzesten (= kostenminimalen) Weges von Knoten 1 nach Knoten T+1 in G erhält man eine optimale Lösung des Wagner-Whitin-Modells.

Bemerkung 3.13: Der Rechenaufwand für die Lösung des obigen Problems mit Hilfe eines Kürzeste-Wege-Algorithmus ist von der Größenordnung $O(T^2)$. Er setzt sich zusammen aus dem Aufwand zur Bestimmung der Pfeilbewertungen des Graphen und demjenigen für den verwendeten Algorithmus.
Die Pfeilbewertungen lassen sich rekursiv ermitteln:

$$d_{t,\tau+1} := d_{t\tau} + b_\tau \cdot \sum_{j=t}^{\tau-1} c_j \tag{3.61}$$

Dabei kann die in (3.61) enthaltene Summe ebenfalls rekursiv berechnet werden. Es ergibt sich damit für die Transformation des Problems ein von der Pfeilzahl $T \cdot (T+1)/2$ abhängiger Rechenaufwand der Ordnung $O(T^2)$. Die Bestimmung eines kürzesten Weges (z.B. mit dem Verfahren von Dijkstra) liegt in der gleichen Größenordnung.

Beispiel: Wir betrachten ein Problem mit $T = 4$ Perioden und folgenden weiteren Daten:

Per. t	1	2	3	4
b_t	7	4	5	6
f_t	3	3	4	5
c_t	0.5	0.4	0.3	(0.4)

$l_0 = l_4 = 0;$

Wir transformieren es in ein Problem der Bestimmung kürzester Wege und erhalten den in Abb. 3.16 angegebenen Graphen, dessen Pfeilbewertungen in Tab. 3.7 enthalten sind.

	2	3	4	5
1	3	5	9.5	16.7
2	–	3	5	9.2
3	–	–	4	5.8
4	–	–	–	5

Tab. 3.7

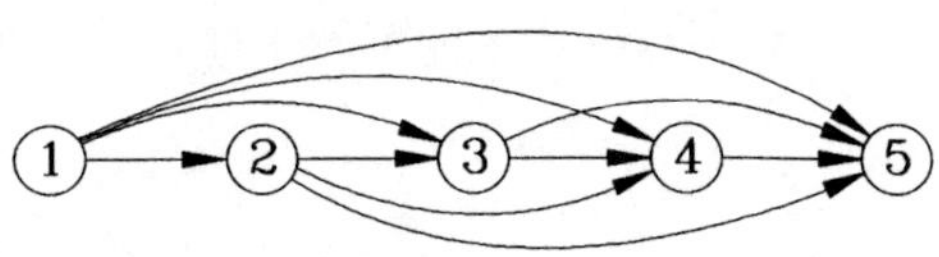

Abb. 3.16

Erläuterung dreier Pfeilbewertungen:

$d_{12} = 3$: Der Pfeil (1,2) bildet diejenige Planungsalternative ab, bei der in Periode 1 nur für Periode 1 bestellt wird; es entstehen lediglich bestellfixe Kosten.

$d_{13} = d_{12} + 0.5 \cdot 4 = 5$: Der Pfeil (1,3) bedeutet, daß in Periode 1 der Bedarf der Perioden 1 und 2 bestellt wird. Es entstehen Bestellkosten und Lagerhaltungskosten für den Bedarf der zweiten Periode während Periode 1.

$d_{14} = d_{13} + (0.5 + 0.4) \cdot 5 = 9.5$: Gegenüber (1,3) enthält (1,4) zusätzlich den Bedarf der dritten Periode. Dies führt zu zusätzlichen Lagerhaltungskosten in den Perioden 1 und 2.

Der kürzeste Weg ist $w^*_{15} = (1,3,5)$ mit der Länge 10.8. Das heißt, es sind $q_1 = 11$ ME in Periode 1 und $q_3 = 11$ ME in Periode 3 zu bestellen. Ferner gilt $q_2 = q_4 = 0$. Die Gesamtkosten betragen 10.8 GE.

Lösung als unkapazitiertes Warehouse Location - Problem (WLP):

Ein unkapazitiertes WLP läßt sich vereinfacht wie folgt beschreiben (siehe zu dieser Problemstellung z.B. Domschke und Drexl (1996, S. 51 ff.)):

Gegeben ist eine Anzahl potentieller Standorte, an denen jeweils ein Auslieferungslager eingerichtet werden kann. Von diesen Lagern aus ist eine vorgegebene Anzahl von Kunden zu beliefern. Für die Einrichtung eines Lagers an einem potentiellen Standort entstehen standortabhängige Fixkosten. Für die Belieferung eines Kunden von einem (eingerichteten) Lager aus entstehen Transportkosten, die in Abhängigkeit davon, welches Lager welchen Kunden beliefert, unterschiedlich hoch sein können.

Zu bestimmen ist eine Teilmenge der potentiellen Standorte, an denen ein Lager errichtet wird, sowie ein Transportplan zur Belieferung der Kunden durch die errichteten Lager, so daß die Summe aus Fixkosten und Transportkosten minimal wird.

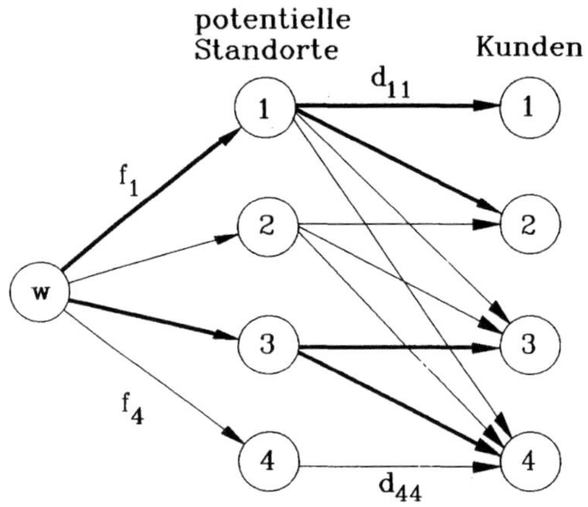

Abb. 3.17

Zur Lösung des Wagner - Whitin - Problems interpretieren wir die t = 1,...,T möglichen Bestellperioden als potentielle Standorte. Die Errichtung eines Standortes entspricht einer

Bestellung, wodurch Fixkosten in Höhe von f_t entstehen. Die Perioden gehen zugleich als "Kunden" mit ihren Bedarfen b_t in das Modell ein. Der für das Modell angebbare Graph $G = (V,E,d)$ enthält Pfeile (t,τ) mit $t \le \tau$, die der Bestellung des vollständigen Bedarfs b_τ in Periode t und seiner Lagerung bis zum Verbrauch in τ entsprechen.

Ein Pfeil (t,τ) ist somit wie folgt zu bewerten: $d_{t\tau} := b_\tau \cdot \sum_{i=t}^{\tau-1} c_i$ (3.62)

Für unser obiges Beispiel ergibt sich die in Abb. 3.17 angegebene graphische Darstellung. In ihr ist die oben ermittelte Lösung hervorgehoben.

Bemerkung 3.14: Die Ermittlung der Pfeilbewertungen gemäß (3.62) erfordert einen Rechenaufwand der Ordnung $O(T^2)$. Krarup und Bilde (1977) zeigen, daß die LP-Relaxation eines aus einem Wagner-Whitin-Problem gebildeten WLP stets eine ganzzahlige optimale Lösung besitzt. Sie entwickeln ein duales Verfahren, das das Problem mit Rechenaufwand der Ordnung $O(T^2)$ löst.

Bei der Abschätzung des Rechenaufwandes in Bem. 3.13 und 3.14 wurde nicht berücksichtigt, daß das Wagner-Whitin-Problem und die dafür entwickelbaren Graphen samt ihrer Pfeilbewertungen spezielle Strukturen aufweisen. Der Graph für das Kürzeste-Wege-Problem ist topologisch sortiert, d.h. für jeden Pfeil (i,j) gilt für die Nummern der mit ihm inzidenten Knoten die Beziehung $i < j$. Der Graph für das WLP enthält nur Pfeile (i,j) mit $i \le j$.
Auch eine Eigenschaft des Problems, die sich im sogenannten *Entscheidungshorizont-Theorem* (vgl. Bem. 3.16) niederschlägt, findet keine Berücksichtigung.

Lösung mittels dynamischer Optimierung:

Unter Ausnutzung der oben genannten speziellen Problemeigenschaften läßt sich die Vorgehensweise der dynamischen Optimierung so spezialisieren, daß sie den bisher geschilderten Lösungsmöglichkeiten überlegen ist.

Dem im folgenden betrachteten **Verfahren von Wagelmans et al.** (1992) liegt eine modifizierte Modellformulierung zugrunde: Ausgehend von unserer Formulierung (3.54) – (3.58), lassen sich aufgrund der Lagerbilanzgleichungen (3.55) sowie $l_0 = 0$ die Lagerbestände durch

$$l_t = \sum_{i=1}^{t} q_i - \sum_{i=1}^{t} b_i = \sum_{i=1}^{t} q_i - B_{1t} \qquad \text{für alle } t = 1,\dots,T \qquad (3.63)$$

ausdrücken und somit aus dem Modell eliminieren. Mit

$$d_t := \sum_{i=t}^{T} c_i \qquad \text{für alle } t = 1,\dots,T$$

ergibt sich folgende äquivalente Darstellung:

$$\text{Minimiere } K(z,q) = \sum_{t=1}^{T} (f_t \cdot z_t + d_t \cdot q_t) - \sum_{t=1}^{T} c_t \cdot B_{1t} \qquad (3.64)$$

unter den Nebenbedingungen

$$\sum_{t=1}^{T} q_t = B_{1T} \tag{3.65}$$

$$\sum_{i=1}^{t} q_i \geq B_{1t} \qquad \text{für alle } t = 1,\ldots,T-1 \tag{3.66}$$

$$q_t \leq B_{tT} \cdot z_t \qquad \text{für alle } t = 1,\ldots,T \qquad (3.67) = (3.56)$$

$$q_t \geq 0, \quad z_t \in \{0,1\} \qquad \text{für alle } t = 1,\ldots,T \tag{3.68}$$

Die Äquivalenz der Zielfunktionen (3.54) und (3.64) ergibt sich durch Einsetzen der l_t gemäß (3.63) und geeignetes Umgruppieren. (3.65) erhält man unmittelbar aus der Initialisierung des Lagerendbestandes $l_T = 0$ in Verbindung mit (3.63). Entsprechend lassen sich die Nichtnegativitätsbedingungen $l_t \geq 0$ mit (3.63) in (3.66) überführen.

Bei der Lösung des Problems kann der konstante Term in der Zielfunktion unberücksichtigt bleiben. Wir gehen daher von der folgenden modifizierten Zielfunktion aus:

$$\text{Minimiere } K(\mathbf{z},\mathbf{q}) = \sum_{t=1}^{T} (f_t \cdot z_t + d_t \cdot q_t) \qquad (3.64)'$$

Das Modell (3.64)', (3.65) – (3.68) läßt sich als Problem interpretieren, bei dem im Zeitablauf monoton wachsende Mindestbestände des Lagers bei einem Lagerendbestand von B_{1T} sichergestellt werden müssen. Man beachte, daß ein Lagerabgang nicht mehr vorgesehen ist. Eine zu Beginn der Periode t eingelagerte ME des Gutes verursacht insgesamt Lagerhaltungskosten in Höhe von d_t GE.

Aufgrund ihrer Definition weisen die d_t (bei der sinnvollen Annahme nichtnegativer Lagerhaltungskosten) folgende wichtige *Monotonieeigenschaft* auf:

$$d_1 \geq d_2 \geq \ldots \geq d_T \tag{3.69}$$

Bei der folgenden **Verfahrensbeschreibung** gehen wir aus Vereinfachungsgründen zunächst von der Annahme *positiver Bedarfe* b_t für alle $t = 1,\ldots,T$ aus (vgl. jedoch Bem. 3.15).

Das iterative Verfahren betrachtet rückwärtsrekursiv die Perioden $t = T, T-1,\ldots,1$. Am Ende von Iteration $t+1$ ist für jeden der Zeiträume $[T,T]$, $[T-1,T],\ldots,[t+1,T]$ eine optimale Politik $\mathbf{q}_T^*, \mathbf{q}_{T-1}^*,\ldots, \mathbf{q}_{t+1}^*$ bekannt. Die zugehörigen Kosten seien $K_T, K_{T-1},\ldots, K_{t+1}$.

In Iteration t wird eine optimale Politik $\mathbf{q}_t^*$ für $[t,T]$ ermittelt. Es ist die (oder eine) beste unter den folgenden Alternativen, wobei wegen Satz 3.2 als Bestellmenge q_t für Periode t nur Summen vollständiger Periodenbedarfe betrachtet werden müssen:

$q_t = B_{tt}\ (= b_t)$	ergänzt um eine optimale Politik $\mathbf{q}_{t+1}^*$ für $[t+1,T]$
$q_t = B_{t,t+1}$	ergänzt um eine optimale Politik $\mathbf{q}_{t+2}^*$ für $[t+2,T]$
...	...
$q_t = B_{t,\tau-1}$	ergänzt um eine optimale Politik $\mathbf{q}_\tau^*$ für $[\tau,T]$
...	...
$q_t = B_{t,T-1}$	ergänzt um die optimale Politik $\mathbf{q}_T^*$ für $[T,T]$
$q_t = B_{tT}$	

Die Festlegung von q_t ist die in t zu treffende *Entscheidung*. Durch eine der obigen Entscheidungen gelangt man in der Periode t+1 in einen bestimmten *Zustand*, der durch den verfügbaren Lagerbestand determiniert ist. Ist der Lagerbestand positiv, so wird in t+1 keine Bestellentscheidung getroffen. Allgemein gilt, daß bei der Entscheidung $q_t = B_{t,\tau-1}$ erst in Periode τ neu zu bestellen ist. Diese Bestellung ist Bestandteil der bereits ermittelten optimalen Politik q^*_τ für den Zeitraum $[\tau, T]$.

Führen wir zur Initialisierung einen Kostenwert $K_{T+1} := 0$ ein, so läßt sich der Zielfunktionswert einer optimalen Politik $\mathbf{q}^*_t$ (bezüglich (3.64)') in jeder Iteration t (mit t = T,...,2,1) anhand der folgenden *Funktionalgleichung* bestimmen:

$$K_t = f_t + \min\{d_t \cdot B_{ti} + K_{i+1} \mid t \le i \le T\} \tag{3.70}$$

Löst man das Problem mit Hilfe der skizzierten Vorgehensweise, so wird ein Rechenaufwand der Größenordnung $O(T^2)$ benötigt. Die folgenden Ausführungen sollen verdeutlichen, daß die Minimumbildung in (3.70) jeweils nur über einen (kleinen) Teil der Perioden i mit $t \le i \le T$ auszuführen ist.

Die Menge der in (3.70) zu betrachtenden Perioden läßt sich zunächst (vgl. auch Bem. 3.16) auf eine Folge (Liste) von Perioden $L = <\tau_1, \tau_2, ..., \tau_k]$ aus dem Intervall $[t+1, T+1]$ mit folgenden Eigenschaften beschränken:

1. $\tau_1 = t+1 < \tau_2 < ... < \tau_k = T+1$
2. $\Delta_{\tau_{k-1}\tau_k} \le ... \le \Delta_{\tau_2\tau_3} \le \Delta_{\tau_1\tau_2}$ mit $\Delta_{ij} := (K_i - K_j)/(B_{iT} - B_{jT})$

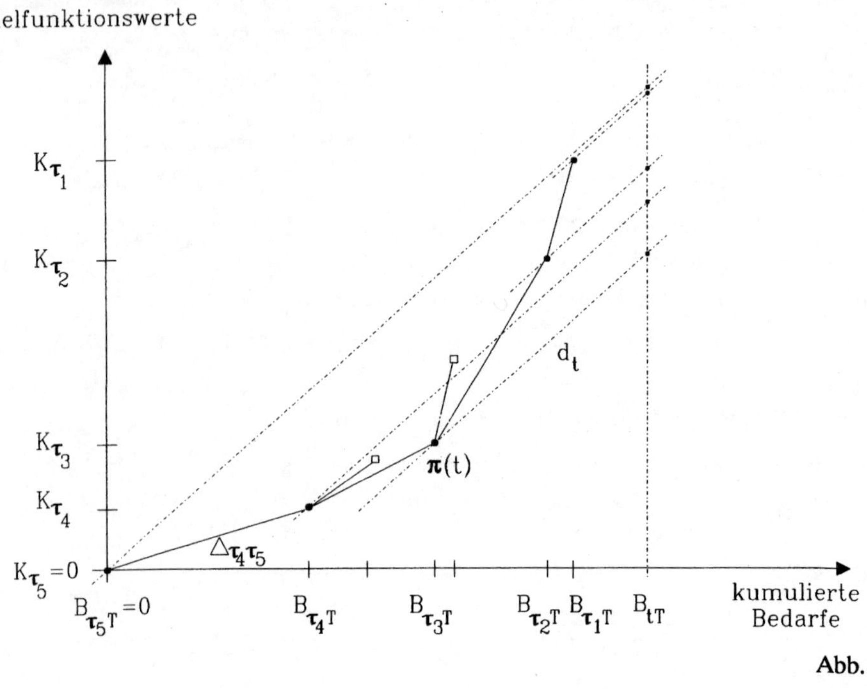

Abb. 3.18

Die Perioden aus L kann man als *effizient* bezeichnen; nur sie kommen in einer optimalen Politik q_t^* als Bestellperioden in Frage. Die übrigen Perioden nennen wir demzufolge *ineffizient*.

Die Eigenschaften der Perioden aus L lassen sich anhand einer *graphischen Darstellung* veranschaulichen. Für jede Periode i aus [t+1,T] kann man in einem zweidimensionalen Koordinatensystem den Punkt (B_{iT},K_i) angeben. Verbindet man benachbarte (Perioden-) Punkte von L jeweils durch eine Gerade, so ergibt sich ein stückweise linearer, konvexer Kurvenverlauf. Alle ineffizienten Punkte liegen oberhalb dieser Kurve (vgl. Abb. 3.18 mit ineffizienten Perioden in Form von Kästchen).[19]

Betrachtet man zwei effiziente Punkte i und j, so besitzt die sie verbindende Strecke die Steigung $\Delta_{ij} = d_i + f_i/B_{i,j-1}$. Die Δ_{ij} repräsentieren in diesem Falle die durchschnittlichen Stückkosten (Lagerhaltungs- und anteilige Bestellkosten), die durch Bestellung von $B_{i,j-1}$ ME in Periode i entstünden.

Bei der optimalen Entscheidung hinsichtlich q_t führt man folgende Überlegungen aus:

Die bestellfixen Kosten f_t entstehen ohnehin (wir haben $b_t > 0$ unterstellt). Man vergleicht daher lediglich die Stück-Lagerhaltungskosten d_t mit den Steigungen (den durchschnittlichen Stückkosten) $\Delta_{\tau_1\tau_2}, \Delta_{\tau_2\tau_3}, \ldots$.

Die Stückkostendifferenz $\Delta_{\tau_i\tau_{i+1}} - d_t$ beschreibt die Ersparnis pro ME, falls der Bedarf $B_{\tau_i\tau_{i+1}}$ statt in Periode τ_i in der Periode t bestellt würde, da insgesamt die Fixkosten in Periode τ_i und die Lagerhaltungskosten $d_{\tau_i} \cdot B_{\tau_i\tau_{i+1}}$ eingespart würden und die Lagerhaltungskosten $d_t \cdot B_{\tau_i\tau_{i+1}}$ zusätzlich anfielen.

Daher sucht man die zeitlich früheste Periode $\tau_i = \pi(t)$ aus L, für die $\Delta_{\tau_i\tau_{i+1}} \le d_t$ gilt (existiert dieses Δ nicht, so ist $\pi(t) = T+1$ zu setzen) und wählt $q_t = B_{t,\pi(t)-1}$.

Anders ausgedrückt: Man sucht denjenigen Punkt $(B_{\pi(t),T}, K_{\pi(t)})$, bei dem eine Gerade mit der Steigung d_t die konvexe Kurve tangiert. Durch die in der Abb. 3.18 enthaltenen gestrichelten Geraden mit Steigung d_t wird deutlich, daß kein anderer Punkt als der Tangentialpunkt $\pi(t)$ – als nächster Bestellpunkt nach t gewählt – zu niedrigeren Gesamtkosten führt.

Für Periode t ist also die Entscheidung $q_t = B_{t,\pi(t)-1}$ zu treffen. Die zur optimalen Politik $\mathbf{q}_t^*$ für [t,T] gehörige Liste L enthält t sowie die zu $\mathbf{q}_{\pi(t)}^*$ gehörige Liste $< \tau_i = \pi(t),\ldots,\tau_k]$.

Im folgenden geben wir eine algorithmische Beschreibung und betrachten ein Beispiel. Danach analysieren wir in Bem. 3.16, welche Perioden aus L bei der Suche nach $\pi(t)$ betrachtet werden müssen.

19 Vgl. zu entsprechenden geometrischen Veranschaulichungen zum Grundmodell von Wagner und Whitin z.B. van Hoesel et al. (1994).

Wagner-Whitin – Rückwärtsrekursion

Voraussetzung: Daten eines Wagner-Whitin-Modells gemäß (3.64)', (3.65) – (3.68)

t Stufe des Entscheidungsprozesses (aktuelle Planungsperiode)

K_t Zielfunktionswert einer optimalen Politik auf Stufe t

L Liste effizienter Perioden

$\pi(t)$ nächste Bestellperiode, falls in Periode t bestellt wird

$\eta(i)$ der unmittelbare Nachfolger von i in L

alle $b_t > 0$; siehe jedoch Bem. 3.15

Start: $L := <T+1]$; $K_{T+1} := 0$

Iteration:

for $t := T$ **to** 1 **step** –1 **do**

begin

bestimme eine Periode $\pi(t) := \min\{T+1, \min\{i \in L - \{T+1\} \mid \Delta_{i,\eta(i)} \le d_t\}\}$;

$K_t := f_t + d_t \cdot B_{t,\pi(t)-1} + K_{\pi(t)}$; $s := t+1$;

while $(s < \pi(t)$ **and** $\Delta_{ts} \le \Delta_{s,\eta(s)})$ **do** $s := \eta(s)$; (Bestimmung ineffizienter Perioden)

$L := L - \{i \in L \mid t+1 \le i < s\}$; $L := <t,L]$

end

Ergebnis: Bestellt wird $q_t = B_{t,\pi(t)-1}$ in den Perioden $t = 1$, $\pi(1)$, $\pi(\pi(1))$, ...; die Bestellmengen der übrigen Perioden sind 0.

* * *

Beispiel: Wir betrachten obiges Problem mit $T = 4$ Perioden und folgenden Daten, wobei die d_t zusätzlich berechnet wurden.

Per. t	1	2	3	4
b_t	7	4	5	6
f_t	3	3	4	5
c_t	0.5	0.4	0.3	0.4
d_t	1.6	1.1	0.7	0.4

$l_0 = l_4 = 0$;

Es ergibt sich folgender Verfahrensablauf; vgl. auch Abb. 3.19:

$L := <5]$; $K_5 := 0$

$t = 4$: $b_4 = 6$: $\pi(4) := 5$; $K_4 := 5 + 0.4 \cdot 6 + 0 = 7.4$; $s := 5 = \pi(4)$; $L := <4,5]$

$t = 3$: $b_3 = 5$: wegen $\Delta_{45} = (7.4 - 0)/6 > d_3 = 0.7$ gilt $\pi(3) := 5$

$K_3 := 4 + 0.7 \cdot 11 + 0 = 11.7$; $s := 4 < \pi(3)$

wegen $\Delta_{34} = (11.7 - 7.4)/5 \le \Delta_{45} = (7.4 - 0)/6$ ist Periode 4 ineffizient; $L := <3,5]$

t = 2: $b_2 = 4$: wegen $\Delta_{35} = (11.7 - 0)/11 < d_2 = 1.1$ gilt $\pi(2) := 3$
in Periode 2 wird nur der Bedarf b_2 bestellt; die Bestellpolitik ab Periode 3 wird übernommen
$K_2 := 3 + 1.1 \cdot 4 + 11.7 = 19.1$; wegen $s := 3 = \pi(2)$ sind alle Elemente aus L effizient; L := < 2, 3, 5]

t = 1: $b_1 = 7$: wegen $\Delta_{23} = (19.1 - 11.7)/4 = 1.85 > d_1 = 1.6$ und $\Delta_{35} < d_2 \le d_1$ gilt $\pi(1) := 3$ (vgl. Abb. 3.19); daher wird in Periode 1 der Bedarf der Perioden 1 und 2 bestellt und die Bestellpolitik ab Periode 3 beibehalten
$K_1 := 3 + 1.6 \cdot 11 + 11.7 = 32.3$; $s := 2 < \pi(1)$, aber $(32.3 - 19.1)/7 = 1.89 > (19.1 - 11.7)/4 = 1.85$;
L enthält keine ineffizienten Perioden, also gilt abschließend L := < 1, 2, 3, 5]

Der optimale Zielfunktionswert des ursprünglichen Problems mit Zielfunktion (3.54) bzw. (3.64) beträgt $K_1 - \sum_{t=1}^{T} c_t \cdot B_{1t} = 32.3 - 21.5 = 10.8$. Es wird in den Perioden 1 und $\pi(1) = 3$ bestellt; $q_1 = q_3 = 11$, $q_2 = q_4 = 0$.

Die Angabe von Steigungen in Abb. 3.19 verdeutlicht die Wahl der Periode $\pi(1)$ in Iteration t = 1 des Algorithmus. Da der Quotient $\Delta_{23} = (K_2 - K_3)/b_2 = 1.85$ größer ist als $d_1 = 1.6$, ist es günstiger, auch den Bedarf der zweiten Periode in der ersten mitzubestellen, als separat in beiden Perioden zu bestellen.

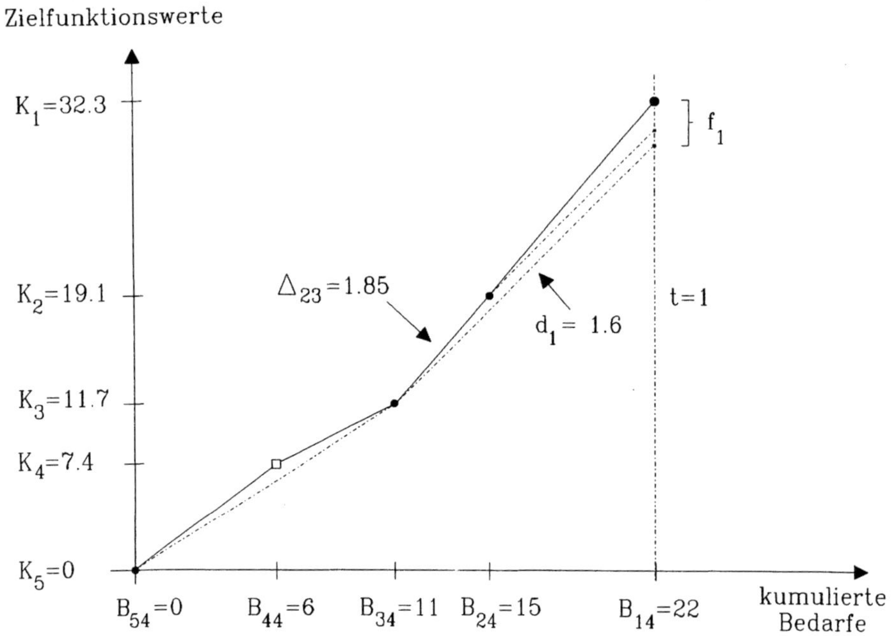

Abb. 3.19

Bemerkung 3.15: Gibt es Perioden ohne Bedarf, so ist (3.70) zu ersetzen durch

$$K_t = \begin{cases} \min\{K_{t+1}; f_t + \min\limits_{t<i\leq T}\{d_t \cdot B_{ti} + K_{i+1}\}\} & \text{falls } b_t = 0 \\ f_t + \min\limits_{t\leq i\leq T}\{d_t \cdot B_{ti} + K_{i+1}\} & \text{sonst} \end{cases} \quad \text{für } t = T,...,2,1 \qquad (3.70)'$$

Diese Modifikation läßt sich in der algorithmischen Beschreibung analog vornehmen.

Bemerkung 3.16 (*Entscheidungshorizont-Theorem*): Aufgrund der Monotonieeigenschaft (3.69) der d_t-Werte gilt für die Perioden $\pi(t)$ allgemein:

$\pi(T) \geq \pi(T-1) \geq ... \geq \pi(1)$

D.h., es gibt optimale Politiken für $[t+j,T]$ und $[t,T]$ mit $j \geq 1$, so daß gilt: Die zweite Bestellperiode $\pi(t)$ für $[t,T]$ liegt nicht später als die zweite Bestellperiode $\pi(t+j)$ für $[t+j,T]$.
Bei der Bestimmung von $\pi(t)$ kann man sich daher innerhalb der Liste L auf die Elemente $\tau_1 = t+1, \tau_2,...,\pi(t+1)$ beschränken. Die Entscheidungen, die für $[\pi(t+1),T]$ getroffen wurden, sind Bestandteil optimaler Politiken für $[i,T]$ mit $1 \leq i \leq t+1$. Derartige Perioden $\pi(t+1)$ bezeichnet man als **Entscheidungshorizonte**.

Diese Eigenschaft kann man bei der Suche nach $\pi(t)$ ausnutzen. Im Gegensatz zur Darstellung im Algorithmus durchsucht man L, beginnend bei $\pi(t+1)$, rückwärts in Richtung früherer Perioden. Sobald eine Periode τ mit $\Delta_{\tau,\eta(\tau)} > d_t$ erreicht wird, beendet man die Suche und setzt $\pi(t) := \eta(\tau)$. Auf diese Weise wird jedes Intervall $[\pi(t),\pi(t+1)]$ genau einmal durchsucht. Der gesamte Rechenaufwand für die Suche aller $\pi(t)$ beträgt damit O(T). Dasselbe gilt für die Suche nach ineffizienten Perioden innerhalb der while-Schleife, so daß der Gesamtaufwand des Algorithmus O(T) ist.

Bemerkung 3.17: Das in Bem. 3.16 angegebene Entscheidungshorizont-Theorem läßt sich für eine vorwärtsorientierte Planung wie folgt formulieren:

> Bekannt sei ein optimaler Plan für die ersten t von den T Perioden des Planungszeitraumes, der positive Bestellmengen $q_{\tau_1},...,q_{\tau_i}$ mit $\{\tau_1,...,\tau_i\} \subseteq \{1,...,t\}$ vorsieht. Gibt es einen optimalen Plan für die ersten t+1 Perioden von T mit denselben positiven Bestellmengen $q_{\tau_1},...,q_{\tau_i}$ sowie $q_{t+1} = b_{t+1}$, so gibt es auch für die ersten t+2, t+3,... Perioden optimale Pläne, die $q_{\tau_1},...,q_{\tau_i}$ unverändert lassen. Analog zu Bem. 3.16 bezeichnen wir derartige Perioden τ_i als Entscheidungshorizonte.

Eine vorwärtsorientierte Vorgehensweise mit der Komplexität O(T) beschreiben Federgruen und Tzur (1991). Ein weiteres Verfahren mit demselben Rechenaufwand stammt von Aggarwal und Park (1993).

Mit der Sensitivität des Wagner-Whitin-Modells bei Datenänderung für den Fall zeitinvarianter Kostensätze beschäftigt sich Richter (1987).

3.3.1.3 Heuristische Verfahren für das Grundmodell

Zur Lösung des Wagner-Whitin-Modells sind zahlreiche Heuristiken entwickelt worden. Obwohl effiziente exakte Lösungsverfahren zur Verfügung stehen, spielen sie in der Praxis nach wie vor eine große Rolle. Aus diesem Grund wollen wir im folgenden einige Vorgehensweisen skizzieren. Einen umfassenden Überblick sowie Angaben über erzielbare Lösungsgüten vermitteln Knolmayer (1985), Zoller und Robrade (1987) sowie Robrade (1991); vgl. ferner Schneeweiß (1981).

Bei den Heuristiken handelt es sich vorwiegend um Eröffnungsverfahren zur Bestimmung einer zulässigen Lösung, aber auch Verbesserungsverfahren finden sich in der Literatur.

Die *Eröffnungsverfahren* erhöhen, ausgehend von $t=1$ und $q_1 = b_1$, sukzessive die zuletzt eingeplante Bestellmenge q_t jeweils um einen zusätzlichen Periodenbedarf b_τ. Dies wird so lange fortgesetzt, bis ein Abbruchkriterium erfüllt ist; dann wird eine neue Bestellung $q_{\tau+1}$ vorgesehen. Viele dieser Kriterien orientieren sich an Eigenschaften optimaler Lösungen für das klassische Bestellmengenmodell in Kap. 3.2.1.1, wie wir sie in Bem. 3.1 charakterisiert haben.

Zur Formulierung von Abbruchkriterien für das Wagner-Whitin-Modell definieren wir:

$$K_{t\tau} := f_t + \sum_{i=t+1}^{\tau} b_i \sum_{j=t}^{i-1} c_j\,; \qquad \bar{K}_{t\tau} := K_{t\tau} / B_{t\tau}\,; \qquad K^p_{t\tau} := K_{t\tau}/(\tau - t + 1)$$

$K_{t\tau}$ sind die Gesamtkosten, $\bar{K}_{t\tau}$ die Stückkosten und $K^p_{t\tau}$ die Kosten pro Periode, die entstehen, wenn in t ein Los $q_t = B_{t\tau}$ zur Deckung des Bedarfs bis zur Periode τ aufgelegt wird.

Die **Heuristik von Silver und Meal** (1973) beendet jeweils die Bildung einer Bestellmenge q_t, wenn sich durch Hinzunahme der Bedarfsmenge $b_{\tau+1}$ die *Kosten der Bestellung pro Periode* erhöhen würden; d.h. falls $K^p_{t,\tau+1} > K^p_{t\tau}$ gilt (vgl. Bem. 3.2 b).

Das **Least unit cost-Verfahren** (Verfahren der gleitenden wirtschaftlichen Losgröße) beendet jeweils die Bildung einer Bestellmenge q_t, wenn sich durch Hinzunahme der Bedarfsmenge $b_{\tau+1}$ die *Stückkosten* erhöhen würden; d.h. falls $\bar{K}_{t,\tau+1} > \bar{K}_{t\tau}$ gilt (vgl. Bem. 3.2 a).

Das **Part period-Verfahren** (Kostenausgleichs- oder Stückperiodenausgleichsverfahren) erhöht eine Bestellmenge q_t durch Hinzunahme der Bedarfsmenge b_τ, solange die mit ihr verbundenen Lagerhaltungskosten $\sum_{i=t+1}^{\tau} b_i \sum_{j=t}^{i-1} c_j$ die bestellfixen Kosten f_t nicht übersteigen (vgl. Bem. 3.2 c). Eine sinnvolle Alternative besteht darin, statt f_t die Fixkosten f_τ zum Vergleich heranzuziehen.

Bei zeitinvarianten Kosten f und c lautet die Regel: Erhöhe die Bestellmenge q_t um b_τ, solange $f > c \sum_{i=t+1}^{\tau} b_i\,(i-t)$ bzw. $f/c > \sum_{i=t+1}^{\tau} b_i\,(i-t)$ gilt.[20]

[20] Hinsichtlich der Namensgebung sei angemerkt, daß der rechte Ausdruck der letzten Formel die Dimension Stück × Perioden (= Stückperioden = part periods) besitzt.

Das **Verfahren von Groff** (1979) – formuliert für zeitinvariante bestellfixe Kosten f und Lagerhaltungskosten c – erhöht eine Bestellmenge q_t durch Hinzunahme der Bedarfsmenge b_τ, solange die folgende Beziehung gilt:

$$\frac{1}{2} \cdot c \cdot b_\tau < \frac{f}{\tau - t} - \frac{f}{\tau - t + 1}$$

Der rechte Teil des Ausdruckes gibt die Verminderung der Bestellkosten (der Fixkostenbelastung) pro Periode an. Der linke Teil dieser heuristischen Regel stellt näherungsweise die mittlere Erhöhung der Lagerhaltungskosten pro Periode unter der Annahme kontinuierlichen Lagerabgangs dar.[21]

Für das hier betrachtete dynamische Modell mit diskreten dynamischen Nachfragen, die jeweils zu Beginn einer Periode befriedigt werden (kein kontinuierlicher Lagerabgang), und variierenden Kostensätzen läßt sich die Groff-Regel beispielsweise wie folgt modifizieren:

$$\sum_{i=t}^{\tau-1} c_i \cdot \frac{b_\tau}{\tau - t + 1} < \frac{f_t}{\tau - t} - \frac{f_t}{\tau - t + 1}$$

Beispiel: Für das oben beschriebene Problem mit T = 4 Perioden erhält man mit dem Least unit cost-Verfahren folgenden Lösungsgang:

Los 1: $q_1 := b_1 = 7$, $\bar{K}_{11} := 3/7 = 0.43$;

$q_1 := b_1 + b_2 = 11$, $\bar{K}_{12} := 5/11 = 0.45 > \bar{K}_{11}$; somit $q_1 := 7$

Los 2: $q_2 := b_2 = 4$, $\bar{K}_{22} := 3/4 = 0.75$;

$q_2 := b_2 + b_3 = 9$, $\bar{K}_{23} := 5/9 = 0.56 < \bar{K}_{22}$;

$q_2 := b_2 + b_3 + b_4 = 15$, $\bar{K}_{24} := 9.2/15 = 0.61$; somit $q_2 := 9$ und $q_4 := 6$

Die Lösung verursacht Kosten in Höhe von 13 GE. Die übrigen Verfahren liefern für dieses kleine Beispiel die optimale Lösung $q_1 = 11$ und $q_3 = 11$ mit Kosten in Höhe von 10.8 GE.

Verbesserungsverfahren gehen von zulässigen Lösungen aus. Sie versuchen, diese v.a. durch Veränderung (Verschiebung, Vertauschung) von Bedarfsmengen zeitlich benachbarter Lose zu verbessern. Vgl. zu diesem Verfahrenstyp u.a. Zoller und Robrade (1987) sowie Robrade (1991).

Verfahrensvergleiche: Fehlerabschätzungen für die Groff- sowie die Silver-Meal-Heuristik findet man in Richter (1992). Rechenzeitvergleiche zwischen exakten und heuristischen Verfahren nimmt Schmidt (1991) vor. Dabei läßt sich erkennen, daß exakte Verfahren in der Regel nur unwesentlich mehr Rechenaufwand als Heuristiken erfordern. Zu Vergleichen der Algorithmen bei rollierender Planung siehe das folgende Kapitel.

---

21 Analog zum EOQ-Modell nimmt man an, daß der durchschnittliche Lagerbestand bei Deckung des Bedarfs bis $\tau-1$ der halben Bestellmenge $q_t/2 = B_{t,\tau-1}/2$ entspricht. Bei Erhöhung der Bestellmenge um b_τ erhöht sich der durchschnittliche Lagerbestand um $b_\tau/2$.

3.3.1.4 Erweiterungen des Grundmodells

Das Wagner-Whitin-Modell ist unter den getroffenen Annahmen unmittelbar verwendbar zur Optimierung von *Losgrößen* (statt Bestellmengen). Wir betrachten im folgenden Erweiterungen u.a. hinsichtlich eines veränderlichen Planungshorizontes, hinsichtlich der Einbeziehung variabler Fertigungskosten bzw. variabler Einkaufspreise sowie hinsichtlich der Berücksichtigung von Rabatten auf Einkaufspreise.

1. Berücksichtigung eines veränderlichen Planungshorizontes:

In der Praxis erfolgt die Losgrößenplanung zumeist *rollierend*. Der Planungshorizont T ist dabei derjenige Zeitpunkt, bis zu dem einigermaßen zuverlässige Prognosen (insbesondere über Nachfragemengen) abgegeben werden können. Nach Ablauf jeweils weniger Perioden erfolgt eine (Neu-) Planung wieder über einen Zeitraum von T Perioden. Leider ist es dabei möglich, daß bei Verschiebung des ursprünglichen Horizontes T um ϵ Perioden in die Zukunft die zuvor optimale Politik diese Eigenschaft verliert. Rückwirkend können sich bereits getroffene und realisierte Entscheidungen als insgesamt nicht optimal erweisen. Wir wollen dies anhand unseres Beispiels aus Kap. 3.3.1.2 verdeutlichen:

Würde der Planungshorizont $T = 3$ Perioden betragen und somit zunächst für diese Perioden geplant, so sähe eine dafür optimale Politik vor, in Periode 1 den Bedarf $b_1 = 7$ und in Periode 2 die Bedarfe $b_2 + b_3 = 9$ zu bestellen. Kämen nach $\epsilon = 1$ Perioden die Informationen über Bedarf und Kosten der vierten Periode hinzu, so würde eine erneute Planung mit $T = 3$ ab Periode 2 eine Bestellung von $b_2 = 4$ in Periode 2 und eine Bestellung von $b_3 + b_4 = 11$ in Periode 3 ergeben. Die insgesamt für die vier Perioden realisierte Politik lieferte somit einen Zielfunktionswert von 11.8 gegenüber einem Wert von 10.8, den wir bei vollständiger Information über vier Perioden erhalten haben.

Bei analoger Anwendung der Silver-Meal-Heuristik würde sich für die ersten drei Perioden folgendes ergeben:

$q_1 := b_1 = 7,\ K^p_{11} := 3/1 = 3;$

$q_1 := b_1 + b_2 = 11,\ K^p_{12} := 5/2 = 2.5 < K^p_{11};$

$q_1 := b_1 + b_2 + b_3 = 16,\ K^p_{13} := 9.5/3 = 3.17 > K^p_{12};$ somit $q_1 := 11,\ q_2 := 0,\ q_3 := 5$

Zu Beginn von Periode 2 liegen auch die Informationen über Periode 4 vor. In Periode 1 wurde jedoch bereits eine irreversible Bestellung für die Perioden 1 und 2 aufgegeben und durch eine Lieferung befriedigt. Daher genügt es, eine Neuplanung in Periode 3 aufzusetzen. Insgesamt ergibt sich hierbei die im obigen Kapitel angegebene optimale Lösung $q_1 = q_3 = 11$, $q_2 = q_4 = 0$ mit Kosten von 10.8 GE.

Aufgrund des in Bem. 3.16 angegebenen Entscheidungshorizont-Theorems kann man Aussagen darüber treffen, wann auch bei rollierender Planung optimale Lösungen erzielt werden können. Der Planungshorizont T muß so wählbar sein, daß er jeweils mindestens einen Entscheidungshorizont enthält. Spätestens bei Erreichen des letzten Entscheidungshorizontes müssen Daten über weitere T Perioden zur Neuplanung vorliegen. Mit der Bestimmung von größtmöglichen Entscheidungshorizonten $T^* < T$ beschäftigt sich Bastian (1990). Vgl. hierzu ferner Federgruen und Tzur (1995).

Wie unser Beispiel sowie Zoller und Robrade (1987) und Robrade (1991) anhand von zahlreichen Rechentests zeigen, kann der sukzessive Einsatz von Heuristiken gegenüber demjenigen von exakten Verfahren bei rollierender Planung zu besseren Lösungen führen. Bei den erwähnten Tests anhand von zufällig erzeugten Probleminstanzen schnitten unter den Eröffnungsverfahren das Part period- und das Groff-Verfahren hinsichtlich der Lösungsgüte am besten ab, wobei das Groff-Verfahren außerdem relativ geringen Rechenaufwand erforderte. Durch ein von den Autoren nachgeschaltetes Verbesserungsverfahren ließ sich – wie zu erwarten – die Lösungsgüte weiter steigern. Bei Datenkonstellationen, die eine geringe mittlere Anzahl von Bestellungen im Planungsintervall [0,T] bedingen, dominierten diese Heuristiken hinsichtlich der Lösungsgüte zudem exakte Algorithmen.

2. Einbeziehung variabler Fertigungskosten bzw. Einstandspreise:

Bei Einbeziehung variabler Fertigungskosten bzw. Einstandspreise e_t (in GE pro ME) in Periode t sind die oben angegebenen exakten Verfahren, leicht modifiziert, verwendbar. Die Zielfunktion (3.54) ist zu erweitern zu:

$$\text{Minimiere } K(z,l,q) = \sum_{t=1}^{T} (f_t \cdot z_t + c_t \cdot l_t + e_t \cdot q_t) \tag{3.54'}$$

Die Pfeilbewertungen bei Modellierung als Kürzeste-Wege-Problem sind:

$$d_{t\tau} := f_t + e_t \cdot \sum_{i=t}^{\tau-1} b_i + \sum_{i=t+1}^{\tau-1} b_i \sum_{j=t}^{i-1} c_j \tag{3.60'}$$

Als Pfeilbewertung im WLP ist zu wählen:

$$d_{t\tau} := b_\tau \cdot (e_t + \sum_{j=t}^{\tau-1} c_j) \tag{3.62'}$$

Für das Verfahren von Wagelmans et al. (1992) gilt nunmehr $d_t := e_t + \sum_{i=t}^{T} c_i$. Sind die d_t gemäß (3.69) mit wachsendem t monoton fallend, so kann das Verfahren unverändert angewendet werden. Der Rechenaufwand ist somit O(T), ansonsten steigt er auf O(T log T).

Weitere exakte Verfahren, die Rechenaufwand der gleichen Größenordnung erfordern, stammen von Federgruen und Tzur (1991) sowie Aggarwal und Park (1993). Die heuristischen Verfahren sind leicht modifizierbar.

Für den Fall nicht monoton fallender Werte d_t spricht man auch von einem Problem mit *Spekulationsmotiv*. In diesem Fall gibt es Perioden, in denen die Summe aus Produktions- und Lagerhaltungskosten niedriger ist als die (reinen) Produktionskosten nachfolgender Perioden. Es kann sich also rentieren, Produktionsmengen vorzuverlagern; vgl. hierzu z.B. Chen und Lee (1995).

3. Berücksichtigung von Rabatten auf Einstandspreise:

Die Einbeziehung von Rabatten auf Einstandspreise erhöht die Komplexität des Wagner-Whitin-Modells in Abhängigkeit von der Art und der Anzahl der Rabattstufen mehr oder weniger stark. Bei Gewährung von Rabatten wird i.a. keine optimale Lösung existieren, die ausschließlich Lose mit vollständigen Periodenbedarfen enthält.

Mit dieser Verallgemeinerung des Wagner-Whitin-Modells beschäftigen sich z.B. Bogaschewsky (1988, 1989), ter Haseborg (1990) und Schenk (1991, S. 45 ff.). Federgruen und Lee (1990) beschreiben Verfahren der dynamischen Optimierung, die für den Fall des *all-units-discount* eine Komplexität von $O(T^3)$ und für den Fall des *incremental discount* eine Komplexität von $O(T^2)$ aufweisen; dabei setzen sie voraus, daß genau eine Rabattgrenze existiert.[22] Ferner weisen sie darauf hin, wie sich die Funktionalgleichungen für den Fall mehrerer Rabattgrenzen modifizieren lassen. Eine Literaturübersicht geben Benton und Park (1996).

4. Berücksichtigung von Kapazitätsrestriktionen:

a) *Knappe Lagerkapazitäten:* Fügt man dem Wagner-Whitin-Modell (3.54) – (3.58) lediglich knappe Lagerkapazitäten κ_t^l hinzu, so gehen die Bedingungen (3.56) über in:

$$q_t \leq z_t \cdot \min \{B_{tT}, \kappa_t^l + b_t\} \qquad \text{für alle } t = 1,\ldots,T$$

Dabei wird von der Annahme ausgegangen, daß die Bestellmenge q_t einer Periode t unmittelbar zur Deckung des Bedarfs b_t verwendet werden kann, ohne daß das Produkt Lagerkapazität in Anspruch nimmt. Unter diesen Bedingungen gilt Satz 3.2 ($q_t \cdot l_{t-1} = 0$ für alle $t = 1,\ldots,T$) nach wie vor; vgl. Schenk (1991, S. 98). Würde eine Lösung eine Neubestellung q_t bei einem positiven Lagerbestand $l_{t-1} < b_t$ vorsehen, so ließe sich diese Lösung durch Erhöhung von q_t um l_{t-1} und damit Einsparung von Lagerhaltungskosten verbessern. Das Problem ist mit obigen Verfahren mit polynomialem Aufwand lösbar.

b) *Knappe Produktionskapazitäten:* Bei Berücksichtigung knapper Produktionskapazitäten κ_t^p geht (3.56) über in:

$$q_t \leq z_t \cdot \min \{B_{tT}, \kappa_t^p\} \qquad \text{für alle } t = 1,\ldots,T$$

Statt Satz 3.2 gilt nun v.a. folgende Eigenschaft für optimale Politiken, die bei der Lösung des Problems ausgenutzt werden kann; siehe Richter (1975) sowie den Beweis in Schenk (1991, S. 74 f.):

$$l_{t-1} \cdot q_t \cdot (\kappa_t^p - q_t) = 0 \qquad \text{für alle } t = 1,\ldots,T$$

Dennoch gehört das Problem bereits zu den NP-schweren Problemen; siehe Baker et al. (1978). Vgl. zu den beiden genannten Erweiterungen sowie solchen unter zusätzlicher Berücksichtigung variabler Einstandspreise bzw. Fertigungskosten auch Schenk (1991, S. 66 ff.) und die dort angegebene Literatur. Zusätzlich zu Kapazitätsbeschränkungen berücksichtigen Lee

22 Federgruen und Lee (1990) legen für die Lösung des Wagner-Whitin-Modells eine $O(T^2)$-Implementierung zugrunde. Ausgehend von unserer oben beschriebenen Implementierung ließen sich die von den Autoren betrachteten Probleme mit Rabatten effizienter lösen.

und Zipkin (1989) Entscheidungen über Eigenfertigung bzw. Fremdbezug. Zu Komplexitätsaussagen über einige Modelle mit Kapazitätsrestriktionen und verschiedenartigen Kostenfunktionen siehe u.a. Bitran und Yanasse (1982). Kapazitierte Probleme unter Berücksichtigung konkaver Produktionskostenfunktionen betrachten Lotfi und Yoon (1994) sowie van Hoesel und Wagelmans (1996).

Ein Modell mit Kapazitätsrestriktionen, bei dem zusätzlich Entscheidungen darüber zu treffen sind, ob eine Produktionskapazität für das Auflegen eines Loses entweder neu einzurichten ist (verbunden mit entsprechenden Rüstkosten) oder von vorhergehenden Perioden zur Produktion weiterhin zur Verfügung steht (verbunden mit sogenannten Reservierungskosten), behandelt z.B. Hindi (1995). Es handelt sich um ein NP-schweres Problem, zu dessen Lösung er ein Tabu Search-Verfahren vorschlägt.

Allgemein handelt es sich beim Wagner-Whitin-Modell mit Kapazitätsrestriktionen um einen Spezialfall des kapazitierten Mehrproduktmodells CLSP, das wir in Kap. 3.3.2 betrachten.

5. *Berücksichtigung von Fehlmengen:* Arbeiten hierzu stammen u.a. von Zangwill (1969), Erickson et al. (1987), Webster (1989), Choo und Chan (1990) sowie Canel et al. (1996). Sandbothe und Thompson (1993) behandeln ein Problem, bei dem neben knappen Kapazitäten auch Fehlmengen (lost sales) berücksichtigt werden.

6. *Berücksichtigung beschränkter Teilbarkeit von Auftragsgrößen:* In der Praxis ist es oft der Fall, daß Produkte nur in Vielfachen einer Grundmenge (z.B. Paketen, Paletten) abgegeben werden. Auch für diesen Fall sind die oben angegebenen Verfahren grundsätzlich modifizierbar. Mit derartigen Problemen beschäftigt sich z.B. Schenk (1991, S. 130 ff.).

7. *Zyklische Modelle*: Unter zyklischen Modellen verstehen wir solche, die bei einem unendlichen Planungshorizont eine zyklische Wiederholung von Teilpolitiken z.B. aufgrund im vorhinein bekannter und wiederkehrender saisonaler Schwankungen erfordern. In der Regel wird dabei unterstellt, daß sich eine Politik für p Perioden zyklisch wiederholt; vgl. Graves und Orlin (1985) sowie Erickson et al. (1987). Letztere Autoren beschreiben einen dynamischen Optimierungsansatz mit polynomialer Laufzeit für den Fall variabler Fertigungskosten und der zusätzlichen Berücksichtigung von Verzugsmengen.

8. *Als Einproduktmodelle lösbare Mehrproduktmodelle:* Mehrproduktmodelle, mit denen wir uns ab dem nächsten Kapitel beschäftigen, sind u.U. mit den oben geschilderten Verfahren für den Einproduktfall lösbar. Dies gilt, wenn die Produkte auf keinerlei Weise miteinander verknüpft sind (z.B. durch Restriktionen eines gemeinsam benutzten Lagers oder gemeinsam benutzter Produktionseinrichtungen). Hierunter fallen z.B. auch Mehrprodukt-Bestellmengenmodelle, die lediglich dadurch miteinander verknüpft sind, daß jede Bestellung Fixkosten verursacht, die unabhängig von der bestellten Anzahl an Produkten und der bestellten Menge sind (*Sammelbestellungen*); siehe hierzu Kap. 3.3.2.6.

9. *Haltbarkeitsbedingungen:* Unter Haltbarkeitsbedingungen verstehen wir Restriktionen, die die Anzahl der Perioden begrenzen, über die ein Gut höchstens gelagert werden darf (ohne

daß es wesentliche z.B. strukturelle Eigenschaften verliert). In der Regel werden deterministische Losgrößen- und Bestellmengenprobleme in der Literatur ohne die explizite Berücksichtigung von Haltbarkeitsbedingungen behandelt. Beim Grundmodell von Wagner und Whitin stellen diese keine Beschränkung dar, da z.B. bei der Lösung als Kürzeste-Wege- bzw. als unkapazitiertes Warehouse Location-Problem entsprechende Pfeile, die über zu viele Perioden reichen würden, mit einer sehr hohen Zahl bewertet bzw. von der Betrachtung ausgeschlossen werden. Bezeichnet H die maximale Lagerdauer (in Perioden), so ändert sich bezüglich der mathematischen Formulierung lediglich (3.56):

$$q_t \leq z_t \cdot B_{t,t+H} \qquad \text{für alle } t = 1,...,T$$

3.3.2 Einstufige Mehrproduktmodelle

Wir beschreiben Modellierungsmöglichkeiten für dynamische einstufige Mehrproduktprobleme mit beschränkten Produktionskapazitäten. Sie unterscheiden sich v.a. hinsichtlich der definierten Periodenlänge und damit der Fristigkeit der Planung, für die sie einzusetzen sind.

Zunächst betrachten wir ein Modell, bei dem in jeder Periode Lose für mehrere Produkte aufgelegt werden können, und entsprechende Lösungsmöglichkeiten. In der englischsprachigen Literatur wird dieser Modelltyp als *Capacitated Lot-Sizing Problem (CLSP)* bezeichnet. Eine Fertigungsreihenfolge der Produkte wird dabei nicht ermittelt; damit eignet sich das CLSP zur mittelfristigen Planung mit Periodenlängen von Wochen oder Monaten.

Ab Kap. 3.3.2.4 gehen wir auf eine Modellformulierung ein, bei der die Kapazitätsbeschränkung dazu führt, daß pro Periode maximal ein Produkt bearbeitet werden kann. Diesen Typ bezeichnet man als *Discrete Lot-Sizing and Scheduling Problem (DLSP)*. Im Gegensatz zum CLSP sind hier nicht primär Losgrößen Gegenstand der Planung. Für jede der beim DLSP gegenüber dem CLSP wesentlich kürzer zu wählenden Perioden (sogenannte *Mikroperioden*) ist zu entscheiden, welches Produkt über jeweils vollständige Perioden gefertigt werden soll; es wird also zugleich eine Produktionsreihenfolge festgelegt. Das DLSP dient daher der kurzfristigen Feinterminierung. Durch Multiplikation der Anzahl der ohne Umrüsten für dasselbe Produkt belegten Perioden mit der Produktionsgeschwindigkeit und der gewählten Periodenlänge ergibt sich die diskrete Losgröße.

Während mit dem DLSP über die Festlegung einer Produktionsreihenfolge gleichzeitig eine Maschinenbelegungsplanung erfolgt, ist beim CLSP eine derartige Planung nicht vorgesehen. Dementsprechend wurden in jüngster Zeit weitere Modelle betrachtet, die einerseits die restriktive Handhabung des DLSP (genau ein Produkt pro Mikroperiode) erweitern, andererseits aber eine Produktionsreihenfolge innerhalb der betrachteten Perioden explizit bestimmen. In Kap. 3.3.2.6 betrachten wir derartige sowie weitere Verallgemeinerungen des CLSP und des DLSP.

Bei der Behandlung von Mehrproduktmodellen gehen wir davon aus, daß zwischen den verschiedenen Produkten eine bestimmte Art der Verbindung existiert, die es im allgemeinen nicht erlaubt, sie als Einproduktmodelle zu formulieren und zu lösen. Die Verbindung kann z.B. durch gemeinsame Kapazitätsbeschränkungen oder durch eine Mehrstufigkeit der Produktion zustandekommen. Eine Verbindung kann auch durch zusätzliche Nebenbedingungen entstehen. Ein derartiges Problem, bei dem verschiedene Produkte zu Gruppen zusammengefaßt werden, für die gemeinsam Losgrößenentscheidungen zu treffen sind, behandeln z.B. Stowers und Palekar (1997).

3.3.2.1 Das CLSP (Capacitated Lot-Sizing Problem)

Das CLSP geht von folgenden **Annahmen** aus; vgl. z.B. Richter (1975) sowie Günther (1987):

- einstufige Mehrproduktfertigung
- endliche Fertigungsgeschwindigkeit für jedes Produkt
- zeitlich veränderliche (dynamische) Nachfragemengen
- Kapazitätsbeschränkungen im Produktionsbereich, interpretiert als zeitliche Verfügbarkeit von Produktiveinheiten während der Perioden
- während des Planungszeitraums unveränderliche fixe Rüstkosten und lineare Lagerhaltungskosten
- im Planungszeitraum unveränderliche variable Fertigungskosten für jedes Produkt; sie sind damit nicht entscheidungsrelevant
- Fehlmengen sind nicht erlaubt
- endlicher Planungshorizont (T Perioden)

Ziel des Modells ist die Ermittlung derjenigen im Zeitablauf veränderlichen Losgrößen, die zu minimalen Gesamtkosten im Planungszeitraum führen.

Das CLSP unterscheidet sich vom Wagner-Whitin-Modell in Kap. 3.3.1.1 durch Berücksichtigung mehrerer Produkte, zeitlicher Kapazitätsbeschränkungen und endlicher Fertigungsgeschwindigkeiten. Ferner gehen wir der einfacheren Darstellung halber davon aus, daß sämtliche Kostengrößen zeitinvariant sind.

Wir verwenden folgende **Parameter**:

b_{jt} Bedarf an (Nachfrage nach) Produkt $j = 1,...,n$ in Periode $t = 1,...,T$; in Periode t gefertigte ME können zur Deckung des Bedarfs b_{jt} herangezogen werden

p_j Fertigungsgeschwindigkeit von Produkt j (ME pro ZE)

f_j fixe Rüstkosten für Produkt j (GE pro Rüstvorgang)

c_j Lagerhaltungskosten für Produkt j (GE pro ME und Periode), bezogen auf die am Ende einer Periode lagernde Menge

κ_t verfügbare zeitliche Kapazität von Produktiveinheiten in Periode t (ZE pro Periode)

$\kappa_j^p = 1/p_j$ Bedarf an Kapazität (Produktionsdauer in ZE) des Engpasses zur Herstellung einer ME von Produkt j

Als **Variablen** wählen wir:

z_{jt} binäre Rüstvariable mit

$$z_{jt} = \begin{cases} 1 & \text{falls Produkt j in Periode t gefertigt wird} \\ 0 & \text{sonst} \end{cases}$$

l_{jt} Lagerbestand des Produktes j am Ende der Periode t = 0,...,T
Für l_{j0} und l_{jT} sind Werte (z.B. 0) vorzugeben.

q_{jt} Losgröße von Produkt j in Periode t

Wir erhalten folgende **mathematische Formulierung** des Modells:

$$\text{Minimiere } K(\mathbf{z},\mathbf{l},\mathbf{q}) = \sum_{j=1}^{n} \sum_{t=1}^{T} (f_j \cdot z_{jt} + c_j \cdot l_{jt}) \tag{3.71}$$

unter den Nebenbedingungen

$$l_{j,t-1} + q_{jt} - l_{jt} = b_{jt} \qquad \text{für alle } j = 1,...,n;\ t = 1,...,T \tag{3.72}$$

$$q_{jt} \le z_{jt} \cdot \sum_{\tau=t}^{T} b_{j\tau} \qquad \text{für alle } j = 1,...,n;\ t = 1,...,T \tag{3.73}$$

$$\sum_{j=1}^{n} \kappa_j^p \cdot q_{jt} \le \kappa_t \qquad \text{für alle } t = 1,...,T \tag{3.74}$$

$$l_{jt} \ge 0,\ q_{jt} \ge 0,\ z_{jt} \in \{0,1\} \qquad \text{für alle } j = 1,...,n;\ t = 1,...,T \tag{3.75}$$

$$l_{j0} = l_{jT} = 0 \qquad \text{für alle } j = 1,...,n \tag{3.76}$$

Die Bedingungen (3.72) kann man als "Lagerbilanzgleichungen" bezeichnen. (3.73) stellt sicher, daß q_{jt} nur dann positive Werte annimmt, wenn $z_{jt} = 1$ ist. Die Summation über die $b_{j\tau}$ stellt sicher, daß in Periode t der gesamte Restbedarf des Gutes j produziert werden kann. (3.74) beinhaltet die Kapazitätsrestriktionen.

(3.71) - (3.76) ist ein NP-schweres Problem. Obwohl einige Spezialfälle polynomial lösbar sind (hierzu gehört z.B. für den Fall eines Produktes und genügend großer Kapazitäten κ_t das Wagner-Whitin-Modell), erweisen sich die meisten Ausprägungen des CLSP ebenfalls als NP-schwer, wie folgendes *Beispiel eines sehr speziellen Zweiproduktmodells* zeigt:[23]

Seien die Lagerhaltungskosten und die Bedarfe der Perioden t = 1,...,T−1 für beide Produkte gleich 0 sowie die Rüstkosten und die Fertigungsgeschwindigkeiten gleich 1. Definiert man darüber hinaus $b_{1T} = b_{2T} = \frac{1}{2} \sum_{t=1}^{T} \kappa_t$, so ergibt sich folgendes Problem:

$$\text{Minimiere } K(\mathbf{z},\mathbf{l},\mathbf{q}) = \sum_{t=1}^{T} (z_{1t} + z_{2t}) \tag{3.71'}$$

unter den Nebenbedingungen

23 Vgl. hierzu Bitran und Yanasse (1982, S. 1181 f.) sowie unsere Ausführungen zu einem ähnlichen Problem in Kap. 5.4.1.3.

$$l_{j,t-1} + q_{jt} - l_{jt} = b_{jt} \quad \text{für } j = 1,2;\ t = 1,...,T \qquad (3.72)'$$

$$q_{jt} \leq z_{jt} \cdot b_{jT} \quad \text{für } j = 1,2;\ t = 1,...,T \qquad (3.73)'$$

$$q_{1t} + q_{2t} \leq \kappa_t \quad \text{für } t = 1,...,T \qquad (3.74)'$$

$$l_{jt} \geq 0,\ q_{jt} \geq 0,\ z_{jt} \in \{0,1\} \quad \text{für } j = 1,2;\ t = 1,...,T \qquad (3.75)'$$

$$l_{j0} = l_{jT} = 0 \quad \text{für } j = 1,2 \qquad (3.76)'$$

Die gesamte zur Verfügung stehende Kapazität aller Perioden wird benötigt, um die Bedarfe der Periode T vollständig zu fertigen. Eine optimale Lösung besitzt genau dann den Zielfunktionswert T, wenn es eine Zerlegung (*Partition*; vgl. Kap. 2.2.3) der Menge $M := \{1,...,T\}$ in Teilmengen M' und M−M' gibt, so daß gilt: $\sum_{t \in M'} \kappa_t = \sum_{t \in M-M'} \kappa_t$. Fragt man nach einer Lösung unseres speziellen CLSP mit dem Zielfunktionswert T, so ergibt sich gerade das NP-vollständige Problem Partition. Somit ist das Problem (3.71)' – (3.76)' NP-schwer.

Zur Lösung des CLSP in der allgemeinen Form (3.71) – (3.76) existieren sowohl exakte als auch heuristische Verfahren. Im folgenden beschreiben wir zunächst eine grundsätzliche heuristische Vorgehensweise und skizzieren im Anschluß daran ein B&B-Verfahren. In Kap. 3.3.2.6 betrachten wir einige Verallgemeinerungen des CLSP.

3.3.2.2 Heuristiken zur Lösung des CLSP

Im folgenden beschreiben wir die Grundversion eines heuristischen Eröffnungsverfahrens zur Lösung des Problems (3.71) – (3.76). Wie bei den Heuristiken für Einprodukt-Probleme führt man die Planung in der Reihenfolge der Perioden t = 1,...,T aus. Für jede Periode t werden drei Schritte ausgeführt.

Schritt 1: Es wird für jedes Produkt j der *Nettobedarf* (d.h. der noch nicht in früheren Perioden eingeplante Restbedarf) $b_{jt} := b_{jt} + \sum_{h=1}^{t-1} b_{jh} - \sum_{h=1}^{t-1} q_{jh}$ eingeplant.

Schritt 2: Falls nach Schritt 1 in Periode t ein Kapazitätsrest verbleibt, können die Lose einzelner Produkte um zukünftige Bedarfsmengen erhöht werden. Diese Erhöhung kann aus Kapazitätsgründen notwendig und/oder aus Kostengründen sinnvoll sein.

Man prüft daher für jede Periode $\tau > t$, ob die kumulierte Kapazität $\kappa_{t+1} + ... + \kappa_\tau$ der Perioden t+1 bis τ ausreicht, um die durch den kumulierten Nettobedarf entstehenden Kapazitätsanforderungen $\sum_{j=1}^{n} \kappa_j^p \sum_{h=t+1}^{\tau} b_{jh}$ dieses Zeitraumes zu befriedigen. Ist dies nicht der Fall, so muß spätestens in Periode t mindestens so viel zusätzlich produziert werden, daß die größte zukünftig entstehende Kapazitätslücke ausgeglichen wird.

Unabhängig davon, ob zukünftige Kapazitätsengpässe festgestellt werden oder nicht, berechnet man für die einzelnen Produkte marginale Kostensenkungen Δ_j bei Erhöhung des Loses um einen weiteren (vollständigen) Periodenbedarf. Daher versucht man bei gleichzeitiger

Reduzierung eventueller Kapazitätslücken in späteren Perioden, Lose für Produkte mit möglichst großen (positiven) Δ_j zu erhöhen.

Schritt 3: Bestehen nach Schritt 2 noch immer Kapazitätslücken, so müssen diese auch durch kostenungünstige Losbildungen geschlossen werden. Hierbei nimmt man auch in Kauf, daß einem Los unvollständige Periodenbedarfe zugeschlagen werden.

Während diese grundlegende Vorgehensweise in mehreren der in der Literatur angegebenen Verfahren so oder ähnlich enthalten ist, unterscheiden sie sich v.a. durch die verwendeten Kostenkriterien. Es handelt sich dabei zumeist um Verallgemeinerungen von für den Einprodukt-Fall angegebenen heuristischen Regeln (vgl. Kap. 3.3.1.3).

Verallgemeinerung der Regel von Silver und Meal: Bei dieser von Dixon und Silver (1981) beschriebenen Vorgehensweise werden die Kostenkriterien wie folgt ermittelt:

Soll die Reichweite des Loses q_{jt} über τ hinaus auf die nachfolgende Bedarfsperiode η (nächste Periode mit positivem Bedarf) erweitert werden, so berechnet man:

$$\Delta_{j\tau} := (K_{j\tau} - K_{j\eta}) / (\kappa_j^p \cdot b_{j\eta}) \tag{3.77}$$

Die dabei verwendeten durchschnittlichen Kosten $K_{j\tau}$ pro Periode bei Fertigung der Nettobedarfe von t bis τ sind:

$$K_{j\tau} := (f_j + c_j \cdot \sum_{i=t+1}^{\tau} (i-t) \cdot b_{ji}) / (\tau - t + 1) \qquad \text{für } \tau \geq t$$

$\Delta_{j\tau}$ beschreibt die Senkung der durchschnittlichen Periodenkosten pro Einheit der durch $b_{j\eta}$ benötigten (knappen) Kapazität.

Verallgemeinerung der Groff-Regel: Zur Bestimmung der $\Delta_{j\tau}$ kann man in Anlehnung an die Groff-Regel z.B. folgendes Kostenkriterium verwenden; vgl. auch Günther (1987):

$$\Delta_{j\tau} := \left(\frac{f_j}{\tau - t+1} - \frac{f_j}{\eta - t+1} - \frac{b_{j\eta} \cdot c_j}{2}\right) / (\kappa_j^p \cdot b_{j\eta}) \tag{3.78}$$

$\Delta_{j\tau}$ beschreibt wiederum eine Senkung von durchschnittlichen Periodenkosten pro benötigter Kapazitätseinheit bei Erweiterung von q_{jt} um $b_{j\eta}$, die jedoch im Gegensatz zu (3.77) nur näherungsweise ermittelt wird. Damit werden bei geringerem Rechenaufwand ähnlich gute Ergebnisse erzielt wie mit der Regel von Dixon und Silver.

Bei Berücksichtigung anderer Regeln für den Einprodukt-Fall lassen sich weitere ähnliche marginale Kostenkoeffizienten bestimmen.

Im folgenden geben wir eine algorithmische Beschreibung der oben skizzierten heuristischen Vorgehensweise. Aus Gründen der einfacheren Darstellung verzichten wir auf Datenstrukturen und Maßnahmen zur Senkung der Komplexität.

CLSP - Heuristik

Voraussetzung: Daten eines CLSP gemäß (3.71) - (3.76)

t aktuelle Planungsperiode

q_{jt} Losgröße für Produkt j in Periode t

τ_j Reichweite des letzten für Produkt j aufgelegten Loses (vgl. Bem. 3.11)

$\eta_j := \min\{T+1, \min\{\tau_j < i \leq T \mid b_{ji} > 0\}\}$; nächste auf τ_j folgende Bedarfsperiode für Produkt j; muß im Verfahren jeweils bei Veränderung von τ_j aktualisiert werden

Δ_j $(= \Delta_{j\tau_j})$; marginale Kostensenkung bei vollständiger Erweiterung von q_{jt} um $b_{j\eta_j}$

Ψ_j Kostenerhöhung pro Kapazitätseinheit bei Erweiterung von q_{jt} um einen Teil von $b_{j\eta_j}$

δ_j Menge, um die das letzte Los für Produkt j erhöht wird

t_c erste auf t folgende Periode, in der ein Kapazitätsengpaß (Kapazitätslücke) auftritt

KR_t Kapazitätsrest in Periode t (Schlupf von (3.74), der gegebenenfalls negativ sein kann)

KL_τ akkumulierte Kapazitätslücke bis Periode τ

Start: **for** $t:=1$ **to** T **do** $KR_t := \kappa_t - \sum_{j=1}^{n} b_{jt} \cdot \kappa_j^p$; **for** $j:=1$ **to** n **do** $\tau_j := 0$;

Iteration t = 1,...,T–1:

Schritt 1:

for $j:=1$ **to** n **do** **begin** $q_{jt} := b_{jt}$; $b_{jt} := 0$; **if** $q_{jt} > 0$ **then** $\tau_j := t$ **end**;

Schritt 2: (s. Bem. 3.18)

repeat

$KL_t := 0$; **for** $i:=t+1$ **to** T **do** $KL_i := \max\{KL_{i-1}, -\sum_{h=t+1}^{i} KR_h\}$; [24]

$t_c := \min\{T+1, \min\{t < i \leq T \mid KL_i > 0\}\}$;

for $j:=1$ **to** n **do**

if $q_{jt} > 0$ **and** $b_{j\eta_j} \cdot \kappa_j^p \leq KR_t$ **and** $\eta_j \in [t+1, t_c]$ **then** berechne Δ_j **else** $\Delta_j := -\infty$;

bestimme ι mit $\Delta_\iota = \max\{\Delta_j > 0 \mid j = 1,...,n\}$; falls ι nicht existiert, so setze $\iota := 0$;

if $\iota > 0$ **then**

begin $\tau_\iota := \eta_\iota$; $\delta_\iota := b_{\iota\tau_\iota}$; $q_{\iota t} := q_{\iota t} + \delta_\iota$; $b_{\iota\tau_\iota} := 0$;

$KR_t := KR_t - \delta_\iota \cdot \kappa_\iota^p$; $KR_{\tau_\iota} := KR_{\tau_\iota} + \delta_\iota \cdot \kappa_\iota^p$ **end**;

until $\iota = 0$;

---

24 In jeder Iteration t (aktuelle Planungsperiode) wachsen die KL_i monoton mit i. Das Problem besitzt genau dann keine zulässige Lösung, wenn $KR_1 < KL_T$ in Iteration 1 gilt. Gibt es eine zulässige Lösung, so ist in jeder Iteration t sichergestellt, daß $KR_t \geq KL_T$ gilt. KL_T ist jeweils die Kapazitätslücke, die unbedingt in Periode t abgedeckt werden muß.

Schritt 3:

while $KL_T > 0$ **do**
begin
  for $j := 1$ **to** n **do**
    if $\eta_j \in [t+1, t_c]$ **then**
    begin
      $\delta_j := \min \{b_{j\eta_j}, KL_T / \kappa_j^p\}$; $\Psi_j := (\eta_j - t) \cdot c_j / \kappa_j^p$;
      if $q_{jt} = 0$ **then** $\Psi_j := \Psi_j + f_j / (\kappa_j^p \cdot \delta_j)$
    end else $\Psi_j := \infty$;
  bestimme ι so, daß $\Psi_\iota = \min \{\Psi_j \mid j = 1,...,n\}$ gilt;
  $q_{\iota t} := q_{\iota t} + \delta_\iota$; $b_{\iota\eta_\iota} := b_{\iota\eta_\iota} - \delta_\iota$; $KR_t := KR_t - \delta_\iota \cdot \kappa_\iota^p$; $KR_{\eta_\iota} := KR_{\eta_\iota} + \delta_\iota \cdot \kappa_\iota^p$;
  if $b_{\iota\eta_\iota} = 0$ **then** $\tau_\iota := \eta_\iota$;
  for $i := \tau_\iota$ **to** T **do** $KL_i := \max \{0, KL_i - \delta_\iota \cdot \kappa_\iota^p\}$;
  if $KL_{t_c} = 0$ **then** $t_c := \min \{T+1, \min \{t_c < i \le T \mid KL_i > 0\}\}$
end;

Ergebnis: Setzt man zusätzlich $q_{jT} := b_{jT}$ für alle j, so enthält die Matrix (q_{jt}) eine zulässige Lösung.

* * *

Bemerkung 3.18: In Schritt 2 interessieren nur Produkte j mit nichtnegativen marginalen Kostensenkungen Δ_j. Daher kann man in folgenden Fällen darauf verzichten, Δ_j zu bestimmen:

1. Es gilt $q_{jt} = 0$: Durch das Vorziehen eines zukünftigen Periodenbedarfs ergäbe sich eine Lagerkostenerhöhung, der keine Rüstkostenersparnis gegenübersteht.

2. Der Kapazitätsrest in t reicht nicht aus, den vollständigen Periodenbedarf $b_{j\eta_j}$ zu produzieren. Auch in diesem Fall ergäbe sich bei höheren Lagerhaltungskosten keine Rüstkostenersparnis, da in η_j ebenfalls gerüstet werden muß. Man kann sich jedoch überlegen, daß diese Regel zu suboptimalen Lösungen führen kann, falls im späteren Verfahrensverlauf in η_j ohnehin ein Los vorgesehen wird.

Um Zulässigkeit der Lösung zu gewährleisten, berücksichtigt man darüber hinaus nur solche zukünftigen Periodenbedarfe $b_{j\eta_j}$ mit $\eta_j \in [t+1, t_c]$, deren Vorverlagerung nach t zu einer Verringerung der ersten auftretenden Kapazitätslücke (in t_c) beiträgt.

In Schritt 3 sind verbleibende Kapazitätslücken zu schließen. Die Vorverlagerung (eines Teiles δ_j) eines zukünftigen Bedarfs $b_{j\eta_j}$ führt zu einer Kostenerhöhung Ψ_j pro freiwerdender Kapazitätseinheit $\kappa_j^p \cdot \delta_j$ in $\eta_j \in [t+1, t_c]$. Falls in t für j bisher kein Los aufgelegt wurde, fallen Rüstkosten und in jedem Fall Lagerhaltungskosten an. Daher wird das Produkt mit kleinstem Ψ_j in möglichst geringer Menge δ_j vorgezogen.

Beispiel: Wir betrachten ein Problem mit folgenden Daten:

$n = 2$, $T = 6$; $f_1 = 10$, $f_2 = 15$; $c_1 = 1$, $c_2 = 2$; $p_1 = p_2 = 1$ und somit $\kappa_1^p = \kappa_2^p = 1$

t	1	2	3	4	5	6
b_{1t}	5	2	0	6	5	2
b_{2t}	1	4	12	9	6	2
κ_t	12	12	10	10	10	10

$l_{j0} = l_{j6} = 0$ für $j = 1,2$

Mit dem Kriterium von Dixon und Silver (1981) ergibt sich folgender Lösungsweg:

Start: $\tau_j := 0$ für alle $j = 1,...,n$

t	1	2	3	4	5	6
KR_t	6	6	−2	−5	−1	6

t = 1:

Schritt 1: $q_{11} := 5$; $q_{21} := 1$; $b_{11} := 0$; $b_{21} := 0$; $\tau_1 := 1$; $\tau_2 := 1$

Schritt 2:

i	1	2	3	4	5	6
KR_i	6	6	−2	−5	−1	6
KL_i	0	0	0	1	2	2

$t_c := 4$; $\Delta_1 := (10 - (10+2)/2)/2 = 2$; $\Delta_2 := (15 - 23/2)/4 = 0.88$; $\iota := 1$

$\tau_1 := 2$; $\delta_1 := 2$; $q_{11} := 7$; $b_{12} := 0$; $KR_1 := 6 - 2 = 4$; $KR_2 := 6 + 2 = 8$

$KL_i := 0$ für alle $i \geq t$; $t_c := 7$; $\Delta_1 := -\infty$; $\Delta_2 = 0.88$

$\tau_2 := 2$; $\delta_2 := 4$; $q_{21} := 5$; $b_{22} := 0$; $KR_1 := 4 - 4 = 0$; $KR_2 := 8 + 4 = 12$

$KL_i := 0$ für alle $i \geq t$; $t_c = 7$; $\Delta_1 = -\infty$; $\Delta_2 := -\infty$

Schritt 3: Entfällt wegen $KL_T = 0$.

In der ersten Periode werden somit die Lose $q_{11} = 7$ und $q_{21} = 5$ mit Kosten von 35 (Rüstkosten 25 und Lagerhaltungskosten 10) aufgelegt.

t = 2:

Schritt 1: Wegen $b_{12} = b_{22} = 0$ wird gesetzt $q_{12} := 0$; $q_{22} := 0$; es bleiben $\tau_1 = 2$; $\tau_2 = 2$

Schritt 2:

i	2	3	4	5	6
b_{1i}	0	0	6	5	2
b_{2i}	0	12	9	6	2

i	2	3	4	5	6
KR_i	12	−2	−5	−1	6
KL_i	0	2	7	8	8

$t_c := 3$; wegen $q_{12} = q_{22} = 0$ gilt $\Delta_1 := \Delta_2 := -\infty$

Schritt 3: $\Psi_1 := \infty$; $\delta_2 := \min\{12, 8/1\} = 8$; $\Psi_2 := 2 + 15/8 = 3.88$; $\iota := 2$
$q_{22} := 8$; $b_{23} := 4$; $KR_2 := 12 - 8 = 4$; $KR_3 := -2 + 8 = 6$; $KL_i := 0$ für alle $i \geq t$

In der zweiten Periode wird somit nur das Los $q_{22} = 8$ mit Kosten von 31 aufgelegt.

t = 3:

Schritt 1: $q_{13} := 0$; $q_{23} := 4$; $b_{13} = 0$; $b_{23} := 0$; $\tau_1 = 2$; $\tau_2 := 3$;

Schritt 2:

i	3	4	5	6
b_{1i}	0	6	5	2
b_{2i}	0	9	6	2

i	3	4	5	6
KR_i	6	−5	−1	6
KL_i	0	5	6	6

$t_c := 4$; wegen $q_{13} = 0$ gilt $\Delta_1 := -\infty$; wegen $b_{24} \cdot \kappa_2^p > KR_3$ ist $\Delta_2 := -\infty$

Schritt 3: $\delta_1 := 6$; $\Psi_1 := 1 + 10/6 = 2.67$; $\delta_2 := 6$; $\Psi_2 := 2$; $\iota := 2$
$q_{23} := 10$; $b_{24} := 3$; $KR_3 := 0$; $KR_4 := 1$; $KL_i := 0$ für alle $i \geq t$

In der dritten Periode wird nur das Los $q_{23} = 10$ mit Kosten von 27 aufgelegt.

t = 4:

Schritt 1: $q_{14} := 6$; $q_{24} := 3$; $b_{14} := 0$; $b_{24} := 0$; $\tau_1 := 4$; $\tau_2 := 4$

Schritt 2:

i	4	5	6
b_{1i}	0	5	2
b_{2i}	0	6	2

i	4	5	6
KR_i	1	−1	6
KL_i	0	1	1

$t_c := 5$; $\Delta_1 := -\infty$; $\Delta_2 := -\infty$

Schritt 3: $\delta_1 := 1$; $\Psi_1 := 1$; $\delta_2 := 1$; $\Psi_2 := 2$; $\iota := 1$
$q_{14} := 7$; $b_{15} := 4$; $KR_4 := 0$; $KR_5 := 0$; $KL_i := 0$ für alle $i \geq t$

In der vierten Periode werden die Lose $q_{14} = 7$ und $q_{24} = 3$ mit Kosten von 26 aufgelegt.

t = 5:

Schritt 1: $q_{15} := 4$; $q_{25} := 6$; $b_{15} := 0$; $b_{25} := 0$; $\tau_1 := 5$; $\tau_2 := 5$;

Schritt 2:

i	5	6
b_{1i}	0	2
b_{2i}	0	2

i	5	6
KR_i	0	6
KL_i	0	0

$t_c := 7$; $\Delta_1 := -\infty$; $\Delta_2 := -\infty$; Schritt 3 entfällt

In der fünften Periode werden die Lose $q_{15} = 4$ und $q_{25} = 6$ mit Kosten von 25 aufgelegt.

Nach der abschließenden Fixierung von $q_{16} := 2$ und $q_{26} := 2$ (Kosten 25) erhält man das folgende Ergebnis mit Gesamtkosten von 169 GE:

t	1	2	3	4	5	6
q_{1t}	7	0	0	7	4	2
q_{2t}	5	8	10	3	6	2

Neben Eröffnungsverfahren existiert eine Reihe von **Verbesserungsverfahren.** Einige Verbesserungsstrategien (Verschieben, Zusammenlegen und Vertauschen von Losen) geben z.B. Dixon und Silver (1981) sowie Dogramaci et al. (1981) an. Ein Tabu Search-Verfahren wird von Hindi (1996) beschrieben.

3.3.2.3 Exakte Verfahren zur Lösung des CLSP

Exakte Verfahren zur Lösung des CLSP sind zumeist **B&B-Verfahren.** Neuere Ansätze dieses Typs benutzen zur Bestimmung unterer Schranken für optimale Zielfunktionswerte das Prinzip der Lagrange-Relaxation.[25] Wir erläutern im folgenden die Komponenten eines solchen B&B-Verfahrens, wie es von Gelders et al. (1986) oder von Chen und Thizy (1990) beschrieben wird. Darüber hinaus geben wir insbesondere bei der Bestimmung unterer Schranken Anmerkungen zu möglichen Modifikationen.

Als wichtigste Komponenten des B&B-Verfahrens beschreiben wir den Verzweigungsprozeß sowie die Bestimmung unterer und oberer Schranken für das Ausgangsproblem und die zu bildenden Teilprobleme.

Verzweigungsstrategie: Gelders et al. (1986) gehen davon aus, daß Fixierungen hinsichtlich der binären Rüstvariablen z_{jt} vorgenommen werden. Dabei werden Variablen in der Reihenfolge wachsender Periodenindizes so fixiert, daß sich ein binärer Baum mit $n \cdot T$ Stufen ergibt. Bevor in eine weitere Periode fortgeschritten wird, erfolgt innerhalb der aktuellen Periode eine Fixierung für alle Produkte (zur Betrachtungsreihenfolge der Produkte machen die Autoren keine Angaben). Die Fixierung erfolgt ferner so, daß zunächst die Rüstvorgänge einer zu Beginn des Verfahrens ermittelten zulässigen Lösung nachgebildet werden (in unserem Beispiel also in der Reihenfolge $z_{11} = 1$, $z_{21} = 1$, $z_{12} = 0$, $z_{22} = 1$ usw.). Daran anschließend wenden die Autoren eine MLB-Strategie an.

Untere Schranken: Die Vorgehensweisen zur Bestimmung unterer Schranken LB unterscheiden sich im wesentlichen durch die Art der Relaxationsbildung. Wir betrachten zunächst eine **Lagrange-Relaxation** für (3.71) – (3.76). Sie entsteht, indem man die Kapazitätsbeschränkungen (3.74) aus dem Nebenbedingungssystem eliminiert und gewichtet mit nichtnegativen Lagrange-Multiplikatoren λ_t für alle $t = 1,...,T$ in die Zielfunktion aufnimmt. Damit erhält man für gegebene λ_t folgendes Problem:

---

25 Ein weiteres exaktes Verfahren, welches auf den Prinzipien der Benders-Dekomposition und der Lagrange-Relaxation beruht, beschreiben de Souza und Armentano (1994). Gegenüber unseren Annahmen berücksichtigen sie zusätzlich im Zeitablauf veränderliche Rüst- und Lagerhaltungskosten.

$$\left.\begin{array}{l} \text{Minimiere } LB_\lambda(\mathbf{z},\mathbf{l},\mathbf{q}) = \sum_{j=1}^{n} \sum_{t=1}^{T} (f_j \cdot z_{jt} + c_j \cdot l_{jt} + \lambda_t \cdot \kappa_j^p \cdot q_{jt}) - \sum_{t=1}^{T} \lambda_t \cdot \kappa_t \\ \text{unter den Nebenbedingungen (3.72), (3.73), (3.75), (3.76)} \end{array}\right\} \quad (3.79)$$

Durch Elimination von (3.74) entfällt die "Kopplung" der verschiedenen Produkte innerhalb des Nebenbedingungssystems des CLSP. Bei gegebenen λ_t (t = 1,...,T) zerfällt das relaxierte Problem in n separate Wagner-Whitin-Probleme mit zeitinvarianten Rüst- bzw. Lagerhaltungskosten. Die Größen $\lambda_t \cdot \kappa_j^p$ lassen sich wie zeitinvariante Einstandspreise behandeln; der konstante Ausdruck in der Zielfunktion ist nicht entscheidungsrelevant. Für jedes Produkt j (= 1,...,n) ergibt sich somit ein Problem, das mit den in Kap. 3.3.1.2 bzw. 3.3.1.4 beschriebenen Vorgehensweisen exakt gelöst werden kann.

Betrachtet man (im Hinblick auf die Bestimmung möglichst guter unterer Schranken) auch die λ_t als variabel, so ist das folgende **Lagrange-Problem** zu lösen:

$$\left.\begin{array}{l} \text{Maximiere } \{ \text{ Min } LB_\lambda(\mathbf{z},\mathbf{l},\mathbf{q}) \mid \lambda_t \geq 0 \text{ für } t = 1,\ldots,T \} \\ \text{unter den Nebenbedingungen (3.72), (3.73), (3.75), (3.76)} \end{array}\right\} \quad (3.80)$$

Zur Lösung dieses Problems verwendet man ein **Subgradientenverfahren**, wie es allgemein z.B. von Held et al. (1974) beschrieben wird. Es handelt sich um ein Iterationsverfahren, das wie folgt skizziert werden kann:

Start: Man beginnt mit $\lambda_t = 0$ für alle t = 1,...,T und löst das Problem (3.79).

Iteration i = 1,2,...: Sei UB der Zielfunktionswert der aktuell besten Lösung, also eine obere Schranke (zur Bestimmung von UB siehe unten).
Man betrachtet die in der letzten Iteration (bzw. im Startschritt) erhaltene Lösung von (3.79) und deren Zielfunktionswert LB_λ und bestimmt die Differenzen

$$g_t := \sum_{j=1}^{n} \kappa_j^p \cdot q_{jt} - \kappa_t$$

zwischen den für die Lösung erforderlichen und den tatsächlich vorhandenen Kapazitäten.

Bei ausschließlich nicht-positiven g_t ist die zugrundeliegende Lösung zulässig für das eigentliche Problem. Falls ihr Zielfunktionswert besser ist als das aktuelle UB, so wird dieses aktualisiert. Das Problem ist ausgelotet.
Das Problem ist auch dann ausgelotet, wenn es zwar mindestens ein positives g_t gibt, für die zuletzt ermittelte untere Schranke aber $LB_\lambda \geq UB$ gilt.

Konnte das bisher betrachtete Problem nicht ausgelotet werden, so bestimmt man eine Hilfsvariable

$$\delta := \varphi \cdot (UB - LB_\lambda) \Big/ \sum_{t=1}^{T} g_t^2 \qquad \text{mit einem vorzugebenden Parameter } \varphi \in [0,2],$$

unter deren Verwendung sich aktualisierte Lagrange-Multiplikatoren wie folgt ergeben:

$$\lambda_t := \max \{0, \lambda_t + \delta g_t\}$$

Bei positivem g_t erhöht sich λ_t. In der Zielfunktion von (3.79) werden dadurch für die Überbeanspruchung der Kapazität erhöhte *Strafkosten* einbezogen. Umgekehrt führt ein positiver Schlupf in der t-ten Kapazitätsbedingung (d.h. $g_t < 0$) zu einer Reduktion der entsprechenden Strafkosten (jedoch unter Berücksichtigung von $\lambda_t \geq 0$).

Abbruch: Das Problem konnte ausgelotet werden oder eine vorzugebende maximale Iterationszahl wurde erreicht.

* * *

Chen und Thizy (1990) starten mit $\varphi = 2$. Sie empfehlen ferner, φ nach jeweils fünf Iterationen, in denen keine Verbesserung der aktuell besten unteren Schranke erzielt wurde, zu halbieren. Insgesamt führen sie im Problem P_0 des B&B-Baumes 100 Iterationen durch. Gelders et al. (1986) empfehlen 30 Iterationen für P_0 und zwischen 3 und 10 Iterationen sonst.

Beispiel: Wir betrachten obiges Problem mit einer zulässigen Ausgangslösung mit Kosten von 169 GE und führen zwei Iterationen des Subgradientenverfahrens durch. Löst man n = 2 Wagner-Whitin-Probleme mit $\lambda_t = 0$ für alle t, so erhält man die folgenden optimalen Lösungen sowie zugehörige Differenzen g_t:

t	1	2	3	4	5	6
q_{1t}	7	0	0	13	0	0
q_{2t}	5	0	12	9	8	0
g_t	0	−12	2	12	−2	−10

Es ergibt sich eine untere Schranke von 31 + 72 = 103. Somit verbleibt eine "Lücke" von 66 gegenüber dem bekannten zulässigen Wert von 169. Da g_3 und g_4 positiv sind, ist eine Kombination der gefundenen Einprodukt-Lösungen nicht zulässig für das Ausgangsproblem. Wir führen eine weitere Iteration des Subgradientenverfahrens durch. Die entsprechenden Lagrange-Multiplikatoren ergeben sich mit $\delta = 2 \cdot 66/396 = 1/3$ zu:

t	1	2	3	4	5	6
λ_t	0	0	2/3	4	0	0

Aufgrund der Einbeziehung von positiven Multiplikatoren sind bei der Lösung der beiden Wagner-Whitin-Probleme nunmehr "Fertigungskosten" zu berücksichtigen (vgl. hierzu Kap. 3.3.1.4). Es ergeben sich die folgenden optimalen Lösungen:

t	1	2	3	4	5	6
q_{1t}	13	0	0	0	7	0
q_{2t}	5	0	21	0	8	0
g_t	6	−12	11	−10	5	−10

Der Zielfunktionswert dieser Lösung der Relaxation beträgt 42 + 89 − 46.67 = 84.33, so daß die bisherige untere Schranke von 103 nicht verbessert wird. Man erkennt daran, daß Subgradienten-Verfahren nicht garantieren, daß die untere Schranke von Iteration zu Iteration monoton wächst.

Eine weitere Möglichkeit zur Bestimmung geeigneter Lagrange-Multiplikatoren beschreibt Marsten (1975).

Chen und Thizy (1990) betrachten das CLSP unter Berücksichtigung von zeitlich veränderlichen Rüst- und Lagerhaltungskosten sowie von Produktionskosten. Sie vergleichen sowohl theoretisch als auch anhand numerischer Untersuchungen für das Ausgangsproblem P_0 verschiedene Relaxationen. Dabei erweist sich die oben angegebene Lagrange- der LP-Relaxation (d.h. $0 \leq z_{jt} \leq 1$ anstelle der Binärbedingungen in (3.75)) als überlegen.

Für unser Beispiel liefert die LP-Relaxation eine untere Schranke von 84.41 gegenüber der oben berechneten von 103. Allgemein lassen sich auch maximale Abweichungen der optimalen Zielfunktionswerte K^*_{LP} der LP-Relaxation von dem des Ausgangsproblems (K^*) angeben. Man überlegt sich, daß folgende Beziehungen gelten:

$$\sum_{j=1}^{n} f_j \leq K^*_{LP} \quad \text{und} \quad K^* - K^*_{LP} \leq \sum_{j=1}^{n} (T-1) \cdot f_j$$

In einer optimalen Lösung der LP-Relaxation gilt; vgl. (3.73):

$$\sum_{t=1}^{T} z_{jt} = \sum_{t=1}^{T} \frac{q_{jt}}{\sum_{\tau=t}^{T} b_{j\tau}} \geq \sum_{t=1}^{T} \frac{q_{jt}}{\sum_{\tau=1}^{T} b_{j\tau}} = 1 \qquad \text{für alle } j = 1,\dots,n$$

Daher werden in der LP-Relaxation für jedes Produkt j mindestens einmal Rüstkosten berücksichtigt. Konstruiert man, ausgehend von der Lösung der LP-Relaxation, eine zulässige Lösung, bei der man für jedes nichtganzzahlige z_{jt} den Wert 1 annimmt, so steigt der Wert der verrechneten Rüstkosten für jedes Produkt $j = 1,\dots,n$ um höchstens $(T-1) \cdot f_j$; die Lagerhaltungskosten verändern sich nicht.

Falls alle f_j gegen 0 gehen, nähert sich auch die Differenz der beiden Zielfunktionswerte dem Wert 0.

Bemerkung 3.19: Mathematisch läßt sich das CLSP auch als verallgemeinertes Kürzeste-Wege-Problem formulieren; vgl. Eppen und Martin (1987). Wie Chen und Thizy (1990) zeigen, existiert für diese Formulierung eine Lagrange-Relaxation, deren bestmöglicher Zielfunktionswert mindestens so gut ist wie der bestmögliche Zielfunktionswert jeder Relaxation unserer obigen Formulierung. Weitere mathematische Formulierungen für das CLSP lassen sich durch geeignete Variablentransformationen angeben bzw. entwickeln. Sie sind insbesondere dann von Interesse, wenn sich die Anzahl der Nebenbedingungen verringern läßt; vgl. Eppen und Martin (1987) sowie zur theoretischen Fundierung Martin (1987).

Obere Schranken: Sie lassen sich mit jeder Heuristik zur Lösung des CLSP bestimmen. In dem von uns betrachteten B&B-Verfahren wird dazu die oben beschriebene Heuristik unter Einbeziehung des Kriteriums von Dixon und Silver (1981) verwendet. Während des

B&B-Verfahrens läßt sich, wie wir oben beschrieben haben, die aktuelle obere Schranke u.U. im Rahmen der Lösung der Lagrange-Relaxation verbessern.

Eine weitere Möglichkeit zur Bestimmung einer eventuell verbesserten zulässigen Lösung und damit einer neuen oberen Schranke ist die folgende:

Ausgehend von den durch Lösung der Lagrange-Relaxation (3.79) erhaltenen z_{jt} sowie der in einem Problem bereits fixierten Rüstvariablen z_{jt}, lassen sich durch Formulierung und Lösung des folgenden Transportproblems bestmögliche zugehörige Losgrößen q_{jt} ermitteln:

Das Problem enthält für jede Periode $t = 1,...,T$ genau einen Anbieter und n Nachfrager. Das (Kapazitäts-) Angebot jeder Periode t beträgt κ_t; es darf nicht überschritten werden. Die mindestens zu befriedigende (Kapazitäts-) Nachfrage des j-ten Nachfragers der t-ten Periode beträgt $\kappa_j^p \cdot b_{jt}$. Der für das Problem angebbare Graph enthält, wie bei der Modellierung des Wagner-Whitin-Modells als Warehouse Location-Problem, nur Pfeile von Angebotsknoten t zu Nachfrageknoten (j,τ) mit $\tau \geq t$. Außerdem entfallen alle Pfeile von Angebotsknoten t zu Nachfrageknoten (j,τ), für die $z_{jt} = 0$ gilt. Die vorhandenen Pfeile (mit $t \leq \tau$ sowie $z_{jt} = 1$) besitzen Kostenbewertungen für den Transport einer ME von t nach (j,τ) in Höhe von $c_j \cdot (\tau - t)$.

Ein solches Transportproblem besitzt genau dann eine zulässige Lösung, wenn in jeder Periode gilt, daß die Summe der bis dahin kumulierten Kapazitäten ausreicht, um in der Summe die kumulierten Bedarfe aller Produkte von Beginn der ersten Periode bis zur jeweils nächsten Losauflageperiode für das entsprechende Produkt zu befriedigen.

Beispiel: In unserem obigen Beispiel reichen in beiden Fällen die Summen der jeweiligen kumulierten Kapazitäten in mindestens einer Periode nicht aus, so daß die entsprechenden Transportprobleme keine zulässigen Lösungen besitzen.

Die von Gelders et al. (1986) für ihr B&B-Verfahren angegebenen Rechenzeiten für kleine CLSPe mit $n \leq 8$ und $T \leq 8$ zeigen, daß sie praktische Probleme nicht mit vertretbarem Aufwand exakt lösen können. De Souza und Armentano (1994) geben für ihr Verfahren keine Rechenzeiten für garantiert optimal gelöste Instanzen an; sie beschränken sich auf die Bestimmung von Lösungen im Bereich von 1 % vom Optimum (für $n \leq 15$ und $T \leq 18$).

3.3.2.4 Das DLSP (Discrete Lot-Sizing and Scheduling Problem)

Man geht grundsätzlich von denselben Annahmen wie beim CLSP aus, wählt die Perioden jedoch so kurz (z.B. eine ZE, weshalb man auch von *Mikroperioden* spricht), daß stets nur die Herstellung einer Produktart möglich ist. Die verfügbare Kapazität ist zeitinvariant. Die Produktion eines Loses erstreckt sich jeweils über die gesamte Periode. Sie kann jedoch mehrere aufeinanderfolgende Perioden umfassen; Rüstkosten fallen dabei nur in der ersten dieser Perioden an.

Die verwendeten **Parameter** wurden bereits in Kap. 3.3.2.1 erläutert. Aufgrund der Periodeneigenschaften beschreibt p_j hier die in einer Periode herstellbare Menge von Produkt j, d.h. für Produktionsperioden t gilt $q_{jt} = p_j$.

Als **Variablen** wählen wir:

z_{jt} binäre Rüstvariable

y_{jt} binäre Zustandsvariable der Produktion mit

$$y_{jt} = \begin{cases} 1 & \text{falls Produkt j in Periode t gefertigt wird} \\ 0 & \text{sonst} \end{cases}$$

l_{jt} Lagerbestand des Produktes j am Ende der Periode t = 0,...,T
Für die Lageranfangsbestände l_{j0} sind Werte AB_j vorzugeben.

Damit erhalten wir folgende **mathematische Formulierung**; vgl. z.B. Fleischmann (1990):

$$\text{Minimiere } K(z,l,y) = \sum_{j=1}^{n} \sum_{t=1}^{T} (f_j \cdot z_{jt} + c_j \cdot l_{jt}) \tag{3.81}$$

unter den Nebenbedingungen

$$l_{j,t-1} + p_j \cdot y_{jt} - l_{jt} = b_{jt} \quad \text{für alle } j = 1,...,n;\ t = 1,...,T \tag{3.82}$$

$$z_{jt} \geq y_{jt} - y_{j,t-1} \quad \text{für alle } j = 1,...,n;\ t = 1,...,T \tag{3.83}$$

$$\sum_{j=1}^{n} y_{jt} \leq 1 \quad \text{für alle } t = 1,...,T \tag{3.84}$$

$$y_{jt}, z_{jt} \in \{0,1\} \quad \text{für alle } j = 1,...,n;\ t = 1,...,T \tag{3.85}$$

$$l_{jt} \geq 0 \quad \text{für alle } j = 1,...,n;\ t = 1,...,T \tag{3.86}$$

$$l_{j0} = AB_j,\ y_{j0} = 0 \quad \text{für alle } j = 1,...,n \tag{3.87}$$

Analog zur Vorgehensweise in Kap. 3.3.1.2 kann man im Hinblick auf das unten beschriebene B&B-Verfahren das Modell umformulieren, indem man die Lagerbestandsvariablen eliminiert. Dazu definiert man:

$$\beta_{jt} := \max \left\{ 0, \left\lceil \left(\sum_{i=1}^{t} b_{ji} - l_{j0}\right) / p_j \right\rceil \right\}$$

β_{jt} bestimmt die Anzahl an Perioden, die bis zur Periode t zur Produktion des kumulierten Nettobedarfs von Produkt j im Intervall [1,t] benötigt werden. Setzt man darüber hinaus $d_{jt} := c_j \cdot p_j \cdot (T-t+1)$ sowie $y_{j0} := 0$, so kann man folgende **äquivalente Formulierung** des DLSP angeben:

$$\text{Minimiere } K(z,y) = \sum_{j=1}^{n} \sum_{t=1}^{T} (f_j \cdot z_{jt} + d_{jt} \cdot y_{jt}) - \sum_{j=1}^{n} c_j \cdot \left(\sum_{t=1}^{T} ((T-t+1) \cdot b_{jt}) - T \cdot l_{j0} \right) \tag{3.88}$$

unter den Nebenbedingungen

$$\sum_{t=1}^{T} y_{jt} = \beta_{jT} \quad \text{für alle } j = 1,...,n \tag{3.89}$$

$$\sum_{i=1}^{t} y_{ji} \geq \beta_{jt} \quad \text{für alle } j = 1,...,n;\ t = 1,...,T-1 \tag{3.90}$$

$$z_{jt} \geq y_{jt} - y_{j,t-1} \quad \text{für alle } j = 1,...,n;\ t = 1,...,T \qquad (3.91) = (3.83)$$

$$\sum_{j=1}^{n} y_{jt} \le 1 \qquad \text{für alle } t = 1,...,T \qquad (3.92) = (3.84)$$

$$y_{jt}, z_{jt} \in \{0,1\} \qquad \text{für alle } j = 1,...,n;\ t = 1,...,T \qquad (3.93) = (3.85)$$

(3.89) garantiert, daß Produkt j genau so viele Perioden belegt, wie für die Deckung seines gesamten Nettobedarfs $\sum_{t=1}^{T} b_{jt} - l_{j0}$ erforderlich sind. In Periode T bleibt ein Lagerendbestand von $0 \le l_{jT} = p_j \cdot \sum_{t=1}^{T} y_{jt} - \sum_{t=1}^{T} b_{jt} + l_{j0} \le (p_j - 1)$.

(3.90) erhält man aus den Nichtnegativitätsbedingungen (3.86).

Da der zweite Term der Zielfunktion konstant ist, kann statt (3.88) die modifizierte Zielfunktion (3.88)' betrachtet werden:

$$\text{Minimiere } K(\mathbf{z},\mathbf{y}) = \sum_{j=1}^{n} \sum_{t=1}^{T} (f_j \cdot z_{jt} + d_{jt} \cdot y_{jt}) \qquad (3.88)'$$

Interpretiert man das Modell (3.88)', (3.89) – (3.93) analog zur Formulierung (3.64)', (3.65) – (3.68) für das Wagner-Whitin-Problem als Problem der Lagerauffüllung bei monoton wachsenden Mindestbeständen, so beschreiben die d_{jt} die kumulierten Lagerhaltungskosten für die in Periode t hergestellte Menge von Produkt j.

Anhand dieser Modellformulierung lassen sich notwendige und hinreichende Bedingungen für die Existenz einer zulässigen Lösung angeben:

$$\sum_{j=1}^{n} \beta_{jt} \le t \qquad \text{für alle } t = 1,...,T \qquad (3.94)$$

Durch (3.94) wird gewährleistet, daß in jeder Periode t die kumulierte zeitliche Kapazität zur Produktion der kumulierten Nettobedarfe aller Produkte des Intervalls [1,t] ausreicht. Für t = 1 bedeutet dies, daß geeignete Lageranfangsbestände vorzugeben sind, da in jeder Periode nur ein Produkt gefertigt werden kann.

3.3.2.5 Verfahren zur Lösung des DLSP

Wir skizzieren ein B&B-Verfahren und geben anschließend Hinweise auf Heuristiken.

Das im folgenden beschriebene B&B-Verfahren von Fleischmann (1990) besitzt Ähnlichkeit mit demjenigen für das CLSP in Kap. 3.3.2.3.

Untere Schranken werden mit Hilfe einer Lagrange-Relaxation des Modells (3.88)', (3.89) – (3.93) ermittelt, wobei die Bedingungen (3.92), mit Lagrange-Multiplikatoren λ_t gewichtet, in die Zielfunktion aufgenommen werden. Dadurch ergeben sich n voneinander unabhängige Teilprobleme (Einprodukt-DLSP oder 1-DLSP), die dem Wagner-Whitin-Modell sehr ähnlich sind. Die λ_t (t = 1,...,T) stellen Strafkosten für die Belegung der Periode t dar.

Fleischmann (1990) löst diese Einprodukt-Probleme mittels eines speziellen Verfahrens der dynamischen Optimierung, das einen Rechenaufwand von $O(T^2)$ aufweist (vgl. hierzu auch Salomon (1991, S. 57 ff.)). Zur Verbesserung der unteren Schranken wird ein Subgradienten-Verfahren verwendet, wie wir es für das CLSP in Kap. 3.3.2.3 beschrieben haben.

Obere Schranken: Zur Bestimmung zulässiger Lösungen und damit oberer Schranken läßt sich grundsätzlich die folgende einfache Heuristik angeben:

Start: Löse ein 1-DLSP für Produkt 1. Dadurch werden bestimmte Perioden belegt und somit für die weiteren Produkte *blockiert*.

Iteration j = 2,...,n: Löse ein 1-DLSP für Produkt j, wobei die durch die Produkte 1,...,j−1 blockierten Perioden nicht zur Verfügung stehen.

Diese heuristische Vorgehensweise läßt sich vorteilhaft im Gleichschritt mit der Ausführung des Subgradienten-Verfahrens mit durch λ_t (t = 1,...,T) veränderten Kostenbewertungen für die einzelnen Perioden ausführen.

Verzweigung: Die Verzweigung von Teilproblemen erfolgt durch Fixieren von Produktionsvariablen y_{jt} in der Reihenfolge fallender Periodenindizes; wir unterscheiden Verzweigungsstufen T, T−1,..., 1. Bei einem Teilproblem P_μ auf Stufe t* ist bereits ein Produktionsplan für die Perioden t*+1,..., T fixiert.

P_μ wird in n+1 Teilprobleme P_{μ_0}, P_{μ_1}, ..., P_{μ_n} zerlegt:

- bei P_{μ_0} wird in Periode t* nicht produziert; $y_{ht^*} = 0$ für alle h = 1,...,n
- bei P_{μ_j} wird in t* das Produkt j gefertigt; $y_{jt^*} = 1$ und $y_{ht^*} = 0$ für alle $h \neq j$

Ausloten:

- Teilprobleme P_{μ_j} können sofort ausgelotet werden, wenn sie keine zulässige Lösung besitzen. Dies läßt sich mit folgenden sowohl notwendigen als auch hinreichenden Bedingungen für die Zulässigkeit einer Teillösung überprüfen; vgl. (3.90) bzw. (3.89) und (3.94):

$$\sum_{i=1}^{n} (\beta_{iT} - \sum_{t=t^*+1}^{T} y_{it}) \leq t^* - 1 \qquad \text{falls } j = 0 \text{ (keine Produktion in } t^*) \qquad (3.95\,a)$$

$$\sum_{t=t^*}^{T} y_{jt} \leq \beta_{jT} - \beta_{j,t^*-1} \qquad \text{falls } j > 0 \text{ (Einplanung von } j \text{ in } t^*) \qquad (3.95\,b)$$

  Bei einer Fixierung aller Produktionsvariablen der Periode t* zu 0 muß sichergestellt sein, daß die (bislang nicht verplanten) Perioden 1,...,t*−1 ausreichen, um den bislang nicht verplanten Restbedarf zu fertigen; vgl. (3.95 a). Es darf wegen (3.89) nur dann in Periode t* produziert werden, wenn der Bedarf der Perioden t*,...,T nicht schon durch Produktionen in den Perioden t*+1,...,T abgedeckt wurde; vgl. (3.95 b).

- Aufgrund der Verzweigungsstrategie ist es möglich, daß im B&B-Baum gleiche Teilprobleme (d.h. mit identischen $\sum_{t=t^*}^{T} y_{jt}$ für alle Produkte j) auftreten. Durch eine für jedes Problem mitgeführte Kennzahl (Markierung) lassen sich identische Probleme identifizieren und solche mit schlechteren Zielfunktionswerten ausloten. Diese Auslotregel ist analog zur Markierungs-Dominanzregel bei FABLE (vgl. Kap. 4.3.3.2).

Fleischmann (1990) berichtet über die Anwendung der Modellierung von Losgrößenproblemen als DLSP und deren Lösung mittels obigen Verfahrens. Dabei wurden z.B. CLSPe mit 12 Produkten und 12 Perioden in DLSPe mit bis zu 125 Perioden transformiert. Es ergaben sich für die DLSPe zumeist deutlich geringere Rechenzeiten.

Die im Rahmen des obigen B&B-Verfahrens beschriebene *Heuristik* läßt sich unmittelbar auf das Ausgangsproblem P_0 anwenden, also als eigenständige Heuristik verwenden. Bei praktischen Tests lieferte sie zumeist Lösungen, deren Zielfunktionswerte weniger als 1% vom Optimum entfernt lagen.

3.3.2.6 Verallgemeinerungen und Weiterentwicklungen des CLSP bzw. des DLSP

Weiterentwicklungen des CLSP wie des DLSP beziehen sich unter anderem darauf, eine Annäherung der Vorteile beider Probleme vorzunehmen. Im Vordergrund steht dabei die Diskussion, inwiefern simultan zur Losgrößenplanung eine Maschinenbelegungsplanung (ähnlich der Idee des Sortenwechselproblems ELSP) durchgeführt wird; vgl. hierzu auch Drexl und Kimms (1997).

Das *CSLP (Continuous Setup Lot-Sizing Problem)* erlaubt im Gegensatz zum DLSP variable Losgrößen zwischen 0 und p_j ME innerhalb einer Produktionsperiode, um unnötige Lagerbestände zu vermeiden; vgl. z.B. Karmarkar et al. (1987).

Das **PLSP (Proportional Lot-Sizing and Scheduling Problem)**:

Für praktische Planungen ist die beim DLSP und beim CSLP getroffene Wahl der Mikroperioden so, daß während dieser Zeit maximal eine Produktart hergestellt werden kann, unter Umständen zu restriktiv. Drexl und Haase (1995) entwickeln daher das PLSP, bei dem während jeder Periode maximal zwei verschiedene Produkte gefertigt werden können. Der Name des Problems resultiert aus der bedarfsproportionalen Aufteilung der Losgrößen zweier Produkte auf die vorhandene Maschinenkapazität innerhalb einer Periode. Exakte und heuristische Lösungsverfahren für das PLSP werden in Haase (1994), Drexl und Haase (1995) sowie Kimms (1997) beschrieben.

Das **GLSP (General Lot-Sizing and Scheduling Problem)**:

Das von Fleischmann und Meyr (1997) formulierte GLSP stellt eine Kombination aus den oben behandelten Problemen dar. Es beinhaltet sogenannte *Makroperioden* (entsprechend den Perioden beim CLSP), während derer mehrere Produkte gefertigt werden können. Jede Makroperiode besteht aus einer vom Planer vorgebbaren Anzahl von Mikroperioden, in denen jeweils ein Produkt (ähnlich wie beim DLSP) herstellbar ist. Rüstkosten fallen bei jedem Wechsel von einem Produkt auf ein anderes an, während sich Lagerhaltungskosten auf vollständige Makroperioden beziehen. Damit läßt sich jedes der bislang behandelten Probleme als "Spezialfall" des GLSP auffassen. Heuristische Lösungsverfahren, die auf dem Prinzip des

Threshold Accepting beruhen, werden von Fleischmann und Meyr (1997) beschrieben und verglichen.

Für sämtliche bislang behandelten einstufigen Mehrproduktmodelle werden in der Literatur diverse Modifikationen bezüglich der Annahmen sowie Verallgemeinerungen betrachtet, von denen wir im folgenden einige kurz angeben.

Bestellmengenmodelle: Das CLSP eignet sich unmittelbar zur Modellierung von Mehrgüter-Bestellmengenmodellen, wobei die Kapazitätsrestriktionen z.B. als knappe Lagerkapazitäten interpretierbar sind.

Einen leicht (d.h. polynomial) lösbaren Sonderfall des CLSP erhält man dabei, wenn man auf Kapazitätsrestriktionen verzichtet, dafür aber bestellfixe Kosten berücksichtigt, die unabhängig von der Anzahl der gleichzeitig bestellten Produkte und der einzelnen Bestellmengen sind (*Sammelbestellungen*). In diesem Fall benötigt man nur T binäre Rüstvariablen z_t, die bestellfixen Kosten seien mit f bezeichnet. Die Zielfunktion (3.71) lautet dann:

$$\text{Minimiere } K(\mathbf{z,l,q}) = \sum_{t=1}^{T} \left(f \cdot z_t + \sum_{j=1}^{n} c_j \cdot l_{jt}\right)$$

Die Nebenbedingungen (3.73) erhalten folgendes Aussehen:

$$\sum_{j=1}^{n} q_{jt} \leq z_t \cdot \sum_{j=1}^{n} \sum_{\tau=t}^{T} b_{j\tau} \qquad \text{für alle } t = 1,\ldots,T$$

Für das so modifizierte Modell (3.71) – (3.76) überlegt man sich, daß im Falle einer Bestellung stets sämtliche Produkte bestellt werden (außer solchen, für die zwischen zwei Bestellzeitpunkten keine Nachfrage existiert). Somit ist das Modell als Eingütermodell formulierbar und mit den in Kap. 3.3.1.2 beschriebenen Verfahren polynomial lösbar.

Bestellmengen- bzw. Losgrößenmodelle, in denen außer einem gemeinsamen Fixkostenblock auch produktspezifische Fixkosten berücksichtigt werden, sind NP-schwer. In erster Linie heuristische Vorgehensweisen werden u.a. in Zangwill (1966), ter Haseborg (1979, S. 261 ff.), Kao (1979), Joneja (1990) sowie Cho et al. (1994) beschrieben. Ein B&B-Verfahren ist in Kirca (1995) enthalten.

Im Planungszeitraum veränderliche Rüst-, Fertigungs- und Lagerhaltungskosten beim CLSP werden z.B. von Hindi (1996) betrachtet. Er beschreibt sowohl Ideen zur Bestimmung unterer Schranken als auch eine Heuristik, die eine einfache statische Tabu Search-Strategie beinhaltet.

Rüstzeiten beim CLSP berücksichtigen Trigeiro et al. (1989) sowie Hindi und Tahmassebi (1997).

Rüstzeiten bezieht Salomon (1991, S. 86 ff.) in das DLSP ein. Er beschreibt zwei Heuristiken sowie eine Vorgehensweise zur Bestimmung unterer Schranken. Außerdem erweitert er das DLSP auf den Fall, daß *parallele Maschinen* verfügbar sind; vgl. hierzu auch Popp (1993), der sich insbesondere mit dem Fall identischer paralleler Maschinen auseinandersetzt.

Reihenfolgeabhängige Rüstkosten beim DLSP betrachten Fleischmann und Popp (1989) sowie Fleischmann (1994).

Reihenfolgeabhängige Rüstzeiten und Rüstkosten beim DLSP bezieht z.B. Jordan (1996) ein.

Reihenfolgeabhängige Rüstzeiten beim GLSP betrachtet Meyr (1997).

3.3.3 Mehrstufige Mehrproduktmodelle

Wir gehen im folgenden auf dynamische Losgrößenmodelle bei mehrstufiger Mehrproduktfertigung ein. Wie bei den entsprechenden statischen Modellen in Kap. 3.2.3 besteht das Ziel darin, Losgrößen für alle Produkte so zu bestimmen, daß die Gesamtkosten minimiert werden. Losgrößenentscheidungen sind dabei nicht nur für Endprodukte, sondern auch für Vor- und Zwischenprodukte zu treffen.

Wie bei den entsprechenden statischen Modellen wird der Zusammenhang zwischen den Produkten durch die *Produktstruktur* festgelegt, wobei wiederum zwischen serieller, konvergierender, divergierender, umverteilender und allgemeiner Struktur unterschieden werden kann. Grundsätzlich läßt sich feststellen, daß Probleme mit serieller und solche mit konvergierender oder divergierender Struktur leichter zu lösen sind als solche mit allgemeinerer Struktur.

Außer der Produktstruktur ist es für den Schwierigkeitsgrad von Bedeutung, ob *Kapazitätsrestriktionen* berücksichtigt werden müssen oder nicht. Probleme ohne Kapazitätsbeschränkungen sind grundsätzlich leichter lösbar als Probleme mit derartigen Restriktionen. Ferner sind Probleme, bei denen lediglich Endprodukte *Primärbedarfe* aufweisen, leichter zu lösen als Probleme mit Primärbedarfen bei Zwischen- und Endprodukten.

Im folgenden betrachten wir zunächst als Grundmodell ein unkapazitiertes Modell mit konvergierender Produktstruktur und geben exakte und heuristische Lösungsverfahren an. Dabei verwenden wir u.a. die Bezeichnungen aus Kap. 3.2.3.1. Abschließend geben wir Literaturhinweise auf Lösungsverfahren für allgemeinere Probleme.

3.3.3.1 Ein Grundmodell - unkapazitiert mit konvergierender Produktstruktur

Unser Grundmodell geht von folgenden **Annahmen** aus; siehe Salomon (1991, S. 101 ff.):

- mehrstufige Fertigung von n Produkten
- konvergierende Produktstruktur, dargestellt als topologisch sortierter, gerichteter Graph mit Endprodukt n
- unendliche Fertigungsgeschwindigkeit für jedes Produkt
- zeitlich veränderliche (dynamische) Nachfragemenge nur für das Endprodukt (*Primärbedarf*), die zu Beginn jeder Periode zu befriedigen ist
- keine Kapazitätsbeschränkungen
- während des Planungszeitraumes unveränderliche fixe Rüstkosten und lineare Lagerhaltungskosten für jedes Produkt

- im Planungszeitraum unveränderliche variable Fertigungskosten, die somit auch hier nicht entscheidungsrelevant sind
- Fehlmengen sind nicht erlaubt
- endlicher Planungshorizont (T Perioden)

Ziel des Modells ist die Ermittlung einer allgemeinen Losauflagepolitik, die zu minimalen Gesamtkosten im Planungszeitraum führt.

Wir verwenden folgende **Parameter** (vgl. auch Kap. 3.2.3):

b_{nt} Primärbedarf für das Endprodukt n in Periode t

a_{jk} Direktbedarf von Produkt j für 1 ME von Produkt k

α_{hj} Menge von Produkt h, die unmittelbar oder mittelbar in 1 ME von Produkt j eingeht

$b_{jt} := \alpha_{jn} \cdot b_{nt}$ abgeleiteter Sekundärbedarf für Produkt $j = 1,...,n-1$ in Periode t

f_j fixe Rüstkosten für Produkt j (GE pro Rüstvorgang)

c_j Lagerhaltungskosten für Produkt j (GE pro ME und Periode)

μ_j einziger Nachfolger von j, falls $|\mathcal{N}_j| = 1$

Im Hinblick auf Lösungsmöglichkeiten betrachten wir drei verschiedene Modellformulierungen. Die dort enthaltenen Direktbedarfskoeffizienten a_{jk} können o.B.d.A. zu 1 gesetzt werden, indem man für die Zwischen- und Vorprodukte entsprechende Datentransformationen (bezüglich der Lagerkostensätze) vornimmt. Aus didaktischen Gründen verwenden wir die Direktbedarfskoeffizienten explizit, da auf sie bei allgemeineren Modellen (kapazitiert oder mit allgemeinerer Produktstruktur) nicht verzichtet werden kann.

Formulierung 1:

Wir wählen **Variablen** wie beim CLSP in Kap. 3.3.2.1:

z_{jt} binäre Rüstvariable mit

$$z_{jt} = \begin{cases} 1 & \text{falls in Periode t auf Produkt j umgerüstet wird} \\ 0 & \text{sonst} \end{cases}$$

l_{jt} Lagerbestand des Produktes j am Ende der Periode $t = 0,...,T$
Für l_{j0} und l_{jT} sind Werte (z.B. 0) vorzugeben.

q_{jt} Losgröße von Produkt j in Periode t

Damit läßt sich das Problem mathematisch wie folgt formulieren:

$$\text{Minimiere } K(z,l,q) = \sum_{j=1}^{n} \sum_{t=1}^{T} (f_j \cdot z_{jt} + c_j \cdot l_{jt}) \tag{3.96}$$

unter den Nebenbedingungen

$$l_{n,t-1} + q_{nt} - l_{nt} = b_{nt} \tag{3.97 a}$$

$$l_{j,t-1} + q_{jt} - a_{j\mu_j} \cdot q_{\mu_j t} = l_{jt} \quad \text{für } j = 1,\dots,n-1 \text{ und } t = 1,\dots,T \tag{3.97 b}$$

$$q_{jt} \leq z_{jt} \cdot \sum_{\tau=t}^{T} b_{j\tau} \quad \text{für } j = 1,\dots,n \text{ und } t = 1,\dots,T \tag{3.98}$$

$$l_{j0} = l_{jT} = 0 \quad \text{für } j = 1,\dots,n \tag{3.99}$$

$$l_{jt} \geq 0,\ q_{jt} \geq 0,\ z_{jt} \in \{0,1\} \quad \text{für } j = 1,\dots,n \text{ und } t = 1,\dots,T \tag{3.100}$$

Die Kopplung der Produkte durch die Produktstruktur wird durch die Bedingungen (3.97) wiedergegeben. Dabei beschreibt $a_{j\mu_j} \cdot q_{\mu_j t}$ den Sekundärbedarf an Produkt j zur Deckung des Bedarfs des Nachfolgerproduktes μ_j in Periode t.

Formulierung 2:

Das unten beschriebene B&B-Verfahren von Afentakis et al. (1984) geht von folgender Formulierung aus, die das in Kap. 3.2.3.1 eingeführte Konzept *systemweiter Lagerbestände* verwendet (siehe Def. 3.5). Wir definieren also:

$L_{jt} := l_{jt} + \sum_{k \in \mathcal{N}_j^m} \alpha_{jk} \cdot l_{kt}$ systemweiter Lagerbestand von Produkt j am Ende von Periode t

$c_j^s := c_j - \sum_{k \in \mathcal{V}_j} a_{kj} \cdot c_k$ systemweiter Lagerkostensatz für Produkt j (GE pro ME und Periode)

Damit ergibt sich folgende zu (3.96) – (3.100) **äquivalente Formulierung**:

$$\text{Minimiere } K(\mathbf{z,L,q}) = \sum_{j=1}^{n} \sum_{t=1}^{T} (f_j \cdot z_{jt} + c_j^s \cdot L_{jt}) \tag{3.101}$$

unter den Nebenbedingungen

$$L_{j,t-1} + q_{jt} - b_{jt} = L_{jt} \quad \text{für } j = 1,\dots,n \text{ und } t = 1,\dots,T \tag{3.102}$$

$$q_{jt} \leq z_{jt} \cdot \sum_{\tau=t}^{T} b_{j\tau} \quad \text{für } j = 1,\dots,n \text{ und } t = 1,\dots,T \tag{3.103}$$

$$L_{j0} = L_{jT} = 0 \quad \text{für } j = 1,\dots,n \tag{3.104}$$

$$L_{jt} - a_{j\mu_j} \cdot L_{\mu_j t} \geq 0 \quad \text{für } j = 1,\dots,n-1 \text{ und } t = 1,\dots,T \tag{3.105}$$

$$L_{jt} \geq 0,\ q_{jt} \geq 0,\ z_{jt} \in \{0,1\} \quad \text{für } j = 1,\dots,n \text{ und } t = 1,\dots,T \tag{3.106}$$

Die Ungleichungen (3.105) garantieren, daß in jeder Periode der physische Lagerbestand $l_{jt} = L_{jt} - a_{j\mu_j} \cdot L_{\mu_j t} \geq 0$ ist. Die übrigen Bedingungen entsprechen denjenigen in Formulierung 1 und weisen dieselbe Form wie im Wagner-Whitin-Modell auf. Die Formulierungen 1 und 2 besitzen $O(n \cdot T)$ Variablen und Nebenbedingungen.

Formulierung 3:

Im folgenden beschreiben wir eine weitere Modellformulierung, die sich dadurch auszeichnet, daß die Koeffizientenmatrix eine sehr spezielle Struktur besitzt. Es handelt sich bei dabei um eine korrigierte Version einer Formulierung von McKnew et al. (1991). Die grundsätzliche Idee dieser wie auch anderer Formulierungen beruht auf einer sogenannten Variablenredefinition; vgl. z.B. Martin (1987).

Wir verwenden die obigen **Parameter** sowie die **Variablen** z_{jt} und l_{jt}; statt der Variablen q_{jt} führen wir folgende Variablen ein:

$x_{j\tau t}$ binäre Verfügbarkeitsvariable, definiert für alle $j = 1,...,n$, $t = 1,...,T$ und $\tau \leq t$:

$$x_{j\tau t} = \begin{cases} 1 & \text{falls der Bedarf von Produkt j für Periode t im Intervall } [1,\tau] \text{ gefertigt wird} \\ 0 & \text{sonst} \end{cases}$$

Es ergibt sich folgende **Modellformulierung:**

$$\text{Minimiere } \sum_{j=1}^{n} \sum_{t=1}^{T} f_j \cdot z_{jt} + \sum_{t=1}^{T} \sum_{\tau=1}^{t-1} c_n \cdot b_{nt} \cdot x_{n\tau t} + \sum_{j=1}^{n-1} \sum_{t=1}^{T} \sum_{\tau=1}^{t-1} c_j \cdot b_{jt} \cdot (x_{j\tau t} - x_{\mu_j \tau t}) \quad (3.107)$$

unter den Nebenbedingungen

$$x_{jtt} = 1 \qquad \text{für } j = 1,...,n \text{ und } t = 1,...,T \quad (3.108)$$

$$x_{j,\tau+1,t} - x_{j\tau t} \geq 0 \qquad \text{für } j = 1,...,n;\ \tau = 1,...,t-1 \text{ und } t = 1,...,T \quad (3.109)$$

$$x_{j,\tau+1,t} - x_{j\tau t} \leq z_{j,\tau+1} \qquad \text{für } j = 1,...,n;\ \tau = 1,...,t-1 \text{ und } t = 1,...,T \quad (3.110)$$

$$x_{j\tau t} - x_{\mu_j \tau t} \geq 0 \qquad \text{für } j = 1,...,n-1;\ \tau = 1,...,t-1 \text{ und } t = 1,...,T \quad (3.111)$$

$$x_{j\tau t} \in \{0,1\} \qquad \text{für } j = 1,...,n;\ \tau = 1,...,t-1 \text{ und } t = 1,...,T \quad (3.112)$$

$$z_{j1} = 1 \qquad \text{für } j = 1,...,n \quad (3.113)$$

$$z_{jt} \in \{0,1\} \qquad \text{für } j = 1,...,n \text{ und } t = 2,...,T \quad (3.114)$$

In der Zielfunktion werden die Gesamtkosten des Planungszeitraumes, bestehend aus Rüst- und Lagerhaltungskosten, betrachtet. Der zweite Term gibt die Lagerkosten des Endproduktes an. Im dritten Term werden die Kosten für die Lagerung der Vor- und Zwischenprodukte bestimmt, die nur dann anfallen, wenn das Produkt nicht bereits weiterverarbeitet ist (man beachte die Annahme unendlicher Fertigungsgeschwindigkeiten).

Wird der Bedarf b_{jt} in $\tau^* \in \{1,...,t\}$ gefertigt, so gilt $x_{j\tau t} = 0$ für $\tau \in [1, \tau^*-1]$ und $x_{j\tau t} = 1$ für $\tau \in [\tau^*,t]$. $x_{j\tau t} = 1$ bedeutet somit, daß b_{jt} in Periode τ physisch oder weiterverarbeitet in Nachfolgeprodukten (systemweit) vorhanden ist.

Die Restriktionen (3.108) erzwingen, daß b_{jt} spätestens in Periode t gefertigt ist. Die Nebenbedingungen (3.109) garantieren, daß sämtliche $x_{j\tau t}$ mit $\tau \in [\tau^*,t]$ gleich eins sind. In (3.110) werden die Verfügbarkeits- und die Rüstvariablen verknüpft. Die Bedingungen (3.111) stellen sicher, daß zur Produktion benötigte Vorprodukte jeweils verfügbar sind.

Bei obiger Modellformulierung ist o.B.d.A. unterstellt, daß eine positive Nachfrage nach dem Endprodukt n in jeder Periode auftritt. Tritt eine Periode t' mit $b_{nt'} = 0$ auf, so können die Variablen $x_{j\tau t'}$ mit $j = 1,...,n$ und $\tau = 1,...,t'$ sowie $z_{jt'}$ für alle j aus dem Modell eliminiert werden. Auch mit t' korrespondierende Nebenbedingungen können entfallen. Außerdem lassen sich die Variablen z_{j1} und x_{jtt} durch Einsetzen in die mit ihnen korrespondierenden Nebenbedingungen eliminieren.

McKnew et al. (1991) behaupten, daß für ihre Version der Formulierung (3.107) – (3.114) jede optimale Lösung der LP- Relaxation in eine ganzzahlige Lösung mit gleichem Zielfunktionswert transformierbar ist. Als Begründung dafür beziehen sie sich auf die vermeintliche totale Unimodularität[26] der Matrix des Nebenbedingungssystems; es läßt sich allerdings zeigen, daß dies nicht der Fall ist (vgl. Fink (1997)).

Die Formulierung 3 beinhaltet $O(n \cdot T^2)$ Variablen und Nebenbedingungen. Eine dazu äquivalente Formulierung in dem Sinne, daß die Lösungspolyeder übereinstimmen, beschreibt Stadtler (1996b). Bei numerischen Ergebnissen von Fink (1997) für Probleminstanzen bis zu 50 Produkten und 20 Perioden zeigt sich, daß bei beiden Formulierungen für die getesteten Probleminstanzen die LP-Relaxation tatsächlich immer ganzzahlige Lösungen liefert. Da jedoch bislang in der Literatur die Frage der polynomialen Lösbarkeit nicht abschließend geklärt ist, erscheint der Einsatz von B&B-Verfahren, wie wir sie im folgenden Kapitel beschreiben, gerechtfertigt.

3.3.3.2 Exakte Verfahren für das Grundmodell

Für die Lösung des Problems werden folgende *Optimalitätseigenschaften* ausgenutzt:

Satz 3.3: Das Problem mit konvergierender Produktstruktur besitzt eine optimale Losauflagepolitik, die *geschachtelt* ist; d.h. es gilt:

$$z_{jt} = 1 \Rightarrow z_{\mu_j t} = 1 \qquad \text{für alle } j = 1,...,n-1 \text{ und } t = 1,...,T$$

Daraus folgt, daß für sämtliche unmittelbaren und mittelbaren Nachfolger eines in Periode t aufgelegten Produktes j in t ebenfalls ein Los aufgelegt wird. Das Problem kann also durch die Bedingungen

$$z_{\mu_j t} - z_{jt} \geq 0 \qquad \text{für alle } j = 1,...,n-1 \text{ und } t = 1,...,T \qquad (3.115)$$

eingeschränkt werden.

---

26 Eine Matrix heißt **total unimodular**, wenn sie nur ganzzahlige Koeffizienten enthält und die Determinante jeder quadratischen Teilmatrix nur die Werte 0, −1 oder 1 besitzt. Lineare Optimierungsprobleme mit einer total unimodularen Koeffizientenmatrix besitzen stets Pivotelemente mit Wert 1 oder −1; durch Pivottransformationen verliert man diese Unimodularitäts-Eigenschaft nicht. Dies bedeutet, daß bei ganzzahliger rechter Seite ganzzahlige (Basis-) Lösungen entstehen.
Im Falle der totalen Unimodularität gilt mithin, daß entsprechende Problemstellungen mit polynomialem Aufwand lösbar sind.

Mit Hilfe der Regenerationseigenschaft für die physischen Lagerbestände in einer optimalen Lösung (vgl. Bem. 3.1) und Satz 3.3 läßt sich eine entsprechende Eigenschaft auch für systemweite Lagerbestände herleiten:

$$L_{j,t-1} \cdot q_{jt} = 0 \qquad \text{für alle } j = 1,...,n \text{ und } t = 1,...,T \qquad (3.116)$$

Neben der Verschärfung von Nebenbedingungen erlaubt Satz 3.3 unter Umständen die Reduktion von Problemdaten durch logische Tests.

Möglichkeiten der Problemreduktion

Unter bestimmten Voraussetzungen läßt sich eine Probleminstanz durch Zusammenfassung von Produkten vereinfachen (verkleinern), ohne daß optimale Lösungen verlorengehen. Dies ist unabhängig von der jeweils betrachteten Modellformulierung. Derartige Reduktionsregeln beschreiben u.a. Zangwill (1987) für serielle sowie Axsäter und Nuttle (1986, 1987) für konvergierende Produktstrukturen; vgl. auch Kap. 3.2.3.2 für den Fall statischer Modelle. Im folgenden geben wir ein Beispiel für eine solche *Reduktionsregel* an, wobei wir von Direktbedarfen $a_{hj} = 1$ ausgehen:

> Gegeben sei eine beliebige zweistufige serielle Teilstruktur mit "Vorprodukt" h und "Endprodukt" j, den Fixkosten f_h und f_j sowie systemweiten Lagerkostensätzen c_h^s und c_j^s. Falls $(f_h / c_h^s) \leq (f_j / c_j^s)$ gilt, können die Knoten h und j zu einem Knoten j mit $f_j := f_j + f_h$ und $c_j^s := c_j^s + c_h^s$ zusammengefaßt werden.

Anschauliche Begründung: Bei der Kostenstruktur $(f_h / c_h^s) \leq (f_j / c_j^s)$ und identischen Bedarfen ergibt sich z.B. mit Hilfe der EOQ-Formeln, daß Produkt h mindestens so häufig aufgelegt werden sollte wie Produkt j. Umgekehrt gilt in einer geschachtelten Politik, daß j mindestens so häufig aufgelegt wird wie h. Aus beidem läßt sich begründen, daß beide Produkte gleiche Auflagehäufigkeit haben und daher gemeinsam behandelt werden können.
Einen vollständigen Beweis geben Axsäter und Nuttle (1987).

Überblick über Verfahren

Zunächst weisen wir auf Verfahren für *serielle* als Spezialfall konvergierender Produktstrukturen hin. Ein auf dynamischer Optimierung basierendes exaktes Verfahren hierfür stammt von Zangwill (1969). Das Verfahren von Love (1972) stellt eine Weiterentwicklung dar, die u.a. dadurch entsteht, daß man sich auf die Ermittlung geschachtelter Politiken beschränkt. Für das obige Modell wird dadurch das Optimum nicht verfehlt; vgl. Satz 3.3.

Ein auf dynamischer Optimierung basierendes exaktes Verfahren für *konvergierende Strukturen* beschreiben Crowston und Wagner (1973). Ein auf dem B&B- und dem Benders-Dekompositions-Prinzip beruhendes Verfahren stammt von Rosling (1986). Eine einfache Möglichkeit zur Bestimmung unterer Schranken findet sich in Atkins (1994).

B&B-Verfahren von Afentakis et al. (1984):

Das Verfahren basiert auf der Modellformulierung 2. Sie ist hilfreich bei der Berechnung unterer Schranken mit Hilfe einer Lagrange-Relaxation.

Zur Bestimmung von **unteren Schranken** kann durch die Vorgabe von Lagrange-Multiplikatoren λ_{jt} folgende **Lagrange-Relaxation** gebildet werden:

$$\left.\begin{array}{l}\text{Minimiere } LB_\lambda(z,L,q) = \sum_j \sum_t (f_j \cdot z_{jt} + c_j^s \cdot L_{jt}) + \sum_j \sum_t \lambda_{jt} \cdot (a_{j\mu_j} \cdot L_{\mu_j t} - L_{jt}) \\ \text{unter den Nebenbedingungen (3.102) – (3.104) und (3.106)}\end{array}\right\} \quad (3.117)$$

Diese Relaxation erweist sich als vorteilhaft gegenüber einer entsprechenden Lagrange-Relaxation der Formulierung (3.96) – (3.100), da dort durch Aufnahme der Bedingungen (3.97 b) in die Zielfunktion nicht nur die Kopplung der Produkte, sondern auch diejenige von Produktion und Nachfrage entfiele.

Für fest vorgegebene λ_{jt} zerfällt die gewählte Lagrange-Relaxation (wie beim CLSP) in n voneinander unabhängige Wagner-Whitin-Modelle mit der Zielfunktion:

$$\text{Minimiere } LB_\lambda(z_j, L_j, q_j) = \sum_t (f_j \cdot z_{jt} + L_{jt} \cdot (c_j^s + \sum_{h \in \mathcal{V}_j} \lambda_{ht} \cdot a_{hj} - \lambda_{jt})) \quad (3.118)$$

Der Multiplikator von L_{jt} stellt einen modifizierten Lagerkostensatz dar. Dabei sind die λ_{jt} als Strafkosten für das Auftreten von Fehlmengen interpretierbar, da eine Verletzung von Bedingung (3.105) zu negativen physischen Lagerbeständen l_{jt} führt.

Zur Bestimmung möglichst guter Schranken ist folgendes **Lagrange-Problem** zu lösen:

$$\left.\begin{array}{l}\text{Maximiere } \{ \text{Min } LB_\lambda(z,L,q) \mid \lambda_{jt} \geq 0 \text{ für } j = 1,\dots,n \text{ und } t = 1,\dots,T \} \\ \text{unter den Nebenbedingungen (3.102) – (3.104) und (3.106)}\end{array}\right\} \quad (3.119)$$

In der Regel verwendet man zur Lösung dieses Problems ein Subgradientenverfahren. Diese allgemeine *heuristische* Vorgehensweise haben wir in Kap. 3.3.2.3 beschrieben.

Afentakis et al. (1984) beschreiben eine Formulierung für das Lagrange-Problem, die grundsätzlich dessen *exakte* Lösung ermöglicht. Dazu betrachten wir für jedes Produkt j einen Graphen, wie er in Kap. 3.3.1.2 zur Lösung des einstufigen Einproduktmodells als Kürzeste-Wege-Problem verwendet wurde (vgl. insbesondere Abb. 3.16). Ausgehend von (3.118) erhält man als Bewertung für Pfeile (i,k) mit $1 \leq i < k \leq T+1$:

$$d_{ik}^j := f_j + (c_j^s + \sum_{h \in \mathcal{V}_j} \lambda_{ht} \cdot a_{hj} - \lambda_{jt}) \cdot \sum_{\tau=i+1}^{k-1} b_{j\tau} \quad (3.120)$$

Bezeichnet man mit u_k^j die Länge des kürzesten Weges vom Startknoten 1 zu einem Knoten k im Graphen für das Produkt j und setzt $u_1^j := 0$ für alle j, so gilt:

$$u_k^j - u_i^j \leq d_{ik}^j \qquad \text{für alle } j = 1,\dots,n;\ i = 1,\dots,T \text{ und } k = i+1,\dots,T+1 \quad (3.121)$$

Die Bedingungen (3.121) besagen, daß die Differenz der kürzesten Entfernungen von Knoten 1 zu Knoten k bzw. zu Knoten i höchstens so groß wie die Länge der direkten Verbindung von i nach k ist. Damit läßt sich die Lagrange-Relaxation (3.117) umformulieren zu:

$$\text{Maximiere } LB_{\lambda}(\mathbf{u}) = \sum_{j=1}^{n} (u_{T+1}^{j} - u_{1}^{j}) \tag{3.122}$$

unter den Nebenbedingungen (3.121)

Dabei handelt es sich um das duale eines Kürzeste-Wege-Problems.[27] Diese Formulierung besitzt gegenüber der ursprünglichen Darstellung des Wagner-Whitin-Modells als Minimierungsproblem (vgl. Kap. 3.3.1) den Vorteil, daß gleichzeitig über die Multiplikatoren λ des Lagrange-Problems optimiert werden kann. Betrachtet wird also das Problem:

$$\text{Maximiere } LB(\mathbf{u},\lambda) = \sum_{j=1}^{n} (u_{T+1}^{j} - u_{1}^{j}) \qquad (3.122)'$$

unter den Nebenbedingungen

$$u_k^j - u_i^j \leq f_j + (c_j^s + \sum_{h \in \mathcal{V}_j} \lambda_{ht} \cdot a_{hj} - \lambda_{jt}) \cdot \sum_{\tau=i+1}^{k-1} b_{j\tau} \quad \text{für alle j und } 1 \leq i < k \leq T+1 \qquad (3.121)'$$

Es handelt sich um ein lineares Optimierungsproblem, das zum Lagrange-Problem äquivalent ist. Da das Problem $O(n \cdot T)$ Variablen und $O(n \cdot T^2)$ Nebenbedingungen enthält, ist der Rechenaufwand in der Regel jedoch sehr hoch, so daß Afentakis et al. (1984) das Subgradientenverfahren präferieren.

Eine weitere Möglichkeit zur Bestimmung unterer Schranken besteht in der Lösung einer LP-Relaxation bezüglich der z_{jt} in Problem (3.101) – (3.106). So erhaltene Schranken sind jedoch nie besser als die besten aus der Lagrange-Relaxation erhaltenen.

Die **Verzweigung** zur Bildung von Teilproblemen erfolgt durch Fixieren von Rüstvariablen z_{jt} zu 0 oder 1. Dabei wird ausgenutzt, daß durch Setzen von $z_{jt'} := 1$ die Periode t' die Regenerationseigenschaft erhält. Dadurch zerfällt das in einer Relaxation zu lösende Wagner-Whitin-Problem für Produkt j in zwei Teilprobleme für die Zeitintervalle [0, t'–1] und [t', T]. Außerdem impliziert $z_{jt'} = 1$ aufgrund von (3.115), daß $z_{kt'} = 1$ für alle $k \in \mathcal{N}_j^m$ gilt. Auch diese Produkte weisen dann in t' die Regenerationseigenschaft auf. Dadurch vereinfachen sich die zu lösenden Teilprobleme.

Um obige Eigenschaften weitestgehend auszunutzen, wird zum Verzweigen diejenige Variable z_{jt} gewählt, die die Bedingung (3.115) verletzt und $|\lfloor T/2 \rfloor - t|$ minimiert. Dies gewährleistet eine möglichst gleichmäßige Aufteilung von [0, T] in Teilintervalle. Gibt es mehrere derartige Variablen, so wird im Hinblick auf die Schachtelung der optimalen Lösung diejenige mit kleinstem Index j, also ein möglichst weit vom Endprodukt entferntes Produkt j, ausgewählt.

---

27 Man beachte, daß sich jedes Kürzeste-Wege-Problem von einem Start- zu einem Endknoten als Umladeproblem formulieren läßt. Dabei ist der Startknoten einziger Anbieter mit Angebot 1, der Endknoten einziger Nachfrager mit Nachfrage 1, alle übrigen Knoten fungieren als Umladeknoten; vgl. Domschke (1995, Kap. 3 sowie Aufg. 5.3).

Zur Auswahl des nächsten zu betrachtenden Teilproblems P_μ wird die Minimal-Lower-Bound-Regel eingesetzt, um schnell zu guten Schranken zu gelangen.

Eine sehr einfache heuristische Vorgehensweise zur **Bestimmung einer oberen Schranke** erhält man z.B. durch Verschärfung der Bedingungen (3.115) zu $z_{\mu_j t} - z_{jt} = 0$ für $j = 1,...,n-1$ und $t = 1,...,T$ und Lösung eines Wagner-Whitin-Modells für das Endprodukt n. Dabei wird als Fixkostensatz die Summe der Fixkostensätze aller Produkte verwendet. Lagerkosten fallen aufgrund der strengen Schachtelung nur bei dem Endprodukt an, so daß der Lagerkostensatz des Endproduktes unmodifiziert eingesetzt wird. Weitere Heuristiken beschreiben wir im folgenden Kapitel.

Zum **Ausloten von Teilproblemen** werden untere Schranken, wie beschrieben, mit Hilfe einer Lagrange-Relaxation im Rahmen eines Subgradientenverfahrens ermittelt.

Bemerkung 3.20: Während Afentakis et al. (1984) die Bedingungen (3.115) lediglich im Rahmen des Verzweigungsprozesses berücksichtigen, kann auch die Lagrange-Relaxation entsprechend verschärft werden. Dadurch würde allerdings die Eigenschaft, daß die Relaxation bei gegebenem λ in voneinander unabhängige Wagner-Whitin-Modelle zerfällt, verlorengehen. Salomon (1991, S. 111) relaxiert daher auch diese Bedingung. Mit nichtnegativen Lagrange-Multiplikatoren ξ_{jt} kann man der Zielfunktion der Lagrange-Relaxation (3.117) einen Term $\sum_j \sum_t \xi_{jt} \cdot (z_{jt} - z_{\mu_j t})$ hinzufügen. Im Rahmen eines Subgradientenverfahrens werden nun möglichst günstige Werte für alle λ und ξ gesucht.

3.3.3.3 Heuristiken für das Grundmodell

Unser unkapazitiertes Grundmodell mit konvergierender Produktstruktur schließt Modelle mit serieller Struktur ein. Für beide Problemstellungen sind Heuristiken entwickelt worden. Sie lassen sich v.a. unterteilen in:

a) Verfahren, die periodenweise vorgehen: In jeder Periode $t = 2,...,T$ wird simultan für alle Produkte die für das Intervall $[1, t-1]$ bereits ermittelte Politik weiterentwickelt.

b) Verfahren, die produktweise vorgehen: Nacheinander wird für jedes der n Produkte jeweils eine Planung für sämtliche T Perioden vorgenommen.

Zu a) zählen z.B. das für serielle Strukturen entwickelte Verfahren von Lambrecht et al. (1981) sowie der für konvergierende Strukturen entwickelte Algorithmus von Afentakis (1987); vgl. zu letzterem auch Tempelmeier (1995, S. 274 ff.). Zu b) zählen die für konvergierende Strukturen beschriebenen Verfahren von McLaren (1977), Graves (1981) sowie Blackburn und Millen (1982). Im folgenden betrachten wir einige dieser Vorgehensweisen etwas ausführlicher.

Heuristiken mit periodenweisem Vorgehen

Wir skizzieren nun ein Verfahren von Afentakis (1987), das aus Iterationen $t = 1,...,T$ besteht. Am Ende von Iteration $t-1$ liegt eine zulässige, geschachtelte (Teil-) Politik

$$Q(t-1) = \begin{bmatrix} \mathbf{q}_1(t-1) \\ \vdots \\ \mathbf{q}_n(t-1) \end{bmatrix}$$ für das Planungsintervall [1,t−1] vor; sie enthält eine (Teil-) Politik $\mathbf{q}_j(t-1) = (q_{j1},\dots,q_{j,t-1})$ für jedes Produkt j. Ferner sei $\pi_{j,t-1}$ die letzte *Produktionsperiode*, also die letzte Periode mit positiver Losgröße, im Rahmen der Politik $\mathbf{q}_j(t-1)$. Gehen wir davon aus, daß b_{n1} positiv und alle Direktbedarfskoeffizienten a_{jk} gleich 1 sind, so ist $Q(1) = \begin{bmatrix} q_{11} = b_{n1} \\ \vdots \\ q_{n1} = b_{n1} \end{bmatrix}$. In Iteration t wird dann eine Politik $Q(t) = \begin{bmatrix} \mathbf{q}_1(t) \\ \vdots \\ \mathbf{q}_n(t) \end{bmatrix}$ mit $\mathbf{q}_j(t) = (q_{q1},\dots,q_{jt})$ für alle Produkte j und das Planungsintervall [1,t] gesucht, die folgende Eigenschaften erfüllt:

a) Alle Produktionsperioden aus $\mathbf{q}_j(t-1)$ bleiben erhalten. Der Bedarf b_{jt} wird entweder in $\pi_{j,t-1}$ mit produziert (1. Alternative), oder es wird in einer der Perioden $\pi_{j,t-1}+1,\dots,t$ zusätzlich ein Los aufgelegt (weitere $t-\pi_{j,t-1}$ Alternativen).
Hinsichtlich der Forderung a) stehen für Produkt j somit $t+1-\pi_{j,t-1}$ Alternativen zur Auswahl.

b) Die ermittelten Politiken $\mathbf{q}_j(t)$ sind geschachtelt, d.h. sie erfüllen die Eigenschaften von Satz 3.3.
Die Forderung b) reduziert somit die Zahl der zu überprüfenden Alternativen in Abhängigkeit von der Produktstruktur.

c) Die ausgewählte Politik Q(t) ist kostenminimal unter allen gemäß a) und b) zur Auswahl stehenden Alternativen.

Beispiel: Wir betrachten ein Problem mit der in Abb. 3.20 wiedergegebenen Produktstruktur. Als Daten seien ferner $a_{13} = a_{23} = 1$, $f_1 = 8$, $f_2 = 10$, $f_3 = 5$, $c_1^s = c_2^s = c_3^s = 1$ sowie die in Tab. 3.8 enthaltenen Bedarfe für das Endprodukt 3 gegeben. Zu Beginn und am Ende des Planungszeitraumes [0,3] seien alle Lagerbestände gleich 0.

t	1	2	3
b_{3t}	5	9	8

Tab. 3.8

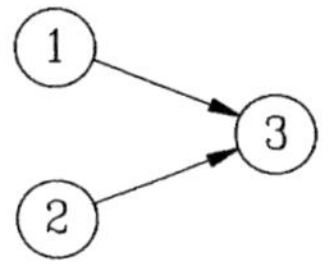

Abb. 3.20

Der Übersichtlichkeit halber wollen wir zur Beschreibung des Lösungsganges statt Losgrößenvariablen q_{jt} Rüstvariablen $z_{jt} \in \{0,1\}$ verwenden. Anstelle der Matrizen Q(t) für alle t betrachten wir Matrizen Z(t), die für eine Gesamtpolitik mit den zugehörigen Losgrößen lediglich die Entscheidungen über Rüsten $z_{jt} = 1$ oder Nichtrüsten $z_{jt} = 0$ enthalten. Wir erhalten den folgenden Lösungsgang:

Iteration 1: $Z(1) = \begin{bmatrix} 1 \\ 1 \\ 1 \end{bmatrix}$ mit Kosten 23; in Periode 1 wird jedes Produkt hergestellt.

Iteration 2: Ausgangspunkt der Berechnungen ist die Politik $Z(1) = \begin{bmatrix} 1 \\ 1 \\ 1 \end{bmatrix}$; die 1-Elemente dieser Matrix bleiben in jeder zulässigen Alternative für Z(2) erhalten. Die fünf potentiellen Politiken $\begin{bmatrix} 1 & 0 \\ 1 & 0 \\ 1 & 0 \end{bmatrix}$, $\begin{bmatrix} 1 & 0 \\ 1 & 0 \\ 1 & 1 \end{bmatrix}$, $\begin{bmatrix} 1 & 1 \\ 1 & 0 \\ 1 & 1 \end{bmatrix}$, $\begin{bmatrix} 1 & 0 \\ 1 & 1 \\ 1 & 1 \end{bmatrix}$, $\begin{bmatrix} 1 & 1 \\ 1 & 1 \\ 1 & 1 \end{bmatrix}$ erfüllen die obigen Bedingungen a) und b), wobei die dritte Politik mit 23 + 22 = 45 GE die geringsten Kosten verursacht.

Den Alternativen $\begin{bmatrix} 1 & 1 \\ 1 & 0 \\ 1 & 0 \end{bmatrix}$, $\begin{bmatrix} 1 & 0 \\ 1 & 1 \\ 1 & 0 \end{bmatrix}$, $\begin{bmatrix} 1 & 1 \\ 1 & 1 \\ 1 & 0 \end{bmatrix}$ liegen keine geschachtelten Politiken zugrunde, sie brauchen daher nicht betrachtet zu werden.

Iteration 3: Ausgangspunkt der Berechnungen ist die Politik $Z(2) = \begin{bmatrix} 1 & 1 \\ 1 & 0 \\ 1 & 1 \end{bmatrix}$; die 1-Elemente dieser Matrix bleiben in jeder potentiellen Politik für Z(3) erhalten. Die folgenden sieben potentiellen Politiken erfüllen die obigen Bedingungen a) und b), wobei die vierte und fünfte Politik mit jeweils 67 GE die geringsten Kosten verursachen:

$$\begin{bmatrix} 1 & 1 & 0 \\ 1 & 0 & 0 \\ 1 & 1 & 0 \end{bmatrix}, \begin{bmatrix} 1 & 1 & 0 \\ 1 & 0 & 0 \\ 1 & 1 & 1 \end{bmatrix}, \begin{bmatrix} 1 & 1 & 1 \\ 1 & 0 & 0 \\ 1 & 1 & 1 \end{bmatrix}, \begin{bmatrix} 1 & 1 & 0 \\ 1 & 1 & 0 \\ 1 & 1 & 1 \end{bmatrix}, \begin{bmatrix} 1 & 1 & 1 \\ 1 & 1 & 0 \\ 1 & 1 & 1 \end{bmatrix}, \begin{bmatrix} 1 & 1 & 1 \\ 1 & 0 & 1 \\ 1 & 1 & 1 \end{bmatrix}, \begin{bmatrix} 1 & 1 & 0 \\ 1 & 0 & 1 \\ 1 & 1 & 1 \end{bmatrix}.$$

Den beiden Matrizen Z(3) entsprechen die Losgrößenmatrizen

$$Q(3) = \begin{bmatrix} 5 & 17 & 0 \\ 5 & 17 & 0 \\ 5 & 9 & 8 \end{bmatrix} \text{ bzw. } Q(3) = \begin{bmatrix} 5 & 9 & 8 \\ 5 & 17 & 0 \\ 5 & 9 & 8 \end{bmatrix}.$$

Heuristiken mit produktweisem Vorgehen

Während exakte Verfahren alle Produkt-Interdependenzen vollständig und simultan berücksichtigen, lösen derartige Heuristiken sukzessive n Einprodukt-Probleme. Gehen wir davon aus, daß die Produkte topologisch sortiert sind, so werden sie in der Reihenfolge n,...,1 betrachtet. Für jedes der Produkte wird ein Wagner-Whitin-Problem gelöst. Für das Endprodukt liegen Primärbedarfe b_{nt} vor, für die übrigen Produkte j stellen die zuvor ermittelten Losgrößen $\mathbf{q}_{\mu_j} = (q_{\mu_j 1},\ldots, q_{\mu_j T})$ des (eindeutigen) Nachfolgerproduktes μ_j die Bedarfe dar.

Mit Hilfe dieser Vorgehensweise erhält man geschachtelte Losgrößenpolitiken, die die Regenerationseigenschaft (vgl. Satz 3.3) erfüllen.

Im einfachsten Fall wendet man obiges Verfahren auf das Problem mit den ursprünglichen Kostensätzen f_j und c_j^s an. Die Qualität der erhältlichen Lösung kann durch geeignete Wahl der Kostenkoeffizienten (Modifikation der fixen Rüstkosten sowie der variablen Lagerkostensätze) positiv beeinflußt werden. Dabei sollte die Losgrößenplanung eines übergeordneten Produktes die für die Produktion seiner (direkten und indirekten) Vorgängerprodukte anfallenden Kosten geeignet mit berücksichtigen. Trotz isolierter Lösung von n Einprodukt-Problemen können somit, auf dem Wege der Kostenanpassung, Interdependenzen zwischen den einzelnen Produkten gemäß der betrachteten Produktstruktur bei der Losgrößenentscheidung implizit berücksichtigt werden.

Im folgenden sollen fünf von McLaren (1977) bzw. Blackburn und Millen (1982) beschriebene und von letzteren getestete Varianten zur Modifikation der Kostensätze betrachtet werden. Die Autoren gewinnen diese Kostensätze durch Betrachtung jeweils eines aus den obigen Modellformulierungen 1 bzw. 2 abgeleiteten statischen Modells.
Die Modelle entstehen in beiden Fällen durch gleichmäßige Verteilung des Primärbedarfs des Endproduktes über den Planungszeitraum; man geht also von einem durchschnittlichen Periodenbedarf $b_n := (\sum_t b_{nt})/T$ aus.
Wählt man ferner (o.B.d.A., siehe Kap. 3.3.3.1) $a_{jk} = 1$ für alle Produktionskoeffizienten, so ergibt sich ein Modell der Form (3.48) - (3.51) mit $b_j = b_n$ für alle $j = 1,...,n-1$, im einen Fall mit den ursprünglichen, im anderen mit systemweiten Lagerkostensätzen.

Analog zu der in Kap. 3.2.3.2 beschriebenen Vorgehensweise von Schwarz und Schrage (1975) lassen sich Schätzungen für die Losauflageverhältnisse π_j zwischen Produkt j und seinem unmittelbaren Nachfolger $h = \mu_j$ ermitteln; diese bilden die Grundlage bei der Bestimmung modifizierter Kostensätze.

Variante 1 (Empfehlung von McLaren (1977)): Es werden modifizierte Rüstkosten $\hat{f}_j := f_j + \sum_{i \in \mathcal{V}_j} f_i / \pi_i$ ermittelt, während die Lagerkostensätze unverändert bleiben. Die Rüstkosten eines jeden Produktes werden dabei um die anteiligen (zeitproportional verrechneten) Rüstkosten aller direkten Vorgängerprodukte erhöht.

Vor der Modifikation der Fixkostensätze werden die zur Kostenanpassung benötigten π_j wie folgt ermittelt (vgl. (3.53)): $\pi_j = \sqrt{(f_j \cdot c_h) \;/\; (f_h \cdot c_j)}$

Bei den von Blackburn und Millen (1982) vorgeschlagenen Varianten wird von systemweiten Lagerbeständen ausgegangen. Bei den Varianten 2 und 4 ermittelt man wiederum zunächst Multiplikatoren π_j; anschließend werden die Kostensätze mit Hilfe der Betrachtung des oben angesprochenen statischen Modells durch folgende Formeln bestimmt:

$$\hat{f}_j := f_j + \sum_{i \in \mathcal{V}_j} \hat{f}_i / \pi_i \qquad \hat{c}_j^s := c_j^s + \sum_{i \in \mathcal{V}_j} \hat{c}_i^s \cdot \pi_i \tag{3.123}$$

Bei den Varianten 3 und 5 sind dagegen in Richtung der topologischen Sortierung abwechselnd π_j und modifizierte Kostensätze $\hat{c}_j^s$ und $\hat{f}_j$ zu berechnen. Man erkennt, daß die modifizierten Kostensätze höher sind als die ursprünglichen. Hierbei schlagen sowohl die Anzahl der Vorgänger eines Produktes als auch die Höhe ihrer Kostensätze zu Buche. Für Produkte ohne direkten Vorgänger entsprechen die modifizierten den ursprünglichen Kosten.

Variante 2: Unter Vernachlässigung der Ganzzahligkeitsbedingungen erhält man:

$$\pi_j = \sqrt{(f_j \cdot c_h^s) \;/\; (f_h \cdot c_j^s)}$$

Variante 3: Sie berücksichtigt zusätzlich zu Variante 2, daß in optimalen Lösungen für das statische Problem die π_j mindestens den Wert 1 besitzen. Es wird gefordert:

$$\pi_j = \max \{ \sqrt{(\hat{f}_j \cdot c_h^s) / (f_h \cdot \hat{c}_j^s)}, 1 \}$$

Variante 4: Sie berücksichtigt zusätzlich, daß das zu lösende Modell eine geschachtelte optimale Lösung besitzt; darin sind alle π_j ganzzahlig (vgl. Satz 3.3). Die π_j werden somit gemäß (3.53)' wie folgt bestimmt:

$$\pi_j \cdot (\pi_j - 1) \leq (f_j \cdot c_h^s) / (f_h \cdot c_j^s) \leq \pi_j \cdot (\pi_j + 1)$$

Variante 5: Sie ist eine Modifikation der Variante 4, bei der die π_j wie folgt ermittelt werden:

$$\pi_j \cdot (\pi_j - 1) \leq (\hat{f}_j \cdot c_h^s) / (f_h \cdot \hat{c}_j^s) \leq \pi_j \cdot (\pi_j + 1)$$

Blackburn und Millen (1982) testeten obige Varianten anhand von Problemen mit jeweils (nur) fünf Produkten und verschiedenen konvergierenden Produktstrukturen, wobei die Varianten 3 und 5 zu den besten Ergebnissen führten.

Afentakis (1987) verglich sein Verfahren u.a. mit den obigen Varianten 1 und 3 anhand von Problemen mit konvergierender Produktstruktur, bis zu 50 Produkten und bis zu 15 Produktstufen. Dabei lieferte seine Heuristik Lösungen, deren Zielfunktionswerte jeweils um weniger als 0.5 % über dem Optimum lagen; bei den obigen Varianten 1 und 3 ergaben sich jeweils deutlich größere Abweichungen (durchschnittlich etwa 6 bzw. 1 %, maximal 14.4 bzw. 2.6 %). Die besseren Ergebnisse werden durch etwa das Dreifache der Rechenzeiten erkauft, die aber selbst bei den größten Problemen auf einer DEC-10 Maschine nur im Bereich von 30 Sekunden liegen. Darüber hinaus testete er die Heuristiken anhand von Problemen mit bis zu 200 Produkten und bis zu 45 Produktstufen, für die keine optimalen Lösungen ermittelt wurden; auch hierbei schnitt sein Verfahren hinsichtlich der Lösungsgüte deutlich besser ab als die übrigen.

Als weitere Heuristiken für Probleme bei konvergierender Produktstruktur sind diejenigen zu nennen, die auch Probleme mit allgemeineren Strukturen zu lösen gestatten. Genannt seien Kuik und Salomon (1990), deren Verfahren auf dem Prinzip des Simulated Annealing basiert, oder Salomon (1991, S. 111 ff.), der seine Vorgehensweise auf einem Subgradientenverfahren, basierend auf der Lagrange-Relaxation gemäß (3.117), aufbaut.

3.3.3.4 Allgemeinere unkapazitierte Modelle

Unkapazitierte Modelle mit divergierender Produktstruktur: Eine auf dynamischer Optimierung und dem Verfahren von Zangwill (1969) aufbauende Vorgehensweise stammt von Veinott (1969); siehe zu diesem Problem auch Kalymon (1972).

Unkapazitierte Modelle mit allgemeiner Produktstruktur: Afentakis und Gavish (1986) verallgemeinern das B&B-Verfahren von Afentakis et al. (1984), wobei ebenfalls nur Endprodukte Primärbedarf besitzen dürfen.

Heuristische Verfahren wurden u.a. von Graves (1981) und Heinrich (1987) entwickelt.

3.3.3.5 Kapazitierte mehrstufige Modelle

Im folgenden gehen wir kurz auf mehrstufige Modelle unter Berücksichtigung von Kapazitätsrestriktionen ein. Wie in Kap. 1.3.4 erläutert, spielen derartige Modelle im Rahmen moderner kapazitätsorientierter PPS-Systeme eine wesentliche Rolle. Um den Rahmen dieses Buches jedoch nicht zu sprengen, beschränken wir uns auf einen kurzen Abriß der Literatur. Die meisten bislang vorgeschlagenen Lösungsansätze basieren auf Konzepten, wie sie in den vorangegangenen Kapiteln beschrieben sind.

Einen Überblick über die Literatur zu kapazitierten mehrstufigen Losgrößenproblemen bis zum Beginn der 80-er Jahre geben Billington et al. (1983). Für Übersichten der neueren Literatur verweisen wir auf Helber (1994), Derstroff (1995) sowie Drexl und Kimms (1997).

Zusätzlich zur Losgrößenproblematik entsteht bei Betrachtung beschränkter Ressourcen ein Reihenfolge- bzw. Maschinenbelegungsproblem, da Produkte auf unterschiedlichen Stufen der Erzeugnisstruktur gemeinsam um knappe Ressourcen konkurrieren. Bei derartigen Problemstellungen ist häufig selbst das Auffinden einer zulässigen Lösung bereits NP-vollständig. Daher werden zumeist stark eingeschränkte Modelle mit (einfachen) heuristischen Verfahren gelöst.

Probleme mit *einer einzigen Engpaßmaschine* betrachten Kuik et al. (1993) sowie Kimms (1996 a, 1996 b).

Modelle mit *serieller* bzw. *konvergierender Produktstruktur* untersuchen Maes et al. (1991), Maes und van Wassenhove (1991), Salomon (1991, S. 119 ff.), Toklu und Wilson (1992), Billington et al. (1994) sowie Harrison und Lewis (1996). Ein *zweistufiges* Problem behandeln Brüggemann und Jahnke (1994).

Für allgemeinere Probleme mit *mehreren Maschinen* und *allgemeiner Produktstruktur* werden Modellformulierungen und heuristische Lösungsverfahren von Tempelmeier und Derstroff (1993, 1996), Helber (1994, 1995), Tempelmeier und Helber (1994), Derstroff (1995), Stadtler (1996a, 1997) sowie Kimms (1997) beschrieben. Ein exaktes Verfahren geben Clark und Armentano (1995) an.

Zu einer Einbindung derartiger Problemstellungen und Lösungsverfahren in *hierarchische Planungskonzepte* vgl. Derstroff (1995) sowie Söhner und Schneeweiß (1995).

3.4 Stochastische Modelle

In den vorhergehenden Kapiteln sind wir ausführlich auf Losgrößen- und Bestellmengenprobleme eingegangen. Dabei wurden sämtliche Problemgrößen als deterministisch unterstellt. Diese Annahme ist in der Praxis häufig unzutreffend, da sowohl Nachfrageverläufe als auch Fertigungsprozesse in der Regel nicht exakt vorhersagbar sind. Daher wird in der Literatur eine Vielzahl von Modellen betrachtet, die vor allem stochastische Nachfrageprozesse berücksichtigen. Diese beschränken sich jedoch in der Regel auf die Disposition eines Produktes in einem Lager. Überblicke über derartige Modelle geben z.B. Hadley und Whitin (1963), Naddor (1971), Hochstädter (1969), Schneeweiß (1981) sowie Bartmann und Beckmann (1989).

Das vorliegende Kapitel soll lediglich einen kleinen Einblick in das Gebiet der stochastischen Losgrößenmodelle und deren Lösungsmöglichkeiten vermitteln. Eine ausführliche Darstellung des Stoffes würde einen ähnlichen Umfang wie diejenige für deterministische Modelle annehmen und den von uns gesteckten Rahmen sprengen.

Wir geben zunächst einen kurzen Überblick über wesentliche Merkmale stochastischer Modelle. Bei der Lösung derartiger Modelle beschränkt man sich aufgrund der Problemkomplexität zumeist auf die Ermittlung spezieller *Lagerhaltungspolitiken*, die auch praktische Relevanz haben. Eine Übersicht derartiger Politiken bietet Kap. 3.4.2. In Kap. 3.4.3 beschreiben wir zwei einfache Modelle. Da in der Literatur weithin üblich, beschränken wir uns in diesem Kapitel im wesentlichen auf Bestellmengenprobleme. Eine Übertragung auf Losgrößenprobleme ist gemäß unserer Aussagen in Kap. 3.1 leicht möglich.

3.4.1 Merkmale stochastischer Lagerhaltungsmodelle

In Kap. 3.1.1 haben wir eine allgemeine Klassifikation für Lagerhaltungsmodelle angegeben. An dieser Stelle wollen wir nun genauer auf charakteristische Eigenschaften stochastischer Modelle eingehen:

1) **Informationsgrad über die Daten:**

   In der Praxis ist in der Regel von unsicheren Bedarfsprognosen (aufgrund von unvollständigen Informationen, unvorhersehbaren Ereignissen und Zufallseinflüssen) auszugehen. Um diese Unsicherheit zu berücksichtigen, beschreibt man Nachfragen durch Zufallsvariablen mit bekannter oder zu ermittelnder Wahrscheinlichkeitsverteilung.

   Außerdem können Bestelldauern (*Lieferfristen*) bzw. Fertigungsdauern stochastische Größen sein. Werden Lieferfristen berücksichtigt, so sind neben dem tatsächlichen (physischen) Lagerbestand l *offene Bestellmengen* (bestellte, aber noch nicht verfügbare Mengen) l_b zu beachten. Nachlieferbare Fehlmengen bilden einen *Vormerkbestand* l_v. Die verschiedenen Bestandsgrößen ergeben den *disponiblen Lagerbestand* $l_d := l + l_b - l_v$.

2) **Zeitliche Entwicklung der Nachfrage:**

   Bei *statischen* (stationären) Modellen wird für die Zufallsvariablen für den Bedarf aller Perioden dieselbe Verteilungsfunktion und damit derselbe Erwartungswert unterstellt.

Bei *dynamischen* (instationären) Modellen kann in jeder Periode eine andere Verteilungsfunktion für die Nachfrage auftreten.

Bei den meisten Modellen wird unterstellt, daß die Nachfragen der verschiedenen Perioden voneinander *stochastisch unabhängig* sind. Nur in wenigen Modellen wird von der Korrelation der Nachfrageereignisse ausgegangen.

3) **Überwachung des Lagerbestandes:**

Bei Modellen mit *kontinuierlich überwachtem* Lager sind zu jedem Zeitpunkt genaue Lagerbestände bekannt. Entscheidungen über Bestellungen sind jederzeit möglich.

Bei Modellen mit *periodischer Überwachung* sind äquidistante (diskrete) Zeitpunkte (*Inspektionszeitpunkte*) vorgegeben, zu denen der Lagerbestand überprüft wird und Entscheidungen über Bestellungen getroffen werden können. Die von Inspektionszeitpunkten begrenzten Intervalle bezeichnet man als *Inspektionsintervalle.*

4) **Wahl des Planungszeitraumes:**

Ein *unendlicher Planungshorizont* wird wie im deterministischen Fall bei kontinuierlich überwachten Modellen mit konstanter (stationärer) Nachfrage zugrundegelegt.

Bei *Einperiodenmodellen* wird nur eine Absatzperiode (z.B. eine Saison, ein Tag) betrachtet, und es ist nur einmal eine Entscheidung über eine Bestellung zu treffen.

Bei *Mehrperiodenmodellen* wird ein Planungszeitraum mit T Perioden unterstellt.

5) **Servicegrad:**

Ein Servicegrad (Lieferbereitschaft) dient zur Bestimmung der Lieferfähigkeit eines Lagers (bzw. des gesamten Unternehmens). Man unterscheidet dabei vor allem zwei Definitionen:

- Der *α-Servicegrad* gibt die relative Häufigkeit von Fehlmengenereignissen an. Dabei spielt die Anzahl fehlender ME keine Rolle.
- Der *β-Servicegrad* beschreibt das Verhältnis zwischen der direkt befriedigbaren und der insgesamt bestehenden Nachfrage.

6) **Sicherheitsbestand:**

Im Zusammenhang mit stochastischer Nachfrage und/oder Bestelldauern ist das Halten von Sicherheitsbeständen notwendig, um bestimmte Servicegrade garantieren zu können; vgl. z.B. Inderfurth (1994, 1995). Dieser Bestand dient als Puffer, um unerwartet hohe Nachfragen bzw. Fehlprognosen zwischen Bestellungen und Eintreffen der bestellten Produkte im Lager zu kompensieren. Sicherheitsbestände spielen vor allem bei periodisch überwachten Systemen eine wichtige Rolle.

3.4.2 Allgemeine Lagerhaltungspolitiken

Wie schon mehrfach angesprochen, ist im Rahmen von Lagerhaltungsmodellen vorwiegend über Bestellmengen und -zeitpunkte zu entscheiden. Dies führt v.a. zu folgenden Strategien:

Bestimmung von Bestellmengen:

- Bei jeder Bestellung wird eine feste Menge q bestellt.
- Es wird so viel bestellt, daß das Lager durch die bestellte Menge bis zu einem Bestand S (*Bestellgrenze*; engl. *order level*) aufgefüllt wird.

Bestimmung von Bestellzeitpunkten:

- Es wird jeweils nach Ablauf eines Zeitraumes τ (*Zyklusdauer*, engl. *scheduling period*) bestellt.
- Es wird immer dann bestellt, wenn eine Unterschreitung des *Bestellpunktes* s durch den Lagerbestand festgestellt wird.

Daraus ergeben sich unterschiedliche **Lagerhaltungspolitiken** (*Bestellregeln*):[28]

- **(s, S)-Politik** (Bestellmengen-Bestellgrenzen-Politik): Jeweils nach Erreichen des Bestellpunktes s wird die Menge $S - l_d$ bestellt. Im Fall periodischer Lagerbestandsüberwachung ist nur zu den Inspektionszeitpunkten zu entscheiden, ob s bereits unterschritten wurde. Daher wird oft ein dritter Parameter R für die Länge des Inspektionsintervalls mit angegeben: (s, S, R)-Politik.
- **(s,q)-Politik:** Nach Erreichen des Bestellpunktes s wird immer dieselbe Menge q bestellt (vgl. den Begriff q-stationäre Losgrößenpolitik in Def. 3.2). Bei periodischer Überwachung ist dies häufig zu starr; daher wird jeweils nach Unterschreitung von s ein ganzzahliges Vielfaches einer Menge q bestellt (vgl. den Begriff Basispolitik in Def. 3.3). Eine derartige Politik wird als $(\pi \cdot q, s, R)$-Politik bezeichnet.
- **(τ,S)-Politik:** Jeweils nach Ablauf eines Zyklus der Länge τ wird der disponible Lagerbestand auf S erhöht, also $S - l_d$ bestellt (vgl. den Begriff τ-stationäre Losgrößenpolitik in Def. 3.2). Im Fall periodischer Überwachung wird τ durch den Wert von R determiniert; daher auch (S,R)- Politik.
- **(τ,q)-Politik:** Jeweils nach Ablauf eines Zyklus der Länge τ wird dieselbe Menge q bestellt (vgl. den Begriff stationäre Losgrößenpolitik in Def. 3.2).

Die beiden erstgenannten Bestellregeln bezeichnet man auch als *Bestellpunkt-* und die beiden letztgenannten als *Bestellzyklusverfahren.*

3.4.3 Ausgewählte stochastische Modelle

Im folgenden wollen wir zwei in der Literatur weit verbreitete Einproduktmodelle darstellen. Für komplexere Modelle verweisen wir auf die oben angegebene Literatur; vgl. ferner zu einer stochastischen Version des ELSP z.B. Federgruen und Katalan (1996).

---

28 Die von uns in Def. 3.2 eingeführten Losgrößenpolitiken sind spezielle Ausprägungen allgemeiner Lagerhaltungspolitiken.

3.4.3.1 Eine stochastische Variante des EOQ-Modells

Wir beschreiben ein statisches Einproduktmodell, das sich vom EOQ-Modell lediglich durch stochastische Nachfragen und deterministische Bestelldauern unterscheidet. Es geht somit von folgenden Annahmen aus; vgl. Schneeweiß (1981), Neumann und Morlock (1993, S. 639 ff.) sowie Neumann (1996, S. 62 ff.):

- Disposition eines Gutes
- deterministische Bestelldauer
- stochastische Nachfrage mit stationärer Wahrscheinlichkeitsverteilung und voneinander stochastisch unabhängigen Nachfrageereignissen
- fixe Rüstkosten, lineare Lagerhaltungskosten
- kontinuierliche Lagerbestandsüberwachung
- keine Kapazitätsbeschränkungen
- nachlieferbare Fehlmengen (Verzugsmengen) sind erlaubt
- unendlicher Planungshorizont

Ziel des Modells ist die Ermittlung einer zeitinvarianten Bestellmenge bzw. Losgröße und eines Bestellpunktes, also einer (s, q)-Politik, die zur *Minimierung der erwarteten mittleren Gesamtkosten* pro ZE führen.

Es werden folgende **Parameter** verwendet:

μ Erwartungswert des Bedarfs pro ZE (Bedarfsrate) b; $\mu := E(b)$

λ Bestelldauer

b_λ Zufallsvariable für die kumulierte Nachfrage während der Bestelldauer λ mit stetiger Dichtefunktion $f(b_\lambda)$ und Verteilungsfunktion $F(b_\lambda)$

μ_λ Erwartungswert für die kumulierte Nachfrage während der Bestelldauer λ; $\mu_\lambda := E(b_\lambda)$

f fixe Bestellkosten (GE pro Bestellung)

c variable Lagerhaltungskosten (GE pro ME und ZE)

u Fehlmengenkosten für Verzugsmengen (GE pro ME und Bestellzyklus)

Als **Variablen** betrachten wir die *Bestellmenge* q und den *Bestellpunkt* s.

Die erwarteten Gesamtkosten pro ZE berechnen sich aus den folgenden Erwartungswerten für bestellfixe Kosten, Lagerhaltungs- und Fehlmengenkosten:

$$E(K_b) := \frac{\mu}{q} \cdot f$$ Erwartungswert der bestellfixen Kosten pro ZE

$$E(K_l) := \left[\frac{q}{2} + s - \mu_\lambda \right] \cdot c$$ Erwartungswert der Lagerhaltungskosten pro ZE (gilt nur näherungsweise)

$$E(K_v) := \left[\frac{\mu}{q} \cdot \int_s^\infty (b_\lambda - s) \cdot f(b_\lambda)\, db_\lambda \right] \cdot u$$ Erwartungswert der Verzugskosten pro ZE

Dabei beschreibt $SB := s - \mu_\lambda$ den mittleren Lagerbestand bei Eintreffen einer Lieferung. SB bildet somit einen *Sicherheitsbestand.* q/2 stellt die losgrößenabhängige deterministische Lagerbestandskomponente dar (Sägezahnverlauf; vgl. EOQ-Modell).

Der Ausdruck $\bar{v}(s) := \int_s^\infty (b_\lambda - s) \cdot f(b_\lambda)\, db_\lambda = E(\max\{b_\lambda - s, 0\})$ gibt den Erwartungswert für die Verzugsmengen pro Loszyklus in Abhängigkeit vom Bestellpunkt s an.

Damit ergibt sich die **Zielfunktion** zu:

Minimiere $E(K(q,s)) = E(K_b) + E(K_l) + E(K_v)$

Man erhält durch partielle Differentiation nach q und s und Nullsetzen folgende Ausdrücke; vgl. Nahmias (1989, S. 235):

$$q^* = \sqrt{\frac{2 \cdot \mu \cdot (f + u \cdot \bar{v}(s^*))}{c}} \tag{3.124}$$

$$1 - F(s^*) = \frac{q^* \cdot c}{u \cdot \mu} \tag{3.125}$$

Zur Bestimmung der optimalen Werte q* und s* kann ein iteratives Verfahren eingesetzt werden, das in der Regel nach wenigen Iterationen konvergiert:

Man startet mit der anhand der EOQ-Formel erhältlichen Losgröße q^e. Danach bestimmt man abwechselnd Werte für s mit Hilfe von (3.125) und für q mit Hilfe von (3.124).

Wie schon in Bem. 3.5 angesprochen, ist es in der Praxis häufig schwierig, Strafkosten für Fehlmengen zu schätzen. Daher kann es auch sinnvoll sein, statt der Strafkosten Servicegrade in die Modellbildung einzubeziehen; vgl. Nahmias (1989, S. 201 ff.)

3.4.3.2 Ein (stationäres) Einperiodenmodell

Wir beschreiben das sogenannte **Zeitungsjungen-Problem** (engl. *newsboy problem*). Es läßt sich wie folgt charakterisieren:

Ein Zeitungsverkäufer hat am Anfang eines jeden Tages (einer jeden Periode) zu entscheiden, wieviele Zeitungen zu beschaffen sind, so daß sein Tagesgewinn maximal wird. Die (stochastische) Tagesnachfrage seiner Kunden kann durch eine (kontinuierliche) Zufallsvariable beschrieben werden. Zu berücksichtigen hat er einen vorgegebenen Einstandspreis, einen Verkaufspreis, einen Rücknahmepreis für nicht verkaufte Exemplare und Kosten für verlorengegangene Aufträge (z.B. Kunden- oder Imageverlust).

Das Modell geht von folgenden **Annahmen** aus; vgl. z.B. Hadley und Whitin (1963, S. 296 ff.):

- einmalige Disposition eines Gutes
- keine Bestelldauer
- stochastische Nachfrage mit gegebener Wahrscheinlichkeitsverteilung für eine Periode
- keine Rüstkosten

- lineare Einstands-, Verkaufs- und Rücknahmepreise
- keine Kapazitätsbeschränkungen
- unbefriedigte Nachfrage geht verloren; mengenproportionale Fehlmengenkosten

Es werden folgende **Parameter** verwendet:

b Zufallsvariable für die Nachfrage während einer Periode mit stetiger Dichtefunktion $f(\mathrm{b})$ und Verteilungsfunktion $F(\mathrm{b})$

e Einstandspreis (inklusive Lagerhaltungskosten in GE pro ME)

a Absatzpreis (GE pro ME)

r Rücknahmepreis (GE pro ME)

u Fehlmengenkosten für verlorene Aufträge (GE pro ME)

Als **Variable** verwenden wir die Bestellmenge q.

Als **Zielfunktion** betrachten wir den (zu maximierenden) erwarteten Gewinn der Periode:

$$\text{Maximiere } \mathrm{E(G(q))} = \mathrm{a} \cdot \int_0^{\mathrm{q}} f(\mathrm{b}) \cdot \mathrm{b}\, \mathrm{db} + \mathrm{a} \cdot \mathrm{q} \cdot \int_{\mathrm{q}}^{\infty} f(\mathrm{b})\, \mathrm{db} - \mathrm{e} \cdot \mathrm{q} + \mathrm{r} \cdot \int_0^{\mathrm{q}} (\mathrm{q}-\mathrm{b}) \cdot f(\mathrm{b})\, \mathrm{db} - \mathrm{u} \cdot \int_{\mathrm{q}}^{\infty} (\mathrm{b}-\mathrm{q}) \cdot f(\mathrm{b})\, \mathrm{db} \qquad (3.126)$$

Die ersten beiden Summanden von (3.126) beschreiben die erwarteten Verkaufserlöse. Dabei berücksichtigt der erste Summand diejenigen Fälle, bei denen die Nachfrage vollständig befriedigt werden kann, und der zweite die Fälle, bei denen der Bedarf die Bestellmenge übersteigt und somit lediglich q ME abgesetzt werden können. Der dritte Summand enthält die Einstandskosten, der vierte die erwarteten Rücknahmeerlöse und der fünfte die erwarteten Fehlmengenkosten.

Eine Lösung des unrestringierten Modells (3.126) erhält man durch Differenzieren und Nullsetzen. Dazu wird G(q) zunächst umformuliert mit $\mu := \int_0^{\infty} f(\mathrm{b}) \cdot \mathrm{b}\, \mathrm{db}$ als Erwartungswert der Nachfrage:[29]

$$\mathrm{G(q)} = (\mathrm{u}+\mathrm{a}-\mathrm{r}) \cdot \int_0^{\mathrm{q}} f(\mathrm{b}) \cdot \mathrm{b}\, \mathrm{db} + (\mathrm{a}+\mathrm{u}) \cdot \mathrm{q} \cdot (1-F(\mathrm{q})) - \mathrm{e} \cdot \mathrm{q} + \mathrm{r} \cdot \mathrm{q} \cdot F(\mathrm{q}) - \mathrm{u} \cdot \mu$$

Das Integral kann wie folgt abgeleitet werden (vgl. die sogenannten Volterra'schen Integralgleichungen; Bronstein und Semendjajew (1986, S. 90)):

$$\frac{\mathrm{d}}{\mathrm{dq}} \left[\int_0^{\mathrm{q}} f(\mathrm{b}) \cdot \mathrm{b}\, \mathrm{db} \right] = \int_0^{\mathrm{q}} 0 \cdot f(\mathrm{b})\, \mathrm{db} + \mathrm{q} \cdot f(\mathrm{q}) = \mathrm{q} \cdot f(\mathrm{q})$$

Die erste Ableitung von G(q) ergibt sich damit zu:

$$\frac{\mathrm{dG(q)}}{\mathrm{dq}} = (\mathrm{u}+\mathrm{a}-\mathrm{r}) \cdot \mathrm{q} \cdot f(\mathrm{q}) + (\mathrm{a}+\mathrm{u}) \cdot (1-F(\mathrm{q})) - (\mathrm{a}+\mathrm{u}) \cdot \mathrm{q} \cdot f(\mathrm{q}) - \mathrm{e} + \mathrm{r} \cdot F(\mathrm{q}) + \mathrm{r} \cdot \mathrm{q} \cdot f(\mathrm{q})$$

---

29 Für die Definition von μ unterstellen wir, daß keine negative Nachfrage auftreten kann.

Durch Nullsetzen und Umformen erhält man:

$$a+u-e + (r-a-u) \cdot F(q^*) = 0 \quad \Leftrightarrow \quad F(q^*) = (a+u-e)/(a+u-r)$$

Die entsprechende Bestellmenge q* läßt sich für bekannte Verteilungen mit Hilfe von Verteilungstabellen bestimmen. Da man zeigen kann, daß G(q) konkav ist, handelt es sich um die optimale Bestellmenge.

Bemerkung 3.21: In der Literatur werden eine Vielzahl von Verallgemeinerungen des Zeitungsjungen-Problems beschrieben. Bei Zweiperiodenmodellen wird eine Nachbestellung zu Beginn einer zweiten Periode erlaubt; vgl. z.B. Hillier und Lieberman (1988, S. 634 ff.). Diese bestehen z.B. in der Betrachtung mehrerer Produkte bei Vorliegen einer Lagerkapazitätsbeschränkung. Dieses Problem kann analog zu demjenigen in Kap. 3.2.2.2 gelöst werden; vgl. z.B. Hadley und Whitin (1963, S. 304 ff.). Betrachtet man mehr als ein zu disponierendes Gut, so lassen sich diverse Arten der Kopplung dieser Güter betrachten. Khouja et al. (1996) z.B. behandeln den Fall zweier Güter mit der Möglichkeit der Substituierbarkeit zwischen ihnen.

3.5 Literaturverzeichnis

Afentakis, P. (1987): A parallel heuristic algorithm for lot-sizing in multistage production systems. IIE Transactions **19**, S. 34 - 42.

Afentakis, P.; B. Gavish und U. Karmarkar (1984): Computationally efficient optimal solutions to the lot-sizing problem in multistage assembly systems. Management Science **30**, S. 222 - 239.

Afentakis, P. und B. Gavish (1986): Optimal lot-sizing algorithms for complex product structures. Operations Research **34**, S. 237 - 249.

Aggarwal, A. und J.K. Park (1993): Improved algorithms for economic lot-size problems. Operations Research **41**, S. 549 - 571.

Andler, K. (1929): Rationalisierung der Fabrikation und optimale Losgröße. Oldenbourg, München.

Atkins, D.R. (1994): A simple lower bound to the dynamic assembly problem. European Journal of Operational Research **75**, S. 462 - 466.

Axsäter, S. und H.L.W. Nuttle (1986): Aggregating items in multi-level lot sizing. In: Axsäter, S.; C. Schneeweiß und E. Silver (Hrsg.): Multi-stage production planning and inventory control, Lecture Notes in Economics and Mathematical Systems **266**, Springer, Berlin u.a., S. 109 - 118.

Axsäter, S. und H.L.W. Nuttle (1987): Combining items for lot sizing in multi-level assembly systems. International Journal of Production Research **25**, S. 795 - 807.

Bahl, H.C.; L.P. Ritzman und J.N.D. Gupta (1987): Determining lot sizes and resource requirements: a review. Operations Research **35**, S. 329 - 345.

Baker, K.R.; P. Dixon, M.J. Magazine und E.A. Silver (1978): An algorithm for the dynamic lot-size problem with time-varying production capacity constraints. Management Science **24**, S. 1710 - 1720.

Bartmann, D. und M.J. Beckmann (1989): Lagerhaltung - Modelle und Methoden. Springer, Berlin u.a.

Bastian, M. (1987): Zur Losgrößenbestimmung in mehrstufigen Mehrgütersystemen mit allgemeiner Fixkostenstruktur bei stationärer Nachfrage. In: Opitz, O. und B. Rauhut (Hrsg.): Ökonomie und Mathematik. Springer, Berlin u.a., S. 101 - 116.

Bastian, M. (1990): Lot trees: a unifying view and efficient implementation of forward procedures for the dynamic lot-size problem. Computers & Operations Research **17**, S. 255 - 263.

Benton, W.C. und S. Park (1996): A classification of literature on determining the lot size under quantity discounts. European Journal of Operational Research **92**, S. 219 - 238.

Billington, P.; J. Blackburn, J. Maes, R. Millen und L.N. van Wassenhove (1994): Multi-item lotsizing in capacitated multi-stage serial systems. IIE Transactions **26**, S. 12 - 17.

Billington, P.J.; J.O. McClain und L.J. Thomas (1983): Mathematical programming approaches to capacity-constraint MRP systems: review, formulation and problem reduction. Management Science **29**, S. 1126 - 1141.

Bitran, G.R. und H.H. Yanasse (1982): Computational complexity of the capacitated lot size problem. Management Science **28**, S. 1174 - 1186.

Blackburn, J.D. und R.A. Millen (1982): Improved heuristics for multi-stage requirements planning systems. Management Science **28**, S. 44 - 56.

Boctor, F.F. (1982): The two-product, single-machine, static demand, infinite horizon lot scheduling problem. Management Science **28**, S. 798 - 807.

Bogaschewsky, R. (1988): Dynamische Materialdisposition im Beschaffungsbereich - Simulation und Ergebnisanalyse. BME-Schriftenreihe für das Materialmanagement, Herausgeber: Bundesverband Materialwirtschaft, Einkauf und Logistik e.V., Frankfurt/Main.

Bogaschewsky, R. (1989): Dynamische Materialdisposition im Beschaffungsbereich. Zeitschrift für Betriebswirtschaft **59**, S. 855 - 874.

Bomberger, E.E. (1966): A dynamic programming approach to a lot size scheduling problem. Management Science **12**, S. 778 - 784.

Bourier, G. und H. Schwab (1978): Lagerhaltung bei Preiserhöhung. Zeitschrift für Operations Research **22**, S. 81 - 93.

Bourland, K.E. und C.A. Yano (1997): A comparison of solution approaches for the fixed-sequence economic lot scheduling problem. IIE Transactions **29**, S. 103 - 108.

Brink, A. (1988): Operative Lager- und Bestellmengenplanung unter besonderer Berücksichtigung von Lagerkapazitätsrestriktionen. Eul, Bergisch Gladbach - Köln.

Bronstein, I.N. und K.A. Semendjajew (1986): Taschenbuch der Mathematik, ergänzende Kapitel. 4. Aufl., Deutsch, Thun - Frankfurt.

Brüggemann, W. und H. Jahnke (1994): DLSP for 2-stage multi item batch production. International Journal of Production Research **32**, S. 755 - 768.

Brüggemann, W. (1995): Ausgewählte Probleme der Produktionsplanung - Modellierung, Komplexität und neuere Lösungsverfahren. Physica, Heidelberg.

Buzacott, J.A. (1975): Economic order quantities with inflation. Operational Research Quarterly **26**, S. 553 - 558.

Canel, C.; B.M. Khumawala und J.S. Law (1996): An efficient heuristic procedure for the single-item, discrete lot sizing problem. International Journal of Production Economics **43**, S. 139 - 148.

Carlson, M.L.; G.J. Miltenburg und J.J. Rousseau (1996): Economic order quantity and quantity discounts under date-terms supplier credit: A discounted cash flow approch. Journal of the Operational Research Society **47**, S. 384 - 394.

Chen, H.-D. und C.-Y. Lee (1995): Error bound for the dynamic lot size model allowing speculative motive. IIE Transactions **27**, S. 683 - 688.

Chen, W.-H. und J.-M. Thizy (1990): Analysis of relaxations for the multi-item capacitated lot-sizing problem. Annals of Operations Research **26**, S. 29 - 72.

Cho, K.-K.; K.H. Kim und C.S. Kim (1994): A heuristic lot sizing algorithm for a GT cell. Computers & Industrial Engineering **26**, S. 1 - 9.

Choo, E.U. und G.H. Chan (1990): Two-way eyeballing heuristics in dynamic lot sizing with backlogging. Computers & Operations Research **17**, S. 359 - 363.

Clark, A.J. und H. Scarf (1960): Optimal policies for a multi-echelon inventory problem. Management Science **6**, S. 475 - 490.

Clark, A.R. und V.A. Armentano (1995): The application of valid inequalities to the multi-stage lot-sizing problem. Computers & Operations Research **22**, S. 669 - 680.

Crowston, W.B.; M. Wagner und J.F. Williams (1973): Economic lot size determination in multi-stage assembly systems. Management Science **19**, S. 517 - 527.

Crowston, W.B. und M.H. Wagner (1973): Dynamic lot size models for multi-stage assembly systems. Management Science **20**, S. 14 - 21.

Davis, S.G. (1990): Scheduling economic lot size production runs. Management Science **36**, S. 985 - 998.

Davis, S.G. (1995): An improved algorithm for solving the economic lot size problem (ELSP). International Journal of Production Research **33**, S. 1007 - 1026.

Derstroff, M.C. (1995): Mehrstufige Losgrößenplanung mit Kapazitätsbeschränkungen. Physica, Heidelberg.

de Souza, K.X.S und V.A. Armentano (1994): Multi-item capacitated lot-sizing by a cross decomposition based algorithm. Annals of Operations Research **50**, S. 557 - 574.

Dinkelbach, W. (1964): Zum Problem der Produktionsplanung in Ein- und Mehrproduktunternehmen. Physica, Würzburg - Wien.

Ditt, S. und H. Kuhn (1997): An improved algorithm for solving the economic lot size problem (ELSP): A note. International Journal of Production Research **35**, S. 1785 - 1787.

Dixon, P.S. und E.A. Silver (1981): A heuristic solution procedure for the multi-item, single-level, limited capacity lot-sizing problem. Journal of Operations Management **2/1**, S. 23 - 39.

Dobson, G. (1987): The economic lot-scheduling problem: achieving feasibility using time-varying lot sizes. Operations Research **35**, S. 764 - 771.

Dogramaci, A.; J.C. Panayiotopoulos und N.R. Adam (1981): The dynamic lot-sizing problem for multiple items under limited capacity. AIIE Transactions **13**, S. 294 - 303.

Doll, C.L. und D.C. Whybark (1973): An iterative procedure for the single-machine multi-product lot scheduling problem. Management Science **20**, S. 50 - 55.

Domschke, W. (1995): Logistik: Transport. 4. Aufl., Oldenbourg, München - Wien.

Domschke, W. und A. Drexl (1995): Einführung in Operations Research. 3. Aufl., Springer, Berlin u.a.

Domschke, W. und A. Drexl (1996): Logistik: Standorte. 4. Aufl., Oldenbourg, München - Wien.

Drexl, A. und K. Haase (1995): Proportional lotsizing and scheduling. International Journal of Production Economics **40**, S. 73 - 87.

Drexl, A. und A. Kimms (1997): Lot sizing and scheduling – survey and extensions. European Journal of Operational Research **99**, S. 221 - 235.

Elmaghraby, S.E. (1978): The economic lot scheduling problem (ELSP): review and extensions. Management Science **24**, S. 587 - 598.

Eppen, G.D. und R.K. Martin (1987): Solving multi-item capacitated lot-sizing problems using variable redefinition. Operations Research **35**, S. 832 - 848.

Erickson, R.E.; C.L. Monma und A.F. Veinott (1987): Send-and-split method for minimum-concave-cost network flows. Mathematics of Operations Research **12**, S. 634 - 664.

Erlenkotter, D. (1990): Ford Whitman Harris and the economic order quantity model. Operations Research **38**, S. 937 - 946.

Federgruen, A. und Z. Katalan (1996): The stochastic economic lot scheduling problem: cyclical base-stock policies with idle times. Management Science **42**, S. 783 - 796.

Federgruen, A. und C.-Y. Lee (1990): The dynamic lot size model with quantity discount. Naval Research Logistics **37**, S. 707 - 713.

Federgruen, A. und M. Tzur (1991): A simple forward algorithm to solve general dynamic lot sizing models with n periods in O(n log n) or O(n) time. Management Science **37**, S. 909 - 925.

Federgruen, A. und M. Tzur (1995): Fast solution and detection of minimal forecast horizons in dynamic programs with a single indicator of the future: Applications to dynamic lot-sizing models. Management Science **41**, S. 874 - 893.

Fink, A. (1997): Untersuchungen zur effizienten Lösbarkeit dynamischer, unkapazitierter, mehrstufiger Mehrprodukt-Losgrößenprobleme. Arbeitspapier des Instituts für Wirtschaftswissenschaften der TU Braunschweig.

Fleischmann, B. (1988): Operations-Research-Modelle und -Verfahren in der Produktionsplanung. Zeitschrift für Betriebswirtschaft **58**, S. 347 - 372.

Fleischmann, B. (1990): The discrete lot-sizing and scheduling problem. European Journal of Operational Research **44**, S. 337 - 348.

Fleischmann, B. (1994): The discrete lot-sizing and scheduling problem with sequence-dependent setup costs. European Journal of Operational Research **75**, 395 - 404.

Fleischmann, B. und H. Meyr (1997): The general lotsizing and scheduling problem. OR Spektrum **19**, S. 11 - 21.

Fleischmann, B. und T. Popp (1989): Das dynamische Losgrößenproblem mit reihenfolgeabhängigen Rüstkosten. In: Pressmar, D.; K.E. Jäger, H. Krallmann, H. Schellhaas und L. Streitferdt (Hrsg.): Operations Research Proceedings 1988, Springer, Berlin u.a., S. 510 - 515.

Fogarty, D.W. und D.C. Aucamp (1985): Implied backorder costs. IIE Transactions **17**, S. 105 - 107.

Fujita, S. (1978): The application of marginal analysis to the economic lot scheduling problem. AIIE Transactions **10**, S. 354 - 361.

Gallego, G. und I. Moon (1995): Strategic investment to reduce setup times in the economic lot scheduling problem. Naval Research Logistics **42**, S. 773 - 790.

Gelders, L.F.; J. Maes und L.N. van Wassenhove (1986): A branch and bound algorithm for the multi item single level capacitated dynamic lotsizing problem. In: Axsäter, S.; C. Schneeweiß und E. Silver (Hrsg.): Multi-stage production planning and inventory control, Lecture Notes in Economics and Mathematical Systems **266**, Springer, Berlin u.a., S. 92 - 108.

Goyal, S.K. und A.S. Belton (1979): On "A simple method of determining order quantities in joint replenishments under deterministic demand". Management Science **25**, S. 604.

Graves, S.C. (1981): Multi-stage lot sizing: an iterative procedure. In: Schwarz, L.B. (Hrsg.): Multi-level production/inventory control systems: theory and practice, North-Holland, Amsterdam u.a., S. 95 - 110.

Graves, S.C. und J.B. Orlin (1985): A minimum concave-cost dynamic network flow problem with an application to lot-sizing. Networks **15**, S. 59 - 71.

Graves, S.C. und L.B. Schwarz (1977): Single cycle continuous review policies for arborescent production/inventory systems. Management Science **23**, S. 529 - 540.

Groff, G.K. (1979): A lot sizing rule for time-phased component demand. Production and Inventory Management **20**/1, S. 47 - 53.

Günther, H.-O. (1987): Planning lot sizes and capacity requirements in a single stage production system. European Journal of Operational Research **31**, S. 223 - 231.

Gutenberg, E. (1960): Sortenproblem und Losgröße. In: Seischab, H. und K. Schwantag (Hrsg.): Handwörterbuch der Betriebswirtschaft, 3. Aufl., Band III, Poeschel, Stuttgart, Sp. 4897 - 4906.

Haase, K. (1994): Lotsizing and scheduling for production planning. Springer, Berlin u.a.

Hadley, G. und T.M. Whitin (1963): Analysis of inventory systems. Prentice-Hall, Englewood Cliffs.

Haessler, R.W. (1979): An improved extended basic period procedure for solving the economic lot scheduling problem. IIE Transactions **11**, S. 336 - 340.

Hall, N.G. (1988): A multi-item EOQ model with inventory cycle balancing. Naval Research Logistics **35**, S. 319 - 325.

Hanssmann, F. (1962): Operations Research in production and inventory control. Wiley, New York - London.

Harris, F.W. (1913): How many parts to make at once. Factory, The Magazine of Management **10**, S. 135 - 136 und S. 152. Nachdruck in: Operations Research **38** (1990), S. 947 - 950.

Harrison, T.P. und H.S. Lewis (1996): Lot sizing in serial assembly systems with multiple constrained resources. Management Science **42**, S. 19 - 36.

Hartley, R. und L.C. Thomas (1982): The deterministic, two-product, inventory system with capacity constraint. Journal of the Operational Research Society **33**, S. 1013 - 1020.

Hax, A.C. und D. Candea (1984): Production and inventory management. Prentice-Hall, Englewood Cliffs.

Heinrich, C.E. (1987): Mehrstufige Losgrößenplanung in hierarchisch strukturierten Produktionsplanungssystemen. Springer, Berlin u.a.

Helber, S. (1994): Kapazitätsorientierte Losgrößenplanung in PPS-Systemen. M & P, Stuttgart.

Helber, S. (1995): Lot sizing in capacitated production planning and control systems. OR Spektrum **17**, S. 5 - 18.

Held, M.; P. Wolfe und H.P. Crowder (1974): Validation of subgradient optimization. Mathematical Programming **6**, S. 62 - 88.

Hillier, F.S. und G.J. Lieberman (1988): Operations Research. 4. Aufl., Oldenbourg, München - Wien.

Hindi, K.S. (1995): Solving the single-item, capacitated dynamic lot-sizing problem with startup and reservation costs by tabu search. Computers & Industrial Engineering **28**, S. 701 - 707.

Hindi, K.S. (1996): Solving the CLSP by a tabu search heuristic. Journal of the Operational Research Society **47**, S. 151 - 161.

Hindi, K.S. und T. Tahmassebi (1997): Solving the CLSP with setup times by tabu search. Arbeitspapier, Brunel University.

Hochstädter, D. (1969): Stochastische Lagerhaltungsmodelle. Springer, Berlin u.a.

Hsu, W.-L. (1983): On the general feasibility test of scheduling lot sizes for several products on one machine. Management Science **29**, S. 93 - 105.

Inderfurth, K. (1994): Safety stocks in multistage divergent inventory systems: A survey. International Journal of Production Economics **35**, S. 321 - 329.

Inderfurth, K. (1995): Multistage safety stock planning with item demands correlated across products and through time. Production and Operations Management **4**, S. 127 - 144.

Jackson, P.L.; W.L. Maxwell und J.A. Muckstadt (1988): Determining optimal reorder intervals in capacitated production-distribution systems. Management Science **34**, S. 938 - 958.

Joneja, D. (1990): The joint replenishment problem: new heuristics and worst case performance bounds. Operations Research **38**, S. 711 - 723.

Jordan, C. (1996): Batching and scheduling. Models and methods for several problem classes. Springer, Berlin u.a.

Kalymon, B.A. (1972): A decomposition algorithm for arborescence inventory systems. Operations Research **20**, S. 860 - 874.

Kao, E.P.C. (1979): A multi-product dynamic lot-size model with individual and joint set-up costs. Operations Research **27**, S. 279 - 289.

Karmarkar, U.S.; S. Kekre und S. Kekre (1987): The dynamic lot-sizing problem with startup and reservation costs. Operations Research **35**, S. 389 - 398.

Kaspi, M. und M.J. Rosenblatt (1983): An improvement of Silver's algorithm for the joint replenishment problem. IIE Transactions **15**, S. 264 - 266.

Kaspi, M. und M.J. Rosenblatt (1991): On the economic ordering quantity for jointly replenished items. International Journal of Production Research **29**, S. 107 - 114.

Khouja, M.; A. Mehrez und G. Rabinowitz (1996): A two-item newsboy problem with substitutability. International Journal of Production Economics **44**, S. 267 - 275.

Kimms, A. (1996 a): Competitive methods for multi-level lot sizing and scheduling: Tabu search and randomized regrets. International Journal of Production Research **34**, S. 2279 - 2298.

Kimms, A. (1996 b): Multi-level, single-machine lot sizing and scheduling (with initial inventory). European Journal of Operational Research **89**, S. 86 - 99.

Kimms, A. (1997): Multi-level lot sizing and scheduling. Methods for capacitated, dynamic, and deterministic models. Physica, Heidelberg.

Kirca, Ö. (1995): A primal-dual algorithm for the dynamic lotsizing problem with joint set-up costs. Naval Research Logistics **42**, S. 791 - 806.

Kistner, K.-P. und M. Steven (1993): Produktionsplanung. 2. Aufl., Physica, Heidelberg.

Knolmayer, G. (1985): Ein Vergleich von 30 "praxisnahen" Lagerhaltungsheuristiken. In: Ohse, D.; A.C. Esprester, H.-U. Küpper, P. Stähly und H. Steckhan (Hrsg.): Operations Research Proceedings 1984, Springer, Berlin u.a., S. 223 - 230.

Krarup, J. und O. Bilde (1977): Plant location, set covering and economic lot size: An O(nm)-algorithm for structured problems. In: Collatz, L. et al. (Hrsg.): Numerische Methoden bei Optimierungsaufgaben, Band 3: Optimierung bei graphtheoretischen und ganzzahligen Problemen, Birkhäuser, Basel - Stuttgart, S. 155 - 180.

Kuik, R. und M. Salomon (1990): Multi-level lot-sizing problem: Evaluation of a simulated-annealing heuristic. European Journal of Operational Research **45**, S. 25 - 37.

Kuik, R.; M. Salomon, L.N. van Wassenhove und J. Maes (1993): Linear programming, simulated annealing and tabu search heuristics for lotsizing in bottleneck assembly systems. IIE Transactions **25**, S. 62 - 72.

Lackes, R. (1990): Optimale Bestellpolitik bei sinkenden Beschaffungspreisen. Diskussionsbeitrag Nr. 158, Fernuniversität Hagen.

Lambrecht, M.R.; J. vander Eecken und H. Vanderveken (1981): Review of optimal and heuristic methods for a class of facilities in series dynamic lot-size problems. In: Schwarz, L.B. (Hrsg.): Multi-level production/inventory control systems: theory and practice, North-Holland, Amsterdam u.a., S. 69 - 94.

Lee, C.-Y. und S. Danusaputro (1989): Economic lot scheduling for two-product problem. IIE Transactions **21**, S. 162 - 169.

Lee, S.-B. und P.H. Zipkin (1989): A dynamic lot-size model with make-or-buy decisions. Management Science **35**, S. 447 - 458.

Lev, B. und H.J. Weiss (1990): Inventory models with cost changes. Operations Research **38**, S. 53 - 63.

Lotfi, V. und Y.-S. Yoon (1994): An algorithm for the single-item capacitated lot-sizing problem with concave production and holding costs. Journal of the Operational Research Society **45**, S. 934 - 941.

Love, S.F. (1972): A facilities in series inventory model with nested schedules. Management Science **18**, S. 327 - 338.

Maes, J.; J.O. McClain und L.N. van Wassenhove (1991): Multilevel capacitated lotsizing complexity and LP-based heuristics. European Journal of Operational Research **53**, S. 131 - 148.

Maes, J. und L.N. van Wassenhove (1991): Capacitated dynamic lotsizing heuristics for serial systems. International Journal of Production Research **29**, S. 1235 - 1249.

Marsten, R.E. (1975): The use of the boxstep method in discrete optimization. Mathematical Programming Study **3**, S. 127 - 144.

Martello, S. und P. Toth (1990): Lower bounds and reduction procedures for the bin packing problem. Discrete Applied Mathematics **28**, S. 59 - 70.

Martin, R.K. (1987): Generating alternative mixed-integer programming models using variable redefinition. Operations Research **35**, S. 820 - 831.

Maxwell, W.L. und J.A. Muckstadt (1985): Establishing consistent and realistic reorder intervals in production-distribution systems. Operations Research **33**, S. 1316 - 1341.

Maxwell, W.L. und H. Singh (1983): The effect of restricting cycle times in the economic lot scheduling problem. IIE Transactions **15**, S. 235 - 241.

Mayr, M. (1996): Hierarchische Produktionsplanung mit zyklischen Auflagemustern. Roederer, Regensburg.

McKnew, M.A.; C. Saydam und B.J. Coleman (1991): An efficient zero-one formulation of the multilevel lot-sizing problem. Decision Sciences **22**, S. 280 - 295.

McLaren, B.J. (1977): A study of multiple-level lot-sizing procedures for material requirements planning systems. Ph.D. Dissertation, Purdue University.

Meyer, M. und K. Hansen (1996): Planungsverfahren des Operations Research. 4. Aufl., Vahlen, München.

Meyr, H. (1997): The general lotsizing and scheduling problem with sequence dependent setup times. Schriften der Universität Augsburg.

Muckstadt, J.A. und H.M. Singer (1978): Comments on "Single cycle continuous review policies for arborescent production/inventory systems". Management Science **24**, S. 1766 - 1769.

Müller-Merbach, H. (1962): Die Bestimmung optimaler Losgrößen bei Mehrproduktfertigung. Dissertation, Technische Hochschule Darmstadt.

Muth, E.J. und K. Spremann (1983): Learning effects in economic lot sizing. Management Science **29**, S. 264 - 269.

Mykytka, E.F. und J.S. Ramberg (1984): On the sensitivity of the EOQ to errors in the forecast of demand. IIE Transactions **16**, S. 144 - 151.

Naddor, E. (1971): Lagerhaltungssysteme. Deutsch, Frankfurt/Main - Zürich.

Nahmias, S. (1982): Perishable inventory theory: A review. Operations Research **30**, S. 680 - 708.

Nahmias, S. (1989): Production and operations analysis. Irwin, Homewood - Boston.

Neumann, K. (1977): Operations Research Verfahren, Band II. Hanser, München.

Neumann, K. (1996): Produktions- und Operations-Management. Springer, Berlin u.a.

Neumann, K. und M. Morlock (1993): Operations Research. Hanser, München - Wien.

Orlicky, J. (1975): Materials requirement planning. McGraw-Hill, New York u.a.

Page, E. und R.J. Paul (1976): Multi-product inventory situations with one restriction. Operational Research Quarterly **27**, S. 815 - 834.

Park, K.S. und D.K. Yun (1984): A stepwise partial enumeration algorithm for the economic lot scheduling problem. IIE Transactions **16**, S. 363 - 370.

Park, K.S. und D.K. Yun (1985): Optimal scheduling of periodic activities. Operations Research **33**, S. 690 - 695.

Philipoom, P.R.; L.P. Rees und B.W. Taylor (1989): Solving the economic lot-scheduling problem using the method of prime subperiods. Decision Sciences **20**, S. 794 - 809.

Popp, T. (1993): Kapazitätsorientierte dynamische Losgrößen- und Ablaufplanung bei Sortenproduktion. Verlag Dr. Kovac, Hamburg.

Raafat, F. (1991): Survey of literature on continuously deteriorating inventory models. Journal of the Operational Research Society **42**, S. 27 - 37.

Rachamadugu, R. und R. Ramasesh (1994): Suboptimality of equal lot sizes for finite-horizon problems. Naval Research Logistics **41**, S. 1019 - 1027.

Rao, S.S. und H. Bahari-Kashani (1990): Economic order quantity and storage size - some considerations. Engineering Costs and Production Economics **19**, S. 201 - 204.

Richter, K. (1975): Deterministische dynamische Mehrproduktmodelle der Produktionsplanung und Lagerhaltung. Mathematische Operationsforschung und Statistik **6**, S. 385 - 395.

Richter, K. (1987): Stability of the constant cost dynamic lot size model. European Journal of Operational Research **31**, S. 61 - 65.

Richter, K. (1992): Average cost estimation of lot-sizing heuristics. International Journal of Production Economics **26**, S. 341 - 345.

Richter, K. (1996): The EOQ repair and waste disposal model with variable setup numbers. European Journal of Operational Research **96**, S. 313 - 324.

Robrade, A.D. (1991): Dynamische Einprodukt-Lagerhaltungsmodelle bei periodischer Bestandsüberwachung. Physica, Heidelberg.

Rosling, K. (1986): Optimal lot-sizing for dynamic assembly systems. In: Axsäter, S.; C. Schneeweiß und E. Silver (Hrsg.): Multi-stage production planning and inventory control, Lecture Notes in Economics and Mathematical Systems **266**, Springer, Berlin u.a., S. 119 - 131.

Roundy, R. (1985): 98%-effective integer-ratio lot-sizing for one-warehouse multi-retailer systems. Management Science **31**, S. 1416 - 1430.

Roundy, R. (1986): A 98%-effective lot-sizing rule for a multi-product, multi-stage production/inventory system. Mathematics of Operations Research **11**, S. 699 - 727.

Salomon, M. (1991): Deterministic lotsizing models for production planning. Springer, Berlin u.a.

Sandbothe, R.A. und G.L. Thompson (1993): Decision horizons for the capacitated lot size model with inventory bounds and stockouts. Computers & Operations Research **20**, S. 455 - 465.

Schenk, H.Y. (1991): Entscheidungshorizonte im deterministischen dynamischen Lagerhaltungsmodell. Physica, Heidelberg.

Schmidt, M. (1991): Exakte Verfahren für Losgrößenprobleme vom Wagner-Whitin-Typ. Diplomarbeit, Fachgebiet Operations Research, TH Darmstadt.

Schneeweiß, C. (1981): Modellierung industrieller Lagerhaltungssysteme - Einführung und Fallstudien. Springer, Berlin u.a.

Scholl, A.; R. Klein und C. Jürgens (1997): BISON: A fast hybrid procedure for exactly solving the one-dimensional bin packing problem. Computers & Operations Research **24**, S. 627 - 645.

Schwarz, L.B. und L. Schrage (1975): Optimal and system myopic policies for multi-echelon production/ inventory assembly systems. Management Science **21**, S. 1285 - 1294.

Silver, E.A. (1976): A simple method of determining order quantities in joint replenishments under deterministic demand. Management Science **22**, S. 1351 - 1361.

Silver, E.A. und H.C. Meal (1973): A heuristic for selecting lot-size quantities for the case of a deterministic time varying demand rate and discrete opportunities for replenishment. Production and Inventory Management **14/2**, S. 64 - 74.

Söhner, V. und C. Schneeweiß (1995): Hierarchically integrated lot size optimization. European Journal of Operational Research **86**, S. 73 - 90.

Soom, E. (1976): Optimale Lagerbewirtschaftung in Industrie, Gewerbe und Handel. Haupt, Bern - Stuttgart.

Stadtler, H. (1992 a): Optimale Lospolitiken für eine Leichtmetallgießerei. OR Spektrum **14**, S. 217 - 227.

Stadtler, H. (1992 b): Losgrößenentscheidungen bei zyklischem Lieferabruf. Zeitschrift für Betriebswirtschaft **62**, S. 1361 - 1380.

Stadtler, H. (1996 a): Mixed integer programming model formulations for dynamic multi-item multi-level capacitated lotsizing. European Journal of Operational Research **94**, S. 561 - 581.

Stadtler, H. (1996 b): On the equivalence of LP bounds provided by the shortest route and the simple plant location model formulations for dynamic multi-item multi-level capacitated lot-sizing. Schriften zur Quantitativen BWL 5/96, TH Darmstadt.

Stadtler, H. (1997): Reformulations of the shortest route model for dynamic multi-item multi-level capacitated lotsizing. OR Spektrum **19**, S. 87 - 96.

Stowers, C.L. und U.S. Palekar (1997): Lot sizing problems with strong set-up interactions. IIE Transactions **29**, S. 167 - 179.

Szendrovits, A.Z. (1981): Comments on the optimality in "Optimal and system myopic policies for multi-echelon production/inventory assembly systems". Management Science **27**, S. 1081-1087.

Tempelmeier, H. (1995): Material-Logistik, Quantitative Grundlagen der Materialbedarfs- und Losgrößenplanung. 3. Aufl., Springer, Berlin u.a.

Tempelmeier, H. und M. Derstroff (1993): Mehrstufige Mehrprodukt-Losgrößenplanung bei beschränkten Ressourcen und genereller Erzeugnisstruktur. OR Spektrum **15**, S. 63 - 73.

Tempelmeier, H. und M. Derstroff (1996): A Lagrangean-based heuristic for dynamic multi-level multi-item constrained lotsizing with setup times. Management Science **42**, S. 738 - 757.

Tempelmeier, H. und S. Helber (1994): A heuristic for dynamic multi-item multi-level capacitated lotsizing for general product structures. European Journal of Operational Research **75**, S. 296 - 311.

ter Haseborg, F. (1979): Optimale Lagerhaltungspolitiken für Ein- und Mehrproduktläger. Vandenhoeck & Ruprecht, Göttingen.

ter Haseborg, F. (1982): Optimale Lagerhaltungspolitik für Produkte mit Einkaufs- und Lagerbestandsbeschränkungen sowie mit Einstandspreisstaffeln. In: Fleischmann, B.; J. Bloech, G. Fandel, O. Seifert und H. Weber (Hrsg.): Operations Research Proceedings 1981, Springer, Berlin u.a., S. 276 - 284.

ter Haseborg, F. (1990): Dynamische Materialdisposition im Beschaffungsbereich. Zeitschrift für Betriebswirtschaft **60**, S. 705 - 730.

Toklu, B. und J.M. Wilson (1992): A heuristic for multi-level lotsizing problems with a bottleneck. International Journal of Production Research **30**, S. 787 - 798.

Trigeiro, W.W.; L.J. Thomas und J.O. McClain (1989): Capacitated lot sizing with setup times. Management Science **35**, S. 353 - 366.

van Hoesel, C.P.M. und A.P.M. Wagelmans (1996): An $O(T^3)$ algorithm for the economic lot-sizing problem with constant capacities. Management Science **42**, S. 142 - 150.

van Hoesel, S.; A. Wagelmans und B. Moerman (1994): Using geometric techniques to improve dynamic programming algorithms for the economic lot-sizing problem and extensions. European Journal of Operational Research **75**, S. 312 - 331.

Veinott, A.F. (1969): Minimum concave-cost solution of Leontief substitution models of multi-facility inventory systems. Operations Research **17**, S. 262 - 291.

Wagelmans, A.; S. van Hoesel und A. Kolen (1992): Economic lot sizing: an O(n log n) algorithm that runs in linear time in the Wagner-Whitin case. Operations Research **40**, S. S145 - S156.

Wagner, H.M. und T.M. Whitin (1958): Dynamic version of the economic lot size model. Management Science **5**, S. 89 - 96.

Webster, F.M. (1989): A back-order version of the Wagner-Whitin discrete-demand EOQ algorithm by dynamic programming. Production and Inventory Management **30**, S. 1 - 5.

Williams, J.F. (1982): On the optimality of integer lot size ratios in "Economic lot size determination in multi-stage assembly systems". Management Science **28**, S. 1341 - 1349.

Wissebach, B. (1977): Beschaffung und Materialwirtschaft. Neue Wirtschafts-Briefe, Herne - Berlin.

Yanasse, H.H. (1990): EOQ systems: The case of an increase in purchase cost. Journal of the Operational Research Society **41**, S. 633 - 637.

Zangwill, W.I. (1966): A deterministic multiproduct, multi facility production and inventory model. Operations Research **14**, S. 486 - 507.

Zangwill, W.I. (1969): A backlogging model and a multi-echelon model of a dynamic economic lot size production system - a network approach. Management Science **15**, S. 506 - 527.

Zangwill, W.I. (1987): Eliminating inventory in a series facility production system. Management Science **33**, S. 1150 - 1164.

Zipkin, P.H. (1991): Computing optimal lot sizes in the economic lot scheduling problem. Operations Research **39**, S. 56 - 63.

Zoller, K. (1977): Deterministic multi-item inventory systems with limited capacity. Management Science **24**, S. 451 - 455.

Zoller, K. (1982): Zur Bereitstellung und Nutzung von Lagerraum: Kosten- und Kapazitätseffekte der Einlagerungsorganisation. Zeitschrift für betriebswirtschaftliche Forschung **34**, S. 83 - 102.

Zoller, K. und A. Robrade (1987): Dynamische Bestellmengen- und Losgrößenplanung - Verfahrensübersicht und Vergleich. OR Spektrum **9**, S. 219 - 233.

Kapitel 4: Fließbandabstimmung

4.1 Einführung und grundlegende Begriffe

Ein möglicher Organisationstyp der Fertigung ist die *Fließfertigung*. Hierbei werden die Produktiveinheiten entsprechend der Reihenfolge der an einem Produkt durchzuführenden Bearbeitungsvorgänge hintereinander angeordnet. Die Produktiveinheiten (Arbeitskräfte und/ oder Betriebsmittel) bezeichnet man in diesem Zusammenhang als (Bearbeitungs-) **Stationen**.

Wir gehen davon aus, daß der (mehrstufige) Produktionsprozeß für jedes in Fließfertigung herzustellende Produkt (Auftrag) in **n Arbeitsgänge** zerlegt werden kann. Diese bestehen aus einzelnen Elementartätigkeiten oder aus einer Folge von Arbeitselementen, die aus ökonomischen oder technischen Gründen unmittelbar hintereinander auszuführen sind; daher werden Arbeitsgänge als unteilbar angesehen. Den Arbeitsgängen lassen sich **Bearbeitungszeiten** t_j $(j = 1,...,n)$ zuordnen; t_{sum} bezeichne die Summe aller Bearbeitungszeiten.

Aufgrund technologischer Bedingungen können zwischen Arbeitsgängen zeitliche **Vorrangrestriktionen** bestehen. Wir bezeichnen sie auch als **Reihenfolgebeziehungen.** Sie lassen sich mit Hilfe eines **Vorranggraphen** darstellen, der einem vorgangsknotenorientierten Netzplan entspricht. Ein Beispiel wird in Abb. 4.1 gegeben; siehe Hax und Candea (1984, S. 359):

Arbeitsgang	Vorgänger	t_j
1	–	6
2	–	9
3	1	4
4	1	5
5	2	4
6	3	2
7	3, 4	3
8	6	7
9	7	3
10	5, 9	1
11	8, 10	10
12	11	1

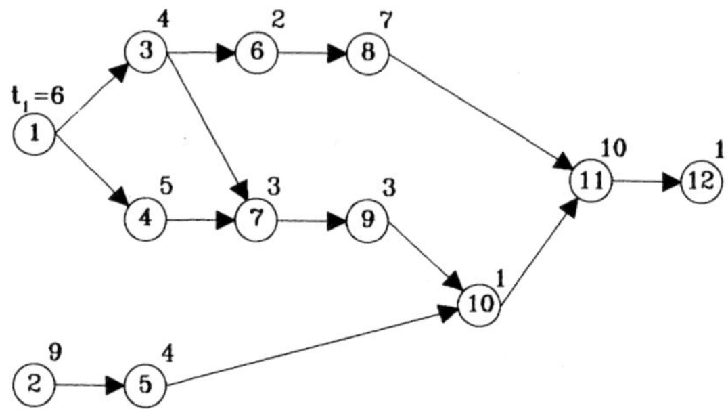

Abb. 4.1

Definition 4.1: Ein **Vorranggraph** ist ein zyklenfreier Digraph $G = (V,E,t)$. Die Knotenmenge V entspricht der Menge aller Arbeitsgänge, die Pfeilmenge E repräsentiert alle (unmittelbaren) Reihenfolgebeziehungen, und die Funktion $t : V \to \mathbb{R}_+$ ordnet jedem Arbeitsgang seine Bearbeitungszeit zu.

G ist zyklenfrei und damit topologisch sortierbar. Im folgenden unterstellen wir o.B.d.A., daß die Knoten entsprechend einer topologischen Sortierreihenfolge numeriert sind. Es gilt also für alle Pfeile (i,j) die Beziehung $i < j$.

An jeder Bearbeitungsstation werden ein oder mehrere Arbeitsgänge ausgeführt. Jeder Arbeitsgang wird aufgrund seiner Unteilbarkeit in der Regel genau einer Station zugeordnet. Nach dem zeitlichen Zusammenhang zwischen den verschiedenen Stationen unterscheidet man v.a. zwei Formen der Fließfertigung; vgl. etwa Diederich (1989, S. 281 ff.):

Steht jeder der Stationen eine fest vorgegebene Höchstzeit (**Taktzeit**) zur Bearbeitung eines Werkstückes (oder eines Loses) zur Verfügung, so spricht man von *Fließfertigung mit Zeitzwang* oder **getakteter Fließfertigung.**

Demgegenüber liegt eine *Fließfertigung ohne Zeitzwang* (*Reihenfertigung*) vor, wenn für die Durchführung des *Arbeitsinhalts* einer Station keine zeitliche Beschränkung vorgegeben wird. Dies bedeutet häufig, daß Pufferlager eingerichtet werden müssen, die teilweise bearbeitete Werkstücke so lange aufnehmen, bis die nächste zu durchlaufende Station wieder frei ist. Dabei kann es sich um Lagerplätze handeln, die räumlich fest zwischen zwei Stationen angeordnet sind (vgl. Abb. 4.2 a). Es sind jedoch auch zirkuläre Fördereinrichtungen denkbar, die als Pufferlager fungieren. Hierbei werden sämtliche noch nicht vollständig bearbeiteten Werkstücke wiederholt an den verschiedenen Stationen vorbeigeführt, von diesen nach Bedarf entnommen und nach erfolgter Bearbeitung zurückgelegt (vgl. Abb. 4.2 b).

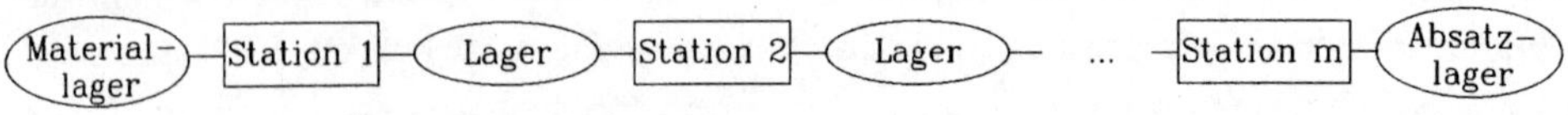

Abb. 4.2 a

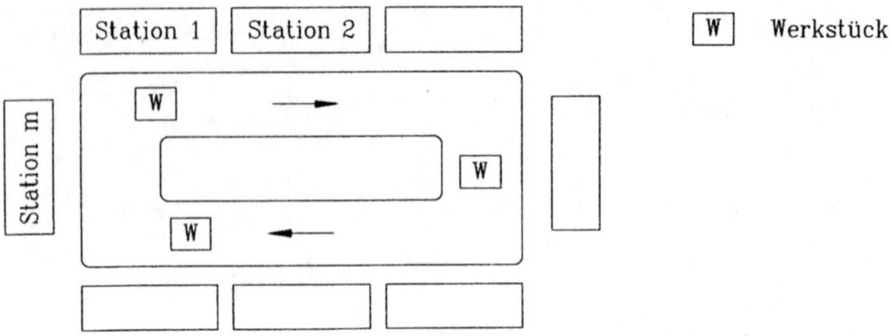

Abb. 4.2 b

Wir konzentrieren uns in den folgenden Abschnitten dieses Kapitels überwiegend auf den Fall der getakteten Fließfertigung; für den ungetakteten Fall verweisen wir auf Permutations-Flow Shop-Probleme in Kap. 5.5 (insbesondere Kap. 5.5.7).

Die getaktete Fließfertigung läßt sich wie folgt charakterisieren: Die einzelnen Stationen sind durch Transporteinrichtungen miteinander verbunden, die für eine zeitlich getaktete Weitergabe der Werkstücke sorgen. In der Regel handelt es sich dabei um Fließbänder; deshalb wird statt von getakteter Fließfertigung häufig auch von *Fließbandfertigung* gesprochen. Getakteter Transport bedeutet, daß die Werkstücke an den verschiedenen Stationen jeweils für eine festgelegte Zeitspanne (Taktzeit) zur Bearbeitung zur Verfügung stehen, bevor sie zur nächsten Station transportiert werden. Daher verläßt jeweils nach Ablauf der Taktzeit genau ein Werkstück das Band; die *Produktionsgeschwindigkeit* entspricht also dem Kehrwert der Taktzeit.

Ein getakteter Transport läßt sich grundsätzlich auf zwei Arten erreichen. Eine Möglichkeit besteht darin, das Band mit einer bestimmten Geschwindigkeit kontinuierlich vorwärtszubewegen. Dabei wird die notwendige räumliche Ausdehnung der Station durch die Bandgeschwindigkeit und die Taktzeit determiniert. Während der Bearbeitung eines Werkstückes innerhalb eines Taktes müssen sich die am Band beschäftigten Personen und/oder Maschinen parallel zum Fließband vorwärtsbewegen und am Ende des Taktes wieder zum Stationsbeginn zurückkehren. Diesen Sachverhalt verdeutlicht Abb. 4.3. Eine andere Möglichkeit der taktweisen Beförderung besteht darin, das Band während der Bearbeitung anzuhalten und die Werkstücke erst am Ende eines jeden Taktes zur nächsten Station weiterzubewegen (*intermittierender* Transport). Bei der Betrachtung derartiger Modelle werden zumeist die Transportzeiten vernachlässigt.

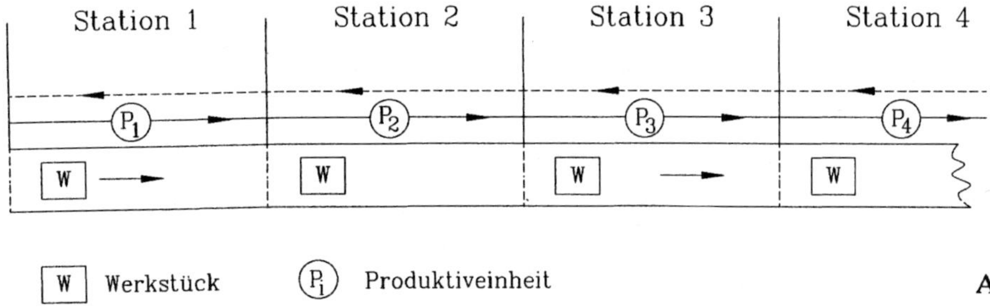

Abb. 4.3

Im Zusammenhang mit der Einrichtung und dem Betrieb von Fließband-Fertigungssystemen ergeben sich verschiedene, miteinander verknüpfte Entscheidungsprobleme. Allen in der Literatur beschriebenen Modellen gemeinsam ist das **Problem der Fließbandabstimmung** (Problem der Fließbandaustaktung, der Leistungsabstimmung oder des Bandabgleichs; engl. *assembly line balancing problem*). Es besteht darin, eine Zuordnung von Arbeitsgängen zu Stationen so zu bestimmen, daß eine zeit- oder kostenorientierte Zielfunktion unter Einhaltung der Vorrangbeziehungen und der Taktzeit optimiert wird. Dabei sind gleichzeitig Stationsanzahl und Taktzeit zu bestimmen. Durch die Ermittlung der Taktzeit ist gleichzeitig die Produktionsrate und damit auch die Produktionsmenge festzulegen. Daher bestehen Interdependenzen mit der **Produktionsprogrammplanung.**

Betrachtet man mehrere Produktarten, die gemeinsam auf einem Fließband zu fertigen sind, so ergibt sich über das Problem der Fließbandabstimmung hinaus ein **Reihenfolgeproblem.** Es ist in diesem Fall eine optimale Reihenfolge zu bestimmen, in der die verschiedenen Produkte das Fließband durchlaufen. Im Zusammenhang damit entsteht häufig ein **Losgrößenproblem,** da es unter Berücksichtigung von Rüstkosten bzw. -zeiten sinnvoll sein kann, Produkte jeweils losweise aufzulegen (vgl. Kap. 3).

Existieren verschiedene Verfahrensalternativen zur Herstellung eines Produktes, so ist simultan zur Abstimmung des Fließbandes eine **Verfahrenswahl** durchzuführen.

Bei Fließfertigung ohne Zeitzwang sind darüber hinaus Entscheidungen über die **Dimensionierung von Pufferlagern** zu treffen.

Selbst einfache Fließbandabstimmungsprobleme gehören zur Klasse der NP-schweren Probleme. Daher kann in der Regel kein exaktes Verfahren angegeben werden, das optimale Lösungen mit polynomialem Rechenaufwand bestimmt. Mit Hilfe der im folgenden zu definierenden Vorrangstrenge lassen sich gewisse Aussagen über den Schwierigkeitsgrad eines Problems machen.

Definition 4.2: Ein Graph $G^T = (V,E^T)$ wird als **transitive Hülle** eines Vorranggraphen $G = (V,E)$ bezeichnet, wenn folgendes gilt: E^T enthält einen Pfeil (i,j) genau dann, wenn in G mindestens ein Weg von Knoten i nach Knoten j existiert. Die Pfeilmenge entsteht also aus E durch Ergänzung aller möglichen transitiven Pfeile.

Definition 4.3: Die Größe $VS := \frac{|E^T|}{\frac{n}{2} \cdot (n-1)}$ bezeichnet man als **Vorrangstrenge.**

VS gibt das Verhältnis der in G existierenden direkten und indirekten Reihenfolgebeziehungen zur maximal möglichen Anzahl derartiger Reihenfolgebeziehungen an.

Beispiel: Ein Vorranggraph $G = (V, \phi)$ ohne Vorrangbeziehungen besitzt die Vorrangstrenge $VS = 0$; für einen Graphen $G = (V, \{(j, j+1) \mid j = 1,...,n-1\})$ gilt $VS = 1$.

Probleme mit VS = 1 sind polynomial lösbar, da die Reihenfolge der Arbeitsgänge fest vorgegeben ist. Für VS = 0 ergeben sich Bin Packing-Probleme; vgl. Scholl et al. (1997) sowie Kap. 5.4.1.4.

In der Literatur werden eine Vielzahl verschiedenartiger Fließbandabstimmungsmodelle sowie exakte und heuristische Lösungsverfahren beschrieben. Wir geben im folgenden zunächst eine Klassifikation verschiedener Problembestimmungsgrößen an. Anschließend beschreiben wir in Kap. 4.3 Modelle und Lösungsverfahren bei Einproduktfertigung. In Kap. 4.4 werden dann Mehrproduktmodelle Gegenstand der Betrachtung sein.

4.2 Klassifikation von Fließbandabstimmungsproblemen

Die in der Literatur beschriebenen Modelle unterscheiden sich in erster Linie hinsichtlich der Annahmen über die folgenden Merkmale; vgl. auch Scholl (1995, Kap. 1):

1) **Anzahl der Produkte:**

Bei *Einproduktmodellen* geht man davon aus, daß auf einem Fließband *ein homogenes Produkt* zu fertigen ist. Dieser Fall tritt bei Massenproduktion und Großserienfertigung auf.

Bei *Mehrproduktmodellen* betrachtet man die gemeinsame Fertigung mehrerer Produkte auf einem oder mehreren Fließbändern.

a) Handelt es sich bei den Produkten um Varianten eines Grundproduktes (z.B. Varianten desselben Fahrzeugtyps; Sortenfertigung), so werden diese in der Regel in gemischter Folge auf dem Fließband bearbeitet. Dabei können einzelne Arbeitsgänge von Variante zu Variante unterschiedliche Bearbeitungszeiten aufweisen, oder sie sind nur bei einzelnen Varianten durchzuführen. Es ist eine bezüglich einer vorgegebenen Zielgröße optimale Bearbeitungsreihenfolge für die Werkstücke der verschiedenen Varianten zu bestimmen. Wir wollen diese Art der Fließfertigung als *Varianten-Fließfertigung* (engl. *mixed-model assembly*) bezeichnen.

b) Sind mehrere verschiedene Produkte zu fertigen, zwischen deren Bearbeitung Umrüstvorgänge erforderlich sind, so müssen häufig Produktionslose gebildet werden. Daher ist zusätzlich zur Reihenfolgeplanung eine Losgrößenplanung erforderlich. Wir sprechen in diesem Fall auch von *losweiser Mehrprodukt-Fließfertigung* (engl. *multi-model assembly*).

2) Bearbeitungszeiten:

Statisch-deterministische Modelle unterstellen fest vorgegebene, unveränderliche Bearbeitungszeiten der Arbeitsgänge.

Dynamisch-deterministische Modelle berücksichtigen zeitliche Veränderungen deterministischer Bearbeitungszeiten, z.B. aufgrund von Lerneffekten. Darüber hinaus können Bearbeitungszeiten durch Umstellungen im Produktionsprozeß veränderlich sein.

Bei *stochastischen Modellen* betrachtet man die Bearbeitungszeiten als zufallsabhängige Größen. Zum einen entstehen solche Veränderungen durch Schwankungen in der Arbeitsgeschwindigkeit von Produktiveinheiten, zum anderen durch (zufällig auftretende) Maschinenausfälle. Im Hinblick auf die Produktivität des Fließfertigungssystems ist es bei stochastischen Bearbeitungszeiten häufig günstig, die mittleren Stationen weniger stark auszulasten als die am Anfang oder Ende des Systems. Es ergibt sich eine schüsselförmige Arbeitsverteilung; daher bezeichnet man diesen Effekt als *bowl phenomenon*.

3) Struktur des Fließbandsystems:

Bei Modellen *ohne parallele Stationen* geht man von heterogenen Stationen aus, denen jeweils unterschiedliche Arbeitsgänge zugeordnet werden müssen. In diesem Fall spricht man auch von einem *seriellen* Fließband, da sämtliche Stationen hintereinander angeordnet sind. Ein Spezialfall besteht darin, daß man das serielle Fließband *u-förmig* anordnet, d.h. Stationen am Anfang und Ende des Bandes liegen einander unmittelbar gegenüber. Dadurch lassen sich u.a. kurzfristige Arbeitsüberlastungen einzelner Stationen durch Mithilfe von Arbeitskräften gegenüberliegender Stationen leichter ausgleichen. Darüber hinaus kann man das Eingangs- und das Ausgangslager des Bandes an derselben Stelle betreiben; vgl. Kap. 4.3.6.4.

Bei Modellen *mit parallelen Stationen* sind mindestens zwei (nebeneinander angeordnete) Stationen vorgesehen, die dieselben Arbeitsgänge ausführen. Aufeinanderfolgende Aufträge werden von zueinander parallelen Stationen im zeitlichen Wechsel bearbeitet.

Eine Mischform der beiden vorhergehenden Varianten erhält man durch *Parallelisierung von Arbeitsgängen*. Dabei wird ein Arbeitsgang zwei verschiedenen Stationen eines seriellen Fließbandes zugeteilt. Die Ausführung des (kompletten) Arbeitsganges erfolgt abwechselnd in einer der beiden Stationen (s. Kap. 4.3.6.1).

Insbesondere bei Mehrproduktmodellen betrachtet man mehrere zueinander *parallele Fließbänder*. Hierbei ist u.a. zu entscheiden, welche Produkte auf welchen Bändern zu fertigen sind.

4) Berücksichtigung von Zuordnungsrestriktionen:

Bei Modellen mit *Zuordnungsrestriktionen* werden über die Einhaltung von Vorrangbeziehungen hinaus u.a. die folgenden zusätzlichen Einschränkungen über mögliche Zuordnungen von Arbeitsgängen zu Stationen betrachtet:

a) *Betriebsmittelrestriktionen:* Ein Arbeitsgang kann nur dann an einer bestimmten Station ausgeführt werden, wenn sie mit geeigneten Betriebsmitteln ausgerüstet ist. Sind derartige Betriebsmittel aus Kostengründen oder aufgrund örtlicher Gegebenheiten nur an einigen der Stationen vorhanden, so ist die Bearbeitung entsprechender Arbeitsgänge nur dort möglich. Darüber hinaus können vorgegebene Umgebungsbedingungen von Stationen (Lichtverhältnisse, Temperatur etc.) zu Zuordnungseinschränkungen führen.

b) *Positionsrestriktionen:* Insbesondere bei großen Werkstücken spielt die Werkstückposition relativ zu den Produktiveinheiten eine Rolle. Ist diese Position innerhalb einer Station festgelegt oder kann eine Positionsänderung nur mit unverhältnismäßig hohem Aufwand vorgenommen werden, so sind bestimmte Arbeitsgänge in diesen Stationen nicht ausführbar. Beispielsweise können bei der Fahrzeugproduktion Unterbodenarbeiten nur durchgeführt werden, wenn sich das Fahrzeug in einer ausreichenden Arbeitshöhe befindet.

c) *Arbeitsgangrestriktionen:* Sie gewährleisten, daß zwischen der Ausführung verschiedener Arbeitsgänge zeitliche oder räumliche Mindest- oder Maximalabstände eingehalten werden. So ist es häufig nicht möglich, bestimmte Arbeitsgangkombinationen gemeinsam an derselben Station auszuführen (z.B. Meßvorgänge und schwingungsverursachende Vorgänge). In anderen Fällen kann es notwendig sein, Maximalabstände zu definieren, damit Arbeitsgänge rasch nacheinander ausgeführt werden.

d) *Qualifikationsrestriktionen:* Hierdurch wird erreicht, Arbeitsgänge mit ähnlichem Anspruchsniveau zu kombinieren, da die erforderliche Qualifikation (und damit auch die Entlohnung) der Arbeitnehmer von den schwierigsten ihnen zugeordneten Arbeitsgängen abhängt.

5) Ausstattung von Stationen mit Arbeitskräften und Betriebsmitteln:

Bei Modellen mit *einfachbemannten Stationen* wird jeder Station genau eine Arbeitskraft (*Operator*) zugeordnet. Die Einfachbemannung drückt sich in den von uns betrachteten Modellen dadurch aus, daß wir für jede Station dieselbe Taktzeit vorsehen.

Bei Modellen mit *Mehrfachbemannung* können Stationen mit unterschiedlich vielen Arbeitskräften ausgestattet sein. Dadurch können die Arbeitsinhalte der Stationen differieren. Außerdem besteht die Möglichkeit kurzfristiger Kapazitätsanpassung durch flexiblen Einsatz von *Springern.*

Bei Modellen mit *vollautomatisierten Stationen* werden Arbeitskräfte v.a. zur Kontrolle des Fertigungsprozesses eingesetzt.

In den meisten Modellen wird von der *Betriebsmittelausstattung* abstrahiert, d.h. man unterstellt, daß in allen Stationen die gleichen Betriebsmittel verfügbar sind. Andernfalls sind zusätzlich Investitionsentscheidungen zu treffen.

6) **Stationsbegrenzung:**

Bei Modellen mit *geschlossenen Stationen* ist für jede Station ihre räumliche Ausdehnung fest vorgegeben. Dieser Bereich kann oder darf während der Bearbeitung aus technologischen Gründen nicht verlassen werden (z.B. Lackbad, Heizkammer).

Demgegenüber erlaubt man bei Modellen mit *offenen Stationen*, daß die Stationsgrenzen in und/oder entgegen der Fließrichtung verlassen werden dürfen. Dabei ist es zumeist nicht möglich, daß Produktiveinheiten zweier aufeinanderfolgender Stationen gleichzeitig in einem gemeinsamen *Überlappungsbereich* an einem Werkstück arbeiten. Stationen, die nur in (entgegen der) Fließrichtung verlassen werden dürfen, bezeichnet man auch als *rechts-offen* (*links-offen*). Offene Stationen ermöglichen kurzfristige Kapazitätsanpassungen durch Unter- bzw. Überschreitung der (lokalen) Taktzeit. Dies ist insbesondere bei der Herstellung von Produktvarianten, die gemischt über das Band laufen, vorteilhaft. So kann z.B. zur Fertigstellung einer arbeitsaufwendigeren Variante der Stationsbereich in Fließrichtung verlassen werden, wenn anschließende (kürzere) Bearbeitungsvorgänge an anderen Varianten eine Rückkehr in die Station erlauben. Dabei kann die erlaubte *Bereichsüberschreitung beschränkt* (z.B. aufgrund von Kabellängen elektrischer Geräte) oder *unbeschränkt* sein.

In praxisrelevanten Modellen treten zumeist sämtliche Stationsformen gemeinsam auf.

7) **Anstoßrate:**

Bei Modellen mit *fixer Anstoßrate* werden aufeinanderfolgende Werkstücke jeweils nach Ablauf derselben Zeitspanne (*Auflageintervall*) auf das Fließband gebracht.

Bei Modellen mit *variabler Anstoßrate* wird das nächste Werkstück eingelastet, sobald die erste Bandstation wieder frei ist. Dies führt im Fall von Mehrproduktfertigung zu unterschiedlichen (zeitlichen und räumlichen) Abständen der Werkstücke auf dem Fließband.

8) **Verbindung der Werkstücke zum Transportsystem:**

Bei Modellen mit *unbeweglichen Werkstücken* sind die Werkstücke fest mit dem Transportsystem verbunden und können mit Ausnahme von Drehbewegungen nicht unabhängig davon bewegt werden. Häufig ist es erforderlich, Stationen auf beiden Seiten oder auch unter dem Transportsystem zu installieren.

Modelle mit *beweglichen Werkstücken* erlauben, Werkstücke zwischenzeitlich vom Transportsystem zu nehmen, nachzubearbeiten oder zwischenzulagern. Dies ist charakteristisch für den Fall der Fließfertigung ohne Zeitzwang.

9) Verfahrensalternativen:

In der Regel geht man von *vorgegebenen Produktionsverfahren* (Arbeitsplänen) aus.

Besteht jedoch die Möglichkeit, *verschiedene Produktionsverfahren* einzusetzen, so ist über die Abstimmung des Fließbandes hinaus eine Wahl bezüglich des einzusetzenden Verfahrens vorzunehmen. Bei Verfahrensalternativen existieren mehrere alternative Arbeitspläne (Vorranggraphen) und/oder unterschiedliche Bearbeitungszeiten einzelner Arbeitsgänge.

10) Zielsetzungen:

In der Literatur werden Modelle mit zeit- oder mit erfolgsorientierten Zielsetzungen betrachtet; vgl. auch Klenke (1977) sowie Ghosh und Gagnon (1989, S. 649 ff.).

Zeit- oder kapazitätsorientierte Zielsetzungen sind insbesondere die Minimierung der Durchlaufzeit, der Gesamtleerzeit, des Leerzeitanteils oder der Gesamtwartezeit sowie die Maximierung der Kapazitätsauslastung (*Bandwirkungsgrad*). Ein weiteres Ziel besteht in einer möglichst gleichmäßigen Auslastung der Stationen.

Die in den meisten (Einprodukt-) Modellen enthaltene Zielsetzung besteht darin, den Bandwirkungsgrad $BG := t_{sum}/(m \cdot c)$ zu maximieren (vgl. Kap. 4.3.1). Er hängt unter der Voraussetzung deterministischer Bearbeitungszeiten ausschließlich von der **Taktzeit c** und der **Stationsanzahl m** ab. Da diese Abhängigkeit jedoch nichtlinear ist, werden häufig Modelle mit folgenden Zielen betrachtet:

- Minimierung der *Stationsanzahl* bei vorgegebener Taktzeit
- Minimierung der *Taktzeit* bei vorgegebener Stationsanzahl
- Minimierung der Summe der *gewichteten Taktzeit* und der *gewichteten Stationsanzahl*

Erfolgsorientierte Ansätze beinhalten zumeist die Minimierung der Gesamtkosten während des Planungszeitraumes; darüber hinaus haben einige Modelle die Maximierung des Gesamtdeckungsbeitrags zum Ziel.

Bei der *Minimierung der Gesamtkosten* sind v.a. folgende Kostenarten zu berücksichtigen; vgl. auch Zäpfel (1975, S. 32 ff.):

- *Maschinen- und Werkzeugkosten:* Diese Kosten werden in Form von Maschinenstundensätzen verrechnet und hängen im wesentlichen von der Stationsanzahl ab.
- *Lohnkosten:* Häufig geht man von identischen Lohnsätzen für die Arbeitskräfte aller Stationen aus. In diesem Fall werden auch die Lohnkosten unmittelbar von der Stationsanzahl bestimmt. Betrachtet man qualifikationsabhängige Lohnsätze, so ergeben sich die Lohnkosten aus der konkreten Arbeitsverteilung zwischen den Stationen.

- *Materialkosten:* Die Materialkosten werden im wesentlichen durch die Ausbringungsmenge und damit durch die Taktzeit bestimmt.
- *Leerkosten* können als Opportunitätskosten aufgefaßt werden. Mit Hilfe derartiger Kostensätze versucht man, entstehende Leerzeiten zu bewerten, indem alternative Möglichkeiten der Nutzung freier Kapazitäten untersucht werden. Die Erhebung dieser Kosten bereitet in der Regel jedoch erhebliche Schwierigkeiten.
  Die Leerzeiten und damit die Leerkosten hängen von der Taktzeit und der Stationsanzahl ab.

In einigen Modellen betrachtet man darüber hinaus Kostengrößen im Zusammenhang mit Lerneffekten, Rüstvorgängen oder Lagerhaltung; vgl. z.B. Dar-El und Rabinovitch (1988). Da man bei kostenorientierten Modellen zumeist von gegebenen Potentialfaktoren ausgeht, bleiben längerfristige Kosten für Investitionen und für die Einstellung zusätzlicher Arbeitskräfte in der Regel unberücksichtigt.

Bei Modellen mit der Zielsetzung der *Maximierung des Gesamtdeckungsbeitrags* (bzw. des Gesamtgewinns) werden neben den Kosten auch Erlöse einbezogen. In der Regel wird unterstellt, daß Absatzpreise fest vorgegeben sind und die Produktionsmenge unmittelbar in voller Höhe absetzbar ist. In diesem Fall hängt der Erlös im Planungszeitraum von der Taktzeit ab, da sie die Produktionsgeschwindigkeit bestimmt. Entsprechende Modelle lassen sich realistischer gestalten, wenn man zusätzliche Kosten (z.B. für Lagerung und Werbung) bzw. flexible Preise (z.B. in Form einer Preis-Absatz-Funktion) einbezieht.

Da auch erfolgsorientierte Ziele wesentlich von der Taktzeit und der Stationsanzahl beeinflußt werden, scheint es – wie in vielen Modellen üblich – gerechtfertigt, in erster Linie diese Größen in die Optimierung einzubeziehen.

In einigen Arbeiten werden Mehrfachzielsetzungen betrachtet; vgl. z.B. Gunther et al. (1983), Deckro und Rangachari (1990) sowie Malakooti (1991).

4.3 Einproduktmodelle

Wir beschreiben zunächst ein Grundmodell, das in der Literatur sehr häufig betrachtet wird, und gehen anschließend auf Verallgemeinerungen ein.

4.3.1 Ein Grundmodell mit alternativen Zielsetzungen

Das folgende ist das einfachste und in der Literatur am ausführlichsten diskutierte Modell der Fließbandabstimmung. Wir bezeichnen es gelegentlich als "klassisches Modell der Fließbandabstimmung" (engl. *simple assembly line balancing problem*, **SALBP**). Es geht von folgenden **Annahmen** aus:

- Herstellung **eines** homogenen Produktes in n Arbeitsgängen; das Produktionsverfahren ist fest vorgegeben
- fest vorgegebene Bearbeitungszeiten t_j für die Arbeitsgänge $j = 1,...,n$

- Reihenfolgebeziehungen in Form eines Vorranggraphen
- alle Stationen besitzen dieselbe Taktzeit
- fixe Anstoßrate
- gleichwertig ausgestattete Stationen (hinsichtlich Personal und Betriebsmitteln)
- seriell angeordnete geschlossene Stationen
- unbewegliche Werkstücke
- keine Zuordnungsrestriktionen

Hinsichtlich der **Zielsetzung** lassen sich vier alternative Ausprägungen des Grundmodells unterscheiden ("G" für general, "F" für feasibility):

- **SALBP-G:** Zu bestimmen sind eine positive Taktzeit c und eine positive Stationsanzahl m, so daß bei zulässiger Zuordnung der n Arbeitsgänge zu den m Stationen die Auslastung des Fließbandes maximiert wird. [1] Als Maß für die Auslastung dient der **Bandwirkungsgrad**:

  $$BG := \frac{1}{m \cdot c} \cdot t_{sum}$$

- **SALBP-1:** Bei vorgegebener Taktzeit c ist die Stationsanzahl m zu minimieren.
- **SALBP-2:** Bei vorgegebener Stationsanzahl m ist die Taktzeit c zu minimieren.
- **SALBP-F:** Bei vorgegebener Taktzeit c und vorgegebener Stationsanzahl m ist zu untersuchen, ob es eine Zuordnung aller Arbeitsgänge zu höchstens m Stationen unter Einhaltung der Taktzeit c und der Reihenfolgebeziehungen gibt. Eine Lösung besteht entweder in einer solchen Zuordnung oder in der Aussage, daß eine entsprechende Zuordnung nicht existiert. Bei SALBP-F liegt also keine Zielsetzung im herkömmlichen Sinne vor; es handelt sich um ein *Zulässigkeitsproblem* (EV-Problem; vgl. Kap. 2.4).

		Stationsanzahl m gegeben	Stationsanzahl m variabel
Taktzeit c	gegeben	SALBP-F	SALBP-1
	variabel	SALBP-2	SALBP-G

Tab. 4.1

Der Zusammenhang der Modellalternativen wird in Tab. 4.1 verdeutlicht. Es zeigt sich, daß SALBP-F ein Spezialfall der übrigen Alternativen ist. Außerdem sind SALBP-1 und SALBP-2 Spezialfälle von SALBP-G. Im folgenden werden die Alternativen v.a. im Hinblick auf Möglichkeiten zur Berechnung oberer und unterer Schranken genauer untersucht.

4.3.1.1 SALBP-G: Maximierung des Bandwirkungsgrades

Bei SALBP-G handelt es sich nur dann um ein Optimierungsproblem, wenn eine *obere Schranke für die Taktzeit* c_{max} vorgegeben ist, da ansonsten durch Wahl von $m = 1$ und

---

[1] Ohne wesentliche Einschränkung kann bei praktischen Problemen Ganzzahligkeit für c und die t_j gefordert werden; Eingabedaten sind ggf. geeignet zu skalieren. Wir gehen daher im folgenden stets von dieser Annahme aus.

$c = t_{sum}$ immer ein Bandwirkungsgrad von 1 erreicht werden kann.[2] Eine solche Höchsttaktzeit erhält man z.B. aufgrund einer gewünschten Mindestausbringungsmenge bzw. einer prognostizierten Mindestabsatzmenge q_{min} während eines vorgegebenen Planungszeitraumes (z.B. eine Schicht) der Länge T. Es gilt $c_{max} := \lfloor T/q_{min} \rfloor$.

Wie aus der Definition zu ersehen ist, besteht eine nichtlineare Abhängigkeit des Bandwirkungsgrades von den Variablen c und m. Daher ist es sinnvoll, den Wertebereich der Variablen weiter einzuschränken. Dies kann mit Hilfe folgender Überlegungen geschehen:

Aus der Höchsttaktzeit c_{max} ergibt sich als *untere Schranke für die Stationsanzahl*:

$$m_{min} := \lceil t_{sum} / c_{max} \rceil$$

Sei $t_{max} := \max \{t_j \mid j = 1,...,n\}$, so erhält man aufgrund der Unteilbarkeit der Arbeitsgänge als *untere Schranke für die Taktzeit* $c_{min} := t_{max}$. Wird eine Produktions- bzw. Absatzhöchstmenge q_{max} vorgegeben, so gilt $c_{min} := \max \{ t_{max}, \lceil T/q_{max} \rceil \}$.

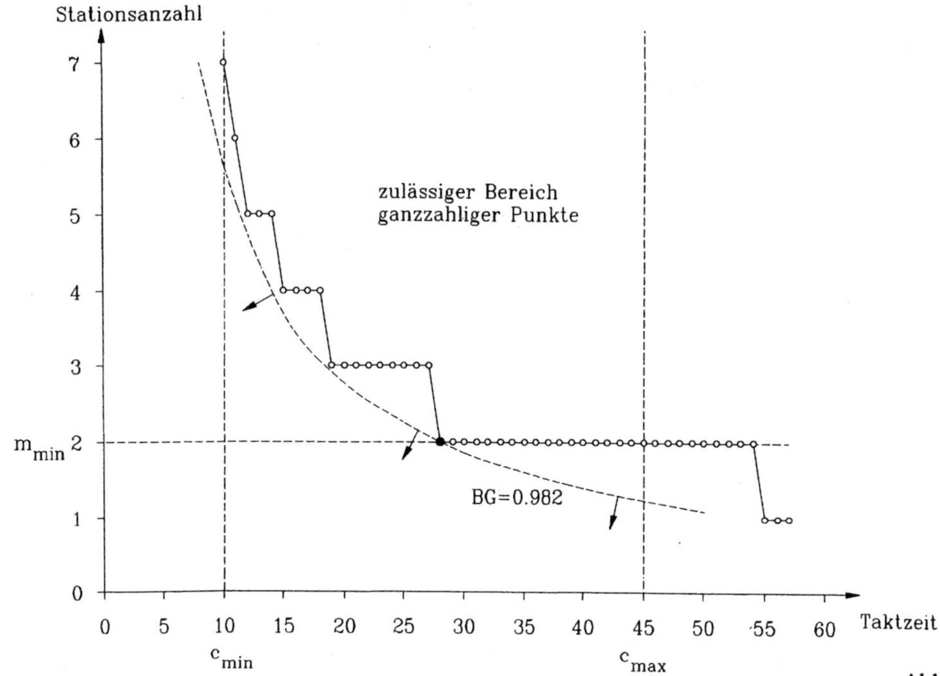

Abb. 4.4

[2] Eine solche obere Schranke muß implizit bereits bei der Bestimmung der Bearbeitungszeiten zugrundegelegt werden. Die Vielfalt der Tätigkeiten, die eine Arbeitskraft auszuführen hat, beeinflußt die Bearbeitungszeiten für einzelne Arbeitsgänge.
Ein Bandwirkungsgrad von 1 bedeutet eine Auslastung von 100%.

Als **Beispiel** betrachten wir das Problem von Abb. 4.1. Dazu nehmen wir eine Schichtdauer von 7.5 Stunden und eine Mindestproduktionsmenge q_{min} von 600 Stück an, woraus sich eine maximale Taktzeit c_{max} von 45 Sekunden/Stück ergibt. Wegen $t_{sum} = 55$ werden mindestens $m_{min} = 2$ Stationen benötigt. Eine Absatzhöchstmenge wird nicht vorgegeben; somit muß die Taktzeit mindestens $c_{min} = t_{max} = 10$ Sekunden/Stück betragen. Abb. 4.4 zeigt den Bereich aller (ganzzahligen) Kombinationen von m und c, für die eine zulässige Lösung des Problems existiert. Die eingetragenen Punkte entsprechen den optimalen Kombinationen bei jeweils vorgegebener Taktzeit. Zusätzlich ist die Isoquante für den optimalen Bandwirkungsgrad von 0.982 angegeben. Es läßt sich erkennen, daß dieser Wert für m = 2 Stationen und c = 28 Sekunden/Stück erreicht wird (hervorgehoben in Abb. 4.4 und 4.5).

In Abb. 4.5 ist der Zusammenhang zwischen c bzw. m und dem jeweils resultierenden bestmöglichen Leerzeitanteil (LA = 1 – BG) in Prozent dargestellt; vgl. auch Kilbridge und Wester (1961). Die Zahlenwerte beziehen sich wiederum auf das Beispielproblem aus Kap. 4.1. Wegen der Ganzzahligkeitsforderung für die Taktzeit ergibt sich eine diskrete Funktion, die aus Darstellungsgründen durch lineare Verbindungen der Punkte zu einer Sägezahnkurve erweitert wurde. Diese Funktionsform kann wie folgt erläutert werden: Bei wachsender Taktzeit erhöht sich der Leerzeitanteil jeweils so lange, bis eine Station eingespart werden kann. Daher besitzt die Funktion für jede (sinnvolle) Stationsanzahl m ein lokales Minimum bei der kleinsten Taktzeit, für die eine zulässige Lösung mit m Stationen existiert.

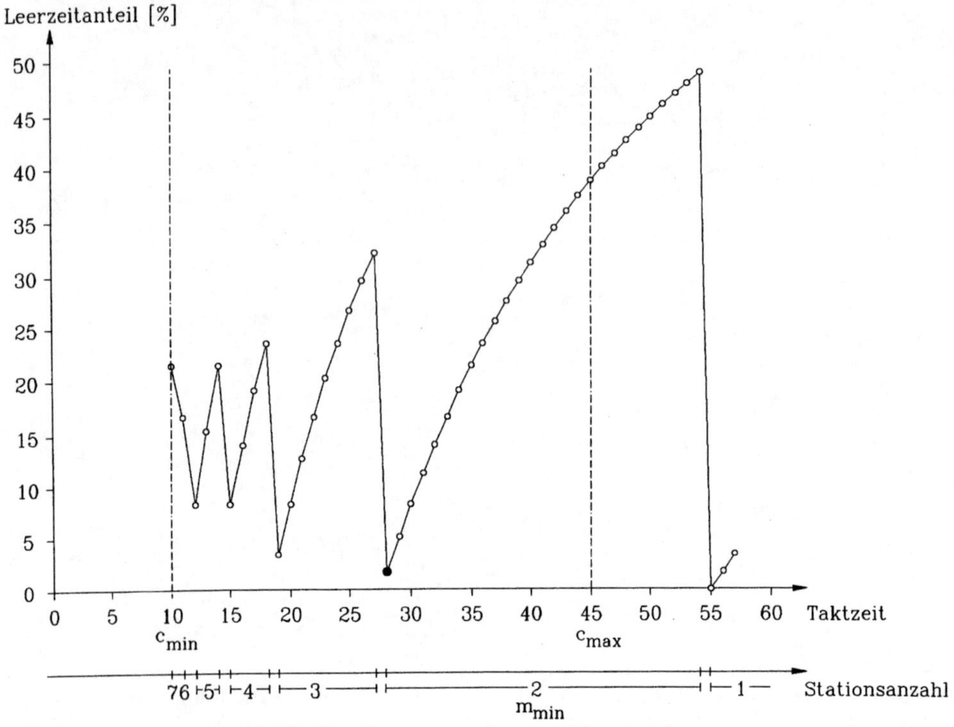

Abb. 4.5

Wegen des gegenläufigen Einflusses von m und c auf die nichtlineare Zielfunktion "Maximiere BG" geht man in der Literatur meistens davon aus, daß eine der beiden Größen m oder c vorgegeben ist. Damit lassen sich die beiden folgenden Modellalternativen betrachten.

4.3.1.2 SALBP-1: Minimierung der Stationsanzahl

Bei vorgegebener Taktzeit c ist die Stationsanzahl m zu minimieren. Wie bei SALBP-G kann eine einfache *untere Schranke* für die Stationsanzahl aus den Bearbeitungszeiten und der Taktzeit unter Vernachlässigung der Unteilbarkeit von Arbeitsgängen gewonnen werden:

$$m_{min} := \lceil t_{sum} / c \rceil$$

Eine mögliche (nichttriviale) *obere Schranke* für die Stationsanzahl resultiert aus der Überlegung, daß es mindestens eine optimale Lösung gibt, bei der die ersten m−1 Stationen maximal belegt sind.

Definition 4.4: Eine Station ist **maximal (belegt)**, wenn kein zusätzlicher Arbeitsgang in die Station aufgenommen werden kann, ohne die Taktzeitrestriktion oder die Reihenfolgebeziehungen zu verletzen.

Aus Def. 4.4 folgt für die Belegungszeiten $t(S_k)$ der Stationen $S_1,\dots,S_{m-1}$:

$$t(S_k) + t_{max} > c \quad \text{bzw.} \quad t(S_k) \geq c + 1 - t_{max} \qquad \text{für alle } k = 1,\dots,m-1 \tag{4.1}$$

Durch Summieren der Ungleichungen ergibt sich: $\sum_{k=1}^{m-1} t(S_k) \geq (m-1) \cdot (c + 1 - t_{max})$

Aus $t_{sum} > \sum_{k=1}^{m-1} t(S_k)$ und der Ganzzahligkeit von m ergibt sich als obere Schranke:

$$m_{max} := \lfloor t_{sum} / (c + 1 - t_{max}) \rfloor + 1$$

Die Schranke m_{max} läßt sich auch für SALBP-G verwenden, wenn man c durch c_{min} ersetzt.

4.3.1.3 SALBP-2: Minimierung der Taktzeit

Bei vorgegebener Stationsanzahl m ist die Taktzeit c zu minimieren (bzw. die Produktionsgeschwindigkeit zu maximieren). Ein derart eingeschränktes Modell ist insbesondere dann von Bedeutung, wenn ein bereits vorhandenes Fließband neu abgestimmt werden soll. Mit Hilfe der Stationsanzahl kann die untere Schranke für die Taktzeit verschärft werden:

$$c_{min} := \max \{ t_{max}, \lceil T/q_{max} \rceil, \lceil t_{sum} / m \rceil \}$$

Eine obere Schranke für die Taktzeit bestimmt sich unter Beachtung der entsprechenden Schranke für SALBP-G (vgl. Kap. 4.3.1.1) z.B. wie folgt; vgl. Hackman et al. (1989):

$$c_{max} := \max \left\{ t_{max}, \min \left\{ \lfloor T/q_{min} \rfloor, \begin{cases} \lfloor 2 \cdot (t_{sum} - 1)/m \rfloor & \text{falls m gerade} \\ \lfloor 2 \cdot t_{sum} / (m+1) \rfloor & \text{falls m ungerade} \end{cases} \right\} \right\}$$

Der Beweis läßt sich mit ähnlichen Überlegungen wie für die obere Schranke m_{max} bei SALBP-1 führen; vgl. auch die Argumentationsweise in Kap. 4.3.2.3.

Die Schranke c_{max} läßt sich auch für SALBP-G verallgemeinern, wenn man in obiger Formel m durch m_{min} ersetzt.

4.3.1.4 Weitere Zielsetzungen für das Grundmodell

Die Maximierung des Bandwirkungsgrades BG ist aufgrund der deterministischen Bearbeitungszeiten äquivalent zu anderen zeitorientierten Zielsetzungen:[3]

- Minimierung der Durchlaufzeit: $D = m \cdot c$
- Minimierung der Summe der Leerzeiten: $L = m \cdot c - t_{sum}$
- Minimierung des Leerzeitanteils (engl. *balance delay*): $LA = 1 - BG$
- Minimierung der Gesamtwartezeit: $W = D - t_{sum} = L$

Da t_{sum} eine Konstante darstellt, werden die angegebenen Ziele ausschließlich von der Taktzeit c und der Stationsanzahl m bestimmt. Eine möglichst gleichmäßige Auslastung der Stationen kann als eine der Maximierung des Bandwirkungsgrades nachgeordnete Zielsetzung verfolgt werden; vgl. z.B. Rachamadugu und Talbot (1991).

Eine Möglichkeit zur Vereinfachung der zeitorientierten Zielsetzung(en) von SALBP-G erhält man durch Minimierung der Summe der *gewichteten Taktzeit* und der *gewichteten Stationsanzahl*; vgl. Deckro (1989) sowie Bem. 4.1 b. Die Gewichte sind als Kostengrößen interpretierbar.

Rosenblatt und Carlson (1985) untersuchen ein einfaches Modell mit dem Ziel der Maximierung des Gesamtgewinns pro ZE. Als Variablen werden ebenfalls die Taktzeit und die Stationsanzahl betrachtet. Der Erlös pro ZE hängt von der Produktionsgeschwindigkeit (und damit von der Taktzeit) ab. Die Kosten pro ZE bestimmen sich aus der Stationsanzahl.

Zäpfel (1975) beschreibt ein Modell zur Maximierung des Gesamtdeckungsbeitrags.

4.3.1.5 Mathematische Formulierungen für das Grundmodell

Für die verschiedenen Alternativen des Grundmodells wird in der Literatur eine Vielzahl mathematischer Formulierungen angegeben; siehe z.B. Baybars (1986 b). Wir beschränken uns im folgenden auf die Darstellung von zwei sehr unterschiedlichen Formulierungen für SALBP-1. Sie sind durch geeignete Modifikationen auf die anderen Alternativen übertragbar.

Mit Hilfe einer Mengenschreibweise läßt sich SALBP-1 sehr elegant formulieren; vgl. Gutjahr und Nemhauser (1964). Dazu wählen wir folgende Bezeichnungen:

---

[3] Daher ergibt sich in diesem Fall kein Dilemma der Ablaufplanung. Vgl. dazu und zum Begriff der Äquivalenz Kap. 1.5 und Kap. 5.1.3.3.

$A = \{1,2,...,n\}$	Menge aller Arbeitsgänge
S_k	Menge der Arbeitsgänge, die der Station k zugeordnet werden
$\bar{m}$	obere Schranke für die Stationsanzahl (z.B. heuristisch ermittelt)

Ausgehend von einem Vorranggraphen $G = (V=A,E,t)$ und gegebener Taktzeit c, erhalten wir folgendes Modell:

$$\text{Minimiere } m = |\{S_k \neq \phi \mid k \in \{1,...,\bar{m}\}\}| \tag{4.2}$$

unter den Nebenbedingungen

$$\bigcup_{k=1}^{\bar{m}} S_k = A \tag{4.3}$$

$$S_i \cap S_k = \phi \qquad \text{für alle } i,k = 1,...,\bar{m} \text{ mit } i \neq k \tag{4.4}$$

$$\sum_{j \in S_k} t_j \leq c \qquad \text{für alle } k = 1,...,\bar{m} \tag{4.5}$$

$$h \in S_i \wedge j \in S_k \Rightarrow i \leq k \qquad \text{für alle } (h,j) \in E \tag{4.6}$$

Durch Nebenbedingung (4.3) wird sichergestellt, daß alle Arbeitsgänge berücksichtigt werden. Die Bedingungen (4.4) gewährleisten, daß jeder Arbeitsgang höchstens einer Station zugeordnet wird. Die Einhaltung der Taktzeit wird durch (4.5) und die der Reihenfolgebedingungen durch (4.6) erreicht. Das Ziel besteht in der Minimierung der Stationsanzahl m.

Die obige Formulierung ist nicht für die unmittelbare Anwendung eines Lösungsverfahrens geeignet. Daher geben wir eine Formulierung von SALBP-1 als binäres LOP an; vgl. Patterson und Albracht (1975) sowie Drexl (1990).

Als Variablen des Modells betrachtet man Binärvariablen x_{jk}, die unter Verwendung der oberen Schranke $\bar{m}$ für die Stationsanzahl wie folgt definiert sind:

$$x_{jk} = \begin{cases} 1 & \text{falls Arbeitsgang } j \in S_k \\ 0 & \text{sonst} \end{cases} \qquad \text{für alle } j = 1,...,n \text{ und } k = 1,...,\bar{m}$$

Nimmt man o.B.d.A. an, daß der Graph G den Knoten n als einzige Senke besitzt, so kann man folgende Modellformulierung angeben:

$$\text{Minimiere } Z(\mathbf{x}) = \sum_{k=1}^{\bar{m}} k \cdot x_{nk} \tag{4.7}$$

unter den Nebenbedingungen

$$\sum_{k=1}^{\bar{m}} x_{jk} = 1 \qquad \text{für alle } j = 1,...,n \tag{4.8}$$

$$\sum_{j=1}^{n} x_{jk} \cdot t_j \leq c \qquad \text{für alle } k = 1,...,\bar{m} \tag{4.9}$$

$$\sum_{k=1}^{\bar{m}} k \cdot x_{hk} \leq \sum_{k=1}^{\bar{m}} k \cdot x_{jk} \qquad \text{für alle } (h,j) \in E \qquad (4.10)$$

$$x_{jk} \in \{0,1\} \qquad \text{für alle j und k} \qquad (4.11)$$

Die Zielfunktion (4.7) minimiert die Nummer derjenigen (letzten) Station, die den Arbeitsgang n (die Senke) enthält. Die Bedingungen (4.8) und (4.11) stellen analog zu (4.3) und (4.4) die Eindeutigkeit der Zuordnung jedes Arbeitsganges zu genau einer Station sicher. Die Ungleichungen (4.9) und (4.10) garantieren die Einhaltung der Taktzeit und der Reihenfolgebeziehungen; vgl. (4.5) und (4.6).

Der Modellumfang kann reduziert werden, wenn man berücksichtigt, daß manche Arbeitsgänge aufgrund der Taktzeit und der Reihenfolgebeziehungen nicht in jeder Station durchführbar sind. Dazu führt man die Größen E_j und $L_j(\bar{m})$ für die **früheste** und die **späteste Station**, denen der Arbeitsgang j zugeordnet werden kann, ein (vgl. Def. 2.9 a in Kap. 2.5):

$$E_j := \left\lceil (t_j + \sum_{h \in \mathcal{V}_j^m} t_h)/c \right\rceil \quad \text{und} \quad L_j(\bar{m}) := \bar{m} + 1 - \left\lceil (t_j + \sum_{h \in \mathcal{N}_j^m} t_h)/c \right\rceil \qquad (4.12)$$

Dadurch reduziert sich der Wertebereich des Stationsindex k in sämtlichen Restriktionen und der Zielfunktion auf das Intervall $[E_j, L_j(\bar{m})]$.

Bemerkung 4.1:

a) Bestehen Zuordnungseinschränkungen in Form von Betriebsmittel- oder Positionsrestriktionen, so können weitere Variablen aus dem Modell entfernt bzw. vorab zu Null fixiert werden. Arbeitsgangrestriktionen lassen sich z.B. wie folgt einbeziehen:

$$\sum_{k=1}^{\bar{m}} k \cdot x_{hk} + 1 \leq \sum_{k=1}^{\bar{m}} k \cdot x_{jk} \qquad \text{mit } (h,j) \in E \qquad (4.13)$$

Durch (4.13) wird gewährleistet, daß zwei Arbeitsgänge h und j mit $(h,j) \in E$ nicht gemeinsam in derselben Station ausgeführt werden können.

b) Die binäre Formulierung ist sehr einfach auf die anderen Alternativen des Grundmodells übertragbar. Bei SALBP-G ist die Zielfunktion (4.7) mit der Variablen c (mit $c \leq c_{max}$) zu multiplizieren und bei SALBP-2 durch Minimiere $Z(\mathbf{x},c) = c$ zu ersetzen (mit $\bar{m} = m$). Bei der Gewichtung von Taktzeit und Stationsanzahl mit Faktoren w_1 und w_2 ergibt sich z.B. die Zielfunktion: Minimiere $Z(\mathbf{x},c) = w_1 \cdot (\Sigma_k \, k \cdot x_{nk}) + w_2 \cdot c$

Die Gewichte können z.B. als Kostengrößen interpretiert werden. Will man jede Station mit einem unterschiedlichen Gewicht (z.B. Fixkosten) versehen, müssen zusätzliche Binärvariablen für die Einrichtung der Stationen verwendet werden.

Patterson und Albracht (1975) vergleichen verschiedene binäre Formulierungen in bezug auf die Anzahlen an Binärvariablen und Nebenbedingungen. Für ein Problem von Kilbridge und Wester (1962) mit 45 Arbeitsgängen ergeben sich z.B. selbst nach Anwendung verschiedenster Reduktionsregeln noch 222 Binärvariablen und 63 Nebenbedingungen. Dementsprechend spielen neben speziellen exakten Verfahren (vgl. Kap. 4.3.3) insbesondere heuristische Verfahren eine Rolle.

4.3.2 Heuristische Verfahren für SALBP-1

SALBP-1 ist die bei weitem am häufigsten untersuchte Alternative des Grundmodells der Fließbandabstimmung, zu deren Lösung seit Mitte der fünfziger Jahre zahllose heuristische Verfahren entwickelt wurden. Dabei handelt es sich vorwiegend um *Prioritätsregelverfahren*, aber auch um verkürzte exakte Verfahren und sonstige enumerative Vorgehensweisen. Darüber hinaus lassen sich auch *moderne heuristische Prinzipien* einsetzen. Nach einer Beschreibung der verschiedenen Lösungsansätze gehen wir auf eine Worst Case-Analyse für eine bestimmte Klasse von Heuristiken für SALBP-1 ein.

Zur Lösung von SALBP-2 und SALBP-G werden zumeist Suchverfahren verwendet, die iterativ Instanzen vom Typ SALBP-1 für verschiedene Taktzeiten untersuchen. Da sich im Rahmen solcher Suchverfahren auch exakte Verfahren für SALBP-1 einsetzen lassen, beschreiben wir letztere in Kap. 4.3.3 und Ansätze für SALBP-2 und SALBP-G erst in Kap. 4.3.4 – 4.3.5.

4.3.2.1 Prioritätsregelverfahren

Prioritätsregelverfahren ordnen jedem Arbeitsgang j mit Hilfe einer Prioritätsregel einen Rangwert RW_j zu, wodurch man eine mögliche Betrachtungsreihenfolge der Arbeitsgänge (*Prioritätsliste*) erhält. Besitzen mehrere Arbeitsgänge identische Rangwerte, so läßt sich eine eindeutige Reihenfolge der Arbeitsgänge mit Hilfe zusätzlicher "Tie Break"-Regeln (Tie Breaker) erzielen. In jeder Iteration eines Prioritätsregelverfahrens wird unter mehreren *möglichen* Arbeitsgängen derjenige mit höchster Priorität ausgewählt und einer Station zulässig zugeordnet. So ergibt sich nach n Iterationen eine *zulässige (Eröffnungs-) Lösung* von SALBP-1. Zur genaueren Beschreibung verschiedener Vorgehensweisen benötigen wir:

Definition 4.5: Ein noch nicht zugeordneter Arbeitsgang j ist **verfügbar**, wenn alle seine Vorgänger im Vorranggraphen bereits in einer Station eingeplant sind. Ein verfügbarer Arbeitsgang j ist **einplanbar in einer Station k**, falls alle seine Vorgänger einer der Stationen 1,...,k bereits zugeordnet sind und die *verfügbare Leerzeit* der Station k (c – Gesamtbearbeitungszeit bereits in k eingeplanter Arbeitsgänge) nicht kleiner als die Bearbeitungszeit von j ist.

Prioritätsregelverfahren gehen allgemein nach einem der beiden folgenden Prinzipien vor; vgl. Scholl und Voß (1996):

- **Arbeitsgangorientierte Verfahren:** Zu Beginn sind alle Stationen leer. In jeder von n Iterationen wird ein *verfügbarer* Arbeitsgang j mit höchstem Rangwert ausgewählt und der frühesten Station k zugeordnet, in der er *einplanbar* ist.
- **Stationsorientierte Verfahren:** Die Bildung der einzelnen Stationen des Fließbandes (in der Reihenfolge k = 1,...,m) erfolgt durch sukzessive Aufnahme von Arbeitsgängen in der durch

die Prioritätsliste vorgegebenen Reihenfolge. Dies bedeutet, daß unter den jeweils in der betrachteten Station k *einplanbaren* Arbeitsgängen einer mit höchster Priorität zugeordnet wird. Die Station k+1 wird erst dann geöffnet, wenn die aktuell betrachtete Station k maximal belegt ist (vgl. Def. 4.4).

Je nachdem, ob ein derartiges Verfahren ein- oder mehrmalig (mit unterschiedlichen oder kombinierten Prioritätsregeln) durchlaufen wird, unterscheidet man in der englischsprachigen Literatur *Single-Pass-* und *Multi-Pass-Heuristiken.*

Wir betrachten im folgenden einige Beispiele für **Prioritätsregeln** oder Rangwertregeln; für diese und weitere Regeln vgl. Scholl und Voß (1994, 1996).

Regel 1: Sortiere die Arbeitsgänge nach monoton abnehmender **Bearbeitungszeit**: $R1_j := t_j$

Regel 2: Sortiere die Arbeitsgänge nach monoton abnehmender **Zahl der unmittelbaren Nachfolger**: $R2_j := |\mathcal{N}_j|$

Regel 3: Sortiere die Arbeitsgänge nach monoton abnehmender **Zahl unmittelbarer und mittelbarer Nachfolger**: $R3_j := |\mathcal{N}_j^m|$

Regel 4: Sortiere die Arbeitsgänge nach monoton wachsender **Tiefe der Arbeitsgänge** in G:

$R4_j$:= Anzahl der Pfeile im Weg mit den meisten Pfeilen von einer Quelle des Vorranggraphen nach j

Regel 5: Sortiere die Arbeitsgänge nach monoton abnehmendem **Positionsgewicht**; siehe Helgeson und Birnie (1961):

$$R5_j := t_j + \sum_{h \in \mathcal{N}_j^m} t_h$$

Regel 6: Sortiere die Arbeitsgänge nach monoton wachsender **frühester Station**:

$$R6_j := E_j = \left\lceil (t_j + \sum_{h \in \mathcal{V}_j^m} t_h)/c \right\rceil$$

Regel 7: Sortiere die Arbeitsgänge nach monoton wachsender **spätester Station**:

$$R7_j := L_j(\overline{m}) - 1 = \overline{m} - \left\lceil (t_j + \sum_{h \in \mathcal{N}_j^m} t_h)/c \right\rceil$$

Dabei ist $\overline{m}$ ($\leq n$) die Stationsanzahl in der besten bekannten zulässigen Lösung. Der Klammerausdruck gibt an, wieviele Stationen durch einen Arbeitsgang j und alle seine Nachfolger mindestens belegt werden.

Regel 8: Ordne jedem Arbeitsgang j einen zufälligen Rangwert $R8_j$ zu. Sortiere die Arbeitsgänge nach monoton abnehmenden Rangwerten.

Außer zur Bildung einer Prioritätsliste kann Regel 7 als Abbruchkriterium für ein Verfahren dienen, da eine Lösungsverbesserung nicht mehr möglich ist, wenn Arbeitsgang j nicht spätestens der Station $R7_j$ zugeordnet werden kann.

Beispiel: Wir veranschaulichen die unterschiedlichen Vorgehensweisen von arbeitsgang- und stationsorientierten Prioritätsregelverfahren. Für den in Abb. 4.6 a dargestellten Vorranggraphen ergibt sich mit Regel 1 die Prioritätsliste $<1,6,5,3,4,2]$. Bei stationsorientiertem Vorgehen werden für $c = 10$ folgende Schritte ausgeführt: Öffne Station 1 und ordne die Arbeitsgänge (AG) 1 und 2 zu; öffne Station 2 und plane AG 5 und 3 ein; öffne Station 3 und ordne AG 6 und 4 zu. Die Belegung ist $S_1 = \{1,2\}$, $S_2 = \{3,5\}$, $S_3 = \{4,6\}$ mit $m = 3$ Stationen. Bei arbeitsgangorientiertem Vorgehen werden folgende Zuordnungen vorgenommen: AG 1 zu Station 1, AG 3 und 4 zu Station 2, AG 2 zu Station 1, AG 5 zu Station 3 und AG 6 zu Station 4. Es ergibt sich die Belegung $S_1 = \{1,2\}$, $S_2 = \{3,4\}$, $S_3 = \{5\}$, $S_4 = \{6\}$ mit $m = 4$ Stationen.

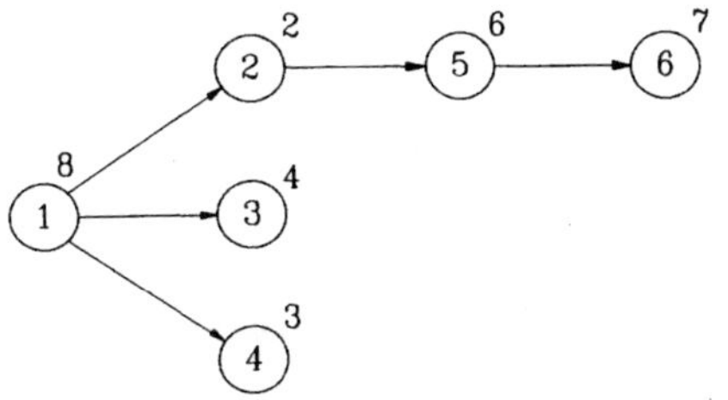

Abb. 4.6 a

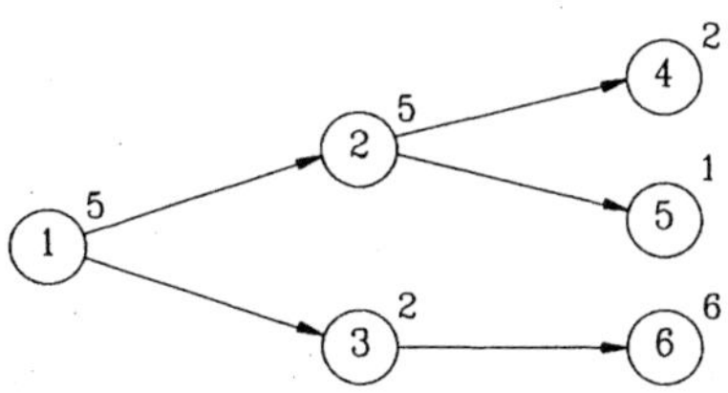

Abb. 4.6 b

Für den Vorranggraphen in Abb. 4.6 b ergibt sich mit Regel 1 (Regel 3 als Tie Breaker) die Prioritätsliste $<6,1,2,3,4,5]$. Wählt man die Taktzeit $c = 7$, so erhält man bei arbeitsgangorientiertem Vorgehen die Lösung $S_1 = \{1,3\}$, $S_2 = \{2,4\}$ und $S_3 = \{6,5\}$ mit 3 Stationen, während die stationsorientiert ermittelte Belegung $S_1 = \{1,3\}$, $S_2 = \{6\}$, $S_3 = \{2,4\}$ und $S_4 = \{5\}$ eine Station mehr benötigt. Im letzteren Fall wurde AG 6 zu früh eingeplant, um mit AG 5 kombiniert werden zu können.

Bemerkung 4.2: Die Beispiele zeigen, daß in manchen Fällen ein arbeitsgangorientiertes und in anderen ein stationsorientiertes Prioritätsregelverfahren das bessere Ergebnis liefert. Daher kann keine allgemeine Empfehlung über die Anwendung der einen oder der anderen Einplanungsstrategie gegeben werden. Experimentelle Untersuchungen zeigen jedoch, daß stationsorientierte Verfahren durchschnittlich deutlich besser abschneiden; vgl. Scholl (1995, Kap. 7.2.2.3). Darüber hinaus läßt sich feststellen, daß bei bestimmten Prioritätsregeln beide Einplanungsstrategien zu identischen Lösungen kommen. Dies gilt immer dann, wenn die sich ergebende Prioritätsliste topologisch sortiert ist, d.h. jeder Arbeitsgang steht vor allen seinen Nachfolgern in der Liste; vgl. Scholl und Voß (1994). Dies ist der Fall für die obigen Regeln 3, 4 und 5. Die Eigenschaft ergibt sich auch, wenn die Regeln 6 und 7 zusammen mit Regel 3, 4 oder 5 als Tie Breaker verwendet werden.

Beispiel (Fortsetzung): Für den Vorranggraphen in Abb. 4.6 b ergeben sich folgende Positionsgewichte $R5_j$ der Arbeitsgänge:

j	1	2	3	4	5	6
$R5_j$	21	8	8	2	1	6
$R1_j = t_j$	5	5	2	2	1	6

Bei arbeitsgangorientiertem Einplanen mit Regel 5 (Regel 1 als Tie Breaker) werden die Arbeitsgänge für c = 7 wie folgt zugeordnet: AG 1 in Station 1, AG 2 in Station 2, AG 3 in Station 1, AG 6 in Station 3, AG 4 in Station 2 und AG 5 in Station 3. Bei stationsorientiertem Einplanen ergibt sich dieselbe Lösung durch: AG 1 und 3 in Station 1, AG 2 und 4 in Station 2, AG 6 und 5 in Station 3.

Unidirektionale und bidirektionale Einplanung:

Die bislang beschriebenen Prioritätsregelverfahren planen die Arbeitsgänge in der durch eine topologische Sortierung vorgegebenen Reihenfolge ein, d.h. jeder Arbeitsgang wird vor seinen Nachfolgern eingeplant, wodurch die Stationen in Bandrichtung belegt werden. Daher kann man diese Verfahren als *unidirektional* und *vorwärtsgerichtet* charakterisieren. Ein *unidirektionales rückwärtsgerichtetes* Vorgehen ergibt sich, wenn die Arbeitsgänge in umgekehrter Reihenfolge einer topologischen Sortierung (vom Ende des Bandes her) eingeplant werden. Dies läßt sich durch Umkehren sämtlicher Pfeile im Vorranggraphen und Anwendung eines unidirektionalen vorwärtsgerichteten Verfahrens erreichen. Eine zulässige Lösung erhält man durch anschließendes Umkehren der Stationsreihenfolge.

Die Einplanung der Arbeitsgänge kann jedoch auch *bidirektional* – von beiden Seiten des Bandes her – erfolgen; vgl. Scholl und Voß (1996):

- Bei einem *arbeitsgangorientierten bidirektionalen Verfahren* ist der in jeder Iteration einzuplanende Arbeitsgang nicht nur unter den verfügbaren (alle Vorgänger eingeplant), sondern auch unter den *rückwärts verfügbaren* (alle Nachfolger eingeplant) zu wählen. Besitzt ein rückwärts verfügbarer Arbeitsgang j die höchste Priorität, so ist er der spätesten Station k zuzuordnen, in der er *rückwärts einplanbar* ist, d.h. alle Nachfolger von j sind bereits in den Stationen $k, k+1, \ldots, \overline{\overline{m}}$ eingeplant und die Leerzeit von k ist nicht kleiner als t_j. Da im vorhinein nicht bekannt ist, wieviele Stationen benötigt werden, wird als Nummer der letzten Station (vorläufig) eine obere Schranke $\overline{\overline{m}}$ für die Stationsanzahl verwendet. Sind alle Arbeitsgänge in Vorwärts- oder in Rückwärtsrichtung eingeplant worden, können unbelegte Stationen in der Mitte des Bandes entfernt und die hinteren Stationen entsprechend umnumeriert werden. Eventuell lassen sich auch Stationen zusammenlegen, wenn sie in Vorwärts- oder Rückwärtsrichtung nur teilweise belegt werden konnten.
- Bei einem *stationsorientierten bidirektionalen Verfahren* wird in jeder Iteration ein Arbeitsgang entweder in die früheste oder die späteste noch nicht maximal belegte Station eingeplant. Dabei wird ein vorwärts- oder rückwärts einplanbarer Arbeitsgang mit höchster Priorität ausgewählt und in die entsprechende Station eingeplant.

Bei bidirektionalen Verfahren werden zwei zueinander *komplementäre* Prioritätsregeln und dementsprechend auch zwei Prioritätslisten benötigt. Soll z.B. Regel 3 eingesetzt werden, so gilt diese nur in Vorwärtsrichtung. Für die rückwärts verfügbaren bzw. einplanbaren Arbeitsgänge ist eine Regel 3' zu verwenden, die die Arbeitsgänge nach monoton abnehmender Zahl mittelbarer und unmittelbarer *Vorgänger* sortiert. Offensichtlich liefert Regel 3' diesselbe Prioritätsliste wie Regel 3, wenn letztere auf den umgekehrten Vorranggraphen angewendet wird. Eine komplementäre Regel muß immer dann definiert werden, wenn die Arbeitsgangprioritäten von den Vorrangbeziehungen abhängen. Dies gilt für die Regeln 2 bis 7. Regel 1 ist in beiden Planungsrichtungen einsetzbar.

Beispiel: Wir betrachten das Abstimmungsproblem mit dem Vorranggraphen aus Abb. 4.7 und $c = 14$. Bei Verwendung der Regel 3 (Regel 1 und ursprüngliche Numerierung als Tie Breaker) ergibt sich in Vorwärtsrichtung die Prioritätsliste $< 1,2,5,3,4,8,6,7,9,10]$. In Rückwärtsrichtung ergibt sich mit Regel 3' (Regel 1 und entgegengesetzte ursprüngliche Numerierung als Tie Breaker) die Prioritätsliste $< 10,9,8,5,4,3,6,7,2,1]$.

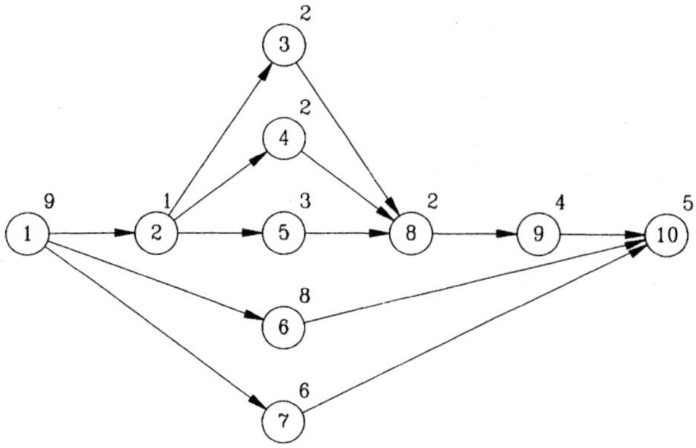

Abb. 4.7

Wir vergleichen unidirektionale und bidirektionale Vorgehensweisen im Fall der stationsorientierten Einplanung.

Unidirektionale vorwärtsgerichtete Einplanung: Es ergibt sich die Belegung $S_1 = \{1,2,5\}$, $S_2 = \{3,4,8,6\}$, $S_3 = \{7,9\}$, $S_4 = \{10\}$ mit 4 Stationen.

Unidirektionale rückwärtsgerichtete Einplanung: Nach Umkehren des Vorranggraphen ergibt sich die Belegung $S_{1(4)} = \{10,9,8,5\}$, $S_2 = \{4,3,6,2\}$, $S_3 = \{7\}$, $S_{4(1)} = \{1\}$ mit 4 Stationen.

Bidirektionale Einplanung: Wir starten mit $\overline{m} = 5$. Zu Beginn kann zwischen AG 1 und AG 10 gewählt werden. Aufgrund der Tie Break-Regel 1 wird AG 1 ausgewählt und in Station 1 eingeplant. Dadurch werden die AG 2, 6 und 7 vorwärts verfügbar, jedoch nur AG 2 vorwärts einplanbar. AG 10 hat die höhere Priorität und wird in Station $\overline{m} = 5$ eingeplant; die AG 6, 7 und 9 werden rückwärts verfügbar und einplanbar. Die weiteren Planungsschritte sind: AG 9 in Station 5, AG 2 in Station 1, AG 8 in Station 5, AG 5 in Station 5, AG 3 und 4 in Station 1, AG 6 und 7 in Station 2. Die leeren Stationen 3 und 4 werden gelöscht, und es ergibt sich eine Belegung mit 3 Stationen: $S_1 = \{1,2,3,4\}$, $S_2 = \{6,7\}$, $S_3 = \{5,8,9,10\}$

Bemerkung 4.3: Bei numerischen Untersuchungen hat sich gezeigt, daß bidirektionale Prioritätsregelverfahren deutlich besser abschneiden als unidirektionale; vgl. Scholl (1995, Kap. 7.2.2.3). Dies gilt insbesondere dann, wenn man *dynamische Prioritätsregeln* verwendet. Im Gegensatz zu den angegebenen (statischen) Regeln 1 bis 7 ändern sich die Prioritäten einer dynamischen Regel in Abhängigkeit von der jeweils aktuellen Teilzuordnung von Arbeitsgängen zu Stationen von Iteration zu Iteration. Z.B. kann man modifizierte Werte für die früheste und die späteste Station eines Arbeitsgangs oder die Anzahl noch nicht eingeplanter Vorgänger oder Nachfolger verwenden.

4.3.2.2 Weitere Eröffnungsverfahren

Stochastische Varianten der oben angegebenen deterministischen Prioritätsregeln 1 bis 7 erhält man, indem bei jeder Einplanung der betreffende Arbeitsgang unter den einplanbaren zufällig ausgewählt wird. Die dafür verwendeten Auswahlwahrscheinlichkeiten können proportional oder umgekehrt proportional zu Rangwerten bestimmt werden; vgl. Arcus (1966). Eine weitere Möglichkeit besteht darin, für jeden Einplanungsschritt eine zu verwendende Prioritätsregel zufällig zu ermitteln; vgl. Tonge (1965). Bennett und Byrd (1976) beschreiben die Möglichkeit, Erfahrungen über die mit bestimmten Prioritätsregeln erzielten Lösungsgüten zu speichern und die Regeln für weitere Probleme in Abhängigkeit davon auszuwählen. Zu stochastischen Vorgehensweisen vgl. auch Nkasu und Leung (1995).

Boctor (1995) beschreibt ein stationsorientiertes Prioritätsregelverfahren, bei dem Arbeitsgänge mit Hilfe einer Kombination aus dynamischen Prioritätsregeln ausgewählt werden.

Bei der Heuristik von Hoffmann (1963) werden zunächst sämtliche zulässigen Belegungen für die erste Station erzeugt. Eine Stationsbelegung mit geringster Leerzeit wird eingeplant. Ausgehend von den bereits eingeplanten Arbeitsgängen, werden die Stationen 2,3,... analog gebildet.

Wee und Magazine (1982) geben eine Verallgemeinerung der Heuristik First-Fit-Decrease für das Bin Packing-Problem an (vgl. Kap. 5.4.1.4).

Eine auf Prioritätsregeln basierende Heuristik, die verschiedene Problemreduktionstechniken verwendet, beschreibt Baybars (1986 a).

Pinto et al. (1978) geben eine Vorgehensweise an, die auf einer Formulierung von SALBP-2 als Kürzeste-Wege-Problem mit exponentieller Knotenanzahl (in Abhängigkeit von den Daten) beruht; vgl. Bem. 4.7.

Vertauschungsverfahren (Austauschen von Arbeitsgängen zwischen Stationen) zur Verbesserung des (der Minimierung der Stationsanzahl) nachgeordneten Ziels einer möglichst gleichmäßigen Stationsauslastung beschreiben z.B. Moodie und Young (1965) sowie Rachamadugu und Talbot (1991).

Vergleichende Überblicke zu Eröffnungsheuristiken finden sich u.a. in Kälberer (1976), Talbot et al. (1986), Scholl (1995) sowie Scholl und Voß (1996).

4.3.2.3 Worst Case - Analyse von Eröffnungsheuristiken

Folgende *Lösungseigenschaften* werden bei Ganzzahligkeit von c und t_j (j=1,...,n) durch die Vorgehensweisen der meisten (unidirektionalen) Eröffnungsheuristiken für SALBP-1 garantiert:

$$t(S_k) + t(S_{k+1}) \geq c + 1 \qquad \text{für alle } k = 1,...,m-1 \qquad (4.14)$$

$$t(S_k) + t_{max} \geq c + 1 \qquad \text{für alle } k = 1,...,m-1 \qquad (4.15) = (4.1)$$

Die Eigenschaften (4.14) besagen, daß die Summe der Belegungszeiten jeweils zweier benachbarter Stationen die Taktzeit (um mindestens 1 ZE) überschreiten müssen, da sie ansonsten zu einer einzigen Station zusammengefaßt werden könnten. Daraus lassen sich unter Beachtung der Ganzzahligkeit von c, m und t_j die folgenden *Worst Case-Schranken* für die Abweichung einer Lösung mit m Stationen von einer optimalen Lösung mit m* Stationen ableiten; vgl. Hackman et al. (1989):

a) $m/m^* \leq 2 - 2/m^*$ für gerades m bzw. $m/m^* \leq 2 - 1/m^*$ für ungerades m

b) $m < c \cdot m^* / (c - t_{max} + 1) + 1$

Für den Spezialfall $t_{max} = 1$ ergibt sich aus b) die Gleichung $m = m^*$.

Beweis für Teil a): Enthält eine heuristische Lösung genau eine Station, so gilt $m = m^*$. Für jede optimale Lösung gilt $m^* \cdot c \geq t_{sum}$. Aus (4.14) ergibt sich, daß die Belegungszeiten der Stationen in einer Lösung durchschnittlich mindestens $(c+1)/2$ betragen. Die letzte Station ist mindestens für 1 ZE belegt. Daraus folgt unmittelbar:

$$m^* \cdot c \geq t_{sum} \geq \begin{cases} m \cdot (c+1)/2 & \text{falls m gerade} \\ (m-1) \cdot (c+1)/2 + 1 & \text{falls m ungerade; } m \geq 3 \end{cases} \qquad (4.16)$$

Unter Beachtung von $c+1 > c$ auf der rechten Seite folgt $2 \cdot m^* > m$ für gerades m bzw. $2 \cdot m^* > 2 \cdot m^* - 2/c > m-1$ für ungerades m. Da in beiden Fällen sowohl die linke als auch die rechte Seite der Ungleichungen geradzahlig sind, ergibt sich $2 \cdot m^* \geq m+2$ für gerades m bzw. $2 \cdot m^* \geq m+1$ für ungerades m und daraus die Fehlerschranke a).

Wir können Beispiele angeben, für die bei wachsenden Parametern n und c die Abweichung m/m^* gegen 2 konvergiert, d.h. die Fehlerschranke a) wird asymptotisch angenommen.

Beweis für Teil b): Aus (4.15) ergibt sich durch Summation:

$$\sum_{k=1}^{m-1} t(S_k) + (m-1) \cdot t_{max} \geq (m-1) \cdot (c+1)$$

Die erste Summe ist echt kleiner als t_{sum} und damit auch kleiner als $m^* \cdot c$. Daraus folgt die Ungleichung $m^* \cdot c + (m-1) \cdot t_{max} > (m-1) \cdot (c+1)$ und unmittelbar Fehlerschranke b).

Queyranne (1985) zeigt, daß im allgemeinen Fall (d.h. ohne spezielle Annahmen über die Problemdaten) für die Worst Case-Schranke jeder *polynomialen* Heuristik $m/m^* \geq 3/2$ gilt, solange man von der Ungleichheit der Klassen P und NP ausgehen kann. Der Beweis basiert darauf, daß für den Fall $m/m^* < 3/2$ eine Heuristik für das Fließbandabstimmungsproblem zur exakten Lösung des Problems Partition mit polynomialem Aufwand verwendet werden könnte. Dies steht im Widerspruch zur Zugehörigkeit von Partition zur Klasse der NP-vollständigen Probleme und hängt vor allem mit dem Vorhandensein von Vorrangrestriktionen zusammen (vgl. im Gegensatz dazu die Aussagen zu Worst Case-Schranken für Bin Packing-Probleme in Kap. 5.4.1.4).

Zu erwarteten (mittleren) Abweichungen heuristischer Lösungen vom Optimum vgl. Frieze und Baybars (1986). Bei numerischen Untersuchungen von Prioritätsregelverfahren anhand anerkannter Testdatensätze ergeben sich mittlere Abweichungen vom Optimum in der Größenordnung von 3% bis 7%; vgl. Talbot et al. (1986) sowie Scholl (1995, Kap. 7.2.2.3).

4.3.2.4 Lokale Suchverfahren

Die bisher beschriebenen heuristischen Verfahren für SALBP-1 erzeugen zumeist nur eine oder einige wenige zulässige Belegung(en). Um zu verbesserten – nahezu optimalen – Lösungen zu gelangen, bietet sich der Einsatz moderner heuristischer Metastrategien wie Tabu Search und Simulated Annealing (vgl. Kap. 2.3.2.2) an.

Bei SALBP-1 bestehen mögliche Züge, die eine aktuelle Lösung in eine Nachbarlösung überführen, darin, einen Arbeitsgang von einer Station in eine andere zu *verschieben* oder zwei Arbeitsgänge aus verschiedenen Stationen miteinander zu *vertauschen*. Beginnend bei einer Startlösung, die mit einem der zuvor beschriebenen Eröffnungsverfahren ermittelt werden kann, versucht man, durch sukzessive Anwendung zulässiger Züge im Laufe des Verfahrens zu verbesserten Lösungen zu gelangen, läßt jedoch auch zwischenzeitliche Verschlechterungen zu. Bei Tabu Search wird jeweils zu einer zulässigen Nachbarlösung mit möglichst kleinem Zielfunktionswert übergegangen, während bei Simulated Annealing Verschlechterungen zufällig akzeptiert werden.

Im Falle von SALBP-1 besteht bei der Zugauswahl die grundsätzliche Schwierigkeit, daß die meisten jeweils möglichen Züge nicht zu einer Veränderung der Stationsanzahl führen, da eine Station erst dann geschlossen werden kann, wenn *alle* Arbeitsgänge entfernt sind. Es ist also erst nach einigen oder sogar vielen Zügen möglich, tatsächlich eine Verbesserung des Zielfunktionswertes zu erreichen. Zwischenzeitlich ist es schwierig festzustellen, welcher von vielen gleichwertigen Zügen zu einer verbesserten Lösung führen wird. Im Falle von SALBP-2 ist eine Unterscheidung zwischen den möglichen Zügen hingegen deutlich leichter. Daher schlagen Scholl und Voß (1996) die folgende Vorgehensweise vor, die sie als *duale Strategie* bezeichnen:

Die Suche beginnt mit einer unteren Schranke (lower bound) LB für die minimale Stationsanzahl (vgl. zu Methoden zur Ermittlung derartiger Schranken Kap. 4.3.1.2 und 4.3.3.2). Auf die durch $m = LB$ definierte Instanz der Problemalternative SALBP-2 wird ein entsprechendes Tabu Search-Verfahren angewendet (vgl. Kap. 4.3.4.3). Es wird also nicht die für SALBP-1 vorgegebene Taktzeit c, sondern die für diese Taktzeit mindestens benötigte Anzahl LB an Stationen fixiert. Gelingt es innerhalb einer vorzugebenden Anzahl an Iterationen, eine

Belegung mit einer Taktzeit zu finden, deren Wert c nicht überschreitet, so liegt auch eine zulässige Lösung für SALBP-1 mit Taktzeit c und m = LB Stationen vor. Das Verfahren endet in diesem Fall sogar mit der optimalen Lösung. Gelingt dies nicht, so wird m um 1 erhöht, also eine zusätzliche Station zugelassen. Auf die so definierte SALBP-2-Instanz wird wiederum Tabu Search angewendet. Dies wird so lange fortgesetzt, bis sich für eine untersuchte Stationsanzahl eine Belegung mit einer den Wert c nicht übersteigenden Taktzeit findet.

Numerische Untersuchungen von Scholl und Voß (1996) zeigen, daß die duale Strategie mit Tabu Search bei moderaten Rechenzeiten zu sehr guten Lösungen mit durchschnittlich ca. 0.6 % Abweichung vom Optimum führt. Anstelle des Tabu Search-Verfahrens lassen sich im Rahmen der dualen Strategie beliebige andere Vorgehensweisen zur Lösung von SALBP-2 einsetzen. Verwendet man exakte Verfahren für SALBP-2, ergibt sich auch eine optimale Lösung für SALBP-1.

4.3.3 Exakte Verfahren für SALBP-1

Da es sich bei den verschiedenen Alternativen des Grundmodells um NP-schwere Optimierungsprobleme handelt, benötigt man speziell an die Problemstruktur angepaßte, effiziente Verfahren. Dazu zählen v.a. Verfahren der Dynamischen Optimierung (DO) und Branch & Bound-Verfahren (B&B-Verfahren). Einen umfassenden Überblick über exakte Verfahren geben Baybars (1986 b) und Scholl (1995, Kap. 4); vgl. auch Domschke et al. (1994 a).

Wir beschreiben im folgenden das DO-Verfahren von Jackson (1956) sowie die B&B-Verfahren "FABLE" von Johnson (1988) und "SALOME" von Scholl und Klein (1994) zur Lösung von SALBP-1. Wie später angegeben wird, können sie auch im Rahmen der Lösung der anderen Modellalternativen eingesetzt werden (vgl. Kap. 4.3.4 und 4.3.5).

Das Verfahren von Jackson war das erste praktikable exakte Verfahren für SALBP-1, dessen Dominanzregeln auch in neueren Ansätzen enthalten sind. Insbesondere FABLE basiert auf der intensiven Anwendung solcher Regeln und der Berechnung verschiedener unterer Schranken. SALOME ist das derzeit effizienteste B&B-Verfahren, da es neben solchen Auslotmechanismen eine geschickte Verzweigungsstrategie mit bidirektionaler Einplanung der Arbeitsgänge beinhaltet.

4.3.3.1 Das Verfahren von Jackson

Das im folgenden in einer von Held et al. (1963) modifizierten Version dargestellte Verfahren basiert auf den Vorgehensweisen der Dynamischen Optimierung.

Das Grundprinzip der DO besteht darin, ein komplexes Problem mit einer Vielzahl von Entscheidungsvariablen in eine Folge kleinerer Probleme mit wenigen Variablen zu dekomponieren. Diese Teilprobleme werden in einem mehrstufigen Entscheidungsprozeß, aufeinander aufbauend, jeweils optimal gelöst, so daß eine optimale Lösung des Gesamtproblems entsteht.

Bildung des Entscheidungsbaumes:

Beim Verfahren von Jackson werden die einzelnen Stationen des Fließbandes stufenweise betrachtet. Auf der ersten Stufe generiert man sämtliche Möglichkeiten zur Belegung der ersten Station, wobei von der Bildung *maximaler* Stationen ausgegangen wird (vgl. Def. 4.4). Dadurch erreicht man auf Stufe 1 eine Reihe verschiedener Zustände, die jeweils durch die Menge der bereits zugeordneten Arbeitsgänge beschrieben werden. Ausgehend von jedem Zustand auf Stufe k–1, bildet man auf Stufe k sämtliche maximalen Belegungen für die Station k und erhält entsprechende neue Zustände. Aufgrund des stufenweisen Vorgehens erhält man die erste zulässige und zugleich optimale Lösung beim ersten Auftreten eines Zustands, bei dem alle Arbeitsgänge verplant (d.h. Stationen zugeordnet) sind. Der optimale Zielfunktionswert $Z(\mathbf{x}) = m$ entspricht der zuletzt betrachteten Stufe k. Die einzelnen Stationsbelegungen lassen sich durch eine Rückwärtsrekursion (Backtracking) ermitteln. Dazu müssen während des Verfahrens die gebildeten Zustände und die sie konstituierenden Entscheidungen gespeichert werden.

Bemerkung 4.4: Das Problem ist als Kürzeste-Wege-Problem formulierbar, wenn man Zustände als Knoten und Stationsbelegungen als Pfeile eines Graphen mit eindeutiger Quelle und Senke interpretiert. Die Quelle korrespondiert mit dem Anfangszustand $Z_0 = \phi$ und die Senke mit dem Endzustand $Z_{end} = \{1,...,n\}$ (alle Arbeitsgänge sind eingeplant). Jeder andere Knoten entspricht einem möglichen Zustand (bisher zugeordnete Teilmenge von Arbeitsgängen). Jeder von einem Knoten ausgehende Pfeil beschreibt eine zulässige Stationsbelegung unter Beachtung der im entsprechenden Zustand bereits zugeordneten Arbeitsgänge. Ein Pfeil (Z_{k-1}, Z_k) wird mit der Leerzeit der ihm entsprechenden Stationsbelegung $S_k = Z_k - Z_{k-1}$ bewertet. Jeder Weg vom Anfangs- zum Endzustand stellt somit eine zulässige und jeder Weg mit minimaler Länge eine optimale Lösung des Fließbandabstimmungsproblems bezüglich der Zielsetzung "Minimiere die Gesamtleerzeit" (siehe Kap. 4.3.1.4) dar; vgl. Gutjahr und Nemhauser (1964). Aufgrund der exponentiell mit der Problemgröße ansteigenden Knotenanzahl ist die Erzeugung des vollständigen Graphen in der Regel zu rechenaufwendig. Zur Reduzierung des Aufwandes vgl. z.B. Easton et al. (1989).

Wir geben im folgenden eine **algorithmische Beschreibung** der Vorgehensweise zum Aufbau des Entscheidungsbaumes beim Verfahren von Jackson an. Wegen des stufenweisen Vorgehens werden zwei Listen für die Verwaltung der Zustände auf Stufe k–1 und k benötigt.

Bildung des Entscheidungsbaumes nach Jackson

Voraussetzung: Taktzeit c; Menge A, bestehend aus n Arbeitsgängen mit Bearbeitungszeiten $t_j \leq c$ (j=1,...,n); Vorranggraph, gegeben durch Vorgängermengen $\mathcal{V}(j)$;

k Stufe des Entscheidungsprozesses (= aktuelle Stationsnummer)

$Z_0 = \phi$ Anfangszustand

Z_k betrachteter Zustand auf Stufe k; definiert durch die Menge der bereits eingeplanten Arbeitsgänge, d.h. $Z_k \subseteq A$

L_1 Liste der auf Stufe k–1 gebildeten Zustände

L_2 Liste von Zuständen auf Stufe k

$\mathcal{E}_k$ Menge möglicher Stationsbelegungen (Entscheidungsalternativen) auf Stufe k im betrachteten Zustand Z_{k-1}

S_k aktuelle Stationsbelegung auf Stufe k

Start: $L_1 := < Z_0]$;

Iteration $\mathbf{k = 1, 2, ...}$:

$L_2 := <]$; (L_2 ist zu Beginn eine leere Liste)

while $L_1 \neq <]$ **do**

begin

wähle und entferne das erste Listenelement Z_{k-1} aus L_1;

bilde die Menge $\mathcal{E}_k$ aller zulässigen Stationsbelegungen:

$$\mathcal{E}_k := \{ S_k \mid (S_k \subseteq A - Z_{k-1}) \wedge (\forall j \in S_k \text{ gilt } \mathcal{V}(j) \subseteq (Z_{k-1} \cup S_k)) \wedge (\sum_{j \in S_k} t_j \leq c) \} ;$$

eliminiere nicht-maximale Stationsbelegungen (Dominanzregel 1; s.u.):

$$\mathcal{E}_k := \mathcal{E}_k \setminus \{ S_k \mid (\exists S'_k \in \mathcal{E}_k \text{ mit } S_k \subset S'_k) \} ;$$

while $\mathcal{E}_k \neq \phi$ **do**

begin

wähle und entferne ein beliebiges S_k aus der Alternativenmenge $\mathcal{E}_k$;

$Z_k := Z_{k-1} \cup S_k$;

füge Z_k am Ende der Liste L_2 an;

if $Z_k = A$ **then begin** $m := k$; Abbruch **end**;

end;

end;

$L_1 := L_2$;

Abbruch und Ergebnis: Die erste gefundene zulässige Lösung besitzt eine Stationsbelegung mit minimaler Stationsanzahl m.

* * *

Beispiel: Wir wenden den Algorithmus auf eine Instanz mit folgendem Vorranggraphen und Taktzeit c = 4 an; vgl. Johnson (1988):

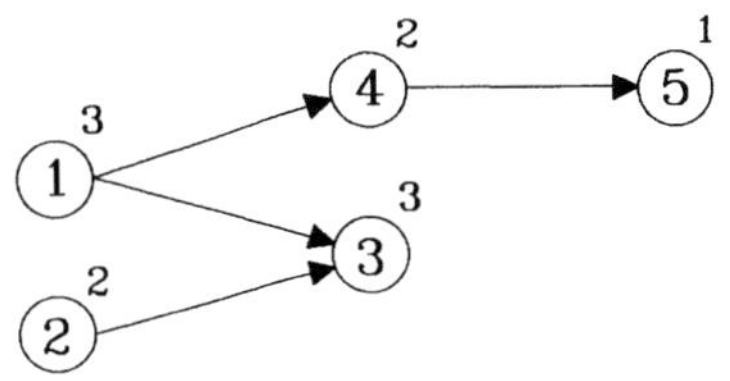

Abb. 4.8

Ein möglicher Entscheidungsbaum ist in Abb. 4.9 a angegeben. Die Knoten entsprechen jeweils den Zuständen, die Pfeile korrespondieren mit Stationsbelegungen, und die Knotennummern geben eine mögliche Generierungsreihenfolge der Zustände, die innerhalb der einzelnen Stufen grundsätzlich beliebig ist, an. Wählt man eine alternative Generierungsreihenfolge, so ergibt sich z.B. der Entscheidungsbaum aus Abb. 4.9 b mit einer ersten zulässigen (der optimalen) Lösung in Knoten 9.

Auslot- oder Dominanzregeln: Die Effizienz des Verfahrens in bezug auf Speicherplatzbedarf und Rechenzeit hängt v.a. von der Anzahl der zu betrachtenden Knoten (Zustände) im Entscheidungsbaum ab. Daher ist man bestrebt, die Baumgröße durch möglichst frühzeitiges Löschen (Ausloten) von Knoten oder Pfeilen zu verringern. Weil nur **eine** optimale Lösung des Problems gesucht wird, können Zustände bzw. Stationsbelegungen immer dann vernachlässigt werden, wenn sie von einem anderen Zustand derselben Stufe bzw. einer anderen Stationsbelegung mit demselben Ausgangszustand Z_{k-1} "dominiert" werden. Ein Element (Zustand, Stationsbelegung) wird durch ein anderes Element **dominiert**, falls aus ersterem mit Sicherheit keine bessere Lösung resultieren kann als aus letzterem. Ein Beispiel eines Dominanzkriteriums für Stationsbelegungen ist die schon angesprochene Beschränkung auf maximale Stationen, die im folgenden als Dominanzregel 1 bezeichnet werden soll.

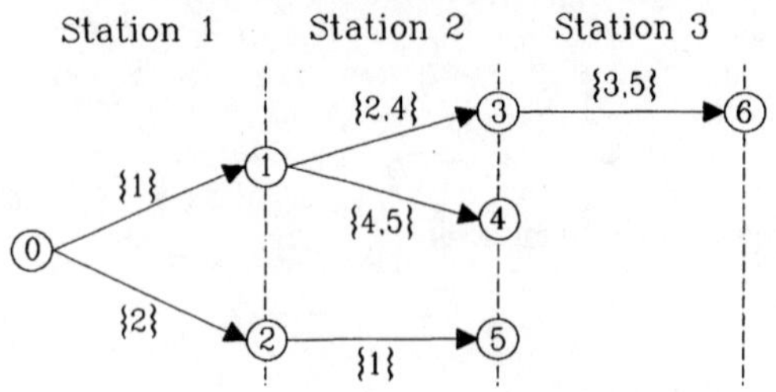

Abb. 4.9 a

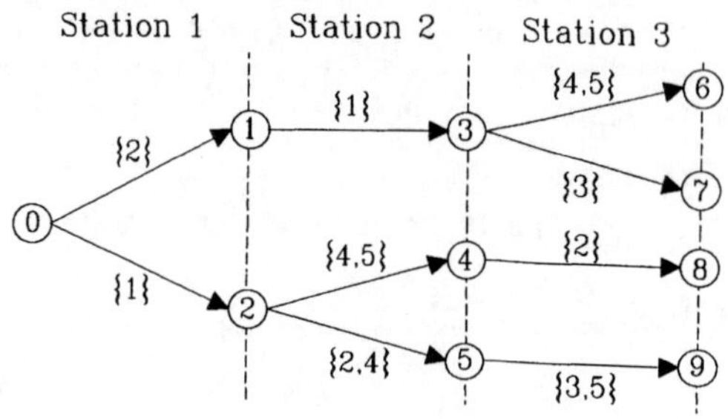

Abb. 4.9 b

Dominanzregel 1: Eine Stationsbelegung S_k mit Ausgangszustand Z_{k-1} wird von einer Stationsbelegung S_k' mit demselben Ausgangszustand dominiert, wenn $S_k \subset S_k'$ gilt.

Beispiel: Die Dominanzregel 1 wird im Algorithmus explizit berücksichtigt. Dadurch wird z.B. vermieden, daß in Abb. 4.9 a auf Stufe 2 die Stationsbelegungen {2} bzw. {4} erzeugt werden.

Darüber hinaus können weitere Regeln berücksichtigt werden, wobei wir Nachfolgermengen von Knotenmengen J wie folgt definieren: $\mathcal{N}(J) = \bigcup_{j \in J} \mathcal{N}(j) - J$

Dominanzregel 2: Eine Stationsbelegung S_k mit Ausgangszustand Z_{k-1} wird von einer Belegung S_k' mit demselben Ausgangszustand dominiert, falls genau *ein* Arbeitsgang j_2 in S_k', aber nicht in S_k ist, und für die Menge $J_1 = S_k - S_k'$ der nur in S_k befindlichen Arbeitsgänge gilt: $\sum_{j \in J_1} t_j \le t_{j2}$ und $\mathcal{N}(J_1) \subseteq \mathcal{N}(j_2)$

Bei Gültigkeit der Regel 2 ist die Station S_k' aufgrund der ersten Bedingung mindestens so gut ausgelastet wie Station S_k. Die zweite Bedingung garantiert, daß sämtliche Arbeitsgänge, deren Einplanbarkeit von J_1 abhängt, auch Nachfolger des Arbeitsgangs j_2 sind. Dies bedeutet, daß die Nachfolger von J_1 erst dann verfügbar werden, wenn alle Arbeitsgänge in J_1 und j_2 eingeplant sind. Die Wahl von S_k' statt S_k führt demnach zu einer mindestens ebenso gut ausgelasteten Station, ohne Planungsalternativen auf den folgenden Stufen einzuschränken.

Beispiel: Aufgrund von Dominanzregel 2 werden in Abb. 4.9 b die Stationsbelegungen {2} von {1} auf Stufe 1 und {4,5} von {2,4} auf Stufe 2 dominiert, wodurch die entsprechenden Teilbäume mit den Knoten 1, 3, 6, und 7 bzw. mit den Knoten 4 und 8 eliminiert werden können.

Bemerkung 4.5: Anhand des folgenden Beispiels in Abb. 4.10 kann man sich die Bedeutung der Bedingung $\mathcal{N}(J_1) \subseteq \mathcal{N}(j_2)$ verdeutlichen. Obwohl $t_1 \geq t_2$ und $t_1 \geq t_3$ gilt, werden die Stationsbelegungen $S_1 = \{2\}$ bzw. $S_1 = \{3\}$ nicht durch $S_1' = \{j_2 = 1\}$ dominiert. Ansonsten würde die optimale Lösung mit 4 Stationen nicht mehr erreicht.

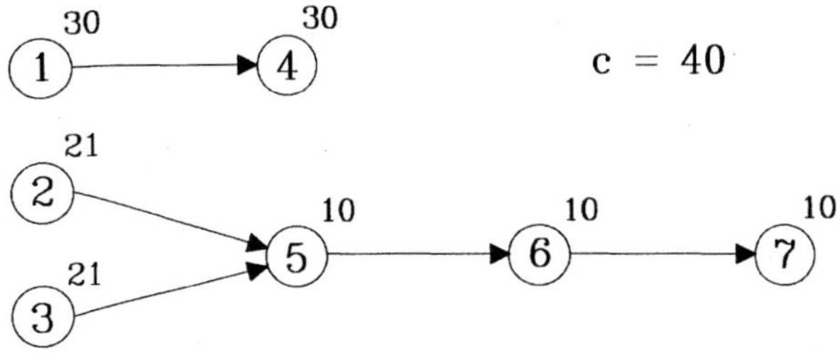

Abb. 4.10

Dominanzregel 3: Ein Zustand Z_k wird von einem Zustand Z_k' dominiert, wenn $Z_k \subseteq Z_k'$ gilt.

Beispiel: In Abb. 4.9 b wird der Zustand 3 wegen $\{1,2\} \subset \{1,2,4\}$ durch den Zustand 5 dominiert. Die Zustände 6 und 8 sind identisch; daher kann Zustand 8 entfernt werden.

Bemerkung 4.6: Man beachte bei der Anwendung der Dominanzregel 3 die Voraussetzung maximaler Stationsbelegungen. Sie stellt eine auf Zustände bezogene Verallgemeinerung der Regel 1 dar. Aufgrund unserer Definitionen der Dominanzregeln 2 und 3 können sich Stationsbelegungen bzw. Zustände *gegenseitig dominieren*. In einem solchen Fall muß ein Element erhalten bleiben. Ob die Regeln tatsächlich zu einer Verringerung des Rechenzeit- bzw. Speicherplatzbedarfs führen, hängt von der erzielten Beschränkung des Entscheidungsbaumes ab, da ihre Anwendung erhebliche Rechenzeit verursachen kann.

Bemerkung 4.7: Zur Motivation des Entscheidungsbaumes nach Jackson haben wir in Bem. 4.4 eine Darstellung für das Problem mittels kürzester Wege angegeben. Abschließend greifen wir diese Vorgehensweise auf und verwenden sie zur Skizzierung eines heuristischen Verfahrens von Pinto et al. (1978). Die Grundidee besteht darin, basierend auf bereits ermittelten zulässigen Lösungen, einen Teilgraphen des in Bem. 4.4 beschriebenen Graphen und einen kürzesten Weg in diesem zu bestimmen. Zunächst ermittelt man z.B. mit Hilfe verschiedener Prioritätsregeln einige zulässige Reihenfolgen von Arbeitsgängen. Für jede dieser Reihenfolgen bzw. Permutationen $< j_1, ..., j_n]$ der Arbeitsgänge werden Zustände $Z_0 = \phi, \{j_1\}, \{j_1, j_2\}, ...,$ $Z_{end} = \{j_1, ..., j_n\}$ gebildet. Jeder derart entstandene Zustand wird durch einen Knoten repräsentiert. Nun kann jeweils zwischen zwei Knoten mit Zuständen Z und Z' ein Pfeil für eine Stationsbelegung Z'−Z eingeführt werden, wenn $Z \subset Z'$ und $\sum_{j \in Z'-Z} t_j \le c$. In dem so entstandenen Graphen erhält man durch Ermittlung eines kürzesten Weges eine zulässige Lösung, die ggf. besser als die zur Graphkonstruktion eingesetzten Ausgangslösungen ist.

Beispiel: Ausgehend von den beiden Reihenfolgen $< 2, 1, 4, 5, 3]$ und $< 1, 4, 5, 2, 3]$, ergibt sich für das Problem aus Abb. 4.8 mit c = 4 folgender Graph. Der kürzeste Weg ist hervorgehoben.

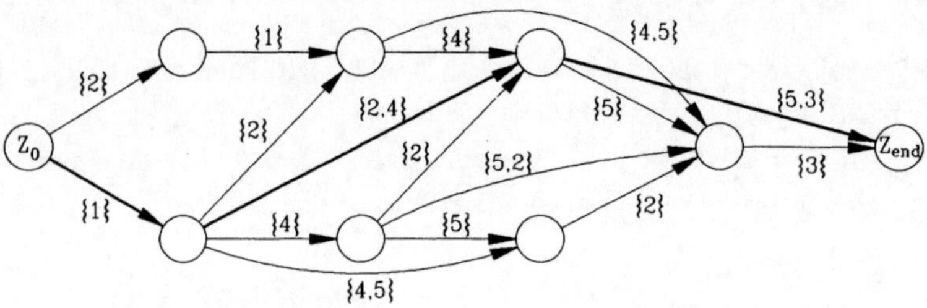

Abb. 4.11

4.3.3.2 Das B&B-Verfahren FABLE

Das B&B-Verfahren FABLE (Fast Algorithm for Balancing Lines Effectively) von Johnson (1988) basiert auf den Grundideen des DO-Verfahrens von Jackson. Während man die dort verwendete Strategie zur Abarbeitung des Entscheidungsbaumes als "Suchen in der Breite" bezeichnen kann, verfolgt FABLE die Strategie "Suchen in der Tiefe". Zusätzlich zu den oben beschriebenen Dominanzregeln erfolgt das Ausloten von Teilproblemen durch Berechnung von Schranken. Wir betrachten zunächst den Verzweigungsprozeß und danach die verschiedenen Möglichkeiten zur Reduzierung der Größe des B&B-Baumes; vgl. Domschke et al. (1994 b).

Verzweigungsprozeß:

Ausgehend von P_0 (keine Zuordnung von Arbeitsgängen zu Stationen) werden Teilprobleme P_μ durch sukzessive Aufnahme von Arbeitsgängen in Stationen gebildet. Dabei wird bei der ersten Station begonnen und eine neue Station immer erst dann geöffnet, wenn die aktuelle Station maximal belegt ist (Dominanzregel 1 von Jackson).

Der Aufbau des Baumes erfolgt mit einer LIFO-Strategie (reine Tiefensuche), so daß man schnell zu einer zulässigen Lösung des Problems gelangt. Um eine möglichst gute Anfangslösung zu erhalten, sortiert man die Arbeitsgänge vor Durchführung des Verzweigungsprozesses *topologisch* und numeriert sie entsprechend um. Zusätzlich zu den Reihenfolgebeziehungen werden dabei folgende Prioritätsregeln in der Reihenfolge 1 bis 3 verwendet:

1. Monoton abnehmende Bearbeitungszeiten t_j
2. Monoton abnehmende Anzahl unmittelbarer Nachfolger
3. Zufällige Wahl oder gemäß der ursprünglichen Numerierung

Beispiel: Für den Vorranggraphen in Abb. 4.12 sind die Arbeitsgänge bereits gemäß obiger Vorgehensweise numeriert. Eine Alternative bestünde darin, Arbeitsgang 7 die Nummer 5 und den Arbeitsgängen 5 und 6 die Nummern 6 und 7 zu geben.

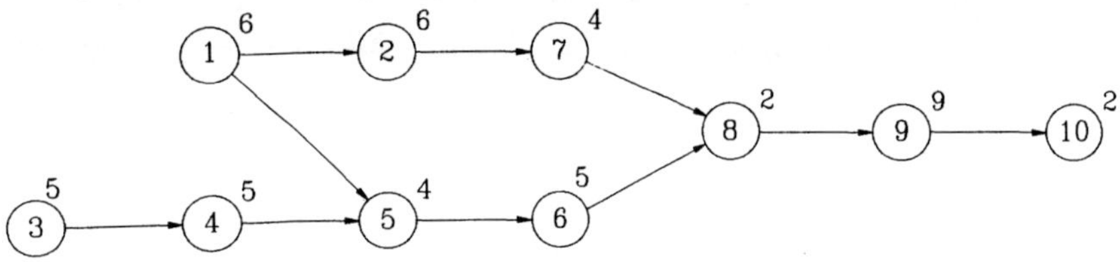

Abb. 4.12

Der Verzweigungsprozeß von FABLE beginnt mit der leeren ersten Station (k = 1) und ordnet einplanbare Arbeitsgänge in der Reihenfolge der (Re)- Numerierung so lange zu, bis die Station maximal belegt ist. Nun wird die nächste Station geöffnet (k:= k+1) und entsprechend belegt. Dies wird wiederholt, bis alle Arbeitsgänge eingeplant sind (vgl. die Vorgehensweise unidirektionaler, stationsorientierter Prioritätsregeln in Kap. 4.3.2.1). Die damit gefundene zulässige Lösung wird gespeichert; ihre Stationsanzahl UB dient als *obere Schranke* (upper bound). Nun werden die letzten zugeordneten Arbeitsgänge sukzessive wieder entfernt *(Backtracking)*. Nach Entfernen eines Arbeitsganges j aus einer Station k (Rückwärtsschritt) wird jeweils überprüft, ob in Station k andere Arbeitsgänge eingeplant werden können, deren Nummern größer als j sind (das Einplanen von Arbeitsgängen mit kleinerer Nummer würde zu bereits vorher betrachteten Belegungen von Station k – nur in anderer Reihenfolge der zugeordneten Arbeitsgänge – führen). Gibt es keinen solchen Arbeitsgang, wird das Backtracking fortgesetzt. Ansonsten wird der oben geschilderte unidirektionale Einplanungsprozeß mit Zuordnen eines solchen Arbeitsganges mit kleinster Nummer wieder aufgenommen. Sobald dabei wiederum die Station k = UB geöffnet werden muß, startet das Backtracking erneut, da sich mit der bisherigen Zuordnung von Arbeitsgängen zu Stationen keine verbesserte Lösung finden läßt. Ansonsten gelangt man nach Einplanen aller Arbeitsgänge zu einer neuen bisher besten Lösung mit verringerter Stationsanzahl UB, und geht ebenfalls zum Backtracking über. Das Verfahren endet, falls der Einplanungsprozeß nach Entfernen aller Arbeitsgänge (in Station k = 1) nicht wieder fortgesetzt werden kann.

Wir geben nun eine **algorithmische Beschreibung** des Verzweigungsprozesses von FABLE an. Dabei werden aus Gründen der Übersichtlichkeit zwei Unterprogramme (Prozeduren) verwendet, die im Anschluß definiert sind.

Verzweigen nach FABLE

Voraussetzung: Taktzeit c; n Arbeitsgänge mit Bearbeitungszeiten $t_j \le c$ (j=1,...,n); Vorranggraph; Numerierung der Arbeitsgänge gemäß obiger Prioritätsliste

p Anzahl der im aktuellen Problem zugeordneten Arbeitsgänge (Stufe des Baumes)

A[1..p] beschreibt die aktuell eingeplanten Arbeitsgänge (gemäß der Einplanungsreihenfolge von P_0 bis zum aktuellen Problem auf Stufe p des B&B-Baumes)

$\bar{c}$[1..k] aktuelle Leerzeiten der Stationen 1,...,k gemäß der Einplanungsreihenfolge A[1..p]

K Menge der Arbeitsgänge, die Kandidaten zur Aufnahme in die aktuelle Station sind

|a| zuletzt betrachteter Arbeitsgang (AG); bei positivem a befinden wir uns in einem Vorwärtsschritt (a ist der zuletzt hinzugefügte AG); bei negativem a beschreibt |a| den zuletzt in einem Rückwärtsschritt entfernten AG

Ein Arbeitsgang j ist *einplanbar*, wenn $j \notin A[1..p] \wedge \forall h \in \mathcal{V}(j): h \in A[1..p] \wedge t_j \leq \bar{c}[k]$ gilt.

Start: UB := n; k := 1; $\bar{c}$[1] := c; p := 0; K := {1} (AG 1 wird als erster eingeplant)

Iteration:

repeat
  if K ≠ ϕ **then** (Kandidaten für Station k vorhanden?)
    begin a := min {j ∈ K}; *Plane Arbeitsgang a ein* **end** (Vorwärtsschritt)
  else if a < 0 **or** es existiert ein einplanbarer Arbeitsgang[4] **or** k = UB−1 **then**
    Eliminiere Arbeitsgang A[p] (Rückwärtsschritt)
  else begin k := k+1; $\bar{c}$[k] := c; a := 0 **end**; (öffne neue Station)
  K := { j | j ist einplanbar ∧ j > |a| } (Menge der Kandidaten für Station k)
until p = 0 **and** K = ϕ; (Problem voll verzweigt?)

Unterprogramme:

Prozedur *Eliminiere Arbeitsgang A[p];*
begin
  if $\bar{c}$[k] = c **then** k := k−1; (lösche entleerte Station)
  a := − A[p]; $\bar{c}$[k] := $\bar{c}$[k] + $t_{A[p]}$; p := p−1 (entferne Arbeitsgang A[p])
end;

Prozedur *Plane Arbeitsgang a ein;*
begin
  p := p+1; A[p] := a; $\bar{c}$[k] := $\bar{c}$[k] − $t_{A[p]}$;
  if p = n **then begin**
    speichere die aktuelle zulässige Lösung als bisher beste; setze UB := k;
    Eliminiere Arbeitsgang A[p]
  end;
end

4 Die zweite Bedingung und die Vorgehensweise bei der Bestimmung von K garantieren, daß innerhalb einer Station Arbeitsgänge nur in der Reihenfolge wachsender Nummern zugeordnet werden. Dies ist ausreichend, da aufgrund der deterministischen Bearbeitungszeiten die Reihenfolge innerhalb einer Station keine Rolle spielt. Falls nur einplanbare Arbeitsgänge mit kleinerer Nummer als der zuletzt eingeplante Arbeitsgang a existieren (K = ϕ), so sind diese bereits in vorhergehenden Iterationen gemeinsam mit a dieser Station zugeordnet worden.

Ergebnis: Die gespeicherte Lösung mit UB Stationen ist optimal.

* * *

Beispiel: Für den Vorranggraphen von Abb. 4.12 ergibt sich mit der Taktzeit c = 10 folgender B&B-Baum, der von links nach rechts und von oben nach unten aufgebaut wird. Einige Knotenmarkierungen werden unmittelbar, andere später erläutert.

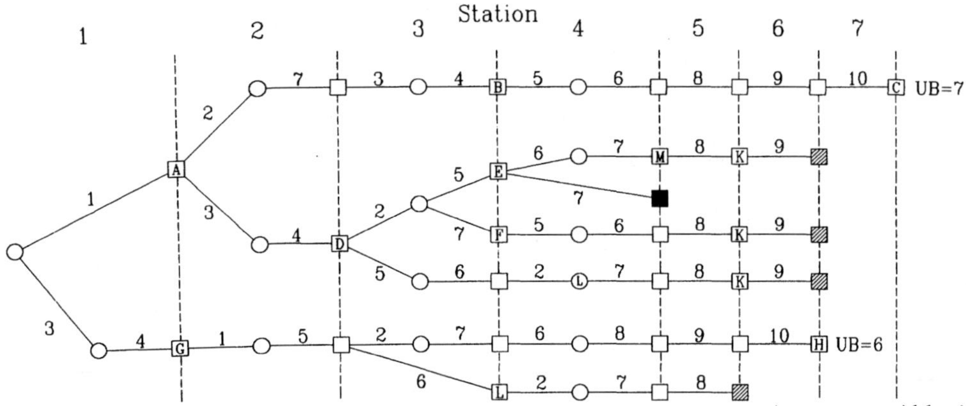

Abb. 4.13

Die erste in Knoten C gefundene zulässige Lösung mit UB = 7 Stationen ist $S_1 = \{1\}$, $S_2 = \{2,7\}$, $S_3 = \{3,4\}$, $S_4 = \{5,6\}$, $S_5 = \{8\}$, $S_6 = \{9\}$, $S_7 = \{10\}$. Anschließend werden alle in den Stationen 7 bis 2 eingeplanten Arbeitsgänge wieder entfernt, da es jeweils keine Einplanungsalternative gibt, die zu einer maximalen Stationsbelegung führen würde. Nach Entfernen von AG 2 aus Station 2 (Knoten A) läßt sich AG 3 und dann AG 4 einplanen. Der Einplanungsprozeß endet nach Einplanen von AG 9, da die Station UB geöffnet werden müßte. Dies gilt für alle schraffierten Knoten. Im schwarz markierten Knoten wird ein Rückschritt ausgeführt, weil die Station 4 mit $S_4 = \{7\}$ nicht maximal belegt ist (die Kandidatenmenge K ist leer, aber es existiert mit AG 6 ein einplanbarer Arbeitsgang). Erst nach Entfernen aller Arbeitsgänge und Einplanen von AG 3 und 4 in Station 1 (Knoten G) ergibt sich eine verbesserte Lösung mit UB = 6 Stationen (Knoten H): $S_1 = \{3,4\}$, $S_2 = \{1,5\}$, $S_3 = \{2,7\}$, $S_4 = \{6,8\}$, $S_5 = \{9\}$, $S_6 = \{10\}$. Diese Lösung ist optimal, da sich im restlichen Baum keine bessere Belegung mehr finden läßt.

Ausloten von Problemen bei FABLE:

FABLE verwendet sowohl Dominanzkriterien als auch Schranken für den Zielfunktionswert zum Ausloten von Problemen.

Es werden die Dominanzregeln 1 und 2 von Jackson angewendet. Die Dominanzregel 1 (Bildung maximaler Stationen) ist implizit im Algorithmus enthalten. Die Dominanzregel 2 muß aufgrund des arbeitsgangweisen Vorgehens von FABLE umformuliert werden.

Dominanzregel 2': Ein Knoten des Baumes kann ausgelotet werden, falls für die gerade gebildete und vervollständigte Stationsbelegung S_k gilt:
Es gibt einen Arbeitsgang $h \in S_k$ und einen bislang nicht zugeordneten, in Station k einplanbaren Arbeitsgang j mit den Eigenschaften $\mathcal{N}(h) \subseteq \mathcal{N}(j) \wedge t_h \leq t_j \wedge \bar{c}[k] - t_j + t_h \geq 0$.
Falls $t_h = t_j$ und $\mathcal{N}(h) = \mathcal{N}(j)$ gilt, so muß zusätzlich $j > h$ sein.

Die Anwendung der Dominanzregel 2' erfolgt in zwei Schritten. Vor Beginn des Verzweigungsprozesses werden sämtliche Arbeitsgangpaare (h,j) ermittelt und gespeichert, für die die ersten beiden Bedingungen erfüllt sind *(potentielle Dominanz)*. Jeweils vor Öffnen einer neuen Station wird für jeden in der Station enthaltenen Arbeitsgang h überprüft, ob er durch einen alternativ einplanbaren Arbeitsgang $j \in K$ potentiell dominiert wird. Ist dies der Fall, so kann der Knoten ausgelotet werden, also ein Rückwärtsschritt erfolgen.

Im Beispiel besteht eine potentielle Dominanz zwischen AG 1 und AG 4 sowie zwischen AG 6 und AG 7. Es ergibt sich jedoch keine Möglichkeit, einen Knoten auszuloten.

Bemerkung 4.8: Die für FABLE verwendete Definition der (potentiellen) Dominanz läßt sich verallgemeinern, indem $\mathcal{N}(h) \subseteq \mathcal{N}^m(j)$ anstelle von $\mathcal{N}(h) \subseteq \mathcal{N}(j)$ gefordert wird; vgl. Scholl (1995, S. 136). Dadurch wird im Beispiel u.a. die Belegung {2,7} durch {2,5} dominiert, da AG 5 den AG 7 potentiell dominiert und beide identische Bearbeitungszeiten besitzen. Im Baum von Abb. 4.13 könnte wegen Knoten E der Knoten F ausgelotet werden.

Darüber hinaus verwendet FABLE die beiden folgenden Regeln.

Erste-Station-Dominanzregel: Ist eine aktuell vervollständigte Stationsbelegung echte oder unechte Teilmenge einer schon gebildeten (und abgespeicherten) Belegung für die erste Station, so kann der zugehörige Knoten ausgelotet werden.

Im Beispiel: Falls die Belegung $S_1 = \{3,4\}$ der ersten Station (Knoten G) vor $S_1 = \{1\}$ (Knoten A) betrachtet würde, könnte man die Knoten B und D nach Betrachtung von $S_3 = \{3,4\}$ bzw. $S_2 = \{3,4\}$ ausloten.

Markierungs-Dominanzregel: Die Arbeitsgänge $j = 1,...,n$ erhalten ganzzahlige Marken L(j), so daß sich für jede im Hinblick auf die Vorrangbeziehungen zulässige Teilmenge $J \subseteq A$ der Arbeitsgänge eine unterschiedliche Summe von Arbeitsgangmarken $LS(J) = \sum_{j \in J} L(j)$ ergibt.
Anhand dieser Markensumme kann bei jedem Knoten des Lösungsbaumes festgestellt werden, ob die bis dahin zugeordnete Teilmenge der Arbeitsgänge in anderer Reihenfolge (und mit anderem Stationsbedarf) bereits angeordnet wurde. Dies erfordert allerdings die Abspeicherung der Markensummen aller bisher im Baum auftretenden Arbeitsgangmengen mit den entsprechenden Stationsbedarfen.

Im Beispiel: Knoten M kann aufgrund der Markierungs-Dominanzregel ausgelotet werden, weil die Arbeitsgänge 1 bis 7, wie in der ersten zulässigen Lösung, vier Stationen belegen.

Festlegung der Markierung; vgl. Schrage und Baker (1978):

L(j) := Marke (Label) für Arbeitsgang j
b(j) := Summe der Marken aller unmittelbaren und mittelbaren Vorgänger von j
r(j) := Summe der Marken L(h) mit h < j

Start: r(j) := b(j) := 0 für j = 1,...,n
for j := 1 **to** n **do**
begin
L(j) := r(j) − b(j) + 1;
for (all) $h \in \mathcal{N}_j^m$ **do** b(h) := b(h) + L(j);
r(j+1) := r(j) + L(j)
end;

Bemerkung 4.9: Man überlege sich, daß die Markierung zu einer Binärdarstellung für zulässige Mengen führt, wenn keine Vorrangrestriktionen vorliegen (Vorrangstrenge VS = 0). In diesem Fall gilt $L(j) = 2^{j-1}$. Ansonsten versucht der Markierungsalgorithmus von Schrage und Baker, die Vorrangrestriktionen so auszunutzen, daß die Summe aller Arbeitsgangmarken möglichst klein ist, da dadurch der maximale Speicherbedarf für die Markensummen bestimmt wird. Im Fall VS = 1 gilt z.B. L(j) = 1 für alle j = 1,...,n; alle Arbeitsgänge besitzen also dieselben Marken, die zulässigen Mengen {1}, {1,2},..., {1,...,n} jedoch verschiedene Markensummen 1, 2,..., n. Bei der Bestimmung der Marken kann eine Umnumerierung der Arbeitsgänge vorteilhaft sein, d.h. zu einer niedrigeren Summe aller Marken und damit zu geringerem Speicherbedarf führen.

Für unser Beispiel aus Abb. 4.12 erhalten wir damit:

j	1	2	3	4	5	6	7	8	9	10
b(j)	0	1	0	3	7	9	2	23	24	25
r(j)	0	1	2	5	8	10	12	23	24	25
L(j)	1	1	3	3	2	2	11	1	1	1

Die Markensummen LS(J) einiger zulässiger Mengen $J \subseteq A$ sind:

J	{1}	{1,2}	{3}	{1,3}	{1,2,3}	{3,4}	{1,3,4}	{1,2,3,4}	{1,3,4,5}	...
LS(J)	1	2	3	4	5	6	7	8	9	...

Untere Schranken:

Neben den beschriebenen Dominanzregeln verwendet FABLE zum Ausloten von Teilproblemen verschiedene untere Schranken für den Zielfunktionswert. Diese Schranken können für jeden Knoten des Baumes bestimmt werden. Falls die größte der ermittelten Schranken größer oder gleich der Stationsanzahl UB der bisher besten Lösung ist, ist der entsprechende Knoten ausgelotet. Wir bezeichnen mit J die Menge der noch nicht eingeplanten Arbeitsgänge und geben exemplarisch drei Schranken für das usprüngliche Problem im Knoten P_0 (es gilt also $J = A$) an; eine allgemeine Beschreibung derartiger Schranken findet sich in Johnson (1988):

$$LB_1(J) := \sum_{j \in J} t_j / c$$

$$LB_2(J) := |\{j \in J \mid t_j > \tfrac{c}{2}\}| + \tfrac{1}{2} \cdot |\{j \in J \mid t_j = \tfrac{c}{2}\}| ;$$

$$LB_3(J) := |\{j \in J \mid t_j > \tfrac{2}{3}c\}| + \tfrac{2}{3} \cdot |\{j \in J \mid t_j = \tfrac{2}{3}c\}| + \tfrac{1}{2} \cdot |\{j \in J \mid \tfrac{1}{3}c < t_j < \tfrac{2}{3}c\}| + \\ + \tfrac{1}{3} \cdot |\{j \in J \mid t_j = \tfrac{1}{3}c\}| ;$$

Aufgrund der Ganzzahligkeit von m können die Werte der Schranken zur nächsten ganzen Zahl aufgerundet werden. Für die übrigen Knoten des B&B-Baumes sind die Anzahl bisher vervollständigter Stationen und die bisherige Belegungszeit der aktuellen Station geeignet zu berücksichtigen.

In Abb. 4.13 können z.B. die mit 'K' markierten Knoten aufgrund von LB_1 ausgelotet werden, da bereits 5 Stationen belegt sind und die verbleibenden Arbeitsgänge mindestens $LB_1(J) = 2$ weitere Stationen benötigen (UB = 7). Auch Knoten L läßt sich wegen LB_1 ausloten.

$LB_1(J)$ entspricht der Schranke m_{min} aus Kap. 4.3.1.1. Bei $LB_2(J)$ werden diejenigen Arbeitsgänge gezählt, deren Bearbeitungszeit die Hälfte der Taktzeit übersteigt, da sie nicht mit anderen derartigen Arbeitsgängen gemeinsam in eine Station passen. Arbeitsgänge mit Bearbeitungszeit c/2 belegen genau eine halbe Station, so daß sich zwei solche Arbeitsgänge eine Station teilen können. $LB_3(J)$ stellt eine Verallgemeinerung von $LB_2(J)$ durch Drittelung der Taktzeit dar. Ähnliche Schranken beschreiben Berger et al. (1992); vgl. auch Scholl (1995, Kap. 2.2.2.1).

Eine vierte untere Schranke erhält man, indem man vor Beginn des Verzweigungsprozesses für jeden Arbeitsgang j die Anzahl der Stationen n_j bestimmt, die alle seine Nachfolger (Johnson (1988) beschränkt sich auf die unmittelbaren Nachfolger) mindestens benötigen. Führt man einen Knoten für einen fiktiven Arbeitsgang 0 mit $t_0 := 0$ als eindeutige Quelle des Vorranggraphen ein, so bildet n_0 in P_0 (und modifiziert in P_μ) eine untere Schranke $LB_4(J)$ für den Zielfunktionswert.

Die n_j werden in der Reihenfolge $j = n,...,0$ bestimmt. Für alle Arbeitsgänge j ohne Nachfolger gilt $n_j = 0$. Für die übrigen Arbeitsgänge j können untere Schranken n_{j1}, n_{j2} und n_{j3} für den Stationsbedarf der Menge unmittelbarer und mittelbarer Nachfolger $\mathcal{N}_j^m$ z.B. wie folgt gebildet werden:

$$n_{j1} := LB_1(\mathcal{N}_j^m)$$

$$n_{j2} := \begin{cases} LB_2(\mathcal{N}_j^m) & \text{falls } t_j \geq c/2 \ \vee \ LB_2(\mathcal{N}_j^m) \notin \mathbb{N} \\ LB_2(\mathcal{N}_j^m) - 1/2 & \text{sonst} \end{cases}$$

$$n_{j3} := \begin{cases} LB_3(\mathcal{N}_j^m) & \text{falls } t_j \geq 2/3 \cdot c \ \vee \ LB_3(\mathcal{N}_j^m) \leq 1/3 \\ LB_3(\mathcal{N}_j^m) - 1/3 & \text{sonst} \end{cases}$$

In einigen Fällen wird bei der Berechnung der Schranken LB_2 und LB_3 der Stationsbedarf der Nachfolger von j überschätzt. Da Arbeitsgang j ggf. in die erste der von seinen Nachfolgern belegten Stationen zusätzlich eingeplant werden kann, muß eine Korrektur der Schranken vorgenommen werden. Nehmen wir z.B. an, daß ein Arbeitsgang zwei Nachfolger h_1 und h_2 mit Bearbeitungszeiten $t_{h_1} = t_{h_2} = c \cdot (1+\epsilon)/3$ besitzt, so gilt $LB_3(\{h_1,h_2\}) = 1$ für $0 < \epsilon < 1$. Dabei wird der tatsächliche Stationsbedarf um $(1-2\epsilon)/3$ überschätzt. Im ungünstigsten Fall genügt es daher, den Wert von LB_3 um 1/3 nach unten zu korrigieren.

Man kann sich überlegen, daß die angegebenen Korrekturen der Schranken in einigen Fällen verschärfbar sind.

Zusätzlich kann ein Wert n_{j4} durch Lösen eines **Ein-Maschinen-Problems [1 | n_h | Z]** für die Arbeitsgänge ("Aufträge") in $\mathcal{N}_j^m$ bestimmt werden (vgl. Kap. 5.3.2.1).
Dabei können die bisher schon ermittelten Werte $n_h := \max \{n_{h1}, n_{h2}, n_{h3}, n_{h4}\}$ als Nachlaufzeiten für die Aufträge $h \in \mathcal{N}_j^m$ betrachtet werden, weil sie jeweils untere Schranken für die Stationsbedarfe ihrer Nachfolger im Vorranggraphen angeben. Als Bearbeitungszeiten der Aufträge h dienen ihre eigenen Stationsbedarfe $t_h' := t_h/c$. Eine optimale Lösung des Ein-Maschinen-Problems erhält man durch Einplanung der Aufträge aus $\mathcal{N}_j^m$ in der Reihenfolge monoton fallender Nachlaufzeiten. Sei $< h_1, h_2, ..., h_r]$ die entsprechende Reihung der $r := |\mathcal{N}_j^m|$ Nachfolger von j, so ergibt sich n_{j4} aus der Zykluszeit des Ein-Maschinen-Problems:

$$n_{j4} := \max \{ t'_{h_1} + n_{h_1},\ t'_{h_1} + t'_{h_2} + n_{h_2}, ...,\ t'_{h_1} + t'_{h_2} + ... + t'_{h_r} + n_{h_r} \}$$

Die Nachlaufzeit n_j von Auftrag j kann nun als Maximum von n_{j1}, n_{j2}, n_{j3} und n_{j4} bestimmt werden. Ein Aufrunden eines nichtganzzahligen n_j erfolgt dann, wenn durch Arbeitsgang j eine zusätzliche Station erforderlich wird.

Die Vorgehensweise zur Berechnung der Schranke $LB_4(J = A) = n_0$ kann algorithmisch also wie folgt beschrieben werden:

for j := n **to** 0 **step** –1 **do**

  if $\mathcal{N}(j) = \phi$ **then** $n_j := 0$

  else begin

    berechne n_{j1}, n_{j2}, n_{j3} und n_{j4} ;

    $n_j := \max \{ n_{j1}, n_{j2}, n_{j3}, n_{j4} \}$

    if $n_j < \lceil n_j \rceil$ **and** $(n_j + t_j' > \lceil n_j \rceil$ **or** $j = 0)$ **then** $n_j := \lceil n_j \rceil$

  end;

* * *

Beispiel für die Berechnung unterer Schranken:

Wir betrachten das Problem in Abb. 4.14 (Abb. 4.12 erweitert um Quelle 0) mit der Taktzeit $c = 10$ und berechnen die Schranken $LB_1(J = A)$ bis $LB_4(J = A)$ für den Knoten P_0:

Es gilt $t_{sum} = 48$; somit $LB_1(A) := 4.8$.

$LB_2(A) := |\{1,2,9\}| + \frac{1}{2} \cdot |\{3,4,6\}| = 4.5$

$LB_3(A) := |\{9\}| + \frac{1}{2} \cdot |\{1,2,3,4,5,6,7\}| = 4.55$

Aufgerundet ergeben sich $LB_1(A) = LB_2(A) = LB_3(A) = 5$.

Berechnung von $LB_4(A)$:

j	1	2	3	4	5	6	7	8	9	10
t'_j	0.6	0.6	0.5	0.5	0.4	0.5	0.4	0.2	0.9	0.2

Tab. 4.2

j=10: $\mathcal{N}^{m}_{10} = \phi$; $n_{10} := 0$

j=9: $\mathcal{N}^{m}_{9} = \{10\}$; $n_{91} := 0.2$; $n_{92} := 0$; $n_{93} := 0$; $n_{94} := 0.2$; $n_9 := 1$ (gerundet)

j=8: $\mathcal{N}^{m}_{8} = \{9,10\}$; $n_{81} := 1.1$; $n_{82} := 1 - 0.5 = 0.5$; $n_{83} := 1 - 1/3 = 2/3$

Ein-Maschinen-Problem: $n_{84} := \max\{t'_9 + n_9,\ t'_9 + t'_{10} + n_{10}\} = 1.9$; $n_{10} := 2$ (gerundet)

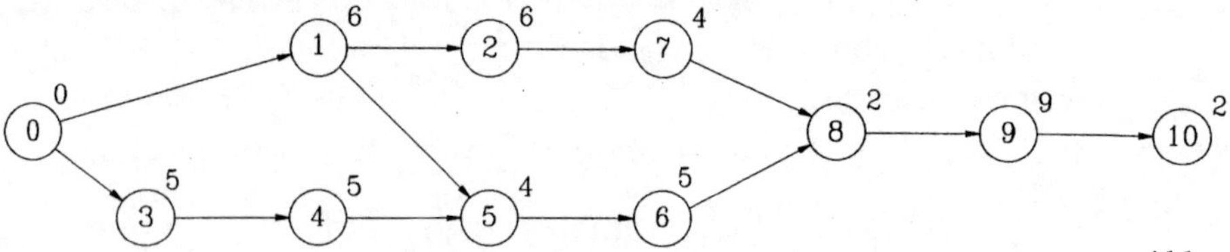

Abb. 4.14

Insgesamt ergeben sich folgende Werte für die n_j und damit $LB_4(A) = n_0 = 6$:

j	10	9	8	7	6	5	4	3	2	1	0
n_j	0	1	2	2.2	2.2	3	3.4	4	3	4.1	6

Tab. 4.3

Die Nachlaufzeit n_1 ergibt sich durch $t'_2 + t'_5 + t'_6 + t'_7 + n_7 = 4.1$. Die Werte $n_{04} = 5.7$ und damit $n_0 = 6$ resultieren aus $t'_1 + t'_3 + t'_4 + t'_2 + t'_5 + t'_6 + t'_7 + n_7 = 5.7$.

4.3.3.3 Das B&B-Verfahren SALOME

Das B&B-Verfahren SALOME (**S**imple **A**ssembly **L**ine Balancing **O**ptimization **Me**thode) von Scholl und Klein (1994) ist das derzeit effizienteste Verfahren zur Lösung von SALBP-1; vgl. auch Scholl (1995) sowie Scholl und Klein (1997a). Im Gegensatz zu FABLE erfolgt die *Verzweigung stationsweise*, d.h. ein Knoten des B&B-Baumes wird in Teilprobleme dadurch verzweigt, daß komplette maximale Stationsbelegungen gebildet werden. Außerdem werden die Teilprobleme nicht in einer durch die Numerierung der Arbeitsgänge festgelegten Reihenfolge, sondern im Rahmen der sogenannten *Local Lower Bound-Methode* in Abhängigkeit von der jeweiligen unteren Schranke erzeugt und weiterverzweigt. Darüber hinaus beinhaltet das Verfahren die Möglichkeit der *bidirektionalen Einplanung* von Arbeitsgängen und weitere Dominanzregeln.

Verzweigungsprozeß – Local Lower Bound-Methode:

Wir beschreiben zunächst die *vorwärtsgerichtete, unidirektionale* Variante der Local Lower Bound-Methode, die auf der simplen unteren Schranke LB_1 basiert. Es wird eine Tiefensuche durchgeführt, bei der durch Bildung von maximalen Belegungen der Stationen k = 1, 2, ... verzweigt wird. Auf Stufe k des Baumes sind Belegungen $S_1,...,S_k$ für die ersten k Stationen bereits festgelegt. Die Belegungszeiten der Stationen h = 1,...,k bezeichnen wir mit $t(S_h)$. Wie zuvor sei UB die Stationsanzahl der aktuell besten zulässigen Lösung; zu Beginn gilt UB = n.

Im *Ausgangsproblem* P_0 wird mit der Schranke $LB = LB_1$ begonnen. Jede Lösung mit LB Stationen enthält eine *Gesamtleerzeit* von $GL(LB) = LB \cdot c - t_{sum}$ ZE. Um eine solche Lösung finden zu können, darf keine Stationsbelegung eine geringere Belegungszeit als c – GL(LB) aufweisen. Ansonsten ist die Gesamtleerzeit höher als GL(LB), so daß LB Stationen nicht ausreichen. Daher lassen sich die maximalen Stationsbelegungen für Station k = 1 in zwei Gruppen unterteilen. In der *ersten Gruppe* befinden sich alle maximalen Belegungen S_1 mit $t(S_1) \geq c - GL(LB)$. Die übrigen maximalen Belegungen führen zu mindestens einer zusätzlichen Station und sind in der *zweiten Gruppe* enthalten. Um eine ggf. existierende (optimale) Lösung mit LB Stationen möglichst frühzeitig zu finden, werden im Rahmen der Tiefensuche die Belegungen der ersten Gruppe zuerst zur Verzweigung herangezogen. Findet sich in einem der entstehenden Teilbäume tatsächlich eine Lösung mit LB Stationen, so endet der Enumerationsprozeß mit Ausloten von P_0. Ansonsten kann vor Betrachtung der zweiten Gruppe von Belegungen die Schranke LB um 1 erhöht werden.

Diesselbe Vorgehensweise wie in P_0 wird in jedem *anderen Knoten* P_μ auf Stufe k > 0 des B&B-Baumes angewendet. LB sei die aktuelle *lokale untere Schranke* eines solchen Knotens; anfänglich besitzt sie den Wert der Schranke des Vaterproblems (Vorgängerknoten im Baum). Anstelle von GL(LB) ist die nach Einplanung der Stationsbelegungen $S_1,...,S_k$ *verbleibende Gesamtleerzeit* $VGL_k(LB)$ zu berücksichtigen:

$$VGL_k(LB) = GL(LB) - \sum_{h=1}^{k} (c - t(S_h))$$

Eine Belegung S_{k+1} für Station k+1 gehört also zur ersten Gruppe, falls $VGL_k(LB) \geq c - t(S_{k+1})$ gilt. Ansonsten werden insgesamt mindestens LB+1 Stationen benötigt, und es ergibt sich ein Teilproblem der zweiten Gruppe. Wie in P_0 werden zunächst alle Teilprobleme erzeugt, die sich durch Belegungen S_{k+1} der ersten Gruppe ergeben. Findet sich eine Lösung mit LB Stationen, so wird der Knoten ausgelotet. Andernfalls wird LB um 1 erhöht; im Falle LB $\geq$ UB wird ausgelotet, ansonsten zur zweiten Gruppe übergegangen.

Diese Vorgehensweise basiert auf der – auch der MLB-Regel (vgl. Kap. 2.3.1) zugrundeliegenden – Überlegung, daß man zuerst Verzweigungen wählen sollte, die nicht zu einer Erhöhung der unteren Schranke für die Stationsanzahl führen. In den entsprechenden Teilbäumen ist die Wahrscheinlichkeit für das Auffinden einer optimalen Lösung höher als in Teilbäumen, deren Wurzel bereits eine höhere Schranke besitzt. Im Prinzip geht die Local Lower Bound-Methode wie eine Tiefensuche mit vollständiger Knotenverzweigung vor, bei der zunächst alle Teilprobleme generiert und gespeichert werden (vgl. Kap. 2.3.1). Dazu ist die Berechnung von lokalen unteren Schranken und eine Sortierung gemäß MLB-Regel notwendig. Dies läßt sich durch die Gruppeneinteilung vermeiden; weder explizite Schrankenberechnung noch Sortierung und Speicherung sind erforderlich. Es genügt eine systematische Generierung und Evaluierung der maximalen Stationsbelegungen in lexikographischer Ordnung ({1,2}, {1,3}, {2,3} usw.). Da sich durch die Gruppeneinteilung nur eine Teilsortierung der Belegungen ergibt, basiert diese Generierung auf der bei FABLE vorgeschlagenen Renumerierung der Arbeitsgänge. Als vorteilhaft hat es sich auch erwiesen, in jedem Knoten eine eigene Renumerierung der einplanbaren Arbeitsgänge vorzunehmen; vgl. Scholl und Klein (1997 a). Ist die Betrachtung der zweiten Gruppe von Belegungen notwendig, muß die (einfach vorzunehmende) Generierung ein zweites Mal durchgeführt werden, um sich ein Speichern der im ersten Durchgang nicht verzweigten Belegungen zu ersparen.

Beispiel: Abb. 4.15 zeigt den B&B-Baum, der sich durch Anwendung der Local Lower Bound-Methode auf das Problem von Abb. 4.14 (bzw. Abb. 4.12) mit Taktzeit c = 10 ergibt. Die Knoten des Baumes sind von 0 bis 6 durchnumeriert; der schraffierte Bereich kennzeichnet die Knoten mit lokaler unterer Schranke LB = 5, die übrigen Knoten besitzen die Schranke LB = 6. Die Pfeile deuten die Erhöhung der Schranke nach erfolgter Verzweigung mit Gruppe 1 an.

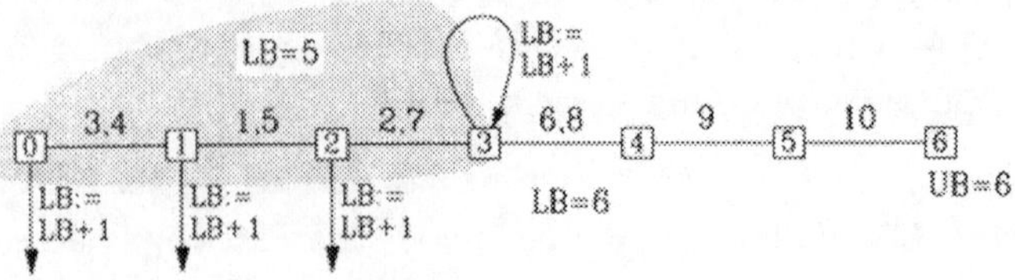

Abb. 4.15

Zu Beginn gilt LB = LB_1 = 5 sowie GL(5) = 5 · 10 – 48 = 2. Bei der Verzweigung von P_0 weisen Stationsbelegungen der ersten Gruppe also eine Belegungszeit von mindestens 8 ZE auf. Von den beiden maximalen Stationsbelegungen {1} und {3,4} erfüllt nur letztere diese Bedingung und wird zuerst zur Verzweigung verwendet. Da sie keine Leerzeit aufweist, gilt $VGL_1(5) = 2$. Im entstehenden Knoten 1 existiert für Station 2 mit {1,5} nur eine maximale Belegung; sie weist ebenfalls keine Leerzeit auf, so daß $VGL_2(5) = 2$. Für Station 3 gibt es in Knoten 2 die Belegung {2,7} der ersten und {6} der zweiten Gruppe. Nach Einplanen von {2,7} verbleibt mit {6,8} nur eine maximale Belegung für Station 4, die der zweiten Gruppe angehört. Dementsprechend wird die lokale Schranke LB des Knotens 3 auf 6 erhöht. Anschließend findet sich nach drei Verzweigungen eine zulässige Lösung mit 6 Stationen. Wegen UB = 6 werden die Knoten 6 bis 3 ausgelotet, da deren Schranken ebenfalls den Wert 6 besitzen. In Knoten 2 verbleibt keine Belegung der ersten Gruppe, die Schranke wird auf 6 erhöht und der Knoten ausgelotet. Dasselbe geschieht in Knoten 1 und 0; das Verfahren endet mit der optimalen Lösung S_1 = {3,4}, S_2 = {1,5}, S_3 = {2,7}, S_4 = {6,8}, S_5 = {9}, S_6 = {10}.

Schrankenberechnung:

Neben der implizit im Verzweigungsprozeß enthaltenen unteren Schranke LB_1 werden LB_2 und LB_3 in jedem Knoten des B&B-Baumes zur Verschärfung lokaler unterer Schranken, jedoch nicht zur Steuerung der Verzweigung, eingesetzt (vgl. Kap. 4.3.3.2). Die aufwendigere Schranke LB_4 wird nur im Ausgangsproblem P_0 berechnet. Dabei wird sie sowohl auf den ursprünglichen als auch auf den umgekehrten Vorranggraphen angewendet. Im letzteren Fall ergeben sich *Vorlaufzeiten* a_j für die Arbeitsgänge $j = 1,...,n+1$ ($n+1$ ist eine fiktive Senke des Graphen); vgl. Kap. 5.3.2.1. Analog zur Nachlaufzeit n_j ist die Vorlaufzeit a_j eine untere Schranke für den Stationsbedarf der *Vorgänger* von Arbeitsgang j. Die (gerundete) Vorlaufzeit des fiktiven Arbeitsganges $n+1$ ist eine untere Schranke für das Ausgangsproblem; es gilt:

$$LB_4' = \lceil \max\{n_0, a_{n+1}\} \rceil$$

Im Beispiel ergeben sich folgende Werte für die Vorlaufzeiten a_j (vgl. Tab. 4.3 für die n_j):

j	1	2	3	4	5	6	7	8	9	10	11
a_j	0	1	0	0.5	1.6	2	1.6	3.5	4	5	6

Tab. 4.4

Eine weitere einfache Schranke LB_5 basiert auf der Berechnung frühester Stationen E_j und spätester Stationen $L_j(m)$; vgl. (4.12) in Kap. 4.3.1.5. Da jeder Arbeitsgang einer Station zugeordnet werden muß, ist $E_j \le L_j(m)$ für $j = 1,...,n$ eine notwendige Bedingung dafür, daß m Stationen ausreichend sind. Daher ergibt sich eine untere Schranke LB_5, die sich mit Hilfe von $L_j(m+1) = L_j(m)+1$ leicht berechnen läßt; vgl. Saltzman und Baybars (1987):

$$LB_5 = \min\{ m \mid L_j(m) \ge E_j \text{ für } j = 1,...,n\}$$

Mit Vor- und Nachlaufzeiten lassen sich ggf. verschärfte Werte für früheste und späteste Stationen berechnen:

$E_j' = \lceil a_j + t_j/c \rceil$ früheste Station von Arbeitsgang j

$L_j'(m) = m + 1 - \lceil t_j/c + n_j \rceil$ späteste Station von Arbeitsgang j, falls höchstens m Stationen verfügbar sind

Im Beispiel: Tab. 4.5 enthält die entsprechenden Werte für alle Arbeitsgänge des Vorranggraphen in Abb. 4.14 mit $c = 10$. Wegen $E_9 > L_9(5)$ werden mindestens 6 Stationen benötigt; es gilt $LB_5 = 6$. Dies läßt sich durch Betrachtung von E_{10}' sofort ablesen. Die verschärften Werte erlauben außerdem die Feststellung, daß die Arbeitsgänge 8, 9 bzw. 10 in den Stationen 4, 5 bzw. 6 ausgeführt werden müssen, falls es eine optimale Lösung mit 6 Stationen gibt.

j	1	2	3	4	5	6	7	8	9	10
E_j	1	2	1	1	2	3	2	4	5	5
$L_j(5)$	2	3	2	3	3	4	4	4	4	5
E_j'	1	2	1	1	2	3	2	4	5	6
$L_j'(6)$	2	3	2	3	3	4	4	4	5	6

Tab. 4.5

Auf die Beschreibung von zwei weiteren in SALOME enthaltenen Möglichkeiten zur Berechnung unterer Schranken verzichten wir und verweisen auf Scholl (1995, Kap. 2.2.2.1).

Dominanz- und Reduktionsregeln:

Im Verzweigungsprozeß ist die *Dominanzregel 1* (maximale Stationen) implizit enthalten. Darüber hinaus wird die *Dominanzregel 2* (vgl. Kap. 4.3.3.1) mit der in Bem. 4.8 angegebenen verschärften Definition der potentiellen Dominanz eingesetzt. Das heißt, für jede Stationsbelegung S_k wird überprüft, ob eine Teilmenge $J \subseteq S_k$ durch einen alternativ einplanbaren Arbeitsgang j ersetzt werden kann, so daß gilt:

$$\sum_{h \in J} t_h \leq t_j \quad \text{und} \quad \mathcal{N}(J) \subseteq \mathcal{N}_j^m$$

Falls eine solche Ersetzung möglich ist, wird die untersuchte Belegung S_k verworfen.

Die *Markierungs-Dominanzregel* wird in der von Nourie und Venta (1991) vorgeschlagenen Weise verwendet. Bisherige (Teil-) Lösungen werden mit Hilfe einer Baumstruktur effizient gespeichert, so daß wesentlich weniger Speicherbedarf entsteht als bei dem von FABLE verwendeten Markierungsschema von Schrage und Baker (1978).

Neben diesen Dominanzregeln verwendet SALOME folgende Vorgehensweise zur **Fixierung von Arbeitsgängen:** Betrachten wir einen Knoten auf Stufe k des B&B-Baumes, so läßt sich jeder noch nicht eingeplante Arbeitsgang j mit $L_j^!(UB-1) = k+1$ der aktuell zu bildenden Belegung von Station k+1 *fest zuordnen*, da eine Verbesserung der bisher bekannten besten Lösung mit UB Stationen nur in diesem Fall möglich ist.

Diese Fixierung läßt sich auch in verschärfter Weise einsetzen: Vor Verzweigen eines Knotens auf Stufe k mit Schranke LB werden alle Arbeitsgänge j mit $L_j^!(LB) = k+1$ der Station k+1 *temporär* zugeordnet. Diese Zuordnung gilt so lange, bis LB um 1 erhöht werden muß, also für alle Belegungen der ersten Gruppe.

Bidirektionale Einplanung:

Anstelle der beschriebenen vorwärtsgerichteten unidirektionalen Vorgehensweise kann die Verzweigung von SALOME auch *rückwärtsgerichtet* (Umkehren des Vorranggraphen) oder *bidirektional* erfolgen (vgl. Kap. 4.3.2.1). Bei der folgenden Beschreibung sprechen wir von einem *Vorwärtsschritt*, wenn bei der Verzweigung eines Knotens des B&B-Baumes Belegungen für die früheste, noch freie Station k_v gebildet werden. In einem *Rückwärtsschritt* wird die späteste, noch freie Station k_r betrachtet. Dabei erhält die letzte Station immer die Nummer LB (aktuelle untere Schranke des Knotens); nach Erhöhen von LB sind die Nummern der rückwärts erzeugten Stationen ebenfalls zu erhöhen. Ein vorwärts- bzw. rückwärtsgerichtetes Verfahren besteht aus einer Folge von Vorwärts- bzw. Rückwärtsschritten, ein bidirektionales aus einer gemischten Folge beider Schrittarten.

Beispiel: Zur Erläuterung der unterschiedlichen Vorgehensweisen betrachten wir den Vorranggraphen von Abb. 4.16 mit der Taktzeit c = 10. Wegen $t_{sum} = 43$ ergibt sich in P_0 die untere Schranke $LB_1 = 5$ mit Gesamtleerzeit GL(5) = 7.

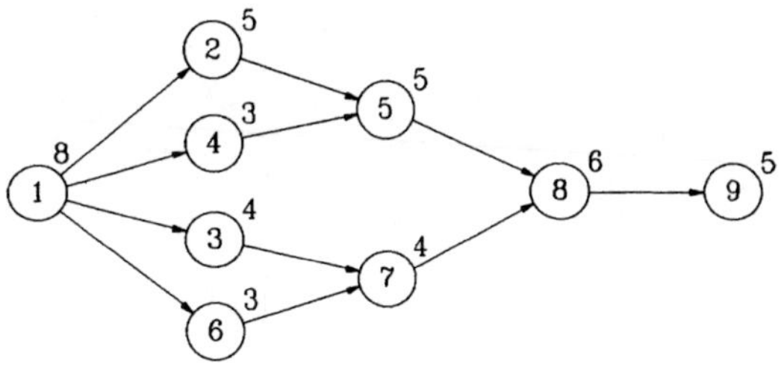

Abb. 4.16

Abb. 4.17 a und b zeigen die B&B-Bäume bei vorwärts- und rückwärtsgerichteter Verzweigung. Schraffierte Knoten sind ausgelotet, da es bei der Verzweigung jeweils keine Belegung der ersten Gruppe gibt und somit die lokale untere Schranke auf 6 (= UB) erhöht werden muß. Es ist festzustellen, daß der rückwärtsgerichtete Baum deutlich weniger Knoten enthält und somit zu kürzerer Rechenzeit des B&B-Verfahrens führen würde.

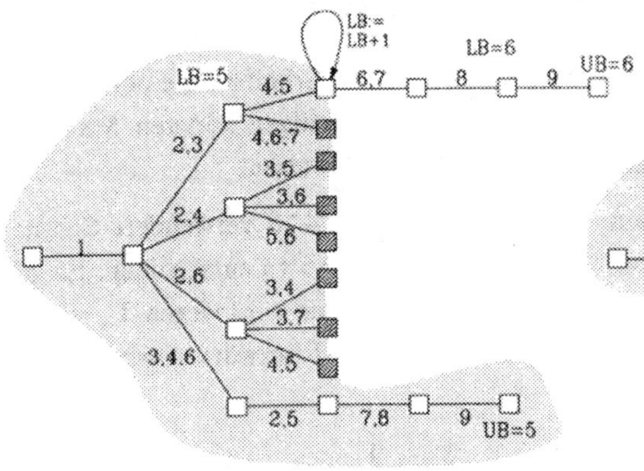

Abb. 4.17 a

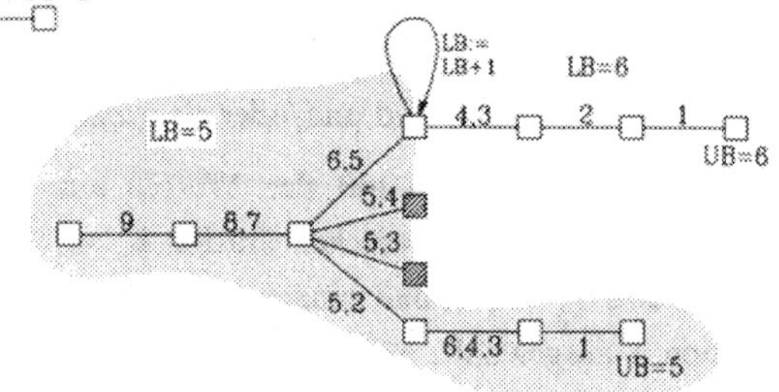

Abb. 4.17 b

Abb. 4.18 zeigt den B&B-Baum, der sich bei bidirektionaler Planung ergibt, wenn die Stationen in der Reihenfolge 1, 5 (=LB), 4, 3, 2 belegt werden (ein Vorwärtsschritt und vier Rückwärtsschritte). In jedem Knoten ergibt sich genau eine Belegung der ersten Gruppe, so daß sich eine optimale Lösung mit 5 Stationen ohne weitere Verzweigungen der Knoten findet.

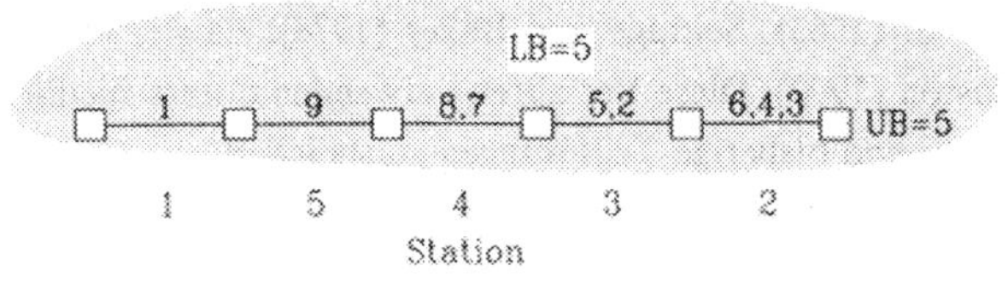

Abb. 4.18

Um eine derart günstige Reihenfolge von Vorwärts- und Rückwärtsschritten zu finden, schlagen Scholl und Klein (1994) eine *dynamische Schrittauswahlregel* vor. Sie basiert auf der Überlegung, daß man bevorzugt solche Stationen zur Verzweigung auswählen sollte, bei denen möglichst wenige alternative maximale Belegungen existieren, so daß sich ein schmaler B&B-Baum ergibt. Außerdem sollte *unvermeidbare Leerzeit*, die zumeist durch Arbeitsgänge mit großer Bearbeitungszeit verursacht wird, möglichst frühzeitig eingeplant werden.

Im Beispiel ist in Station 1 (5) eine Leerzeit von 2 (5) ZE unvermeidbar. Werden diese beiden Stationen – wie in Abb. 4.18 – zuerst belegt, so verbleibt bei LB = 5 für die übrigen Stationen keine Leerzeit ($VGL_2(5) = 0$), so daß die Wahl der jeweiligen Stationsbelegung eindeutig ist und keine unnötigen Verzweigungen ausgeführt werden.

Definition 4.6: Ein Arbeitsgang j ist bei vorgegebener Höchstanzahl LB an Stationen in einer Station k *potentiell einplanbar,* falls $k \in [E'_j, L'_j(LB)]$ gilt. Die Menge der in Station k potentiell einplanbaren Arbeitsgänge ist $B_k(LB) := \{j \mid k \in [E'_j, L'_j(LB)]\}$. Als *durchschnittliche potentielle Bearbeitungszeit der Station k* bezeichnen wir:

$$T_k := \Big(\sum_{j \in B_k(LB)} t_j \,/\, (L'_j(LB) - E'_j + 1) \Big) \,/\, |B_k(LB)| \qquad \text{für } k = k_v, \ldots, k_r$$

Schrittauswahlregel: Führe einen Vorwärtsschritt aus, falls $T_{k_v} > T_{k_r}$ oder $T_{k_v} = T_{k_r}$ und $|B_{k_v}(LB)| \le |B_{k_r}(LB)|$ gilt. Ansonsten wird ein Rückwärtsschritt vorgenommen.

Die Regel beruht darauf, daß bei einem großen Wert von T_k wenige Arbeitsgänge potentiell in Station k einplanbar sind und/oder diese Arbeitsgänge nur in wenigen anderen Stationen potentiell einplanbar sind und/oder sie große Bearbeitungszeiten aufweisen.

Im Beispiel ergibt sich mit den Werten aus Tab. 4.6 die in Abb. 4.18 verwendete Schrittreihenfolge. In P_0 ist zwischen Station $k_v = 1$ und Station $k_r = LB = 5$ zu entscheiden. Es gilt $T_1 = 8$ und $T_5 = 5$, so daß zunächst Station 1 belegt wird. Anschließend wird wegen $T_2 = 1.875$ Station 5 ausgewählt. Mit $T_4 = 4$ und $T_3 = 2.5$ folgen zwei weitere Rückwärtsschritte, bevor Station 2 als letzte belegt wird.

j	1	2	3	4	5	6	7	8	9
E'_j	1	2	2	2	3	2	3	4	5
$L'_j(5)$	1	3	3	3	3	3	4	4	5

Tab. 4.6

4.3.3.4 Weitere exakte Verfahren

Weitere Verfahren der Dynamischen Optimierung außer demjenigen von Jackson (1956) beschreiben z.B. Held et al. (1963), Schrage und Baker (1978), Lawler (1979), Kao und Queyranne (1982) sowie Easton (1990). Diese Verfahren verwenden unterschiedliche Techniken, um Zustände zu enumerieren und bisherige Teillösungen zu speichern.

Ein exaktes Enumerationsverfahren, das sämtliche optimalen Lösungen erzeugt, stammt von Dar-El und Rubinovitch (1979). Die Bestimmung aller Optima ist dann sinnvoll, wenn weitere Kriterien zur Beurteilung von Lösungen herangezogen werden sollen. Entsprechende Modifikationen sind für die meisten anderen exakten Verfahren ebenfalls leicht möglich.

Das Verfahren von Talbot und Patterson (1984) stellt eine Modifikation des additiven Algorithmus von Balas (1965) unter Ausnutzung der Problemstruktur dar. Statt der üblichen Verwendung von Binärvariablen basiert der Ansatz von Talbot und Patterson auf einer ganzzahligen Problemformulierung, wodurch erhebliche Speicherplatzersparnisse ermöglicht werden. Die Zuweisung von Arbeitsgängen zu Stationen erfolgt unter Beachtung der frühesten und spätesten Stationen E_j und L_j(UB–1); vgl. (4.12). Falls festgestellt wird, daß ein Arbeitsgang eine Station mit keinem anderen Arbeitsgang teilen kann, wird seine Bearbeitungszeit auf die Taktzeit erhöht (diese Vorgehensweise wird auch von Johnson (1988) beschrieben). Dadurch können die Schranken E_j und L_j(UB–1) ggf. verbessert werden. Zum Ausloten werden u.a. sogenannte Schnitte (engl. *network cuts*) verwendet. Eine Station s stellt einen *Schnitt* dar, wenn es im topologisch sortierten Vorranggraphen einen Arbeitsgang j gibt mit $E_h > s$ für alle Arbeitsgänge $h \geq j$. Sind alle Arbeitsgänge $h < j$ bereits zugeordnet und ist die kumulierte Leerzeit der ersten s Stationen größer als die für eine Lösungsverbesserung maximal mögliche Gesamtleerzeit GL(UB–1), so kann das entsprechende Teilproblem ausgelotet werden.

Beim B&B-Verfahren von Wee und Magazine (1981) wird wie bei SALOME stationsweise verzweigt; vgl. dazu auch Hackman et al. (1989). Die Autoren empfehlen, jeweils denjenigen Knoten weiterzuverzweigen, bei dem die kumulierte Leerzeit am geringsten ist (MLB-Regel). Zum Ausloten verwenden sie Dominanztests sowie untere und obere Schranken. In jedem Knoten werden (lokale) obere Schranken durch heuristische Fortsetzung der aktuellen Teillösung ermittelt. Zur Reduzierung der Rechenzeit werden bei großen Problemen Knoten zusätzlich mit Hilfe heuristischer "Auslotregeln" aus der Kandidatenliste entfernt, wodurch jedoch die optimale Lösung verfehlt werden kann.

Saltzman und Baybars (1987) beschreiben ein B&B-Verfahren, dessen Verzweigung ähnlich wie bei FABLE erfolgt. Sie wenden dieses Verfahren auf den ursprünglichen und den umgekehrten Vorranggraphen an, führen also eine Vorwärts- und eine Rückwärtsplanung durch. Bei paralleler Ausführung beider Varianten kann durch Austausch von Schrankeninformationen das Ausloten beschleunigt werden. Im Rahmen einer Simulation von zwei Prozessoren auf einem Einprozessorrechner stellen Saltzman und Baybars in vielen Fällen eine Verringerung der Gesamtrechenzeit trotz der (simultanen) Enumeration zweier Entscheidungsbäume fest.

Das B&B-Verfahren **OptPack** von Nourie und Venta (1991) unterscheidet sich von FABLE vorwiegend in folgenden Bestandteilen: Zum einen werden zu Beginn des Verfahrens zwei verschiedenartige Heuristiken zur Ermittlung einer ersten oberen Schranke eingesetzt. Zum anderen werden bisher erzielte Teillösungen statt mit Hilfe von Markensummen in einer Baumstruktur effizient gespeichert. Diese Technik wird auch von SALOME eingesetzt.

Das Verfahren **EUREKA** von Hoffmann (1992) verzweigt ebenso wie SALOME stationsweise. Zunächst wird das Verfahren angewendet, um eine Abstimmung mit $m = LB_1$ Stationen zu finden. Dies bedeutet, daß alle Knoten, deren kumulierte Leerzeit die Gesamtleerzeit GL(m) übersteigt, ausgelotet werden können. Gelingt es nicht, eine Lösung zu finden, wird das Verfahren für $m := m+1$ gestartet. Die vorzugebende Höchststationsanzahl m wird so lange um 1 erhöht, bis eine zulässige (und damit optimale) Lösung gefunden wird. In seinem Programm verwendet Hoffmann eine vorwärts- und eine rückwärtsgerichtete Vorgehensweise. Kommt die vorwärtsorientierte Rechnung in einer vorzugebenden Zeitspanne nicht zum Erfolg, so wird rückwärtsorientiert vorgegangen. Führt auch dies nach einer gewissen Zeit nicht zur optimalen Lösung, wird die Heuristik von Hoffmann (1963) zur Ermittlung einer heuristischen Lösung eingesetzt (vgl. Kap. 4.3.2.2). Ein ausführliches Beispiel zur Vorgehensweise von EUREKA findet sich bei Scholl (1995, Kap. 4.1.2.2).

Weitere B&B-Verfahren beschreiben z.B. Mertens (1967), van Assche und Herroelen (1979) sowie Betts und Mahmoud (1989).

4.3.3.5 Vergleich der Verfahren

In verschiedenen Studien wird das Rechenzeitverhalten exakter Verfahren für SALBP-1 untersucht. Dabei werden verschiedene Datensätze mit Testinstanzen von bis zu 300 Arbeitsgängen verwendet; vgl. Scholl (1993).

Ein wesentliches Ergebnis ist, daß Verfahren der Dynamischen Optimierung den neueren B&B-Verfahren deutlich unterlegen sind; vgl. Johnson (1981) und Baybars (1986).

Bei verschiedenen Vergleichen zwischen den B&B-Verfahren FABLE (Kap. 4.3.3.2), SALOME (Kap. 4.3.3.3), EUREKA und OptPack (Kap. 4.3.3.4) kristallisiert sich heraus, daß SALOME den anderen Verfahren deutlich überlegen ist. FABLE schneidet wegen seiner wenig zielgerichteten Verzweigungsstrategie am schlechtesten ab, ist jedoch aufgrund der innovativen Dominanzregeln und Schranken methodisch von großer Bedeutung. Eureka erreicht keine konkurrenzfähigen Ergebnisse, weil es völlig auf Dominanzregeln verzichtet. OptPack erzielt aufgrund der geschickten Implementierung der Markierungs-Dominanzregel deutlich bessere Ergebnisse als die zuvor genannten Verfahren; durch den Verzicht auf weitere Dominanzregeln und Schranken ist es jedoch in vielen Fällen nicht möglich, die Optimalität einer gefundenen optimalen Lösung nachzuweisen. Vgl. zu diesen Rechenexperimenten Hoffmann (1992, 1993), Johnson (1993), Scholl und Klein (1994), Nourie und Venta (1996) sowie Scholl und Klein (1997 a).

4.3.4 Lösungsverfahren für SALBP-2

In Kap. 4.3.4.1 beschreiben wir allgemeine Suchmethoden zur (exakten und heuristischen) Lösung von SALBP-2 (**"Minimiere die Taktzeit c bei vorgegebener Stationsanzahl m"**), die auf der iterativen Betrachtung verschiedener Instanzen des Typs SALBP-F beruhen. B&B-Verfahren zur unmittelbaren Anwendung auf SALBP-2 skizzieren wir in Kap. 4.3.4.2, bevor wir in Kap. 4.3.4.3 auf heuristische Verfahren für SALBP-2 eingehen, wobei wir uns v.a. auf eine Tabu Search-Vorgehensweise konzentrieren.

4.3.4.1 Suchmethoden

Eine optimale Lösung für SALBP-2 ergibt sich durch Suchen der kleinsten ganzzahligen Taktzeit, bei der gerade noch die geforderte Stationsanzahl m eingehalten werden kann. Es lassen sich verschiedene Suchmethoden unterscheiden, die SALBP-2 jeweils durch Untersuchung einer Folge von Instanzen des Typs SALBP-F (vgl. Kap. 4.3.1) lösen. Um festzustellen, ob eine SALBP-F-Instanz (m, c) mit vorgegebener Kombination aus der (festen) Stationsanzahl m und einer (zu untersuchenden) Taktzeit c eine zulässige Lösung besitzt, lassen sich exakte Verfahren für SALBP-1 modifiziert einsetzen. Dazu wird UB = m+1 als anfängliche obere Schranke vorgegeben, um unnötige Enumerationen zu vermeiden.

Im Rahmen der im folgenden beschriebenen Suchmethoden werden untere und/oder obere Schranken für die minimale Taktzeit benötigt. Zur Bestimmung solcher Schranken vgl. Kap. 4.3.1.3 sowie Scholl (1995, Kap. 2.2.3). Folgende Suchmethoden lassen sich unterscheiden:

- **Lower Bound-Suche:** Man startet mit einer unteren Schranke LC für die Taktzeit und betrachtet SALBP-F für die Kombination (m, LC). Exisitiert eine zulässige Lösung, so ist $c^* = LC$ die gesuchte minimale Taktzeit für SALBP-2. Ansonsten wird sukzessive die untere Schranke LC um 1 erhöht. Dies geschieht so lange, bis sich eine zulässige Lösung für die aktuelle Kombination (m, LC), die zugleich optimal für SALBP-2 ist, findet.
- **Upper Bound-Suche:** Analog zu obiger Vorgehensweise startet man mit einer oberen Schranke UC für die Taktzeit. In jeder Iteration wird die aktuelle Kombination (m, UC – 1) untersucht. Besitzt sie keine zulässige Lösung, so ist $c^* = UC$ die minimale Taktzeit von SALBP-2, ansonsten wird UC um 1 verringert und zur nächsten Iteration übergegangen.
- **Binäre Suche:** Man startet mit dem durch eine untere Schranke LC und eine obere Schranke UC vorgegebenen Suchintervall [LC, UC]. In jeder Iteration wird die Taktzeit $c = \lfloor (LC+UC)/2 \rfloor$ ausgewählt und die Kombination (m, c) untersucht. Existiert eine zulässige Lösung, so wird UC der größten Stationszeit in dieser Lösung gleichgesetzt. Ansonsten wird LC = c+1 gesetzt. Der Suchprozeß endet mit der minimalen Taktzeit $c^* = LC$, sobald LC = UC gilt.
- **Modifizierte Binäre Suche:** Häufig liegt die minimale Taktzeit nahe bei einer anfänglichen unteren Schranke LC. Daher ist es zumeist günstiger, die Binäre Suche nicht in der Mitte des Suchintervalls zu starten. Stattdessen kann man z.B. – den Fibonacci-Zahlen folgend – mit der Taktzeit c = LC starten und diese sukzessive um 1, 2, 3, 5, 8, ... erhöhen, bis sich eine zulässige Kombination (m, c') findet. Bei jeder unzulässigen Kombination wird LC auf c+1 gesetzt. Anschließend wird auf dem verbleibenden Intervall [LC, c'] eine Binäre Suche durchgeführt.

Ebenso wie exakte Verfahren lassen sich im Rahmen des Iterationsprozesses auch Heuristiken für SALBP-1 zur Untersuchung der jeweiligen SALBP-F-Instanz einsetzen, um Näherungslösungen für SALBP-2 zu erhalten. Dabei ist jedoch zu beachten, daß die veränderten Werte von LC innerhalb der Suchmethoden keine tatsächlichen unteren Schranken darstellen.

4.3.4.2 B&B-Verfahren

Charlton und Death (1969) beschreiben ein allgemeines B&B-Verfahren, das ebenso für Flow Shop- und Job Shop-Probleme eingesetzt werden kann (zu entsprechenden Verfahren vgl. Kap. 5.6.4). Die Anzahl der Stationen (Maschinen) ist vorgegeben, und die Zielsetzung besteht in der Minimierung der Taktzeit (Zykluszeit). Verzweigt wird durch Auswählen einer

Station (Maschine) und Zuordnung eines Arbeitsganges so, daß keine Vorrangrestriktion (Arbeitsgangfolgerestriktion) verletzt wird. Weitere Teilprobleme entstehen durch Zuordnung des ausgewählten Arbeitsganges zu den übrigen für ihn zulässigen Stationen. Untere Schranken werden durch Bestimmung eines kritischen Weges in einem Ablaufgraphen (vgl. Kap. 5.1.2 sowie 5.3.2.1), der aus dem Vorranggraphen durch Einfügen zusätzlicher Pfeile für die Reihenfolge der Einplanung von Arbeitsgängen erzeugt wird, ermittelt. Die maximale Differenz zwischen frühestem Endezeitpunkt des letzten und spätestem Beginnzeitpunkt des ersten Arbeitsganges in einer Station kann als untere Schranke für die Taktzeit dienen.

Scholl (1994) beschreibt mehrere mögliche Komponenten, die sich zu unterschiedlichen **B&B-Verfahren für SALBP-2** kombinieren lassen. Wir skizzieren die Grundversion eines solchen Verfahrens, das *arbeitsgangweise verzweigt:*

Start: Zunächst wird mit Hilfe einer Heuristik eine obere Schranke UC für die Taktzeit ermittelt. Anschließend werden für alle Arbeitsgänge früheste und späteste Stationen E_j und L_j bestimmt. Dies geschieht mit Hilfe von (4.12) bzw. in verschärfter Form (vgl. Kap. 4.3.1.5 und 4.3.3.3). Bei der Berechnung von L_j werden jeweils m und $\bar{c} := UC - 1$ (Höchsttaktzeit einer verbesserten Lösung) vorgegeben; wir schreiben $L_j(\bar{c})$.

Gilt für einen Arbeitsgang j Gleichheit von E_j und $L_j(\bar{c})$, so wird j endgültig der Station E_j zugeordnet (fixiert). Die Berechnung der frühesten und spätesten Stationen (und eine eventuelle Fixierung) kann immer dann erneut durchgeführt werden, wenn sich eine kleinere obere Schranke UC und damit auch ein kleinerer Wert von $\bar{c}$ ergibt.

Verzweigung: Ein Knoten P_μ des B&B-Baumes wird durch ein n-Tupel $\mathbf{z} = (z_1, ..., z_n)$ beschrieben, wobei z_j die Nummer der Station angibt, der Arbeitsgang j zugeordnet wird. In P_0 gilt $z_j = 0$ für alle Arbeitsgänge j mit $E_j < L_j(\bar{c})$ und $z_j = E_j = L_j(\bar{c})$ sonst. In einem Knoten P_μ erfolgt die Verzweigung in jeweils $L_j(\bar{c}) - E_j + 1$ Teilprobleme durch Zuordnung eines Arbeitsganges j zu den Stationen $E_j, E_j+1, ..., L_j(\bar{c})$. Die Auswahl des Arbeitsganges j wird durch eine Prioritätsregel gesteuert. Es könnte z.B. jeweils ein solcher noch nicht eingeplanter Arbeitsgang j ausgewählt werden, der die größte Bearbeitungszeit oder die größte Anzahl an Vorgängern und Nachfolgern im Vorranggraphen besitzt. Die Auswahl des nächsten zu verzweigenden Knotens aus der Kandidatenliste erfolgt nach der LIFO-Regel (reine Tiefensuche), um möglichst schnell eine Verbesserung der oberen Schranke zu erreichen.

Bei der Verzweigung ist zu beachten, daß Arbeitsgang j nur solchen Stationen zugeordnet werden kann, die genügend Leerzeit bezüglich der Höchsttaktzeit $\bar{c} = UC - 1$ aufweisen. Dies bedeutet, daß ggf. Elemente des Stationsintervalls $[E_j, L_j(\bar{c})]$ nicht betrachtet werden müssen. Außerdem darf keiner der Vorgänger bzw. Nachfolger von j bereits einer späteren bzw. früheren Station zugewiesen worden sein. Derartige Überlegungen können in Form von **logischen Tests** zur Reduktion von Teilproblemdaten dienen. In diesem Sinn kann eine Station k als *maximal belegt* bezeichnet werden, wenn die Bearbeitungszeiten t_j aller noch nicht eingeplanten Arbeitsgänge j mit $k \in [E_j, L_j]$ die Leerzeit der Station (bezüglich $\bar{c}$) übersteigen.

Eine einfache **untere Schranke** LC_μ für P_μ läßt sich mit folgenden Bezeichnungen angeben:

$t(S_k)$ aktuelle Belegungszeit der Station $k=1,...,m$

B Menge maximal belegter Stationen

$$LC_\mu := \max \{ t(S_1), t(S_2),..., t(S_m), \lceil (t_{sum} - \sum_{k \in B} t(S_k))/(m - |B|) \rceil \}$$

Offensichtlich beschreibt das Maximum der Belegungszeiten der Stationen eine untere Schranke. Der letzte Term ist eine Verallgemeinerung der unteren Schranke c_{min} unter Beachtung der maximal belegten Stationen (vgl. Kap. 4.3.1.3). Die Summe der Bearbeitungszeiten von Arbeitsgängen, die nicht bereits den maximal belegten Stationen zugeordnet sind, wird gleichmäßig auf die noch verfügbaren Stationen verteilt.

Ausloten: Ein Knoten P_μ kann ausgelotet werden, falls

a) $LB_\mu \geq UB$ oder

b) eine vollständige Zuordnung aller Arbeitsgänge zu Stationen erreicht ist. Die Taktzeit dieser zulässigen Lösung ergibt sich aus dem Maximum der Stationszeiten.

Abbruch: Das Verfahren kann beendet werden, sobald eine Lösung mit $UC = c_{min}$ gefunden wird oder alle Knoten vollständig abgearbeitet sind.

* * *

Für weitere Verzweigungsstrategien, logische Tests und untere Schranken sowie ein ausführliches Beispiel vgl. Scholl (1995, Kap. 2.2.3 und 4.2.3.). Grundsätzlich gilt, daß untere Schranken für das in Kap. 5.4.1.4 behandelte Maschinenbelegungsproblem [IP | | Z] ebenfalls untere Schranken für SALBP-2 darstellen. Beide Probleme unterscheiden sich nur durch die bei SALBP-2 zusätzlich zu beachtenden Reihenfolgebeziehungen.

Klein und Scholl (1996) verallgemeinern das B&B-Verfahren **SALOME** für SALBP-1 (vgl. Kap. 4.3.3.3) auf den Problemtyp SALBP-2; das modifizierte Verfahren wird als SALOME-2 bezeichnet. Dabei ist zu beachten, daß sich bei der Verzweigung von Knoten innerhalb der Local Lower Bound-Methode mehr als zwei Gruppen von Stationsbelegungen ergeben können, die in aufsteigender Folge zugehöriger Schrankenwerte zu verzweigen sind. Ebenso wie für SALBP-1 lassen sich verschiedene Dominanz- und Reduktionsregeln anwenden; zumeist handelt es sich um entsprechende Verallgemeinerungen, auf die wir nicht näher eingehen wollen.

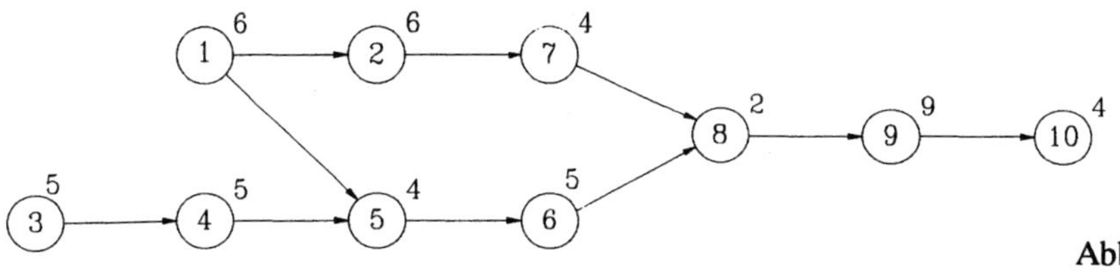

Abb. 4.19

Wir beschränken uns auf die Erläuterung der prinzipiellen Vorgehensweise der **Local Lower Bound-Methode.** Dazu betrachten wir den Vorranggraphen in Abb. 4.19, der sich von dem in

Abb. 4.12 nur in der Bearbeitungszeit von Arbeitsgang 10 unterscheidet, und wählen m = 5. Wegen $t_{sum} = 50$ und $t_{max} = 9$ ergibt sich als globale untere Schranke $LC = c_{min} = 10$.

Der durch die Local Lower Bound-Methode gebildete B&B-Baum ist in Abb. 4.20 dargestellt; an jedem Knoten sind die aktuelle lokale untere Schranke und die zugehörige verbleibende Gesamtleerzeit notiert. Die verschiedenen Graufärbungen gruppieren Knoten mit gleichem Wert der unteren Schranke.

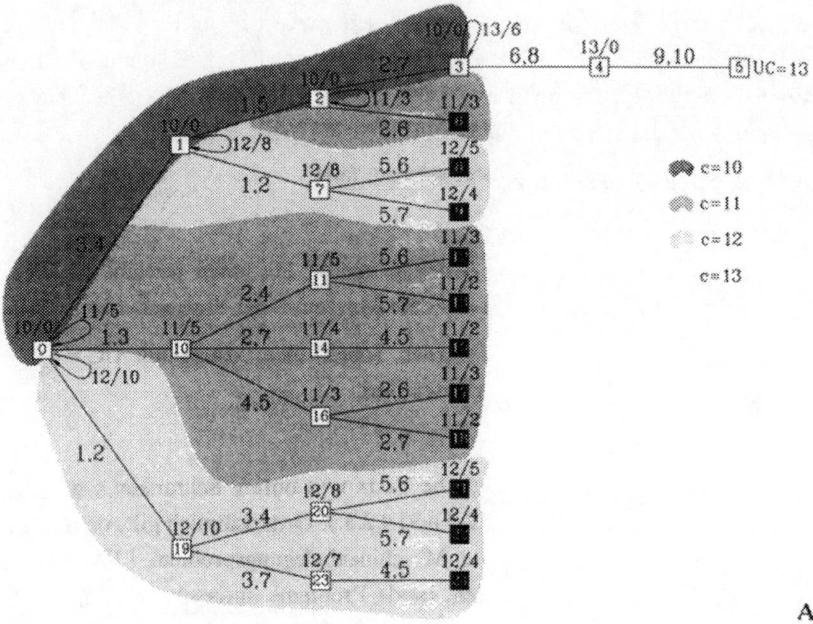

Abb. 4.20

Das Verfahren startet mit LC = 10 und der Gesamtleerzeit $GL(LC) = m \cdot LC - t_{sum} = 0$. Nur bei sukzessiver Zuweisung der Belegungen $S_1 = \{3,4\}$, $S_2 = \{1,5\}$ und $S_3 = \{2,7\}$ läßt sich bis zum Knoten 3 eine Erhöhung der aktuellen Schranke vermeiden (vgl. Abb. 4.15). Dort muß die Schranke erhöht werden, da für Station 4 nur die Belegungen $S_4 = \{6,8\}$ und $S_4 = \{6,8,9\}$ in Frage kommen. Wählt man erstere, ergibt sich eine lokale untere Schranke von 13, da in Station m = 5 die verbleibenden Arbeitsgänge 9 und 10 eingeplant werden müßten. Wählt man die zweite Belegung, bekommt man deren Stationszeit von 16 als neue Schranke. Im Sinne der Local Lower Bound-Methode wird die lokale untere Schranke von Knoten 3 auf 13 erhöht, wodurch die Belegungen der Stationen 1 bis 3 eine Leerzeit von jeweils 3 ZE erhalten. Daher verbleibt eine Leerzeit von GL(13) – 9 = 6. Nach Verzweigen mit $S_4 = \{6,8\}$ und Zuordnen der verbleibenden Arbeitsgänge ergibt sich eine zulässige Lösung mit Taktzeit UC = 13.

Nach dem Backtracking wird in Knoten 2 die Schranke erhöht und mit $S_3 = \{2,6\}$ weiterverzweigt. Im sich ergebenden Knoten 6 existieren nur die Belegungen $S_4 = \{7,8\}$ oder $S_4 = \{7,8,9\}$, wodurch die lokale untere Schranke auf 13 erhöht werden muß. Wegen UC = 13 werden dieser und alle übrigen schwarz markierten Knoten ausgelotet.

Bei Rechentests schneidet SALOME-2 wesentlich besser ab als andere B&B-Verfahren. Ebenso ergeben sich deutlich bessere Ergebnisse als bei den (indirekten) Suchmethoden, wenn dort FABLE oder EUREKA zur Untersuchung der SALBP-F-Instanzen eingesetzt werden; vgl. Klein und Scholl (1996).

4.3.4.3 Heuristische Verfahren

Wie in Kap. 4.3.4.1 angesprochen, lassen sich innerhalb einer Suchmethode auch Prioritätsregelverfahren oder andere Heuristiken für SALBP-1 einsetzen, um *Eröffnungslösungen* für SALBP-2 zu erhalten. Dabei ist es günstig, für jede zu untersuchende Taktzeit mehrere Lösungen zu erzeugen, indem man z.B. verschiedene Prioritätsregeln verwendet.

Sehr gute Lösungen ergeben sich, wenn man ein durch die heuristische Meta- Strategie *Tabu Search* gesteuertes Vertauschungsverfahren zur Verbesserung einer solchen Eröffnungslösung einsetzt; vgl. Scholl und Voß (1996). In jeder Iteration wird ein Arbeitsgang j von einer Station h in eine andere Station k *verschoben*, oder es werden zwei Arbeitsgänge i und j zwischen ihren jetzigen Stationen h und k *vertauscht*. Unter all den durch solche *Züge* erzeugbaren *Nachbarlösungen* einer aktuell betrachteten Lösung wird immer diejenige ausgewählt, die die geringste Taktzeit aufweist (größte Verbesserung bzw. geringste Verschlechterung). Zur Vermeidung einer wiederholten Betrachtung bereits besuchter Lösungen wird mittels einer *Tabuliste* für jeden Arbeitsgang j, der eine Station durch eine Verschiebung oder Vertauschung verläßt, die Rückkehr in diese Station für eine gewisse Anzahl zukünftiger Iterationen verboten (tabu gesetzt). Die Verbotsdauer *(Tabudauer)* wird in gewissen Grenzen zufällig oder systematisch variiert. Da durch das starre Tabulisten-Management in der Regel zu viele Züge verboten sind, werden jeweils Teile der Tabuliste ausgeblendet.

Bei numerischen Untersuchungen ergibt sich, daß bei der Anwendung des skizzierten Tabu Search-Verfahrens die Qualität der Eröffnungslösungen praktisch keine Rolle spielt. Es ergeben sich für die gewählten Testinstanzen mit bis zu 297 Arbeitsgängen bereits nach 5000 Iterationen sehr gute Lösungen mit einer durchschnittlichen Abweichung vom Optimimum von ca. 0.6%; vgl. Scholl und Voß (1996). Gibt man dem Tabu Search-Verfahren ebensoviel Rechenzeit wie exakten Verfahren, so erzielt es deutlich bessere Ergebnisse (gemessen an der durchschnittlichen Abweichung). Noch bessere Resultate ergeben sich, wenn man das Tabu Search-Verfahren zur Bestimmung einer Startlösung für SALOME-2 verwendet und so diese beiden Ansätze kombiniert; vgl. Scholl (1995, Kap. 7.2.3.4).

Ein auf der heuristischen Metastrategie *Simulated Annealing* basierendes Vertauschungsverfahren beschreibt Heinrici (1994). Mit der Anwendung *genetischer Algorithmen* auf verschiedene Typen von Abstimmungsproblemen befassen sich u.a. Gehring und Schütz (1994), Rubinovitz und Levitin (1995) sowie Suresh et al. (1996).

4.3.5 Lösungsverfahren für SALBP-G

Bei SALBP-G sucht man den **maximalen Bandwirkungsgrad**. Ein trivialer Ansatz zur Optimierung besteht darin, entweder iterativ Probleme des Typs SALBP-1 für alle (sinnvollen) Taktzeiten oder Probleme des Typs SALBP-2 für alle (sinnvollen) Stationsanzahlen zu lösen. Eine optimale Lösung für SALBP-G ergibt sich dann jeweils bei dem kleinsten Wert der Durchlaufzeit $m \cdot c$. Rosenblatt und Carlson (1985) setzen eine derartige Vorgehensweise zur Lösung eines Problems mit dem Ziel der *Gewinnmaximierung* ein.

Eine geschicktere Vorgehensweise besteht darin, die Idee der **Lower Bound-Suche** für SALBP-2 auf SALBP-G zu übertragen; vgl. Scholl und Voß (1995) sowie Zäpfel (1975) für den Fall der Maximierung des Gesamtdeckungsbeitrages. Zur Erläuterung der Vorgehensweise betrachten wir unser Beispiel aus Kap. 4.3.1.1; es gilt $t_{sum} = 55$, $c_{min} = 10$, $c_{max} = 45$, $m_{min} = 2$ sowie $m_{max} = 7$ (zusätzliche Einschränkung). Man betrachte v.a. Abb. 4.5.

Ausgehend von einem fiktiven Leerzeitanteil von 0% erhöht man diesen Wert sukzessive so lange, bis sich eine Kombination der Variablen m und c mit $D = m \cdot c \geq t_{sum}$ ergibt. Gibt es für die durch die Kombination (m, c) definierte Instanz des Typs SALBP-F eine zulässige Lösung, so ist diese Lösung zugleich optimal. Ansonsten ist eine (m,c)-Kombination mit dem nächsthöheren möglichen Leerzeitanteil zu bestimmen. Gibt es mehrere Kombinationen mit identischem Leerzeitanteil, so sind diese in der Reihenfolge zunehmender Stationsanzahl m abzuarbeiten, da SALBP-F für kleinere Stationsanzahlen tendenziell leichter zu lösen ist. Dies wird fortgesetzt, bis eine zulässige (= optimale) Lösung für SALBP-G gefunden wird.

Eine effiziente Vorgehensweise zur Realisierung der Suchmethode besteht darin, zunächst für jede denkbare Stationsanzahl $m \in [m_{min}, m_{max}]$ die bestmögliche Taktzeit $c = \lceil t_{sum}/m \rceil$ zu bestimmen. Die entsprechenden (m, c)-Kombinationen werden nach aufsteigender Durchlaufzeit $m \cdot c$ (Tie Breaker: aufsteigender Wert von m) in einer Liste sortiert. In jeder Iteration wird die erste (m, c)-Kombination aus der Liste entfernt und auf Zulässigkeit überprüft. Findet sich eine zulässige Lösung, endet das Verfahren mit dieser Lösung. Ansonsten wird die Taktzeit der gewählten Kombination auf den nächstmöglichen Wert (in der Regel auf c+1) erhöht. Es wird also die neue Kombination (m, c+1) erzeugt und einsortiert.

Zur Lösung der Instanzen des Typs SALBP-F lassen sich sowohl Verfahren für SALBP-1 als auch solche für SALBP-2 in modifizierter Form einsetzen.

It.	m	c	$D=m \cdot c$	Aktion
1	5	11	55	unzulässig, sortiere (5,12) ein
2	2	28	56	zulässig, Abbruch
3	4	14	56	
4	3	19	57	
5	5	12	60	
6	6	10	60	
7	7	10	70	

Tab. 4.7

Wir erläutern die angegebene Vorgehensweise an unserem Beispiel aus Kap. 4.3.1.1, für das Stationsanzahlen zwischen $m_{min} = 2$ und $m_{max} = 7$ zu betrachten sind. Die sortierte Liste enthält zu Beginn die Kombinationen (5,11), (2,28), (4,14), (3,19), (6,10) und (7,10); vgl. Tab. 4.7. Da (5,11) unzulässig ist, wird (5,12) gebildet und einsortiert. Mit (2,28) ergibt sich dann eine zulässige und zugleich optimale Lösung.

Wie bereits ausgeführt, besteht im Rahmen der obigen Vorgehensweise die Möglichkeit, modifizierte Verfahren sowohl für SALBP-1 als auch für SALBP-2 einzusetzen. Bei ausreichender Rechenzeit ergibt sich kein grundlegender Unterschied, weil nur Instanzen des Typs SALBP-F zu untersuchen sind. Ist die Rechenzeit jedoch beschränkt, so ist es sinnvoller, nicht nur die Zulässigkeit der jeweils betrachteten Kombination (m, c) zu untersuchen, sondern zusätzlich möglichst gute Lösungen mit höherer Taktzeit oder Stationsanzahl zu finden. Im Falle eines Verfahrensabbruchs läge ansonsten überhaupt keine zulässige Lösung für SALBP-G vor.

Bei praktischen Problemen sind mögliche Werte für die Taktzeit c in der Regel viel größer als solche für die Stationsanzahl. Scholl und Voß (1995) geben für den von ihnen untersuchten praxisrelevanten Datensatz mit 256 Instanzen ein Verhältnis von etwa 100 zu 1 an. Daraus ergibt sich, daß eine Kombination $(m, c+\Delta)$ einen sehr viel günstigeren Bandwirkungsgrad liefert als eine Kombination $(m+\Delta, c)$. Insofern empfehlen Scholl und Voß (1995), Verfahren für SALBP-2 gegenüber solchen für SALBP-1 im Rahmen der Suchmethode für SALBP-G vorzuziehen. Neben einer Modifikation des exakten Verfahrens SALOME-2 ist auch die Anwendung eines Tabu Search-Verfahrens erfolgreich; vgl. Voß (1997).

4.3.6 Verallgemeinerungen des Grundmodells

Wir betrachten in den folgenden Abschnitten Verallgemeinerungen des Grundmodells unter Berücksichtigung von parallelen Stationen bzw. Arbeitsgängen, stochastischen Bearbeitungszeiten, Verfahrensalternativen sowie u-förmiger Anordnung von Stationen. Abschließend werden einige weitere Verallgemeinerungsmöglichkeiten skizziert.

4.3.6.1 Parallele Stationen und Arbeitsgänge

Die Produktionsgeschwindigkeit p (Ausbringungsmenge pro ZE) eines getakteten seriellen Fließbandes wird durch die Mindesttaktzeit $c_{min} = t_{max}$ (längste Bearbeitungszeit eines Arbeitsganges) nach oben beschränkt; es gilt $p_{max} := 1/c_{min}$. Eine Erhöhung der Produktionsmenge während eines Planungszeitraumes kann in diesem Fall nur durch die Verlängerung der Arbeitsschichten oder die gleichzeitige Durchführung eines oder mehrerer Arbeitsgänge an verschiedenen Stationen erfolgen. Letzteres erreicht man durch Einführen von parallelen Stationen oder durch Parallelisierung von Arbeitsgängen.

Parallele Stationen werden durch mehrere *parallel angeordnete, gleichartige* Betriebsmittel gebildet, denen dieselben Arbeitsgänge zugewiesen werden. Dies verstößt nicht gegen die Unteilbarkeitsrestriktionen für Arbeitsgänge (siehe (4.8), (4.11) in Kap. 4.3.1.5), da die entsprechenden Arbeitsgänge im Wechsel an aufeinanderfolgenden Aufträgen (Werkstücken) von einer der parallelen Stationen komplett durchgeführt werden. Somit läßt sich eine *lokale*

Taktzeit einführen. Sie beträgt für jede von τ zueinander parallelen Stationen das τ-fache der (*globalen*) Taktzeit des Fließbandes, so daß letztere kleiner als c_{min} gewählt werden kann.

Der gleiche Effekt läßt sich durch Einführung von **parallelen Arbeitsgängen** erzielen; vgl. Pinto et al. (1975). Bei diesem Konzept können ein oder mehrere Arbeitsgänge jeweils zwei *verschiedenen* Stationen eines seriellen Fließbandes zugeordnet werden, so daß die Stationsbelegungen nicht mehr disjunkt zu sein brauchen. Zur Abstimmung des Fließbandes nimmt man zunächst an, daß die Bearbeitungszeit der entsprechenden Arbeitsgänge zu gleichen Teilen auf die beiden Stationen verteilt werden kann. Um jedoch nicht gegen die Forderung der Unteilbarkeit von Arbeitsgängen zu verstoßen, muß die tatsächliche Durchführung der parallelen Arbeitsgänge für aufeinanderfolgende Aufträge abwechselnd an einer der betreffenden Stationen komplett erfolgen. Dadurch erhält man dort Belegungszeiten, die alternierend die globale Taktzeit über- bzw. unterschreiten. Die Belegungszeitsumme für zwei aufeinanderfolgende Takte überschreitet jedoch nicht das Doppelte der Taktzeit. Demnach bearbeitet jede Station, wie auch beim Grundmodell, innerhalb zweier Takte zwei verschiedene Aufträge; die der Station zugeordneten parallelen Arbeitsgänge werden jedoch jeweils nur an einem der beiden Aufträge ausgeführt.

Dies erfordert allerdings variable Stationsgrenzen oder das Vorhandensein von Pufferlagern, da parallele Arbeitsgänge zu Beginn des nachfolgenden Taktes von derselben Station fertiggestellt werden müssen und daher nicht am Ende jedes Taktes ein Werkstück zur nächsten Station transportiert werden kann.

Zur Verdeutlichung der beschriebenen parallelen Konzepte soll das durch den in Abb. 4.21 angegebenen Vorranggraphen und die Taktzeit c = 10 definierte Problem dienen.

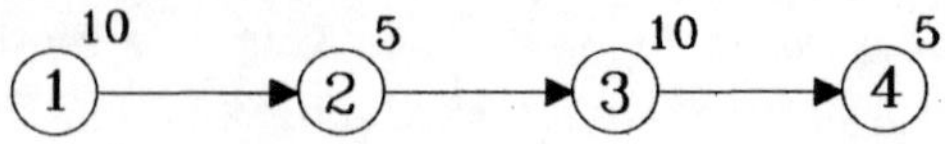

Abb. 4.21

Es ergeben sich die folgenden optimalen Stationsanzahlen für a) ein serielles Fließband, b) ein Fließband mit einer parallelen Station und c) ein Fließband mit einem parallelen Arbeitsgang:

a) 4 Stationen mit $S_1 = \{1\}$, $S_2 = \{2\}$, $S_3 = \{3\}$, $S_4 = \{4\}$
b) 3 Stationen mit $S_1 = \{1\}$, $S_2 = P\{2,3,4\}$ (P bedeutet, daß Station 2 dupliziert ist)
c) 3 Stationen mit $S_1 = \{1\}$, $S_2 = \{2,3a\}$, $S_3 = \{3b,4\}$ (Arbeitsgang 3 ist parallelisiert)

Sowohl die Parallelisierung der Station 2 als auch die Parallelisierung des Arbeitsganges 3 führen zu einer Verringerung der insgesamt benötigten Anzahl an Stationen von 4 auf 3.

Zur Verdeutlichung des Falles c) ist in Tab. 4.8 die zeitliche Abfolge der Bearbeitung einiger aufeinanderfolgender Aufträge durch die drei Stationen dargestellt. Dabei bedeutet $i(j,t_j)$, daß an demjenigen Auftrag, der seit Beginn des i-ten Taktes auf dem Fließband bearbeitet wird, Arbeitsgang j mit einer Dauer von t_j durchgeführt wird. Man erkennt, daß zwischen den Stationen 1 und 2 eine taktweise Weitergabe jeweils eines Auftrags stattfindet, während von Station 2 nach Station 3 nach jedem zweiten Takt jeweils zwei Aufträge weitergeleitet werden.

Takt	Station 1	Station 2		Station 3		Output
1	1 (1,10)	–		–		–
2	2 (1,10)	1 (2,5)	1 (3a,5)	–		–
3	3 (1,10)	1 (3a,5)	2 (2,5)	–		–
4	4 (1,10)	3 (2,5)	3 (3a,5)	1 (4,5)	2 (3b,5)	1
5	5 (1,10)	3 (3a,5)	4 (2,5)	2 (3b,5)	2 (4,5)	2
6	6 (1,10)	5 (2,5)	5 (3a,5)	3 (4,5)	4 (3b,5)	3
7	7 (1,10)	5 (3a,5)	6 (2,5)	4 (3b,5)	4 (4,5)	4

usw.

Tab. 4.8

Wie aus dem Beispiel ersichtlich ist, erlauben parallele Stationen bzw. Arbeitsgänge neben der beschriebenen Verringerung der Mindesttaktzeit auch bei vorgegebener Taktzeit häufig eine Erhöhung des Bandwirkungsgrades, da die Stationen durch größere bzw. variable lokale Taktzeiten besser ausgelastet werden können. Jedoch ist zu berücksichtigen, daß durch die größeren Arbeitsinhalte der Stationen die Anforderungen an die technische Leistungsfähigkeit der Betriebsmittel und an die fachliche Qualifikation der Mitarbeiter wachsen, woraus zusätzliche fixe und variable Produktionskosten entstehen. Um solche Aspekte geeignet einzubeziehen, reicht der beim Grundmodell betrachtete Bandwirkungsgrad als Zielgröße zumeist nicht aus.

Ein Modell mit parallelen Stationen

Wir betrachten ein Modell mit parallelen Stationen unter der allgemeineren Zielsetzung der Kostenminimierung; vgl. auch Pinto et al. (1981).

Es geht von folgenden **Annahmen** aus:

- Herstellung **eines** homogenen Produktes in n Arbeitsgängen; das Produktionsverfahren ist fest vorgegeben
- fest vorgegebene Bearbeitungszeiten t_j für die Arbeitsgänge $j = 1,\ldots,n$
- Reihenfolgebeziehungen in Form eines Vorranggraphen
- einfach bemannte Stationen, jede Arbeitskraft erhält den gleichen Lohnsatz
- Ausweitung der Normalarbeitszeit durch Überstunden bei erhöhtem Lohnsatz
- gleiche Betriebsmittelausstattung für alle Stationen
- fixe Kosten für die Betriebsmittelausstattung der Stationen
- fixe Kosten für die Einrichtung paralleler Stationen
- fixe Anstoßrate
- geschlossene Stationen
- unbewegliche Werkstücke
- keine Zuordnungsrestriktionen

Ziel des Modells ist die Minimierung der Gesamtkosten pro ZE, die sich aus Lohn- und fixen Betriebsmittelkosten zusammensetzen.

Um eine Formulierung als binäres lineares Optimierungsproblem angeben zu können, beschränken wir uns darauf, für jede Station höchstens ein Duplikat einzurichten, und definieren Binärvariablen y_k für $k = 1,...,\bar{m}$ wie folgt ($\bar{m}$ bezeichnet eine obere Schranke für die Anzahl serieller Stationen):

$$y_k = \begin{cases} 1 & \text{falls Station k parallelisiert ist (d.h. es existiert ein Duplikat von k)} \\ 0 & \text{sonst} \end{cases}$$

(Sollen maximal $\bar{y} \geq 2$ Duplikate einer Station k zugelassen werden, so muß $y_k \in \{0,...,\bar{y}\}$ gewählt werden.)

In Kap. 4.3.1.1 wurde eine obere Schranke $c_{max} := \lfloor T/q \rfloor$ für die Taktzeit definiert. Sie gibt für ein serielles Fließband bei vorgegebener (Normal-) Arbeitszeit T eines Planungszeitraumes die größtmögliche Taktzeit an, bei der die innerhalb der Periode gewünschte Produktionsmenge q realisiert werden kann. Diese Größe wird im folgenden als *gewünschte Taktzeit* c_u bezeichnet und als untere Schranke für die zu realisierende Taktzeit c betrachtet (vgl. Bem. 4.10). Kann die verfügbare Arbeitszeit des Planungszeitraumes durch *Mehrarbeit* (Überstunden) über T hinaus verändert werden, so läßt sich auch die maximale Taktzeit erhöhen. Dies kann in der Praxis allerdings nur in beschränktem Maße geschehen. Die maximal erlaubte Mehrarbeit wird durch einen Faktor $u \geq 0$ ausgedrückt, so daß $u \cdot T$ eine obere Schranke für die Mehrarbeitszeit im Planungszeitraum darstellt. Daraus folgt eine obere Schranke $c_o := c_u \cdot (1 + u)$ für die Taktzeit.

Der **Parameter** $\bar{m}$ (obere Schranke für die Anzahl serieller Stationen) kann z.B. wie folgt ermittelt werden:

Zunächst bestimmt man die minimale Stationsanzahl m_1 für das serielle Problem (SALBP-1 ohne parallele Stationen) mit der Taktzeit $c = \max \{c_u, \max t_j\}$.

Fall a ($c = c_u$): $\bar{m}$ ergibt sich aus m_1.

Fall b ($c = \max t_j$): Zusätzlich zu m_1 wird eine obere Schranke m_2 für die minimale Anzahl serieller Stationen bestimmt, die sich für die Taktzeit $c = c_u$ bei erlaubter Parallelisierung ergibt. Dazu werden sämtliche Arbeitsgänge j mit $t_j > c_u$ parallelisiert, also in Teilarbeitsgänge j_a und j_b mit $t_{j_a} = t_{j_b} = t_j/2$ zerlegt. Nun ermittelt man für die Taktzeit $c = c_u$ eine heuristische Lösung unter der zusätzlichen Forderung, daß alle Teilarbeitsgänge j_a und j_b jeweils zwei aufeinanderfolgenden Stationen k und k+1 zugewiesen werden müssen. Dabei ist zu beachten, daß in jeder Station höchstens ein solcher Teilarbeitsgang eingeplant wird. Werden jeweils die beiden von einer solchen Aufteilung eines Arbeitsganges j betroffenen Stationen k und k+1 zu einer parallelen Station zusammengefaßt, so ergibt sich eine zulässige Lösung mit m_2 seriellen Stationen und $|\{j \mid t_j > c_u\}|$ Duplikaten. Der gesuchte Parameter erhält den Wert $\bar{m} := \max\{m_1, m_2\}$.

Im folgenden verwenden wir die Parameter und Variablen aus Kap. 4.3.1.5 und zusätzlich die **Parameter:**

l *Normallohn* bzw. Grundlohn (GE pro Station und ZE)

r *Überstundenzuschlag* (GE pro Station und ZE)

Die Arbeitskosten pro ZE können damit wie folgt berechnet werden: [5]

$$K_A := (1 + r \cdot (1 - c_u/c)) \cdot \sum_{k=1}^{\bar{m}} (k \cdot x_{nk} + y_k)$$

Die Ausdrücke in obiger Formel besitzen folgende Bedeutung:

$(1 - c_u/c)$ Anteil jedes Taktes mit realisierter Taktzeit c, der durch Mehrarbeit erbracht werden muß

$\Sigma\,(k \cdot x_{nk} + y_k)$ Anzahl benötigter Stationen (serielle Stationen und Duplikate) Der erste Summand bestimmt die Anzahl zu durchlaufender *Fertigungsstufen;* die y_k geben die Anzahl der Duplikate auf jeder Stufe an (vgl. dazu auch die Ausführungen zu Hybrid-Flow Shop-Problemen in Kap. 5.5.8).

Bei Einrichtung einer beliebigen Station entstehen Fixkosten F für die benötigten Betriebsmittel. Durch die Parallelisierung einer Station k entstehen darüber hinaus Fixkosten F_k für zusätzliche organisatorische und technische Einrichtungen zur Steuerung des Fertigungsablaufs. Diese können aufgrund örtlicher Gegebenheiten von Station zu Station variieren. Um die Fixkosten mit den Kosten für die Arbeit in Beziehung setzen zu können, werden sie unter Berücksichtigung der erwarteten Lebensdauer der Betriebsmittel (LD bzw. LD_k in ZE) in durchschnittliche Betriebsmittelkosten pro ZE $f = F/LD$ bzw. $f_k = F_k/LD_k$ transformiert.

Unter Verwendung der beschriebenen Beziehungen erhält man folgende **Modellformulierung** mit der Zielsetzung der *Minimierung der Gesamtkosten pro ZE:*

$$\text{Minimiere } K(c,\mathbf{x},\mathbf{y}) = (1 + r \cdot (1 - c_u/c) + f) \cdot \sum_{k=1}^{\bar{m}} (k \cdot x_{nk} + y_k) + \sum_{k=1}^{\bar{m}} y_k \cdot f_k \qquad (4.17)$$

unter den Nebenbedingungen

$$\sum_{k=1}^{\bar{m}} x_{jk} = 1 \qquad \text{für alle } j = 1,\dots,n \qquad (4.18) = (4.8)$$

$$\sum_{j=1}^{n} x_{jk} \cdot t_j \le (1 + y_k) \cdot c \qquad \text{für alle } k = 1,\dots,\bar{m} \qquad (4.19)$$

$$c_u \le c \le c_o \qquad (4.20)$$

$$\sum_{k=1}^{\bar{m}} k \cdot x_{hk} \le \sum_{k=1}^{\bar{m}} k \cdot x_{jk} \qquad \text{für alle } (h,j) \in E \qquad (4.21) = (4.10)$$

$$x_{jk} \in \{0,1\} \qquad \text{für alle j und k} \qquad (4.22) = (4.11)$$

$$y_k \in \{0,1\} \qquad \text{für alle } k = 1,\dots,\bar{m} \qquad (4.23)$$

5 Dabei wird davon ausgegangen, daß bereits T/q ganzzahlig ist; andernfalls wäre c_u zur korrekten Kostenberechnung durch T/q zu ersetzen.

Die Taktzeitrestriktionen (4.19) sind gegenüber (4.9) modifiziert, da sich für zwei zueinander parallele Stationen eine Verdopplung der jeweiligen lokalen Taktzeit ergibt. Die Bedingung (4.20) gewährleistet, daß die Normalarbeitszeit nicht unterschritten (Vollbeschäftigung) und die Mehrarbeit nicht zu umfangreich wird. Die Binärbedingungen (4.23) dienen zur Entscheidung über Parallelisierung von Stationen. Die übrigen Bedingungen entsprechen den angegebenen Bedingungen des Grundmodells (vgl. Kap. 4.3.1.5).

Bemerkung 4.10: Das Modell läßt sich verallgemeinern, indem man Taktzeiten $c < c_u$ erlaubt. Bei $c < c_u$ wird zur Produktion der Menge q nur ein Teil der Normalarbeitszeit T in Anspruch genommen. Durch geeignete Bewertung dieser Zeitersparnis in der Zielfunktion (z.B. mit Hilfe von Opportunitätskosten alternativ durchführbarer Aufträge) erhält man ein ebenfalls durch das im folgenden beschriebene Verfahren lösbares Problem. Wir beschränken uns jedoch der Einfachheit halber auf die Modellformulierung (4.17) – (4.23).

Ein Branch & Bound-Verfahren

Wir beschreiben die wesentlichen Komponenten eines B&B-Verfahrens zur Lösung des obigen Problems mit parallelen Stationen. Es handelt sich dabei um eine modifizierte Version des Verfahrens von Pinto et al. (1981).

Verzweigungsprozeß: Das zu lösende Ausgangsproblem P_0 wird in zwei Teilprobleme P_1 und P_2 durch Entscheidung über die Parallelisierung einer Station k ($y_k = 1$ bzw. $y_k = 0$) verzweigt. Für jedes so gebildete Teilproblem P_μ wird analog vorgegangen. Daher kann jeder Knoten P_μ des Baumes mit Hilfe von drei disjunkten Mengen beschrieben werden, wobei S die Menge der möglichen (seriellen) Stationen $\{1,...,\overline{m}\}$ bezeichnet:

$$I_0 := \{k \mid y_k = 0\}; \; I_1 := \{k \mid y_k = 1\}; \; I_2 := S - (I_0 \cup I_1)$$

Wir schreiben abkürzend auch $P_\mu = (I_0, I_1)$. Die Stationen in I_0 sind im Teilproblem P_μ bereits als nicht parallel, diejenigen in I_1 als parallel eingeplant, während über den Status der restlichen (potentiellen) Stationen noch nicht entschieden ist.

Zur Berechnung **unterer Schranken** LB_μ verwenden wir die Relaxation P'_μ von P_μ, die aus dem Modell (4.17) – (4.23) durch Vernachlässigung der Ganzzahligkeitsrestriktionen (4.22) entsteht.

Eine untere Schranke für die Gesamtanzahl an seriellen und duplizierten Stationen für P'_μ ist (vgl. Kap. 4.3.1.1):

$$m_{min} := \max \{ \lceil t_{sum}/c_o \rceil, 2\,|I_1| \}$$

Gehen wir zunächst davon aus, daß Mehrarbeit nicht erlaubt, also $c_o = c_u$ ist, so stellt m_{min} die optimale Stationsanzahl für P'_μ dar. In diesem Fall gilt als untere Schranke für die Gesamtkosten:

$$LB_\mu := (1+f) \cdot m_{min} + \sum_{k \in I_1} f_k \tag{4.24}$$

Man überlege sich hinsichtlich des zweiten Summanden, daß in einer optimalen Lösung von P'_μ die Anzahl serieller Stationen $m_{min} - |I_1|$ beträgt, weil Duplikate aufgrund der Relaxation der Unteilbarkeitsbedingungen der Arbeitsgänge (4.22) keine Einsparungen bezüglich der Arbeitskosten ermöglichen, aber zusätzliche Fixkosten verursachen.

Läßt man demgegenüber Mehrarbeit zu, d.h. es gilt $c_o \geq c \geq c_u$, so sind zur Berechnung von LB_μ auch Stationsanzahlen zu berücksichtigen, bei denen Mehrarbeit anfällt; denn durch Überstunden kann eine Verringerung der Stationsanzahl erreicht werden, so daß sich ggf. insgesamt eine Kostenersparnis ergibt. Die kleinste Stationsanzahl, bei der keine Überstunden anfallen, ist $m_{max} := \max\{\lceil t_{sum}/c_u \rceil, 2|I_1|\}$; Mehrarbeit entsteht hingegen für Stationsanzahlen m aus dem Intervall $[m_{min}, m_{max}-1]$. Dies ergibt folgende Berechnungsformel für LB_μ:

$$LB_\mu := \min\{ m \cdot (1 + r \cdot \Delta_{min} + f) \mid m_{min} \leq m \leq m_{max}\} + \sum_{k \in I_1} f_k \tag{4.25}$$

$$\text{mit } \Delta_{min} := \max\{1 - c_u / \lceil t_{sum}/m \rceil, 0\}$$

Dabei stellen $\lceil \Sigma t_j / m \rceil$ eine untere Schranke für die realisierte Taktzeit und somit Δ_{min} eine untere Schranke für den Anteil an Mehrarbeit bei insgesamt m realisierten Stationen dar. Man beachte, daß der Wert von Δ_{min} mit wachsendem m monoton fällt, während $m \cdot (1+f)$ monoton steigt. Für m_{max} gilt $\Delta_{min} = 0$.

In jedem Knoten P_μ werden **obere Schranken** UB_μ für den Zielfunktionswert berechnet. Dies ist zumindest für voll verzweigte Probleme ($I_2 = \phi$) erforderlich, da bei der Bestimmung der unteren Schranken nur Stationskonfigurationen und keine Zuordnungen von Arbeitsgängen zu Stationen (also keine zulässigen Lösungen) entstehen. Wir definieren als *vollständig fixiertes Problem* $P_\mu^v = (I_0 := I_0 \cup I_2, I_1)$, betrachten also in P_μ^v bisher nicht entschiedene Stationen als nicht parallelisiert ($y_k = 0$ für alle $k \in I_2$). Aufgrund der jeweils vorgegebenen Konfiguration **y** geht P_μ^v in das (serielle) Grundmodell über, wenn gemäß (4.19) Stationen mit doppelter Taktzeit definiert werden. Die exakte Lösung dieses modifizierten Grundmodells erhält man, wie in Kap. 4.3.5 für SALBP-G angegeben, wenn man statt des Bandwirkungsgrades die Kostenfunktion (4.17) minimiert. Pinto et al. (1981) verwenden demgegenüber zur Ermittlung oberer Schranken heuristische Verfahren, um den Rechenaufwand zu reduzieren. Dabei kann jedoch die Optimalität des Verfahrens verlorengehen.

Die **globale obere Schranke** UB, die dem Zielfunktionswert der besten bisher bekannten zulässigen Lösung, also dem Minimum der bisher berechneten oberen Schranken, entspricht, wird immer dann mit dem Wert von UB_μ aktualisiert und die entsprechende zulässige Lösung gespeichert, wenn in einem Knoten P_μ die Beziehung $UB_\mu < UB$ gilt.

Ausloten von Teilproblemen:

Ein Knoten P_μ kann ausgelotet werden, wenn einer der folgenden Fälle zutrifft:

a) $LB_\mu \geq UB$

b) $UB - LB_\mu \leq f_k$ bzw. $d_k := UB - LB_\mu - f_k \leq 0$ für alle $k \in I_2$

c) $|I_1| + |I_2| < |\{j \mid t_j > c_o\}|$

Fall a) besagt, daß durch Verzweigen von P_μ keine bessere als die bisher bekannte zulässige Lösung UB erzielt werden kann. Fall b) ist eine Verallgemeinerung von Fall a), die ausdrückt, daß für keine der Stationen in I_2 eine Parallelisierung sinnvoll ist, wenn die dadurch jeweils erzielbaren Kostenersparnisse kleiner als die zusätzlich entstehenden Fixkosten sind. Auch wenn Fall b) nicht zum Ausloten führt, können diejenigen Stationen in I_0 aufgenommen werden, die die Bedingung $d_k \leq 0$ erfüllen. Fall c) beinhaltet, daß für jeden Arbeitsgang mit einer Belegungszeit, die die größtmögliche Taktzeit c_o übersteigt, mindestens eine parallele Station eingerichtet werden muß.

Verzweigungsregeln: Alle bisher nicht weiterverzweigten Teilprobleme mit $I_2 \neq \phi$ werden in einer Kandidatenliste gespeichert. Die Auswahl des nächsten zu verzweigenden Teilproblems P_μ aus dieser Liste erfolgt nach der LIFO-Regel (reine Tiefensuche). Die Wahl der Verzweigungsvariablen kann z.B. mit Hilfe einer der folgenden heuristischen Regeln vorgenommen werden:

- Wähle die Station k mit der größten Stationszeit $\Sigma\, x_{jk} \cdot t_j$ in der Lösung von P_μ^v.
- Wähle die Station k mit den geringsten Fixkosten f_k.
- Wähle die Station k mit der am schlechtesten ausgelasteten Nachfolgestation k+1 in der Lösung von P_μ^v.
- Wähle die Stationen gemäß der durch die Indizierung vorgegebenen lexikographischen oder in zufälliger Reihenfolge.

Das zuvor beschriebene Verfahren soll an einem **Beispiel** verdeutlicht werden. Dabei wird jeweils anhand der Station mit größter Stationszeit verzweigt. Der Vorranggraph ist in Abb. 4.22 dargestellt, und es sind zunächst folgende Parameter gegeben:

$T := 80;\ q := 10;\ u := 0.5$

Es gilt: $t_{sum} = 35;\ c_u := \lfloor T/q \rfloor = 8;\ c_o := c_u \cdot (1 + u) = 12$

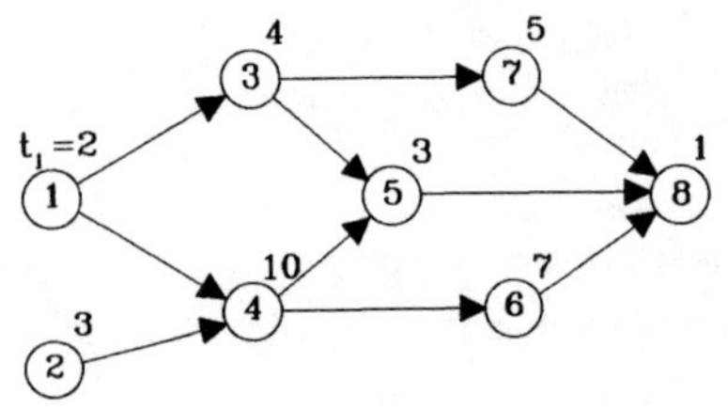

Abb. 4.22

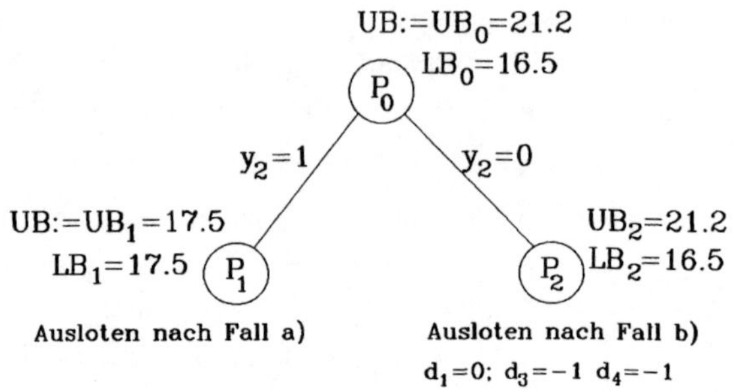

Abb. 4.23

Bestimmung von $\overline{m}$:

$c = \max\{8,10\} = 10$: Lösung des seriellen Problems liefert $m_1 = 4$ und Stationen $\{1,2,3\}$, $\{4\}$, $\{5,6\}$, $\{7,8\}$

c = 8: Lösung mit paralleler Station 2: $m_2 = 4$ und Stationen {1,3}, P{2,4,5}, {6}, {7,8}

Es ergibt sich $\overline{m} := \max\{m_1, m_2\} = 4$.

Weitere Problemdaten sind: $l := 3$; $r := 1.5$; $f := 2$ und

k	1	2	3	4
f_k	1	1	2	2

Abb. 4.23 zeigt den Lösungsgang des B&B-Verfahrens, der im folgenden ausführlich angegeben ist.

Knoten P_0: $m_{min} := \lceil 35/12 \rceil = 3$

$LB_0 := \min\{3 \cdot (3 + 1.5 \cdot 4/12 + 2), 4 \cdot (3 + 1.5 \cdot 1/9 + 2), 5 \cdot (3 + 2)\} = 16.5$

$UB := UB_0 := 21.2$, weil:

c = 10: obige Lösung; $K(10) = 4 \cdot (3 + 1.5 \cdot 2/10 + 2) = 21.2$

c = 11: Lösung mit 4 Stationen; $K(11) = 4 \cdot (3 + 1.5 \cdot 3/11 + 2) = 21.64$

c = 12: Lösung mit 4 Stationen; $K(12) = 4 \cdot (3 + 1.5 \cdot 4/12 + 2) = 22$

$d_1 := 21.2 - 16.5 - 1 = 3.7$; $d_2 := 3.7$; $d_3 := 2.7$; $d_4 := 2.7$

Verzweigung nach Station 2 (Stationszeit 10)

Knoten P_1: $y_2 := 1$; $I_0 := \phi$; $I_1 := \{2\}$

$LB_1 := LB_0 + 1 = 17.5$

$UB := UB_1 := 17.5$, weil:

c = 8: m = 5; {1,3}, P{2,4,5}, {6}, {7,8}; $K(8) = 5 \cdot (3 + 2) + 1 = 26$

c = 9: m = 4; {1,2,3}, P{4,5,7}, {6,8}; $K(9) = 4 \cdot (3 + 1.5 \cdot 1/9 + 2) + 1 = 21.67$

c = 10: m = 4; schlechter als K(9)

c = 11: m = 4; schlechter als K(9)

c = 12: m = 3; {1,3,7}, P{2,4,5,6,8}; K(12) = $3 \cdot (3 + 1.5 \cdot 4/12 + 2) + 1 = 17.5$

Ausloten gemäß Fall a)

Knoten P_2: $y_2 := 0$; $I_0 := \{2\}$; $I_1 := \phi$

$LB_2 := LB_0 = 16.5$ und $UB_2 := UB_0 = 21.2$, da $P_2^y = P_0^y$

$d_1 := 17.5 - 16.5 - 1 = 0$; $d_3 := -1$; $d_4 := -1$

Ausloten gemäß Fall b)

Optimale Lösung: K = 17.5, $\mathbf{y} = (0,1,0,0)$, Stationsbelegung: {1,3,7}, P{2,4,5,6,8} mit c = 12 und m = 3 Stationen

Weitere Modelle und Verfahren mit parallelen Stationen und/oder Arbeitsgängen

Bard (1989) betrachtet ein Modell mit parallelen Stationen **und** Arbeitsgängen. Er berücksichtigt Kosten für Normalarbeit sowie fixe Kosten für die Parallelisierung von Stationen und Arbeitsgängen. Dabei wird angenommen, daß die Fixkosten f_k für die Stationsduplikation alle identisch und diejenigen für die Arbeitsgangparallelisierung arbeitsgangabhängig sind. Die Taktzeit wird als fest vorgegeben unterstellt, Mehrarbeit ist also nicht erlaubt. Als Lösungsverfahren wird eine Verallgemeinerung des DO-Algorithmus von Held et al. (1963) vorgeschlagen. Zur Speicherung von Zuständen werden den Arbeitsgängen nach dem Verfahren von Schrage und Baker (1978) Marken zugeordnet.

Buxey (1974) gibt ein Modell mit parallelen Stationen und gegebener Taktzeit an, bei dem die Leerzeitensumme zu minimieren ist. Es werden keine fixen Kostengrößen für zusätzliche Betriebsmittel einbezogen. Jeder Arbeitsgang erhält in Abhängigkeit von seinem Anspruchsniveau (Schwierigkeitsgrad) einen maximalen Parallelisierungsgrad zugeordnet. Derjenige Arbeitsgang mit kleinstem Parallelisierungsgrad innerhalb einer Station bestimmt die maximale Anzahl der Stationsduplikate. Zur Lösung des Problems beschreibt Buxey eine Verallgemeinerungsmöglichkeit für Prioritätsregelverfahren (vgl. Kap. 4.3.2.1): Die Stationen werden sukzessive betrachtet. Zunächst wird jede Station als seriell (Parallelisierungsgrad 1) unterstellt. Gelingt es durch Einplanung in Prioritätsreihenfolge, eine Belegung ohne Leerzeiten zu finden, so wird zur nächsten Station weitergegangen. Ansonsten wird der Parallelisierungsgrad der aktuellen Station um 1 erhöht und wiederum eine Einplanung vorgenommen. Dabei muß darauf geachtet werden, daß nur Arbeitsgänge, deren maximaler Parallelisierungsgrad denjenigen der Station nicht unterschreitet, einplanbar sind. Die Anzahl der Stationsduplikate wird so lange erhöht, bis eine Belegung ohne Leerzeit gefunden wird oder keine einplanbaren Arbeitsgänge mehr vorliegen. Im zweiten Fall wird diejenige Belegung der Station gewählt, bei der der Quotient aus Leerzeit und Parallelisierungsgrad am kleinsten ist.

Sarker und Shanthikumar (1983) geben ein weiteres heuristisches Verfahren für das Modell von Buxey an. Daganzo und Blumenfeld (1994) untersuchen den Zusammenhang zwischen dem Grad der Parallelität und dem Verhältnis der Kostensätze für Arbeit und Betriebsmittel.

4.3.6.2 Stochastische Modelle

Die bisher beschriebenen Modelle gehen von deterministischen Bearbeitungszeiten aus. Diese Annahme erscheint in einer Vielzahl von Fällen unrealistisch, vor allem bei Beteiligung menschlicher Arbeitskräfte am Produktionsvollzug oder bei Vorliegen hochkomplizierter und störungsanfälliger Vorgänge. Durch unterschiedliche Geschicklichkeit, Leistungsfähigkeit und Leistungsbereitschaft können die Zeiten zur Verrichtung einzelner Arbeitsgänge in Abhängigkeit von der ausführenden Arbeitskraft und der Tageszeit schwanken. Selbst geringfügige Veränderungen von Umweltbedingungen können bei empfindlichen Prozessen erhebliche Störungen hervorrufen. Daher erscheint es sinnvoll, die Bearbeitungszeiten als Zufallsvariablen zu betrachten, die mit einer bestimmten Varianz um einen mittleren Wert (Erwartungswert) schwanken.

Moodie und Young (1965) beschreiben ein Modell mit **normalverteilten Bearbeitungszeiten,** d.h. $t_j \sim N(\mu_j, \sigma_j)$ für alle $j = 1,...,n$. Die Stationszeit τ_k der k-ten Station $(k = 1,...,\bar{m})$ ist dann eine Zufallsvariable, deren Wert sich analog zum deterministischen Fall aus der Summe der Bearbeitungszeiten der zugeordneten Arbeitsgänge ergibt.

$$\tau_k = \sum_{j=1}^{n} x_{jk} \cdot t_j \qquad \text{für alle } k = 1,\dots,\bar{m} \tag{4.26}$$

Unter der Annahme stochastischer Unabhängigkeit der Bearbeitungszeiten berechnet sich der Erwartungswert für die Stationszeit durch Addition der Erwartungswerte der Bearbeitungszeiten und die Varianz aus der Summe der Varianzen der zugeordneten Arbeitsgänge:

$$E(\tau_k) := \sum_{j=1}^{n} x_{jk} \cdot \mu_j \qquad \text{für alle } k = 1,\dots,\bar{m} \tag{4.27}$$

$$Var(\tau_k) := \sum_{j=1}^{n} x_{jk} \cdot \sigma_j^2 \qquad \text{für alle } k = 1,\dots,\bar{m} \tag{4.28}$$

Die Zufallsvariable τ_k für die Stationszeit ist somit normalverteilt mit den Parametern $E(\tau_k)$ und $Var(\tau_k)$. Durch Standardisierung kann folgende Beziehung gewonnen werden, die mit einer Wahrscheinlichkeit von $1-\alpha$ gewährleistet, daß die Stationszeit einen bestimmten Wert nicht übersteigt ($y_{1-\alpha}$ bezeichnet das $(1-\alpha)$-Quantil der Standardnormalverteilung, d.h. den Wert, für den die zugehörige Verteilungsfunktion die Wahrscheinlichkeit $1-\alpha$ besitzt):

$$P(\tau_k \le E(\tau_k) + y_{1-\alpha} \cdot \sqrt{Var(\tau_k)}) \ge 1-\alpha \qquad \text{für alle } k = 1,\dots,\bar{m} \tag{4.29}$$

Somit läßt sich die Formulierung (4.7) – (4.11) für das deterministische Grundmodell SALBP-1 (vgl. Kap. 4.3.1.5) auf den Fall normalverteilter Bearbeitungszeiten übertragen, wenn man die Taktzeitrestriktionen (4.9) durch folgende Bedingungen ersetzt:

$$E(\tau_k) + y_{1-\alpha} \cdot \sqrt{Var(\tau_k)} \le c \qquad \text{für alle } k = 1,\dots,\bar{m} \tag{4.30}$$

Durch (4.30) wird erreicht, daß die Taktzeit in jeder Station mit einer Wahrscheinlichkeit von mindestens $1-\alpha$ eingehalten wird. In Abb. 4.24 ist der Sachverhalt für eine Station k verdeutlicht. Über der Stationszeit τ_k ist die Dichtefunktion $f(\tau_k)$ einer Normalverteilung aufgetragen. Der schraffierte Bereich entspricht der Wahrscheinlichkeit α, mit der die Taktzeit c durch die Stationszeit überschritten wird.

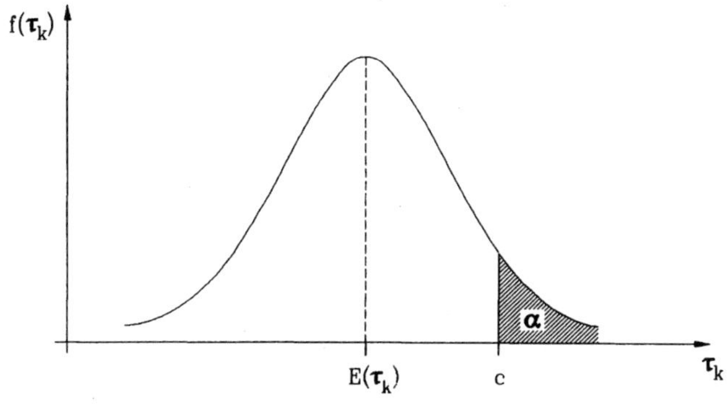

Abb. 4.24

Das angegebene Modell stimmt bis auf die Taktzeitrestriktion (4.30) mit der Formulierung (4.7) – (4.11) für SALBP-1 überein. Daher kann es bei Verwendung der folgenden Bearbeitungszeiten grundsätzlich mit einem Verfahren für SALBP-1 gelöst werden; vgl. auch Reeve und Thomas (1973):

$$t'_j := \mu_j + y_{1-\alpha} \cdot \sigma_j \qquad \text{für alle } j=1,...,n \tag{4.31}$$

Kao (1976, 1979) gibt ein Verfahren der dynamischen Optimierung an, mit dem auch Probleme mit anderen Verteilungsfunktionen für die Bearbeitungszeiten von Arbeitsgängen gelöst werden können. Dabei werden Zustände Z_i wie beim Verfahren von Gutjahr und Nemhauser (1964; vgl. Bem. 4.4) gebildet und durch Tripel (m_i, E_i, Var_i) beschrieben. Dabei gibt m_i die Anzahl der in Zustand Z_i bereits belegten Stationen, E_i den Erwartungswert und Var_i die Varianz der Stationszeit der letzten belegten Station an. Bei gleicher Stationsanzahl und gleicher Menge zugeordneter Arbeitsgänge wird der Zustand mit kleinstem Erwartungswert präferiert. Sind auch die Erwartungswerte identisch, wird nach kleinster Varianz ausgewählt. Die Zustandsenumeration erfolgt in Form einer Vorwärtsrekursion. Zur kritischen Beurteilung des Verfahrens vgl. Sniedovich (1981).

Henig (1986) beschreibt eine stochastische Modifikation für SALBP-2 (Minimierung der Taktzeit bei gegebener Stationsanzahl). Weiterhin betrachtet er die Minimierung der Überschreitungswahrscheinlichkeit α bei gegebener Taktzeit und Stationsanzahl. Zur Lösung der verschiedenen Problemvarianten wird ebenfalls ein Verfahren der dynamischen Optimierung beschrieben; vgl. auch Carraway (1989).

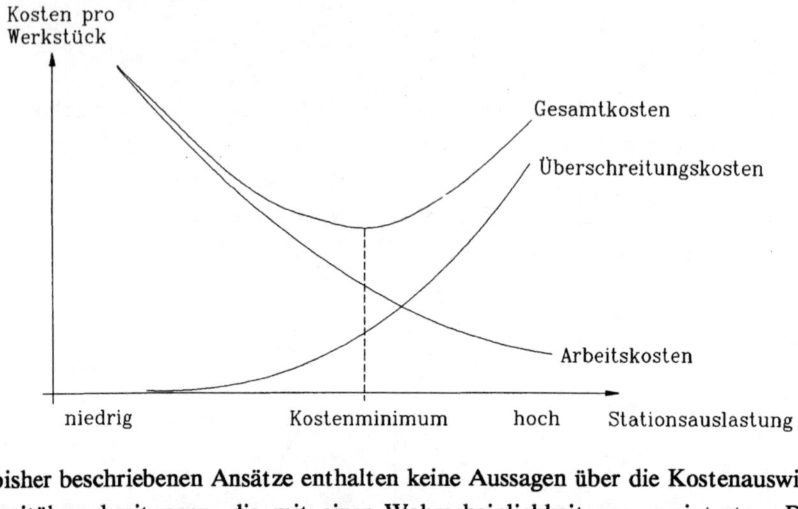

Abb. 4.25

Die bisher beschriebenen Ansätze enthalten keine Aussagen über die Kostenauswirkungen von Taktzeitüberschreitungen, die mit einer Wahrscheinlichkeit von α eintreten. Daher formulieren Kottas und Lau (1981) ein Modell mit der Zielsetzung der *Kostenminimierung*. Über die von der Stationsanzahl und der Taktzeit abhängigen Arbeitskosten hinaus werden gegenläufige Überschreitungskosten in die zu minimierende Zielfunktion einbezogen (vgl. Abb. 4.25). Dies geschieht aufgrund der Erkenntnis, daß in der Regel die Taktzeit unwirtschaftlich groß gewählt werden muß, bevor sich die Wahrscheinlichkeit für Taktzeitüberschreitungen in einem gewünschten kleinen Rahmen bewegt.

Es gibt mehrere *Möglichkeiten der Behandlung von Taktzeitüberschreitungen:*

- Anhalten des Fließbandes (Bandstop), bis die entsprechenden Arbeitsgänge durchgeführt worden sind.
- Auslassen der Arbeitsgänge und aller ihrer Nachfolger im Vorranggraphen und Nacharbeiten auf einer speziellen Station, nachdem das Werkstück die letzte Bandstation verlassen hat (off-line).
- Einsetzen von Springern (zusätzlichen Arbeitskräften) zur Beschleunigung der Bearbeitung in der betroffenen Station.

Modelle mit Off-line-Nachbearbeitung beschreiben Kottas und Lau (1981) sowie Carter und Silverman (1984). Shtub (1984) bezieht zusätzlich die Mehrfachbemannung von Stationen in die Betrachtung ein (vgl. auch Kap. 4.3.6.5). Die Möglichkeit, das Band kurzfristig anzuhalten, untersuchen Silverman und Carter (1986). Alle Autoren geben Heuristiken an, die zweistufig nach folgendem Prinzip vorgehen:

Schritt 1: Generiere eine Menge zulässiger Lösungen des Fließbandabstimmungsproblems.

Schritt 2: Wähle durch Auswerten einer Kostenfunktion die günstigste der generierten Lösungen aus.

Bei der Belegung von Stationen genügt es nun nicht mehr, wie im deterministischen Fall, die einzelnen Stationen als Mengen von Arbeitsgängen zu beschreiben, da die stationsinterne Reihenfolge der Elemente Auswirkungen auf Höhe und Wahrscheinlichkeit von Überschreitungskosten hat. Je größer potentielle Überschreitungskosten für einen Arbeitsgang sind, desto größere (mittlere) Leerzeiten müssen in der entsprechenden Station in Kauf genommen werden. Dies bedeutet, daß in der Regel die ersten Stationen tendenziell höhere Leerzeiten als die letzten Stationen aufweisen, weil die Überschreitungskosten in starkem Maß von der Anzahl der Nachfolger eines Arbeitsganges abhängen.

4.3.6.3 Modelle mit Verfahrensalternativen

Bei den bisher beschriebenen Modellen wird angenommen, daß die technischen Verfahren zur Herstellung der Produkte fest vorgegeben sind. In der Unternehmenspraxis bestehen jedoch gewöhnlich alternative Möglichkeiten, die unter anderem in Abhängigkeit vom Mechanisierungsgrad, der Lebensdauer oder der Kapitalbindung unterschiedliche Kosten verursachen.

Die Auswahl des kostengünstigsten Herstellungsverfahrens kann grundsätzlich mit Hilfe von herkömmlichen Verfahren der Investitionsrechnung durchgeführt werden. Zur Beurteilung der Vorteilhaftigkeit der einzelnen Verfahrensalternativen müssen allerdings Fließbandabstimmungen vorgenommen werden, damit die tatsächlich benötigten maschinellen Anlagen und Arbeitskräfte sowie die Produktionsgeschwindigkeit bestimmt werden können. Daher formulieren Pinto et al. (1983) ein Modell, das eine simultane Betrachtung der Verfahrenswahl und der Fließbandabstimmung erlaubt und die Minimierung der während der gesamten Lebensdauer der Anlagen anfallenden durchschnittlichen fixen Betriebsmittelkosten und variablen Kosten (v.a. Arbeitskosten) pro ZE zum Ziel hat.

Dabei wird davon ausgegangen, daß ein *Grundverfahren* zur Herstellung des Produktes bekannt ist, das durch eine oder mehrere (gleichzeitig einsetzbare) *Verfahrensalternativen* modifiziert werden kann. Letztere führen durch den Einsatz zusätzlicher (oder teurerer) Betriebsmittel zu einer Senkung von Bearbeitungszeiten einzelner Arbeitsgänge und/oder zur Zusammenfassung von Arbeitsgängen mit in der Summe geringeren Bearbeitungszeiten. Für jede Kombination von realisierten Verfahrensalternativen kann ein Arbeitsplan (Vorranggraph) gebildet werden, in dem für jeden Arbeitsgang diejenige Alternative mit der geringsten Bearbeitungszeit berücksichtigt wird.

Pinto et al. geben für das geschilderte Problem eine Modifikation ihres Modells mit parallelen Stationen an (vgl. Kap. 4.3.6.1). Dabei werden statt der Binärvariablen y_k für die Einrichtung paralleler Stationen Binärvariablen für die Realisierung von Verfahrensalternativen eingeführt (p gibt die Anzahl verfügbarer Alternativen an):

$$z_i = \begin{cases} 1 & \text{falls Verfahrensalternative } i \text{ realisiert wird} \\ 0 & \text{sonst} \end{cases} \qquad \text{für alle } i = 1,\ldots,p$$

Es wird angenommen, daß Verfahrensalternative i zusätzliche fixe Betriebsmittelkosten F_i verursacht. Wie in Kap. 4.3.6.1 werden diese unter Berücksichtigung der erwarteten Lebensdauer LD_i (bei Vernachlässigung eventueller Restwerte) in durchschnittliche Betriebsmittelkosten pro ZE $f_i := F_i / LD_i$ transformiert.

Zusätzlich werden folgende **Parameter** benötigt:

t_j (Grund-) Bearbeitungszeit des Arbeitsganges $j = 1,\ldots,n$, wenn keine Verfahrensalternativen realisiert sind

t_{ji} Bearbeitungszeit des Arbeitsganges j bei seiner Ausführung durch Alternative $i = 1,\ldots,p$ (werden mehrere Arbeitsgänge durch ein Verfahren zusammengefaßt, so wird die Bearbeitungszeit proportional zu den Grundbearbeitungszeiten auf die betroffenen Arbeitsgänge verteilt)

Für eine gegebene Konfiguration $\mathbf{z} = (z_1,\ldots,z_p)$ zu realisierender Verfahrensalternativen kann ein Vorranggraph mit Bearbeitungszeiten $t_j^* := \min\{t_j, \min\{t_{ji} \mid z_i = 1 \text{ mit } i = 1,\ldots,p\}\}$ gebildet werden. Wird keine Verfahrensalternative realisiert, so gilt $z_i = 0$ für alle i, und für alle Arbeitsgänge fällt die Grundbearbeitungszeit t_j an. Andernfalls wird für jeden Arbeitsgang diejenige realisierte Alternative angewendet (die entsprechenden Betriebsmittel eingesetzt), die zur geringsten Bearbeitungszeit führt.

Verwenden wir darüber hinaus als weitere Parameter und Variablen die Bezeichnungen aus Kap. 4.3.6.1, so erhalten wir folgende **Modellformulierung**:

$$\text{Minimiere } K(c,\mathbf{x},\mathbf{z}) = (1 + r\cdot(1-c_u/c))\cdot \sum_{k=1}^{\bar{m}} k\cdot x_{nk} + \sum_{i=1}^{p} z_i\cdot f_i \tag{4.32}$$

unter den Nebenbedingungen (4.18), (4.20) – (4.22) sowie (4.33)

$$\sum_{j=1}^{n} x_{jk}\cdot t_j^* \le c \qquad \text{für alle } k = 1,\ldots,\bar{m} \tag{4.34}$$

$$z_i \in \{0,1\} \qquad \text{für alle } i = 1,\ldots,p \tag{4.35}$$

Das von Pinto et al. angegebene **B&B-Verfahren** für (4.32) – (4.35) verläuft prinzipiell genauso wie dasjenige für das Modell mit parallelen Stationen. Statt nach den Binärvariablen y_k wird nach den Binärvariablen z_i verzweigt. Obere Schranken werden durch Lösung des Grundmodells mit dem Vorranggraphen, der durch die im betrachteten Knoten bereits fixierten Verfahrensalternativen i (z_i=1) zustande kommt, gebildet. Untere Schranken lassen sich berechnen, indem das Grundmodell für den Fall der Realisierung sämtlicher Alternativen gelöst wird und nur die Fixkosten der bereits fixierten Alternativen berücksichtigt werden. Dabei ist jeweils zu beachten, daß Arbeitsgänge, die durch die für sie günstigste Alternative zu einem Arbeitsgang zusammengefaßt werden, derselben Station zuzuordnen sind.

Graves und Lamar (1983) betrachten ein Modell, bei dem die Verfahrensalternativen darin bestehen, daß die einzurichtenden Stationen aus einer Menge *nichtidentischer* Stationstypen auszuwählen sind. Darüber hinaus werden reihenfolgeabhängige Rüstzeiten berücksichtigt.

4.3.6.4 Abstimmung u-förmiger Fließbänder

Bei u-förmiger Anordnung der Stationen eines Fließfertigungssystems läßt sich ggf. ein höherer Bandwirkungsgrad erzielen als bei serieller Anordnung. Dies wird dadurch erreicht, daß Stationen innerhalb eines Taktes Arbeitsgänge an einander gegenüberliegenden Abschnitten des Bandes ausführen. Dadurch werden von der betreffenden Station jeweils zwei verschiedene Produkteinheiten im selben Takt bearbeitet, und es ist ein steter Positionswechsel (aufgrund kurzer Abstände ohne nennenswerte Wechselzeiten) erforderlich. Auf diese Weise ist es bei der Abstimmung des Fließbandes möglich, Arbeitsgänge innerhalb einer Station zusammenzufassen, die bei serieller Struktur aufgrund der Vorrangbeziehungen nicht innerhalb einer Station ausführbar sind.

Wir betrachten ein Beispiel mit dem Vorranggraphen in Abb. 4.26 und der Taktzeit c = 10.

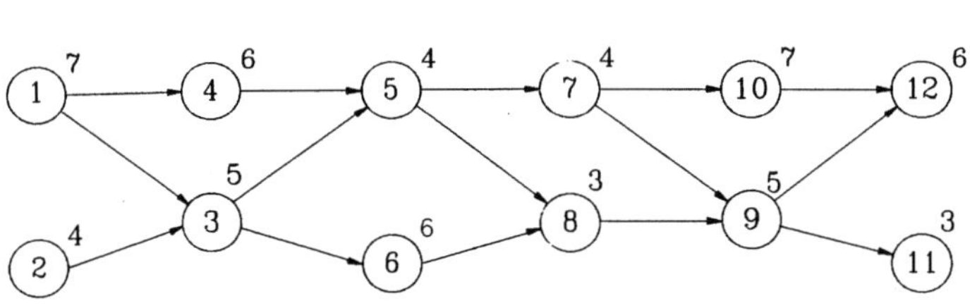

Abb. 4.26

Im Falle von SALBP-1 werden mindestens 7 Stationen benötigt; eine mögliche Belegung ist $S_1 = \{1\}$, $S_2 = \{2,4\}$, $S_3 = \{3,5\}$, $S_4 = \{6,7\}$, $S_5 = \{8,10\}$, $S_6 = \{9,11\}$, $S_7 = \{12\}$. Bei u-förmiger Anordnung läßt sich die in Abb. 4.27 dargestellte Lösung mit 6 Stationen finden.

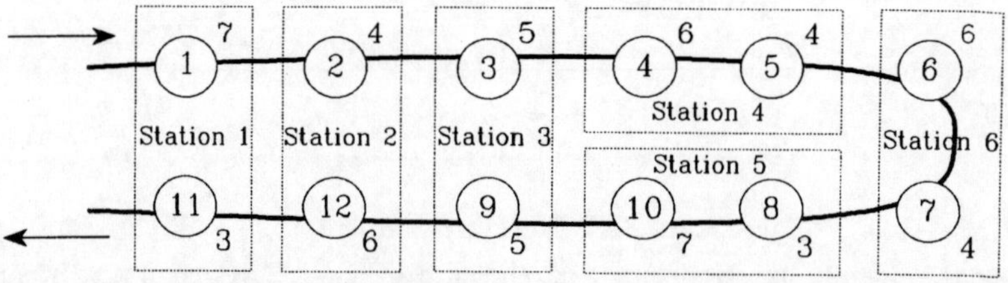

Abb. 4.27

Die Stationen 1 bis 3 arbeiten abwechselnd auf gegenüberliegenden Bandabschnitten, während die Stationen 4 bis 6 im seriellen Modus betrieben werden. Der Bandwirkungsgrad steigt von 85.7% auf 100%.

Analog zu den Typen SALBP-1, SALBP-2 und SALBP-G des seriellen Grundmodells lassen sich im Fall u-förmiger Anordnung Problemtypen UALBP-1, UALBP-2 und UALBP-G definieren (UALBP = U-line Assembly Line Balancing Problem). Eine Modellformulierung für UALBP-1 ergibt sich aus dem Modell (4.7) – (4.11) für SALBP-1 durch Modifikation der Vorrangrestriktionen (4.10); vgl. Miltenburg und Wijngaard (1994): Wird ein Arbeitsgang j in einer Station k ausgeführt, so müssen alle Vorgänger $h \in \mathcal{V}_j^m$ und/oder alle Nachfolger $i \in \mathcal{N}_j^m$ einer der Stationen 1,...,k zugeordnet sein. Dabei ist zu beachten, daß die Stationen von links nach rechts (von der offenen Seite des 'U' zur geschlossenen Seite hin) durchnumeriert sind.

Zur Lösung der verschiedenen Ausprägungen von UALBP lassen sich Verfahren für den entsprechenden Typ des Grundmodells modifizieren. Miltenburg und Wijngaard (1994) beschreiben für UALBP-1 eine Version des DO-Verfahrens von Held et al. (1963) sowie der Rangwertmethode von Helgeson und Birnie (1961). Scholl und Klein (1997 b) geben eine entsprechende Modifikation von SALOME an, die sich im Rahmen von Suchmethoden auch für UALBP-2 und UALBP-G einsetzen läßt (vgl. Kap. 4.3.4 und 4.3.5). Numerische Untersuchungen anhand von Benchmark-Datensätzen für SALBP-1, SALBP-2 und SALBP-G zeigen, daß sich in vielen Fällen durch die u-förmige Stationsanordnung erhebliche Verbesserungen des Bandwirkungsgrades erzielen lassen.

4.3.6.5 Weitere Modelle

Modelle mit Lerneffekten: Ein wesentliches Merkmal der Fließfertigung besteht in der starken Arbeitsteilung, die zu ausgeprägter Spezialisierung der Arbeitskräfte und damit zu zunehmender Arbeitsgeschwindigkeit führt. In einigen Modellen werden die durch Lerneffekte entstehenden Veränderungen von Bearbeitungszeiten im Zeitablauf berücksichtigt; vgl. z.B. Boucher (1987) oder Chakravarty (1988).

Modelle mit Qualifikationsrestriktionen: Die verschiedenen Arbeitsgänge für die Montage eines Produktes erfordern in der Regel unterschiedliche Fähigkeiten der Arbeitskräfte. Wenn die Arbeitskräfte nach ihrer Qualifikation entlohnt werden, kann es unter Kostengesichtspunkten sinnvoll sein, zusätzliche Restriktionen einzuführen, die dafür sorgen, daß nur Arbeitsgänge mit ähnlichem Schwierigkeitsgrad innerhalb einer Station kombiniert werden; vgl. dazu z.B. Johnson (1983).

Modelle, die zusätzlich zum Vorranggraphen die (konvergierende) *Produktstruktur* für die Fließ-Montage eines Produktes berücksichtigen, beschreiben Shtub und Dar-El (1990). Zur Verbesserung des Materialflusses zwischen den Stationen und des Arbeitsablaufes wird mit Hilfe einer zusätzlichen Zielsetzung versucht, die verschiedenen Vor- und Zwischenprodukte jeweils an möglichst wenigen Stationen einzubauen. Die Gesamtanzahl unterschiedlicher Vor- und Zwischenprodukte in allen Stationen wird entweder gewichtet in die Zielfunktion aufgenommen oder in einer Nebenbedingung als zu satisfizierendes Ziel betrachtet. Im zweiten Fall können Verfahren für das Grundmodell leicht modifiziert werden.

Modelle mit Arbeitsgruppen: Zur Steigerung der Arbeitszufriedenheit oder aus technischen Gründen kann es sinnvoll sein, alle oder einige Arbeitsgänge in verschiedene Teilmengen einzuordnen, die jeweils von einer Arbeitsgruppe (Gruppe von Arbeitskräften) gemeinsam durchgeführt werden. Dabei ist in jeder Station nur eine Arbeitsgruppe tätig, jede Arbeitsgruppe kann mehrere (nicht notwendigerweise zusammenhängende) Stationen belegen. Derartige Arbeitsgangrestriktionen betrachtet z.B. Johnson (1991), der eine Verallgemeinerung seines Verfahrens FABLE angibt (vgl. Kap. 4.3.3.2).

Modelle mit Mehrfachbemannung von Stationen: Werden an einer Station mehrere Arbeitskräfte eingesetzt, so kann (wie im Fall paralleler Arbeitsgänge oder Stationen; vgl. Kap. 4.3.6.1) die Stationszeit (lokale Taktzeit) die Taktzeit des Bandes übersteigen. Shtub (1984) beschreibt ein Modell mit der Zielsetzung, bei gegebener Stationsanzahl und Taktzeit die Gesamtanzahl der Arbeitskräfte zu minimieren. Dabei ist neben der Verteilung von Arbeitsgängen diejenige der Arbeitskräfte auf die Stationen festzulegen. Die Bearbeitungszeiten der Arbeitsgänge nehmen monoton (jedoch nicht proportional) mit der Anzahl der ausführenden Arbeitskräfte ab. Shtub gibt eine binäre Modellformulierung an und beschreibt eine ähnliche Heuristik wie Buxey (1974) für sein Modell mit parallelen Stationen. Wilson (1986) führt eine Umformulierung des Modells von Shtub durch, die zu einer erheblichen Problemreduktion führt und beschreibt die Anwendung kommerzieller Software für ganzzahlige lineare Optimierungsprobleme. Auf dynamische Änderungen der Stationsbemannung aufgrund von Lerneffekten gehen Chakravarty und Shtub (1986 a) ein.

Bei schweren und unbeweglichen Werkstücken ist es häufig erforderlich, daß Stationen auf *beiden Seiten des Bandes* angeordnet werden. Bartholdi (1993) schlägt vor, Paare einander gegenüberliegender Stationen zu bilden. Bestimmte Arbeitsgänge müssen auf der einen Seite, andere auf der gegenüberliegenden Seite des Bandes durchgeführt werden. Die übrigen Arbeitsgänge lassen sich u.U. günstig auf beide Seiten verteilen, wodurch sich ein gewisser Parallelisierungseffekt ergibt (vgl. Kap. 4.3.6.1).

4.4 Mehrproduktmodelle

In diesem Kapitel beschäftigen wir uns mit Problemen der Fließfertigung mehrerer Produkte. Dabei gehen wir vor allem auf die Variantenfertigung ein und beschränken uns auf einige Hinweise zur losweisen Mehrprodukt-Fließfertigung. Im letzteren Fall tritt zusätzlich die Problematik der Losgrößenplanung auf, die in Kap. 3 ausführlich behandelt wird.

Die in den vorangehenden Abschnitten beschriebenen Fließbandabstimmungsmodelle beschränken sich auf die Fließfertigung einer beliebigen Menge eines homogenen Produktes. Diese Voraussetzung ist jedoch in vielen Fällen der Fließfertigung nicht gegeben. Oftmals müssen verschiedene Ausführungen (*Varianten*) eines Grundproduktes hergestellt werden, die sich in Form, Farbe, Größe oder verwendetem Material unterscheiden. Ein klassisches Beispiel findet sich in der Automobilindustrie. Jedes Fahrzeug verfügt über eine gewisse Menge an Grundelementen und kann darüber hinaus unterschiedlich bestückt werden. Daher müssen an jeder zu fertigenden Produktvariante unterschiedliche Arbeitsgänge durchgeführt werden, wodurch die *Abstimmung* des Fließbandes (also die Zuordnung von Arbeitsgängen zu Stationen) erschwert wird. Bei der Abstimmung handelt es sich um eine mittel- bis langfristige Planungsaufgabe, da sowohl die Betriebsmittelausstattung von Stationen als auch die Qualifikation der Arbeitskräfte nur mit großem zeitlichem und finanziellem Aufwand veränderbar ist.

Kurzfristig (d.h. auf Schicht- oder Tagesebene) ist auf Grundlage des kurzfristigen Produktionsprogramms zu entscheiden, in welcher *Reihenfolge* die Werkstücke der verschiedenen Varianten produziert werden sollen. Dies hat Auswirkungen auf die Effizienz des Fließbandes, insbesondere dann, wenn die Stationen durch die verschiedenen Varianten sehr unterschiedlich ausgelastet werden.

Zwischen der Abstimmung und der Reihenfolgeplanung bestehen enge wechselseitige Abhängigkeiten, da die Lösung des einen Problems jeweils in die Daten des anderen eingeht. So kann eine Reihenfolgeplanung nur bei Kenntnis der Zuordnung von Arbeitsgängen zu Stationen durchgeführt werden. Dabei ist es günstig, wenn bei der Abstimmung für die verschiedenen Varianten keine großen Auslastungsunterschiede entstehen. Andererseits kann eine (im Sinne einer übergeordneten Kostenzielsetzung) optimale Abstimmung nur dann vorgenommen werden, wenn die Reihenfolge der Varianten bekannt ist. Aufgrund ihrer Fristigkeit löst man beide Probleme jedoch zumeist getrennt voneinander. Zunächst wird das Abstimmungsproblem mit Hilfe einer aggregierten Modellformulierung gelöst (Kap. 4.4.1). Ausgehend von den resultierenden Stationsbelegungen erfolgt dann die Reihenfolgeplanung (Kap. 4.4.2).

Im Rahmen eines *hierarchischen Planungsansatzes* versucht man, Auswirkungen von Abstimmungsentscheidungen auf die Reihenfolgeplanung zu *antizipieren* und geeignet in das zu lösende Abstimmungsproblem einzubeziehen. Dazu werden zusätzliche Zielkriterien zur Glättung von Auslastungsunterschieden verwendet. Ebenso können Ergebnisse der Reihenfolgeplanung (früherer Perioden) in Form von *Rückkopplungen* bei der Leistungsabstimmung berücksichtigt werden. Zu einem entsprechenden hierarchischen Planungsmodell vgl. Scholl (1995, Kap. 3.4).

4.4.1 Abstimmung von Fließbändern bei Variantenfertigung

Im folgenden geben wir einen Überblick über verschiedene Vorgehensweisen bei der Abstimmung von Varianten-Fließbändern; vgl. Ziegler (1989) sowie Scholl (1995, Kap. 6.1).

Grundsätzlich ist es denkbar, für jede Produktvariante eine *isolierte* Abstimmung mit Hilfe eines Einprodukt-Verfahrens vorzunehmen. Dies führt in der Regel jedoch dazu, daß Arbeitsgänge, die an allen Varianten (wenn auch mit unterschiedlichem Zeitaufwand) durchzuführen sind, verschiedenen Stationen zugeordnet werden. Dadurch entstehen in den Stationen zusätzlicher Betriebsmittelbedarf und Umrüstaufwand beim Variantenwechsel.[6] Außerdem geht der Effekt der Spezialisierung der Arbeitskräfte teilweise verloren. Daher wird grundsätzlich versucht, jeden Arbeitsgang für alle Varianten an derselben Station durchzuführen.[7] Dies kann man durch eine *sukzessive* Anwendung von Einprodukt-Verfahren unter Beachtung bisheriger Zuordnungen von Arbeitsgängen zu Stationen erreichen. Dabei erhält man jedoch in Abhängigkeit von der Betrachtungsreihenfolge der Produkte u.U. keine zulässige Lösung des Abstimmungsproblems; vgl. z.B. Görke (1978, S. 73 f.).

Eine *simultane* Abstimmung des Varianten-Fließbandes erreicht man vereinfachend mit Hilfe eines *aggregierten Modells*. Dabei geht man, zusätzlich zum Grundmodell SALBP, von folgenden **Annahmen** aus:

- Herstellung von p Varianten eines Grundproduktes durch Ausführung von jeweils bis zu n Arbeitsgängen
- Reihenfolgebeziehungen in Form von Vorranggraphen für jede Variante; daraus läßt sich durch Vereinigung der Knoten- und Pfeilmengen ein gemeinsamer Vorranggraph für alle Varianten ableiten[8]
- jeder Arbeitsgang wird genau einer Station zugeordnet
- fest vorgegebene Bearbeitungszeiten zur Durchführung der Arbeitsgänge an den verschiedenen Varianten
- vorgegebener Bedarf für alle Varianten während des Planungszeitraumes (z.B. ein Monat)
- vorgegebene Anzahl und Dauer der Arbeitsschichten im Planungszeitraum

Wie bei SALBP-1 gehen wir davon aus, daß als (kapazitätsorientierte) **Zielsetzung** die Minimierung der Stationsanzahl betrachtet wird.[9] Zusätzlich zum Einprodukt-Fall ist es bei der Variantenfertigung jedoch, wie die anschließende Diskussion zeigt, sinnvoll, mit Hilfe nachgeordneter Zielsetzungen möglichst gleichmäßige Auslastungen der Stationen anzustreben.

---

6 Bei losweiser Fertigung genügt in der Regel eine isolierte Abstimmung, da seltener umzurüsten ist.

7 Im Gegensatz dazu beschreiben Roberts und Villa (1970) eine Verallgemeinerung des Verfahrens von Gutjahr und Nemhauser (1964) auf den Mehrprodukt-Fall, die die Zuordnung von Arbeitsgängen zu unterschiedlichen Stationen erlaubt.

8 Es kann vorkommen, daß durch das Bilden des gemeinsamen Vorranggraphen widersprüchliche Vorrangbeziehungen zu Zyklen führen. In diesem Fall sind für die betroffenen Arbeitsgänge mehrere Knoten einzuführen.

9 Es lassen sich weitere kapazitätsorientierte Zielsetzungen betrachten; vgl. Scholl (1995, Kap. 3.2.2).

Wir verwenden folgende zusätzliche **Parameter:**

t_{jv} Bearbeitungszeit von Arbeitsgang $j = 1,...,n$ für Variante $v = 1,...,p$ (in ZE pro ME)
($t_{jv} = 0$, falls Arbeitsgang j nicht an Variante v auszuführen ist)

T gesamte Arbeitszeit innerhalb des Planungszeitraumes (in ZE)

b_v erwarteter Bedarf an Variante v im Planungszeitraum (in ME)

$b := \sum_{v=1}^{p} b_v$ erwarteter Gesamtbedarf aller Varianten im Planungszeitraum (in ME)

Es ergeben sich kumulierte Bearbeitungszeiten der Arbeitsgänge zur Fertigung des Gesamtbedarfs aller Varianten:

$$t_j := \sum_{v=1}^{p} b_v \cdot t_{jv} \qquad \text{für alle } j = 1,...,n \tag{4.36}$$

Durch Verwendung der Bearbeitungszeiten t_j erhält man eine *aggregierte Variante* mit dem gemeinsamen Vorranggraphen, für die das Fließband nicht taktweise, sondern auf Grundlage der Dauer T der Arbeitsschichten im Planungszeitraum abgestimmt wird. Daher können die Formulierungen (4.2) - (4.6) und (4.7) - (4.11) für SALBP-1 unmittelbar auf das betrachtete Problem übertragen werden, wenn man den Parameter c durch T ersetzt.

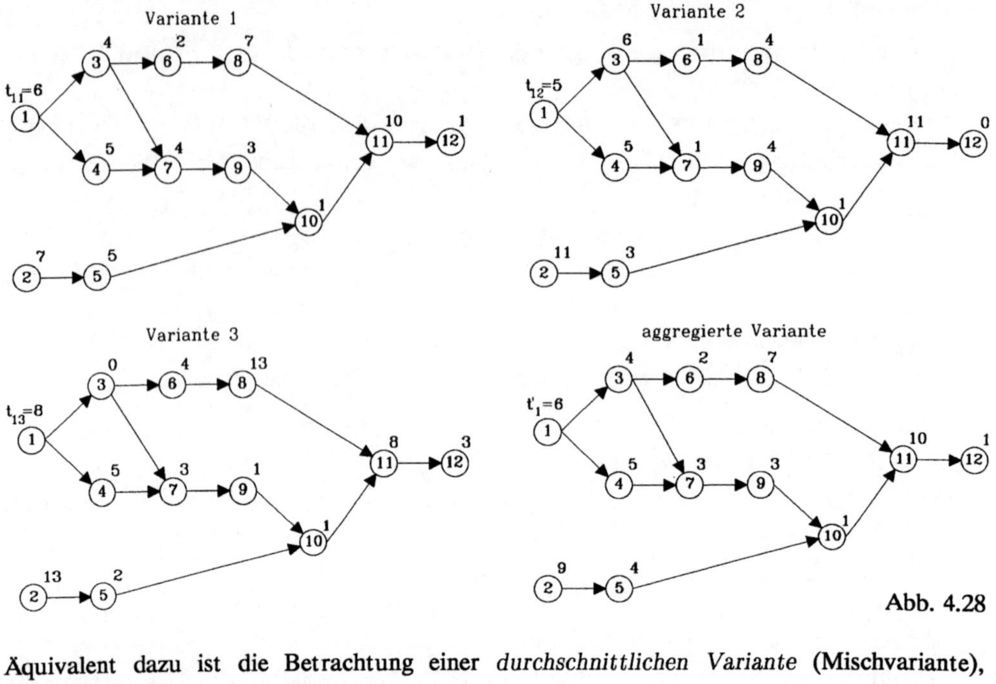

Abb. 4.28

Äquivalent dazu ist die Betrachtung einer *durchschnittlichen Variante* (Mischvariante), sofern auf Ganzzahligkeit der Bearbeitungszeiten und der Taktzeit verzichtet werden kann. Die Mischvariante erhält Bearbeitungszeiten $t'_j = t_j / b$; als Taktzeit bzw. Auflageintervall wird $c = T/b$ verwendet.

Bei beiden Betrachtungsweisen lassen sich Lösungen mit Verfahren für SALBP-1 gewinnen; vgl. Kap. 4.3.2 und 4.3.3 sowie Arcus (1966) und Macaskill (1972)[10].

Beispiel: Wir betrachten ein Problem mit 3 Varianten, den Bedarfen $b_1 = 4$, $b_2 = 2$, $b_3 = 1$ sowie den zugehörigen Vorranggraphen in Abb. 4.28. Der gemeinsame Vorranggraph der aggregierten bzw. durchschnittlichen Variante ist dort ebenfalls abgebildet. Angegeben sind die durchschnittlichen Bearbeitungszeiten t'_j, die aufgrund der Teilbarkeit der kumulierten Zeiten t_j durch $b = 7$ ganzzahlig sind. Wählt man $T = 77$ bzw. $c = 11$, so erhält man bei Anwendung eines exakten Verfahrens für SALBP-1 eine von mehreren Lösungen mit $m = 6$ Stationen. Eine Möglichkeit der Stationsbelegung ist $S_1 = \{1,4\}$, $S_2 = \{2\}$, $S_3 = \{3,5,7\}$, $S_4 = \{6,9,10\}$, $S_5 = \{8\}$, $S_6 = \{11,12\}$.

Zur Untersuchung der Belegungssituation der einzelnen Stationen gehen wir von der Mischvariante aus und verwenden folgende Größen, wobei Binärvariablen x_{jk} (wie beim Grundmodell) die Zuordnung von Arbeitsgang j zu Station k kennzeichnen:

$\tau_{kv} := \sum_{j=1}^{n} t_{jv} \cdot x_{jk}$ Belegungszeit der Station k durch Variante v pro ME

$\tau_v := \sum_{j=1}^{n} t_{jv} / m$ mittlere Belegungszeit der m Stationen durch 1 ME von Variante v

$t(S_k) := (\sum_{v=1}^{p} b_v \cdot \tau_{kv}) / b$ durchschnittliche Belegungszeit der Station k pro ME

Die folgende Tabelle gibt einen Überblick über die verschiedenen Belegungszeiten für obige Lösung des Beispielproblems:

k	1	2	3	4	5	6	τ_v
τ_{k1}	11	7	13	6	7	11	9.17
τ_{k2}	10	11	10	6	4	11	8.67
τ_{k3}	13	13	5	6	13	11	10.17
$t(S_k)$	11	9	11	6	7	11	

Tab. 4.9

Aus Tab. 4.9 kann folgendes abgelesen werden:

1) Die durchschnittlichen Belegungszeiten $t(S_k)$ der Stationen 4 und 5 durch die Mischvariante sind sehr niedrig. Es entstehen dort also große Leerzeiten.

2) Die Belegungszeiten τ_{kv} der Stationen durch jede der Varianten $v = 1,2,3$ weisen sehr viel stärkere Schwankungen auf als diejenigen der durchschnittlichen Variante.

10 Macaskill erlaubt zusätzlich, einen Arbeitsgang, getrennt nach verschiedenen Varianten, auf zwei aufeinanderfolgende Stationen aufzuteilen, falls seine kumulierte Bearbeitungszeit die Dauer T des Planungszeitraumes überschreitet.

3) Die Belegungszeiten einer Station verändern sich stark in Abhängigkeit von der Variante (Spalten). Wären z.B. mehrere ME der Variante 3 unmittelbar hintereinander zu fertigen, so ließe sich die Taktzeit von c = 11 in den Stationen 1, 2 und 5 nicht einhalten. Dies würde dazu führen, daß entweder das Band angehalten werden müßte oder Werkstücke nur unvollständig bearbeitet werden könnten.

Das Belastungsdiagramm in Abb. 4.29 verdeutlicht die beobachteten Auslastungsunterschiede. Die gestrichelten Linien geben die durchschnittlichen Stationszeiten $t(S_k)$ an. Die schraffierten Flächen verdeutlichen die Intervalle, in denen die Stationszeiten τ_{kv} für alle Varianten v = 1, 2, 3 schwanken.

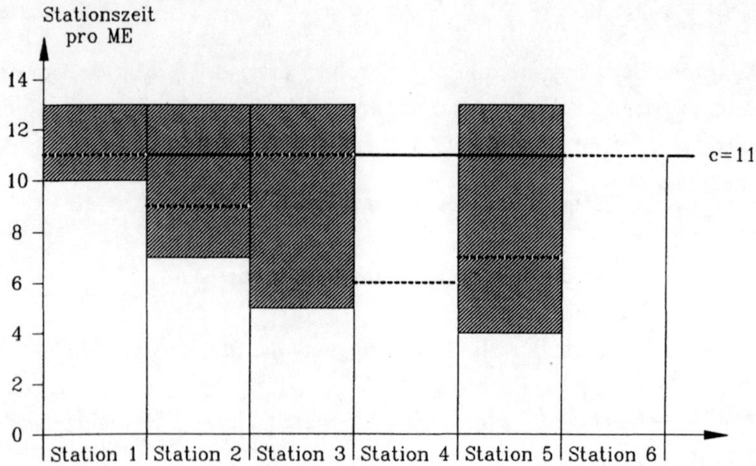

Abb. 4.29

Problematisch sind vor allem *Überschreitungen der Taktzeit* ($\tau_{kv} > c$), die sich in Abhängigkeit von ihrer Ursache in drei Gruppen einteilen lassen:

- *arbeitsgangbedingt:* Falls die Bearbeitungszeit t_{jv} eines Arbeitsganges j größer als die Taktzeit c ist, so läßt sich in der entsprechenden Station eine Taktzeitüberschreitung in Höhe von mindestens $t_{jv} - c$ nicht vermeiden.
- *variantenbedingt:* Falls die Gesamtbearbeitungszeit $\Sigma_j t_{jv} = m \cdot \tau_v$ einer Variante v größer als die durchschnittlich pro ME verfügbare Bandkapazität $m \cdot c$ ist, können Taktzeitüberschreitungen in einer oder mehreren Stationen nicht verhindert werden, es sei denn man erhöht die Stationsanzahl m oder die Taktzeit c.
- *zuordnungsbedingt:* Darüber hinausgehende Taktzeitüberschreitungen werden durch die Zuordnung mehrerer Arbeitsgänge zu einer Station verursacht.

Neben Überschreitungen der Taktzeit können auch Unterschreitungen Ursache für Ineffizienzen sein, da sie potentiell zu Leerzeit führen. Sie können ebenfalls varianten- oder zuordnungsbedingt sein.

Im **Beispiel** liegen arbeitsgangbedingte Taktzeitüberschreitungen für Variante 3 in den Stationen 2 und 5 vor. Variantenbedingte Taktzeitüberschreitungen treten im Beispiel nicht auf; zuordnungsbedingt sind die Taktzeitüberschreitungen der Varianten 1 und 3 in Station 3 bzw. 1.

Im Rahmen unseres obigen Modells lassen sich nur zuordnungsbedingte Taktzeitüberschreitungen beeinflussen. Dies kann mit Hilfe einer der Stationsanzahlminimierung nachgeordneten Zielsetzung geschehen. Im folgenden betrachten wir einige derartige Zielsetzungen, die grundsätzlich eine Minimierung von Auslastungsunterschieden zwischen den Varianten und Stationen anstreben.

Minimierung von Auslastungsunterschieden:

Eine mögliche zusätzliche Zielsetzung zur Verringerung vermeidbarer Auslastungsschwankungen besteht in der Minimierung der Summe der mit den Bedarfen gewichteten absoluten Abweichungen zwischen tatsächlichen und durchschnittlichen Belegungszeiten der Varianten:

$$\text{Minimiere } \Delta = \sum_{k=1}^{m} \sum_{v=1}^{p} b_v \cdot | \tau_{kv} - \tau_v | \qquad (4.37)$$

Thomopoulos (1970) gibt ein **heuristisches** (Greedy-) **Verfahren** zur Berücksichtigung der zusätzlichen Zielsetzung (4.37) an, das die Stationen stufenweise in der Reihenfolge $k=1, 2,...,m$ belegt. Für jede Station k wird unter allen zulässigen Belegungen eine solche ausgewählt, die zu minimaler Erhöhung des Wertes von Δ führt. Da der zur Berechnung von Δ verwendete Parameter τ_v von m abhängt, muß eine gewünschte (oder die minimale) Stationsanzahl m vorgegeben werden. Um eine vorgegebene Stationsanzahl einzuhalten, schlägt Thomopoulos zusätzlich vor, auf jeder Stufe k nur solche Stationsbelegungen zu betrachten (falls existent), deren Belegungszeit $t(S_k)$ einen Wert λ überschreitet. Es wird jedoch keine Aussage darüber gemacht, wie ein günstiger Wert für λ ermittelt werden kann, der ein Maß für die Mindestauslastung der Stationen darstellt.

Zur **exakten Lösung** des Problems mit der nachgeordneten Zielsetzung (4.37) lassen sich B&B-Verfahren für SALBP-1 wie folgt modifizieren (vgl. Kap. 4.3.3):

1) Die Auslotregeln sind so zu erweitern, daß bei Gleichheit zwischen aktueller oberer Schranke UB und einer unteren Schranke LB für die Stationsanzahl nur dann ausgelotet wird, wenn der aktuelle Wert von Δ den entsprechenden Wert bei der bisher besten Lösung übersteigt. Dabei erfolgt die Berechnung des Wertes Δ mit Hilfe von $m = UB$.

2) Sämtliche Dominanzregeln, die (Teil-) Lösungen mit identischem Zielfunktionswert ausschließen (Dominanzregel 1 und 2, Erste-Station-Dominanzregel) sind nicht anwendbar. Bei der Markierungs-Dominanzregel ist neben dem Stationsbedarf einer zulässigen Teilmenge von Arbeitsgängen auch der bisherige Wert von Δ zu speichern und zu vergleichen.

Eine optimale Lösung mit $m=6$ Stationen ist $S_1=\{1,3\}$, $S_2=\{4,7\}$, $S_3=\{2\}$, $S_4=\{6,8\}$, $S_5=\{5,9,10\}$, $S_6=\{11,12\}$ mit $\Delta = 70.33$. Dafür erhält man folgende Belegungssituation:

k	1	2	3	4	5	6	τ_v
τ_{k1}	10	9	7	9	9	11	9.17
τ_{k2}	11	6	11	5	8	11	8.67
τ_{k3}	8	8	13	17	4	11	10.17
$t(S_k)$	10	8	9	9	8	11	

Tab. 4.10

Abb. 4.30 zeigt das zugehörige Belastungsdiagramm, aus dem ersichtlich wird, daß die durchschnittliche Auslastung der Stationen relativ gleichmäßig ist. Aufgrund der Gewichtung der Abweichungen in der Zielfunktion mit den Bedarfen ergeben sich bei den Varianten 1 und 2 keine Taktzeitüberschreitungen. Für die am wenigsten nachgefragte Variante 3 tritt jedoch neben der unvermeidbaren arbeitsgangbedingten Überschreitung in Station 3 eine hohe, teilweise zuordnungsbedingte Überschreitung in Station 4 auf.

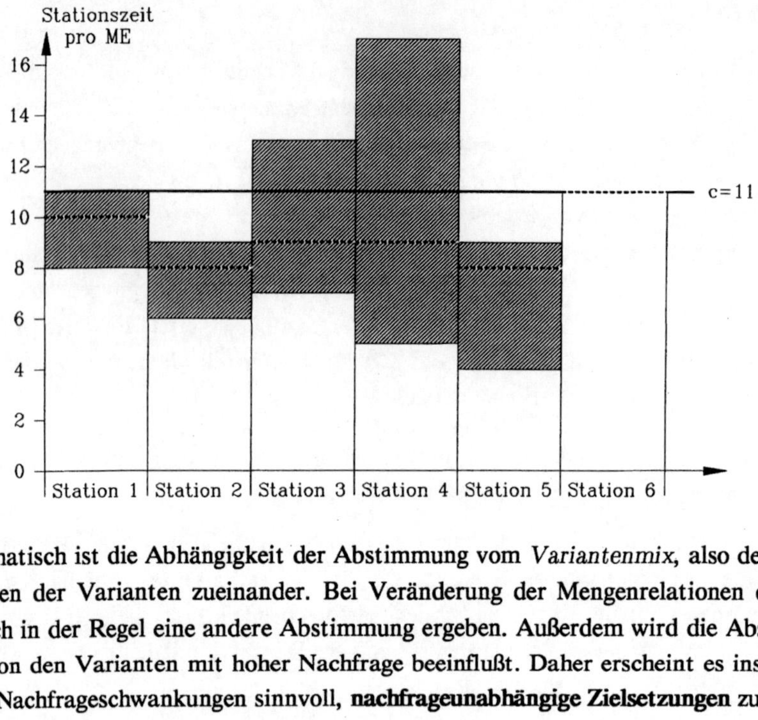

Abb. 4.30

Problematisch ist die Abhängigkeit der Abstimmung vom *Variantenmix*, also den Mengenverhältnissen der Varianten zueinander. Bei Veränderung der Mengenrelationen der Nachfrage wird sich in der Regel eine andere Abstimmung ergeben. Außerdem wird die Abstimmung vor allem von den Varianten mit hoher Nachfrage beeinflußt. Daher erscheint es insbesondere bei großen Nachfrageschwankungen sinnvoll, **nachfrageunabhängige Zielsetzungen** zu betrachten.

Eine mögliche derartige Zielsetzung ist:

$$\text{Minimiere } \Delta' = \sum_{k=1}^{m} \sum_{v=1}^{p} | \tau_{kv} - \tau_v | \qquad (4.38)$$

Die Zielfunktion (4.38) minimiert die Summe der Absolutabweichungen von tatsächlichen und mittleren Belegungszeiten pro ME der verschiedenen Varianten. Sie weist wie (4.37) den Nachteil auf, daß große Abweichungen an einer Station durch kleine Abweichungen an anderen Stationen kompensiert werden können. Gerade diese Spitzenabweichungen können jedoch zu erheblichen Störungen im Produktionsablauf führen.

Daher kann man z.B. die folgende Zielfunktion verwenden:

$$\text{Minimiere } \Delta_{max} = \max \{ \mid \tau_{kv} - \tau_v \mid \text{ mit } k = 1,...,m \text{ und } v = 1,...p \} \quad (4.39)$$

(4.39) minimiert die größte absolute Abweichung der Belegungszeit einer Variante v in einer der Stationen von der mittleren Belegungszeit aller Stationen durch v.

Zur Lösung des Problems lassen sich exakte Verfahren für SALBP-1 – wie oben angegeben – leicht modifizieren. Ein spezielles B&B-Verfahren beschreibt Link (1992).

In unserem **Beispiel** ergibt sich eine optimale Lösung mit m = 6 Stationen, Δ_{max} = 3.83 und den Belegungen $S_1 = \{1,3\}$, $S_2 = \{2\}$, $S_3 = \{4,7\}$, $S_4 = \{5,6,9\}$, $S_5 = \{8,10\}$, $S_6 = \{11,12\}$. Tab. 4.11 und Abb. 4.31 verdeutlichen die Belegungssituation.

k	1	2	3	4	5	6	τ_v
τ_{k1}	10	7	9	10	8	11	9.17
τ_{k2}	11	11	6	8	5	11	8.67
τ_{k3}	8	13	8	7	14	11	10.17
$t(S_k)$	10	9	8	9	8	11	

Tab. 4.11

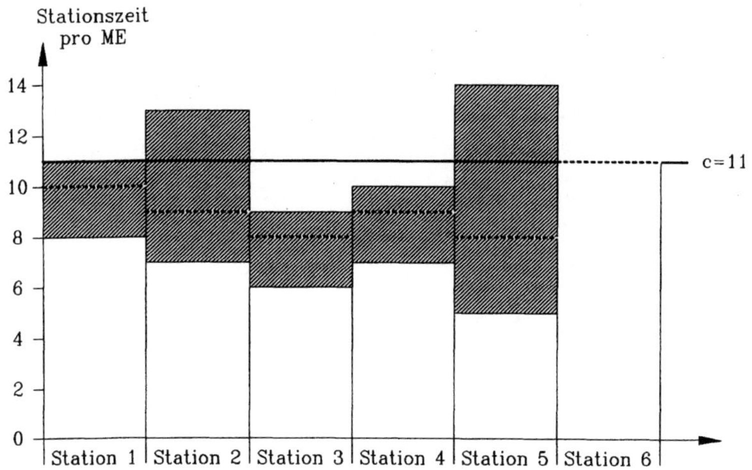

Abb. 4.31

Es ist erkennbar, daß bei ähnlicher durchschnittlicher Auslastung der Stationen geringere Taktzeitüberschreitungen als bei der Lösung gemäß Zielfunktion (4.37) auftreten (vgl. Tab.

4.10 und Abb. 4.30). Trotzdem ist die Taktzeitüberschreitung für Variante 3 in Station 5 aufgrund der Kombination der Arbeitsgänge 8 und 10 ebenfalls teilweise zuordnungsbedingt.

Da der optimale Zielfunktionswert nur durch *eine* extreme (u.U. unvermeidbare) Abweichung determiniert wird, ist es sinnvoll, die Zielsetzung (4.38) nachgeordnet zu berücksichtigen.

Eine andere nachfrageunabhängige Zielsetzung schlagen Domschke et al. (1996) vor:

$$\text{Minimiere } \Psi = \sum_{k=1}^{m} \sum_{v=1}^{p} \max\{0, \tau_{kv} - c\} \tag{4.40}$$

Die Zielfunktion (4.40) minimiert die Summe der Taktzeitüberschreitungen aller Varianten in allen Stationen. Dies geschieht im Hinblick auf die Überlegung, daß bei (fast) vollständiger Vermeidung solcher Überschreitungen unabhängig von der Reihenfolge der Varianten keine (nur geringe) Überlastungen entstehen. In einem solchen Fall würde auf kurzfristiger Ebene überhaupt kein (ein leicht lösbares) Reihenfolgeproblem entstehen.

k	1	2	3	4	5	6	τ_v
τ_{k1}	7	11	9	10	7	11	9.17
τ_{k2}	11	8	11	7	4	11	8.67
τ_{k3}	13	10	5	9	13	11	10.17
$t(S_k)$	9	10	9	9	7	11	

Tab. 4.12

Im **Beispiel** ergibt sich eine optimale Lösung mit m = 6 Stationen, $\Psi = 4$ und den Belegungen $S_1 = \{2\}$, $S_2 = \{1,5\}$, $S_3 = \{3,4\}$, $S_4 = \{6,7,9,10\}$, $S_5 = \{8\}$, $S_6 = \{11,12\}$. Tab. 4.12 und Abb. 4.32 verdeutlichen die Belegungssituation. Die Belegung enthält keine zuordnungsbedingten Taktzeitüberschreitungen; diejenigen für Variante 3 in Station 1 und 5 sind arbeitsgangbedingt und damit unvermeidbar. Die Überschreitungen werden durch die kleinen Stationszeiten der anderen Varianten kompensiert, so daß mit Ausnahme aufeinanderfolgender Fertigung von Einheiten der Variante 3 keine Stationsüberlastungen auftreten können.

Domschke et al. (1996) vergleichen die Zielfunktionen (4.37) bis (4.40) in einer empirischen Studie und kommen zu dem Schluß, daß (4.40) am ehesten geeignet ist, Aspekte der kurzfristigen Ebene im Rahmen der Abstimmung zu antizipieren und geeignet zu berücksichtigen.

Bemerkung 4.11: Chakravarty und Shtub (1985) betrachten statt der oben angegebenen zeitorientierten eine kostenorientierte Zielsetzung. Für den Fall eines *ungetakteten* Varianten-Fließbandes werden die Vorranggraphen der Varianten als mehrstufige (konvergierende) Produktstrukturen unterstellt. Somit lassen sich Kapitalbindungskosten für die in Bearbeitung bzw. in Zwischenlagern befindlichen Produkte (engl. *in-process-inventory*) mit Hilfe des Konzeptes systemweiter Lagerbestände erfassen (vgl. Kap. 3.2.3.1). Außerdem werden Rüstkosten für die Durchführung der Arbeitsgänge an den Stationen betrachtet. Zur Erfassung der zeitlichen Aspekte der Abstimmung werden Leerzeiten in Form von Leerkosten berücksichtigt. Die konvergierende Struktur kann zunächst in eine serielle transformiert werden, die die Summe der angegebenen Kostengrößen minimiert. Ausgehend von dieser Reihenfolge der Arbeitsgänge, werden Stationsbelegungen mit Hilfe eines Kürzeste-Wege-Ansatzes oder eines Prioritätsregelverfahrens erzeugt.

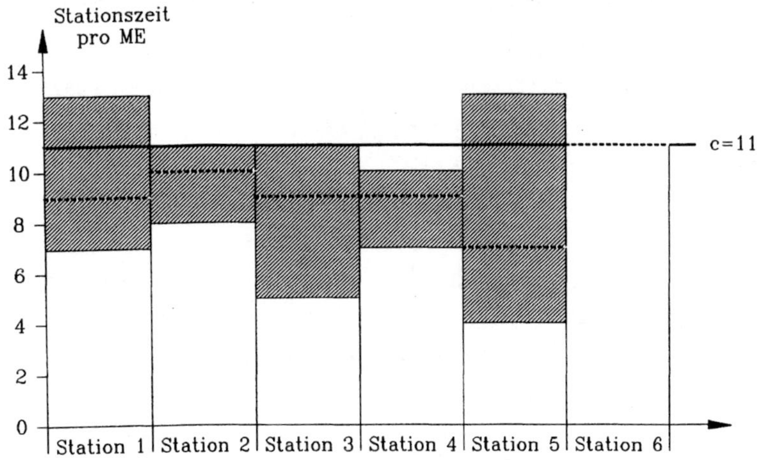

Abb. 4.32

4.4.2 Reihenfolgeplanung bei Variantenfertigung

Ausgehend von einer festgelegten Fließbandabstimmung ist für einen kurzfristig gegebenen Auftragsbestand (z.B. aktuelles Produktionsprogramm einer Schicht) eine gemischte Reihenfolge der Varianten zu bestimmen, die optimal im Hinblick auf zeit- und/oder kostenorientierte Zielsetzungen ist.

Wir gehen im folgenden zunächst auf die grundsätzliche Problematik ein und diskutieren mögliche Zielsetzungen. Anschließend geben wir eine mathematische Modellformulierung und heuristische Lösungsverfahren für unterschiedliche Zielsetzungen an. Für Überblicke verweisen wir auf Koether (1986), Yano und Bolat (1989), Ziegler (1990) sowie Scholl (1995, Kap. 6.2).

4.4.2.1 Problemcharakterisierung und Produktionsablauf

Man geht bei der Reihenfolgeplanung in der Regel von folgenden **Grundannahmen** aus:

- Betrachtung eines kurzen Planungszeitraumes (z.B. eine Schicht)
- fest vorgegebenes Produktionsprogramm
- fest vorgegebenes und abgestimmtes Fließband; determiniert durch feste Stationsanzahl, feste, aber evtl. unterschiedliche Stationslängen, eine Arbeitskraft pro Station
- konstante Bandgeschwindigkeit; mit der gleichen Geschwindigkeit bewegen sich die Arbeitskräfte parallel zum Band; konstante Geschwindigkeit zur Rückkehr der Arbeitskräfte an die linke Stationsgrenze (bzw. zum nächsten Werkstück)

- fixe Anstoßrate (konstanter zeitlicher und räumlicher Abstand zwischen den Werkstücken, wodurch die Taktzeit c festgelegt wird)
- unbewegliche Werkstücke
- vernachlässigbare Rüstzeiten
- frühestmöglicher Bearbeitungsbeginn in jeder Station an jedem Werkstück
- ausreichende Anzahl an Springern verfügbar

Darüber hinaus können offene oder geschlossene Stationen betrachtet werden. Da der zeitliche Ablauf der Produktion stark von der Stationsbegrenzung abhängt, werden zumeist Modelle mit nur einem der Typen betrachtet. Wir beschränken uns im wesentlichen auf geschlossene Stationen und geben Hinweise auf Verallgemeinerungsmöglichkeiten für offene Stationen.

Von wesentlicher Bedeutung für den zeitlichen Ablauf der Produktion sind die Bandgeschwindigkeit, die räumliche Ausdehnung der Stationen und die Rückkehrgeschwindigkeit der Arbeitskräfte. Letztere ist gegenüber der Bandgeschwindigkeit in der Regel sehr groß, so daß sie häufig vernachlässigt werden kann. Dies wird im folgenden vorausgesetzt.

Nachdem ein Werkstück in den Bereich einer geschlossenen Station k gelangt ist, kann mit seiner Bearbeitung begonnen werden. Wann dies tatsächlich geschieht, hängt von der Bearbeitungsdauer an dem (den) vorhergehenden Werkstück(en) und der Taktzeit c, also dem zeitlichen Abstand der Werkstücke (*Auflageintervall*), ab. Während der Bearbeitung bewegt sich die Arbeitskraft parallel zum Fließband, danach so lange entgegen der Fließrichtung, bis sie das nächste Werkstück oder die linke Stationsgrenze erreicht. Geschieht letzteres, bevor das Werkstück in die Station gelangt, tritt **Leerzeit** auf, die in der Regel *reihenfolgeabhängige* Anteile enthält. Kann andererseits die Bearbeitung eines Werkstückes nicht beendet werden, bevor es die Station an der rechten Grenze verläßt, so entsteht **Arbeitsüberlastung**. Ist diese nicht durch kurzfristige Leistungserhöhung kompensierbar, so müssen kapazitätsanpassende Maßnahmen wie der Einsatz von Springern ergriffen, unvollständige Werkstücke in speziellen Werkstätten außerhalb des Bandes nachbearbeitet oder das Band kurzzeitig stillgelegt werden. In der Regel wird man bestrebt sein, Arbeitsüberlastungen durch Springer auszugleichen.

Bei offenen Stationen bestehen zwischen aufeinanderfolgenden Stationen k und k+1 sogenannte *Überlappungsbereiche*. In diesen Bereichen kann die Arbeitskraft der Station k+1 erst dann mit der Bearbeitung des Werkstückes beginnen, wenn die Bearbeitung durch die vorhergehende Station beendet ist.

Der zeitliche und räumliche Ablauf läßt sich sehr anschaulich mit Hilfe eines *Bewegungs-Diagramms* darstellen (vgl. Abb. 4.33). Auf der Abszisse ist die räumliche Ausdehnung der Stationen aufgetragen, die Ordinate dient als Zeitachse. Durch die diagonalen Linien wird die Bewegung der Werkstücke auf dem Fließband abgebildet. Durchgezogene diagonale Linien bedeuten, daß die Werkstücke von sich parallel zum Fließband vorwärtsbewegenden Arbeitskräften bearbeitet werden. Gestrichelte waagerechte Linien kennzeichnen die Rückwege der Arbeitskräfte zur linken Stationsgrenze bzw. zum nächsten Werkstück. Leerzeiten werden mit Hilfe durchgezogener senkrechter Linien an der linken Stationsgrenze verdeutlicht. Arbeitsüberlastungen werden durch Verdickung der durchgezogenen diagonalen Linien an der rechten Stationsgrenze abgebildet.

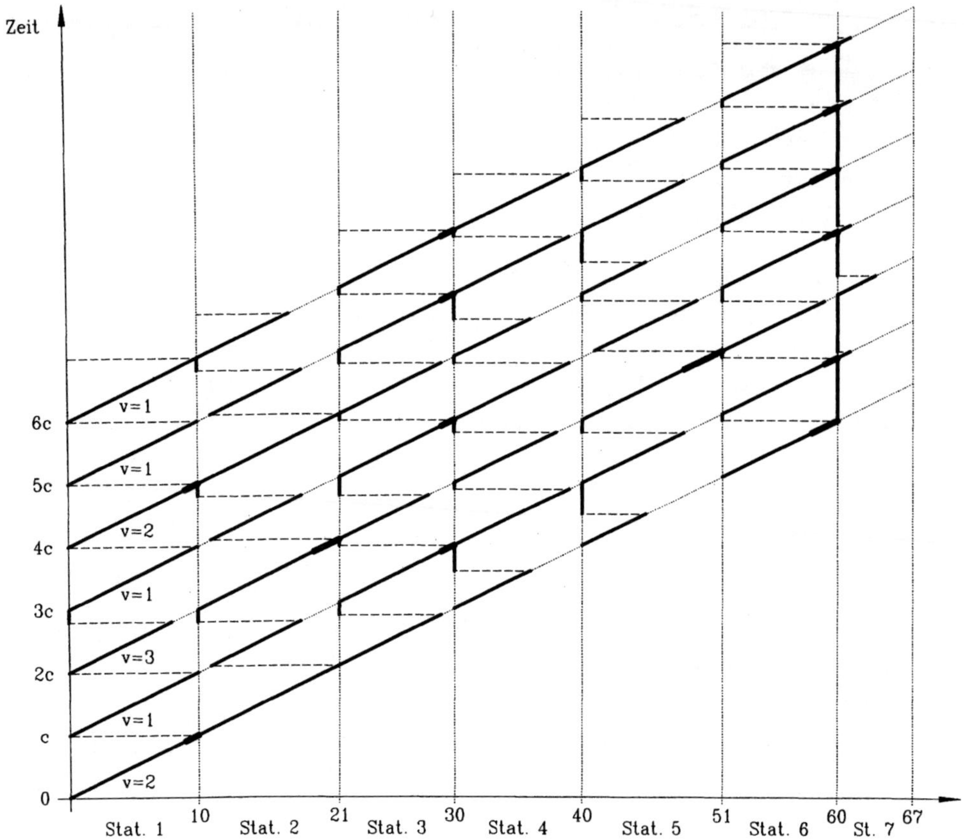

Abb. 4.33

In Abb. 4.33 ist der Fall geschlossener Stationen unterschiedlicher Länge dargestellt. Die verwendeten Bearbeitungszeiten τ_{kv} sind in Tab. 4.13 angegeben und resultieren aus einer Lösung des Fließbandabstimmungsproblems von Kap. 4.4.1 für T = 70 bzw. c = 10: $S_1 = \{1,3\}$, $S_2 = \{2\}$, $S_3 = \{4,5\}$, $S_4 = \{6,7,9\}$, $S_5 = \{8,10\}$, $S_6 = \{11\}$, $S_7 = \{12\}$

k	1	2	3	4	5	6	7	τ_v
τ_{k1}	10	7	10	9	8	10	1	7.86
τ_{k2}	11	11	8	6	5	11	0	7.43
τ_{k3}	8	13	7	8	14	8	3	8.71

Tab. 4.13

Es wird angenommen, daß sich das Band mit einer Geschwindigkeit von 1 LE (Längeneinheit) pro ZE bewegt. Die Stationen 1 bis 7 weisen die Stationslängen 10, 11, 9, 10, 11, 9 und 7 LE auf. Das Auflageintervall beträgt c = 10 ZE, so daß alle 10 ZE ein Werkstück auf das Band und damit in jede Station gelangt. Zur Erfüllung der Bedarfe $b_1 = 4$, $b_2 = 2$ und $b_3 = 1$ werden die Varianten in der Reihenfolge 2, 1, 3, 1, 2, 1, 1 gefertigt. Insgesamt entstehen (Zwischen-) Leerzeiten von 107 ZE und Arbeitsüberlastungen (Springereinsatzzeiten) von 19 ZE.

Die Bedeutung der Stationslängen kann man sich anhand der Stationen 2 und 3 verdeutlichen. In Station 2 übersteigt die Verweildauer der Werkstücke von 11 ZE die Taktzeit (10 ZE). Daher kann es vorkommen, daß die Arbeitskraft ein Werkstück nicht an der linken Stationsgrenze erreicht und somit nach rechts abdriftet. In Station 3 ist die Verweildauer kleiner als die Taktzeit, so daß vor jedem Werkstück eine Leerzeit von mindestens 1 ZE auftritt.

Bemerkung 4.12: Bei *intermittierendem Transport* verbleibt jedes Werkstück für c ZE an einer festen Position innerhalb der Station und wird anschließend (in vernachlässigbarer Zeit) zur nachfolgenden Station weiterbefördert. Dies läßt sich mit Hilfe geschlossener Stationen identischer Länge modellieren. Die Länge der Stationen ist dabei so zu wählen, daß jedes Werkstück für genau c ZE in jeder der Stationen verbleibt. Anhand eines entsprechenden Bewegungs-Diagramms erkennt man, daß in diesem Fall die entstehenden Leerzeiten und Springereinsatzzeiten reihenfolgeunabhängig sind.

4.4.2.2 Zielsetzungen

In der Literatur werden zeit- und kostenorientierte Zielsetzungen betrachtet. Darüber hinaus versucht man, möglichst gleichmäßige Produktionsabläufe zu erzielen, die im Hinblick auf die Umsetzung des Just-in-time-Prinzips erforderlich sind.

Mögliche (einander teilweise sehr ähnliche) **zeitorientierte Ziele** sind (vgl. Kap. 5.1.3.3):

- Minimierung der *Summe der Durchlaufzeiten:* Die Durchlaufzeit eines einzelnen Werkstückes (Zeitspanne vom Beginn des Planungszeitraumes bis zum Verlassen des Fließbandes durch das Werkstück) hängt nur von seiner Position in der Reihenfolge ab, da Bandlänge, Bearbeitungszeiten und Auflageintervall konstant sind. Die Summe der Durchlaufzeiten ist jedoch unabhängig von der Reihenfolge der Werkstücke; vgl. Schneeweiß und Söhner (1991, S. 25 ff.). Dies hängt mit der engen zeitlichen Bindung der Produktion zusammen, da jeweils nach c ZE ein Werkstück das Band verläßt. Es handelt sich somit bei der Minimierung der Durchlaufzeitensumme um eine ungeeignete Zielsetzung, obwohl sie in der Literatur häufig betrachtet wird.
- Minimierung der *Summe der Leerzeiten:* Die Summe der (Zwischen-) Leerzeiten hängt von der Reihenfolge der Werkstücke ab. In den meisten Modellen geht man dabei von einer zu Beginn der Planungsperiode leeren Fertigungslinie aus. In diesem Fall sind anfängliche Leerzeiten konstant, d.h. reihenfolgeunabhängig (vgl. Abb. 4.33). Wird jedoch unterstellt, daß das Band zu Beginn des Planungszeitraumes mit einem Restbestand der Vorperiode gefüllt ist, so sind die Leerzeiten zwischen altem und neuem Auftragsbestand von der ersten neu aufgelegten Variante abhängig; vgl. z.B. Felbecker (1980, S. 74).

- Minimierung der *Summe der Leerzeiten* mit nachgeordnetem Ziel Minimierung der *Summe der Springereinsatzzeiten;* vgl. Wester und Kilbridge (1964).
- Minimierung der *Summe der Springereinsatzzeiten;* vgl. Yano und Rachamadugu (1991).
- Minimierung der *Summe aus gesamten positiven Überhängen und gesamten Leerzeiten* bei Einhaltung maximaler positiver Überhänge; vgl. Schneeweiß und Söhner (1991, S. 36 ff.): Es wird davon ausgegangen, daß alle (offenen) Stationen identische Länge aufweisen. Daher steht bei konstanter Bandgeschwindigkeit allen Stationen die gleiche Zeitspanne (Taktzeit) für die Bearbeitung eines Werkstückes zur Verfügung. Als *Überhang* wird die Differenz des Bearbeitungsendezeitpunktes und des Taktendes in der Station definiert. Bei einem positiven Überhang wird die Taktzeit überschritten, d.h. die Bearbeitung muß im Überlappungsbereich zur nächsten Station fortgeführt werden. Ist der Überhang zu groß, so entsteht Springereinsatzzeit. Bei einem negativen Überhang ist die Bearbeitung eines Werkstückes vor Ablauf des Taktes beendet. Falls das nachfolgende Werkstück nicht im Überlappungsbereich zur vorhergehenden Station verfügbar ist, entsteht Leerzeit. Zu einer ähnlichen Zielsetzung vgl. Decker (1993).
- Minimierung der *maximalen (gewichteten) Entfernung der Arbeitskraft (Abdrift) von der linken Stationsgrenze;* vgl. Mitsumori und Takada (1972) sowie Okamura und Yamashina (1979): Damit wird versucht, das Risiko zu minimieren, das Band wegen Arbeitsüberlastung anhalten zu müssen. Es werden jedoch andere Maßnahmen bei Arbeitsüberlastung wie Springereinsätze und Nacharbeit vernachlässigt. Die angegebenen Ziele lassen sich auch mit Hilfe positiver Überhänge formulieren.
- Minimierung der *Bandlänge;* vgl. z.B. Dar-El (1978) sowie Bard et al. (1992): Im Gegensatz zu den oben getroffenen Grundannahmen werden hierbei variable Stationslängen und späte Startzeitpunkte betrachtet. Spät bedeutet dabei, Startzeitpunkte und die Stationslängen so zu wählen, daß in den Stationen keine Leerzeiten und Springereinsatzzeiten auftreten.

Als **kostenorientierte Zielsetzungen** werden betrachtet:

- Minimierung der *Arbeitskosten,* die sich aus der Summe der Lohnkosten für Normalarbeitszeiten und für Springereinsatzzeiten zusammensetzen. Bei offenen Stationen werden häufig zusätzliche Kosten für die Arbeit in Überlappungsbereichen angesetzt; vgl. Thomopoulos (1967). Neben Kosten für den Springereinsatz kann man weitere Kostenarten für den Ausgleich von Arbeitsüberlastungen (z.B. Nacharbeit außerhalb des Bandes) berücksichtigen; vgl. z.B. Vrat und Virani (1976).
- Minimierung der gesamten *Betriebskosten,* in denen u.a. reihenfolgeabhängige Rüstkosten, Lagerkosten und Arbeitskosten enthalten sind; vgl. z.B. Chakravarty und Shtub (1985, 1986 b), Bolat (1994) sowie Bolat et al. (1994). Betriebsmittel- und Werkstoffkosten werden aufgrund ihrer Reihenfolgeunabhängigkeit bzw. der Kürze des Planungszeitraumes nicht berücksichtigt.

Ziele im Zusammenhang mit der Realisierung des **Just-in-time-Prinzips** sind:

- Möglichst *gleichmäßige zeitliche Verteilung aller Varianten* während des Planungszeitraumes. Zu einer Vielzahl möglicher Zielkriterien vgl. z.B. Miltenburg (1989), Kubiak und Sethi (1991), Monden (1993), Kubiak (1993), Ding und Cheng (1993) sowie Ng und Mak (1994). Werden die Varianten in jeder (Teil-) Periode in (nahezu) identischen Mischungsverhältnissen aufgelegt, so läßt sich eine gleichmäßige Nachfrage nach allen Vor- und Zwischenprodukten erzielen, wodurch eine Realisierung des Just-in-time-Prinzips (vgl. Kap. 1.3.4.2) ermöglicht bzw. stark erleichtert wird.

  Bei ähnlichen Produktstrukturen reicht es dabei aus, die verschiedenen Varianten des Endproduktes zu betrachten. Das Problem läßt sich als Ein-Maschinen-Problem mit identischen Strafkosten für Verfrühung bzw. Verspätung von Aufträgen formulieren und lösen (vgl. Inman und Bulfin (1991) sowie Kap. 5.3.5).

  Bei deutlich voneinander abweichenden Produktstrukturen muß die Betrachtung auf alle Stufen des Gozintographen ausgedehnt werden; vgl. z.B. Miltenburg und Sinnamon (1989, 1992) sowie Inman und Bulfin (1992).

- *Kombinierte Zielsetzungen:* Die alleinige Betrachtung von "Just-in-time"-Zielen kann zu erheblichen Auslastungsschwankungen der Stationen im Produktionsablauf führen. Daher erscheint es sinnvoll, derartige Ziele mit zeitorientierten Zielsetzungen zu kombinieren. Zielfunktionen, die gewichtete Summen entsprechender Kriterien minimieren, werden von Miltenburg und Goldstein (1991), Sumichrast et al. (1992) sowie Bard et al. (1994) vorgeschlagen. Parrello et al. (1986) sowie Drexl und Jordan (1995) berücksichtigen derartige Gesichtspunkte in Form von Restriktionen.

Bemerkung 4.13: Die Ziele "Minimiere die Summe der Leerzeiten" und "Minimiere die Summe der Springereinsatzzeiten" sind äquivalent, wenn man von unvermeidbaren Leerzeiten abstrahiert; vgl. Yano und Bolat (1989). Dies resultiert daraus, daß die von Springern übernommenen Bearbeitungsvorgänge zu entsprechenden Leerzeiten an den betroffenen Stationen führen. Jede ZE Springereinsatz erhöht (bei identischer Arbeitsgeschwindigkeit) die Summe der Leerzeiten also ebenfalls um eine ZE.

Bei Lohnsätzen, die unabhängig von der betrachteten Station bzw. Variante und für normale Arbeitskräfte und Springer identisch sind, besteht Äquivalenz zwischen den Zielen "Minimiere die Lohnkosten" und "Minimiere die Summe der Leerzeiten".

4.4.2.3 Modellformulierung

Wir geben im folgenden beispielhaft eine kostenorientierte Formulierung des Reihenfolgeproblems bei geschlossenen Stationen als binäres (nichtlineares) Optimierungsproblem an. Dabei werden folgende **Parameter** verwendet:

T Gesamtdauer der Produktionszeiten im Planungszeitraum (in ZE; z.B. Dauer einer Schicht)

p Anzahl an Varianten

τ_{kv} Bearbeitungszeit für eine Einheit von Variante $v=1,...,p$ in Station $k=1,...,m$ (ergibt sich aus der Fließbandabstimmung; vgl. Kap. 4.4.1)

b_v Bedarf (Anzahl der Werkstücke) von Variante $v=1,...,p$ im Planungszeitraum

$b := \sum_{v=1}^{p} b_v$ Gesamtbedarf für alle Varianten während des Planungszeitraumes

m Anzahl an Stationen

l_k linke Stationsgrenze von Station k, gemessen in zeitlicher Entfernung vom Anfang des Fließbandes ($l_1 := 0$)

r_k rechte Stationsgrenze von Station k, gemessen in zeitlicher Entfernung vom Anfang des Fließbandes (o.B.d.A. gilt $r_k = l_{k+1}$ für $k=1,...,m-1$)

$r_k - l_k$ zeitliche Dimension der Station k

Die Größen l_k und r_k lassen sich aufgrund der konstanten Bandgeschwindigkeit und der vorgegebenen räumlichen Dimensionen der Stationen leicht bestimmen.

c Auflageintervall (zeitlicher Abstand zwischen zwei aufeinanderfolgenden Werkstücken)

k^A_{kv} Lohnsatz für die Bearbeitung der Variante v in der Station k (in GE pro ZE)

k^S Lohnsatz für Springereinsatz (in GE pro ZE)

Als **Variablen** betrachten wir für alle $v = 1,...,p$ und $i = 1,...,b$:

$$x_{vi} = \begin{cases} 1 & \text{falls sich ein Werkstück der Variante v an i-ter Position der Reihenfolge befindet} \\ 0 & \text{sonst} \end{cases}$$

a_{ki} Startzeitpunkt für die Bearbeitung des i-ten Werkstückes in Station k

s_{ki} Springereinsatzzeit zur Bearbeitung des i-ten Werkstückes in Station k

λ_{ki} Leerzeit an Station k nach Bearbeitung des i-ten Werkstückes

Zur Vereinfachung werden folgende Substitutionen vorgenommen:

$$\rho_{ki} := \sum_{v=1}^{p} \tau_{kv} \cdot x_{vi} \qquad \text{für alle } k = 1,...,m \text{ und } i = 1,...,b$$

ρ_{ki} beschreibt die Belegungszeit der Station k durch das i-te Werkstück der Reihenfolge.

$$k^{\alpha}_{ki} := \sum_{v=1}^{p} k^A_{kv} \cdot x_{vi} \qquad \text{für alle } k = 1,...,m \text{ und } i = 1,...,b$$

k^{α}_{ki} ist der Lohnsatz (in GE pro ZE) für die Bearbeitung des i-ten Werkstückes an Station k.

Es ergibt sich folgende **mathematische Formulierung** (vgl. Ziegler (1990, S. 144 ff.), Yano und Rachamadugu (1991), Bard et al. (1992) sowie unser mathematisches Modell zu Permutations-Flow Shop-Problemen in Kap. 5.5.2.2):

$$\text{Minimiere } K(\mathbf{x},\mathbf{a},\mathbf{s},\lambda) = \sum_{k=1}^{m} \sum_{i=1}^{b} (k_{ki}^{\alpha} \cdot (\rho_{ki} - s_{ki}) + k^{S} \cdot s_{ki}) + \sum_{k=1}^{m} \sum_{i=1}^{b-1} k_{ki}^{\alpha} \cdot \lambda_{ki} \qquad (4.41)$$

unter den Nebenbedingungen

$$\sum_{v=1}^{p} x_{vi} = 1 \qquad \text{für } i = 1,...,b \qquad (4.42)$$

$$\sum_{i=1}^{b} x_{vi} = b_v \qquad \text{für } v = 1,...,p \qquad (4.43)$$

$$a_{ki} \geq (i-1) \cdot c + l_k \qquad \text{für } k = 1,...,m \text{ und } i = 1,...,b \qquad (4.44)$$

$$a_{ki} + \rho_{ki} - s_{ki} \leq (i-1) \cdot c + r_k \qquad \text{für } k = 1,...,m \text{ und } i = 1,...,b \qquad (4.45)$$

$$a_{ki} = a_{k,i-1} + \rho_{k,i-1} - s_{k,i-1} + \lambda_{k,i-1} \qquad \text{für } k = 1,...,m \text{ und } i = 1,...,b \qquad (4.46)$$

$$\lambda_{ki} \geq 0 \qquad \text{für } k = 1,...,m \text{ und } i = 1,...,b-1 \qquad (4.47)$$

$$s_{ki} \geq 0 \qquad \text{für } k = 1,...,m \text{ und } i = 1,...,b \qquad (4.48)$$

$$x_{vi} \in \{0,1\} \qquad \text{für } v = 1,...,p \text{ und } i = 1,...,b \qquad (4.49)$$

Die Zielfunktion (4.41) beschreibt die **Minimierung der gesamten Arbeitskosten.** Dabei werden stations- und variantenabhängige Lohnsätze für reguläre Arbeit und pauschale Lohnsätze für Springereinsätze berücksichtigt. Leerzeiten werden mit dem Lohnsatz für die vorhergehende Variante bewertet. Die Zielfunktion kann vereinfacht werden, da die Summe der Bearbeitungszeiten ρ_{ki} konstant ist:

$$\text{Minimiere } K'(\mathbf{x},\mathbf{a},\mathbf{s},\lambda) = \sum_{k=1}^{m} \sum_{i=1}^{b} (k^{S} - k_{ki}^{\alpha}) \cdot s_{ki} + \sum_{k=1}^{m} \sum_{i=1}^{b-1} k_{ki}^{\alpha} \cdot \lambda_{ki} \qquad (4.41)'$$

Die Nebenbedingungen (4.42) garantieren, daß an jeder Position der Reihenfolge genau ein Werkstück einer Variante zugeordnet wird. Die Restriktionen (4.43) sorgen für die Einhaltung der Bedarfsmengen der einzelnen Varianten. Durch (4.44) wird erreicht, daß die Bearbeitung eines Werkstückes, das zum Zeitpunkt $(i-1) \cdot c$ auf das Band gelegt wird, nicht begonnen werden kann, bevor es jeweils die linke Grenze einer Station erreicht hat. Die Ungleichungen (4.45) stellen sicher, daß die Bearbeitung aller Werkstücke an der rechten Stationsgrenze jeder Station beendet ist. Gelingt dies nicht durch die Arbeit der regulären Arbeitskraft, so muß eine Springereinsatzzeit eingeplant werden. Dabei wird angenommen, daß durch die parallele Bearbeitung eines Werkstückes durch zwei oder mehr Arbeitskräfte die restliche Bearbeitungszeit genügend verringert werden kann. Die Gleichungen (4.46) dienen zur Bestimmung der zwischen aufeinanderfolgenden Werkstücken auftretenden Leerzeiten an den verschiedenen Stationen. (4.47) – (4.49) beschränken die Wertebereiche der Variablen. Die Nichtnegativität der a_{ki} wird durch (4.44) garantiert.

Bemerkung 4.14: Durch die Formulierung (4.41) – (4.49) wird nicht sichergestellt, daß die Werkstücke in den Stationen frühestmöglich bearbeitet werden und daß Springereinsatzzeiten nur dann eingeplant werden, wenn es unbedingt notwendig ist. Durch weitere (Binär-)

Variablen und Nebenbedingungen läßt sich sowohl dies als auch eine Linearisierung der nichtlinearen Zielfunktion erreichen. Das so entstehende ganzzahlige lineare Optimierungsproblem kann grundsätzlich mit entsprechenden allgemeinen Verfahren gelöst werden. Schon bei relativ kleinen Problemen scheitert dies jedoch am enormen Umfang des Modells.

4.4.2.4 Lösungsverfahren

Da es sich bei der Klasse der oben beschriebenen Reihenfolgeprobleme um NP-schwere Probleme handelt, werden zumeist heuristische Lösungsverfahren eingesetzt.

Viele der Reihenfolgeprobleme lassen sich als verallgemeinerte *Traveling Salesman-Probleme* (TSP; vgl. Kap. 2.2) formulieren und lösen. Dabei sind für jede Variante $v=1,...,p$ genau b_v Knoten (Aufträge) einzuführen. Ein Pfeil (j_1, j_2) von einem Knoten j_1 zu einem Knoten j_2 bedeutet, daß j_1 direkt vor j_2 gefertigt wird. Zusätzlich wird ein fiktiver Knoten definiert, der als Start- und Endpunkt der zu ermittelnden Rundreise dient. Die Pfeile (j_1, j_2) müssen mit Distanzen versehen werden, die Zielfunktionsauswirkungen beschreiben, die eine Anordnung von Auftrag j_1 vor j_2 besitzt. Dies bereitet häufig Schwierigkeiten, da nicht nur der direkt vorhergehende, sondern sämtliche vorher bearbeiteten Aufträge den Startzeitpunkt des betrachteten Auftrags determinieren. Man überlege sich, daß dies zu einem TSP mit zeitabhängigen Entfernungen führt, bei dem jedoch die Entfernungen nicht so einfach zu berechnen sind, wie beim Continuous Flow Shop-Problem in Kap. 5.5.7.1.

So wählen z.B. Schneeweiß und Söhner (1991, S. 58) als Ersatzkriterium für die Summe der positiven Überhänge und der Leerzeiten die Summe der Absolutabweichungen der Bearbeitungszeiten der Aufträge j_1 und j_2 von der doppelten Taktzeit:

$$d_{j_1 j_2} := \sum_{k=1}^{m} | \tau_{k,j_1} + \tau_{k,j_2} - 2 \cdot c |$$

Wenn man größere Abweichungen stärker bestrafen will als kleine, so kann auch die Summe der quadrierten Differenzen verwendet werden; vgl. Decker (1993).

Aus der Verwandtschaft der Reihenfolgeprobleme zum TSP erklärt sich die Ähnlichkeit einiger der im folgenden skizzierten Verfahren zu solchen für das TSP.

Exakte Verfahren:

Dar-El und Cucuy (1977) geben ein Verfahren an, das die kürzeste Bandlänge ermittelt, bei der gerade noch das Auftreten von Leerzeiten und Springereinsatzzeiten verhindert werden kann. Sie gehen dabei von der sehr restriktiven Annahme aus, daß das Fließband für jede Variante völlig gleichmäßig abgestimmt ist ($\tau_v = \tau_{kv}$ für alle $v = 1,...,p$ und $k = 1,...,m$). Dies bedeutet, daß nur für die erste Station geplant werden muß, da sich der Ablauf in den anderen (gleichgroßen) Stationen identisch wiederholt.

Es handelt sich um ein Iterationsverfahren, bei dem sukzessive die Länge der Station(en) erhöht wird.

In der *ersten Phase* jeder Iteration werden alle zulässigen Teilreihenfolgen *(Muster)* für die vorgegebene Stationslänge konstruiert, deren Ausführung an der linken Stationsgrenze beginnt und auch dort wieder endet. Dies bedeutet, daß die Arbeitskraft nach dem Ende der Bearbeitung wieder an die linke Stationsgrenze zurückkehren kann, bevor das nächste Werkstück dorthin gelangt.

In einer *zweiten Phase* werden derartige Teilreihenfolgen so kombiniert, daß der gesamte Bedarf gedeckt wird. Dies geschieht mit Hilfe der Formulierung und Lösung eines ganzzahligen linearen Optimierungsproblems. Gelingt die Bildung einer solchen Gesamtreihenfolge, so wird das Verfahren beendet, ansonsten die nächste Iteration mit einer größeren Stationslänge durchgeführt.

* * *

In Mitsumori und Takada (1972) findet sich ein B&B-Verfahren für die Bestimmung einer optimalen Reihenfolge im Fall der Zielsetzung der Minimierung der maximalen Abdrift. Sie beziehen dabei explizit Rückkehrgeschwindigkeiten von Arbeitskräften zur linken Stationsgrenze mit ein.

Bard et al. (1994) betrachten ein Reihenfolgeproblem mit der gewichteten Summe aus Bandlänge und einem Just-in-time-Kriterium als zu minimierender Zielfunktion. Das Problem wird als gemischt-ganzzahliges Modell formuliert und mit Standardsoftware gelöst.

Bolat (1994) beschreiben ein B&B-Verfahren zur Lösung eines Reihenfolgeproblems mit kostenorientierter Zielsetzung, die Rüstkosten und Springereinsatzkosten beinhaltet. Die Verzweigung erfolgt durch sukzessives Zuordnen von Varianten zu den einzelnen Reihenfolgepositionen, d.h. auf Stufe i des Baumes entstehen alternative Teilprobleme durch Zuordnung je einer der p Varianten (mit Restbedarf > 0) zu Position i der Reihenfolge. Zur Auswahl von Teilproblemen aus der Kandidatenliste dient die MLB-Regel. Untere Schranken für die Rüstkosten werden durch Betrachtung einer Reihenfolge erzielt, bei der alle denselben Rüstzustand erfordernden Produkteinheiten unmittelbar hintereinander gefertigt werden. Untere Schranken für Springereinsatzkosten ergeben sich durch unabhängige Betrachtung der Stationen. Ein ähnliches B&B-Verfahren findet sich in Bolat et al. (1994).

Ng und Mak (1994) schlagen ein B&B-Verfahren für ein Reihenfolgeproblem mit Just-in-time-Zielsetzung vor. Die Verzweigung erfolgt wie beim Verfahren von Bolat (1994) und ist als Tiefensuche mit vollständiger Knotenverzweigung organisiert. Untere Schranken werden mit Hilfe einer Lagrange-Relaxation der nichtlinearen Modellformulierung von Miltenburg (1989) bestimmt. Zu Beginn wird eine Heuristik zur Bestimmung einer oberen Schranke eingesetzt.

Scholl (1995, Kap. 6.2.1.2) beschreibt ein B&B-Verfahren für ein Reihenfolgeproblem mit der zeitorientierten Zielsetzung "Minimiere die Summe der Springereinsatzzeiten". Die Verzweigung erfolgt wie bei den zuvor geschilderten Verfahren jedoch in Form einer reinen Tiefensuche. Vor der Verzweigung wird für jede Variante die bei ihrer Einplanung an der aktuellen Reihenfolgeposition i entstehende Springereinsatzzeit berechnet. Die Bildung der verschiedenen Teilprobleme erfolgt in der Reihenfolge monoton zunehmender Springereinsatzzeiten der Varianten. Untere Schranken werden mit Hilfe der Relaxation des Problems als Traveling Salesman-Problem (vgl. Domschke (1997), Kap. 3) bzw. als klassisches Transportproblem (vgl. Domschke (1995), Kap. 6) bestimmt.

Heuristische Verfahren:

Heuristische Verfahren können - wie allgemein üblich (vgl. Kap. 2.3.2) - in Eröffnungs- und Verbesserungs- bzw. lokale Suchverfahren unterteilt werden.

Eröffnungsverfahren:

Dabei handelt es sich zumeist um Prioritätsregelverfahren, bei denen eine (einzige) Reihenfolge durch sukzessives Anfügen einer Variante mit aktuell höchster Priorität aufgebaut wird; vgl. z.B. die *Methode des besten Nachfolgers* beim TSP in Domschke (1997, Kap. 3.5.1).

Mögliche *Prioritätsregeln* sind:

1) Wähle eine Variante aus, die die geringste Summe der Leerzeiten verursacht. Gibt es mehrere derartige Varianten, wähle diejenige mit minimaler Summe der Springereinsatzzeiten; vgl. Wester und Kilbridge (1964).

2) Wähle eine Variante v aus, die zu minimaler Erhöhung der Arbeitskosten führt. Dabei werden in jeder Station k die Leerzeiten nach Bearbeitung der Variante v mit dem Lohnsatz k_{kv}^A für reguläre Arbeit und Springereinsatzzeiten mit dem Springerlohnsatz k^S bewertet; vgl. Thomopoulos (1967). Bei offenen Stationen wird zusätzlich die Arbeit in Überlappungsbereichen kostenmäßig bewertet.
Görke und Lentes (1981) berücksichtigen zusätzlich Kosten für Bandstillstand und Nacharbeit außerhalb des Fließbandes.
Um zu verhindern, daß Varianten mit hohen Arbeitskosten zu Beginn der Reihenfolge außer acht gelassen werden und am Ende zu sehr hohen Ineffizienzen führen, schlägt Macaskill (1973) vor, abwechselnd nach der Regel von Thompoulos und der größten Bearbeitungszeit bei Vermeidung von Springereinsatzzeiten auszuwählen.

3) Wähle auf Position i diejenige Variante aus, die die geringste Summe an Arbeitskosten für Position i und die nachfolgenden Positionen bis zu einem vorzugebenden "Vorausschauhorizont" verursacht; vgl. z.B. Ziegler (1990, S. 206 f.). Dabei wird eine mögliche Reihenfolge für die nachfolgenden Positionen simuliert.

4) Wähle für Position i eine Variante aus, deren kumulierte Produktionsmenge bis zum Zeitpunkt $(i-1) \cdot c$ die kumulierte Bedarfsmenge (bei Annahme einer konstanten Nachfragerate) am stärksten unterschreitet. Solche Auswahlregeln verwendet z.B. Miltenburg (1989) im Rahmen seiner heuristischen Verfahren für die Zielsetzung einer möglichst gleichmäßigen Verteilung der Varianten im Planungszeitraum.

Ein ähnliches Kriterium beschreiben auch Dar-El und Cother (1975) sowie Dar-El und Nadivi (1981) für die Minimierung der Bandlänge bei Vermeidung von Leer- und Springereinsatzzeiten; vgl. obige Ausführungen zum exakten Verfahren von Dar-El und Cucuy (1977).

5) Wähle die nächste einzuplanende Variante zufällig aus. Dabei können alle Varianten die gleiche oder eine zur Anzahl der noch nicht eingeplanten Werkstücke proportionale Auswahlwahrscheinlichkeit besitzen; vgl. z.B. Wilhelm (1979, S. 107 f.), Görke und Lentes (1981) sowie Koether (1986, S. 96 ff.). Außerdem kann die anzuwendende Prioritätsregel zufällig ausgewählt werden.

6) Wähle abwechselnd diejenige noch nicht vollständig eingeplante Variante mit der kleinsten bzw. größten über alle Stationen kumulierten Bearbeitungszeit ($\Sigma_k\ \rho_{kv}$); vgl. Decker (1993). Damit wird versucht, die Summe der Überhänge zu minimieren.

Derartige Vorgehensweisen haben häufig die Eigenschaft, zu Beginn der Reihenfolge sehr günstige Anordnungen und am Ende gehäuft Ineffizienzen zu erzeugen. Daher schlägt Felbecker (1980) vor, zunächst mehrere *Teilreihenfolgen* zu bilden und diese anschließend hintereinander anzuordnen, bis eine einzige Reihenfolge entsteht.

Das **Verfahren von Felbecker** läßt sich vereinfacht wie folgt skizzieren:[11]

Start: Jede ME einer Variante bildet eine einelementige Teilreihenfolge.

Schritt 1: Füge zwei Teilreihenfolgen zusammen, die zu minimaler Erhöhung des Wertes der betrachteten Zielfunktion führen. Wiederhole Schritt 1 so lange, bis die Teilreihenfolgen eine bestimmte mittlere Länge erreicht haben.

Schritt 2: Bilde eine Anordnung der Teilreihenfolgen durch Lösen eines TSP. Jede Teilreihenfolge bildet dabei einen Knoten. Die Pfeile werden, wie oben beschrieben, mit approximativen Zielfunktionsauswirkungen der Anordnung von Teilreihenfolge J_1 vor J_2 (bzw. J_2 vor J_1) bewertet. Die approximative Vorgehensweise läßt sich dadurch rechtfertigen, daß der Einfluß vorhergehender Anordnungen mit der Länge der Teilreihenfolgen i und j abnimmt.

Ergebnis: Durch heuristische oder exakte Lösung des TSP erhält man eine (suboptimale) Lösung des Reihenfolgeproblems.

* * *

Verbesserungsverfahren:

Dabei handelt es sich überwiegend um Vertauschungsverfahren, die ähnlich wie solche für das TSP aufgebaut sind.

Okamura und Yamashina (1979) beschreiben derartige Verfahren für ihr Modell mit dem Ziel "Minimiere die maximale Abweichung der Arbeitskraft von der linken Stationsgrenze". Entweder wird ein einzelnes Werkstück von einer Position i zu einer Position j verlagert

11 Felbecker beschreibt dieses Verfahren für den Fall der ungetakteten Varianten-Fließfertigung. Es läßt sich jedoch auf getaktete Fließfertigung übertragen.

(Shiftstrategie), oder es werden zwei (ein- oder zweielementige) Teilreihenfolgen gegeneinander vertauscht (Vertauschungsstrategie; vgl. auch Kap. 5.5.3.2). Dabei werden solche Werkstücke bzw. Teilreihenfolgen ausgewählt, deren Verlagern oder Vertauschen zu größtmöglicher Verringerung der maximalen Abdrift führt.

Ein kostenorientiertes Greedy-Verfahren mit einer Shiftstrategie schlägt Ziegler (1990, S. 227 ff.) vor. Außerdem gibt er ein Verfahren zur (lokalen) Permutation von Teilreihenfolgen an.

Ein hybrides Verfahren beschreiben Scholl et al. (1995) für das Reihenfolgeproblem mit dem Ziel "Minimiere die Summe der Springereinsatzzeiten"; vgl. auch Scholl (1995, Kap. 6.2.4). Es basiert, wie das oben beschriebene Verfahren von Dar-El und Cucuy (1977), auf der Generierung von *Mustern*. Es handelt sich dabei um Teilreihenfolgen, nach deren Bearbeitung die Arbeitskräfte sämtlicher Stationen innerhalb des Taktes – also rechtzeitig zum Bearbeitungsbeginn der nächsten Produkteinheit – wieder zur linken Stationsgrenze gelangen. In diesem Fall spricht man davon, daß das Band im *Initialzustand* ist. Solche Muster können in beliebiger Reihenfolge aneinandergehängt werden, ohne Springereinsatz zu verursachen. Man beachte jedoch, daß innerhalb der Muster Springereinsatz entstehen kann. Kennt man sämtliche derartige Muster, so läßt sich eine optimale Lösung des Reihenfolgeproblems durch Auswahl und beliebiges Aneinanderfügen der ausgewählten Muster bestimmen. Dementsprechend läßt sich das Problem als "Musterauswahlproblem" umformulieren.

Da es wegen Rechenzeit- und Speicherplatzbeschränkungen in der Regel weder möglich ist, sämtliche Muster zu generieren noch das Auswahlproblem exakt zu lösen, schlagen Scholl et al. (1995) vor, zunächst die LP-Relaxation dieses Problems mit Hilfe der Technik der Spaltengenerierung zu lösen. D.h. in jeder Iteration des Simplex-Algorithmus wird ein neues Muster generiert und in die Basis aufgenommen. Dabei werden auch sogenannte *künstliche Muster* zugelassen, bei denen (nach Bearbeitung des letzten Werkstücks) Springereinsatz aufgewendet werden muß, um in den Initialzustand zurückzukehren. Ist die LP-Lösung nicht ganzzahlig, wird ein Rundungsverfahren zur Erzeugung einer zulässigen Lösung des Auswahlproblems angewendet. Enthält diese Lösung keine künstlichen Muster, so lassen sich gleichgute Lösungen des Reihenfolgeproblems durch beliebiges Aneinanderfügen der Muster erzielen. Ansonsten wird ein Tabu Search-Verfahren angewendet, mit dessen Hilfe versucht wird, den Springereinsatz künstlicher Muster durch geschicktes Aneinanderreihen der Muster zu verringern.

4.5 Literaturverzeichnis

Arcus, A.L. (1966): COMSOAL: A computer method of sequencing operations for assembly lines. International Journal of Production Research **4**, S. 259 - 277.

Balas, E. (1965): An additive algorithm for solving linear programs with zero-one variables. Operations Research **13**, S. 517 - 546.

Bard, J.F. (1989): Assembly line balancing with parallel workstations and dead time. International Journal of Production Research **27**, S. 1005 - 1018.

Bard, J.F.; E. Dar-El und A. Shtub (1992): An analytic framework for sequencing mixed model assembly lines. International Journal of Production Research **30**, S. 35 - 48.

Bard, J.F.; A. Shtub und S.B. Joshi (1994): Sequencing mixed-model assembly lines to level parts usage and minimize line length. International Journal of Production Research **32**, S. 2431 - 2454.

Bartholdi, J.J. (1993): Balancing two-sided assembly lines: A case study. International Journal of Production Research **31**, S. 2447 - 2461.

Baybars, I. (1986 a): An efficient heuristic method for the simple assembly line balancing problem. International Journal of Production Research **24**, S. 149 - 166.

Baybars, I. (1986 b): A survey of exact algorithms for the simple assembly line balancing problem. Management Science **32**, S. 909 - 932.

Bennett, G.B. und J. Byrd (1976): A trainable heuristic procedure for the assembly line balancing problem. AIIE Transactions **8**, S. 195 - 201.

Berger, I.; J.-M. Bourjolly und G. Laporte (1992): Branch-and-bound algorithms for the multi-product assembly line balancing problem. European Journal of Operational Research **58**, S. 215 - 222.

Betts, J. und K.I. Mahmoud (1989): A method for assembly line balancing. Engineering Costs and Production Economics **18**, S. 55 - 64.

Boctor, F.F. (1995): A multiple-rule heuristic for assembly line balancing. Journal of the Operational Research Society **46**, S. 62 - 69.

Bolat, A. (1994): Sequencing jobs on an automobile assembly line: Objective and procedure. International Journal of Production Research **32**, S. 1219 - 1236.

Bolat, A.; M. Savsar und M.A. Al-Fawzan (1994): Algorithms for real-time scheduling of jobs on mixed model assembly lines. Computers & Operations Research **21**, S. 487 - 498.

Boucher, T.O. (1987): Choice of assembly line design under task learning. International Journal of Production Research **25**, S. 513 - 524.

Buxey, G.M. (1974): Assembly line balancing with multiple stations. Management Science **20**, S. 1010-1021.

Carraway, R.L. (1989): A dynamic programming approach to stochastic assembly line balancing. Management Science **35**, S. 459 - 471.

Carter, J.C. und F.N. Silverman (1984): A cost-effective approach to stochastic line balancing with off-line repairs. Journal of Operations Management **4**, S. 145 - 157.

Chakravarty, A.K. (1988): Line balancing with task learning effects. IIE Transactions **20**, S. 186 - 193.

Chakravarty, A.K. und A. Shtub (1985): Balancing mixed model lines with in-process inventories. Management Science **31**, S. 1161 - 1174.

Chakravarty, A.K. und A. Shtub (1986 a): Dynamic manning of long cycle assembly lines with learning effect. IIE Transactions **18**, S. 392 - 397.

Chakravarty, A.K. und A. Shtub (1986 b): A cost minimization procedure for mixed model production lines with normally distributed task times. European Journal of Operational Research **23**, S. 25 - 36.

Charlton, J.M. und C.C. Death (1969): A general method for machine scheduling. International Journal of Production Research **7**, S. 207 - 217.

Daganzo, C.F. und D.E. Blumenfeld (1994): Assembly system design principles and tradeoffs. International Journal of Production Research **32**, S. 669 - 681.

Dar-El, E.M. (1978): Mixed-model assembly line sequencing problems. OMEGA **6**, S. 313 - 323.

Dar-El, E.M. und R.F. Cother (1975): Assembly line sequencing for model mix. International Journal of Production Research **13**, S. 463 - 477.

Dar-El, E.M. und S. Cucuy (1977): Optimal mixed-model sequencing for balanced assembly lines. OMEGA **5**, S. 333 - 342.

Dar-El, E.M. und A. Nadivi (1981): A mixed-model sequencing application. International Journal of Production Research **19**, S. 69 - 84.

Dar-El, E.M. und M. Rabinovitch (1988): Optimal planning and scheduling of assembly lines. International Journal of Production Research **26**, S. 1433 - 1450.

Dar-El, E.M. und Y. Rubinovitch (1979): MUST - A multiple solutions technique for balancing single model assembly lines. Management Science **25**, S. 1105 - 1114.

Decker, M. (1993): Variantenfließfertigung. Physica, Heidelberg.

Deckro, R.F (1989): Balancing cycle time and workstations. IIE Transactions **21**, S. 106 - 111.

Deckro, R.F. und S. Rangachari (1990): A goal approach to assembly line balancing. Computers & Operations Research **17**, S. 509 - 521.

Diederich, H. (1989): Allgemeine Betriebswirtschaftslehre. 6. Aufl., Kohlhammer, Stuttgart u.a.

Ding, F.-Y. und L. Cheng (1993): A simple sequencing algorithm for mixed-model assembly lines in just-in-time production systems. Operations Research Letters **13**, S. 27 - 36.

Domschke, W. (1995): Logistik: Transport. 4. Aufl., Oldenbourg, München - Wien.

Domschke, W. (1997): Logistik: Rundreisen und Touren. 4. Aufl., Oldenbourg, München - Wien.

Domschke, W.; R. Klein und A. Scholl (1996): Antizipative Leistungsabstimmung bei moderner Variantenfließfertigung. Zeitschrift für Betriebswirtschaft **66**, S. 1465 - 1490.

Domschke, W.; A. Scholl und S. Voß (1994 a): Verfahren zur Abstimmung von Einprodukt-Fließbändern. WiSt - Wirtschaftswissenschaftliches Studium **23**, S. 106 - 111.

Domschke, W.; A. Scholl und S. Voß (1994 b): FABLE: Ein effizientes Verfahren zur Abstimmung von Einprodukt-Fließbändern. WiSt - Wirtschaftswissenschaftliches Studium **23**, S. 147 - 150.

Drexl, A. (1990): Fließbandaustaktung, Maschinenbelegung und Kapazitätsplanung in Netzwerken - Ein integrierender Ansatz. Zeitschrift für Betriebswirtschaft **60**, S. 53 - 70.

Drexl, A. und C. Jordan (1995): Materialflußorientierte Produktionssteuerung bei Variantenfließfertigung. Zeitschrift für betriebswirtschaftliche Forschung **47**, S. 1073 - 1087.

Easton, F.F. (1990): A dynamic program with fathoming and dynamic upper bounds for the assembly line balancing problem. Computers & Operations Research **17**, S. 163 - 175.

Easton, F.; B. Faaland, T.D. Klastorin und T. Schmitt (1989): Improved network based algorithms for the assembly line balancing problem. International Journal of Production Research **27**, S. 1901 - 1915.

Felbecker, O. (1980): Ein Beitrag zur Reihenfolgeplanung bei Mehrprodukt-Linienfertigung. Dissertation, RWTH Aachen.

Frieze, A. und I. Baybars (1986): Expected behaviour of line-balancing heuristics. IMA Journal of Mathematics in Management **1**, S. 1 - 11.

Gehring, H. und G. Schütz (1994): Zwei genetische Algorithmen zur Lösung des Bandabgleichproblems. In: Werners, B. und R. Gabriel (Hrsg.): Operations Research - Reflexionen aus Theorie und Praxis. Springer, Berlin u.a., S. 85 - 128.

Ghosh, S. und R.J. Gagnon (1989): A comprehensive literature review and analysis of the design, balancing and scheduling of assembly systems. International Journal of Production Research **27**, S. 637 - 670.

Görke, M. (1978): Rechnerunterstütztes Verfahren zur Leistungsabstimmung von Mehrmodell-Montagesystemen. Krausskopf, Mainz.

Görke, M. und H.-P. Lentes (1981): Modellfolgebestimmung bei gemischter Produktfertigung. wt - Zeitschrift für industrielle Fertigung **71**, S. 153 - 160.

Graves, S.C. und B.W. Lamar (1983): An integer programming procedure for assembly system design problems. Operations Research **31**, S. 522 - 545.

Gunther, R.E.; G.D. Johnson und R.S. Peterson (1983): Currently practiced formulations for the assembly line balancing problem. Journal of Operations Management **3**, S. 209 - 221.

Gutjahr, A.L. und G.L. Nemhauser (1964): An algorithm for the line balancing problem. Management Science **11**, S. 308 - 315.

Hackman, S.T.; M.J. Magazine und T.S. Wee (1989): Fast, effective algorithms for simple assembly line balancing problems. Operations Research **37**, S. 916 - 924.

Hax, A.C. und D. Candea (1984): Production and inventory management. Prentice-Hall, Englewood Cliffs.

Heinrici, A. (1994): A comparison between simulated annealing and tabu search with an example from the production planning. In: Dyckhoff, H.; U. Derigs, M. Salomon und H.C. Tijms (Hrsg.): Operations Research Proceedings 1993, Springer, Berlin, S. 498 - 503.

Held, M.; R.M. Karp und R. Shareshian (1963): Assembly line balancing - Dynamic programming with precedence constraints. Operations Research **11**, S. 442 - 459.

Helgeson, W.B. und D.B. Birnie (1961): Assembly line balancing using the ranked positional weight technique. Journal of Industrial Engineering **12**, S. 394 - 398.

Henig, M.I. (1986): Extensions of the dynamic programming method in the deterministic and stochastic assembly-line balancing problems. Computers & Operations Research **13**, S. 443 - 449.

Hoffmann, T.R. (1963): Assembly line balancing with a precedence matrix. Management Science **9**, S. 551 - 562.

Hoffmann, T.R. (1992): EUREKA: a hybrid system for assembly line balancing. Management Science **38**, S. 39 - 47.

Hoffmann, T.R. (1993): Response to note on microcomputer performance of "FABLE" on Hoffmann's data sets. Management Science **39**, S. 1192 - 1193.

Inman, R.R. und R.L. Bulfin (1991): Sequencing JIT mixed-model assembly lines. Management Science **37**, S. 901 - 904.

Inman, R.R. und R.L. Bulfin (1992): Quick and dirty sequencing for mixed-model multi-level JIT systems. International Journal of Production Research **30**, S. 2011 - 2018.

Jackson, J.R. (1956): A computing procedure for a line balancing problem. Management Science **2**, S. 261 - 271.

Johnson, R.V. (1983): A branch and bound algorithm for assembly line balancing problems with formulation irregularities. Management Science **29**, S. 1309 - 1324.

Johnson, R.V. (1988): Optimally balancing large assembly lines with 'FABLE'. Management Science **34**, S. 240 - 253.

Johnson, R.V. (1991): Balancing assembly lines for teams and work groups. International Journal of Production Research **29**, S. 1205 - 1214.

Johnson, R.V. (1993): Note: Microcomputer performance of "FABLE" on Hoffmann's data sets. Management Science **39**, S. 1190 - 1193.

Kälberer, G. (1976): Praktischer Wert heuristischer Auswahlregeln zur Fließbandabstimmung. Zeitschrift für Operations Research **20**, S. B 195 - B 205.

Kao, E.P.C. (1976): A preference order dynamic program for stochastic assembly line balancing. Management Science **22**, S. 1097 - 1104.

Kao, E.P.C. (1979): Computational experience with a stochastic assembly line balancing algorithm. Computers & Operations Research **6**, S. 79 - 86.

Kao, E.P.C. und M. Queyranne (1982): On dynamic programming methods for assembly line balancing. Operations Research **30**, S. 375 - 390.

Kilbridge, M. und L. Wester (1961): The balance delay problem. Management Science **8**, S. 69 - 84.

Kilbridge, M.D. und L. Wester (1962): A review of analytical systems of line balancing. Operations Research **10**, S. 626 - 638.

Klein, R. und A. Scholl (1996): Maximizing the production rate in simple assembly line balancing - A branch and bound procedure. European Journal of Operational Research **91**, S. 367 - 385.

Klenke, H. (1977): Ablaufplanung bei Fließfertigung. Gabler, Wiesbaden.

Koether, R. (1986): Verfahren zur Verringerung von Modell-Mix-Verlusten in Fließmontagen. Springer, Berlin u.a.

Kottas, J.F. und H.-S. Lau (1981): A stochastic line balancing procedure. International Journal of Production Research **19**, S. 177 - 193.

Kubiak, W. (1993): Minimizing variation of production rates in just-in-time systems: A survey. European Journal of Operational Research **66**, S. 259 - 271.

Kubiak, W. und S. Sethi (1991): A note on "Level schedules for mixed-model assembly lines in just-in-time production systems". Management Science **37**, S. 121 - 122.

Lawler, E.L. (1979): Efficient implementation of dynamic programming algorithms for sequencing problems. Report BW 106/79, Stichting Mathematisch Centrum, Amsterdam.

Link, C. (1992): Bandabgleich bei variantenreicher Fließfertigung. Diplomarbeit, Universität Mannheim, Lehrstuhl für Allgemeine Betriebswirtschaftslehre und Unternehmensforschung.

Macaskill, J.L.C. (1972): Production-line balances for mixed-model lines. Management Science **19**, S. 423 - 434.

Macaskill, J.L.C. (1973): Computer simulation for mixed-model production lines. Management Science **20**, S. 341 - 348.

Malakooti, B. (1991): A multiple criteria decision making approach for the assembly line balancing problem. International Journal of Production Research **29**, S. 1979 - 2001.

Mansoor, E.M. (1964): Assembly line balancing - an improvement on the ranked positional weight technique. Journal of Industrial Engineering **15**, S. 73 - 77 und S. 322 - 323.

Mansoor, E.M. und M. Yadin (1971): On the problem of assembly line balancing. In: Avi-Itzhak, B. (Hrsg.): Developments in Operations Research, Gordon & Breach, New York, S. 361 - 375.

Mertens, P. (1967): Fließbandabstimmung mit dem Verfahren der begrenzten Enumeration nach Müller-Merbach. Ablauf- und Planungsforschung **8**, S. 429 - 433.

Miltenburg, J. (1989): Level schedules for mixed-model assembly lines in just-in-time production systems. Management Science **35**, S. 192 - 207.

Miltenburg, J. und T. Goldstein (1991): Developing production schedules which balance part usage and smooth production loads for just-in-time production systems. Naval Research Logistics **38**, S. 893 - 910.

Miltenburg, J. und G. Sinnamon (1989): Scheduling mixed-model multi-level just-in-time production systems. International Journal of Production Research **27**, S. 1487 - 1509.

Miltenburg, J. und G. Sinnamon (1992): Algorithms for scheduling multi-level just-in-time production systems. IIE Transactions **24**, S. 121 - 130.

Miltenburg, J. und J. Wijngaard (1994): The u-line line balancing problem. Management Science **40**, S. 1378 - 1388.

Mitsumori, S. und K. Takada (1972): Optimum schedule control of conveyor line in mixed production. Electrical Engineering in Japan **92**, S. 121 - 129.

Monden, Y. (1993): Toyota production system. 2. Aufl., Industrial Engineering and Management Press, Norcross.

Moodie, C.L. und H.H. Young (1965): A heuristic method of assembly line balancing for assumptions of constant or variable work element times. Journal of Industrial Engineering **16**, S. 23 - 29.

Ng, W.C. und K.L. Mak (1994): A branch and bound algorithm for scheduling just-in-time mixed-model assembly lines. International Journal of Production Economics **33**, S. 169 - 183.

Nkasu, M.M. und K.H. Leung (1995): A stochastic approach to assembly line balancing. International Journal of Production Research **33**, S. 975 - 991.

Nourie, F.J. und E.R. Venta (1991): Finding optimal line balances with OptPack. Operations Research Letters **10**, S. 165 - 171.

Nourie, F.J. und E.R. Venta (1996): Microcomputer performance of OptPack on Hoffmann's data sets: Comparison with Eureka and FABLE. Management Science **42**, S. 304 - 306.

Okamura, K. und H. Yamashina (1979): A heuristic algorithm for the assembly line model-mix sequencing problem to minimize the risk of stopping the conveyor. International Journal of Production Research **17**, S. 233 - 247.

Patterson, J.H. und J.J. Albracht (1975): Assembly-line balancing: Zero-one programming with Fibonacci search. Operations Research **23**, S. 166 - 172.

Pinto, P.A.; D.G. Dannenbring und B.M. Khumawala (1975): A branch and bound algorithm for assembly line balancing with paralleling. International Journal of Production Research **13**, S. 183 - 196.

Pinto, P.A.; D.G. Dannenbring und B.M. Khumawala (1978): A heuristic network procedure for the assembly line balancing problem. Naval Research Logistics Quarterly **25**, S. 299 - 307.

Pinto, P.A.; D.G. Dannenbring und B.M. Khumawala (1981): Branch and bound and heuristic procedures for assembly line balancing with paralleling of stations. International Journal of Production Research **19**, S. 565 - 576.

Pinto, P.A.; D.G. Dannenbring und B.M. Khumawala (1983): Assembly line balancing with processing alternatives: An application. Management Science **29**, S. 817 - 830.

Queyranne, M. (1985): Bounds for assembly line balancing heuristics. Operations Research **33**, S. 1353 - 1359.

Rachamadugu, R. und B. Talbot (1991): Improving the equality of workload assignments in assembly lines. International Journal of Production Research **29**, S. 619 - 633.

Reeve, N.R. und W.H. Thomas (1973): Balancing stochastic assembly lines. AIIE Transactions **5**, S. 223 - 229.

Roberts, S.D. und C.D. Villa (1970): On a multiproduct assembly line-balancing problem. AIIE Transactions **2**, S. 361 - 364.

Rosenblatt, M.J. und R.C. Carlson (1985): Designing a production line to maximize profit. IIE Transactions **17**, S. 117 - 121.

Rubinovitz, J. und G. Levitin (1995): Genetic algorithms for assembly line balancing. International Journal of Production Economics **41**, S. 343 - 354.

Saltzman, M.J. und I. Baybars (1987): A two-process implicit enumeration algorithm for the simple assembly line balancing problem. European Journal of Operational Research **32**, S. 118 - 129.

Sarker, B.R. und J.G. Shanthikumar (1983): A generalized approach for serial or parallel line balancing. International Journal of Production Research **21**, S. 109 - 133.

Schneeweiß, C. und V. Söhner (1991): Kapazitätsplanung bei moderner Fließfertigung. Physica, Heidelberg.

Scholl, A. (1993): Data of assembly line balancing problems. Schriften zur Quantitativen BWL 16/93, TH Darmstadt.

Scholl, A. (1994): Ein B&B-Verfahren zur Abstimmung von Einprodukt-Fließbändern bei gegebener Stationsanzahl. In: Dyckhoff, H.; U. Derigs, M. Salomon und H.C. Tijms (Hrsg.): Operations Research Proceedings 1993. Springer, Berlin, S. 175 - 181.

Scholl, A. (1995): Balancing and sequencing of assembly lines. Physica, Heidelberg.

Scholl, A. und R. Klein (1994): SALOME: A bidirectional branch and bound procedure for assembly line balancing. Erscheint in: INFORMS Journal on Computing.

Scholl, A. und R. Klein (1997 a): Balancing assembly lines effectively: A computational comparison. Schriften zur Quantitativen BWL 5/97, TH Darmstadt.

Scholl, A. und R. Klein (1997 b): Improving the efficiency of JIT assembly lines: The u-line balancing problem. Schriften zur Quantitativen BWL 6/97, TH Darmstadt.

Scholl, A.; R. Klein und W. Domschke (1995): Vocabulary building for effectively sequencing mixed model assembly lines. Schriften zur Quantitativen BWL 4/95, TH Darmstadt.

Scholl, A.; R. Klein und C. Jürgens (1997): BISON: A fast hybrid procedure for exactly solving the one-dimensional bin packing problem. Computers & Operations Research **24**, S. 627 - 645.

Scholl, A. und S. Voß (1994): A note on fast, effective heuristics for simple assembly line balancing. Schriften zur Quantitativen BWL 13/94, TH Darmstadt.

Scholl, A. und S. Voß (1995): Kapazitätsorientierte Leistungsabstimmung in der Fließfertigung. Zeitschrift für betriebswirtschaftliche Forschung **47**, S. 919 - 935.

Scholl, A. und S. Voß (1996): Simple assembly line balancing - Heuristic approaches. Journal of Heuristics **2**, S. 217 - 244.

Schrage, L. und K.R. Baker (1978): Dynamic programming solution of sequencing problems with precedence constraints. Operations Research **26**, S. 444 - 449.

Shtub, A. (1984): The effect of incompletion cost on line balancing with multiple manning of work stations. International Journal of Production Research **22**, S. 235 - 245.

Shtub, A. und E.M. Dar-El (1990): An assembly chart oriented assembly line balancing approach. International Journal of Production Research **28**, S. 1137 - 1151.

Silverman, F.N. und J.C. Carter (1986): A cost-based methodology for stochastic line balancing with intermittent line stoppages. Management Science **32**, S. 455 - 463.

Sniedovich, M. (1981): Analysis of a preference order assembly line problem. Management Science **27**, S. 1067 - 1080.

Sumichrast, R.T.; R.S. Russell und B.W. Taylor (1992): A comparative analysis of sequencing procedures for mixed-model assembly lines in a just-in-time production system. International Journal of Production Research **30**, S. 199 - 214.

Suresh, G.; V.V. Vinod und S. Sahu (1996): A genetic algorithm for assembly line balancing. Production Planning & Control **7**, S. 38 - 46.

Talbot, F.B. und J.H. Patterson (1984): An integer programming algorithm with network cuts for solving the assembly line balancing problem. Management Science **30**, S. 85 - 99.

Talbot, F.B; J.H. Patterson und W.V. Gehrlein (1986): A comparative evaluation of heuristic balancing techniques. Management Science **32**, S. 430 - 454.

Thomopoulos, N.T. (1967): Line balancing-sequencing for mixed-model assembly. Management Science **14**, S. B59 - B75.

Thomopoulos, N.T. (1970): Mixed model line balancing with smoothed station assignments. Management Science **16**, S. 593 - 603.

Tonge, F.M. (1965): Assembly line balancing using probabilistic combinations of heuristics. Management Science **11**, S. 727 - 735.

van Assche, F. und W.S. Herroelen (1979): An optimal procedure for the single-model deterministic assembly line balancing problem. European Journal of Operational Research **3**, S. 142 - 149.

Voß, S. (1997): Optimization by strategically solving feasibility problems using tabu search. In: Modern heuristics for decision support proceedings, Unicom, Uxbridge, S. 29 - 47.

Vrat, P. und A. Virani (1976): A cost model for optimal mix of balanced stochastic assembly line and the modular assembly system for a customer oriented production system. International Journal of Production Research **14**, S. 445 - 463.

Wee, T.S. und M.J. Magazine (1981): An efficient branch and bound algorithm for assembly line balancing, part 1: minimize the number of work stations. Working Paper No. 150, University of Waterloo.

Wee, T.S. und M.J. Magazine (1982): Assembly line balancing as generalized bin packing. Operations Research Letters **1**, S. 56 - 58.

Wester, L. und M. Kilbridge (1964): The assembly line model-mix sequencing problem. In: Proceedings of the third international conference on Operations Research, Oslo 1963, Dunod, Paris, S. 247 - 260.

Wilhelm, B. (1979): Beitrag zur optimalen Steuerung von Montagelinien mit Modell-Mix in der Automobilindustrie. Dissertation, TU Braunschweig.

Wilson, J.M. (1986): Formulation of a problem involving assembly lines with multiple manning of work stations. International Journal of Production Research **24**, S. 59 - 63.

Yano, C.A. und A. Bolat (1989): Survey, development, and application of algorithms for sequencing paced assembly lines. Journal of Manufacturing and Operations Management 2, S. 172 - 198.

Yano, C.A. und R. Rachamadugu (1991): Sequencing to minimize work overload in assembly lines with product options. Management Science 37, S. 572 - 586.

Zäpfel, G. (1975): Ausgewählte fertigungswirtschaftliche Optimierungsprobleme von Fließfertigungssystemen. Beuth, Berlin u.a.

Ziegler, H. (1989): Produktionsablaufplanung und -steuerung bei Mehrproduktfließlinien - Überblick über Problemstellungen und Lösungsansätze. Arbeitspapier PROWI-AP-01-89, Universität-GH-Paderborn, Fachbereich Wirtschaftswissenschaften.

Ziegler, H. (1990): Produktionssteuerung bei Mehrproduktfließlinien. Habilitationsschrift, Universität-GH-Paderborn, Fachbereich Wirtschaftswissenschaften.

Kapitel 5: Maschinenbelegungsplanung

Maschinenbelegungsprobleme befassen sich mit der Zuordnung von Aufträgen zu Arbeitsträgern bzw. Maschinen und umgekehrt unter Beachtung vorgegebener Zielsetzungen und Restriktionen.

In diesem Kapitel gehen wir in der Regel davon aus, daß zu jedem Zeitpunkt *jede Maschine höchstens einen Auftrag* bearbeiten und *jeder Auftrag nur von höchstens einer Maschine* gleichzeitig bearbeitet werden kann.

Nach einer Einführung in die Maschinenbelegungsplanung (engl. **Scheduling**) beschreiben wir eine Vielzahl existierender Modelle und Lösungsverfahren.

5.1 Grundlagen

Nach einem kurzen Einblick in die Lehrbuchliteratur zur Maschinenbelegungsplanung geben wir grundlegende Bezeichnungen und Definitionen sowie ein in der Literatur verwendetes Klassifikationsschema an. Darüber hinaus behandeln wir einige einfache Entscheidungsregeln.

5.1.1 Grundlegende Literatur

Probleme der Maschinenbelegungsplanung haben in den vergangenen Jahrzehnten einen sehr hohen Stellenwert in der kombinatorischen Optimierung erhalten. Damit verbunden ist eine fast unüberschaubare Fülle an Literatur. Im folgenden wollen wir einige Lehrbücher aus diesem Bereich angeben, die zum einen den historischen Ablauf widerspiegeln und zum anderen als Referenz für weitere Literatur dienen können, da wir im Rahmen dieses Buches auch nicht annähernd alles das wiedergeben können, was an Modellen und Lösungsverfahren zu Problemen der Maschinenbelegungsplanung existiert.

Muth und Thompson (1963) stellt einen ersten umfassenden Sammelband mit Arbeiten zum Scheduling vom Beginn der sechziger Jahre dar. Dieser Band hat sich als Referenzliteratur insbesondere deshalb gehalten, weil er die Daten eines speziellen Job Shop - Problems (vgl. Kap. 5.1.3.1) mit zehn Maschinen und zehn Aufträgen (jeweils bestehend aus zehn Arbeitsgängen) enthält. An diesem Problem wurden bis heute wohl alle Verfahren zur exakten wie heuristischen Lösung des Job Shop - Problems getestet; eine optimale Lösung hat man jedoch erst Ende der achtziger Jahre gefunden und als solche bewiesen; vgl. Carlier und Pinson (1989) sowie Kap. 5.6.

Eine gute zusammenhängende Darstellung der Scheduling-Literatur in Form eines Lehrbuches, verbunden mit einem lange Zeit benutzten Klassifikationsschema, geben Conway et al. (1967). Ein weiteres Lehrbuch, das trotz der umfangreichen Entwicklung im Bereich der Maschinenbelegungsplanung nach wie vor als wesentlicher Einstieg zum Scheduling dienen kann, ist das von Baker (1974). Was dieses Buch von der heutigen Literatur unterscheidet, ist im wesentlichen die zu jener Zeit noch nicht vorhandene Kenntnis von Begriffen und Klassifikationen der Komplexitätstheorie.

Als erste umfassende Darstellung in der deutschsprachigen Literatur läßt sich in diesem Zusammenhang das Buch von Seelbach (1975) angeben. Ebenfalls noch ohne Berücksichtigung der Komplexitätstheorie findet sich in Coffman (1976) eine Behandlung von Scheduling-Problemen, die ihre Motivation von Problemen bei der Bearbeitung von Aufträgen bzw. Jobs auf Computern bezieht.

Die Unterscheidung zwischen polynomial lösbaren und NP-vollständigen oder NP-schweren Problemen (vgl. Kap. 2.4) führte zum Ende der siebziger Jahre zu einer neuen bzw. eher theoretisch orientierten Sichtweise von Scheduling-Problemen. Interessant sind nun insbesondere Probleme, die "noch" polynomial lösbar bzw. "schon" NP-schwer sind. Erste Lehrbücher bzw. Sammelwerke, in denen Aspekte der Komplexitätstheorie und des Scheduling miteinander verbunden werden, sind Brucker (1981 a) und Dempster et al. (1982). In den folgenden Abschnitten verzichten wir auf die Darstellung detaillierter Aussagen zu Aspekten der Komplexitätstheorie. Eine Ausnahme bildet die Betrachtung der Komplexität eines speziellen Problems in Kap. 5.4.1.3.

Weitere Lehrbücher zur Maschinenbelegungsplanung sind Bellman et al. (1982) mit einem Schwerpunkt auf Verfahren der dynamischen Optimierung sowie French (1982). Blazewicz et al. (1986) geben einen sehr guten und umfassenden Überblick über Probleme mit zusätzlichen Ressourcenbeschränkungen. Erwähnenswerte Sammelbände stammen von Queyranne und Mazzola (1990) sowie Lee und Lei (1997). Neuere Werke zur Maschinenbelegungsplanung stammen von Morton und Pentico (1993), Brucker (1995), Pinedo (1995) sowie Blazewicz et al. (1996 b). Übersichtsartikel zur Maschinenbelegungsplanung sind z.B. Blazewicz (1987), Lawler et al. (1993), MacCarthy und Liu (1993) sowie Anderson et al. (1997).

5.1.2 Begriffe und Definitionen

Bei einem Maschinenbelegungsproblem sind (vereinfacht ausgedrückt) **n Aufträge** oder Jobs ($j = 1,...,n$) auf **m Maschinen** ($i = 1,...,m$; die i-te Maschine wird auch mit M_i bezeichnet) zu bearbeiten. Dazu sind für jeden Auftrag j in der Regel folgende Daten gegeben:

a_j *Auftragsfreigabe- oder Bereitstellungszeitpunkt bzw. -termin* (release date) des Auftrags j

Zum Zeitpunkt a_j steht der Auftrag j zur Bearbeitung bereit. Sind alle Auftragsfreigabezeitpunkte identisch (o.B.d.A. kann man dann von $a_j = 0$ für alle j ausgehen), so kann auf ihre Angabe verzichtet werden.

Probleme mit $a_j = 0$ für alle Aufträge $j = 1,...,n$ bezeichnen wir als **statisch.** Demgegenüber nennt man Probleme mit verschiedenen Auftragsfreigabezeitpunkten **dynamisch.**

f_j gewünschter *Fertigstellungstermin* (due date) des Auftrags j

t_{ji} *Bearbeitungszeit* (oder -dauer) von Auftrag j auf Maschine i

Darüber hinaus können für jeden Auftrag j Gewichtungsfaktoren ω_j gegeben sein, mit deren Hilfe z.B. eine relative Dringlichkeit bzw. Priorität zum Ausdruck gebracht werden kann.

Werden alle oben erwähnten Größen als bekannt und deterministisch vorausgesetzt, so liegen **deterministische** Modelle vor, andernfalls spricht man von **stochastischen** Modellen. Derartige Modelle, mit denen wir uns lediglich in Kap. 5.8 befassen, entstehen insbesondere durch stochastische Ankunftszeitpunkte oder Bearbeitungszeiten.

Ein Auftrag j läßt sich in g_j verschiedene **Arbeitsgänge** (oder *Operationen*) $A_{j1},...,A_{jg_j}$ unterteilen. Dabei bestehen zwischen Arbeitsgängen häufig zeitliche Vorrangbeziehungen. In der Regel gehen wir vereinfachend davon aus, daß jeder Auftrag j entweder aus genau einem Arbeitsgang ($g_j = 1$) besteht oder in eine Menge von $g_j = m$ Arbeitsgängen unterteilt werden kann, die in einer zumeist fest vorgegebenen Reihenfolge zu bearbeiten sind. Diese Reihenfolge bezeichnen wir als **Arbeitsgangfolge.** Sie ist in der Regel technologisch determiniert.

Läßt sich jedem Arbeitsgang A_{jh} eines Auftrags j eindeutig eine Maschine μ_{jh} zuordnen, so bezeichnet man die zeitliche Reihenfolge, in der die einzelnen Arbeitsgänge von j die Maschinen zu durchlaufen haben, als **Maschinenfolge** $\boldsymbol{\mu}_j = (\mu_{j1},...,\mu_{jg_j})$ von j. Die Maschinenfolgen sind zumeist ebenfalls durch technologische Erfordernisse festgelegt.

Die zeitliche Reihenfolge, in der die einzelnen Aufträge auf einer Maschine i zu bearbeiten sind, heißt **Auftragsfolge** von i. Dabei können mehrere Aufträge bzw. Arbeitsgänge gleichzeitig um dieselben Maschinen konkurrieren. Im Gegensatz zu den Arbeitsgang- und Maschinenfolgen ist die Auftragsfolge nicht vorgegeben, sondern Gegenstand der Planung.

Eine (zeitliche) Zuordnung von Arbeitsgängen zu Maschinen heißt **zulässiger Ablaufplan,** falls alle Reihenfolgebedingungen (Arbeitsgangfolgen, Maschinenfolgen) sowie eventuell vorgegebene weitere Restriktionen (s.u.) eingehalten sind. Im folgenden verzichten wir auf die explizite Angabe der Zulässigkeit und sprechen kurz von einem *Ablaufplan* oder **(normalen) Plan.** Ein Plan heißt **Permutationsplan,** wenn die Auftragsfolgen aller Maschinen identisch sind (d.h. kein Auftrag darf einen anderen "überholen").

Zur Darstellung von Maschinenbelegungsproblemen eignen sich Bearbeitungszeitmatrizen (t_{ji}), Maschinenfolgematrizen (μ_{jh}), Maschinenfolge- und Ablaufgraphen sowie Gantt-Diagramme, wie sie im folgenden Beispiel verwendet werden.

Beispiel: Gegeben sei ein statisches Problem mit $n = 3$ Aufträgen, die auf $m = 3$ Maschinen zu fertigen sind. Jeder Auftrag j besteht aus $g_j = 3$ Arbeitsgängen, die in der Arbeitsgangfolge

A_{j1}, A_{j2}, A_{j3} zu bearbeiten sind. Die Bearbeitungszeiten t_{ji} und die Maschinenfolgen $\mu_j = (\mu_{j1}, \mu_{j2}, \mu_{j3})$ sind den folgenden Tabellen (bzw. Matrizen (t_{ji}) und (μ_{jh})) zu entnehmen.

t_{ji}: j \ i	1	2	3
1	3	3	2
2	3	2	3
3	3	4	1

μ_{jh}: j \ h	1	2	3
1	1	2	3
2	2	3	1
3	2	1	3

Demgemäß ist z.B. der Auftrag 2 zuerst auf Maschine 2, danach auf Maschine 3 und zuletzt auf Maschine 1 zu bearbeiten.

Die Vorgaben hinsichtlich der Arbeitsgang- und der Maschinenfolgen lassen sich in dem in Abb. 5.1 angegebenen **Maschinenfolgegraphen** veranschaulichen. Jede Knotenbezeichnung entspricht der Maschine μ_{jh}, die den Arbeitsgang h des Auftrags j auszuführen hat.

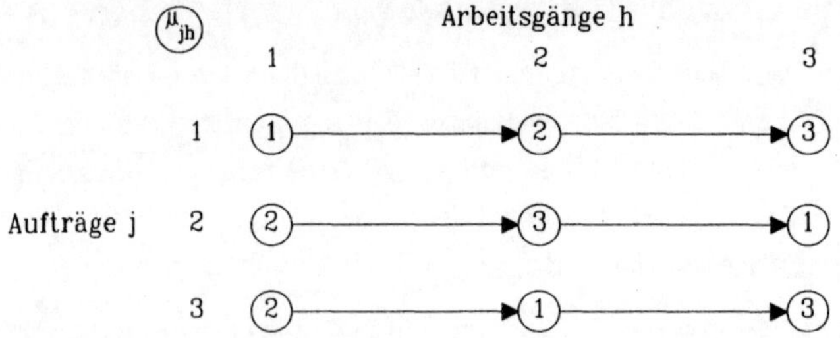

Abb. 5.1

Bei der Bestimmung von Auftragsfolgen ist für jede Maschine i festzulegen, in welcher Reihenfolge die einzelnen Aufträge j = 1, 2, 3 auf ihr zu bearbeiten sind. Dabei sind innerhalb des Maschinenfolgegraphen jeweils die Knoten mit derselben Maschinenbezeichnung i durch zusätzliche Pfeile, die jeweils genau einen Weg bilden, zu verbinden. Der dadurch entstehende Graph heißt **Ablaufgraph**. Abb. 5.2 zeigt den Ablaufgraphen für obiges Problem, wenn die Aufträge auf der Maschine 1 in der Reihenfolge 1, 3, 2, auf der Maschine 2 in der Reihenfolge 3, 2, 1 und auf der Maschine 3 in der Reihenfolge 2, 1, 3 bearbeitet werden.

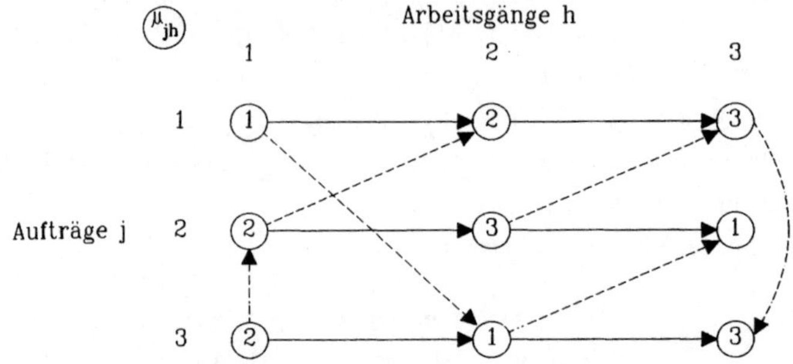

Abb. 5.2

Ist der Ablaufgraph zyklenfrei, so repräsentiert er einen zulässigen Ablaufplan, der auch durch Balken- oder *Gantt-Diagramme* wiedergegeben werden kann. Dabei werden die Bearbeitungszeiten über der Abszisse (Zeitachse) sowie die Maschinen bzw. die Aufträge über der Ordinate aufgetragen. Abb. 5.3 zeigt eine entsprechende *maschinenorientierte* und Abb. 5.4 eine *auftragsorientierte* Darstellung; dabei sind alle Arbeitsgänge unter Berücksichtigung der Reihenfolgebeziehungen des Ablaufgraphen frühestmöglich eingeplant. Im ersten Fall lassen sich leicht maschinenorientierte und im zweiten Fall auftragsorientierte Zeitgrößen ablesen; dabei entsprechen die schraffierten Felder den Leerzeiten der Maschinen bzw. den Wartezeiten der Aufträge. Im Sinne obiger Definition handelt es sich um einen normalen, aber keinen Permutationsplan.

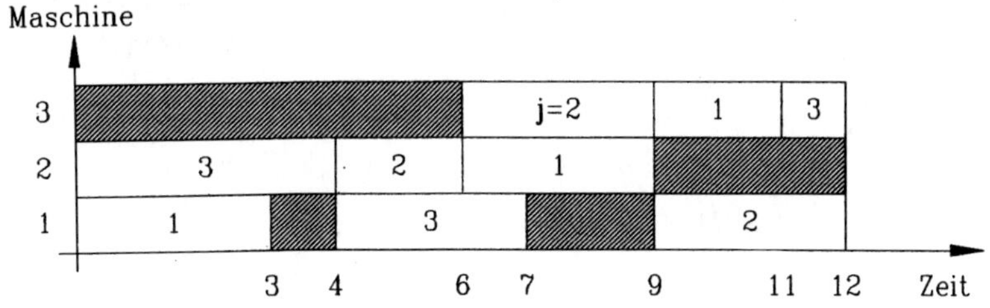

Abb. 5.3: Maschinenorientiertes Gantt-Diagramm

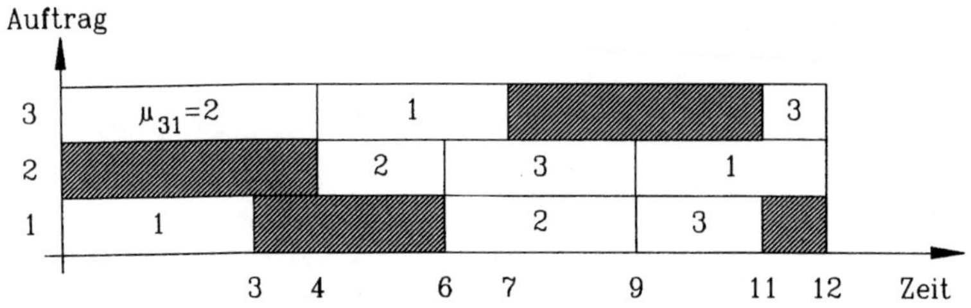

Abb. 5.4: Auftragsorientiertes Gantt-Diagramm

5.1.3 Klassifikation

Im Gegensatz zu Klassifikationen bei Losgrößen- und Fließbandabstimmungsproblemen hat sich in der Literatur zur Maschinenbelegungsplanung im Bereich *deterministischer Modelle* (bzw. Probleme) ein weitgehend einheitliches Klassifikationsschema durchgesetzt.[1] Es unterscheidet die Modelle hinsichtlich ihrer Maschinencharakteristik, ihrer Auftragscharakteristik sowie vorgegebener Zielsetzungen. Die Charakteristika werden mit Hilfe von Tripeln $[\alpha \mid \beta \mid \gamma]$ symbolisiert. Dabei gilt folgende Entsprechung:

α Maschinencharakteristik
β Auftragscharakteristik
γ Zielsetzung

In den folgenden Abschnitten erläutern wir die wesentlichen Einträge dieser Tripel. Sehr spezielle Charakterisierungen werden gegebenenfalls erst dort beschrieben, wo sie bei entsprechenden Modellen verwendet werden.

[1] Vgl. insbesondere Graham et al. (1979); zu einem ähnlichen Schema siehe Conway et al. (1967). Zu stochastischen Maschinenbelegungsproblemen vgl. Kap. 5.8.

5.1.3.1 Maschinencharakteristika

Mögliche Maschinencharakteristika werden mit Hilfe der Parameter $\alpha = \alpha_1, \alpha_2$ beschrieben. Sie dienen zur Darstellung der Art, der Anordnung und der Anzahl der zur Verfügung stehenden Maschinen.

Maschinenart und -anordnung α_1

Wesentlichen Einfluß auf Maschinenart und -anordnung besitzen die auszuführenden Aufträge. In Abhängigkeit von der Anzahl g_j an Arbeitsgängen pro Auftrag unterteilen wir die Maschinencharakteristik α_1 in zwei Gruppen (siehe Abb. 5.5).

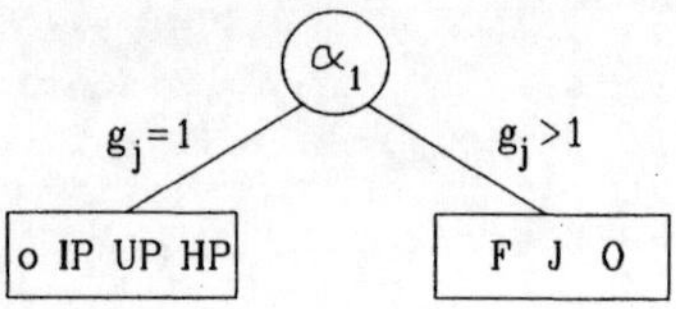

Abb. 5.5

Gehen wir davon aus, daß die auszuführenden **Aufträge nur aus einem Arbeitsgang** bestehen, so kann $\alpha_1 \in \{\circ, IP, UP, HP\}$ sein.

Eine verfügbare Maschine $\alpha_1 = \circ$

Es steht genau eine Maschine zur Bearbeitung aller Aufträge zur Verfügung, d.h. es gilt $m = 1$. Anstelle der Bearbeitungszeiten t_{j1} können wir auch einfach t_j schreiben (für alle $j = 1,...,n$). Das Zeichen $\circ$ kann bei der Beschreibung im folgenden auch weggelassen werden.

Identische parallele Maschinen $\alpha_1 = IP$

Alle zur Verfügung stehenden Maschinen sind identisch und können gleichzeitig eingesetzt werden. Insbesondere stimmen die Fertigungsgeschwindigkeiten aller Maschinen überein, so daß wiederum $t_{ji} = t_j$ für alle Maschinen $i = 1,...,m$ sowie für alle Aufträge $j = 1,...,n$ gilt.

Uniforme parallele Maschinen $\alpha_1 = UP$

Alle zur Verfügung stehenden Maschinen können gleichzeitig eingesetzt werden. Sie unterscheiden sich lediglich in den *Fertigungs- oder Maschinengeschwindigkeiten* (bzw. entsprechenden Faktoren) p_i (für alle Maschinen $i = 1,...,m$), die konstant und unabhängig von den zu bearbeitenden Aufträgen sind. Beschreibt t_j eine (*Grund-*) *Bearbeitungszeit* für Auftrag j, so gilt für die Bearbeitungszeit dieses Auftrags auf Maschine i die Beziehung $t_{ji} = t_j / p_i$ (für alle $j = 1,...,n$ und $i = 1,...,m$).

Heterogene parallele Maschinen $\alpha_1 = HP$

Alle zur Verfügung stehenden Maschinen sind unabhängig voneinander (engl. *unrelated*) und können gleichzeitig eingesetzt werden. Die Fertigungsgeschwindigkeiten und damit die Bearbeitungszeiten sind sowohl maschinen- als auch auftragsabhängig.

Für den Fall, daß **Aufträge aus mehreren Arbeitsgängen** bestehen, die auf speziellen bzw. verschiedenen Maschinen zu fertigen sind, lassen sich drei Problemklassen mit $\alpha_1 \in \{F,J,O\}$ betrachten. Dazu gehen wir von folgenden Voraussetzungen aus: Es sind n Aufträge auf m Maschinen zu bearbeiten, und jeder Auftrag j besteht aus genau g_j Arbeitsgängen $A_{j1},...,A_{jg_j}$. Dabei ist jeder Arbeitsgang A_{jh} auf einer fest vorgegebenen Maschine μ_{jh} mit einer Dauer von t_{jh} ZE zu bearbeiten.

Flow Shop $\alpha_1 = F$

Bei einem Flow Shop-Problem (Fließfertigung) unterstellt man $g_j = m$. Jeder Auftrag ist auf jeder Maschine genau einmal zu bearbeiten, und zwar in einer für alle Aufträge identischen, fest vorgegebenen Reihenfolge. Der Einfachheit halber nehmen wir an, daß die Arbeitsgänge die Maschinen in der Maschinenfolge $\boldsymbol{\mu}_j = (1,2,...,m)$ zu durchlaufen haben.

Fordert man zusätzlich identische Auftragsfolgen auf allen Maschinen, so ergibt sich eine spezielle Klasse von Flow Shop-Problemen. Bei ihnen ist eine geeignete Permutation der n Aufträge zu bestimmen. Aus diesem Grund spricht man auch von einem **Permutations-Flow Shop-Problem**. Als Parameter schreiben wir dafür auch $\alpha_1 = PF$.

Job Shop $\alpha_1 = J$

Bei einem Job Shop-Problem (Werkstattfertigung) betrachtet man für jeden Auftrag eine beliebige fest vorgegebene Reihenfolge, in der er auf den einzelnen Maschinen zu bearbeiten ist. Dabei kann er auf jeder Maschine auch mehrmals bearbeitet werden oder aber einzelne Maschinen auslassen. Zwei aufeinanderfolgende Arbeitsgänge sind jeweils auf verschiedenen Maschinen durchzuführen. Der Einfachheit halber gehen wir im allgemeinen davon aus, daß jeder Auftrag auf jeder Maschine genau einmal zu bearbeiten ist und somit eindeutige Bearbeitungszeiten t_{ji} angegeben werden können.

Analog zu Permutations-Flow Shop-Problemen sind ebenfalls Permutations-Job Shop-Probleme denkbar.

Open Shop $\alpha_1 = O$

Bei einem Open Shop-Problem unterstellt man ebenfalls $g_j = m$, und jeder Auftrag hat jede Maschine genau einmal zu durchlaufen. Diese Annahme läßt sich jedoch über verschwindende Bearbeitungszeiten (d.h. $t_{ji} = 0$ für festes i und j) modifizieren. Bei einem Open Shop-Problem spielt es keine Rolle, in welcher Reihenfolge die einzelnen Arbeitsgänge durchgeführt werden, d.h. es sind weder Arbeitsgang- noch Maschinenfolgen vorgegeben.

Die angegebene Unterteilung von α_1 ließe sich in verschiedenster Hinsicht modifizieren bzw. verallgemeinern. Für ein Beispiel siehe Kap. 5.5.8.

Maschinenzahl α_2

Der Parameter $\alpha_2 \in \{\circ, m\}$ beschreibt die Anzahl der zur Verfügung stehenden Maschinen (für den Fall $\alpha_1 \in \{\circ, IP, UP, HP\}$) bzw. die Anzahl zu durchlaufender Fertigungsstufen (für den Fall $\alpha_1 \in \{F, J, O\}$). Im Fall $\alpha_2 = \circ$ ist diese beliebig, und für $\alpha_2 = m$ ist sie mit dem Wert m fest vorgegeben. Man verdeutlicht sich, daß $\alpha_2 = 1$ gleichbedeutend mit $\alpha_1 = \circ$ ist.

Abschließend fassen wir in Abb. 5.6 die wesentlichen von uns beschriebenen Maschinencharakteristika in Form eines Graphen G_1 zusammen. Die Wurzel beschreibt als einfachste Ausprägung Ein-Maschinen-Probleme. Entlang der Pfeile ergeben sich jeweils verallgemeinerte und damit zumindest nicht leichter lösbare Probleme (vgl. zur Bedeutung der Pfeile auch Bem. 2.4 in Kap. 2.4).

Zur Erläuterung der in Abb. 5.6 angegebenen Beziehungen betrachten wir den Pfeil Fm → F. Ein Lösungsverfahren für allgemeine Flow Shop-Probleme F muß prinzipiell in der Lage sein, Probleme mit einer beliebigen Anzahl an Maschinen zu lösen. Ein Verfahren für eine fest vorgegebene Anzahl an Maschinen (z.B. m = 2 oder m = 3, d.h. es werden Probleme F2 oder F3 betrachtet) kann hingegen spezielle Eigenschaften derartiger Probleme ausnutzen.

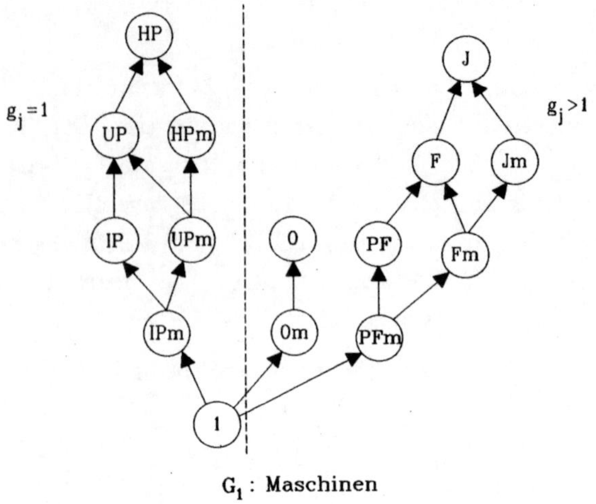

Abb. 5.6: Zur Maschinencharakteristik

5.1.3.2 Auftragscharakteristika

Aufträge lassen sich hinsichtlich verschiedenster Merkmale charakterisieren. Die im folgenden verwendeten Auftragscharakteristika unterteilen wir in zehn Untergruppen und bezeichnen sie mit $\beta = \beta_1, \ldots, \beta_{10}$. Die einzelnen Parameter beschreiben Anforderungen und Eigenschaften der zu bearbeitenden Aufträge bzw. gegebenenfalls beschränkt zur Verfügung stehender Ressourcen. Wie im vorangegangenen Abschnitt können wir auf die explizite Angabe des Zeichens $\circ$ verzichten. Wir unterscheiden folgende Untergruppen:

Auftragszahl

$\beta_1 \in \{n, \circ\}$ trifft Aussagen über die Anzahl zu bearbeitender Aufträge

n = const — es ist eine konstante Anzahl zu bearbeitender Aufträge vorgegeben; man verdeutlicht sich, daß für n = 1 unabhängig von der Zielsetzung (vgl. Kap. 5.1.3.3) kein Optimierungsproblem entsteht; speziell derartige Probleme betrachten wir für n = 2 in Kap. 5.2

o — die Anzahl der Aufträge n ist beliebig

Unterbrechbarkeit

$\beta_2 \in \{pmtn, \circ, no\ wait\}$ trifft Aussagen über die Unterbrechbarkeit der Bearbeitung der Aufträge

pmtn — Unterbrechung (engl. *preemption*) ist möglich, d.h. die Bearbeitung jedes Auftrags (bzw. jedes Arbeitsganges) auf einer Maschine darf beliebig unterbrochen und zu einem späteren Zeitpunkt (ggf. auf einer anderen Maschine) fortgesetzt werden; von Transportzeiten zwischen den Maschinen wird dabei abstrahiert

o — es sind keine Unterbrechungen von Aufträgen (bzw. Arbeitsgängen) auf einer Maschine erlaubt; es dürfen jedoch Wartezeiten beim Übergang hintereinander auszuführender Arbeitsgänge eines Auftrags von einer Maschine auf die nächste Maschine entstehen

no wait — es sind keine Unterbrechungen von Aufträgen erlaubt; nacheinander auszuführende Arbeitsgänge eines Auftrags müssen nach Ausführung auf einer Maschine unmittelbar auf der nachfolgenden Maschine beginnen (keine Warte- oder Zwischenlagerzeiten)[2]

Reihenfolgebeziehungen

$\beta_3 \in \{prec, tree, \circ\}$ trifft Aussagen über das Vorhandensein und die Art von Reihenfolgebeziehungen

prec — es werden Reihenfolgebeziehungen zwischen verschiedenen Aufträgen in Form eines beliebigen gerichteten, zyklenfreien Graphen (*Vorranggraph*) betrachtet; ein Pfeil (j_a, j_b) bedeutet, daß Auftrag j_a vollständig bearbeitet (d.h. beendet) sein muß, bevor Auftrag j_b begonnen werden kann; entsprechendes gilt, falls in diesem Graphen ein Weg von j_a nach j_b existiert

tree — es werden Reihenfolgebeziehungen in Form eines gerichteten Baumes betrachtet; Spezialfälle davon sind der in-tree und der out-tree

o — es werden keine Reihenfolgebeziehungen betrachtet

---

2 Auf no wait wird, mit Ausnahme von Kap. 5.5.7.1, nur ergänzend hingewiesen. Einen umfassenden Überblick über Literatur zu Modellen mit dieser Auftragscharakteristik sowie entsprechenden Lösungsmöglichkeiten geben Hall und Sriskandarajah (1996).

Neben der Ausprägung β_3 = tree lassen sich weitere Klassen spezieller Vorranggraphen betrachten. Abb. 5.7 zeigt einen einfachen Vorranggraphen und ein mögliches zugehöriges Gantt-Diagramm für β_3 = tree.

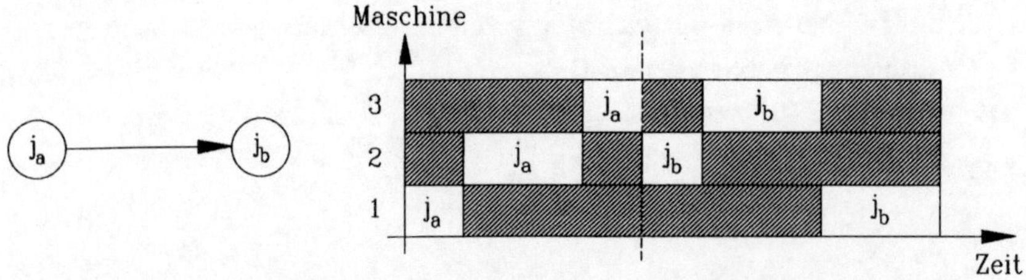

Abb. 5.7

In Modellen mit mehreren Arbeitsgängen pro Auftrag sind auch modifizierte Reihenfolgebeziehungen denkbar, die einzelne Arbeitsgänge und nicht die Aufträge selbst betreffen. Ein Pfeil $(A_{j_a i}, A_{j_b i})$ bedeutet, daß $A_{j_a i}$ vor $A_{j_b i}$ auf Maschine i durchzuführen ist. Dabei ist zu beachten, daß die Arbeitsgangfolgen der Aufträge j_a und j_b unverändert bleiben. Analog zur Netzplantechnik lassen sich bei der Berücksichtigung von Reihenfolgebeziehungen auch Mindest- und Maximalabstände einbeziehen.

Auftragsfreigabetermine und Nachlaufzeiten

$\beta_4 \in \{a_j, n_j, \circ\}$ trifft Aussagen über mögliche Auftragsfreigabetermine sowie Nachlaufzeiten von Aufträgen

- a_j — es sind unterschiedliche Auftragsfreigabetermine a_j (*Vorlaufzeiten*; sogenannte *heads*) gegeben
- n_j — beschreibt das Vorhandensein von *Nachlaufzeiten* n_j (sogenannte *tails*); eine Nachlaufzeit n_j für Auftrag j bedeutet, daß j nach seiner Bearbeitung auf der betrachteten Maschine noch mindestens n_j ZE benötigt, bevor er fertiggestellt ist bzw. weiterverarbeitet werden kann (im Fall $\alpha_2 \geq 2$)
- a_j, n_j — es sind sowohl unterschiedliche Auftragsfreigabezeitpunkte a_j als auch Nachlaufzeiten n_j gegeben
- $\circ$ — alle Aufträge liegen zu Beginn des Planungszeitraumes vor ($a_j = 0$ für alle j), und Nachlaufzeiten entfallen

Bearbeitungszeiten

$\beta_5 \in \{t_{ji}, t_j, \circ\}$ trifft Aussagen über mögliche Bearbeitungsdauern der Aufträge

- t_j bzw. t_{ji} — es werden eingeschränkte Bearbeitungszeiten für die Aufträge betrachtet, z.B. $t_j = 1$, d.h. die Bearbeitungszeit jedes Auftrags dauert genau eine ZE (die tatsächlichen Bearbeitungszeiten auf verschiedenen Maschinen können dennoch variieren, sofern sie von vorgegebenen Fertigungsgeschwindigkeiten abhängen); im Fall $t_{ji} = 1$ dauert die Bearbeitung jedes Arbeitsganges genau eine ZE; $t_{ji} \in \{0,1\}$ bedeutet, daß jede Bearbeitung 0 (keine Fertigung) oder 1 ZE dauert
- $\circ$ — Bearbeitungszeiten sind beliebig

Reihenfolgeabhängige Rüstzeiten

$\beta_6 \in \{\tau^i_{jk}, \tau b^i_{jk}, \circ\}$ trifft Aussagen über mögliche reihenfolgeabhängige Rüstzeiten der Aufträge

τ^i_{jk} beschreibt den Fall allgemeiner reihenfolgeabhängiger Rüstzeiten (von Auftrag j zu Auftrag k auf Maschine i); für m = 1 wird auf die Angabe des Maschinenindex i verzichtet

τb^i_{jk} beschreibt reihenfolgeabhängige Rüstzeiten für den Fall, daß sich Aufträge zu Familien oder Batches zusammenfassen lassen (vgl. auch Bem. 5.1 am Ende dieses Kapitels); die Aufträge einer Familie können gegebenenfalls gleichzeitig auf einer Maschine gefertigt werden; im einfachsten Fall werden lediglich reihenfolgeunabhängige Rüstzeiten betrachtet, sofern Aufträge verschiedener Familien nacheinander gefertigt werden (abgekürzt als τb_K für die Rüstzeit eines Auftrages des Batches K)

$\circ$ es werden keine reihenfolgeabhängigen Rüstzeiten betrachtet

Reihenfolgeabhängige Rüstzeiten und Bearbeitungsdauern lassen sich unter Umständen zusammenfassen. Darüber hinaus können ggf. auch reihenfolgeabhängige Rüstkosten c^i_{jk} betrachtet werden.

Ressourcenbeschränkungen

$\beta_7 \in \{\text{res } \lambda\sigma\rho, \circ\}$ charakterisiert das Vorhandensein und die Art knapper, erneuerbarer Ressourcen oder Hilfsmittel, die über die zur Bearbeitung verfügbaren Maschinen hinaus betrachtet werden (z.B. einzusetzende Rohstoffe oder Arbeitskräfte)

res $\lambda\sigma\rho$ bezeichnet Ressourcenbeschränkungen mit $\lambda \in \{\circ, \pi\}$, $\sigma \in \{\circ, \text{ra}\}$ und $\rho \in \{\circ, \text{rb(j)}\}$

λ Anzahl an Ressourcenarten; beliebig wählbare Anzahl bei $\lambda = \circ$, genau π Arten bei $\lambda = \pi$ (Bezeichnung der Ressourcenarten: $R_1, \dots, R_\pi$)

σ Verfügbarkeit (Angebot) der Ressourcenarten pro ZE; beliebig wählbar bei $\sigma = \circ$, fest vorgegeben durch einen Vektor $\mathbf{ra} = (ra_1, \dots, ra_\pi)$ bei $\sigma = \text{ra}$

ρ Beanspruchung (Bedarf) der Ressourcenarten durch Auftrag j pro ZE; beliebig wählbar bei $\rho = \circ$, fest vorgegeben durch Vektoren $\mathbf{rb(j)} = (rb_1(j), \dots, rb_\pi(j))$ für alle Aufträge j bei $\rho = \text{rb(j)}$

$\circ$ es werden keine Ressourcenbeschränkungen betrachtet

Man beachte, daß zwischen $\beta_7 = \circ$ und $\beta_7 = \text{res } \circ\circ\circ$ ein sehr wesentlicher Unterschied besteht. Im ersten Fall braucht ein entsprechendes Lösungsverfahren keine Ressourcenbeschränkungen zu berücksichtigen; im zweiten Fall hingegen sind beliebig vorgebbare Ressourcenbeschränkungen hinsichtlich der Anzahl, der Quantität der (von den Ressourcenarten) angebotenen und der (von den Aufträgen) nachgefragten ME zu berücksichtigen. Bei der Betrachtung von Ressourcenbeschränkungen interessieren im wesentlichen prinzipielle Vorgehensweisen, zum einen bei fest vorgegebenen Parametern $\lambda = \pi$, $\sigma = \text{ra}$ bzw. $\rho = \text{rb(j)}$ und zum anderen bei beliebigen Parametern. Der Einfachheit halber beschränken wir uns im ersten Fall auf die Betrachtung von $\lambda = 1$, $\sigma = 1$ bzw. $\rho = 1$, auch wenn damit nicht alle denkbaren Ausprägungen abgedeckt sind. Die verkürzte Schreibweise $\sigma = 1$ und $\rho = 1$ bedeutet, daß die Ressourcenarten jeweils genau einmal pro ZE vorhanden sind und von allen Aufträgen jeweils genau einmal pro ZE oder nicht nachgefragt werden.

Man beachte, daß sich die Ausprägungen res ○1○ bzw. res 11○ bei Ganzzahligkeit der Ressourcenverfügbarkeit und -beanspruchung auf res ○11 bzw. res 111 reduzieren.

Fertigstellungstermine

$\beta_8 \in \{\bar{f}_j, \circ\}$ trifft Aussagen über Fertigstellungstermine der Aufträge (engl. *due date*)

- $\bar{f}_j$ vorgegebene Fertigstellungstermine f_j dürfen nicht überschritten werden; d.h. jeder Plan, der mindestens ein f_j verletzt, ist unzulässig
- ○ es sind keine f_j gegeben bzw. ihre Einhaltung ist nicht zwingend

Arbeitsgangzahl

$\beta_9 \in \{g_j, \circ\}$ trifft Aussagen über die Anzahl der Arbeitsgänge zu bearbeitender Aufträge

- g_j es werden eingeschränkte Arbeitsgangzahlen für die Aufträge betrachtet, z.B. $g_j \le 2$, d.h. jeder Auftrag besteht aus höchstens zwei Arbeitsgängen
- ○ die Anzahl der Arbeitsgänge der Aufträge ist beliebig

Lagerkapazitätsbeschränkungen

$\beta_{10} \in \{\kappa, \circ\}$ trifft für $\alpha_1 \in \{O,F,J\}$ Aussagen über Lagerkapazitäten der Maschinen

- $\kappa = \{\kappa_1,...,\kappa_m\}$ es werden Lagerkapazitätsbeschränkungen betrachtet; κ_i gibt für die i-te Maschine die Kapazität des Lagers an, in dem auf i fertiggestellte Aufträge zwischengelagert werden können, bevor sie auf der nächsten Maschine weiterbearbeitet werden
- ○ jede Maschine besitzt ein Lager ohne Kapazitätsbeschränkungen zur Lagerung der auf ihr fertiggestellten Aufträge

Bemerkung 5.1: In der Literatur werden neben den diskutierten Auftragscharakteristika eine Reihe weiterer Problemklassen behandelt. Aus praktischer Sicht sind insbesondere solche von Interesse, bei denen mehrere Aufträge zu Familien (engl. *batches*) zusammengefaßt werden können. Derartige Probleme sind häufig kombinierte Losgrößen- und Maschinenbelegungsprobleme, wie wir sie z.B. in Kap. 3.2.2.5 im Rahmen des ELSP behandelt haben. Über unsere Auftragscharakteristik β_6 hinaus sind vielfältige unterschiedliche Annahmen hinsichtlich der möglichen Behandlung von Familien denkbar (gleichzeitige Bearbeitung mehrerer Aufträge derselben Familie, Festlegung gewünschter Fertigstellungstermine bezüglich einzelner Aufträge oder ganzer Familien u.a.). Vgl. zu einer Klassifikation derartiger Probleme sowie Lösungsmöglichkeiten ausgewählter Fragestellungen z.B. Jordan (1996).

Ähnlich wie in Kap. 5.1.3.1 fassen wir in Abb. 5.8 einige der von uns angegebenen Auftragscharakteristika in Form von gerichteten Graphen zusammen (zur Bedeutung der Pfeile siehe Bem. 2.4 in Kap. 2.4).

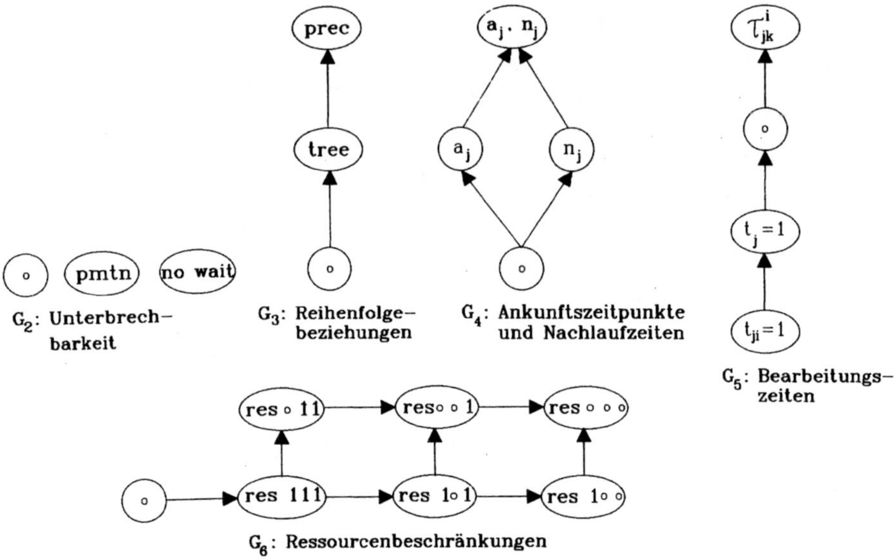

Abb. 5.8: Zur Auftragscharakteristik

5.1.3.3 Zielsetzungen

Als Zielsetzungen kommen bei der Maschinenbelegungsplanung in der Regel verschiedene Zeitgrößen und Auftragszahlen in Frage, deren Gesamtbetrag, Durchschnittswert, gewichteter Durchschnitt oder Maximalwert zu minimieren ist. Mögliche Zielsetzungen lassen sich mit Hilfe des zu minimierenden Parameters $\gamma \in \{z_{max}, \Sigma z_j, z_{\#}\}$ beschreiben.

Die Ausprägung z_{max} symbolisiert eine zu minimierende maximale Zeitdauer (Minimax-Zielsetzung); die Ausprägung Σz_j steht für eine zu minimierende (ggf. gewichtete) Summe von Zeitgrößen. Das Symbol $z_{\#}$ verwenden wir zur Bestimmung einer zu minimierenden (ggf. gewichteten) Anzahl von Aufträgen mit bestimmten Eigenschaften. Den optimalen, d.h. minimalen Zielfunktionswert von γ bezeichnen wir mit γ^*.

Folgende Gruppen von Zielsetzungen werden im Rahmen der Maschinenbelegungsplanung hauptsächlich betrachtet:

- Durchlaufzeitbezogene Ziele
- Kapazitätsorientierte Ziele
- Terminorientierte Ziele

Da die Kapazitätsauslastung eng mit der Minimierung der Zykluszeit verbunden ist, werden somit vorwiegend zeitbezogene Zielgrößen behandelt (vgl. Kap. 1.5.1). Im folgenden diskutieren wir zunächst die genannten Ziele und gehen daran anschließend kurz auf das Dilemma der Ablaufplanung sowie auf Kostenziele ein.

Durchlaufzeitbezogene Ziele: Bei ihnen werden neben Bearbeitungszeiten t_{ji} und gewünschten Fertigstellungsterminen f_j folgende weitere Definitionen und Begriffe für jeden Auftrag $j = 1,...,n$ benötigt:

Fertigstellungszeitpunkt

F_j ist der *realisierte Fertigstellungszeitpunkt* des Auftrags j (engl. *completion time*) [3]

Wartezeit

W_{ji} bezeichnet die *Wartezeit* des Auftrags j vor Maschine i (nach seiner Bereitstellung bzw. nach erfolgter Fertigung auf einer vorhergehenden Maschine)

$W_j := \sum_{i=1}^{m} W_{ji}$ ist die gesamte Wartezeit des Auftrags j

Durchlaufzeit

$D_j := F_j - a_j$

Die *Durchlaufzeit* D_j (engl. *flow time*) des Auftrags j beschreibt die Zeitspanne, die von seiner Bereitstellung a_j bis zu seiner Fertigstellung F_j vergeht.

Als durchlaufzeitbezogene Ziele sind somit zu nennen:

Minimierung der Summe der Durchlaufzeiten $D := \sum_{j=1}^{n} D_j$ bzw. der mittleren Durchlaufzeit D/n

Minimierung der maximalen Durchlaufzeit $D_{max} := \max \{D_j \mid j = 1,...,n\}$

Minimierung der Summe der Wartezeiten $W := \sum_{j=1}^{n} W_j$

Um **kapazitätsorientierte Ziele** zu betrachten, definieren wir:

Zykluszeit

$Z := \max \{F_j \mid j = 1,...,n\}$

Die *Zykluszeit* oder *Gesamtbearbeitungszeit* Z (engl. **makespan** oder schedule length) ist diejenige Zeitspanne, die vom Beginn der Bearbeitung des ersten Auftrags (zum Zeitpunkt 0) bis zur Fertigstellung des letzten der zu bearbeitenden Aufträge vergeht. Z läßt sich auch als *Belegungszeit* des gesamten Fertigungssystems interpretieren.

Leerzeit

$L_i := Z - \sum_{j=1}^{n} t_{ji}$

Die *Leerzeit* L_i (engl. *idle time*) der Maschine i ist innerhalb der Belegungszeit des

3 Entsprechend läßt sich für jeden Auftrag j eine *Verweilzeit* definieren, die die Zeitspanne vom Beginn der Bearbeitung des ersten Arbeitsganges von j bis zum realisierten Fertigstellungszeitpunkt umfaßt. Man überlegt sich, daß diese Zeit (bei Problemen mit $\beta_2 \neq$ pmtn) für Aufträge mit $g_j = 1$ der tatsächlichen Bearbeitungszeit entspricht.

gesamten Fertigungssystems durch den vorgegebenen Auftragsbestand die Summe der Zeitspannen, in denen i keinen Auftrag bearbeitet. [4]

Als kapazitätsorientierte Ziele ergeben sich:

Minimierung der Summe der Leerzeiten $L := \sum_{i=1}^{m} L_i$

Maximierung der durchschnittlichen Kapazitätsauslastung $(\sum_{j=1}^{n} \sum_{i=1}^{m} t_{ji}) / (m \cdot Z)$

(vgl. dazu die Maximierung des Bandwirkungsgrades in Kap. 4.3.1.1)

In den weiteren Ausführungen betrachten wir anstelle der beiden Zielsetzungen stets die Minimierung der Zykluszeit (vgl. Bem. 5.2).

Um **terminorientierte Ziele** zu betrachten, definieren wir:

Terminabweichung

$T_j := F_j - f_j$

In der englischsprachigen Literatur wird die *Terminabweichung* T_j des Auftrags j als **lateness** bezeichnet. Bei positivem T_j entspricht dies einer Verspätung (tardiness) und bei negativem T_j einer Verfrühung (earliness). Verspätung führt unter Umständen zu Strafkosten, Verfrühung zu erhöhten Kapitalbindungskosten.

$|T_j| := |F_j - f_j|$

Unter $|T_j|$ versteht man die *absolute Terminabweichung* des Auftrags j.

Verspätung

$V_j := \max\{0, T_j\}$ *Verspätung* (*Terminüberschreitung*, **tardiness**) des Auftrags j

$V_{\#} := |\{j \mid V_j > 0, j = 1,...,n\}|$ gibt die *Anzahl verspäteter Aufträge* an

Mit Hilfe von Binärvariablen

$$u_j := \begin{cases} 1 & V_j > 0 \\ 0 & \text{sonst} \end{cases} \quad \text{für alle } j = 1,...,n \text{ (unit penalty)}$$

läßt sich $V_{\#}$ auch als $V_{\#} = \sum_{j=1}^{n} u_j$ darstellen.

Zu den terminorientierten Zielen zählen daher unter anderem:

Minimierung der maximalen Verspätung $V_{max} := \max\{V_j \mid j = 1,...,n\}$

Minimierung der Summe aller Verspätungen $V := \sum_{j=1}^{n} V_j$

Minimierung der maximalen Terminabweichung $T_{max} := \max\{T_j \mid j = 1,...,n\}$

---

4 Für $\alpha_1 \in \{IP, UP, HP\}$ ist zu beachten, daß bei der Berechnung der L_i lediglich die tatsächlich auf i gefertigten Aufträge (bzw. Teilaufträge, falls β_2 = pmtn) zu berücksichtigen sind. Darüber hinaus nehmen wir hier $\beta_6 = 0$ an, d.h. es werden keine reihenfolgeabhängigen Rüstzeiten betrachtet.

Kriterium	Gesamtzeit	gewichtete Summe	Maximalzeit
Fertigstellungszeit	$F = \sum_{j=1}^{n} F_j$	$F^{\omega} = \sum_{j=1}^{n} \omega_j F_j$	$\bullet\ \mathbf{Z} = \max_j \{\mathbf{F}_j\}$
Durchlaufzeit	$\bullet\ \mathbf{D} = \sum_{j=1}^{n} \mathbf{D}_j$	$\bullet\ \mathbf{D}^{\omega} = \sum_{j=1}^{n} \omega_j \mathbf{D}_j$	$\bullet\ \mathbf{D}_{max} = \max_j \{\mathbf{D}_j\}$
Wartezeit	$W = \sum_{j=1}^{n} W_j$	$W^{\omega} = \sum_{j=1}^{n} \omega_j W_j$	$\bullet\ \mathbf{W}_{max} = \max_j \{\mathbf{W}_j\}$
Terminabweichung	$T = \sum_{j=1}^{n} T_j$	$T^{\omega} = \sum_{j=1}^{n} \omega_j T_j$	$\bullet\ \mathbf{T}_{max} = \max_j \{\mathbf{T}_j\}$
absolute Terminabweichung	$\lvert T \rvert = \sum_{j=1}^{n} \lvert T_j \rvert$	$\lvert T^{\omega} \rvert = \sum_{j=1}^{n} \omega_j \lvert T_j \rvert$	$\lvert T_{max} \rvert = \max_j \{\lvert T_j \rvert\}$
Verspätung	$\bullet\ \mathbf{V} = \sum_{j=1}^{n} \mathbf{V}_j$	$\bullet\ \mathbf{V}^{\omega} = \sum_{j=1}^{n} \omega_j \mathbf{V}_j$	$\bullet\ \mathbf{V}_{max} = \max_j \{\mathbf{V}_j\}$
Leerzeit	$L = \sum_{i=1}^{m} L_i$	$L^{\omega} = \sum_{i=1}^{m} \omega_i L_i$	$L_{max} = \max_i \{L_i\}$

Kriterium	Anzahl	gewichtete Anzahl
Verspätung	$\bullet\ \mathbf{V}_{\#} = \sum_{j=1}^{n} \mathbf{u}_j$	$\bullet\ \mathbf{V}_{\#}^{\omega} = \sum_{j=1}^{n} \omega_j \mathbf{u}_j$

Tab. 5.1: Zielsetzungen

In Tab. 5.1 stellen wir wesentliche, zu minimierende Zielsetzungen sowohl für $\gamma = z_{max}$ und $\gamma = \Sigma z_j$ als auch für $\gamma = z_{\#}$ dar. Mit einem Punkt gekennzeichnet sind diejenigen Zielsetzungen, mit denen wir uns in den nachfolgenden Kapiteln eingehender beschäftigen. Die meisten anderen sind zumindest zu einer der hervorgehobenen Zielsetzungen äquivalent, wie im folgenden gezeigt wird.

Abb. 5.9 veranschaulicht Beziehungen hinsichtlich der Lösbarkeit von Problemen, die sich voneinander lediglich durch die Zielsetzung unterscheiden. Ein Pfeil $\gamma_a \rightarrow \gamma_b$ bedeutet (vgl. auch Kap. 2.4), daß ein Problem mit Zielsetzung γ_a nicht schwerer lösbar ist als das entsprechende Problem mit Zielsetzung γ_b. Da die Beziehungen nicht alle unmittelbar einzusehen sind, geben wir hierzu im folgenden einige Hinweise.

$Z \rightarrow D_{max}$ ($= \max \{F_j - a_j \mid j = 1,...,n\}$): Diese Beziehung gilt, da für den speziellen Fall $a_j = 0$ für alle j ($\beta_4 = \circ$) Probleme mit den Spezifikationen [| | D_{max}] und [| | Z] übereinstimmen.

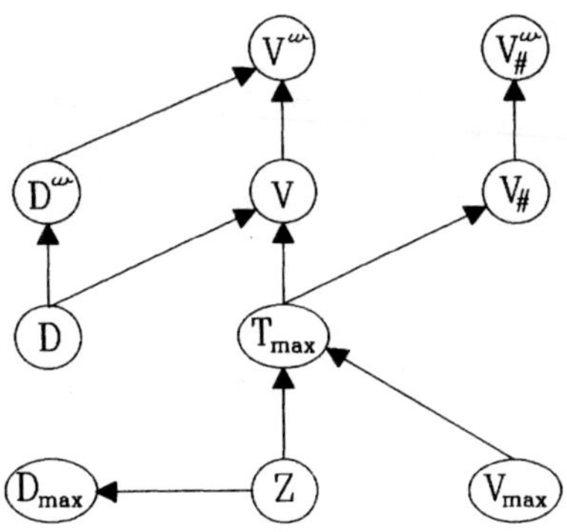

G_7: Zielsetzungen

Abb. 5.9: Zielbeziehungen

$Z \rightarrow T_{max}$: Eine Möglichkeit der Transformation einer Problemstellung mit der Zielsetzung "Minimiere Z" in ein allgemeineres Problem besteht darin, geeignete gewünschte Fertigstellungstermine vorzugeben (falls diese im allgemeineren Problem relevant sind). Mit $f_j := 0$ für alle j gilt wegen $T_j = F_j - f_j$ Gleichheit zwischen T_j und F_j, so daß in diesem speziellen Fall die Zielsetzungen Z und T_{max} übereinstimmen. (D.h., liefert ein Algorithmus eine optimale Lösung hinsichtlich T_{max} bei dieser speziellen Wahl der f_j, so ist diese Lösung auch optimal hinsichtlich Z).

$V_{max} \rightarrow T_{max}$: Man überlegt sich, daß jede hinsichtlich T_{max} optimale Lösung auch für die entsprechende Problemstellung mit der Zielsetzung V_{max} optimal ist. Seien dazu T_j^* für alle j die Terminabweichungen eines optimalen Plans sowie T_j diejenigen eines beliebigen zulässigen Planes. Wegen $\max_j \{T_j^*\} \leq \max_j \{T_j\}$ gilt auch $\max_j \{\max\{0, T_j^*\}\} \leq \max_j \{\max\{0, T_j\}\}$ und somit die Behauptung. Die Umkehrung braucht jedoch nicht zu gelten, falls für einen Plan $V_{max} = 0$ gilt.

$D \rightarrow V$ (analog $D^{\omega} \rightarrow V^{\omega}$): Wir transformieren beliebige Eingabedaten eines Problems mit Zielsetzung D in eines mit dem Ziel V, indem wir gewünschte Fertigstellungstermine als $f_j := a_j$ für alle j vorgeben. (D.h., liefert ein Algorithmus eine optimale Lösung hinsichtlich V bei dieser speziellen Wahl der f_j, so ist diese Lösung auch optimal hinsichtlich D).

Wir analysieren nun Äquivalenzen zwischen einigen der in Tab. 5.1 angegebenen Ziele. Wir präzisieren unsere Definition aus Kap. 1.5.1:

Zwei Ziele γ_a und γ_b heißen **äquivalent**, wenn die zugehörigen Zielfunktionen $\Theta(\gamma_a)$ und $\Theta(\gamma_b)$ durch Lineartransformation (Multiplikation und/oder Addition) mittels konstanter Parameter ineinander überführbar sind.

Beispiele:

a) Die Zielsetzungen "Minimiere D" und "Minimiere $\bar{D} := D/n$" sind bei gegebener Auftragszahl n äquivalent. Im ersten Fall handelt es sich um die Summe der Durchlaufzeiten, im zweiten Fall um die *mittlere Durchlaufzeit* aller n Aufträge. $\bar{D}$ ist ein Spezialfall von D^ω mit $\omega_j = 1/n$ für alle j.

b) Analog zu a) gilt z.B., daß T und $\bar{T} := T/n$ (die *mittlere Terminabweichung*) sowie V und $\bar{V} := V/n$ (die *mittlere Verspätung*) jeweils äquivalent sind.

Wir zeigen nun **weitere Äquivalenzen** zwischen den in Tab. 5.1 angegebenen Zielen auf:

1) Die Zielsetzungen Minimierung von Z, L_{max}, L und L^ω sowie die Maximierung der durchschnittlichen Auslastung der Maschinen sind äquivalent.

Begründung: Aufgrund obiger Definition der Leerzeit $L_i = Z - \sum_{j=1}^{n} t_{ji}$ ergibt sich die Gültigkeit der folgenden Beziehungen:

$$L = m \cdot Z - \sum_{i=1}^{m} \sum_{j=1}^{n} t_{ji}\,, \qquad L^\omega = Z \cdot \sum_{i=1}^{m} \omega_i - \sum_{i=1}^{m} \sum_{j=1}^{n} \omega_i\, t_{ji}$$

$$L_{max} = Z - \min \{ \sum_{j=1}^{n} t_{ji} \mid i = 1,...,m\}$$

Da es sich bei m, ω_i und t_{ji} um konstante Werte handelt, ergibt sich die angegebene Äquivalenzaussage (man beachte die Anmerkung zum Fall paralleler Maschinen in der Fußnote 4 zur Definition der L_i).

Bemerkung 5.2: Die angegebene Äquivalenz verdeutlicht den unmittelbaren Zusammenhang zwischen den Definitionen der Zykluszeit und der Leerzeiten. Dies resultiert daraus, daß die Leerzeiten in der obigen Definition auf die Belegungszeit Z des gesamten Fertigungssystems bezogen sind.

Insbesondere aus praktischer Sicht kann es sinnvoll sein, eine andere Definition der Leerzeiten zu wählen, indem man sie auf tatsächliche Belegungszeiten der einzelnen Maschinen bezieht. Sei dazu:

F_{ji} der realisierte Fertigstellungszeitpunkt des Auftrags j auf Maschine i

Damit läßt sich innerhalb der Belegungszeit eine *effektive Leerzeit* LE_i (Zwischenleerzeit) einer Maschine i betrachten, d.h. die Summe der Zeitspannen zwischen der ersten Bearbeitung eines Auftrags (bzw. Arbeitsganges) bis zur letzten Bearbeitung eines Auftrags auf i, während derer i nicht belegt ist:

$$LE_i := \max_j \{F_{ji}\} - \min_j \{F_{ji} - t_{ji}\} - \sum_{j=1}^{n} t_{ji}$$

Man überlegt sich, daß für eine so definierte Leerzeit die oben angegebenen Äquivalenzen nicht grundsätzlich gelten.

2) Die Zielsetzungen D, F, W und T sind äquivalent.

Begründung: Analysiert man die Durchlaufzeiten genauer, so ergeben sich folgende Beziehungen:

$$D_j = \sum_{i=1}^{m} (W_{ji} + t_{ji}) = W_j + \sum_{i=1}^{m} t_{ji} \qquad \text{sowie} \qquad D_j = F_j - a_j = f_j + T_j - a_j$$

Da die Bearbeitungszeiten sowie eventuell zu berücksichtigende Auftragsfreigabetermine bzw. gewünschte Fertigstellungstermine konstant sind, ergeben sich die angegebenen Beziehungen.

3) Die Zielsetzungen D^ω, F^ω, W^ω und T^ω sind äquivalent.

Begründung: Gemäß der Begründung zu 2) ergibt sich die Äquivalenz aus:

$$D^\omega = W^\omega + \sum_{j=1}^{n} \omega_j \cdot \sum_{i=1}^{m} t_{ji} = F^\omega - \sum_{j=1}^{n} \omega_j a_j = T^\omega + \sum_{j=1}^{n} \omega_j (f_j - a_j)$$

Mehrfachzielsetzungen und Dilemma der Ablaufplanung

Aus obigen Ausführungen, v.a. der Abb. 5.9, wird ersichtlich, daß insbesondere zwischen den Zielen D und Z keine der genannten Zielbeziehungen existiert. Diese beiden Ziele sind in der Regel zueinander konkurrierend, d.h. mit der Verbesserung des einen Zieles nimmt man zumeist eine Verschlechterung des anderen in Kauf. Da Z zur Zielsetzung L der Leerzeitminimierung (Kapazitätsausnutzung) äquivalent ist, sind auch D und L zueinander konkurrierend. Diesen Sachverhalt bezeichnete Gutenberg als *Dilemma der Ablaufplanung* (vgl. Kap. 1.5.2). Durch zusätzliche Einbeziehung von zu minimierenden Rüstzeiten bzw. -kosten können sich drei miteinander konkurrierende Zielsetzungen ergeben (Trilemma der Ablaufplanung); vgl. Mensch (1972), Günther (1972) sowie Daub (1994).

Zur Überwindung derartiger Zielkonflikte wurden im Operations Research spezielle Vorgehensweisen entwickelt; vgl. z.B. Domschke und Drexl (1995, S. 48 ff.).

Ein Beispiel für die Berücksichtigung von mehrfachen Zielsetzungen findet man etwa in Woolsey (1990). Zur Überwindung des Zielkonfliktes zwischen Z und D empfiehlt er z.B. das Konzept der lexikographischen Ordnung: Danach wird das Problem zunächst nur hinsichtlich Z optimiert. Unter allen optimalen Lösungen bezüglich Z kann danach diejenige bestimmt werden, die hinsichtlich D am besten ist.

Ein weiteres Konzept der Zielkonfliktlösung ist die Zielgewichtung, indem man z.B. die Ziele Z und T_{max} in Form einer kombinierten Zielsetzung $\Theta(\lambda) = \lambda \cdot Z + (1-\lambda) \cdot T_{max}$ mit dem vom Entscheidungsträger zu wählenden Parameter $\lambda \in [0,1]$ miteinander verknüpft; vgl. etwa van Wassenhove und Gelders (1980), van Wassenhove und Baker (1982), Blazewicz et al. (1986, S. 177 ff.) sowie Liao et al. (1992).

Kostenziele

Unsere bisherigen Ausführungen haben sich auf zeitorientierte Ziele beschränkt. Diese verwendet man in der Regel als Ersatzgrößen für erfolgsorientierte Zielsetzungen, die wegen Schwierigkeiten bei der Kostenermittlung und -zurechnung häufig nicht operationalisiert werden können. Ist es jedoch möglich, Kostenfunktionen in Abhängigkeit von Problemvariablen anzugeben, so lassen sich auch kostenorientierte Ziele betrachten. Im folgenden werden einige Kostenziele angegeben; vgl. dazu z.B. auch Nowicki und Zdrzalka (1990).

Mit $kf_j(F_j)$ bzw. $kd_j(D_j)$ bezeichnen wir eine Kostenfunktion in Abhängigkeit vom Fertigstellungszeitpunkt bzw. von der Durchlaufzeit des j-ten Auftrags (j = 1,...,n). Analog lassen sich auch Terminabweichungs- oder Verspätungskosten $kt_j(T_j)$ bzw. $kv_j(V_j)$ definieren. Mögliche Zielsetzungen sind dann analog zu den herkömmlichen zeitbezogenen Zielen z.B. die Minimierung von:

$$K_Z := \max\{kf_j(F_j) \mid j=1,...,n\}, \quad K_D := \sum_{j=1}^{n} kd_j(D_j), \quad K_T := \sum_{j=1}^{n} kt_j(T_j), \quad K_V := \sum_{j=1}^{n} kv_j(V_j)$$

Wir sind bisher davon ausgegangen, daß Daten von Maschinenbelegungsproblemen fest vorgegeben sind (z.B. die Bearbeitungszeiten t_{ji}). Im Rahmen stochastischer Probleme (vgl. Kap. 5.8) geht man in der Regel von vorgegebenen Wahrscheinlichkeitsverteilungen aus. Diese Betrachtungsweisen lassen sich z.B. modifizieren, indem man sogenannte Beschleunigungskosten einbezieht:

Seien τ_{ji} (j = 1,...,n und i = 1,...,m) maximal erlaubte Bearbeitungszeiten (bzw. Normalarbeitszeiten) von n Aufträgen auf m Maschinen. Weiterhin nehmen wir an, daß sich alle Bearbeitungszeiten verringern lassen, d.h. es gilt $t_{ji} = \tau_{ji} - x_{ji}$ mit $0 \le x_{ji} \le \kappa_{ji}$, wobei die x_{ji} mögliche Zeitreduktionen und die κ_{ji} ($\le \tau_{ji}$) obere Schranken für zulässige Zeitreduktionen darstellen. Verbunden mit x_{ji} sind **Beschleunigungskosten** k_{ji}, die z.B. für Akkordzuschläge oder größere Maschinengeschwindigkeiten anfallen. Eine mögliche Zielsetzung besteht in der Minimierung der Summe der Beschleunigungskosten:

$$K_B := \sum_{j=1}^{n} \sum_{i=1}^{m} k_{ji} \cdot x_{ji}$$

Durch Verringerung von Bearbeitungszeiten (Erhöhung von Beschleunigungskosten) werden in der Regel die Werte der oben definierten Kostenarten K_Z, K_D, K_T und K_V verringert und umgekehrt. Daher ist es häufig sinnvoll, Zielfunktionen zu betrachten, die mehrere der o.g. Kostenkriterien beinhalten. Beispiele dafür sind:

$$\text{Minimiere } K := K_Z + K_B \quad \text{oder} \quad \text{Minimiere } K := K_D + K_B$$

Darüber hinaus können maximal mögliche Bearbeitungszeitreduktionen in Form von Budgetrestriktionen (mit vorgegebener Begrenzung b) berücksichtigt werden:

$$\sum_{j=1}^{n} \sum_{i=1}^{m} k_{ji} \cdot x_{ji} \le b$$

In der Literatur zur Maschinenbelegungsplanung werden die genannten Kostenziele selten behandelt. Dagegen sind die oben skizzierten Beschleunigungskosten wesentliches Element in Modellen zur Kostenoptimierung im Rahmen der Netzplantechnik bzw. der Projektplanung; vgl. z.B. Küpper et al. (1975).

Bemerkung 5.3: Man überlegt sich, daß insbesondere die gewichteten Zielsetzungen in Tab. 5.1 als Kostenziele interpretierbar sind. Die Parameter ω_j stellen dabei z.B. Strafkosten für verspätete Aufträge dar. Von Interesse können ferner auch solche Probleme sein, bei denen für die Verfrühung bzw. Verspätung von Aufträgen unterschiedliche Gewichtungsfaktoren berücksichtigt werden; vgl. zu einer Übersicht z.B. Baker und Scudder (1990).

5.1.3.4 Beispiele zur Problemklassifikation

In den vorangegangenen Abschnitten haben wir Charakteristika sowie eine mögliche Klassifikation von Maschinenbelegungsproblemen beschrieben. Durch geeignete Kombination der Parameter α, β bzw. γ ergibt sich eine Vielzahl von Modellen. Zwei Beispiele für sinnvolle Problemstellungen sind:

a) $[\,1 \mid prec \mid T_{max}\,]$
Dieses Tripel charakterisiert eine Problemstellung, die sich wie folgt analysieren läßt:
Es wird ein Ein-Maschinen-Problem betrachtet ($\alpha_1 = \circ$, $\alpha_2 = 1$).
Es ist eine beliebige Anzahl n von Aufträgen vorgegeben ($\beta_1 = \circ$), die nicht unterbrechbar sind ($\beta_2 = \circ$). Es liegen Reihenfolgebeziehungen in Form eines gerichteten, zyklenfreien Graphen vor (β_3 = prec). Alle Aufträge stehen zu Beginn des Planungszeitraumes bereit, und es sind keine Nachlaufzeiten gegeben ($\beta_4 = \circ$, d.h. $a_j = n_j = 0$ für alle j). Die Bearbeitungszeiten sind beliebig ($\beta_5 = \circ$), es werden keine reihenfolgeabhängigen Rüstzeiten betrachtet ($\beta_6 = \circ$), ferner gilt $\beta_7 = \beta_8 = \beta_9 = \beta_{10} = \circ$.
Das Ziel besteht in der Minimierung der maximalen Terminabweichung ($\gamma = \min T_{max}$).

b) $[\,IP2 \mid \;\mid Z\,]$
Es wird von n Aufträgen ausgegangen, die so auf zwei identischen parallelen Maschinen zu fertigen sind, daß die Zykluszeit minimiert wird. Zusätzliche Annahmen wie z.B. Reihenfolgebedingungen oder Unterbrechbarkeit der Aufträge werden nicht getroffen. Es gilt $\beta_h = \circ$ für h = 1,...,10. Auf die explizite Angabe dieser Spezifikationen verzichten wir jedoch, wie oben vereinbart.

5.1.4 Grundlegende Entscheidungs- oder Prioritätsregeln

In Kap. 5.1.1 haben wir erwähnt, daß die Komplexität von Maschinenbelegungsproblemen eine wesentliche Triebfeder für die Beschäftigung mit ihnen darstellt. Entsprechend unterschiedlich sind die Modelle und Lösungsverfahren, mit denen wir uns in den folgenden Abschnitten beschäftigen. Für Problemstellungen der betrieblichen Praxis sind jedoch oftmals unabhängig von ihrem Schwierigkeitsgrad sehr einfache Lösungsverfahren, sogenannte

Prioritätsregelverfahren, gefragt. Sie bestehen im allgemeinen aus den folgenden beiden Schritten (vgl. auch Kap. 4.3.2.1):

Schritt 1: Sortiere die Aufträge nach einer vorzugebenden Prioritätsregel.

Schritt 2: Plane die Aufträge in Sortierreihenfolge auf den betrachteten Maschinen ein.

Schritt 2 eines Prioritätsregelverfahrens ist zu präzisieren, wenn jeweils mehrere Einplanungsalternativen bestehen (vgl. z.B. Parallel-Maschinen-Probleme in Kap. 5.4.1.4).

Einige wichtige *Entscheidungs-* oder *Prioritätsregeln* sind:

Shortest Processing Time-Regel (SPT): Sortierung der Aufträge nach monoton wachsenden Bearbeitungszeiten t_j. In der deutschsprachigen Literatur wird diese Regel auch als Kürzeste-Operationszeit-Regel (KOZ-Regel) bezeichnet.

Longest Processing Time-Regel (LPT): Sortierung der Aufträge nach monoton fallenden Bearbeitungszeiten t_j.

Earliest Due Date-Regel (EDD): Sortierung der Aufträge nach monoton wachsenden gewünschten Fertigstellungsterminen f_j. In der angelsächsischen Literatur wird diese Regel nach ihrem Begründer auch Jackson-Regel genannt; siehe Jackson (1955).

Earliest Release Date-Regel (ERD): Sortierung der Aufträge nach monoton wachsenden Bereitstellungsterminen a_j.

Shortest Remaining Processing Time-Regel (SRPT): Sortierung der Aufträge nach monoton wachsenden Restbearbeitungszeiten. Diese Regel läßt sich insbesondere bei Aufträgen mit mehreren Arbeitsgängen sowie Problemen mit erlaubter Unterbrechung von Aufträgen anwenden.

Prioritätsregelverfahren werden in der englischsprachigen Literatur unter dem Begriff *List Scheduling* zusammengefaßt. Sie können, wie wir später sehen werden, zur Lösung der verschiedensten Probleme eingesetzt werden. Bei schwierigen Problemen dienen sie als heuristische Lösungsverfahren zur Bestimmung suboptimaler Lösungen (z.B. bei Flow Shop- und Job Shop-Problemen); bei einigen einfachen Problemen können sie als exakte Verfahren zur Bestimmung optimaler Lösungen eingesetzt werden (siehe z.B. einige der in Kap. 5.3 behandelten Ein-Maschinen-Probleme).

5.2 Probleme mit zwei Aufträgen

Maschinenbelegungsprobleme mit zwei Aufträgen [$|n=2|$] stellen eine spezielle Klasse von Problemen dar. Ihre Betrachtung ist sinnvoll, da sie als Relaxationen komplexerer Probleme dienen können.

Beinhaltet jeder der beiden Aufträge genau einen Arbeitsgang, so entsteht entweder kein Optimierungsproblem (z.B. falls mindestens zwei identische parallele Maschinen zur Verfügung stehen) oder man kann durch einfaches Vertauschen optimale Lösungen bestimmen (z.B.

im Problem [1 | n=2, τ^i_{jk} |]). Umfangreichere Überlegungen sind hingegen dann notwendig, wenn jeder Auftrag aus mehreren Arbeitsgängen besteht. Im folgenden betrachten wir dementsprechend Flow Shop- und Job Shop-Probleme mit zwei Aufträgen. Unsere Ausführungen beziehen sich dabei im wesentlichen auf die Zielsetzung "Minimiere die Zykluszeit".

Zur exakten Lösung derartiger Probleme schildern wir das graphische Verfahren von Akers (1956), das von Hardgrave und Nemhauser (1963) weiterentwickelt wurde und mit dessen Implementierung sich Brucker (1988) beschäftigt hat. Es ist für Job Shop-Probleme und somit auch für Flow Shop-Probleme anwendbar.

Als Beispiel betrachten wir ein Flow Shop-Problem mit vier Maschinen, Auftragsfreigabeterminen $a_j = 0$ für beide Aufträge und den im folgenden Tableau angegebenen Bearbeitungszeiten. Ziel sei die Minimierung der Zykluszeit. Im Sinne unserer Nomenklatur läßt sich das Problem durch [F4 | n=2 | Z] mit den Maschinenfolgen $\mu_1 = \mu_2 = (1,2,3,4)$ charakterisieren.

i	1	2	3	4
t_{1i}	3	1	1	3
t_{2i}	1	3	3	1

Das Problem läßt sich mit Hilfe eines zweidimensionalen Koordinatensystems veranschaulichen, bei dem eine Achse jeweils einem der beiden Aufträge entspricht; siehe Abb. 5.10. Der Koordinatenursprung Q = (0,0) repräsentiert den Zeitpunkt $a_1 = a_2 = 0$ der Bereitstellung der beiden Aufträge. $S_j := \Sigma_i t_{ji}$ bezeichnet den frühestmöglichen Fertigstellungszeitpunkt des Auftrags j, wenn er – beginnend im Zeitpunkt 0 – ohne Unterbrechung gefertigt wird. Die Punkte Q und S = (S_1,S_2) spannen ein Rechteck (*Operationsfeld*) auf.

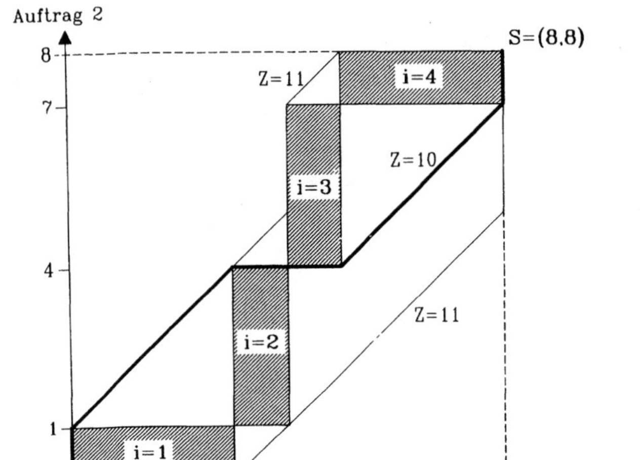

Abb. 5.10

Das Intervall $[0,S_1]$ läßt sich in m disjunkte Intervalle $[FA_{1i},FE_{1i}]$ unterteilen, die aufgrund der Maschinenfolge μ_1 des ersten Auftrags in der Reihenfolge $i = \mu_{11},...,\mu_{1m}$ angeordnet sind.

Bei isolierter Betrachtung des Auftrags 1 stellen FA_{1i} den frühestmöglichen Anfangszeitpunkt und $FE_{1i} = FA_{1i} + t_{1i}$ den frühestmöglichen Endzeitpunkt seiner Bearbeitung auf Maschine i dar. Analog ist $[0, S_2]$ in m disjunkte Intervalle $[FA_{2i}, FE_{2i}]$ unterteilbar.

Durch $[FA_{1i}, FE_{1i}] \times [FA_{2i}, FE_{2i}]$ wird für jede Maschine i ein Rechteck definiert, das aufgrund seiner Bedeutung bei der nachfolgenden Verfahrensbeschreibung als *Konfliktfeld* bezeichnet wird. In Abb 5.10 sind die Konfliktfelder für das obige Beispiel schraffiert eingezeichnet.

Für die gesuchte minimale Zykluszeit Z* lassen sich $\underline{Z} = \max\{S_1, S_2\}$ als untere Schranke und $\bar{Z} = S_1 + S_2$ als triviale obere Schranke angeben. Im Beispiel gilt $\underline{Z} = 8$ und $\bar{Z} = 16$.

Das **Verfahren von Akers** bestimmt im Operationsfeld einen *kürzesten Weg* zwischen dem Ursprung Q und dem Punkt S unter den Nebenbedingungen, daß keines der eingezeichneten Konfliktfelder durchlaufen wird (da dies eine gleichzeitige Bearbeitung beider Aufträge auf derselben Maschine bedeuten würde) und der Weg nur aus senkrechten, waagerechten und diagonalen Abschnitten besteht. Unter diagonalen Abschnitten verstehen wir Strecken mit Steigung 1; sie bedeuten eine gleichzeitige Bearbeitung beider Aufträge auf verschiedenen Maschinen. Waagerechte Abschnitte symbolisieren die alleinige Bearbeitung des ersten Auftrags und senkrechte Abschnitte die alleinige Bearbeitung des zweiten Auftrags. Die Länge eines Weges von Q nach S ergibt sich zu:

$$S_1 + \text{Länge der vertikalen Abschnitte} = S_2 + \text{Länge der horizontalen Abschnitte} =$$
$$S_1 + S_2 - (\text{Länge der diagonalen Abschnitte}) / \sqrt{2}$$

Durch die beschriebene Vorgehensweise können beliebig viele unterschiedliche Wege ermittelt werden. In Abb. 5.10 sind für unser Beispiel drei mögliche Wege angegeben. Der Weg des optimalen Plans mit Z = 10 ist fett gezeichnet und sowohl in einem maschinenorientierten als auch in einem auftragsorientierten Gantt-Diagramm der Abb. 5.11 bzw. 5.12 wiedergegeben. Während die beiden Wege der Länge Z = 11 Permutationsplänen entsprechen, gilt dies für den optimalen Plan nicht, da ein *Überholen* der Aufträge stattfindet (d.h. die Bearbeitung des ersten Auftrags beginnt später und endet früher als die des zweiten Auftrags).

Für eine effiziente Implementierung der Vorgehensweise von Akers ist es nötig, die Anzahl der in die Betrachtung einzubeziehenden Wege zwischen Q und S möglichst weitgehend einzuschränken. Dies gelingt mit der im folgenden beschriebenen Verfahrensmodifikation.

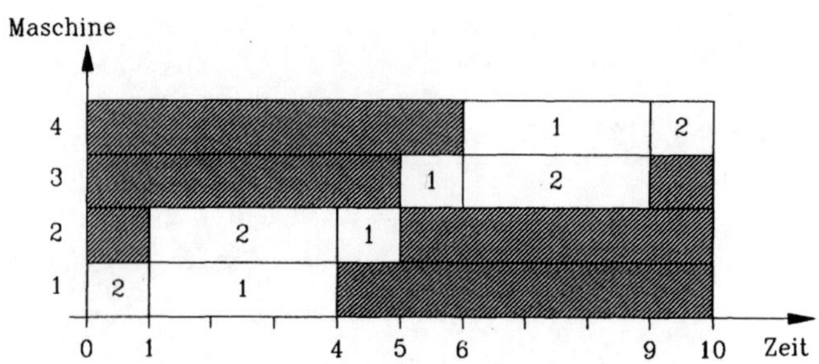

Abb. 5.11

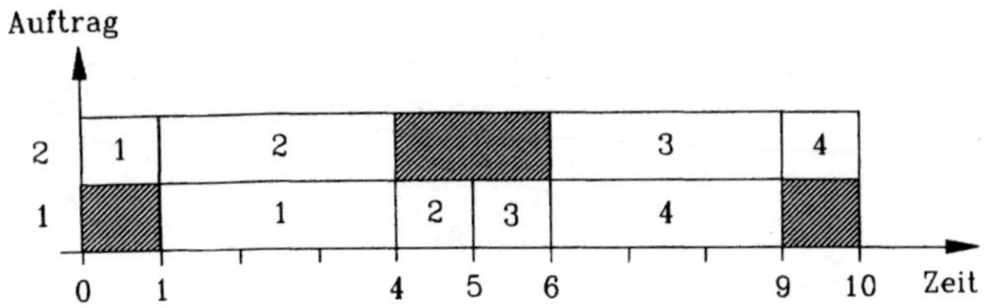

Abb. 5.12

Zur Lösung des vorliegenden Kürzeste-Wege-Problems wird ein gerichteter Graph $G = (V, E, c)$ konstruiert. Seine Knotenmenge V umfaßt die Quelle Q, die Senke S sowie für jede Maschine i die Knoten (FA_{1i}, FE_{2i}) und (FE_{1i}, FA_{2i}), d.h. die Nordwest- und die Südostecke des jeweiligen Konfliktfeldes. Seine Pfeilmenge E, deren Bewertungen c sowie die kürzeste Entfernung d_S von Q nach S werden simultan durch den unten angegebenen Algorithmus ermittelt. Dessen Grundprinzip läßt sich wie folgt skizzieren (vgl. Abb. 5.13):

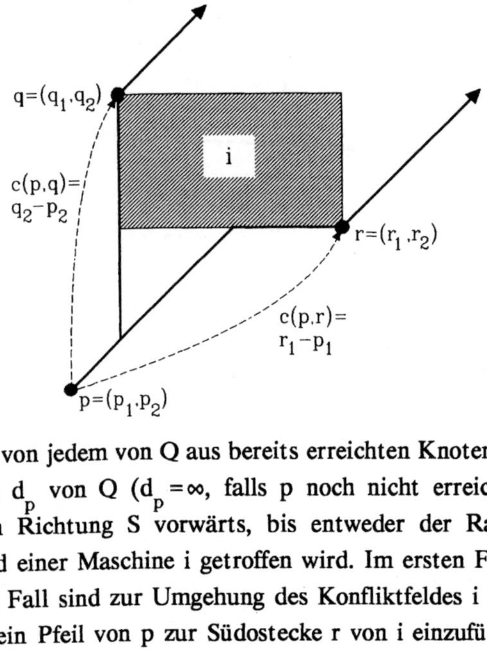

Abb. 5.13

Ausgehend von jedem von Q aus bereits erreichten Knoten $p = (p_1, p_2)$ mit (aktuell) kürzester Entfernung d_p von Q ($d_p = \infty$, falls p noch nicht erreicht wurde), schreitet man so lange diagonal in Richtung S vorwärts, bis entweder der Rand des Operationsfeldes oder das Konfliktfeld einer Maschine i getroffen wird. Im ersten Fall führt man einen Pfeil (p, S) ein; im zweiten Fall sind zur Umgehung des Konfliktfeldes i ein Pfeil von p zur Nordwestecke q von i und ein Pfeil von p zur Südostecke r von i einzuführen. Als Bewertung für einen Pfeil (p, q) erhalten wir $c(p, q) := \max\{q_1 - p_1, q_2 - p_2\} = q_2 - p_2$. Falls $d_q > d_p + c(p, q)$ gilt, wird $d_q := d_p + c(p, q)$ gesetzt. (Entsprechendes gilt für (p, r) bzw. d_r.)

Die bereits erreichten und noch nicht weiterverfolgten Knoten p werden in einer Liste L nach folgender Regel gespeichert:

Sortiere L nach monoton wachsenden p_2 und bei Gleichheit nach monoton wachsenden p_1.

Aus der Liste wird stets der erste Knoten entnommen und wie beschrieben behandelt. Zum Zeitpunkt seiner Entnahme liegt aufgrund der Sortierung mit d_p die kürzeste Entfernung von Q nach p vor.

Algorithmus zur Lösung von Zwei-Auftrags-Problemen

Voraussetzung: Daten eines Problems [F | n=2 | Z] oder [J | n=2 | Z] ;
Zeitpunkte FA_{1i}, FE_{1i}, FA_{2i}, FE_{2i} und Knotenmenge V (wie oben definiert);
Umnumerierung der Maschinen gemäß der Maschinenfolge des Auftrags 2, so daß gilt: $FA_{2h} < FA_{2i}$, falls $h < i$;
geordnete Liste L;
i(p): Nummer der Maschine, von deren Konfliktfeld der Knoten p eine Ecke darstellt (bei Punkten, die zu zwei Konfliktfeldern von Maschinen ι und $\iota+1$ gehören, kann $i(p) = \iota+1$ gewählt werden); $i(Q) := 0$;
Speicherplatz für Pfeilmenge E, Pfeilbewertungen c und Entfernungen d

Start: $L := <Q, S]$; $d_p := \infty \quad \forall p \in V - \{Q\}$; $d_Q := 0$

Iteration:

while $L \neq <S]$ **do**
begin
  entferne erstes Listenelement $p = (p_1, p_2)$ aus L; $\Delta := p_2 - p_1$;
  $k := \min \{h > i(p) \mid FE_{2h} - FA_{1h} > \Delta \ \wedge \ FA_{2h} - FE_{1h} < \Delta\}$; [5]
  if k existiert **then**
  begin
    $q = (q_1, q_2) := (FA_{1k}, FE_{2k})$; $r = (r_1, r_2) := (FE_{1k}, FA_{2k})$;
    $E := E \cup \{(p,q), (p,r)\}$;
    $c(p,q) := q_2 - p_2$; $d_q := \min \{d_q, d_p + c(p,q)\}$;
    $c(p,r) := r_1 - p_1$; $d_r := \min \{d_r, d_p + c(p,r)\}$;
    sortiere q und r in L gemäß obiger Regel ein
  end
    else
  begin
    $E := E \cup \{(p,S)\}$;
    $c(p,S) := \max \{S_1 - p_1, S_2 - p_2\}$; $d_S := \min \{d_S, d_p + c(p,S)\}$
  end
end;

Ergebnis: d_S enthält die kürzeste Entfernung von Q nach S. Zur Bestimmung des zugehörigen kürzesten Weges vgl. Bem. 5.4.

* * *

5 Alle Punkte, die man von p aus diagonal fortschreitend erreicht, besitzen die Koordinatenkomponentendifferenz Δ. Für alle Maschinen h mit $FA_{2h} - FE_{1h} < \Delta < FE_{2h} - FA_{1h}$ liegt die Nordwestecke oberhalb und die Südostecke unterhalb dieser Diagonale. Aufgrund der Numerierung der Maschinen ist k die Nummer des Konfliktfeldes, das von p aus in Richtung S als erstes getroffen wird.

Beispiel: Wir wenden das Verfahren nun auf ein Job Shop-Problem [J5 | n=2 | Z] an. Die Bearbeitungszeiten und Maschinenfolgen sind in den folgenden beiden Tableaus angegeben. Die Numerierung der Maschinen erfüllt bereits die Voraussetzungen des Algorithmus.

i	1	2	3	4	5
t_{1i}	3	5	3	2	4
t_{2i}	4	3	3	3	2

h	1	2	3	4	5
μ_{1h}	4	1	3	2	5
μ_{2h}	1	2	3	4	5

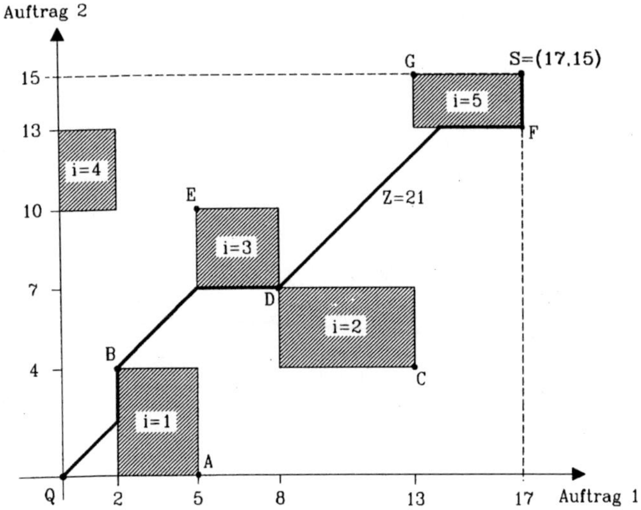

Abb. 5.14

Abb. 5.14 zeigt das Operationsfeld des Problems mit den Konfliktfeldern und denjenigen Knoten der Menge V, die im Laufe des Verfahrens von Q aus erreicht werden. Die ersten beiden Iterationen verlaufen wie folgt:

Iteration 1: $p := Q$; $\Delta := 0$;
$k := \min\{1,3,5\} = 1$; $L := <(5,0),(2,4), S = (17,15)]$

Iteration 2: $p := (5,0)$; $\Delta := -5$;
$k := \min\{2\} = 2$; $L := <(2,4),(13,4),(8,7),(17,15)]$

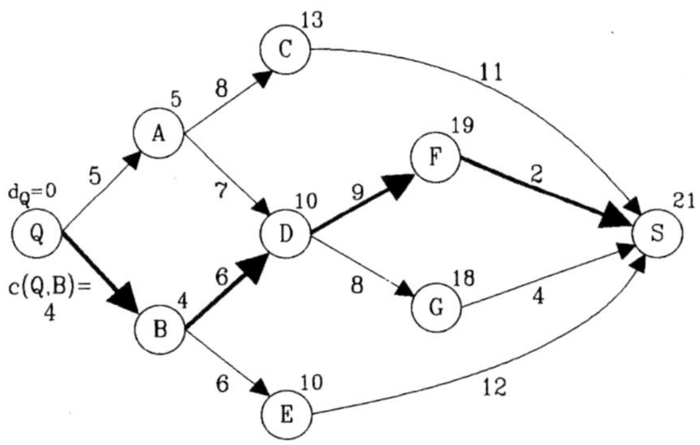

Abb. 5.15

Abb. 5.15 enthält den im Verlaufe des Verfahrens entstehenden Teilgraphen (ohne die nicht erreichten Knoten von V). An den Knoten sind die kürzesten Entfernungen d_p notiert. Der kürzeste Weg der Länge $Z^* = 21$ ist sowohl in Abb. 5.14 als auch in Abb. 5.15 fett eingezeichnet.

Bemerkung 5.4: Die Umnumerierung der Maschinen gemäß der Maschinenfolge des zweiten Auftrags bewirkt, daß unter allen Konfliktfeldern, die von einem Punkt p aus getroffen werden können, das zuerst getroffene den kleinsten Maschinenindex besitzt. Die Sortierung der Liste L bewirkt, daß die Knoten in der Reihenfolge getroffener Konfliktfelder und unter diesen zunächst die Südostecke und dann die Nordwestecke ausgewählt werden. Ein einmal aus L entfernter Knoten p kann nicht mehr erneut in die Liste aufgenommen werden.

Der Aufwand des Verfahrens läßt sich in Abhängigkeit von der Maschinenzahl m mit O(m log m) wie folgt abschätzen:
Die Generierung der Knotenmenge erfolgt mit Aufwand O(m). Der angegebene Algorithmus zur Pfeil- und Entfernungsbestimmung kann mit O(m log m) realisiert werden, wenn die Menge der Konfliktfelder geeignet gespeichert wird; z.B. mit Hilfe eines balancierten Baumes. Durch Speichern des Vorgängers jedes erreichten Knotens p im kürzesten Weg von Q nach p läßt sich der kürzeste Weg von Q nach S, bei S beginnend, mit O(m) zurückverfolgen. Mit demselben Aufwand kann der zugehörige Ablaufplan bestimmt werden.

Bemerkung 5.5:

a) Gilt für die Aufträge eines Zwei-Auftrags-Problems die Forderung *no wait*, so kann die Lösung mit einer geringfügig modifizierten Version des oben dargestellten Verfahrens ermittelt werden. Jede zulässige Lösung für dieses Problem ist dergestalt, daß im Inneren des Operationsfeldes keine Richtungsänderung erfolgen darf, also nur diagonal fortgeschritten wird.

b) Das Verfahren läßt sich unmittelbar anwenden, falls für die Aufträge Auftragsfreigabetermine $a_j \neq 0$ $(j=1,2)$ vorgegeben sind. In diesem Fall besitzen die Südwestecken aller Konfliktfelder Koordinaten $\geq a_1$ und $\geq a_2$.

c) In begrenztem Umfang können mit dem Verfahren weitere Modifikationen der Auftragscharakteristika (z.B. pmtn) sowie andere Zielfunktionen berücksichtigt werden; vgl. z.B. Siegel (1974). Beispielsweise lassen sich die Zielsetzungen D_{max} und W_{max} einbeziehen. Die Pfeile des zu erzeugenden Graphen erhalten dabei eine entsprechende Bewertung für jeden der beiden Aufträge. Gesucht ist derjenige Weg, bei dem die größere der Summen bezüglich der beiden Aufträge minimal ist.

5.3 Ein-Maschinen-Probleme

In diesem Kapitel betrachten wir Probleme der Maschinenbelegungsplanung unter der Voraussetzung, daß genau eine Maschine gegeben ist, auf der n Aufträge zu bearbeiten sind: [1 | |]. Wir untergliedern unsere Ausführungen hinsichtlich verschiedener Zielsetzungen. In Kap. 5.3.1 betrachten wir zunächst Probleme mit zu minimierender maximaler *Terminabweichung*, wobei die in Kap. 5.3.1.2 behandelten dynamischen Probleme auch auf entsprechende Probleme mit zu minimierender *Zykluszeit* in Kap. 5.3.2 vorbereiten sollen. In Kap. 5.3.3 bzw. Kap. 5.3.4 folgen Probleme mit zu minimierenden *Durchlaufzeiten* bzw. zu minimierender *Anzahl verspäteter Aufträge*. In Kap. 5.3.5 befassen wir uns kurz mit weiteren Zielen.

	β	Komplexität	Literatur / Bemerkungen
Z	a_j	O(n log n)	vgl. **Kap. 5.3.2.1**
	a_j, n_j	NP-schwer	Carlier (1982); vgl. **Kap. 5.3.2.1**
	pmtn, a_j, n_j	O(n log n)	vgl. **Kap. 5.3.2.1**
	prec, a_j	O(n log n)	Lawler (1973)
	τ_{jk}	NP-schwer	Spezialfälle sind polynomial lösbar, vgl. **Kap. 5.3.2.2**
D	o	O(n log n)	vgl. **Kap. 5.3.3**
	a_j	NP-schwer	Lenstra et al. (1977)
	pmtn, a_j	O(n log n)	vgl. **Kap. 5.3.3**
	τ_{jk}	NP-schwer	TSP mit zeitabhängigen Entfernungen, vgl. **Kap. 5.3.3**
	tree	O(n log n)	Lawler (1978)
	prec	NP-schwer	Lenstra und Rinnooy Kan (1978)
	pmtn, prec	NP-schwer	Lenstra und Rinnooy Kan (1978)
D^{ω}	o	O(n log n)	Smith (1956); vgl. **Kap. 5.3.3**
W_{max}	o	O(n)	vgl. **Kap. 5.3.3**
T_{max}	o	O(n log n)	übertragbar auf V_{max}; vgl. **Kap. 5.3.1.1**
	prec	O(n log n)	Lawler (1973); vgl. **Kap. 5.3.1.1**
	pmtn, a_j	O(n log n)	Lawler et al. (1993); vgl. **Kap. 5.3.1.2**
	pmtn, prec, a_j	$O(n^2)$	vgl. **Kap. 5.3.1.2**
	a_j, t_j=const	polynomial	Garey et al. (1981)
	a_j	NP-schwer	Lawler et al. (1993); vgl. **Kap. 5.3.1.2**
$\lvert T^{\omega}\rvert$	o	NP-schwer	vgl. **Kap. 5.3.5**
V	o	NP-schwer	Du und Leung (1990)
$V_{\#}$	o	O(n log n)	Moore (1968); vgl. **Kap. 5.3.4.1**
$V_{\#}^{\omega}$	o	NP-schwer	Potts und van Wassenhove (1988); vgl. **Kap. 5.3.4.2**

Tab. 5.2: Ein-Maschinen-Probleme [1 |... |...]

In Tab. 5.2 geben wir einen Überblick über einige Ein-Maschinen-Probleme. Die Tabelle erhebt dabei keinen Anspruch auf Vollständigkeit; sie soll vielmehr einen Einstieg in weitere Literatur bieten und anhand einiger Beispiele helfen, den Übergang von polynomial lösbaren zu NP-schweren Problemen zu verdeutlichen. Vgl. weitere Darstellungen z.B. in Lageweg et al. (1982) sowie Blazewicz et al. (1986). Speziell zu Ein-Maschinen-Problemen siehe auch Baker (1974) sowie Gupta und Kyparisis (1987).

5.3.1 Minimierung der maximalen Terminabweichung

Wir untergliedern das Kapitel hinsichtlich der Auftragscharakteristik β_4 in statische ($\beta_4 = \circ$) und dynamische Modelle ($\beta_4 = a_j$ oder $\beta_4 = a_j, n_j$).

5.3.1.1 Statische Modelle

Wir betrachten zunächst das Problem **[1 | | T_{max}]**. Es ist mit Hilfe der EDD-Regel (Earliest Due Date-Regel; vgl. Kap. 5.1.4) mit einem Rechenaufwand von O(n log n) exakt lösbar. Gemäß der EDD-Regel werden die Aufträge in der Reihenfolge monoton wachsender gewünschter Fertigstellungstermine sortiert und eingeplant.

Der Beweis für die Optimalität dieses Prioritätsregelverfahrens läßt sich über den paarweisen Austausch von Aufträgen innerhalb einer noch nicht optimalen Reihenfolge führen:

Seien j und k Aufträge mit gewünschten Fertigstellungsterminen $f_j > f_k$ und R eine Reihung, bei der j unmittelbar vor k ausgeführt wird. Umgekehrt sei R' eine Reihung, bei der gemäß der EDD-Regel k unmittelbar vor j eingeplant wird. Dabei bezeichnen wir mit a_B den Beginnzeitpunkt von j in R bzw. k in R'. Es gilt:

$$T_j = a_B + t_j - f_j \quad \text{(in R)} \qquad T'_j = a_B + t_k + t_j - f_j \quad \text{(in R')}$$

$$T_k = a_B + t_j + t_k - f_k \quad \text{(in R)} \qquad T'_k = a_B + t_k - f_k \quad \text{(in R')}$$

$$\Rightarrow T_k > \max\{T'_j, T'_k\}$$

Da alle anderen Terminabweichungen durch den Tausch unverändert bleiben, gilt $T_{max} \geq T'_{max}$. Jede beliebige Reihung R kann durch eine Folge von paarweisen Vertauschungen in eine EDD-Reihung R' überführt werden, so daß die Behauptung folgt. □

Die Argumentation ist unmittelbar auf **[1 | | V_{max}]** übertragbar, denn es gilt (vgl. Abb. 5.9 sowie die dazu gegebenen Erläuterungen in Kap. 5.1.3.3):

$$V_k = \max\{0, T_k\} \geq \max\{0, T'_j, T'_k\} = \max\{V'_j, V'_k\}$$

Im folgenden betrachten wir einige Erweiterungen obiger Problemstellungen.

[1 | prec | T_{max}]: Bei diesem Problem wird gemäß β_3 = prec zusätzlich zu den Daten t_j und f_j ein Vorranggraph G = (V,E) zur Beschreibung der Reihenfolgebeziehungen betrachtet. Für jeden Knoten j ∈V sind damit eindeutige Vorgänger- und Nachfolgermengen gegeben.

Das Problem kann mit dem folgenden Algorithmus von Lawler (1973) optimal gelöst werden. Der Ablaufplan wird von hinten, also entgegengesetzt der Fertigungsreihenfolge, entwickelt. Man wählt dazu in jeder Iteration unter den Aufträgen, deren sämtliche Nachfolger bereits eingeplant sind, denjenigen mit dem spätesten gewünschten Fertigstellungstermin. Dabei bezeichnet man Aufträge ohne Nachfolger oder solche, deren Nachfolger bereits eingeplant sind, als **einplanbar** (vgl. Def. 5.2 in Kap. 5.6.2.2).

Algorithmus von Lawler

Voraussetzung: Daten eines Problems $[1 \mid prec \mid T_{max}]$ oder $[1 \mid prec \mid V_{max}]$ mit Reihenfolgebeziehungen in Form von Vorgängermengen $\mathcal{V}(j)$ und Nachfolgermengen $\mathcal{N}(j)$ für $j=1,...,n$

J_1 Menge noch nicht eingeplanter Aufträge

J_2 Menge der einplanbaren Aufträge

L Reihung der bisher eingeplanten Aufträge

Start: $J_1 := \{1,...,n\}$; $J_2 := \{ j \in J_1 \mid \mathcal{N}(j) = \phi \}$; $L := <]$;

Iteration:

while $J_1 \neq \phi$ **do**

begin

wähle ein $k \in J_2$, so daß $f_k = \max \{f_j \mid j \in J_2\}$ gilt;

for (all) $j \in \mathcal{V}(k)$ **do**

begin

$\mathcal{N}(j) := \mathcal{N}(j) - \{k\}$;

if $\mathcal{N}(j) = \phi$ **then** $J_2 := J_2 \cup \{j\}$

end;

$L := <k,L]$; $J_1 := J_1 - \{k\}$; $J_2 := J_2 - \{k\}$;

end;

Ergebnis: Die Liste L enthält eine optimale Reihung der Aufträge.

* * *

Bemerkung 5.6: Der Algorithmus von Lawler besitzt einen Rechenaufwand von O(n log n), der im wesentlichen durch das Sortieren der einplanbaren Aufträge in J_2 bedingt ist. Der Beweis für die Korrektheit der Vorgehensweise läßt sich analog zu demjenigen für $[1 \mid \mid T_{max}]$ durch Betrachtung paarweiser Vertauschungen von Aufträgen führen. Lawler (1973) gibt einen entsprechenden Beweis für allgemeine monoton wachsende Zielfunktionen in Abhängigkeit von der jeweiligen Verspätung.

Eine Alternative zum Algorithmus von Lawler besteht darin, zunächst die Fertigstellungstermine der Aufträge zu modifizieren und anschließend die EDD-Regel anzuwenden. Die veränderten Fertigstellungstermine f'_j werden in umgekehrter Reihenfolge einer topologischen Sortierung des Vorranggraphen ermittelt. Auftrag k wird vor Auftrag j betrachtet, falls $k \in \mathcal{N}(j)$ ist:

$$f'_j := \begin{cases} \min \{f_j, \min \{f'_k - t_k \mid k \in \mathcal{N}(j)\}\} & \text{falls } \mathcal{N}(j) \neq \phi \\ f_j & \text{sonst} \end{cases} \tag{5.1}$$

Die Richtigkeit der Vorgehensweise läßt sich wie folgt begründen:

1. Unter der Annahme positiver Bearbeitungszeiten t_j gilt $f'_j < f'_k$ für alle $j = 1,...,n$ und $k \in \mathcal{N}(j)$. Daher ist jede aufgrund der modifizierten Daten entstandene EDD-Reihung zulässig bezüglich der Vorrangbeziehungen des Ausgangsproblems.
2. Der Wert von T_{max} (und damit auch derjenige von V_{max}) einer zulässigen Reihung wird durch die Modifikation der Daten nicht verändert. Durch (5.1) wird der Fertigstellungstermin f_j jedes Auftrags j genau um die Zeitspanne reduziert, um die j vor dem Zeitpunkt f_j beendet sein müßte, damit sämtliche mittelbaren und unmittelbaren Nachfolger (bei frühestmöglicher Einplanung) termingerecht fertiggestellt werden könnten. Für jeden Auftrag j mit der maximalen Terminabweichung gilt $f'_j = f_j$, da ansonsten bei einem seiner mittelbaren oder unmittelbaren Nachfolger eine noch größere Terminabweichung auftreten würde. Falls mittelbare oder unmittelbare Vorgänger k eines solchen Auftrags j neue Fertigstellungstermine erhalten, so geschieht dies derart, daß $T_k \le T_{max}$ gilt.

Bemerkung 5.7: Die Anwendung der EDD-Regel verursacht aufgrund der erforderlichen Sortierung einen Aufwand von O(n log n). Die Modifikation der Fertigstellungstermine benötigt $O(n + |E|)$, wenn E die Pfeilmenge des Vorranggraphen bezeichnet. Daher beträgt der Aufwand für die Anwendung der verallgemeinerten EDD-Regel $O(n \log n + |E|)$. Man überlegt sich, daß $O(|E|) = O(n^2)$ gilt.

Beispiel: Wir betrachten zur Veranschaulichung der beschriebenen Verfahren ein Problem mit den in Tab 5.3 angegebenen Bearbeitungszeiten t_j und Fertigstellungsterminen f_j sowie dem in Abb. 5.16 dargestellten Vorranggraphen:

j	1	2	3	4	5
t_j	3	4	1	3	5
f_j	4	5	2	3	6
f'_j	−2	5	2	1	6

Tab. 5.3

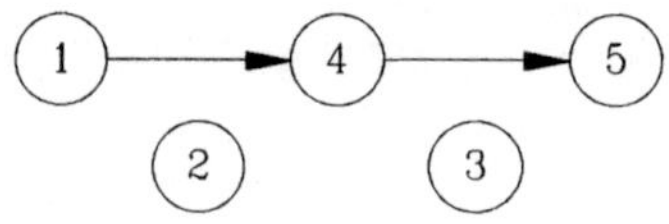

Abb. 5.16

Der Algorithmus von Lawler liefert die Reihung L = < 3, 1, 4, 2, 5] mit $T_{max} = 10$. Durch (5.1) ergeben sich die in Tab. 5.3 angegebenen modifizierten Fertigstellungstermine, aufgrund derer die EDD-Regel die Reihung L = < 1, 4, 3, 2, 5] ebenfalls mit $T_{max} = 10$ ermittelt.

5.3.1.2 Dynamische Modelle

Wir betrachten Problemstellungen mit unterschiedlichen Auftragsfreigabeterminen der Aufträge. Die Probleme $[1 \mid a_j \mid T_{max}]$ und $[1 \mid a_j \mid V_{max}]$ sind als NP-schwer bekannt; vgl. Lenstra et al. (1977) sowie Lawler et al. (1993). Erlaubt man jedoch Unterbrechbarkeit der Aufträge (β_2 = pmtn), so kann man die entstehenden Probleme $\mathbf{[1 \mid pmtn, a_j \mid T_{max}]}$ bzw. $\mathbf{[1 \mid pmtn, a_j \mid V_{max}]}$ mit Hilfe einer dynamischen EDD-Regel bei einem Aufwand von O(n log n) lösen (siehe Baker (1974, S. 82), vgl. auch Bem. 5.8 c):

Dynamische EDD-Regel: Plane stets einen *einplanbaren* (d.h. hier: zum Planungszeitpunkt bereitstehenden) Auftrag mit kleinstem gewünschtem Fertigstellungstermin f_j ein.

Die dynamische EDD-Regel kann dazu führen, daß zu einem Zeitpunkt a_j die bereits begonnene Bearbeitung eines Auftrags k aufgrund der Relation $f_k > f_j$ unterbrochen und erst dann wieder fortgesetzt wird, wenn kein verfügbarer Auftrag mit kleinerem Fertigstellungstermin als f_k mehr in Bearbeitung ist. Dies bedeutet, daß ein Auftrag nur dann gefertigt wird, wenn kein anderer Auftrag mit kleinerem Fertigstellungstermin verfügbar ist. Wie man sich leicht überlegt, erhält man bei dieser Vorgehensweise maximal n−1 Unterbrechungen.

Anstelle der dynamischen EDD-Regel kann auch das im folgenden skizzierte **Blockverfahren** angewendet werden; vgl. Lawler et al. (1993). Seine Vorgehensweise ähnelt stark derjenigen des oben beschriebenen Algorithmus von Lawler und besitzt einen Rechenaufwand der Größenordnung $O(n^2)$. Wir beschreiben das Blockverfahren, da es eine grundlegende Idee zur Dekomposition von Problemen mit der Auftragscharakteristik $\beta_4 = a_j$ beinhaltet.

Plant man die Aufträge vorläufig in der Reihenfolge wachsender Bereitstellungszeitpunkte a_j ein (ERD-Regel), so entstehen einzelne **Blöcke** (disjunkte Teilmengen) von Aufträgen. Sind für einen Auftrag j alle gemäß der ERD-Regel zuvor eingeplanten Aufträge zum Zeitpunkt a_j abgearbeitet, so beginnt mit j zum Zeitpunkt a_j ein neuer Block. Innerhalb eines Blockes wird ohne Leerzeit gefertigt, während zwischen den Blöcken aufgrund der a_j nicht vermeidbare Leerzeiten entstehen. Für jeden Block B kann man einen Beginnzeitpunkt $a(B) := \min\{a_j \mid j \in B\}$ und einen Endzeitpunkt $e(B) := a(B) + \sum_{j \in B} t_j$ ermitteln. Stimmen der Endzeitpunkt eines Blockes und der Beginnzeitpunkt des nachfolgenden Blockes überein, so ist die oben genannte Leerzeit gleich 0.

Jeder im Verlauf des Verfahrens entstehende Block B wird in einem rekursiven Verfahren in einen oder mehrere Teilblöcke zerlegt, indem jeweils ein Auftrag j mit größtem Fertigstellungstermin f_j aus dem Block entfernt wird. Zwischen den Zeitpunkten a(B) und e(B) entstehen unter Beibehaltung der ERD-Reihenfolge für die restlichen Aufträge aufgrund der a_j Leerzeiten, während derer j vollständig eingeplant werden kann. Dies geschieht so lange, bis alle verbleibenden Blöcke aus einem einzigen Element bestehen, das zum Beginnzeitpunkt des entsprechenden Blockes eingeplant wird.

Dieses Verfahren liefert, wie die dynamische EDD-Regel, Lösungen mit maximal n−1 Unterbrechungen.

Beispiel: Wir betrachten das Problem mit folgenden Daten:

j	1	2	3	4	5	6	7	8
a_j	0	2	4	7	12	14	21	23
t_j	5	4	2	2	4	3	4	2
f_j	19	10	6	9	18	17	26	25

Die dynamische EDD-Regel liefert den optimalen Plan in Abb. 5.17 mit $T_{max} = 1$.

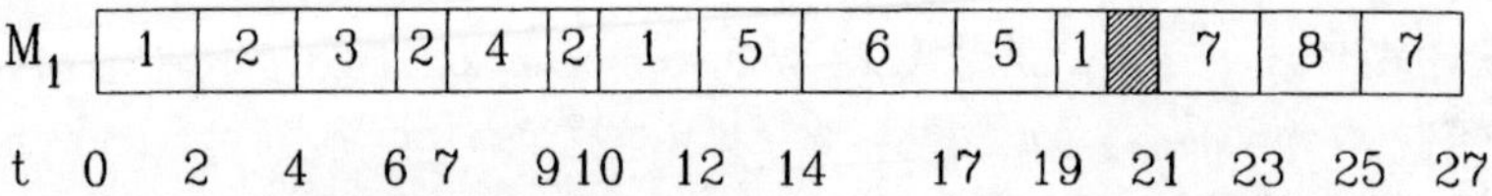

Abb. 5.17

Das Blockverfahren liefert mit folgenden Zwischenschritten denselben Plan:

$J = \{1,...,8\}$ zerfällt bei Einplanung der Aufträge nach der ERD-Regel in zwei Blöcke B_1 und B_2 (weitere Unterteilungen werden entsprechend indiziert):

$B_1 = \{1,...,6\}$; $a(B_1) = 0$; $e(B_1) = 20$;
$B_2 = \{7,8\}$; $a(B_2) = 21$; $e(B_2) = 27$;

$j = 1 \Rightarrow B_{11} = \{2,3,4\}$; $a(B_{11}) = 2$; $e(B_{11}) = 10$;
$B_{12} = \{5,6\}$; $a(B_{12}) = 12$; $e(B_{12}) = 19$;
plane Auftrag 1 von Zeitpunkt 0 bis 2, 10 bis 12 und 19 bis 20 ein;

$j = 2 \Rightarrow B_{111} = \{3\}$; $a(B_{111}) = 4$; $e(B_{111}) = 6$;
$B_{112} = \{4\}$; $a(B_{112}) = 7$; $e(B_{112}) = 9$;
plane Auftrag 2 von Zeitpunkt 2 bis 4, 6 bis 7 und 9 bis 10 ein;

$j = 5 \Rightarrow B_{121} = \{6\}$; $a(B_{121}) = 14$; $e(B_{121}) = 17$;
plane Auftrag 5 von Zeitpunkt 12 bis 14 und 17 bis 19 ein;

$j = 7 \Rightarrow B_{21} = \{8\}$; $a(B_{21}) = 23$; $e(B_{21}) = 25$;
plane Auftrag 7 von Zeitpunkt 21 bis 23 und 25 bis 27 ein;

Die Aufträge 3, 4, 6 und 8 werden, beginnend zu den Zeitpunkten 4, 7, 14 und 23, eingeplant und ohne Unterbrechung gefertigt.

Betrachtet man zusätzlich Reihenfolgebeziehungen, d.h. **[1 | pmtn, prec, a_j | T_{max}]**, so erhält man eine optimale Lösung durch Modifikation der Daten und anschließende Anwendung der dynamischen EDD-Regel oder des Blockverfahrens mit einem Aufwand von $O(n^2)$. Dazu werden neue Bereitstellungszeitpunkte a'_j in der Reihenfolge einer topologischen Sortierung wie folgt und neue Fertigstellungstermine f'_j gemäß (5.1) in umgekehrter Reihenfolge ermittelt:

$$a'_j := \begin{cases} \max\{a_j, \max\{a'_k + t_k \mid k \in \mathcal{V}(j)\}\} & \text{falls } \mathcal{V}(j) \neq \phi \\ a_j & \text{sonst} \end{cases}$$

Durch Modifikation der a_j wird sichergestellt, daß kein Auftrag vor dem frühestmöglichen Fertigstellungszeitpunkt jedes seiner Vorgänger eingeplant werden kann. Durch Anwendung eines der für das Problem [1 | pmtn, a_j | T_{max}] geeigneten Verfahrens werden somit die Reihenfolgebeziehungen erfüllt.

Exakte Verfahren für **[1 | a_j | T_{max}]** beschreiben z.B. Baker und Su (1974) sowie McMahon und Florian (1975). Wir verzichten an dieser Stelle auf die Wiedergabe von Lösungsverfahren für die Probleme [1 | a_j | T_{max}] bzw. [1 | a_j | V_{max}] und beschränken uns auf die Angabe einer Transformation in modifizierte Probleme (vgl. Kap. 5.5.1.4). Die Größe T_{max} = max $\{T_j \mid j=1,...,n\}$ = max $\{F_j - f_j \mid j=1,...,n\}$ läßt sich derart modifizieren, daß das Lösen von $[\,1 \mid a_j \mid T_{max}\,]$ dem Lösen eines Problems $[\,1 \mid a_j, n_j \mid Z\,]$ entspricht (siehe zu diesem Problem Kap. 5.3.2.1):

Ausgehend von den gewünschten Fertigstellungsterminen, definieren wir eine Konstante $f^* := \max\{f_j \mid j=1,...,n\}$ sowie eine Nachlaufzeit $n_j := f^* - f_j$ für alle $j=1,...,n$. Damit ergibt sich für jeden Auftrag j eine modifizierte Terminabweichung $T_j' := F_j + n_j$. Die maximale Terminabweichung $T'_{max} = \max\{T_j' \mid j=1,...,n\} = \max\{F_j + f^* - f_j \mid j=1,...,n\}$ unterscheidet sich somit von T_{max} lediglich um f^*. Die Minimierung von T'_{max} ist äquivalent zur Minimierung von $Z = \max\{F_j + n_j \mid j=1,...,n\}$, und damit gilt obige Behauptung. □

5.3.2 Minimierung der Zykluszeit

Man überlegt sich leicht, daß für das Problem $[\,1 \mid \mid Z\,]$ jede Reihung der Aufträge ohne Leerzeiten auf der Maschine zugleich eine optimale Lösung liefert. Das Problem $[\,1 \mid prec \mid Z\,]$ läßt sich entsprechend einfach lösen, indem man die Aufträge gemäß des Vorranggraphen topologisch sortiert und sie nach dieser Reihung ohne Leerzeiten auf der Maschine fertigt.

Im folgenden betrachten wir insbesondere Fragestellungen, die als Relaxationen von allgemeineren Maschinenbelegungsproblemen von Interesse sind.

5.3.2.1 Berücksichtigung von Bereitstellungsterminen und Nachlaufzeiten

Das Problem $[\,1 \mid a_j \mid Z\,]$ läßt sich optimal lösen, indem man die Aufträge nach nicht abnehmenden Bereitstellungsterminen (ERD-Regel) sortiert und in dieser Reihenfolge einplant.

$[\,1 \mid n_j \mid Z\,]$: Die Summe der Bearbeitungszeiten aller Aufträge ist unabhängig von der Reihenfolge. Eine optimale Lösung für dieses Problem erhält man durch Sortieren und Einplanen der Aufträge nach monoton fallenden Nachlaufzeiten. Der Beweis für die Optimalität der Vorgehensweise kann über paarweises Vertauschen benachbarter Aufträge geführt werden.

Bei der Lösung komplexer Job Shop-Probleme spielt vor allem das Problem $[\,1 \mid a_j, n_j \mid Z\,]$ als Relaxation eine wichtige Rolle (vgl. Kap. 5.6.2.4).

Bevor wir uns mit Lösungsmöglichkeiten für dieses Problem beschäftigen, gehen wir zunächst näher auf die Auftragscharakteristik $\beta_4 = n_j$ ein. Eine anschauliche Interpretation von Nachlaufzeiten erhält man bei der Betrachtung des folgenden Maschinenbelegungsproblems mit drei Fertigungsstufen: Auf der mittleren Stufe befindet sich eine "Engpaßmaschine", d.h. eine Maschine, die zu jedem Zeitpunkt höchstens einen Auftrag bearbeiten kann. Demgegenüber können auf der ersten und der dritten Fertigungsstufe beliebig viele Aufträge gleichzeitig bearbeitet werden, d.h. dort stehen jeweils mindestens n identische parallele Maschinen zur Verfügung. Jeder Auftrag j ist zunächst auf einer Maschine der ersten Stufe mit einer Bearbeitungszeit a_j zu fertigen, dann mit einer Zeit von t_j auf der Maschine der zweiten Stufe und mit n_j auf einer Maschine der dritten Stufe. Als Zielsetzung wird die Minimierung der

Zykluszeit betrachtet. Die so beschriebene Problemstellung läßt sich unmittelbar in ein Ein-Maschinen-Problem $[1 \mid a_j, n_j \mid Z]$ überführen. Das Bearbeitungsende auf der ersten Stufe bestimmt den Bereitstellungstermin a_j auf der zweiten Stufe, und nach Beendigung der Fertigung auf dieser Stufe schließt sich noch die Nachlaufzeit n_j für die dritte Stufe an (vgl. auch die Transformation von $[1 \mid a_j \mid T_{max}]$ in $[1 \mid a_j, n_j \mid Z]$ in Kap. 5.3.1.2).

Das Branch & Bound-Verfahren von Carlier zur Lösung von $[1 \mid a_j, n_j \mid Z]$:

Bei $[1 \mid a_j, n_j \mid Z]$ handelt es sich um ein NP-schweres Problem. Im folgenden geben wir für dieses Problem als exaktes Lösungsverfahren ein B&B-Verfahren von Carlier (1982) an. Als Komponenten des Verfahrens beschreiben und begründen wir zunächst eine Heuristik zur Bestimmung oberer Schranken, die in jedem Knoten des B&B-Baumes angewendet wird. Darüber hinaus lassen sich mit einer Modifikation dieser Heuristik untere Schranken ermitteln. Abschließend wird der Verzweigungsprozeß des Verfahrens erläutert.

Obere Schranken: Zu ihrer Bestimmung dient die folgende **Heuristik**, bei der sukzessive unter allen einplanbaren (d.h. bereitstehenden) Aufträgen jeweils einer mit längster Nachlaufzeit eingeplant wird.

Algorithmus von Schrage

Voraussetzung: Daten eines Problems $[1 \mid a_j, n_j \mid Z]$

- J_1 Menge noch nicht eingeplanter Aufträge
- J_2 Menge der einplanbaren Aufträge
- L Reihung der bisher eingeplanten Aufträge
- t aktueller Planungszeitpunkt
- Z Zykluszeit

Start: $L := <\ ]$; $J_1 := \{1,...,n\}$; $t := 0$; $Z := 0$;

Iteration:

repeat

if $t < \min\{a_j \mid j \in J_1\}$ **then** $t := \min\{a_j \mid j \in J_1\}$;

$J_2 := \{j \in J_1 \mid a_j \leq t\}$;

wähle einen Auftrag $j^* \in J_2$ mit $n_{j^*} \geq n_j$ für alle $j \in J_2$;[6]

$L := <L, j^*]$; (j* beginnt zum Zeitpunkt t)

$J_1 := J_1 - \{j^*\}$; $t := t + t_{j^*}$;

$Z := \max\{Z, t + n_{j^*}\}$;

until $J_1 = \phi$;

Ergebnis: L enthält eine zulässige Reihung der Aufträge mit einer Zykluszeit von Z.

* * *

6 Bei Gleichheit kann z.B. nach der LPT-Regel ausgewählt werden.

Beispiel: Wir betrachten ein Problem mit n = 6 Aufträgen und den in Tab. 5.4 angegebenen Daten.

j	1	2	3	4	5	6
a_j	12	2	0	11	9	10
t_j	8	4	3	6	2	2
n_j	21	9	2	6	7	10

Tab. 5.4

Der Schrage-Algorithmus geht wie folgt vor und liefert den in Abb. 5.18 dargestellten Plan:

1. Iteration:	$t = 0$,	$J_2 = \{3\}$,	$L = <3]$,	$t = 3$,	$Z = 5$
2. Iteration:		$J_2 = \{2\}$,	$L = <3, 2]$,	$t = 7$,	$Z = 16$
3. Iteration:	$t = 9$,	$J_2 = \{5\}$,	$L = <3, 2, 5]$,	$t = 11$,	$Z = 18$
4. Iteration:		$J_2 = \{4,6\}$,	$L = <3, 2, 5, 6]$,	$t = 13$,	$Z = 23$
5. Iteration:		$J_2 = \{1,4\}$,	$L = <3, 2, 5, 6, 1]$,	$t = 21$,	$Z = 42$
6. Iteration:		$J_2 = \{4\}$,	$L = <3, 2, 5, 6, 1, 4]$,	$t = 27$,	$Z = 42$

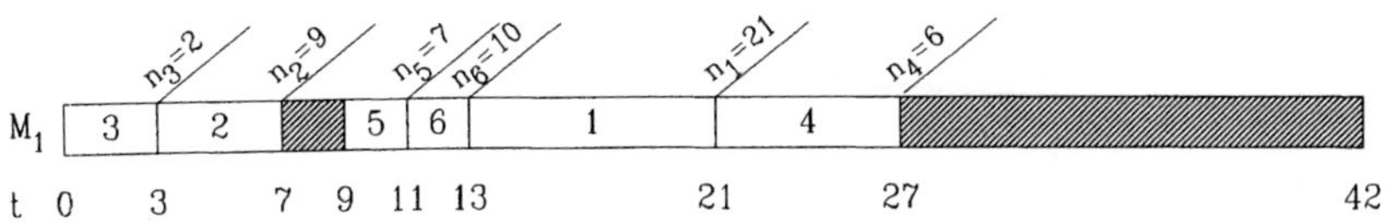

Abb. 5.18

Bemerkung 5.8:

a) Der Rechenaufwand des Schrage-Algorithmus beträgt O(n log n).

b) Wird aufgrund der if-Abfrage in einer Iteration ein neuer t-Wert bestimmt, so entspricht dies gerade der Festlegung des a(B) eines neuen Blockes B (vgl. Kap. 5.3.1.2), und das Problem ließe sich in entsprechende Teilprobleme dekomponieren.

c) Während der Schrage-Algorithmus für $[1 \mid a_j, n_j \mid Z]$ lediglich zulässige Lösungen und somit *obere Schranken* liefert, läßt er sich in modifizierter Form als exaktes Verfahren für $\mathbf{[1 \mid a_j, n_j, pmtn \mid Z]}$ anwenden; gleichzeitig erhält man durch Lösen dieses Problems eine **untere Schranke** für $[1 \mid a_j, n_j \mid Z]$. Dazu werden allen Aufträgen Prioritäten nach monoton fallenden Nachlaufzeiten zugeordnet. Die Bearbeitung eines Auftrags j wird unterbrochen, wenn ein anderer Auftrag k mit höherer Priorität, d.h. $n_k > n_j$, bereitgestellt wird (vgl. die SRPT-Regel). Ist k abgearbeitet und stehen keine weiteren Aufträge höherer Priorität bereit, so wird j weiter bearbeitet. Abb. 5.19 zeigt eine entsprechende Lösung für unser obiges Beispiel mit Zykluszeit 41.

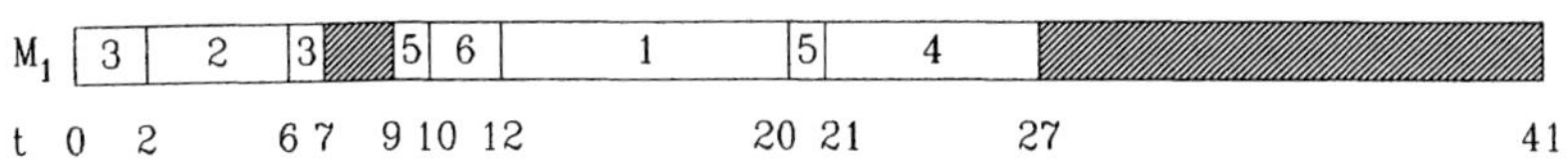

Abb. 5.19

$[1 \mid a_j, n_j \mid Z]$ kann als ein Problem der Netzplantechnik formuliert werden. Zu jeder *zulässigen Lösung*, d.h. zu jeder vorgegebenen Reihung $< j_1,...,j_n]$, läßt sich nämlich ein gerichteter Graph $G = (V, E, c)$ mit folgenden Bestandteilen definieren:[7]

$V := J \cup \{q, s\}$; dabei fungieren q und s als fiktiver Anfangs- bzw. Endauftrag mit $t_q = t_s = 0$, d.h. als *Quelle* und *Senke* von G. $J = \{1,...,n\}$ beschreibt die Menge aller Aufträge.

$E := \{(q,j), (j,s) \mid j \in J\} \cup \{(j_k, j_{k+1}) \mid k = 1,...,n-1\}$ mit folgenden Pfeilbewertungen:

$c_{qj} := a_j$	Bereitstellungszeitpunkt von Auftrag $j = 1,...,n$
$c_{j_k j_{k+1}} := t_{j_k}$	Bearbeitungszeit von Auftrag j_k; $k = 1,...,n-1$
$c_{js} := t_j + n_j$	Bearbeitungs- und Nachlaufzeit von Auftrag $j = 1,...,n$

Damit ist folgende äquivalente Formulierung des betrachteten Problems möglich:

Gesucht ist eine Reihung $< j_1,...,j_n]$ unter allen Permutationen von J, bei der die Länge eines kritischen Weges im entsprechenden konjunktiven Graphen minimal ist.

Für unser Beispiel ergibt sich für die oben ermittelte Reihung der in Abb. 5.20 angegebene Graph. Ein kritischer Weg ist (q, 5, 6, 1, s) mit der Länge 42.

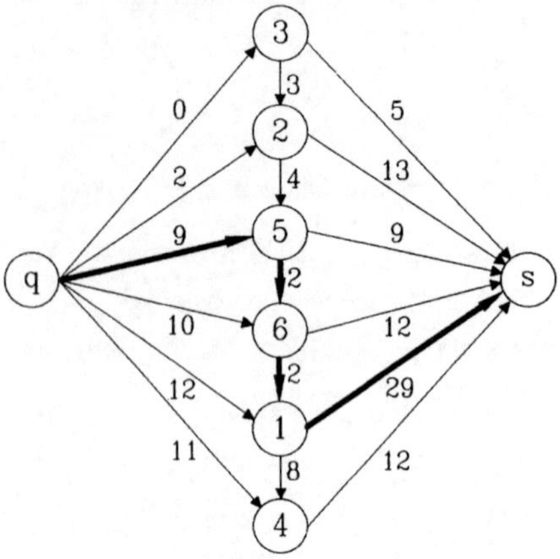

Abb. 5.20

Basierend auf der Interpretation des Problems in konjunktiven Graphen, beweist Carlier (1982) einen Satz, der im Rahmen des B&B-Verfahrens von Bedeutung ist; vgl. auch Nowicki und Zdrzalka (1986).

Zur Formulierung des Satzes betrachten wir zunächst eine weitere Möglichkeit der Ermittlung einer unteren Schranke (vgl. Bem. 5.8 c). Sei $J' \subseteq J$ eine beliebige Teilmenge der Auftragsmenge, so überlegt man sich, daß

$$LB(J') := \min \{a_j \mid j \in J'\} + \sum_{j \in J'} t_j + \min \{n_j \mid j \in J'\}$$

---

[7] Ein derartiger Graph wird in der Literatur als **konjunktiver Graph** bezeichnet (vgl. dazu den Begriff des disjunktiven Graphen in Kap. 5.6.2.1).

eine **untere Schranke** für die optimale Zykluszeit Z^* von $[1 | a_j, n_j | Z]$ liefert. Die Bearbeitung keines der Aufträge aus J' kann vor $\min\{a_j \mid j \in J'\}$ beginnen, sämtliche Aufträge müssen gefertigt werden, und der "letzte" Auftrag bewirkt eine Nachlaufzeit von mindestens $\min\{n_j \mid j \in J'\}$.

Satz 5.1: Sei $Pl := <j_1,...,j_n]$ ein mit dem Schrage-Algorithmus erzeugter Plan mit Zykluszeit Z. Im korrespondierenden konjunktiven Graphen existiert ein kritischer Weg $(q, j_q, ..., j_s, s)$ mit folgenden Eigenschaften, wobei $J_w := \{j_q,..., j_s\}$ die Menge der Aufträge dieses Weges bezeichnet $(<j_q, j_{q+1}, ..., j_{s-1}, j_s]$ stellt eine Teilfolge von Pl dar; j_q und j_s bezeichnen den ersten bzw. letzten Auftrag auf dem kritischen Weg):

a) Ist $n_{j_s} = \min\{n_j \mid j \in J_w\}$, so gilt $LB(J_w) = Z$, und Pl ist optimal.

b) Andernfalls gibt es einen kritischen Auftrag $j_c \in \{j_q,...,j_{s-1}\}$, wobei j_c der letzte Auftrag im kritischen Weg mit der Eigenschaft $n_{j_c} < n_j$ für alle $j \in \{j_{c+1},...,j_s\}$ ist. Für den kritischen Teilweg $(j_{c+1},...,j_s)$ mit Knotenmenge $C := \{j_{c+1},...,j_s\}$ gilt dann: $LB(C) + t_{j_c} > Z$.

Beweis:

Wir gehen o.B.d.A. davon aus, daß der kritische Weg $(q, j_q,..., j_s, s)$, falls mehrere existieren, maximale Elementanzahl besitzt. Daraus ergibt sich unmittelbar, daß auf der Maschine vor der Bearbeitung von j_q eine Leerzeit besteht. Wegen der Vorgehensweise des Schrage-Algorithmus gilt darüber hinaus $a_{j_q} = \min\{a_j \mid j \in J_w\}$.

Ist zusätzlich $n_{j_s} = \min\{n_j \mid j \in J_w\}$, so gilt $Z = a_{j_q} + \sum_{j \in J_w} t_j + n_{j_s} = LB(J_w)$.

Andernfalls lassen sich folgende Beziehungen herleiten:

- Gemäß der Definition des kritischen Auftrags j_c gilt $n_{j_c} < n_j$ für alle $j \in C$ und damit $n_{j_s} = \min\{n_j \mid j \in C\}$; die Aufträge aus C besitzen in der oben angegebenen Reihenfolge monoton abnehmende Nachlaufzeiten.
- Zum Zeitpunkt der Einplanung von j_c steht keiner der Aufträge $j \in C$ bereit, da er ansonsten vom Schrage-Algorithmus wegen $n_{j_c} < n_j$ vor j_c eingeplant worden wäre. Daher gilt: $\min\{a_j \mid j \in C\} > a_{j_q} + t_{j_q} + ... + t_{j_{c-1}} \geq a_{j_c}$

Aus beiden Überlegungen ergibt sich die Behauptung: $LB(C) + t_{j_c} = \min\{a_j \mid j \in C\} + t_{j_c}$
$+ \sum_{j \in C} t_j + \min\{n_j \mid j \in C\} > a_{j_q} + t_{j_q} + ... + t_{j_{c-1}} + t_{j_c} + \sum_{j \in C} t_j + n_{j_s} = Z$ □

Bemerkung 5.9: Gilt Teil b) des Satzes 5.1, so überlegt man sich, daß es nur sinnvoll ist, j_c entweder vor oder nach allen Aufträgen aus C zu fertigen. Entsprechende untere Schranken für derartige Teilprobleme ergeben sich zu:

$a_{j_c} + t_{j_c} + \sum_{j \in C} t_j + \min\{n_j \mid j \in C\} \leq Z$ für j_c vor allen Aufträgen aus C

$\min\{a_j \mid j \in C\} + \sum_{j \in C} t_j + t_{j_c} + n_{j_c} \leq Z$ für j_c nach allen Aufträgen aus C

Andernfalls würde (bei $|C| \geq 2$) ein kritischer Weg entstehen, dessen Länge mindestens

$$\min\{a_j \mid j \in C\} + \sum_{j \in C} t_j + t_{j_c} + \min\{n_j \mid j \in C\} = LB(C) + t_{j_c} > Z$$

beträgt. Aufgrund von Satz 5.1 ist jede dieser Lösungen schlechter als die aktuell betrachtete mit Zielfunktionswert Z.

In Analogie zum Blockverfahren in Kap. 5.3.1.2 lassen sich eine Menge von Aufträgen $j_q,...,j_s$ eines kritischen Weges $(q, j_q,..., j_s, s)$ bzw. eine kritische Menge C auch als **Block** definieren; vgl. Grabowski et al. (1986) sowie Kap. 5.6.4.2.

Als wesentliche Komponenten des B&B-Verfahrens haben wir die Bestimmung oberer Schranken mit Hilfe des Schrage-Algorithmus sowie, darauf aufbauend, die Bestimmung unterer Schranken beschrieben. Wir verwenden die bei B&B-Verfahren üblichen Auslotregeln. Auf die Berücksichtigung logischer Tests verzichten wir; vgl. dazu Carlier (1982).

Abschließend beschreiben wir den **Verzweigungsprozeß**:

Ausgehend vom Ausgangsproblem P_0 werden Teilprobleme durch die Festlegung zusätzlicher Reihenfolgebedingungen gebildet. Als Auswahlstrategie verwenden wir jeweils die Minimal Lower Bound-Regel (MLB-Regel).

Für den Fall, daß ein Problem P_μ nicht ausgelotet werden kann, wird es in genau zwei Teilprobleme zerlegt. Zur Bildung dieser beiden Teilprobleme betrachten wir Satz 5.1 b sowie Bem. 5.9. Mit dem Schrage-Algorithmus wurde ein Plan Pl erzeugt, der nicht optimal für P_μ ist. Im ersten Teilproblem wird j_c vor allen Aufträgen aus C und im zweiten Teilproblem nach allen Aufträgen aus C gefertigt. Erreicht wird dies nicht durch die explizite Festlegung zusätzlicher Reihenfolgebeziehungen, sondern durch folgende Modifikation der dem Problem P_μ zugrundeliegenden Daten:

Definiert man $n_{j_c} := \sum_{j \in C} t_j + n_{j_s}$, so gilt danach (da die Elemente aus C zum kritischen Weg gehören) $n_{j_c} \geq n_j$ für alle $j \in C$. Damit wird erreicht, daß j_c aufgrund der höheren Nachlaufzeit vor allen Aufträgen aus C gefertigt wird. Entsprechend wird j_c durch Modifikation seines Bereitstellungstermines gemäß $a_{j_c} := \min\{a_j \mid j \in C\} + \sum_{j \in C} t_j$ nach allen Aufträgen aus C gefertigt.

Die untere Schranke der beiden neu gebildeten Teilprobleme ergibt sich jeweils als das Maximum der bisherigen unteren Schranke des Problems P_μ sowie des neu zu berechnenden Wertes $LB(C \cup \{j_c\})$ (bezogen auf die jeweils modifizierten Eingabedaten des Teilproblems).

Beispiel: Wir greifen unser obiges Beispiel auf (vgl. Tab. 5.4).

In P_0 erhalten wir als obere Schranke $\bar{Z} = 42$ über den kritischen Weg (q, 5, 6, 1, s). Gemäß Satz 5.1 ergibt sich $j_c = 6$ und $C = \{1\}$; eine untere Schranke ist $\underline{Z}_0 = LB(C) = 12 + 8 + 21 = 41$. Die gleiche Schranke haben wir aufgrund der Vorgehensweise in Bem. 5.8 c erhalten. Es gilt Teil b) des Satzes: $LB(C) + t_6 = 41 + 2 > 42 = \bar{Z}$. P_0 wird in zwei Probleme P_1 und P_2 verzweigt. Dabei ergibt sich:

P_1: $j_c = 6$ wird vor allen Aufträgen aus $C = \{1\}$ gefertigt;
$n_6 := 8 + 21 = 29$; $LB(C \cup \{6\}) = 10 + 10 + 21 = 41$;
$\underline{\underline{Z}}_1 = \max\{\underline{\underline{Z}}_0, LB(C \cup \{6\})\} = \max\{41, 41\} = 41$

P_2: $j_c = 6$ wird nach allen Aufträgen aus $C = \{1\}$ gefertigt;
$a_6 := 12 + 8 = 20$; $LB(C \cup \{6\}) = 12 + 10 + 10 = 32$;
$\underline{\underline{Z}}_2 = \max\{\underline{\underline{Z}}_0, LB(C \cup \{6\})\} = \max\{41, 32\} = 41$

Gemäß der MLB-Regel wird Problem P_1 weiter betrachtet (P_2 wäre ebenfalls möglich). Der Schrage-Algorithmus muß in diesem Fall nicht erneut angewendet werden, da er j_c in P_0 ohnehin vor allen Aufträgen aus C eingeplant hatte. Damit wird wieder von der Reihung $L = < 3,2,5,6,1,4]$ mit $Z = 42$ ausgegangen. Im kritischen Weg (q, 5, 6, 1, s) ergibt sich $j_c = 5$ und $C = \{1,6\}$. Es gilt wiederum Teil b) des Satzes: $LB(C) + t_5 = 41 + 2 > 42 = \bar{Z}$

Verzweigen von P_1 ergibt:

P_3: $j_c = 5$ wird vor allen Aufträgen aus $C = \{1,6\}$ gefertigt;
$n_5 := 10 + 21 = 31$; $LB(C \cup \{5\}) = 9 + 12 + 21 = 42 = \underline{\underline{Z}}_3$
Es gilt Teil a) des Satzes, P_3 ist ausgelotet.

P_4: $j_c = 5$ wird nach allen Aufträgen aus $C = \{1,6\}$ gefertigt;
$a_5 := 10 + 10 = 20$; $LB(C \cup \{5\}) = 10 + 12 + 7 = 29$;
$\underline{\underline{Z}}_4 = \max\{\underline{\underline{Z}}_1, LB(C \cup \{5\})\} = 41$

Wir betrachten P_4 weiter (P_2 wäre ebenfalls möglich). Mit dem Schrage-Algorithmus ergibt sich die Reihung $L = < 3,2,6,1,5,4]$ mit $Z = 41$ (vgl. Abb. 5.21). Diese Lösung ist optimal, da P_4 und P_2 ausgelotet werden können.

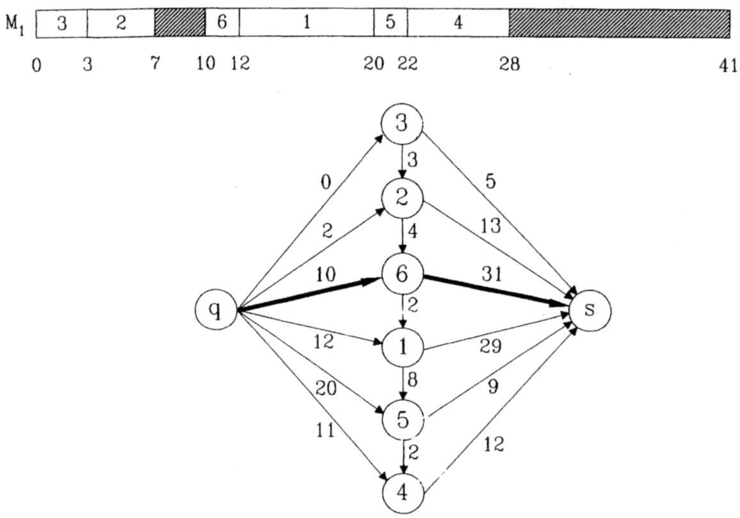

Abb. 5.21

Bemerkung 5.10: [$1 \mid a_j, n_j$, prec $\mid Z$]

Die Einbeziehung zusätzlicher Reihenfolgebeziehungen in das oben ausführlich behandelte Problem bedeutet keine grundsätzliche Erschwernis. Analog der Vorgehensweisen für [$1 \mid$ prec $\mid T_{max}$] und [$1 \mid$ pmtn, prec, $a_j \mid T_{max}$] in Kap. 5.3.1 lassen sich die Vorlauf- und die Nachlaufzeiten für die Aufträge j in bzw. entgegen der topologisch sortierten Reihenfolge wie folgt modifizieren:

$$a_j' := \begin{cases} \max\{a_j, \max\{a_k' + t_k \mid k \in \mathcal{V}(j)\}\} & \text{falls } \mathcal{V}(j) \neq \phi \\ a_j & \text{sonst} \end{cases}$$

$$n_j' := \begin{cases} \max\{n_j, \max\{n_k' + t_k \mid k \in \mathcal{N}(j)\}\} & \text{falls } \mathcal{N}(j) \neq \phi \\ n_j & \text{sonst} \end{cases}$$

Löst man ein Problem [$1 \mid a_j, n_j \mid Z$] mit den modifizierten Daten, so ist gewährleistet, daß für positive Bearbeitungszeiten aufgrund der neu berechneten Vorlauf- und Nachlaufzeiten alle Reihenfolgebeziehungen eingehalten werden. Lageweg et al. (1976) beschreiben diese Berechnung für [$1 \mid a_j$, prec $\mid T_{max}$]. Aufgrund der Ausführungen über die Beziehungen beider Probleme in Kap. 5.3.1.2 gelten diese Aussagen gleichermaßen für das oben angegebene Problem.

5.3.2.2 Berücksichtigung von reihenfolgeabhängigen Rüstzeiten

Wir betrachten das Problem [$1 \mid \tau_{jk} \mid Z$]. Ein derartiges Problem ist als Traveling Salesman-Problem formulierbar und lösbar; vgl. z.B. Chan und Mercier (1989). Eine Verallgemeinerung auf den Zwei-Maschinen-Fall beschreiben wir in Kap. 5.5.1.2.

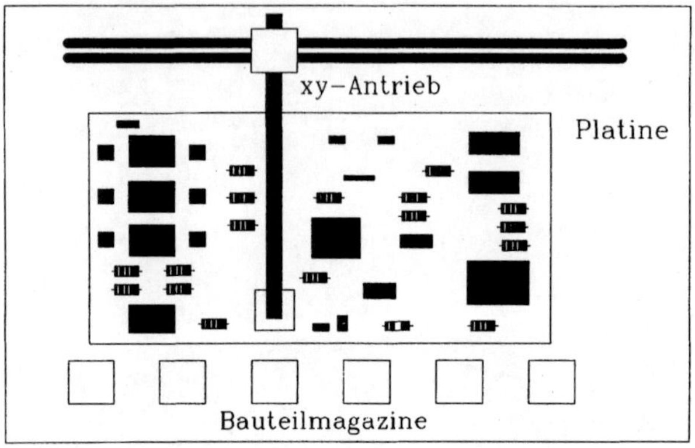

Abb. 5.22

Im folgenden behandeln wir ein Problem [$1 \mid \tau_{jk} \mid Z$] mit speziellen Eigenschaften der Umrüstzeiten, wie es bei der Platinenbestückung mittels eines Bestückungsautomaten auftreten kann. Dabei gehen wir von folgenden **Annahmen** aus (vgl. Abb. 5.22):

Der Automat besitzt genau einen in x- und y-Richtung beweglichen Bestückungskopf (eine Maschine). Dieser entnimmt nacheinander jeweils ein Bauteil j aus einem Bauteilmagazin, transportiert es zu einer vorgegebenen Position (x_j, y_j) auf der Platine und montiert es dort. Anschließend bewegt er sich wiederum zu einem Bauteilmagazin. Insgesamt ist die Platine mit n Bauteilen zu bestücken (n Aufträge). Für jede Bauteilart B ist auf der x-Achse ein Bauteilmagazin mit den Koordinaten $(x_B, 0)$ angeordnet.

Gesucht ist eine Bestückungsreihenfolge (Auftragsfolge) so, daß die gesamte Bestückungszeit (Zykluszeit) minimiert wird, wobei der Bestückungskopf nach Ausführung aller Aufträge wieder in seine Ausgangsposition zurückzukehren hat.

Vorüberlegungen zur Lösung des Problems

Die Zeit für das Entnehmen eines Bauteils aus dem betreffenden Magazin und für das Einstecken (Einbauen, Verlöten) an der gewünschten Position (x_j, y_j) sowie die Zeit, die der Bestückungskopf vom Magazin zu dieser Position benötigt (siehe Abb. 5.23), kann als Bearbeitungszeit t_j interpretiert werden. Sie ist unabhängig von der Bestückungsreihenfolge, also nicht entscheidungsrelevant. Als entscheidungsrelevante, reihenfolgeabhängige Rüstzeit τ_{jk} ist hingegen (für alle j und k) diejenige Zeit zu berücksichtigen, die der Kopf von der Position (x_j, y_j) zu demjenigen Magazin benötigt, in dem sich das Bauteil für die nächste Position (x_k, y_k) befindet. Die Zeit τ_{jk} ist von der Bewegungsmöglichkeit des Bestückungskopfes abhängig. Die in der Praxis auftretenden Möglichkeiten lassen sich durch die folgenden drei Metriken für den Abstand zweier Punkte $p = (x_p, y_p)$ und $q = (x_q, y_q)$ charakterisieren:

- Rektilineare oder Manhattan-Metrik $d_1(p,q) = |x_p - x_q| + |y_p - y_q|$
- Euklidische Metrik $d_2(p,q) = [(x_p - x_q)^2 + (y_p - y_q)^2]^{1/2}$
- Maximum- oder Tschebyscheff-Metrik $d_\infty(p,q) = \max \{ |x_p - x_q| , |y_p - y_q| \}$

Im Fall der rektilinearen Metrik kann der Kopf nicht gleichzeitig in x- und y-Richtung bewegt werden; in den beiden anderen Fällen ist das möglich. Bei der Euklidischen Metrik wird davon ausgegangen, daß die erforderliche Zeit proportional zur Luftlinienentfernung der Punkte p und q ist; bei der Maximum-Metrik wird unterstellt, daß das Maximum der Distanzen in x- bzw. y-Richtung die erforderliche Zeit determiniert. Beschleunigungs- und Bremsvorgänge werden bei keiner der Metriken berücksichtigt.

Modellierung des Problems als Rural Postman-Problem (RPP)

Beim RPP in einem gerichteten Graphen $G = (V,E,c)$ ist ein kostenminimaler geschlossener Weg gesucht, der alle Pfeile einer vorgegebenen Teilmenge E_1 von E jeweils mindestens einmal enthält; vgl. hierzu z.B. Domschke (1997, S. 175 ff.).

Für unser spezielles Problem $[1 | \tau_{jk} | Z]$ definieren wir einen bipartiten Graphen $G = (V_1 \cup V_2, E_1 \cup E_2, c)$. Für jedes Bauteilmagazin enthält G genau einen Knoten in V_1 und für jede Bestückungsposition einen Knoten in V_2. Die Pfeilmenge $E_1 \subseteq V_1 \times V_2$ besteht aus den in jedem Falle zurückzulegenden Wegen von den Bauteilmagazinen zu den Bestückungspositionen (siehe Abb. 5.23); die Kostenbewertung c dieser Pfeile entspricht den oben geschilderten, nicht entscheidungsrelevanten Bearbeitungszeiten t_j. Die Pfeilmenge $E_2 = V_2 \times V_1$ enthält je einen Pfeil von jeder Bestückungsposition zu jedem Bauteilmagazin; die Bewertungen c entsprechen den Rüstzeiten τ_{jk}.

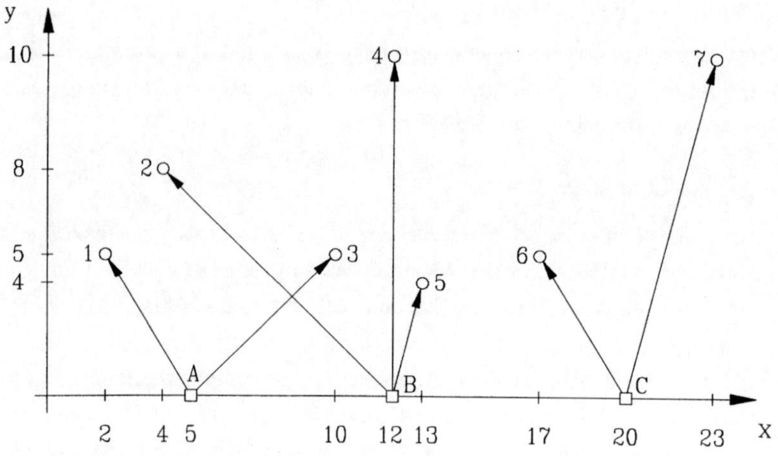

Abb. 5.23

Lösung des Problems als Rural Postman-Problem

Das RPP ist NP-schwer. Das Problem der Platinenbestückung führt jedoch unter der Annahme der *rektilinearen Metrik* zu einem polynomial lösbaren Spezialfall. Ball und Magazine (1988) haben ein Verfahren mit dem Namen **Balance & Connect** entwickelt, das für allgemeine RPP eine Heuristik darstellt, für den genannten Spezialfall jedoch in Verbindung mit einer geschickten Modifikation der Daten eine optimale Lösung liefert. Wir skizzieren dieses Verfahren für das Problem der Platinenbestückung.

Verfahren Balance & Connect

Voraussetzung: Daten eines RPP für ein Problem der Platinenbestückung mit einem wie oben geschilderten bipartiten Graphen $G = (V_1 \cup V_2, E_1 \cup E_2, c)$.

Schritt 1: Löse, ausgehend von G, ein klassisches Transportproblem: Die Knoten aus V_2 stellen dabei die Anbieter mit jeweils der Angebotsmenge 1 dar. Die Knoten aus V_1 bilden die Nachfrager, wobei die Nachfrage b_j jeweils der Anzahl der Bestückungspositionen entspricht, an denen das Bauteil j benötigt wird. Eine optimale Lösung des Problems läßt sich durch eine Teilmenge E_2' von E_2 veranschaulichen.

Schritt 2: Ist der Graph $G' = (V_1 \cup V_2, E_1 \cup E_2', c)$ zusammenhängend, so ist eine zulässige Lösung des RPP und damit des Problems der Platinenbestückung gefunden. Ansonsten bestimme die Zusammenhangskomponenten von G' (vgl. Def. 2.15 a) und bilde einen vollständigen ungerichteten Hilfsgraphen $\bar{G} = [\bar{V}, \bar{E}, \bar{c}]$ mit folgenden Eigenschaften:

- Für jede Zusammenhangskomponente von G' enthält $\bar{V}$ genau einen Knoten.
- $\bar{c}_{jk}$ entspricht dem Minimum der Bewertung aller Pfeile aus G, die entweder von Komponente j nach k oder von k nach j führen.

Schritt 3: Bestimme einen minimalen spannenden Baum in $\bar{G}$. Gehört eine Kante [j,k] zum minimalen spannenden Baum, so ergänze G' um Pfeile (j,k) und (k,j) zwischen den beiden einander nächstgelegenen Magazinknoten der Komponenten j und k.

Ergebnis: G' ist ein (stark) zusammenhängender Graph und beschreibt eine zulässige Lösung des RPP. Bei der Umsetzung der Lösung auf das ursprüngliche Platinenbestückungsproblem lassen sich, falls G' zunächst nicht zusammenhängend war, folgende Vereinfachungen vornehmen: Durch jeden in Schritt 3 ergänzten Pfeil entsteht ein Weg (j, k_1, k_2) von einem Bestückungsknoten j über einen Magazinknoten k_1 zu einem Magazinknoten k_2, der sich durch eine Direktverbindung (j, k_2) ersetzen läßt.

* * *

Bemerkung 5.11: Ball und Magazine (1988) zeigen, daß das Verfahren Balance & Connect Platinenbestückungsprobleme mit zugrundeliegender rektilinearer Metrik optimal löst. Die wesentliche Idee des Beweises besteht darin, sämtliche reihenfolgeunabhängigen Anteile der Pfeilbewertungen zu eliminieren. Dazu gehören außer den oben genannten t_j auch diejenigen Anteile der Rüstzeiten τ_{jk}, die Bewegungsvorgängen in y-Richtung entsprechen. Entscheidungsrelevant sind somit lediglich Bewegungsvorgänge in x-Richtung.

Aus denselben Gründen läßt sich das Platinenbestückungsproblem mit rektilinearer Metrik als TSP mit speziellen Eigenschaften der Kostenbewertungen formulieren und mit polynomialem Aufwand lösen. Hierzu eignet sich das Verfahren von Gilmore und Gomory (1964); siehe Maas und Voß (1991).

Beispiel: Wir betrachten das in Abb. 5.23 dargestellte Problem und gehen von der rektilinearen Metrik aus. Als Kostenmatrix des bipartiten Graphen G erhalten wir wegen Bem. 5.11:

c_{jk}	A	B	C
1	3	10	18
2	1	8	16
3	5	2	10
4	7	0	8
5	8	1	7
6	12	5	3
7	18	11	3

Die "Nachfragen" b_j der Magazinknoten A, B bzw. C sind 2, 3 bzw. 2. Die optimale Lösung des Transportproblems lautet $x_{1A} = x_{2A} = x_{3B} = x_{4B} = x_{5B} = x_{6C} = x_{7C} = 1$ und $x_{ij} = 0$ sonst. Der Graph G' besitzt zwei Zusammenhangskomponenten; die erste enthält die Knoten A und B, die zweite den Knoten C. Die einzige Kante von $\bar{V}$ und damit des minimalen spannenden Baumes von $\bar{G}$ besitzt die Bewertung $\bar{c}_{12} = c_{6B} = 5$. G' wird durch Pfeile (B,C) und (C,B) erweitert. Abschließend können der Weg (5, B, C) durch den Pfeil (5,C) und der Weg (6,C,B) durch den Pfeil (6,B) ersetzt werden.

An einem etwas allgemeineren Beispiel soll im folgenden noch auf ein grundsätzliches Problem der Anwendung des TSP bei der Maschinenbelegungsplanung hingewiesen werden; vgl. auch Carter et al. (1988) sowie Maas und Voß (1991).

Wir nehmen an, daß der Bestückungskopf über z Zuführungen (bzw. Zuführungsschlitze) für Bauteile verfügt. Insgesamt sind p verschiedene Platinenarten herzustellen. Es sei sowohl eine Bestückungsreihenfolge für jede Platine als auch eine geeignete Reihenfolge der Bearbeitung der verschiedenen Platinenarten gesucht. Reihenfolgeabhängige Rüstzeiten, die bei der Umrüstung von Platinenart A auf eine Art B anfallen, entstehen vornehmlich durch das Zuführen neuer Bauteile und gegebenenfalls durch das vorherige Entfernen nicht mehr benötigter Bauteile. Die Anzahl der verschiedenen auf einer Platine zu positionierenden Bauteile möge (für alle Arten p) zwischen $0.2 \cdot z$ und $0.8 \cdot z$ liegen. Da für eine Platinenart höchstens 80% der Zuführungsschlitze benötigt werden, können während der Fertigung dieser Art schon Teile der Umrüstungen auf die nächste zu fertigende Platinenart begonnen werden. Damit lassen sich die Rüstzeiten sehr stark verringern, wodurch es oftmals bei den Eingabedaten für ein TSP zu Verletzungen der Dreiecksungleichung kommen kann.

Die angegebene Möglichkeit, die Rüstkosten durch simultanes Rüsten bei der Fertigung zu senken, hängt von einer geeigneten Wahl der Losgrößen für die einzelnen Platinenarten ab. Je größer ein Los, umso eher lassen sich Umrüstungen für das nächste Los in die Bearbeitung integrieren.

Aus obigen Ausführungen wird ersichtlich, daß bei der betrachteten Problemstellung simultan Reihenfolge- und Losgrößenprobleme zu lösen sind. Eine ausschließliche Modellierung und Lösung des Problems als TSP mit vorgegebenen, d.h. losgrößenunabhängigen, Rüstzeiten bzw. -kosten ist daher in der Regel nicht ausreichend.

5.3.2.3 Berücksichtigung variabler Maschinenzustände

Ist eine bestimmte Anzahl von Aufträgen vorhanden, so erfordern sie in der Regel feste Betriebszustände der gegebenen Maschinen, wie sie z.B. an technischen Parametern wie Drehzahl, Betriebstemperatur erkennbar sind. Die Änderung dieser Parameter, oder allgemein von Betriebszuständen, verursacht gegebenenfalls Umrüstzeiten.

Von der Annahme fester Betriebszustände sind Abweichungen denkbar. Hierzu wollen wir im folgenden Bezüge zwischen dem Ein-Maschinen-Scheduling und einem verallgemeinerten TSP aufzeigen.

Wir betrachten ein Ein-Maschinen-Problem, bei dem bei verschiedenen Betriebszuständen gefertigt werden kann (z.B. bei verschiedenen Temperaturen in einem Brennofen). Gegeben sind n Aufträge, die jeweils bei einem von q (diskreten) Zuständen der Maschine zu fertigen sind. Die Umrüstung der Maschine von einem Zustand a zu einem Zustand b nimmt z_{ab} ZE in

Anspruch. Entsprechend bezeichnen wir mit t_{ja} die Bearbeitungszeit von Auftrag j beim Maschinenzustand a. Gesucht ist eine Bearbeitungsreihenfolge der Aufträge sowie der zugehörigen Betriebszustände mit dem Ziel, die Zykluszeit, d.h. die Summe aus Umrüst- und Bearbeitungszeiten, zu minimieren.

Definieren wir die Zustandsübergangszeiten z_{ab} als weitere Auftragscharakteristik und die zustandsabhängigen Bearbeitungszeiten t_{ja} als Ausprägung der Auftragscharakteristik β_5, so können wir das Problem durch $[\,1 \mid z_{ab}, t_{ja} \mid Z\,]$ beschreiben. Es entspricht dem *Traveling Purchaser-Problem* (TPurchP), einem verallgemeinerten Traveling Salesman-Problem. Dabei wird anstelle des Handlungsreisenden ein Einkäufer betrachtet, der seine Einkäufe optional auf verschiedenen Märkten tätigen kann. Es gelten folgende Entsprechungen:

Maschinenzustand a	Markt a
Auftrag j	Gut j (Artikel j)
Zustandsübergangszeiten	Entfernungen des TPurchP
zustandsabhängige Bearbeitungszeiten	Güterpreise des TPurchP

Gegeben seien ein Graph G = (V,E,z) sowie Güterpreise (Bearbeitungszeiten t_{ja}). Gesucht ist eine kostenminimale Rundreise (Auftragsfolge) mit Start und Ziel an einem ausgezeichneten Knoten/Depot s (Anfangs- und Endzustand der Maschine) durch eine Teilmenge der Knoten, so daß alle Güter gekauft (alle Aufträge bearbeitet) werden; vgl. Golden et al. (1981), Ong (1982) und Voß (1996). Eine Veranschaulichung des Problems mit symmetrischen Zustandsübergangszeiten gibt Abb. 5.24. Hervorgehoben ist eine Rundreise durch eine Teilmenge der Märkte (Folge von Maschinenzuständen). Jeder Auftragsknoten wird von einem der Knoten dieser Rundreise aus erreicht, d.h. jeder Auftrag bei einem Maschinenzustand gefertigt.

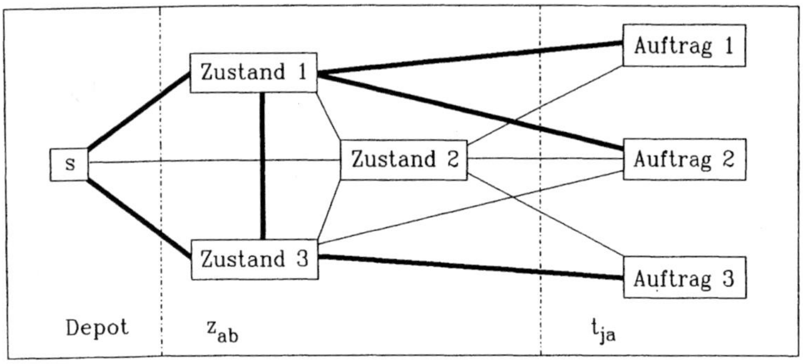

Abb. 5.24

Betrachten wir eine identische Anzahl von n Aufträgen und n Maschinenzuständen, wobei jedem Auftrag genau ein Zustand entspricht (und umgekehrt), so ergibt sich als Spezialfall ein TSP. Da jeder Auftrag bei einem festen Zustand gefertigt wird, können die Zustandsübergangszeiten als reihenfolgeabhängige Rüstzeiten aufgefaßt werden. Damit entspricht dies gerade dem im vorhergehenden Kapitel behandelten Problem $[\,1 \mid \tau_{jk} \mid Z\,]$. Man beachte, daß beim TPurchP Aufträge gegebenenfalls gleichzeitig auf einer Maschine bzw. bei einem

Maschinenzustand bearbeitet werden können. Demzufolge lassen sich Aufträge zu Familien zusammenfassen, und Rüstzeiten τb_{jk} treten genau dann auf, wenn nacheinander Aufträge j und k zweier verschiedener Familien gefertigt werden.

5.3.3 Minimierung von Durchlaufzeiten und Wartezeiten

Wir betrachten zunächst das Problem **[1| |D]**. Es läßt sich mit Hilfe der Shortest Processing Time-Regel (SPT) mit Aufwand O(n log n) lösen: Optimal ist eine Reihung der Aufträge nach monoton wachsenden t_j.

Die Vorgehensweise läßt sich an einem Beispiel mit folgenden Daten nachvollziehen.

j	1	2	3	4	5
t_j	4	7	1	6	3

Als optimale Reihung erhält man gemäß SPT <3,5,1,4,2]. Abb. 5.25 veranschaulicht die Lösung graphisch. Dabei entspricht die x-Achse der Belegungszeit der Maschine, und die y-Achse gibt die Anzahl noch nicht gefertigter Aufträge der vorgegebenen Reihung wieder. Die stückweise lineare Funktion beschreibt die Anzahl der zu einem Zeitpunkt noch zu bearbeitenden Aufträge.

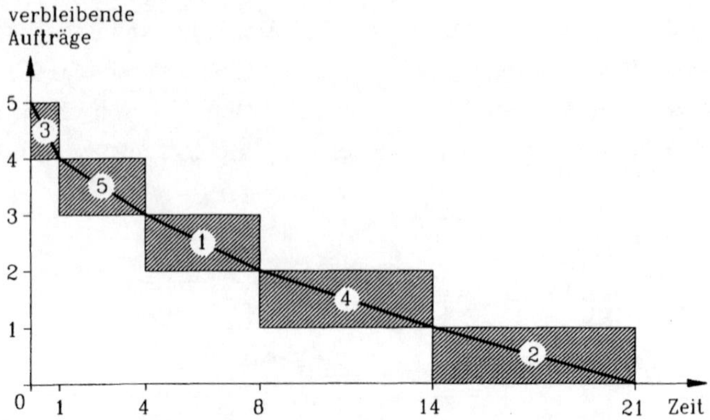

Abb. 5.25

Anhand dieser Darstellung kann man sich überlegen, daß die Zielsetzung "Minimiere D" äquivalent zur folgenden ist: "Suche eine Reihung der Aufträge so, daß die Fläche unter der stückweise linearen Funktion mimimal wird."

Die Fläche ist genau dann minimal, wenn die Steigungen der linearen Abschnitte monoton abnehmen. Der Beweis für diese Aussage läßt sich u.a. über die Methode des paarweisen Vertauschens von Nachbarn j und k mit j vor k und $t_j > t_k$ einer zunächst beliebig vorgegebenen Reihung führen. Ein weiterer Beweis ergibt sich durch Formulieren und Lösen eines geeigneten Transportproblems; vgl. Cheng (1990) sowie Kap. 5.4.3.4.

Einige Verallgemeinerungen lassen sich mit Hilfe modifizierter SPT-Regeln lösen.

[1 | | D^ω]: Betrachten wir die Minimierung von $D^\omega = \sum_{j=1}^{n} \omega_j D_j$ anstelle von D als Zielsetzung, so kann eine Modifikation obiger Vorgehensweise verwendet werden. Sortiert man die Aufträge nach monoton wachsenden Bearbeitungszeiten pro Gewichtseinheit, also $\frac{t_{j_1}}{\omega_{j_1}} \leq \frac{t_{j_2}}{\omega_{j_2}} \leq \ldots \leq \frac{t_{j_n}}{\omega_{j_n}}$, so ist die Reihung $< j_1,\ldots,j_n]$ eine optimale Lösung. Diese Vorgehensweise wird auch als *Smith-Regel* bezeichnet; vgl. Smith (1956).

[1 | pmtn, a_j | D]: Eine optimale Reihenfolge kann mit Hilfe der Shortest Remaining Processing Time-Regel ermittelt werden. Dazu wird analog zur in Kap. 5.3.1.2 beschriebenen dynamischen EDD-Regel jeweils ein einplanbarer Auftrag mit kürzester Restbearbeitungszeit eingeplant.

[1 | τ_{jk} | D]: Hierbei handelt es sich um ein verallgemeinertes TSP, bei dem zeitabhängige Entfernungen zu berücksichtigen sind. Diese Problemstellung erweist sich als äquivalent zu einem speziellen Flow Shop-Problem (vgl. Kap. 5.5.7.1, wo wir nähere Hinweise auf Lösungsmöglichkeiten geben) und findet sich auch in anderen Bereichen wie z.B. der Fließbandabstimmung mit mehreren Produkten (vgl. Kap. 4.4.2.4).

Bemerkung 5.12: In Kap. 5.1.3.3 haben wir gezeigt, daß die Zielsetzungen D und W (Summe der Wartezeiten bzw. mittlere Wartezeit) sowie die Zielsetzungen D^ω und W^ω äquivalent sind. Das gilt nicht für D_{max} und W_{max}. Das Problem [1 | | D_{max}] ist äquivalent zu [1 | | Z] und stellt wie dieses kein Optimierungsproblem dar. [1 | | W_{max}] läßt sich mit Aufwand O(n) lösen, indem man einen Auftrag mit längster Bearbeitungszeit als letzten einplant.

5.3.4 Minimierung der (gewichteten) Anzahl verspäteter Aufträge

Wir behandeln zunächst den Fall der Minimierung der Anzahl verspäteter Aufträge. In Kap. 5.3.4.2 beziehen wir Gewichtungsfaktoren ω_j für alle Aufträge j in die Betrachtung ein.

5.3.4.1 Minimierung der Anzahl verspäteter Aufträge

Wir betrachten das Problem [1 | | $V_\#$]. Zu seiner Lösung beschreiben wir ein exaktes Verfahren von Hodgson; siehe Moore (1968). Es bestimmt zunächst eine Reihung der Aufträge nach der EDD-Regel. Dieser Reihung folgend, wird anschließend in jeder von n Iterationen ein Auftrag eingeplant. Ist dieser verspätet, so wird derjenige bereits eingeplante Auftrag mit der größten Bearbeitungszeit aus dem Plan entfernt und einer Menge J_1 auf jeden Fall verspäteter Aufträge hinzugefügt.

Algorithmus von Hodgson

Voraussetzung: Daten eines Problems [1 | | $V_{\#}$]

L Reihung aller Aufträge

L_1 Reihung nicht verspäteter Aufträge

J_1 Menge verspäteter Aufträge

t aktueller Planungszeitpunkt

Start: $L_1 := <\,]$; $J_1 := \phi$; $t := 0$;

sortiere die Reihung L nach der EDD-Regel

Iteration:

while $L \neq <\,]$ **do**

begin

wähle und entferne das erste Element j aus der Reihung L;

$L_1 := <L_1, j]$;

$t := t + t_j$;

if $t > f_j$ **then**

begin

wähle ein $k \in L_1$, so daß $t_k = \max\{t_p \mid p \in L_1\}$ gilt; entferne k aus L_1;

$J_1 := J_1 \cup \{k\}$; $t := t - t_k$

end

end;

Ergebnis: Jeder Plan, beginnend mit Teilplan L_1 und danach beliebiger Reihenfolge der Aufträge aus J_1, ist optimal.

* * *

Beispiel: Wir betrachten ein Beispiel mit folgenden Daten:

j	1	2	3	4	5
t_j	4	7	1	6	3
f_j	8	12	4	13	14

Lösungsgang:

$L = <3,1,2,4,5]$	$L_1 = <\,]$	$t = 0$	$J_1 = \phi$
$L = <1,2,4,5]$	$L_1 = <3]$	$t = 1$	$J_1 = \phi$
$L = <2,4,5]$	$L_1 = <3,1]$	$t = 5$	$J_1 = \phi$
$L = <4,5]$	$L_1 = <3,1,2]$	$t = 12$	$J_1 = \phi$
$L = <5]$	$L_1 = <3,1,2,4]$	$t = 18$	Auftrag 4 verspätet
	$L_1 = <3,1,4]$	$t = 11$	$J_1 = \{2\}$
$L = <\,]$	$L_1 = <3,1,4,5]$	$t = 14$	$J_1 = \{2\}$

Ergebnis: Eine Reihung < 3, 1, 4, 5 ; 2]; nur Auftrag 2 wird verspätet fertiggestellt.

Bemerkung 5.13: Der Algorithmus von Hodgson ist ein polynomiales Verfahren zur Lösung von $[1 | \ | V_{\#}]$. Er läßt sich aufgrund der Sortierung gemäß der EDD-Regel in O(n log n) implementieren. Die Korrektheit des Verfahrens von Hodgson ist durch vollständige Induktion beweisbar; siehe Moore (1968) oder Brucker (1981 a).

Betrachten wir $[1 | \tau b_K | V_{\#}]$, so ergibt sich ein NP-schweres Problem; vgl. Bruno und Downey (1978). Einen Vergleich verschiedener lokaler Suchverfahren beschreiben Crauwels et al. (1996).

5.3.4.2 Minimierung der gewichteten Anzahl verspäteter Aufträge

Wir betrachten nun das Problem $[1 | \ | V_{\#}^{\omega}]$, bei dem die gewichtete Anzahl verspäteter Aufträge, d.h. $V_{\#}^{\omega} = \Sigma_j \, \omega_j \, u_j$ mit

$$u_j := \begin{cases} 1 & \text{falls Auftrag j verspätet ist; d.h. } V_j = \max\{0, T_j\} > 0 \\ 0 & \text{sonst} \end{cases} \qquad \text{für alle } j = 1,...,n,$$

zu minimieren ist. Im folgenden nehmen wir der Einfachheit halber an, daß sämtliche Daten nichtnegative ganze Zahlen sind. Darüber hinaus unterstellen wir, daß die *Aufträge nach der EDD-Regel sortiert* bzw. numeriert sind, d.h. es gilt $f_1 \le f_2 \le ... \le f_n$. Sinnvollerweise betrachten wir lediglich Aufträge mit $t_j \le f_j$.

Das Problem ist im Gegensatz zu $[1 | \ | V_{\#}]$ NP-schwer. Im folgenden beschreiben wir zunächst eine mathematische Modellformulierung, wie sie z.B. von Potts und van Wassenhove (1988) angegeben wird, und skizzieren anschließend die Komponenten eines B&B-Verfahrens. Eine mögliche mathematische Formulierung lautet:

$$\text{Minimiere } V_{\#}^{\omega}(\mathbf{u}) = \sum_{j=1}^{n} \omega_j \, u_j \tag{5.2}$$

unter den Nebenbedingungen

$$\sum_{k=1}^{j} t_k \, (1 - u_k) \le f_j \qquad \text{für alle } j = 1,...,n \tag{5.3}$$

$$u_j \in \{0,1\} \qquad \text{für alle } j = 1,...,n \tag{5.4}$$

Das Modell (5.2) – (5.4) geht von der Sortierung der Aufträge nach der EDD-Regel aus. Gesucht ist eine geeignete Teilfolge derjenigen Aufträge, die rechtzeitig gefertigt werden ($u_j = 0$). Alle verspäteten Aufträge ($u_j = 1$) lassen sich dann beliebig nach allen rechtzeitig gefertigten einplanen; die Dauer der Verspätung geht nicht in die Zielfunktion ein.

Substituiert man $u_j = 1 - x_j$ für $j = 1,...,n$, und unterdrückt man den entscheidungsirrelevanten konstanten Term $-\Sigma_j \, \omega_j$ in der Zielfunktion, so erhält man folgendes Modell:

$$\text{Maximiere } V_{\#}^{\omega}(\mathbf{x}) = \sum_{j=1}^{n} \omega_j x_j \tag{5.5}$$

unter den Nebenbedingungen

$$\sum_{k=1}^{j} t_k x_k \leq f_j \qquad \text{für alle } j = 1,...,n \tag{5.6}$$

$$x_j \in \{0,1\} \qquad \text{für alle } j = 1,...,n \tag{5.7}$$

Umgekehrt zu den Werten u_j gilt $x_j = 1$, falls Auftrag j rechtzeitig gefertigt wird, und 0 sonst. Das Problem entspricht dem in Kap. 2.1 formulierten mehrperiodigen Knapsack-Problem mit m = n und folgenden weiteren Daten:

$$d_j := \omega_j \qquad \text{für alle } j = 1,...,n$$

$$a_{ij} := \begin{cases} t_j & \text{falls } j \leq i \\ 0 & \text{sonst} \end{cases} \qquad \text{für alle } i, j = 1,...,n$$

$$b_i := f_i \qquad \text{für alle } i = 1,...,m$$

Für den Fall, daß alle f_j übereinstimmen, reduziert sich das Problem auf das (einperiodige) Knapsack-Problem, da die ersten n−1 Nebenbedingungen redundant sind.

Im folgenden beschreiben wir mögliche Komponenten von **B&B-Verfahren** zur Lösung von (5.5) – (5.7).

Obere Schranken des Modells (5.5) – (5.7) erhält man z.B. durch Lösen der *LP-Relaxation*. Derartige Schranken lassen sich sowohl durch geeignetes Hinzufügen weiterer Nebenbedingungen als auch durch Modifikation von Nebenbedingungen verschärfen.

Grundsätzlich läßt sich eine Klasse weiterer Nebenbedingungen entwickeln, indem zunächst alle ω_j gleich 1 gesetzt werden. Daraus resultierende Probleme lassen sich mit dem Algorithmus von Hodgson optimal lösen. Mit L_j (j = 1,...,n) bezeichnen wir dabei die minimale Anzahl verspäteter Aufträge, sofern man sich auf das Problem mit den ersten j Aufträgen 1,...,j beschränkt. Dementsprechend stellt $E_j := j - L_j$ für alle j = 1,...,n die maximale Anzahl rechtzeitig gefertigter Aufträge dar. Das Nebenbedingungssystem läßt sich somit ergänzen durch:

$$\sum_{k=1}^{j} x_k \leq E_j \qquad \text{für alle } j = 1,...,n \tag{5.8}$$

Potts und van Wassenhove (1988) testen auch eine LP-Relaxation unter ausschließlicher Verwendung der Nebenbedingungen (5.8) mit Erfolg.

De Souza (1988) entwickelt eine zweite Gruppe von Nebenbedingungen, indem er aufgrund logischer Tests die Nebenbedingungen (5.6) verschärft zu (vgl. Beziehung (5.1) in Kap. 5.3.1.1):

$$\sum_{k=1}^{j} t_k x_k + \sum_{k=j+1}^{n} \max\{0, f_j - (f_k - t_k)\} \cdot x_k \leq f_j \qquad \text{für alle } j = 1,...,n-1 \tag{5.9}$$

Für jeden Auftrag $j = 1,...,n-1$ läßt sich sein Fertigstellungstermin reduzieren, indem man unter den nachfolgenden Aufträgen $j+1,...,n$ die rechtzeitig fertiggestellten geeignet berücksichtigt. Wird Auftrag $k > j$ rechtzeitig gefertigt und gilt $f_k - t_k < f_j$, so muß der Auftrag j spätestens zum Zeitpunkt $f_k - t_k$ beendet sein.

Wir betrachten ein **Beispiel** mit $n = 4$ Aufträgen sowie den folgenden Daten. Daraus wird auch ersichtlich, daß keine der oben genannten Verschärfungsmöglichkeiten die andere dominiert.

j	1	2	3	4
t_j	1	2	3	4
f_j	2	3	4	6
ω_j	4	1	3	6
ω'_j	1	4	7	3

Unter den gemäß (5.8) möglichen Nebenbedingungen ist die folgende nicht redundant:

$$x_1 + x_2 + x_3 + x_4 \leq 2$$

Analog erhält man aufgrund von (5.9):

$$x_1 + x_2 + x_3 \leq 2$$
$$x_1 + 2x_2 + 2x_3 + x_4 \leq 3$$
$$x_1 + 2x_2 + 3x_3 + 2x_4 \leq 4$$

Für die Gewichte ω_j erhält man unter Berücksichtigung der Bedingungen (5.6) und (5.8) als obere Schranke den Wert 10, unter Berücksichtigung von (5.6) und (5.9) den Wert 11 bei einem optimalen Zielfunktionswert von 10 (für $x_1 = x_4 = 1$ und $x_2 = x_3 = 0$). Für das Beispiel unter Verwendung der Gewichte ω'_j erhält man 10.5 bzw. 9 bei einem optimalen Wert von 8 (für $x_1 = x_3 = 1$ und $x_2 = x_4 = 0$).

Untere Schranken: Zur Bestimmung unterer Schranken für das betrachtete mehrperiodige Knapsack-Problem existiert eine Vielzahl heuristischer Verfahren; vgl. z.B. Drexl (1988), Dammeyer und Voß (1993) sowie die dort angegebene Literatur.

Verzweigung: Als Verzweigungsstrategie wird eine Standardvorgehensweise gewählt, nach der jeweils eine nicht-ganzzahlige Variable entweder zu 0 oder zu 1 gesetzt wird.

Bemerkung 5.14: Ein weiteres B&B-Verfahren beschreiben z.B. Villarreal und Bulfin (1983). Ein pseudopolynomiales exaktes Verfahren wird von Lawler und Moore (1969) angegeben. Darüber hinaus behandelt Lawler (1976) einen Spezialfall mit sogenannten übereinstimmenden Werten (d.h. $t_j < t_k \Rightarrow \omega_j \geq \omega_k$) und formuliert einen entsprechenden polynomialen Algorithmus.

Den Fall batchabhängiger Rüstzeiten τb_K behandeln u.a. Hochbaum und Landy (1994) sowie Brucker und Kovalyov (1996). Man überlegt sich anhand einer Reduktion auf das Knapsack-Problem, daß das Problem selbst dann NP-schwer ist, wenn sämtliche gewünschten Fertigstellungstermine identisch sind; dabei gilt ein Auftrag eines Batches K erst dann als fertiggestellt, wenn sämtliche Aufträge von K vollständig bearbeitet worden sind.

5.3.5 Berücksichtigung weiterer Ziele

Wir gehen kurz auf einige Modelle mit weiteren Zielfunktionen und entsprechende Lösungsmöglichkeiten ein. Anmerkungen zur Berücksichtigung von Kostenzielen finden sich u.a. bei Blazewicz et al. (1996 b, S. 123 ff.).

Wir betrachten zunächst das Problem $[1 \mid t_j = 1 \mid K_T]$ mit folgender Zielfunktion:

$$\text{Minimiere } K_T = \sum_{j=1}^{n} \omega_j \cdot |T_j| \tag{5.10}$$

(5.10) minimiert die Summe der Strafkosten für Verfrühung bzw. Verspätung von Aufträgen und ist identisch mit der Zielsetzung $|T^{\omega}|$. Dabei werden Verfrühungen mit demselben Strafkostensatz ω_j belegt wie Verspätungen.

Im Fall $\omega_j = 1$ für alle $j = 1,...,n$ ist das Problem optimal lösbar mit Hilfe der EDD-Regel. Der Beweis kann durch paarweises Vertauschen benachbarter Aufträge geführt werden; vgl. Garey et al. (1988). Man beachte, daß die EDD-Regel lediglich eine optimale Reihung der Aufträge, nicht jedoch deren Beginnzeitpunkte festlegt.

Das Problem $[1 \mid \; \mid K_T]$ erweist sich demgegenüber als NP-schwer; Lee und Choi (1995) beschreiben einen genetischen Algorithmus zu dessen Lösung. Dieselbe Komplexität ergibt sich, wenn anstelle gewünschter Fertigstellungstermine Zeitfenster für die Fertigstellung der Aufträge vorgegeben sind und die gewichtete Abweichung von diesen betrachtet wird; einfache Heuristiken einschließlich einer Nachbarschaftsdefinition beschreibt Koulamas (1996). Setzt man für alle Aufträge einen identischen gewünschten Fertigstellungstermin voraus (engl. *common due date*), so läßt sich das Problem bei arbeitszeitproportionalen Gewichten mit einer modifizierten LPT-Regel optimal lösen; vgl. Alidaee und Dragan (1997).

In neueren Arbeiten werden gegenüber $[1 \mid \; \mid K_T]$ (für $\omega_j \neq 1$) oftmals Problemstellungen betrachtet, bei denen Verfrühungen und Verspätungen unterschiedlich gewichtet werden. Ein Beispiel hierfür ist Chen (1997), wo zusätzlich batchorientierte Rüstzeiten τb_K betrachtet werden.

Das Problem $[1 \mid t_j = 1 \mid K_T]$ mit der Kostenfunktion $K_T = \sum_{j=1}^{n} (T_j)^2$ ist ebenfalls mit Hilfe der EDD-Regel optimal lösbar.

Das Problem $[1 \mid prec \mid K_Z]$ mit $K_Z = \max\{kf_j(F_j) \mid j = 1,...,n\}$ mit beliebigen monoton steigenden Kostenfunktionen $kf_j(F_j)$ für alle j läßt sich mit dem Algorithmus von Lawler (1973) lösen (siehe Kap. 5.3.1.1).

5.4 Probleme bei parallelen Maschinen

Im folgenden betrachten wir Maschinenbelegungsprobleme mit einer Fertigungsstufe, auf der sich parallele Maschinen befinden. Ein wesentliches Anwendungsgebiet dieses Kapitels befindet sich neben dem Bereich der Produktionsplanung in der Informatik beim Betrieb von Rechnern mit parallelen Prozessoren.

Wir unterscheiden zwischen bzw. untergliedern das Kapitel nach identischen, uniformen und heterogenen parallelen Maschinen. Jeden Abschnitt beginnen wir mit einem Überblick über Modelle, deren Komplexität und Lösungsmöglichkeiten. Danach beschreiben wir Verfahren für einige ausgewählte Probleme detaillierter. Man beachte bei allen von uns betrachteten Modellen, daß an einem Auftrag nicht gleichzeitig auf mehreren Maschinen gearbeitet werden kann. Modelle, die diese Annahmen nicht enthalten, werden z.B. von Blazewicz et al. (1996 b) behandelt.

In den Übersichten verzichten wir zumeist auf die Angabe polynomial lösbarer Probleme, falls polynomial lösbare Verallgemeinerungen existieren. Umgekehrt braucht die Komplexität von Problemen nicht berücksichtigt zu werden, falls NP-schwere Spezialfälle bekannt sind. Aufgrund der Beziehung zwischen Z und T_{max} (siehe Abb. 5.9 in Kap. 5.1.3.3) ergibt sich beispielsweise, daß alle polynomial lösbaren Probleme mit Zielsetzung T_{max} auch polynomial lösbar für Z sind. Da [IP2 | | Z] ein NP-schweres Problem ist, gilt dies auch für die entsprechenden Probleme mit $\alpha \in \{IP, UP2, UP, HP2, HP\}$ sowie für die Zielsetzung $\gamma = T_{max}$.

Wegen der Fülle der in der Literatur betrachteten unterschiedlichen Problemstellungen erheben die angegebenen Übersichten keinen Anspruch auf Vollständigkeit; siehe zusätzlich z.B. Lawler (1983), Blazewicz et al. (1986), Blazewicz (1987), Lawler et al. (1993) sowie vorwiegend zu identischen parallelen Maschinen Cheng und Sin (1990). Eine Klasse von Problemen, auf die wir im folgenden nicht näher eingehen, stellt diejenige dar, bei denen die betrachteten parallelen Maschinen in vorgegebenen Zeitintervallen bereits vorbelegt sind; vgl. hierzu z.B. Sanlaville und Schmidt (1997).

5.4.1 Identische parallele Maschinen

Wir gehen von m identischen parallelen Maschinen aus, auf denen n Aufträge mit Bearbeitungszeiten $t_{ji} = t_j$ (i = 1,...,m; j = 1,...,n) zu fertigen sind.

5.4.1.1 Überblick über Modelle und Lösungsmöglichkeiten

Einen Überblick über eine Auswahl von Modellen und deren Komplexität vermitteln die folgenden Tabellen. Tab. 5.5 enthält Informationen über den Spezialfall m = 2, in Tab. 5.6 wird der allgemeine Fall einer beliebigen Anzahl m an Maschinen betrachtet.

Eines der frühen Verfahren für Scheduling-Probleme wurde für das polynomial lösbare Problem [IP | pmtn | Z] von McNaughton (1959) veröffentlicht. Wir beginnen unsere Ausführungen mit diesem Problem, wobei wir das sehr einfache Verfahren auch dafür verwenden, um die in jüngster Zeit verstärkt betrachteten Vorgehensweisen paralleler Algorithmen zu erläutern.

Ziel	β	Komplexität	Literatur / Bemerkungen
Z	o	NP-schwer	Karp (1972); vgl. **Kap. 5.4.1.3**
	prec, $t_j=1$	$O(n^2)$	Coffman und Graham (1972); vgl. **Kap. 5.4.1.5**
	prec, $t_j=1$, a_j	$O(n^3)$	Garey und Johnson (1977)
	pmtn, prec	$O(n^2)$	Muntz und Coffman (1969)
	res 1oo, $t_j=1$	O(n log n)	Blazewicz et al. (1986)
	res ooo, $t_j=1$	$O(n^{2.5})$	Blazewicz et al. (1986); vgl. **Kap. 5.4.1.7**
	res ooo, pmtn	polynomial	Blazewicz et al. (1986); vgl. **Kap. 5.4.1.7**
	prec, $t_j \in \{1,2\}$	NP-schwer	Ullman (1975)
D	pmtn, a_j, $t_j=1$	O(n log n)	Herrbach und Leung (1990)
	τb_K	NP-schwer	Cheng und Chen (1994)
	prec, $t_j=1$	NP-schwer	Lenstra und Rinnooy Kan (1978)
	tree	NP-schwer	Sethi (1977)
D^ω	o	NP-schwer	Bruno et al. (1974)
V^ω	o	NP-schwer	Graham et al. (1979)
T_{max}	prec, $t_j=1$	$O(n^2)$	Garey und Johnson (1976)
	prec, $t_j=1$, a_j	$O(n^3)$	Garey und Johnson (1977)

Tab. 5.5: [IP2 |... |...]

Ziel	β	Komplexität	Literatur / Bemerkungen
Z	o	NP-schwer	Garey und Johnson (1975); vgl. **Kap. 5.4.1.4**
	pmtn	O(n)	McNaughton (1959); vgl. **Kap. 5.4.1.2**
	pmtn, prec, $t_j=1$	NP-schwer	Ullman (1975)
	tree, $t_j=1$	O(n)	Hu (1961); vgl. **Kap. 5.4.1.5**
	pmtn, a_j	O(mn)	Horn (1974); Gonzalez und Johnson (1980)
D	o	O(n log n)	Conway et al. (1967); vgl. **Kap. 5.4.1.6**
	pmtn	O(n log n)	Conway et al. (1967); McNaughton (1959)
	prec, $t_j=1$	NP-schwer	Lenstra et al. (1977)
D^ω	$t_j=1$	O(n log n)	Herrbach und Leung (1990); Sortierung der j nach monoton fallenden ω_j
T_{max}	in-tree, $t_j=1$	O(n log n)	Brucker et al. (1977)
	pmtn, in-tree	$O(n^2)$	Lawler (1982, S. 104 ff.)
	a_j, $t_j=1$	NP-schwer	Gusfield (1984)
$V_\#$	o	NP-schwer	Ho und Chang (1995)

Tab. 5.6: [IP |... |...]

Das Problem [IP2 | | Z] ist NP-schwer. Stellvertretend für zahlreiche andere derartige Komplexitätsaussagen geben wir hierfür in Kap. 5.4.1.3 einen Beweis an. In Kap. 5.4.1.4 behandeln wir Lösungsverfahren für das allgemeinere und damit ebenfalls NP-schwere Problem [IP | | Z]. Das polynomial lösbare Problem [IP | pmtn | Z] ist eine mögliche Relaxation von [IP | | Z] und kann somit zur Bestimmung unterer Schranken für optimale Zielfunktionswerte herangezogen werden.

In den weiteren Abschnitten behandeln wir neben [IP | in-tree, $t_j = 1$ | Z] und [IP | | D] einige Probleme mit zwei identischen parallelen Maschinen (sogenannte IP2-Probleme), die polynomial lösbar sind.

5.4.1.2 Minimierung der Zykluszeit bei unterbrechbaren Aufträgen

Wir gehen von m identischen parallelen Maschinen aus und unterstellen, daß die Bearbeitung der Aufträge ohne Verlängerung der Bearbeitungszeiten (und ohne Zusatzkosten) unterbrochen werden kann. Zu lösen ist das Problem **[IP | pmtn | Z]**.

Man überlegt sich leicht, daß die folgende Zykluszeit optimal ist:

$$Z^* := \max \{\frac{1}{m} \cdot \sum_{j=1}^{n} t_j, \max \{t_j \mid j = 1,...,n\} \} \tag{5.11}$$

Ein zugehöriger optimaler Plan läßt sich durch sukzessives Auffüllen der Belegungszeit jeder Maschine bis maximal Z* erzeugen. Dabei werden die ersten $\lceil \Sigma_j t_j / Z^* \rceil$ Maschinen belegt; die restlichen Maschinen bleiben frei. Diese Vorgehensweise wird auch als *Umbruchmethode* bezeichnet; vgl. McNaughton (1959):

Umbruchmethode

Voraussetzung: Daten eines Problems [IP | pmtn | Z]; optimale Zyklusdauer Z* gemäß (5.11)

t aktueller Planungszeitpunkt

i aktuell betrachtete Maschine

Start: t := 0; i := 1;

Iteration j = 1,...,n:

plane Auftrag j vom Zeitpunkt t bis zum Zeitpunkt min { t + t_j, Z*} auf Maschine i ein;

$t := t + t_j$;

if $t \geq Z^*$ **then begin**

$t := t - Z^*$; $i := i + 1$;

plane den Rest von j vom Zeitpunkt 0 bis t auf Maschine i ein

end;

Ergebnis: Ein optimaler Plan der Länge Z*.

* * *

Beispiel: Wir betrachten ein Problem mit acht Aufträgen, die auf drei identischen parallelen Maschinen zu fertigen sind. Für die Bearbeitungszeiten gelte $t_j = j$ für alle $j = 1,...,8$.

Man erhält $Z^* := \max\{36/3, 8\} = 12$, wobei auf M_1 die Aufträge 1, 2, 3, 4 und 5 (2 ZE), auf M_2 die Aufträge 5 (Rest), 6 und 7 (3 ZE) und auf M_3 die Aufträge 7 (Rest) und 8 gefertigt werden.

Der Rechenaufwand für die Durchführung des Verfahrens ist O(n).

In jüngster Zeit beschäftigt man sich im Bereich der Informatik zunehmend mit parallelen Algorithmen und Parallelrechnern. Dabei besteht das grundlegende Konzept darin, verschiedene Teile von Algorithmen simultan auf parallelen Prozessoren abzuarbeiten. Probleme der Verteilung von parallelisierbaren Verfahrensschritten auf verschiedene Prozessoren lassen sich oft als Maschinenbelegungsprobleme mit parallelen Maschinen formulieren, wie wir sie im vorliegenden Kap. 5.4 betrachten. In diesem Zusammenhang könnten wir für alle in diesem Buch angegebenen Verfahren überlegen, inwieweit eine Parallelisierung von Verfahrensteilen möglich ist. Wir klammern diese Überlegungen im allgemeinen aus und verweisen auf die Literatur; siehe z.B. Dekel und Sahni (1983). Anhand der Umbruchmethode läßt sich jedoch recht einfach ein Beispiel für das Parallelisieren von Algorithmen beschreiben.

Die Umbruchmethode ermittelt für [IP | pmtn | Z] eine optimale Lösung mit Zykluszeit Z^* gemäß (5.11), bei der die ersten $\lfloor \Sigma_j t_j / Z^* \rfloor$ Maschinen ohne Leerzeiten belegt werden. Der Beginnzeitpunkt b_j für die Bearbeitung eines Auftrags j sowie die entsprechende Maschine i_j lassen sich damit wie folgt berechnen:

$i_j := \lfloor \sum_{k=1}^{j-1} t_k / Z^* \rfloor + 1;$ die Bearbeitung von Auftrag j beginnt auf Maschine i_j

$b_j := (\sum_{k=1}^{j-1} t_k) \bmod Z^*;$ Beginnzeitpunkt von Auftrag j auf Maschine i_j

Die Einplanung von Auftrag j auf i_j (ggf. auch auf $i_j + 1$) geschieht durch die Anweisungen:

plane Auftrag j von b_j bis $\min\{b_j + t_j, Z^*\}$ auf Maschine i_j ein;

if $b_j + t_j > Z^*$ **then** plane den Rest von j von 0 bis $b_j + t_j - Z^*$ auf Maschine $i_j + 1$ ein;

Nimmt man an, daß mindestens n parallele Prozessoren zur Verfügung stehen, so könnte jeder Prozessor mit der Einplanung eines Auftrags j beschäftigt werden, da die Größen b_j und i_j ausschließlich von Z^* und den Problemdaten abhängen und isoliert für jeden Auftrag j berechnet werden können. Der Rechenaufwand für den n-ten Prozessor ist wegen der zu berechnenden Summe O(n).

Wird jede Teilsumme nur von einem Prozessor berechnet und den anderen übermittelt, so läßt sich der Rechnenaufwand auf $O(\log_2 n)$ reduzieren.[8] Ein Beispiel mit 8 Aufträgen und 8 Prozessoren zeigt Abb. 5.26. Die Prozessoren haben jeweils höchstens $\log_2 8 = 3$ Rechenschritte auszuführen.

---

[8] Wegen $\log_2 n = \log n / \log 2$ könnte man statt $O(\log_2 n)$ auch $O(\log n)$ schreiben.

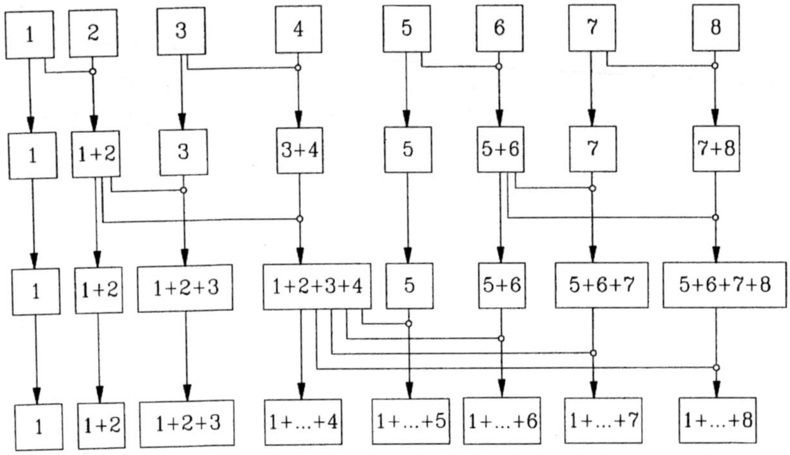

Abb. 5.26: Parallele Berechnung partieller Summen

Führt man die Berechnungen für jeweils $\log_2$ n Aufträge gemeinsam sequentiell auf einem der Prozessoren durch, so erhöht sich dadurch der Rechenaufwand größenordnungsmäßig nicht; es werden jedoch nur noch $O(n/\log_2 n)$ Prozessoren benötigt. Zunächst werden in jedem Prozessor Teilsummen durch sukzessive Addition der Bearbeitungszeiten der ihm zugeordneten Aufträge gebildet und zwischengespeichert. Die jeweils zuletzt berechnete Teilsumme jedes Prozessors dient als Eingabe für das in Abb. 5.26 dargestellte Verfahren. Abschließend ist zu den zwischengespeicherten Teilsummen das Ergebnis des jeweils vorhergehenden Prozessors zu addieren. Jeder der angegebenen drei Schritte benötigt einen Aufwand von $O(\log_2 n)$, so daß das Verfahren insgesamt auf allen Prozessoren den o.a. Rechenaufwand besitzt.

5.4.1.3 Zur Komplexität eines Zwei-Maschinen-Problems

Aufgrund der prinzipiellen Wichtigkeit von Komplexitätsaussagen wollen wir an dieser Stelle einen Beweis für die Zugehörigkeit von [IP2 | | Z] zur Klasse der NP-schweren Probleme führen (vgl. Kap. 2.4).

Wir zeigen eine *Reduktion* von [IP2 | | Z] auf das grundlegende NP-schwere Problem *Partition*:

> Gegeben seien eine endliche Menge M sowie Gewichte w(a) für alle $a \in M$.
>
> Gibt es eine Teilmenge M' von M, so daß gilt: $\sum_{a \in M'} w(a) = \sum_{a \in M-M'} w(a)$?

Dies geschieht durch eine *Transformation* der Eingabedaten eines derartigen Problems in entsprechende Eingabedaten von [IP2 | | Z]. Sei $n := |M|$ und $t_j := w(j)$ für alle j = 1,...,n. Als Entscheidungsversion von [IP2 | | Z] stellen wir die folgende Frage:

> Gibt es einen Plan, für den die Zykluszeit $Z \leq 0.5 \cdot \sum_{a \in M} w(a)$ ist?

Offensichtlich existiert eine Menge M' mit den geforderten Eigenschaften, falls wir einen Plan mit der entsprechenden Zykluszeit bestimmen können (vgl. Abb. 5.27).

Die Zugehörigkeit der Entscheidungsversion von [IP2 | | Z] zur Klasse NP (d.h. die Überprüfung der Zulässigkeit einer gefundenen Lösung) läßt sich mit polynomialem Aufwand durch Addition der jeweiligen Bearbeitungszeiten nachweisen. □

Maschine 2	M'	
Maschine 1	M – M'	

Abb. 5.27

5.4.1.4 Minimierung der Zykluszeit

Wir betrachten das Problem [IP | | Z]. In Anlehnung an eine Formulierung für Fließbandabstimmungsprobleme in Kap. 4.3.1.5 können wir hierfür eine mathematische Formulierung unter Verwendung der folgenden Binärvariablen (für alle j = 1,...,n und i = 1,...,m) angeben:

$$x_{ji} := \begin{cases} 1 & \text{falls Auftrag j der i-ten Maschine zugeordnet wird} \\ 0 & \text{sonst} \end{cases}$$

Die Modellformulierung lautet:

$$\text{Minimiere } Z \tag{5.12}$$

unter den Nebenbedingungen

$$\sum_{i=1}^{m} x_{ji} = 1 \qquad \text{für alle } j = 1,...,n \tag{5.13}$$

$$\sum_{j=1}^{n} t_j x_{ji} \leq Z \qquad \text{für alle } i = 1,...,m \tag{5.14}$$

$$x_{ji} \in \{0,1\} \qquad \text{für alle } j = 1,...,n \text{ und } i = 1,...,m \tag{5.15}$$

Man überlegt sich leicht, daß das Lösen der LP-Relaxation dieses Modells eine untere Schranke LB für den optimalen Zielfunktionswert des Problems [IP | | Z] liefert. Sie entspricht gerade dem optimalen Zielfunktionswert Z* des Problems [IP | pmtn | Z].

Bemerkung 5.15 *(Beziehung zur Fließbandabstimmung und zum Bin Packing-Problem):*

[IP | | Z] entspricht der Variante SALBP-2 unseres Grundmodells der Fließbandabstimmung ohne Vorrangrestriktionen. Bei vorgegebener Stationszahl m ist die Taktzeit c zu minimieren. Dabei entsprechen die vorgegebenen Stationen den identischen parallelen Maschinen, die zu minimierende Taktzeit der Zykluszeit.

Die folgende Modifikation von [IP | | Z] führt unmittelbar zum Bin Packing-Problem: Gegeben seien n Aufträge (ohne Vorrangbeziehungen) mit vorgegebenen Fertigstellungsterminen f_j für alle j = 1,...,n, die nicht überschritten werden dürfen, d.h. wir betrachten die

Auftragscharakteristik $\beta_8 = \bar{f}_j$. Gesucht ist ein Maschinenbelegungsplan, der unter Einhaltung aller f_j die Anzahl der verwendeten Maschinen minimiert. Stimmen alle f_j überein, so entspricht dies der in der Literatur als **Bin Packing-Problem** bekannten Aufgabenstellung. Oft wird dieses Problem auch wie folgt formuliert:

> n Gegenstände (Objekte) mit Volumina $t_1,...,t_n$ sollen in gleichgroßen Gefäßen (Bins) mit dem Fassungsvermögen (Kapazität) Z untergebracht werden. Welches ist die minimale Anzahl m* an Bins, die hierfür erforderlich sind ?

Umgekehrt kann nun [IP | | Z] als Problem der Bestimmung einer minimalen Kapazität Z*, bei der das Bin Packing-Problem höchstens m Bins (Maschinen) benötigt, interpretiert werden.

Ferner lassen sich Probleme betrachten, bei der die Anzahl der Maschinen im Zeitablauf veränderlich ist; vgl. z.B. Tovey (1986).

Für [IP | | Z] wurden sowohl heuristische als auch exakte Lösungsverfahren entwickelt, wobei wir im folgenden v.a. auf die erste Gruppe näher eingehen.

Heuristische Lösungsverfahren:

Die für [IP | | Z] entwickelten Heuristiken sind v.a. Prioritätsregelverfahren, die das Problem unmittelbar lösen, sowie Vorgehensweisen, die wiederholt geeignet formulierte bzw. modifizierte Bin Packing-Probleme betrachten und lösen. Darüber hinaus lassen sich Verfahren auf der Basis lokaler Suche entwickeln; vgl. z.B. Hübscher und Glover (1994).

Prioritätsregelverfahren für Parallel-Maschinen-Probleme gehen in folgenden zwei Schritten vor und besitzen, bedingt durch das Sortieren, einen Rechenaufwand von O(n log n):

Schritt 1: Sortiere die Aufträge nach einer vorzugebenden Prioritätsregel.

Schritt 2: Ordne die Aufträge in Sortierreihenfolge jeweils derjenigen Maschine mit der kleinsten bisher verplanten Zeit zu.

In der Literatur wird eine Vielzahl möglicher Prioritätsregeln angegeben; siehe z.B. Panwalkar und Iskander (1977). Zwei Beispiele sind (s. auch Kap. 5.1.4):

1) Sortiere die Aufträge zufällig (Random List Scheduling- oder RLS-Regel).

2) Sortiere die Aufträge nach monoton abnehmenden t_j (LPT-Regel).

Beispiel: Wir betrachten wiederum das Problem mit acht Aufträgen, die auf drei identischen parallelen Maschinen zu fertigen sind, sowie Bearbeitungszeiten $t_j = j$ für alle $j = 1,...,8$ und wenden die LPT-Regel an. Die Heuristik liefert eine zulässige Lösung mit Zykluszeit 13 (vgl. Abb. 5.28). Eine optimale Lösung besitzt, wie die in Kap. 5.4.1.2 erhaltene untere Schranke, den Zielfunktionswert 12 (siehe unten).

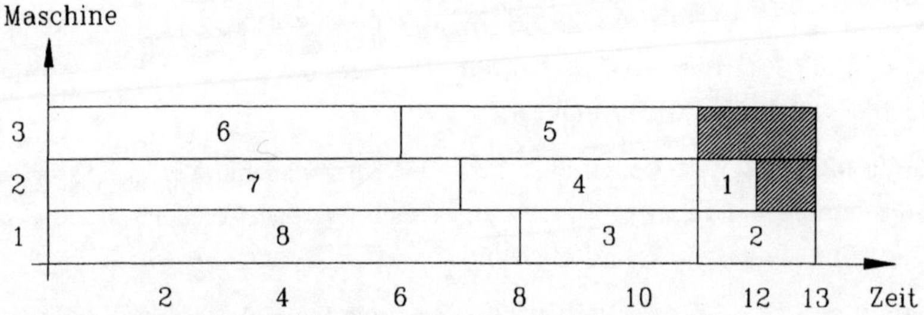

Abb. 5.28

Auf der Lösung von Bin Packing - Problemen basierende Verfahren:

Das Bin Packing - Problem ist eines der am intensivsten behandelten Probleme der ganzzahligen und kombinatorischen Optimierung. Für dieses ebenfalls NP-schwere Problem existieren zahlreiche heuristische sowie einige B&B-Verfahren; vgl. z.B. Coffman et al. (1984), Martello und Toth (1990) sowie Scholl et al. (1997). Wir skizzieren die beiden folgenden *Prioritätsregelverfahren*, wobei wir von einer gegebenen Numerierung der Bins ausgehen:

First-Fit-Decrease (FFD): Sortiere die Objekte nach monoton abnehmenden t_j. Ordne die Objekte in dieser Reihenfolge stets dem Bin mit der kleinsten Nummer zu, in dem noch Platz verfügbar ist.

First-Fit-Increase (FFI): Analog zu FFD mit dem Unterschied, daß die Objekte nach monoton wachsenden t_j sortiert werden.

Das Verfahren FFD ist nun Bestandteil des folgenden heuristischen Verfahrens **Multi-Fit-Decrease (MFD)**, das von Coffman et al. (1978) zur Lösung von [IP | | Z] angegeben wird. Es verwendet die Vorgehensweise der binären Suche (Intervallhalbierung).

Multi-Fit-Decrease

Voraussetzung: Daten eines Problems [IP | | Z], u.a. mit gegebener Maschinenzahl m; it Anzahl auszuführender Iterationen

Start: Bestimme das Intervall [LB, UB] für die zu ermittelnde Zykluszeit Z mit

$$LB := \max \{ \frac{1}{m} \cdot \sum_{j=1}^{n} t_j, \max \{t_j \mid j = 1,...,n\} \} \quad \text{(siehe (5.11)) und}$$

$$UB := \max \{ \frac{2}{m} \cdot \sum_{j=1}^{n} t_j, \max \{t_j \mid j = 1,...,n\} \}.$$ [9]

9 Daß UB eine obere Schranke darstellt, kann man sich, ausgehend von LB und einer mit Hilfe der Umbruchmethode erhaltenen Lösung L, wie folgt überlegen:

Plant man jeden Auftrag, der in L auf Maschine M_i begonnen und unterbrochen wird, vollständig auf M_i ein, so erhält man eine zulässige Lösung ohne Unterbrechung mit Zykluszeit $Z \leq UB$. Aufgrund der Bestimmung von LB ist auch der längste Auftrag in L höchstens einmal unterbrochen worden.

Iteration k = 1, 2, ..., it:

Bestimme $Z := (LB + UB)/2$ und wende das FFD-Verfahren auf ein Bin Packing-Problem mit den gegebenen t_j und der Kapazität Z für alle Bins an.

Wird eine zulässige Lösung mit höchstens m Bins gefunden, so setze $UB := Z$ (Z ist eine neue obere Schranke für die gesuchte Zykluszeit), ansonsten setze $LB := Z$.

Abbruch: Falls LB = UB oder k = it erreicht ist.

Ergebnis: UB ist der Zielfunktionswert einer zulässigen Lösung des Problems [IP | | Z].

* * *

Beispiel: Wir betrachten erneut unser obiges Problem und führen it = 4 Iterationen aus. Zu Beginn ist das Intervall [LB = 12, UB = 24] zu betrachten.

k = 1: Für Z = 18 findet der FFD-Algorithmus eine zulässige Lösung mit $m^* = 2 \leq m$; das neue Intervall ist [LB = 12, UB = 18].

k = 2: Für Z = 15 findet FFD ebenfalls eine zulässige Lösung mit $m^* = 3 = m$; das neue Intervall ist [LB = 12, UB = 15].

k = 3: Man erhält, ausgehend von Z = 13.5, unter Berücksichtigung der Ganzzahligkeit der t_j die neue Schranke UB = 13 mit $m^* = 3$.

k = 4: Für Z = 12.5 findet FFD eine zulässige Lösung mit UB = 12 und den Auftragsfolgen <8,4] auf M_1, <7,5] auf M_2 sowie <6,3,2,1] auf M_3. Da LB = 12 eine aus (5.11) gewonnene untere Schranke darstellt, ist die Lösung optimal.

Bemerkung 5.16: Der Rechenaufwand von MFD ist $O(n \log n + it \cdot m \cdot n)$. Eine weitere Heuristik für [IP | | Z], die auf der Betrachtung des Bin Packing-Problems beruht, stammt von Hochbaum und Shmoys (1987).

Zur Lösungsgüte von Heuristiken:

Zahlreiche Autoren haben sich mit der Abschätzung der Lösungsgüte von Heuristiken (v.a. für das hier betrachtete Problem [IP | | Z]) beschäftigt. Man findet sowohl Aussagen über das Worst Case-Verhalten als auch Aussagen über die durchschnittliche Lösungsgüte für zufällig erzeugte Probleminstanzen; vgl. den Überblick in Cheng und Sin (1990, S. 279 ff.). Aussagen zur Sensitivitätsanalyse verschiedener Prioritätsregelverfahren finden sich in Kolen et al. (1994).

Für die oben genannten Prioritätsregelverfahren gilt *im schlechtesten Fall*; s. Graham (1969):

$Z(RLS)/Z^* \leq 2 - 1/m$ für die RLS- und damit für jede Prioritätsregel

$Z(LPT)/Z^* \leq 4/3 - 1/(3m)$ für die LPT-Regel (*Graham-Schranke*)

Bezeichnet man mit k die kleinste Anzahl der einer Maschine zugeordneten Aufträge, so ist für Probleme mit $n >> m$ für die LPT-Regel die folgende von Coffman und Sethi (1976) bewiesene Schranke schärfer als diejenige von Graham:

$Z(LPT)/Z^* \leq 1 + 1/k - 1/(k \cdot m)$

Die für MFD ermittelten Worst Case-Abschätzungen beinhalten keine so einfachen Formeln wie für RLS oder LPT. Grundsätzlich gilt, daß für it ≥ 5 und $m \geq 3$ die maximale Abweichung des Zielfunktionswertes vom Optimum bei MFD geringer ist als bei LPT; vgl. Coffman et al. (1978). Bei einer in Blazewicz (1987, S. 19) angegebenen Untersuchung ergaben sich bei der LPT-Regel für zufällig erzeugte Datensätze mit gleichverteilten Bearbeitungszeiten *mittlere Abweichungen* des Zielfunktionswertes im Bereich von 0 bis 9 Prozent.

Exakte Lösungsverfahren:

Exakte Verfahren für das Problem [IP | | Z] basieren v.a. auf dynamischer Optimierung (vgl. z.B. Lawler und Moore (1969)) oder auf dem B&B-Prinzip, dessen mögliche Komponenten wir kurz skizzieren; vgl. auch das B&B-Verfahren in Kap. 4.3.4.2:

Untere Schranken für optimale Zielfunktionswerte von (Teil-) Problemen lassen sich durch Bilden und Lösen der entsprechenden Relaxation [IP | pmtn | Z] ermitteln. Bezeichnet man mit $(\tau_1,...,\tau_m)$ den Vektor der in einem Stadium des Verfahrens bereits durch Fixierung den Maschinen 1 bis m zugeordneten Belegungszeiten, so ist

$$LB = \min \{\tau_i \mid i=1,...,m\} + \max \{t_j \mid j \text{ noch nicht eingeplant}\}$$

eine weitere untere Schranke.

Obere Schranken lassen sich z.B. mittels einer der oben beschriebenen Heuristiken bestimmen.

Verzweigung: (Teil-) Probleme P_μ werden durch den oben genannten Vektor $(\tau_1,...,\tau_m)$ der aktuellen Belegungszeiten τ_i der Maschinen i = 1,...,m beschrieben. Die Verzweigung erfolgt durch Zuordnen je eines Auftrags zu einer der alternativen Maschinen. Die Aufträge werden dabei in einer durch die LPT-Regel vorgegebenen Reihenfolge betrachtet. Teilprobleme können aufgrund von unteren Schranken und Dominanzregeln *ausgelotet* werden.

5.4.1.5 Das Problem [IP | tree, t_j=1 | Z]

Wir betrachten zunächst das Problem [IP | in-tree, t_j=1 | Z]. Es wird davon ausgegangen, daß die zu bearbeitenden n Aufträge durch eine konvergierende Produktstruktur (in-tree) mit Produkt n als einzigem Endprodukt miteinander verknüpft sind (vgl. Kap. 1.3.2 oder 3.2.3.1). Ferner hat jeder Auftrag die Bearbeitungszeit $t_j = 1$.

Hu (1961) beschreibt ein für dieses Problem exaktes Prioritätsregelverfahren der in Kap. 5.4.1.4 angegebenen Art, das in der Literatur als **Highest Level First-Verfahren** bezeichnet wird. Dabei sortiert man in Schritt 1 nach monoton abnehmenden Rangwerten:

RW_j := Anzahl der im in-tree von j nach n führenden Pfeile

Der Rechenaufwand des Verfahrens von Hu ist O(n), falls der Baum topologisch sortiert vorliegt, andernfalls beträgt er O(n log n).

Das Verfahren ist auch anwendbar, wenn die Reihenfolgebeziehungen einen Wald (forest) darstellen, der nur aus in-trees besteht. Vor Bestimmung der Rangwerte wird die Senke jedes in-tree durch einen Pfeil mit einer fiktiven (zusätzlich eingeführten) Senke verbunden.

Mit einer analogen Vorgehensweise (RW_j := Anzahl an Pfeilen im längsten Weg, der von j zu einer Senke führt) läßt sich auch das Problem [IP | out-tree, t_j=1 | Z] mit divergierender Produktstruktur exakt lösen.

Eine Verallgemeinerung des Verfahrens für Probleme mit beliebigen Reihenfolgebeziehungen haben Coffman und Graham (1972) entwickelt. Es ist in der Lage, den Spezialfall [IP2 | prec, t_j=1 | Z] mit Aufwand $O(n^2)$ exakt zu lösen.

5.4.1.6 Minimierung von Durchlaufzeiten

Auch für [IP | | D] erhält man ein exaktes Prioritätsregelverfahren, wenn man in Schritt 1 gemäß der Shortest Processing Time - Regel sortiert; vgl. z.B. Conway et al. (1967) oder Baker (1974, S. 118 ff.).

Bei m parallelen Maschinen liefert das Verfahren (falls bei gleicher bereits verplanter Zeit nach wachsender Maschinennummer ausgewählt wird) eine Lösung mit folgender Struktur:

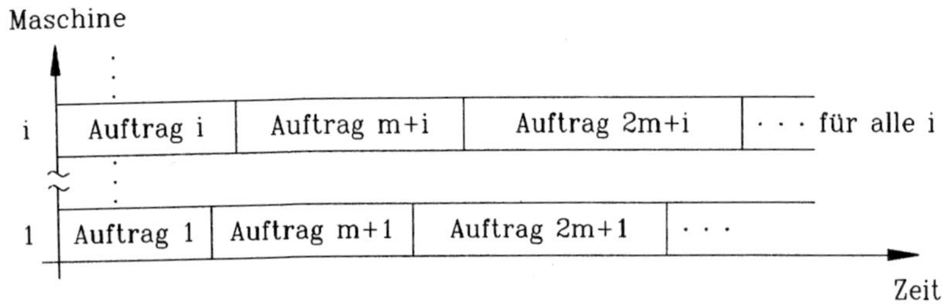

Abb. 5.29

Somit gilt mit α_i := Anzahl der einer Maschine i zugeordneten Aufträge:

$$|\alpha_h - \alpha_i| \leq 1 \qquad \text{für alle } h, i = 1,...,m$$

Ein Beweis für die Optimalität der erhaltenen Lösung läßt sich über paarweises Vertauschen von Aufträgen sowohl auf ein und derselben Maschine als auch zwischen verschiedenen Maschinen führen. Ein NP-schweres Problem entsteht, falls wir gewichtete Durchlaufzeiten D^{ω} betrachten.

Für ein Problem [IP | rb^i_{jk} | D] mit identischen Rüstzeiten zwischen Aufträgen verschiedener Familien geben Cheng et al. (1996) ein Verfahren der dynamischen Optimierung an.

5.4.1.7 Zwei-Maschinen-Probleme mit Ressourcenbeschränkungen

Im Rahmen der in Kap. 5.1.3.2 beschriebenen Auftragscharakteristika wurden sogenannte Ressourcenbeschränkungen eingeführt. Um den Umgang mit derartigen Kapazitätsbedingungen näher zu erläutern, beschreiben wir im folgenden exakte Lösungsverfahren für zwei Probleme mit der Ausprägung res ∘∘∘. Eine umfangreiche Darstellung von Modellen und Lösungsverfahren der Maschinenbelegungsplanung mit Ressourcenbeschränkungen findet sich in Blazewicz et al. (1986).

Die Auftragscharakteristik res $\lambda\sigma\rho$ bedeutet, daß über die Maschinen hinaus zusätzliche Ressourcen (Roh-, Hilfs- und Betriebsstoffe) berücksichtigt werden. Genauer bedeutet das im Fall res ∘∘∘, daß eine beliebige, aber durch die Probleminstanz fest vorgegebene Zahl an Hilfsmittelarten zu jedem Zeitpunkt in einer bestimmten Quantität zur Verfügung steht und jeder Auftrag jeweils eine bestimmte Anzahl an Ressourcen beansprucht. Der Einfachheit halber nehmen wir an, daß eine endliche Anzahl π von Ressourcenarten $R_1,...,R_\pi$ vorhanden ist. Jedes R_h steht zu jedem Zeitpunkt in einer Quantität von ra_h zur Verfügung; es werden also erneuerbare Ressourcen betrachtet. Darüber hinaus bezeichnet $rb_h(j)$ den Bedarf des Auftrags j pro ZE an Ressource R_h.

Für den Fall, daß genau zwei Maschinen betrachtet werden, läßt sich der in Abb. 5.8 angegebene Graph G_6 zu dem in Abb. 5.30 vereinfachen. Im folgenden erläutern wir die dort enthaltene Beziehung (res 1 ∘∘) ⟶ (res ∘11) näher. Wir zeigen, daß sich beliebige Eingabedaten eines Maschinenbelegungsproblems unter Berücksichtigung von res 1 ∘∘ in entsprechende Eingabedaten von res ∘11 überführen lassen.

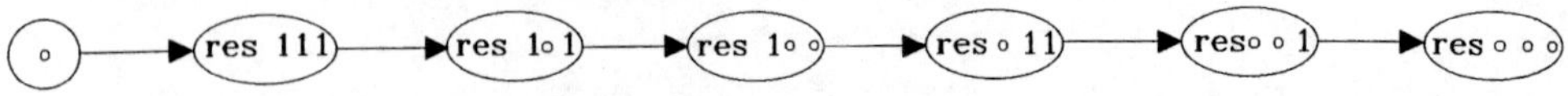

G_6: Ressourcenbeschränkungen

Abb. 5.30

Im ersten Problem existiert genau eine Ressourcenart R_1 mit beliebig vorgebbarer Quantität ra_1 und beliebig vorgebbaren Bedarfen $rb_1(j) \leq ra_1$ für alle Aufträge j. Im daraus abgeleiteten Problem res ∘11 gibt es (in Abhängigkeit von den Ausgangsdaten) beliebig viele Ressourcenarten. In ihm ist das Angebot jeder Art pro ZE gleich 1. Die Nachfrage aller Aufträge pro ZE nach jeder Art ist entweder gleich 1 oder 0. Zum Zwecke der Transformation von res 1 ∘∘ nach res ∘11 führen wir im zweiten Problem für je zwei Aufträge j_a und j_b, die beide R_1 mit

$$rb_1(j_a) + rb_1(j_b) > ra_1 \tag{5.16}$$

benötigen, eine Ressourcenart $R_{j_{ab}}$ mit $ra_{j_{ab}} = 1$ ein. Die Aufträge j_a und j_b besitzen für diese Ressource jeweils den Bedarf 1, die anderen Aufträge den Bedarf 0.

Damit gilt folgende Äquivalenz:

$$rb_1(j_a) + rb_1(j_b) \leq ra_1 \text{ (in res 1 ∘∘) } <=> rb_h(j_a) + rb_h(j_b) \leq ra_h \text{ für alle } R_h \text{ (in res ∘11)}$$

Zur Verdeutlichung betrachten wir ein **Beispiel** mit $j=1,...,6$ Aufträgen. Im Problem res 1 ∘∘ ist für die einzige Ressourcenart R_1 eine Kapazität von $ra_1 = 4$ pro ZE gegeben. Für die Kapazitätsbedarfe der Aufträge pro ZE gilt:

j	1	2	3	4	5	6
$rb_1(j)$	0	2	1	4	0	3

Unter allen Kombinationen zweier Aufträge sind diejenigen zu bestimmen, für die eine gleichzeitige Fertigung auf den beiden Maschinen aufgrund der Beschränkung von $ra_1 = 4$ Einheiten der betrachteten Ressource nicht möglich ist. In unserem Fall gilt dies für folgende Paare von Aufträgen:

j_a	j_b	$rb_1(j_a) + rb_1(j_b)$	Ressourcen in res o11
2	4	6	R_{24} mit $ra_{24} = 1$, $rb_{24}(2) = rb_{24}(4) = 1$
2	6	5	R_{26} mit $ra_{26} = 1$, $rb_{26}(2) = rb_{26}(6) = 1$
3	4	5	R_{34} mit $ra_{34} = 1$, $rb_{34}(3) = rb_{34}(4) = 1$
4	6	7	R_{46} mit $ra_{46} = 1$, $rb_{46}(4) = rb_{46}(6) = 1$

Das modifizierte Problem besitzt also vier Ressourcenarten, die jeweils ein Angebot von 1 besitzen.

Wir betrachten nunmehr zwei spezielle Probleme mit jeweils zwei identischen parallelen Maschinen M_1 und M_2, anhand derer sich sehr anschaulich Bezüge zu bekannten Optimierungsproblemen herstellen lassen. Dabei gehen wir zunächst davon aus, daß alle Bearbeitungszeiten identisch sind ($t_j = 1$). Daran anschließend vernachlässigen wir diese Annahme, erlauben jedoch, daß alle Aufträge beliebig oft unterbrochen werden dürfen (pmtn). Als Zielsetzung betrachten wir in beiden Fällen die Minimierung der Zykluszeit.

[IP2 | res ooo, $t_j = 1$ | Z]:

Zur Lösung dieses Problems konstruieren wir einen ungerichteten Graphen $G = [V,E]$, mit dem sich die zusätzlichen Ressourcenbeanspruchungen veranschaulichen lassen. Die Knotenmenge V enthält für jeden Auftrag genau einen Knoten. Für je zwei Aufträge j und k besitzt der Graph eine Kante [j,k] genau dann, wenn alle Ressourcen für die gleichzeitige Bearbeitung beider Aufträge ausreichen. Die Kantenmenge E läßt sich daher wie folgt definieren:

$$E := \{[j,k] \mid j,k \in V \wedge j < k \wedge rb_h(j) + rb_h(k) \leq ra_h \quad \forall\, h = 1,...,\pi\}$$

Eine optimale Lösung erhält man, indem man in G ein Matching maximaler Kardinalität bestimmt (siehe jedoch auch Bem. 5.17). Sind zwei Aufträge durch eine Kante des Matching miteinander verbunden, so werden sie parallel ausgeführt. Alle anderen Aufträge sind jeweils auf einer der beiden Maschinen zu bearbeiten, während auf der anderen Maschine gleichzeitig eine Leerzeit entsteht. Ist $|M|$ die Anzahl der Kanten des Matching, so gilt für die optimale Zykluszeit $Z^* = n - |M|$.

Beispiel: Wir betrachten ein Problem mit $n = 5$ Aufträgen und $\pi = 3$ Ressourcen mit **ra** = $(ra_1, ra_2, ra_3) = (3,4,5)$. Tab. 5.7 gibt die entsprechenden Ressourcenbeanspruchungen wieder.

j	1	2	3	4	5	ra_h
$rb_1(j)$	1	2	2	1	3	3
$rb_2(j)$	2	1	3	0	0	4
$rb_3(j)$	0	2	1	3	5	5

Tab. 5.7

Abb. 5.31 a zeigt den Graphen G. Er enthält ein Matching der Kardinalität $|M| = 2$ (die Kanten [1,2] und [3,4]). Damit ergibt sich eine optimale Zykluszeit von $Z^* = 3$. Ein entsprechender Plan ist in Abb. 5.31 b wiedergegeben.

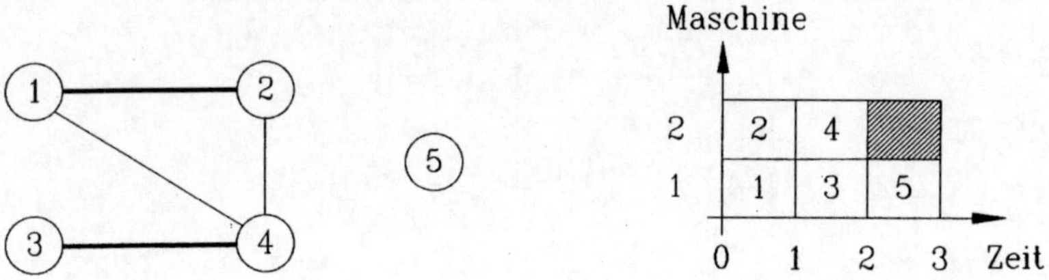

(a) (b) Abb. 5.31

Bemerkung 5.17: Bei der Lösung von [IP2 | res ooo, $t_j = 1$ | Z] reicht es aus, für jede Zusammenhangskomponente von G gesondert ein Matching-Problem zu lösen, da zwei zu verschiedenen Komponenten gehörende Aufträge nicht parallel ausführbar sind. Analoges gilt für das nachfolgende Problem.

[IP2 | res ooo , pmtn | Z] :

Gegenüber dem zuvor behandelten Problem werden nun beliebige Bearbeitungszeiten betrachtet (β_5 = o), dafür sind jedoch Unterbrechungen der Aufträge erlaubt (β_1 = pmtn).

Das Problem läßt sich als *lineares Optimierungsproblem* formulieren und lösen. Dazu erweitern wir durch Einführen eines zusätzlichen Knotens n+1 und entsprechender Kanten [j, n+1] für alle Aufträge j den oben betrachteten Graphen G zu einem Graphen G' = [V', E']. Zusätzlich definieren wir für jede Kante $[j,k] \in E'$ eine nichtnegative Entscheidungsvariable x_{jk} (mit $j < k$), die die Zeitdauer beschreibt, während der die Aufträge j und k parallel auf je einer der Maschinen gefertigt werden. Der zusätzliche Knoten entspricht einem fiktiven Auftrag n+1 ohne Ressourcenbedarf. Eine Kante [j, n+1] bedeutet somit die Fertigung von Auftrag j auf einer der Maschinen bei gleichzeitiger Leerzeit auf der anderen Maschine für eine Dauer von $x_{j,n+1}$ ZE.

Nun kann man folgende Modellformulierung angeben:

$$\text{Minimiere } Z = \sum_{[j,k] \in E'} x_{jk} \tag{5.17}$$

unter den Nebenbedingungen

$$\sum_{[h,j] \in E'} x_{hj} + \sum_{[j,k] \in E'} x_{jk} = t_j \qquad \text{für alle } j = 1,\dots,n \qquad (5.18)$$

$$x_{jk} \geq 0 \qquad \text{für alle } (j,k) \in E' \qquad (5.19)$$

Beispiel: Wir betrachten das Beispiel mit den Daten aus Tab. 5.7. Ergänzend seien folgende Bearbeitungszeiten gegeben:

j	1	2	3	4	5
t_j	6	8	4	2	4

Das entsprechende lineare Optimierungsproblem ist:

Minimiere $Z = x_{12} + x_{14} + x_{24} + x_{34} + x_{16} + x_{26} + x_{36} + x_{46} + x_{56}$

unter den Nebenbedingungen

$$\begin{aligned} x_{12} + x_{14} + x_{16} &= 6 \\ x_{12} + x_{24} + x_{26} &= 8 \\ x_{34} + x_{36} &= 4 \\ x_{14} + x_{24} + x_{34} + x_{46} &= 2 \\ x_{56} &= 4 \\ x_{12}, x_{14}, x_{24}, x_{34}, x_{16}, x_{26}, x_{36}, x_{46}, x_{56} &\geq 0 \end{aligned}$$

Durch Anwenden des Simplex-Algorithmus erhält man die optimale Lösung $x_{12} = 6$, $x_{34} = x_{26} = x_{36} = 2$, $x_{56} = 4$ sowie $x_{jk} = 0$ sonst mit dem Zielfunktionswert $Z = 16$.

Aus einer derartigen Lösung können grundsätzlich mehrere optimale Ablaufpläne erzeugt werden, indem die durch $x_{jk} > 0$ beschriebenen Fertigungsabschnitte in beliebiger Reihenfolge aneinandergereiht werden. Dabei ist es beliebig, ob Auftrag j auf M_1 und k auf M_2 gefertigt wird oder umgekehrt. Man wird allerdings in der Regel bestrebt sein, einen Ablaufplan so zu bilden, daß möglichst wenige Unterbrechungen der Aufträge erforderlich sind. Dies ließe sich z.B. mittels einer nachgeschalteten Heuristik näherungsweise erreichen.

In Abb. 5.32 ist ein aus obiger Lösung erzeugter Ablaufplan ohne Unterbrechungen in Form eines Gantt-Diagramms angegeben.

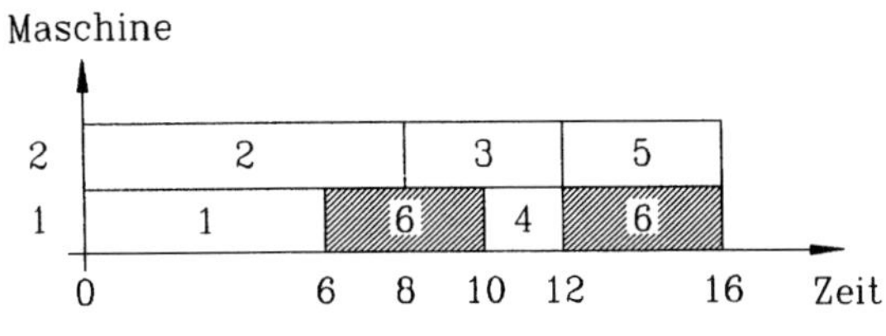

Abb. 5.32

Das Problem [IP2 | res ooo, pmtn | Z] läßt sich auch als ein *spezielles Transportproblem* formulieren und lösen; vgl. Blazewicz et al. (1986, S. 37 ff.). Dazu überführen wir den oben definierten Graphen $G' = [V', E']$ in einen bipartiten gerichteten Graphen $G'' = (V_1 \cup V_2, E'')$ mit $V_1 = V_2 := V'$ und

$$E'' := \{(j,k) \mid j \in V_1 \wedge k \in V_2 \wedge j \neq k \wedge rb_h(j) + rb_h(k) \leq ra_h \ \forall h = 1,...,\pi\} \cup \{(n+1,n+1)\}.$$

V_1 bzw. V_2 lassen sich als eine auf M_1 bzw. M_2 zu fertigende Menge von Aufträgen interpretieren. $n+1 \in V_1$ bzw. $n+1 \in V_2$ entsprechen einer Leerzeit auf der jeweiligen Maschine. Da der Auftrag n+1 sowohl in V_1 als auch in V_2 keinen Ressourcenbedarf besitzt ($rb_h(n+1) := 0 \ \forall h$), ist er parallel zu jedem anderen Auftrag einplanbar. Die Pfeile (j,n+1) (bzw. (n+1,j)) bedeuten die Fertigung von Auftrag j auf M_1 (M_2) bei gleichzeitiger Leerzeit von M_2 (M_1).

Analog zum ungerichteten Fall definieren wir nichtnegative Variablen x_{jk}, die die Zeitdauern beschreiben, während derer ein Auftrag j auf M_1 und ein anderer Auftrag k auf M_2 parallel gefertigt werden (für alle $j, k = 1,...,n+1$; $j \neq k$). Die Variable $x_{n+1,n+1}$ repräsentiert eine gleichzeitige Leerzeit auf beiden Maschinen. Wir unterstellen, daß jeder Auftrag je zur Hälfte auf M_1 bzw. M_2 zu fertigen ist und verwenden demgemäß identische Angebots- bzw. Nachfragemengen $a_j = b_j = t_j/2$ für $j=1,...,n$ und $a_{n+1} = b_{n+1} = \sum_{j=1}^{n} t_j/2$. Die Zykluszeit erhält man durch Summation der Einplanungszeiten x_{jk}. Daher enthält die symmetrische Kostenmatrix des TPP jeweils den Wert 1 für alle $(j,k) \in E''$ mit Ausnahme des Eintrags 0 an der Stelle (n+1,n+1). Damit läßt sich folgendes Transportproblem formulieren:

$$\text{Minimiere } Z = \sum_{\substack{(j,k) \in E'' \\ j \neq k}} x_{jk} \quad (= \sum_{j=1}^{n} t_j - x_{n+1,n+1}) \tag{5.20}$$

unter den Nebenbedingungen

$$\sum_{(j,k) \in E''} x_{jk} = a_j \qquad \text{für alle } j = 1,..., n+1 \tag{5.21}$$

$$\sum_{(j,k) \in E''} x_{jk} = b_k \qquad \text{für alle } k = 1,..., n+1 \tag{5.22}$$

$$x_{jk} \geq 0 \qquad \text{für alle } (j,k) \in E'' \tag{5.23}$$

Man überlegt sich, daß zu jeder optimalen Lösung (x_{jk}) von (5.17) – (5.19) eine optimale Lösung (x'_{jk}) von (5.20) – (5.23) angegeben werden kann (und umgekehrt). Sie entsteht so, daß jedes x_{jk} des ersten Problems in $x'_{jk} = x'_{kj} = x_{jk}/2$ für das zweite Problem überführt wird. Daraus folgt, daß die Voraussetzung der Fertigung aller Aufträge zu gleichen Teilen auf M_1 und M_2 keine Einschränkung hinsichtlich des Auffindens einer optimalen Lösung darstellt.

Für das oben betrachtete Beispiel erhält man die in Tab. 5.8 angegebene (symmetrische) Kostenmatrix für das oben formulierte spezielle Transportproblem. Tab. 5.8 enthält außerdem eine optimale Basislösung. Nichtexistierende Verbindungen werden mit – markiert, hochgestellte kleine Zahlen bezeichnen die Kostenkoeffizienten, und eingerahmte Zahlen geben die Werte der Basisvariablen an.

$j \backslash k$	1	2	3	4	5	6	a_j
1	–	$\boxed{3}^{1}$	–	^{1}	–	^{1}	3
2	$\boxed{3}^{1}$	–	–	$\boxed{1}^{1}$	–	^{1}	4
3	–	–	–	$\boxed{0}^{1}$	–	$\boxed{2}^{1}$	2
4	^{1}	$\boxed{1}^{1}$	$\boxed{0}^{1}$	–	–	^{1}	1
5	–	–	–	–	–	$\boxed{2}^{1}$	2
6	^{1}	^{1}	$\boxed{2}^{1}$	^{1}	$\boxed{2}^{1}$	$\boxed{8}^{0}$	12
b_k	3	4	2	1	2	12	

Tab. 5.8

Abb. 5.33 zeigt einen entsprechenden Plan mit Zykluszeit Z* = 16.

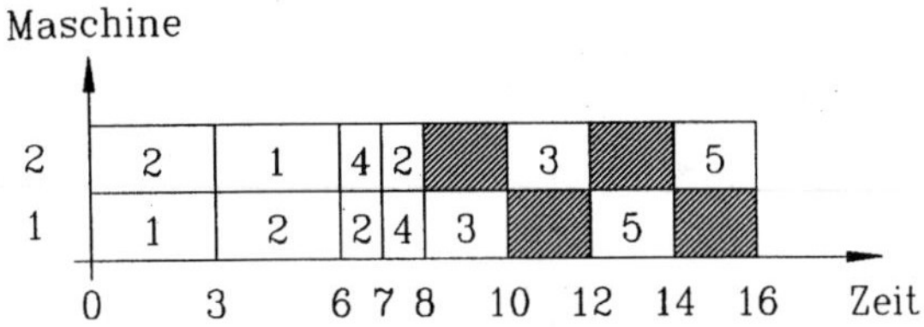

Abb. 5.33

5.4.1.8 Zykluszeitminimierung bei kontinuierlichen erneuerbaren Ressourcen

Wir betrachten [IP | | Z] mit einer kontinuierlichen erneuerbaren Ressource. Durch Einsatz dieser Ressource (z.B. Strom, Brennstoffe) kann jeder der n Aufträge bearbeitet werden. Der Fertigstellungszeitpunkt eines Auftrags hängt vom Beginn der Bearbeitung sowie der *Intensität des Ressourceneinsatzes* ab. Darüber hinaus steht die Ressource zu jedem Zeitpunkt mit einer maximalen Intensität von κ zur Verfügung. Der wesentliche Unterschied zwischen den in diesem Kapitel betrachteten und den bislang behandelten Ressourcenbeschränkungen besteht darin, daß wir hier die tatsächlichen Ressourcenbedarfe nicht a priori kennen. Vielmehr ergeben sie sich erst im Verlauf der Lösung entsprechender Modelle.

Jeder Auftrag j = 1,...,n läßt sich mit Hilfe der folgenden Größen charakterisieren:

$x_j(t)$ Zustandsvariable für den Fertigstellungsgrad von Auftrag j zum Zeitpunkt t im Intervall $[0, v_j]$

v_j Wert der Zustandsvariablen $x_j(t)$ bei Fertigstellung von Auftrag j

$r_j(t)$ Ressourcenbeanspruchung von j zum Zeitpunkt t

$f_j(\cdot)$ stetige, monoton steigende Funktion mit $f_j(0) = 0$

$x_j(0) = 0$ Startbedingung

$\frac{dx_j(t)}{dt} = f_j(r_j(t))$ marginale Erhöhung des Fertigstellungsgrades zum Zeitpunkt t im Zustand $x_j(t)$ bei Einsatz von $r_j(t)$

$x_j(F_j) = v_j$ Endebedingung zum Fertigstellungszeitpunkt F_j

Gesucht sind für jeden Zeitpunkt und für jeden Auftrag ein Ressourceneinsatz $r_j(t)$ und daraus resultierende Zustände unter der Nebenbedingung, daß zu jedem Zeitpunkt die maximale Intensität κ nicht überschritten wird. Ein zulässiger Plan läßt sich neben der Zuordnung von Aufträgen zu Maschinen mit Hilfe der folgenden Eigenschaften einer stetigen (Vektor-) Funktion $r(t) = (r_1(t),...,r_n(t))$ beschreiben:

(i) $r_j(t) \begin{cases} > 0 & \text{falls j auf einer Maschine bearbeitet wird} \\ = 0 & \text{sonst} \end{cases}$ für alle j und t

(ii) $\sum_{j=1}^{n} r_j(t) \leq \kappa$ für alle t

(iii) $\int_0^{F_j} f_j(r_j(t))\, dt = v_j$

Mögliche Zielsetzungen sind im Prinzip alle von uns in Kap. 5.1.3.3 beschriebenen Ziele. In der Regel bedeutet jedoch bereits das Bestimmen zulässiger Lösungen erhebliche Schwierigkeiten. Zu analytischen Ergebnissen für derartige Modelle vgl. z.B. Dror et al. (1987), Weglarz (1981, 1989), Blazewicz et al. (1991) sowie Giftge et al. (1996). Lösungsverfahren werden insbesondere im Bereich der Variationsrechnung entwickelt.

5.4.2 Uniforme parallele Maschinen

Wie in Kap. 5.1.3.1 erläutert, arbeiten uniforme parallele Maschinen $i = 1,...,m$ mit unterschiedlichen Geschwindigkeiten p_i. Bezeichnen wir mit t_j für $j = 1,...,n$ die Grundbearbeitungszeit des j-ten Auftrags, so ist $t_{ji} = t_j/p_i$ die Zeit, die Maschine i zur vollständigen Bearbeitung des Auftrags j benötigt.

5.4.2.1 Überblick über Modelle und Lösungsmöglichkeiten

Einen Überblick über eine Auswahl von Modellen und deren Komplexität vermitteln die folgenden Tabellen. Tab. 5.9 enthält Informationen über den Spezialfall m = 2, in Tab. 5.10 wird der allgemeine Fall mit einer beliebigen Anzahl m an Maschinen betrachtet.

Wir beginnen unsere Ausführungen mit dem NP-schweren Problem [UP | | Z], indem wir Modifikationen der Vorgehensweisen für das entsprechende IP-Problem erläutern. Polynomial lösbar ist hingegen der Spezialfall [UP | t_j=1 | Z] mit identischen Grundbearbeitungszeiten für alle Aufträge, den wir in Kap. 5.4.2.3 behandeln. Wie für [IP | pmtn | Z] existieren auch für [UP | pmtn | Z] polynomiale Verfahren, die wir aus Platzgründen nicht behandeln. In Kap. 5.4.2.4 betrachten wir abschließend das Problem [UP | | D].

Ziel	β	Komplexität	Literatur / Bemerkungen
Z	o	NP-schwer	siehe [IP2 | | Z] sowie **Kap. 5.4.2.2**
T_{max}	pmtn, prec	$O(n^2)$	Horvath et al. (1977)
	pmtn, prec	$O(n^2)$	Lawler (1982)
	prec, $t_j = 1$	$O(n^2)$	Garey und Johnson (1976)
	pmtn, prec, a_j	$O(n^6)$	Lawler (1982)

Tab. 5.9: [UP2 |... |...]

Ziel	β	Komplexität	Literatur / Bemerkungen
Z	$t_j = 1$	$O(n^3)$	Graham et al. (1979); vgl. **Kap. 5.4.2.3**
	pmtn	$O(n \log n)$	Gonzalez und Sahni (1978)
	pmtn, prec	$O(mn^2)$	Horvath et al. (1977)
	pmtn, a_j	$O(n \log n + mn)$	Labetoulle et al. (1984)
D	o	$O(n \log n)$	Horowitz und Sahni (1976); vgl. **Kap. 5.4.2.4**

Tab. 5.10: [UP |... |...]

5.4.2.2 Minimierung der Zykluszeit

Zur Lösung des NP-schweren Problems [UP | | Z] lassen sich die in Kap. 5.4.1.4 für das entsprechende IP-Problem beschriebenen heuristischen und exakten Verfahren modifizieren. Wir wollen uns auf die Modifikation der dort angegebenen Prioritätsregelverfahren beschränken.

Die oben beschriebenen **Prioritätsregelverfahren** sehen zwei Schritte vor. In Schritt 1 erfolgt die Sortierung der Aufträge nach einer vorzugebenden Regel und in Schritt 2 die Zuordnung der Aufträge in Sortierreihenfolge zu jeweils derjenigen Maschine mit der kleinsten bisher verplanten Zeit. Schritt 2 läßt sich durch die folgenden beiden Alternativen ersetzen:

Schritt 2a: Plane den nächsten Auftrag jeweils auf derjenigen Maschine ein, die ihn im aktuellen Planungsstadium am frühesten fertigstellen würde.

Schritt 2b: Plane den nächsten Auftrag jeweils auf der Maschine mit der bisher kürzesten Belegungszeit ein.

Trifft eine Regel in Schritt 2 für einen Auftrag keine eindeutige Maschinenwahl, so wende die jeweils andere Regel an (wähle bei erneuter Gleichheit die Maschine mit der kleineren Nummer). Für Regel 2a bedeutet dies, daß bei Gleichheit von Fertigstellungszeitpunkten die langsamere Maschine belegt wird; nach Regel 2b wird im Falle gleicher Starttermine die schnellere zuerst belegt.

Beispiel: Wir betrachten ein Problem mit $n = 10$ Aufträgen und $m = 4$ Maschinen sowie folgenden Daten:

j	1	2	3	4	5	6	7	8	9	10
t_j	20	8	7	14	6	6	12	18	4	9

i	1	2	3	4
p_i	1	2	3	4

LPT liefert z.B. die Sortierreihenfolge < 1,8,4,7,10,2,3,5,6,9]. Wenden wir Alternative a) an, so erhalten wir für die Maschinen die Auftragslisten L_4 = < 1,7,3,9], L_3 = < 8,2,6], L_2 = < 4,5] und L_1 = < 10] mit der Zykluszeit Z = 10.75 für L_4.

Für Alternative b) ergeben sich die Auftragslisten L_4 = < 1,10,5,9], L_3 = < 8,2,6], L_2 = < 4,3] und L_1 = < 7] mit der Zykluszeit Z = 12 für L_1.

Bemerkung 5.18: Worst Case-Analysen zu diesen Vorgehensweisen findet man z.B. bei Gonzalez et al. (1977). Friesen und Langston (1983) haben auch den MFD-Algorithmus für den UP-Fall modifiziert.

5.4.2.3 Das Problem [UP | t_j=1 | Z]

Wir können dieses Problem in ein spezielles Bottleneck-Transportproblem transformieren (vgl. Graham et al. (1979)) und als solches mit polynomialem Aufwand lösen.

Für jeden Auftrag definieren wir einen Anbieter sowie für jede Kombination aus Aufträgen und Maschinen einen Nachfrager. Die Transportkosten c_{jik} entsprechen den Fertigstellungszeitpunkten des j-ten Auftrags, wenn er auf der i-ten Maschine als k-ter Auftrag bearbeitet wird, d.h. $c_{jik} := k/p_i$. Dabei entspricht p_i der Fertigungsgeschwindigkeit der Maschine i, und die Multiplikatoren k lassen sich als Positionsgewichte auffassen. Die Fertigstellungszeitpunkte lassen sich in der angegebenen Form aufgrund der speziellen Vorgabe der Grundbearbeitungszeiten berechnen. Mit Hilfe von Binärvariablen

$$x_{jik} = \begin{cases} 1 & \text{Auftrag j wird auf Maschine i als k-ter Auftrag bearbeitet} \\ 0 & \text{sonst} \end{cases}$$

ergibt sich das folgende *Bottleneck-Transportproblem:*

$$\text{Minimiere} \quad \max \{c_{jik} \cdot x_{jik} \mid i = 1,...,m;\ j,k = 1,...,n\} \tag{5.24}$$

unter den Nebenbedingungen

$$\sum_{i=1}^{m} \sum_{k=1}^{n} x_{jik} = 1 \qquad \text{für alle } j = 1,...,n \tag{5.25}$$

$$\sum_{j=1}^{n} x_{jik} \leq 1 \qquad \text{für alle } i = 1,...,m \text{ und } k = 1,...,n \tag{5.26}$$

$$x_{jik} \geq 0 \qquad \text{für alle i, j und k} \tag{5.27}$$

Die Bedingungen (5.25) gewährleisten, daß jeder Auftrag auf genau einer Maschine an genau einer Position gefertigt wird. (5.26) bewirkt, daß zu jedem Zeitpunkt auf jeder Maschine höchstens ein Auftrag bearbeitet wird.

Abb. 5.34 veranschaulicht ein **Beispiel** mit drei Aufträgen und zwei Maschinen mit Fertigungsgeschwindigkeiten $p_1 = 1$ und $p_2 = 2$. Eine optimale Lösung des Bottleneck-Transportproblems mit Zykluszeit $Z = 1$ ist hervorgehoben. Auftrag 1 wird als einziger auf Maschine 1, die Aufträge 2 und 3 werden hintereinander auf Maschine 2 gefertigt.

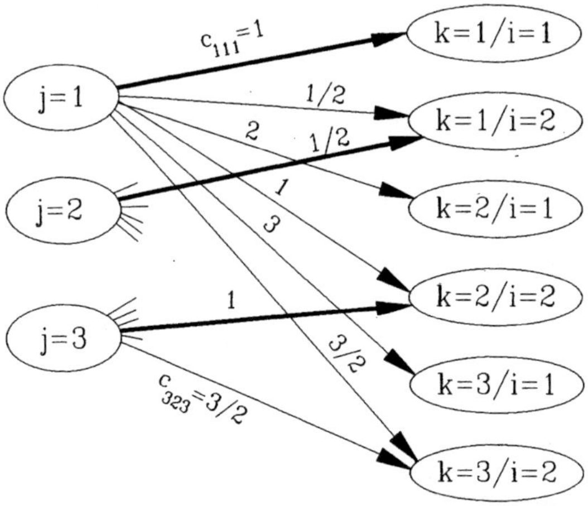

Abb. 5.34

5.4.2.4 Minimierung der Summe der Durchlaufzeiten

Zur Lösung von [UP | | D] greifen wir die Vorgehensweise beim gleichen Problem mit identischen parallelen Maschinen auf. Zusätzlich ordnen wir jeder Maschine in Abhängigkeit ihrer Fertigungsgeschwindigkeit sowie der jeweils zugeordneten Aufträge sogenannte relative Gewichte zu; vgl. Horowitz und Sahni (1976).

Algorithmus von Horowitz und Sahni

Voraussetzung: Daten eines Problems [UP | | D]

L_i Reihung der bisher eingeplanten Aufträge auf Maschine M_i für alle $i = 1,...,m$

rg_i relatives Gewicht der Maschine M_i für alle $i = 1,...,m$

Start: $L_i := <\ ]$ für alle $i = 1,...,m$; $rg_i := 1/p_i$ für alle $i = 1,...,m$;
sortiere und numeriere die Aufträge nach der LPT-Regel

Iteration:

for j := 1 **to** n **do**
begin
bestimme i* mit $rg_{i*} = \min \{rg_i \mid i = 1,...,m\}$;
$L_{i*} := < j, L_{i*}]$; $rg_{i*} := rg_{i*} + 1/p_{i*}$
end;

Ergebnis: Die Listen $L_1,...,L_m$ enthalten eine optimale Zuordnung von Aufträgen zu Maschinen in den ermittelten Reihenfolgen.

* * *

Beispiel: Wir betrachten erneut das Problem aus Kap. 5.4.2.2 mit n = 10 Aufträgen und m = 4 Maschinen sowie folgenden Daten nach Umsortierung der Aufträge gemäß LPT-Regel:

j	1	2	3	4	5	6	7	8	9	10
t_j	20	18	14	12	9	8	7	6	6	4

i	1	2	3	4
p_i	1	2	3	4

In den Spalten der Tab. 5.11 sind die Iterationen mit den relativen Maschinengewichten aufgeführt. Eingeplant wird der Auftrag j jeweils auf derjenigen Maschine, für die ein korrigiertes Gewicht angegeben ist, und zwar zu Beginn der aktuellen Liste. Abb. 5.35 zeigt einen optimalen Plan mit Zielfunktionswert D* = 59.

	Start	j=1	2	3	4	5	6	7	8	9	10
rg_1	1							2			
rg_2	1/2			1					3/2		
rg_3	1/3		2/3			1				4/3	
rg_4	1/4	1/2			3/4		1				5/4

Tab. 5.11

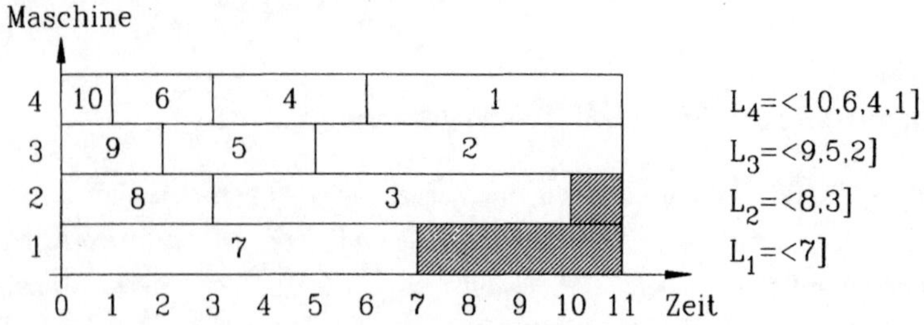

Abb. 5.35

Bemerkung 5.19: Der Algorithmus von Horowitz und Sahni kann in O(n log n) implementiert werden. Die Optimalität der Vorgehensweise läßt sich z.B. dadurch erkennen, daß man das Problem als lineares Zuordnungsproblem formuliert (s. Kap. 5.4.3.4). Ausgehend von einer mit obigem Verfahren erhaltenen zulässigen Lösung kann man beweisen, daß sämtliche Opportunitätskosten innerhalb des Zuordnungsproblems nichtnegativ sind.

5.4.3 Heterogene parallele Maschinen

Im Falle heterogener paralleler Maschinen sind für alle Kombinationen aus Aufträgen und Maschinen voneinander unabhängige Zeiten t_{ji} für die Bearbeitung von Auftrag j auf Maschine i gegeben. Entsprechend schwierig gestaltet sich in der Regel die Lösung auch sehr spezieller Aufgabenstellungen in diesem Bereich. Im Vordergrund unserer folgenden Ausführungen stehen daher Probleme mit methodisch interessanten Verfahren. Hierzu gehören insbesondere mathematische Formulierungen, die eine polynomiale Lösung des jeweils betrachteten Problems gestatten.

5.4.3.1 Überblick über Modelle und Lösungsmöglichkeiten

Einen Überblick über eine Auswahl von Modellen und deren Komplexität vermitteln die folgenden Tabellen. Tab. 5.12 enthält Informationen über den Spezialfall m = 2, in Tab. 5.13 wird der allgemeine Fall einer beliebigen Anzahl m an Maschinen betrachtet.

Ziel	β	Komplexität	Literatur / Bemerkungen
Z	o	NP-schwer	siehe [IP2 | | Z] sowie **Kap. 5.4.3.3**
	pmtn	O(n)	Gonzalez et al. (1990); vgl. Lawler und Labetoulle (1978)
	pmtn, tree	NP-schwer	Lawler et al. (1993)
D	pmtn	offen	es ist weder ein polynomialer Algorithmus bekannt noch bewiesen, daß das Problem NP-schwer ist
	pmtn, tree	NP-schwer	Lawler et al. (1993)

Tab. 5.12: [HP2 | ... | ...]

Ziel	β	Komplexität	Literatur / Bemerkungen
Z	pmtn	LOP	Lawler und Labetoulle (1978); vgl. **Kap. 5.4.3.2**
	pmtn, a_j	LOP	Blazewicz et al. (1977)
D	o	$O(n^3)$	Horn (1973); Bruno et al. (1974); vgl. **Kap. 5.4.3.4**
V_{max}	o	NP-schwer	Suresh und Chaudhuri (1994)

Tab. 5.13: [HP | ... | ...]

Wir beginnen unsere Ausführungen mit dem Problem [HP | pmtn | Z], das im wesentlichen mit linearer Optimierung und damit polynomial lösbar ist (Angabe LOP in Tab. 5.13). In Kap. 5.4.3.3 betrachten wir [HP | | Z], das wie die entsprechenden Probleme bei identischen und uniformen Maschinen NP-schwer ist. Zu seiner Lösung beschreiben wir v.a. eine Heuristik, bei der wir wie bei [HP | pmtn | Z] auf einer Formulierung als linearem Optimierungsproblem aufbauen. Abschließend behandeln wir das als lineares Zuordnungsproblem lösbare Problem [HP | | D].

In der Literatur wird eine Reihe praxisrelevanter Verallgemeinerungen von [HP | | D^{ω}] behandelt. Lee und Sherali (1994) z.B. beschreiben als zusätzliche Restriktionen sowohl Zeitfenster für die Fertigung der Aufträge als auch deterministische (bedingt durch geplante Wartungsmaßnahmen) Maschinenausfallzeiten. Die Autoren zeigen, daß selbst das Auffinden zulässiger Lösungen NP-vollständig ist und beschreiben ein Branch&Bound-Verfahren.

5.4.3.2 Minimierung der Zykluszeit bei unterbrechbaren Aufträgen

Wir betrachten [HP | pmtn | Z]. Ein Lösungsverfahren läßt sich in Form eines zweistufigen Vorgehens angeben. In der ersten Phase formulieren und lösen wir ein lineares Optimierungsproblem und erhalten damit einen optimalen Zielfunktionswert Z*. In der zweiten Phase bestimmen wir dann einen Plan, dessen Zykluszeit Z* beträgt (vgl. die Vorgehensweise der Umbruchmethode in Kap. 5.4.1.2).

Wir definieren nichtnegative kontinuierliche Variablen x_{ji} (für alle i = 1,...,m und j = 1,...,n), die jeweils die Summe der Zeitspannen angeben, während derer Auftrag j auf Maschine i gefertigt wird. Damit erhalten wir das folgende lineare Optimierungsproblem zur Bestimmung von Z*:

Minimiere Z (5.28)

unter den Nebenbedingungen

$$\sum_{i=1}^{m} \frac{x_{ji}}{t_{ji}} = 1 \qquad \text{für alle } j = 1,...,n \tag{5.29}$$

$$\sum_{i=1}^{m} x_{ji} \leq Z \qquad \text{für alle } j = 1,...,n \tag{5.30}$$

$$\sum_{j=1}^{n} x_{ji} \leq Z \qquad \text{für alle } i = 1,...,m \tag{5.31}$$

$$x_{ji} \geq 0 \qquad \text{für alle } j = 1,...,n \text{ und } i = 1,...,m \tag{5.32}$$

Die Gleichungen (5.29) gewährleisten, daß jeder Auftrag vollständig gefertigt wird. Mit (5.30) wird erreicht, daß die Einplanung eines Auftrags innerhalb von Z ohne gleichzeitige Fertigung auf verschiedenen Maschinen möglich ist. (5.31) stellt sicher, daß keine Maschine über Z hinaus arbeitet. Lawler und Labetoulle (1978) zeigen, daß zu jeder zulässigen Lösung von (5.28) - (5.32) ein zulässiger Plan mit der gleichen Zykluszeit existiert und umgekehrt.

Sei $X = (x_{ji})$ eine optimale Lösung des LP-Problems mit Zykluszeit

$$Z^* = \max \{ \max \{ \sum_{j=1}^{n} x_{ji} \mid i = 1,...,m\}, \max \{ \sum_{i=1}^{m} x_{ji} \mid j = 1,...,n\} \},$$

dann läßt sich mit der folgenden Vorgehensweise ein optimaler Plan bestimmen; vgl. z.B. Blazewicz (1987, S. 30 f.):

Zur Beschreibung des Verfahrens erweitern wir die $n \times m$-Matrix X um m Zeilen, genauer um eine $m \times m$-Diagonalmatrix Y zur $(n+m) \times m$-Hilfsmatrix $H = \begin{bmatrix} X \\ Y \end{bmatrix}$. Die i-te Zeile von Y enthält an der Stelle y_{ii} den Wert $Z^* - \sum_{j=1}^{n} x_{ji}$, d.h. die Leerzeit der Maschine i während Z*; die übrigen Elemente sind 0. Die Zeilen n+1 bis n+m von H sind als fiktive Aufträge interpretierbar.

In jeder Iteration wird für einen noch zu bestimmenden Zeitraum der Länge δ ein Teilplan ermittelt. Dabei wird für jede Maschine i entweder die Bearbeitung eines (Teil-) Auftrags j (falls $x_{ji} > 0$ gilt) oder Leerzeit (ein fiktiver Auftrag) eingeplant. Falls für einen Auftrag $j \in \{1,...,n\}$ der Schlupf $Z^* - \sum_{i=1}^{m} x_{ji}$ gleich 0 ist, so bezeichnen wir j als *kritischen Auftrag*, die zugehörige Zeile in der Matrix H als *kritische Zeile*. Ein kritischer Auftrag ist im Zeitraum der Länge δ auf jeden Fall zu bearbeiten. Anschließend werden alle eingeplanten x_{ji} sowie Z^* um δ reduziert. Das Verfahren endet, sobald $Z^* = 0$ erreicht und damit ein vollständiger Plan gefunden ist. Es läßt sich algorithmisch wie folgt beschreiben:

while $Z^* > 0$ **do begin**

bestimme eine Menge U von Elementen h_{ji} von H mit den Eigenschaften:

a) U enthält aus jeder Spalte von H genau ein Element mit positivem Wert; d.h. *jede* Maschine i wird im noch zu bestimmenden Zeitraum der Länge δ entweder mit einem Auftrag j aus 1,...,n oder mit dem fiktiven Auftrag n+i (Leerzeit) belegt.

b) U enthält aus jeder kritischen Zeile von H genau ein und aus jeder sonstigen Zeile höchstens ein positives Element.

berechne $\delta := \min \{ \min \{ h_{ji} \in U \}, \ \min \{ Z^* - \sum_{i=1}^{m} h_{ji} \mid \text{Zeilen j ohne Element aus U} \} \}$;

plane sämtliche h_{ji} aus U für δ ZE ein;

setze $Z^* := Z^* - \delta$ und reduziere alle Elemente h_{ji} aus U um δ

end;

* * *

Beispiel: Gegeben sei ein Problem, dessen LOP-Lösung X, ergänzt um die oben definierte Matrix Y, zu der Hilfsmatrix H in Tab. 5.14 a führt. Es gilt $Z^* = 6$. Die Zeile j = 1 ist kritisch.

j \ i	1	2	3
1	[6]	0	0
2	0	[3]	0
3	0	1	[3]
n=4	0	2	2
5	0		
6		0	
7			1

Tab. 5.14 a

j \ i	1	2	3
1	[4]	0	0
2	0	1	0
3	0	1	[1]
4	0	[2]	2
5	0		
6		0	
7			1

Tab. 5.14 b

In der ersten Iteration möge U die mit Kästchen versehenen Elemente enthalten. Es ergibt sich $\delta = \min \{3, 6-4\} = 2$. Nach der Einplanung der Aufträge 1, 2 bzw. 3 auf den Maschinen 1, 2 bzw. 3 für die Dauer von zwei ZE ergibt sich die Matrix H in Tab. 5.14 b sowie $Z^* = 4$. In der zweiten Iteration gilt z.B. $U = \{h_{11}, h_{42}, h_{33}\}$ mit $\delta = \min \{1, 4-1\} = 1$.

Ein optimaler Plan ist in Abb. 5.36 angegeben.

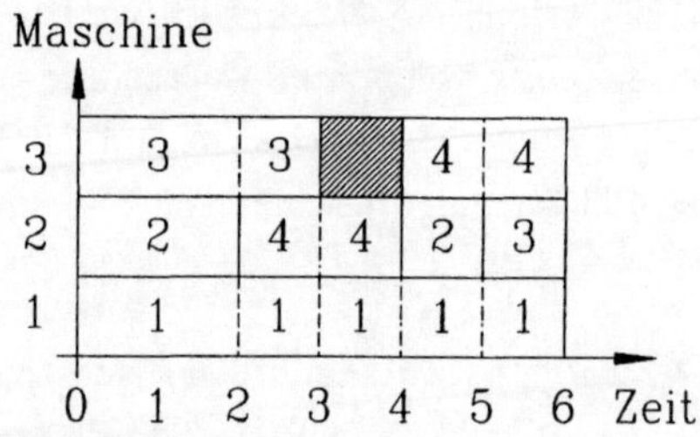

Abb. 5.36

5.4.3.3 Minimierung der Zykluszeit

Eine der für das NP-schwere Problem [HP | | Z] entwickelten Heuristiken stammt von Potts (1985 a). Das Verfahren geht von einer Formulierung des Problems als binäres, lineares Optimierungsproblem aus, die derjenigen des Problems bei identischen parallelen Maschinen in Kap. 5.4.1.4 entspricht. Wie dort verwenden wir für alle $j = 1,...,n$ und $i = 1,...,m$ Binärvariablen x_{ji} mit folgender Bedeutung:

$$x_{ji} := \begin{cases} 1 & \text{falls Auftrag j der i-ten Maschine zugeordnet wird} \\ 0 & \text{sonst} \end{cases}$$

Die Modellformulierung lautet:

Minimiere Z (5.33)

unter den Nebenbedingungen

$$\sum_{j=1}^{n} t_{ji} \cdot x_{ji} \leq Z \qquad \text{für alle } i = 1,...,m \qquad (5.34)$$

$$\sum_{i=1}^{m} x_{ji} = 1 \qquad \text{für alle } j = 1,...,n \qquad (5.35)$$

$$x_{ji} \in \{0,1\} \qquad \text{für alle } i = 1,...,m \text{ und } j = 1,...,n \qquad (5.36)$$

Man kann sich überlegen, daß (5.34) zur Bestimmung von Z ausreicht, da mindestens eine Maschine keine Leerzeit aufweist.

Potts (1985 a) empfiehlt, die LP-Relaxation dieses Problems zu lösen. Im Gegensatz zur Formulierung (5.28) – (5.32) für [HP | pmtn | Z] wird hierbei nicht verhindert, daß unterbrochene Aufträge ggf. auf mehreren parallelen Maschinen gleichzeitig gefertigt werden müßten.

Die LP-Relaxation und deren optimale Lösung besitzen folgende Eigenschaften:

- Wegen $Z > 0$ ist Z Basisvariable. Ferner folgt aus der beliebigen Unterbrechbarkeit der Aufträge, daß die Bedingungen (5.34) als Gleichungen erfüllt sind; somit gibt es $n+m-1$ Basisvariablen x_{ji}.

- Aus (5.34) erhält man maximal m–1 nichtganzzahlige Basisvariablen x_{ji}. In jeder der Bedingungen (5.35) müssen sich mindestens zwei dieser nichtganzzahligen Variablen oder genau eine ganzzahlige Variable befinden. Die Anzahl der ganzzahligen Basisvariablen beträgt mindestens $(n+m-1) - 2 \cdot (m-1) = n-m+1$.

Potts (1985 a) empfiehlt, die in der optimalen Basislösung enthaltenen eindeutigen Zuordnungen von Aufträgen zu Maschinen (ganzzahlige x_{ji}) zu realisieren. Die maximal m–1 nicht eindeutig einer Maschine zugeordneten Aufträge können mittels eines geeigneten Prioritätsregelverfahrens (siehe z.B. Ibarra und Kim (1977) oder Davis und Jaffe (1981)) oder optimal mittels vollständiger Enumeration oder mittels eines B&B-Verfahrens eingeplant werden. Zu einem Vergleich verschiedener Heuristiken siehe Hariri und Potts (1991).

Bemerkung 5.20: Lineare Optimierungsprobleme können mit polynomialem Aufwand gelöst werden (vgl. Kap. 2.3). Wenn man die zunächst nicht eindeutige Zuordnung von höchstens m–1 Aufträgen mittels vollständiger Enumeration vornimmt, sind m^{m-1} Lösungen zu generieren. Für festes m ist damit der gesamte Rechenaufwand polynomial in n. Eine Worst Case-Analyse für die mit dieser Vorgehensweise erzielbaren Zielfunktionswerte Z_P führt zu $Z_P/Z^* \le (1+\sqrt{5})/2$ für $m = 2$ und zu $Z_P/Z^* \le 2$ für $m \ge 3$; vgl. Potts (1985 a). Mit einer spezialisierten Heuristik kann im Fall $m = 2$ der Quotient auf 3/2 reduziert werden.

Berücksichtigung reihenfolgeabhängiger Rüstzeiten und/oder -kosten:

Das Problem $[\,HP \mid \tau^i_{jk} \mid Z\,]$ mit reihenfolgeabhängigen Rüstzeiten betrachten Dessouky und Mackulak (1990). Eine Modifikation des Problems besteht darin, Aufträge nach ihrer Ähnlichkeit zueinander in Familien zu unterteilen. Rüstzeiten zur Umrüstung der Maschinen zwischen zwei Aufträgen derselben Familie sind deutlich geringer als zwischen Aufträgen unterschiedlicher Familien (vgl. $\beta_6 = \tau b^i_{jk}$). Ein solches Problem für den speziellen Fall identischer paralleler Maschinen beschreibt Wittrock (1990). Entsprechend können auch reihenfolgeabhängige Rüstkosten, die von der Zuordnung von Aufträgen zu Familien abhängen, betrachtet werden. Ein derartiges Problem $[\,HP \mid c^i_{jk} \mid K_R\,]$ unter der Zielsetzung, die *Summe der Rüstkosten* K_R zu minimieren, beschreiben Bitran und Gilbert (1990).

Berücksichtigung von Belegungszeiten:

Definiert man $B_i := \sum_{j=1}^{n} t_{ji} \cdot x_{ji}$ als *Belegungszeit* der i-ten Maschine, so entspricht die Minimierung von $B_{max} := \max\{B_i \mid i = 1,...,m\}$ gerade dem Problem $[\,HP \mid \quad \mid Z\,]$. In Anlehnung an die Maximierung der durchschnittlichen Kapazitätsauslastung läßt sich auch die Minimierung von $B := \sum_{i=1}^{m} (B_i)^2$ verfolgen; vgl. z.B. Simeone (1986) sowie zu heuristischen Lösungsverfahren Domschke et al. (1992).

5.4.3.4 Minimierung von Durchlaufzeiten

Wir betrachten zunächst das Problem [HP | | D]. Wir zeigen, daß es als spezielles klassisches Transportproblem formulierbar und als solches mit polynomialem Aufwand lösbar ist; vgl. Bruno et al. (1974).

Die wesentliche Idee des Verfahrens läßt sich anhand eines Beispiels mit folgenden Bearbeitungszeiten t_{ji} erläutern:

j \ i	1	2	3
1	5	2	4
2	1	3	2
3	2	5	4
4	3	2	2
5	3	1	2

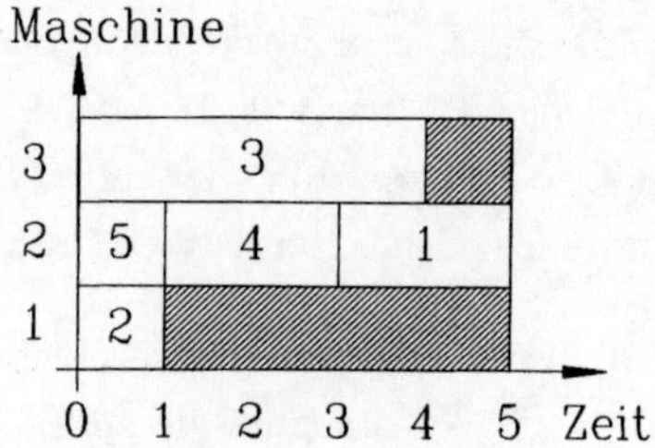

Abb. 5.37

Eine zulässige Lösung dieses Problems mit den Maschinenbelegungen $L_1 := <2]$, $L_2 := <5,4,1]$, $L_3 := <3]$ und der Summe der Durchlaufzeiten D = 14 ist in Abb. 5.37 angegeben. Bei der Berechnung der Durchlaufzeiten für die Aufträge 4 und 1 gehen diejenigen der vor ihnen liegenden Arbeitsgänge ein. Somit enthält D dreimal t_{52} und zweimal t_{42}. Allgemein gilt: Folgen in einer zulässigen Lösung auf Maschine i dem Auftrag j weitere k−1 Aufträge, so geht t_{ji} mit dem Gewicht k in D ein.

Ausgehend von dieser Überlegung kann man das Problem wie folgt als Transportproblem bzw. lineares Zuordnungsproblem formulieren: Wir betrachten die n Aufträge als *Anbieter* j = 1,...,n mit Angebotsmenge 1 (jeder Auftrag ist genau einmal auszuführen). Da die Aufträge auf jeder der m Maschinen an einer von (höchstens) n Positionen innerhalb der Auftragsfolge angeordnet werden können, tritt jede Maschine genau n-mal als Nachfrager mit Höchstnachfrage 1 auf. Die Anzahl der *Nachfrager* ist also $n \cdot m$. Somit repräsentieren m Nachfrager jeweils die letzte Position auf einer Maschine, m weitere die zweitletzte usw. Bezeichnen wir die Matrix der Bearbeitungszeiten des ursprünglichen Problems mit $T = (t_{ji})$, so ergibt sich die *Kostenmatrix* des Transportproblems zu $C = (c_{jh}) = [\, 1 \cdot T \,|\, 2 \cdot T \,|\, ... \,|\, n \cdot T \,]$.

Unter Verwendung von Variablen x_{jh} besitzt das lineare Zuordnungsproblem folgende Gestalt:

$$\text{Minimiere } D = \sum_{j=1}^{n} \sum_{h=1}^{n \cdot m} c_{jh} \cdot x_{jh}$$

unter den Nebenbedingungen

$$\sum_{h=1}^{n \cdot m} x_{jh} = 1 \qquad \text{für alle } j = 1,...,n$$

$$\sum_{j=1}^{n} x_{jh} \leq 1 \qquad \text{für alle } h = 1,...,n \cdot m$$

$$x_{jh} \geq 0 \qquad \text{für alle j und h}$$

Für unser **Beispiel** geben wir im folgenden die Kostenmatrix C an. Mit Kästchen versehen sind die Kostenelemente der optimalen Lösung mit den Auftragsfolgen $L_1 := <2,3]$, $L_2 := <5,1]$, $L_3 := <4]$ und der Durchlaufzeit $D^* = 10$. Man beachte, daß die in der ersten Teilmatrix den Maschinen zugeordneten Aufträge dort als letzte zu bearbeiten sind.

$$
C = \left[\begin{array}{ccc|ccc|ccc|ccc|ccc}
5 & \boxed{2} & 4 & 10 & 4 & 8 & 15 & 6 & 12 & 20 & 8 & 16 & 25 & 10 & 20 \\
1 & 3 & 2 & \boxed{2} & 6 & 4 & 3 & 9 & 6 & 4 & 12 & 8 & 5 & 15 & 10 \\
\boxed{2} & 5 & 4 & 4 & 10 & 8 & 6 & 15 & 12 & 8 & 20 & 16 & 10 & 25 & 20 \\
3 & 2 & \boxed{2} & 6 & 4 & 4 & 9 & 6 & 6 & 12 & 8 & 8 & 15 & 10 & 10 \\
3 & 1 & 2 & 6 & \boxed{2} & 4 & 9 & 3 & 6 & 12 & 4 & 8 & 15 & 5 & 10
\end{array}\right]
$$

Das allgemeinere Problem $[\,HP \mid \; \mid D^{\omega}\,]$ ist NP-schwer, da dies bereits im Fall zweier identischer Maschinen gilt (vgl. Tab. 5.5). Die Komplexität des Problems $[\,HP \mid pmtn \mid D\,]$ ist uns nicht bekannt; in diesem Zusammenhang verdeutliche man sich erneut die Tatsache, daß für G_2 in Abb. 5.8 (Kap. 5.1.3.2) keine Pfeile angebbar sind.

5.5 Flow Shop-Probleme

Bei einem Flow Shop-Problem sind n Aufträge auf m Maschinen zu bearbeiten. Jeder Auftrag j besteht aus genau m Arbeitsgängen, die die Maschinen jeweils in der Maschinenfolge $\mu_j = (1,2,...,m)$ zu durchlaufen haben. Unsere Ausführungen zu Flow Shop-Problemen gehen vornehmlich auf Fragestellungen mit der Zielsetzung der Minimierung der Zykluszeit ein. Im Vordergrund der Betrachtung stehen dabei in der Regel zunächst Permutations-Flow Shop-Probleme (d.h. Probleme mit gleicher Auftragsfolge auf allen Maschinen), die zum Teil einfacher lösbar sind als allgemeine Flow Shop-Probleme.

Für einige Flow Shop-Probleme lassen sich für den Fall, daß genau zwei Maschinen M_1 und M_2 betrachtet werden, polynomiale Verfahren zu ihrer exakten Lösung angeben, während sie für größere Werte von m NP-schwer sind. Eine wesentliche Rolle spielen hierbei spezielle Beziehungen zwischen normalen und Permutationsplänen, insbesondere die Frage, ob sich unter optimalen normalen Plänen stets auch Permutationspläne befinden oder nicht. Unsere Ausführungen gehen dementsprechend zunächst auf Zwei-Maschinen-Probleme ein. In den nachfolgenden Abschnitten untersuchen wir verallgemeinerte Probleme. In Kap. 5.5.2 geben wir einen Überblick über Probleme mit mehr als zwei Maschinen, diskutieren Möglichkeiten der mathematischen Modellierung und zeigen Unterschiede hinsichtlich verschiedener Zielsetzungen auf. Daran anschließend beschreiben wir heuristische und exakte Verfahren zunächst für das Ziel der Minimierung der Zykluszeit (Kap. 5.5.3 und 5.5.4). Verfahren zur Minimierung der mittleren Durchlaufzeit sowie weiterer Zielsetzungen werden in Kap. 5.5.5 und 5.5.6 behandelt. Eine eingehende Diskussion verschiedener Auftragscharakteristika erfolgt in den einzelnen Kapiteln. Lagerkapazitätsbeschränkungen zwischen den betrachteten Maschinen werden separat in Kap. 5.5.7 untersucht. Darüber hinaus betrachten wir in Kap. 5.5.8 verallgemeinerte Problemstellungen, die im Hinblick auf flexible Fertigungssysteme bzw. Transferstraßen von Interesse sind.

Eine Übersicht über Flow Shop - Probleme findet sich in einigen Sammelwerken zur Maschinenbelegungsplanung, wie z.B. Lawler et al. (1993). Bellman et al. (1982) betrachten derartige Probleme aus dem Blickwinkel der Dynamischen Optimierung. Flow Shop - Probleme mit Ressourcenbeschränkungen werden sehr ausführlich von Blazewicz et al. (1986) behandelt. Zu einer kritischen Auseinandersetzung mit der Praxisrelevanz von Flow Shop - Problemen vgl. z.B. Dudek et al. (1992).

5.5.1 Zwei-Maschinen - Flow Shop - Probleme

Flow Shop - Probleme mit genau zwei Maschinen werden in der Literatur seit Mitte der 50er Jahre intensiv behandelt. Tabelle 5.15 gibt einen Überblick über einige Modelle und Komplexitätsaussagen zu derartigen Problemen. Eine grundlegende Arbeit stellt diejenige von Johnson (1954) zur Lösung von [F2 | | Z] dar. In den nachfolgenden Abschnitten gehen wir zunächst darauf ein und befassen uns anschließend mit einigen Modifikationen sowohl der Auftragscharakteristika als auch der Zielsetzungen.

Ziel	β	Komplexität	Literatur / Bemerkungen
Z	o	O(n log n)	Johnson (1954); **vgl. Kap. 5.5.1.1**
	τ^{i}_{jk}	NP-schwer	Gupta und Darrow (1986); **vgl. Kap. 5.5.1.2**
	a_j	NP-schwer	Lenstra et al. (1977); **vgl. Kap. 5.5.1.3**
	pmtn, a_j	NP-schwer	Gonzalez und Sahni (1978) sowie Cho und Sahni (1981)
	tree	NP-schwer	Lenstra et al. (1977); beziehen sich die Reihenfolgebedingungen lediglich auf einzelne Arbeitsgänge, so ist das Problem in O(n log n) lösbar; vgl. Sidney (1979) sowie Monma (1979)
	tree, $t_{ji}=1$	pol. lösbar	vgl. Lawler et al. (1993)
	no wait	O(n²)	Reddi und Ramamoorthy (1972); **vgl. Kap. 5.5.1.3**
	κ	NP-schwer	Papadimitriou und Kanellakis (1980); **vgl. Kap. 5.5.7**
D	o	NP-schwer	Garey et al. (1976); untere Schranken beschreiben z.B. Ignall und Schrage (1965); **vgl. Kap. 5.5.1.4**
	tree, $t_{ji}=1$	pol. lösbar	vgl. Lawler et al. (1993)
	no wait	NP-schwer	Röck (1984 b)
T_{max}	o	NP-schwer	Lenstra et al. (1977)
	pmtn	NP-schwer	Gonzalez und Sahni (1978) sowie Cho und Sahni (1981)
	no wait	NP-schwer	Röck (1984 b)
$V^{\omega}_{\#}$	o	NP-schwer	Jozefowska et al. (1994)

Tab. 5.15: [F2 | ... | ...]

5.5.1.1 Der Johnson - Algorithmus

Wir betrachten das Problem [F2 | | Z]. Es läßt sich mit einem einfachen Verfahren von Johnson (1954) exakt lösen. Dem Problem liegen folgende **Annahmen** zugrunde:

Zu bearbeiten sind n Aufträge mit Bearbeitungszeiten t_{ji} für $j=1,...,n$ und $i=1,2$. Alle Aufträge müssen die beiden Maschinen in der Reihenfolge Maschine M_1 vor Maschine M_2 durchlaufen.

Der Johnson-Algorithmus läßt sich wie folgt beschreiben:

Johnson-Algorithmus

Voraussetzung: Daten eines Problems [F2 | | Z]

Durchführung:

Schritt 1: Unterteile die Menge J aller Aufträge (oder Jobs) in zwei disjunkte Teilmengen $J_1 = \{j \mid t_{j1} \le t_{j2}\}$ und $J_2 = \{j \mid t_{j1} > t_{j2}\}$.

Schritt 2:

a) Sortiere die Aufträge aus J_1 hinsichtlich der Bearbeitungszeiten auf M_1 nach monoton zunehmenden t_{j1} (SPT-Regel auf M_1); dadurch entsteht ein Teilplan $< J_1]$.

b) Sortiere die Aufträge aus J_2 hinsichtlich der Bearbeitungszeiten auf M_2 nach monoton abnehmenden t_{j2} (LPT-Regel auf M_2); dadurch entsteht ein Teilplan $< J_2]$.

Ergebnis: Eine optimale Lösung ergibt sich durch unmittelbares Aneinanderfügen beider Teilpläne zu $< J_1, J_2]$.

* * *

Wir betrachten ein **Beispiel** mit den folgenden Bearbeitungszeiten:

j	t_{j1}	t_{j2}
1	3	4
2	2	3
3	3	2
4	4	1
5	1	5

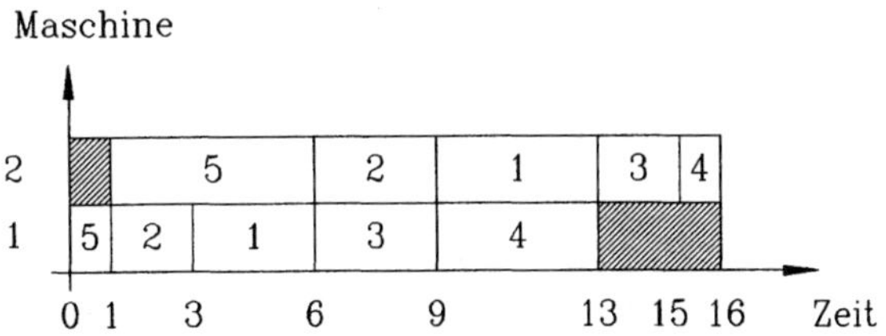

Abb. 5.38

Das Verfahren von Johnson liefert $< J_1] = < 5,2,1]$, $< J_2] = < 3,4]$ und somit als optimale Reihenfolge $< J_1, J_2] = < 5,2,1,3,4]$ mit einer Zykluszeit von 16 (vgl. Abb. 5.38).

Betrachtet man die Probleminstanz genauer, so läßt sich Auftrag 5 als *kritisch* bezeichnen. Dies ist insbesondere dann von Interesse, wenn die Geschwindigkeit einer oder beider Maschinen veränderbar sein sollte und entsprechende optimale Zykluszeiten gesucht sind. Praxisrelevanz besitzen insbesondere Kostenfunktionen in Abhängigkeit von der Maschinengeschwindigkeit (bzw. Ressourceneinsatz) und der Zykluszeit. Van Hoesel et al. (1996) betrachten z.B. Zwei-Maschinen-Flow Shop-Probleme mit veränderbarer Maschinengeschwindigkeit.

Bemerkung 5.21: Zum Beweis dafür, daß das Verfahren von Johnson eine optimale Reihenfolge liefert, siehe Baker (1974, S. 144 ff.) oder French (1982, S. 71 ff.). Man überlegt sich leicht, daß das Verfahren stets Permutationspläne (d.h. Pläne mit gleicher Auftragsfolge auf beiden Maschinen) erzeugt. Aufgrund der Modellannahmen ist gewährleistet, daß sich unter den optimalen normalen Plänen stets ein Permutationsplan befindet. Eine Verallgemeinerung dieser Aussage betrachten wir in Satz 5.2 (Kap. 5.5.4.2).

Bemerkung 5.22: Eine weitere Möglichkeit der Darstellung des Johnson-Algorithmus lautet wie folgt:

Berechne $RW_j := \text{sgn}(t_{j1} - t_{j2}) / \min\{t_{j1}, t_{j2}\}$ für alle $j = 1,...,n$ und plane die Aufträge nach aufsteigender Reihenfolge der Rangwerte RW_j ein; vgl. z.B. Gupta (1975). Da das Sortieren von n Zahlen mit einem Aufwand von $O(n \log n)$ durchführbar ist, beträgt der Rechenaufwand für den Johnson-Algorithmus $O(n \log n)$.

Bemerkung 5.23: Der Johnson-Algorithmus geht davon aus, daß zwischen den beiden betrachteten Maschinen keine Lagerkapazitätsbeschränkungen existieren. Dies wird deutlich, wenn man den Auftragsbestand zwischen den Maschinen betrachtet. Bei der Bearbeitung der Aufträge aus J_1 nimmt die Anzahl der Aufträge, die zwischen den Maschinen auf die Bearbeitung auf der zweiten Maschine warten, tendenziell monoton zu. Analog nimmt diese Anzahl während der Bearbeitung der Aufträge aus J_2 dann wieder monoton ab.

Der Johnson-Algorithmus ist verallgemeinerbar für ein spezielles Drei-Maschinen-Problem. Die Annahmen dieses Modells sind: Alle Aufträge benutzen Maschine M_1 vor M_2 sowie M_2 vor M_3, und es gilt:

$$\min_j t_{j1} \geq \max_j t_{j2} \quad \text{oder} \quad \min_j t_{j3} \geq \max_j t_{j2}$$

Man spricht in diesem Zusammenhang auch von M_2 als einer *dominierten Maschine*, d.h. daß die Daten so beschaffen sind, daß auf der zweiten Maschine kein Engpaß entstehen kann. Zur exakten Lösung des Problems läßt sich folgende Vorgehensweise anwenden: Man ermittelt $t'_{j1} := t_{j1} + t_{j2}$ und $t'_{j2} := t_{j2} + t_{j3}$ für alle Aufträge $j = 1,...,n$ und löst das so gebildete Zwei-Maschinen-Problem mit dem Johnson-Algorithmus. Aus der entstehenden Reihenfolge erhält man einen optimalen Plan für das Drei-Maschinen-Problem.

Analog überlegt man sich, daß unter bestimmten Voraussetzungen auch Drei-Maschinen-Probleme ohne dominierte Maschine mit dem Johnson-Algorithmus optimal gelöst werden können. Dies ist z.B. dann der Fall, wenn man mit diesem Algorithmus zwei Probleme separat für M_1 und M_2 sowie für M_2 und M_3 löst und die erhaltenen Reihenfolgen übereinstimmen. Derartige Aussagen lassen sich auf ähnliche Probleme (auch für mehr als drei Maschinen) übertragen; vgl. z.B. Monma und Rinnooy Kan (1983).

Eine Modifikation des Problems [F2 | | Z], bei der Überlappungen während der Bearbeitung von Aufträgen, d.h. zum Teil gleichzeitige Bearbeitung auf verschiedenenen Maschinen, auftreten können, läßt sich ebenfalls mit Hilfe des Johnson-Algorithmus optimal lösen; vgl. Mitten (1959). Derartige Probleme besitzen eine praktische Relevanz insbesondere dann, wenn ein sogenanntes *Lossplitting* (engl. *lot streaming*) erlaubt ist, d.h. Teile eines Auftrags können schon während der Bearbeitung auf der ersten Maschine zur Bearbeitung auf der zweiten Maschine weitergereicht werden. In diesem Zusammenhang lassen sich auch feste Transportzeiten bzw. Wartezeiten von Aufträgen nach der Bearbeitung auf der ersten Maschine berücksichtigen, bevor mit der Bearbeitung auf der zweiten Maschine begonnen werden kann. Zu weiteren Aussagen hierzu siehe z.B. Lashine et al. (1991), Potts und van Wassenhove (1992) sowie Trietsch und Baker (1993).

Zu Problemen der zyklischen Wiederholung von Plänen vgl. Kap. 5.7.4. Den Fall unscharfer (*fuzzy*) variabler Bearbeitungszeiten behandeln z.B. Masuda et al. (1990).

5.5.1.2 Zur Berücksichtigung von reihenfolgeabhängigen Rüstzeiten

Im folgenden verallgemeinern wir das Problem [F2 | | Z] für den Fall, daß reihenfolgeabhängige Rüstzeiten τ^i_{jk} für das Umrüsten von Auftrag j nach Auftrag k auf Maschine i zu berücksichtigen sind. Für die späteren Ausführungen ist es hilfreich, einen künstlichen Auftrag 0 (oder n+1) einzuführen, der für jede Maschine ihren Stillstand vor bzw. nach dem Bearbeiten aller Aufträge symbolisiert (es gilt $t_{0i} = 0$ für alle i). Die Rüstzeiten vor dem ersten bzw. nach dem letzten Auftrag auf jeder Maschine bezeichnen wir mit τ^i_{0k} bzw. τ^i_{k0} (Vorbereiten der Maschine i, um Auftrag k zu bearbeiten, bzw. Abrüsten der Maschine i nach Bearbeitung des Auftrags k; z.B. Säubern oder Abkühlen).

Als Zykluszeit haben wir diejenige Zeitspanne definiert, die vom Beginn der Bearbeitung des ersten Auftrags bis zur Fertigstellung des letzten der zu bearbeitenden Aufträge vergeht. Betrachten wir reihenfolgeabhängige Rüstzeiten, so ist diese Definition geringfügig zu modifizieren, indem wir das Vorbereiten bzw. Abkühlen der Maschinen mit in der Zykluszeit berücksichtigen. Damit besteht die Aufgabe für [F2 | τ^i_{jk} | Z] darin, eine Reihenfolge der Aufträge auf jeder von zwei Maschinen so zu bestimmen, daß die Gesamtzeit vom Beginn des Warmlaufens (Start der ersten Rüstzeit) bis zum Ende des Abstellvorgangs beider Maschinen minimiert wird.

Sowohl [F2 | τ^i_{jk} | Z] als auch [PF2 | τ^i_{jk} | Z] sind NP-schwer, da das TSP ein Spezialfall dieser Probleme ist (indem man lediglich Rüstzeiten auf einer Maschine betrachtet und Bearbeitungszeiten vernachlässigt). Im folgenden gehen wir auf die Unterscheidung von normalen und Permutationsplänen ein und beschreiben Möglichkeiten zur Bestimmung unterer Schranken für den optimalen Zielfunktionswert.

Beispiel: Wir betrachten ein Problem mit folgenden Daten:

t_{ji}	t_{j1}	t_{j2}
0	0	0
1	2	3
2	4	1

τ^1_{jk}	0	1	2
0	–	8	1
1	0	–	5
2	0	2	–

τ^2_{jk}	0	1	2
0	–	10	8
1	0	–	3
2	0	6	–

Abb. 5.39 zeigt sowohl einen optimalen Permutationsplan mit Z* = 18 als auch einen optimalen normalen Plan mit Z* = 17. (Die maschinenbezogenen Indizes sind der Übersichtlichkeit halber nicht mit aufgeführt.)

a) Permutationsplan

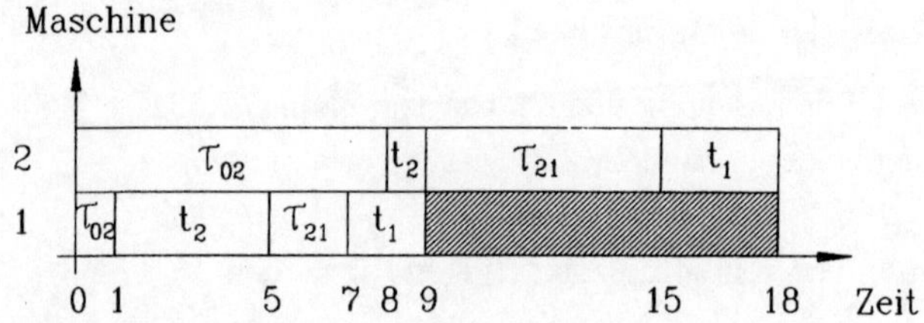

b) normaler Plan

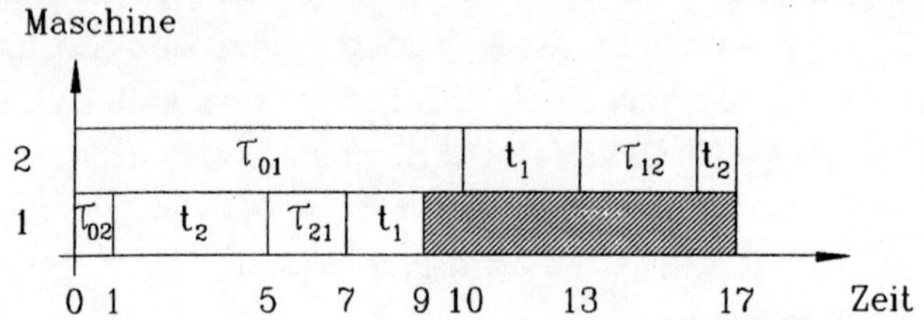

Abb. 5.39

In unserem Beispiel stimmen die optimalen Zielfunktionswerte von normalem und Permutationsplan nicht überein, d.h. man kann sich bei der Suche nach optimalen Lösungen für Zwei-Maschinen-Flow Shop-Probleme mit reihenfolgeabhängigen Rüstzeiten nicht auf Permutationspläne beschränken. Die Zykluszeit eines optimalen Permutationsplans liefert lediglich eine *obere Schranke* für die optimale Zykluszeit Z* von $[\,F2 \mid \tau^i_{jk} \mid Z\,]$.

Im folgenden beschreiben wir eine prinzipielle Vorgehensweise zur Bestimmung einer unteren Schranke für Z*. Daran anschließend leiten wir hinreichende Bedingungen dafür her, daß diese untere Schranke dem optimalen Z* entspricht; vgl. zu diesen Ausführungen auch Gupta und Darrow (1986).

Eine *untere Schranke* für Z* läßt sich ermitteln, indem man für beide Maschinen je ein TSP mit n+1 Knoten formuliert und löst. Als Eingabedaten verwenden wir die im folgenden definierten Entfernungsmatrizen (c^1_{jk}) und (c^2_{jk}).

- $c^1_{jk} := \tau^1_{jk} + t_{k1}$ $\quad j = 0,1,\dots,n;\ k = 1,\dots,n\ (j \neq k)$
  $c^1_{j0} := \max\,\{\tau^1_{j0},\ t_{j2} + \tau^2_{j0}\}$ $\quad j = 1,\dots,n$
  $c^1_{jj} := \infty$ $\quad j = 0,1,\dots,n$
- $c^2_{jk} := t_{j2} + \tau^2_{jk}$ $\quad j = 1,\dots,n;\ k = 0,1,\dots,n\ (j \neq k)$
  $c^2_{0k} := \max\,\{\tau^1_{0k} + t_{k1},\ \tau^2_{0k}\}$ $\quad k = 1,\dots,n$
  $c^2_{jj} := \infty$ $\quad j = 0,1,\dots,n$

Seien LB_1 und LB_2 optimale Zielfunktionswerte der durch obige Daten beschriebenen Rundreiseprobleme. Beide Werte liefern untere Schranken für das Zwei-Maschinen-Problem, da die beiden Probleme bis auf die Definition der c^1_{j0} bzw. c^2_{0k} unabhängig von der jeweils anderen Maschine formuliert sind. Die verbleibende zeitliche Beanspruchung des Fertigungssystems nach der Fertigstellung des Auftrags j auf der ersten Maschine wird durch c^1_{j0} beschrieben. Dies entspricht einer Nachlaufzeit des Auftrags j nach seiner Bearbeitung auf der ersten Maschine. Entsprechend gibt c^2_{0k} eine Vorlaufzeit von Auftrag k (bzw. den Bereitstellungstermin) vor seiner Fertigung auf der zweiten Maschine an. Die folgende Bemerkung verdeutlicht diesen Sachverhalt noch einmal.

Bemerkung 5.24: Kein Plan kann eine Zykluszeit haben, die kleiner als LB_1 ist, da nach vollständiger Bearbeitung aller Aufträge auf M_1 noch mindestens ein Auftrag auf M_2 bearbeitet werden muß und beide Maschinen abgestellt werden müssen. Kein Plan kann eine Zykluszeit haben, die kleiner als LB_2 ist, da mindestens ein Auftrag auf M_1 beendet werden muß, bevor er auf M_2 bearbeitet werden kann.

Insgesamt ergibt sich die Gültigkeit folgender Aussage: Gilt für die Zykluszeit eines optimalen Permutationsplanes S und für $LB := \max\{LB_1, LB_2\}$ Gleichheit, so ist S auch optimaler normaler Plan.

Für unser **Beispiel** ergeben sich folgende Entfernungsmatrizen (c^1_{jk}) und (c^2_{jk}):

c^1_{jk}	0	1	2
0	∞	10	5
1	3	∞	9
2	1	4	∞

c^2_{jk}	0	1	2
0	∞	10	8
1	3	∞	6
2	1	7	∞

Damit erhalten wir $LB_1 = 12$, $LB_2 = 17$ und somit $LB = 17$.

Bemerkung 5.25: LB erweist sich bei großen Problemen als eine schwer bestimmbare Schranke, da es sich beim TSP um ein NP-schweres Problem handelt.

Im folgenden zeigen wir, daß es Spezialfälle gibt, bei denen Gleichheit zwischen optimalen normalen und optimalen Permutationsplänen gewährleistet ist. Dies bedeutet, daß durch Lösen eines TSP eine optimale Lösung für das Flow Shop-Problem bestimmt werden könnte.

Wir überlegen uns zunächst, daß sich die Zykluszeit Z(L) eines Permutationsplanes $L = \langle j_1, j_2, ..., j_n]$ der Aufträge 1,...,n sowie $j_0 := j_{n+1} := 0$ wie folgt bestimmen läßt:

$$Z(L) = \max\{\sum_{i=1}^{k} (\tau^1_{j_{i-1}j_i} + t_{j_i1}) + \sum_{i=k}^{n} (t_{j_i2} + \tau^2_{j_ij_{i+1}}) \mid 0 \le k \le n+1\} \tag{5.37}$$

Man verdeutliche sich (5.37) anhand des Beispiels in Abb. 5.39 a mit $L = \langle 2,1]$. Es gilt $Z(L) = \max\{18, 5+10, 9+3, 9\} = 18$.

Mit Hilfe von (5.37) lassen sich nun folgende Beziehungen herleiten:

Sei $(0, j_1, j_2, ..., j_n, 0)$ eine optimale Rundreise für das TSP mit Entfernungsmatrix (c^1_{jk}). $L = \langle j_1, ..., j_n]$ ist zugleich optimaler normaler und Permutationsplan mit $Z^* = LB_1$, falls gilt:

$$\tau^1_{j_i j_{i+1}} + t_{j_{i+1}1} \geq t_{j_i 2} + \tau^2_{j_i j_{i+1}} \qquad \text{für alle } i = 0,1,\ldots,n$$

Sei $(0, j_1, j_2, \ldots, j_n, 0)$ eine optimale Rundreise für das TSP mit Entfernungsmatrix (c^2_{jk}). $L = < j_1, \ldots, j_n]$ ist zugleich optimaler normaler und optimaler Permutationsplan mit $Z^* = LB_2$, falls gilt:

$$\tau^1_{j_i j_{i+1}} + t_{j_{i+1}1} \leq t_{j_i 2} + \tau^2_{j_i j_{i+1}} \qquad \text{für alle } i = 0,1,\ldots,n$$

Corwin und Esogbue (1974) sowie Bellman et al. (1982) beschreiben Verfahren der dynamischen Optimierung für den Fall, daß reihenfolgeabhängige Rüstzeiten nur auf einer Maschine auftreten (man beachte, daß es sich dabei nach wie vor um ein NP-schweres Problem handelt).

Zwei Heuristiken zur Lösung von [PF2 | τ^i_{jk} | Z] beschreiben Gupta und Darrow (1985, 1986). Diese Verfahren beruhen auf ähnlichen Kriterien wie der Johnson-Algorithmus. Als effizienter (zumindest für die von den Autoren getesteten Beispiele) erweist sich jedoch z.B. ein Verfahren, welches das Prinzip der sukzessiven Einbeziehung verfolgt; vgl. Voß (1993) sowie den Algorithmus in Kap. 5.5.7.1.

5.5.1.3 Weitere Modifikationen der Auftragscharakteristika

[F2 | no wait | Z]: Bei diesem Problem handelt es sich um einen polynomial lösbaren Spezialfall des TSP; vgl. auch Kap. 5.3.2.3, Gilmore und Gomory (1964), Reddi und Ramamoorthy (1972) sowie Lawler et al. (1985).

Wenn ein Auftrag k unmittelbar nach Auftrag j gefertigt wird, so bedeutet dies bezogen auf M_1 folgenden reihenfolgeabhängigen Zeitaufwand: $\max\{t_{j2}, t_{k1}\}$

Dieser Aufwand entsteht, wenn k so früh wie möglich beginnt, ohne daß j und k gleichzeitig auf derselben Maschine bearbeitet werden. Abb. 5.40 veranschaulicht die beiden denkbaren Fälle, in denen jeweils Leerzeiten entstehen können.

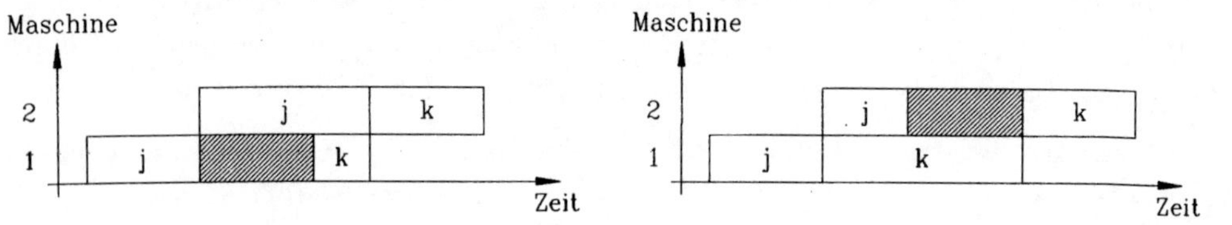

Abb. 5.40

Definieren wir zusätzlich einen fiktiven Auftrag 0 mit $t_{01} = t_{02} = 0$, so ergibt sich folgende Matrix als Eingabe für ein TSP:

$$c_{jk} = \max\{t_{j2}, t_{k1}\} \qquad \text{für alle } j,k = 0,\ldots,n \text{ mit } j \neq k$$

$$c_{jj} = \infty \qquad \text{für alle } j = 0,\ldots,n$$

Es läßt sich zeigen, daß das TSP aufgrund der speziellen Eigenschaften der Daten polynomial lösbar ist.

[F2 | a_j | Z]: Durch die Berücksichtigung von Bereitstellungsterminen ergibt sich ein NP-schweres Problem; vgl. Lenstra et al. (1977). Betrachtet man den oben beschriebenen Johnson-Algorithmus für [F2 | | Z] sowie die in Kap. 5.3.1.2 beschriebene dynamische EDD-Regel, so läßt sich unmittelbar die folgende Heuristik für [F2 | a_j | Z] entwickeln; vgl. Potts (1985 b) für eine Worst Case-Analyse dieser und weiterer Heuristiken gleicher Art:

Voraussetzung: Seien J die Menge aller Aufträge j = 1,...,n und L die Liste der bisher eingeplanten Aufträge.

Start: $t := \min \{a_j \mid j \in J\}$; L := <]

Schritt 1: Definiere mit $J_1 := \{j \in J \mid t_{j1} \le t_{j2} \wedge a_j \le t\}$ und $J_2 = \{j \in J \mid t_{j1} > t_{j2} \wedge a_j \le t\}$ zwei disjunkte Teilmengen von J.

Schritt 2:

if $J_1 \ne \phi$ **then**

bestimme $j^* \in J_1$, so daß $t_{j^*1} \le t_{j1}$ für alle $j \in J_1$

else

bestimme $j^* \in J_2$, so daß $t_{j^*2} \ge t_{j2}$ für alle $j \in J_2$;

Schritt 3: $J := J - \{j^*\}$; L := <L, j*];

Falls $J \ne \phi$, so bestimme $t := \max \{t + t_{j^*1}, \min \{a_j \mid j \in J\} \}$ und gehe zu Schritt 1.

Ergebnis: L enthält eine zulässige Reihenfolge der Aufträge.

* * *

Für das **Beispiel** mit den folgenden Daten liefert das Verfahren die Lösung L = < 1,5,2,3,4] mit Zykluszeit 18 (vgl. Abb. 5.41).

j	t_{j1}	t_{j2}	a_j
1	3	4	0
2	2	3	2
3	3	2	5
4	4	1	6
5	1	5	3

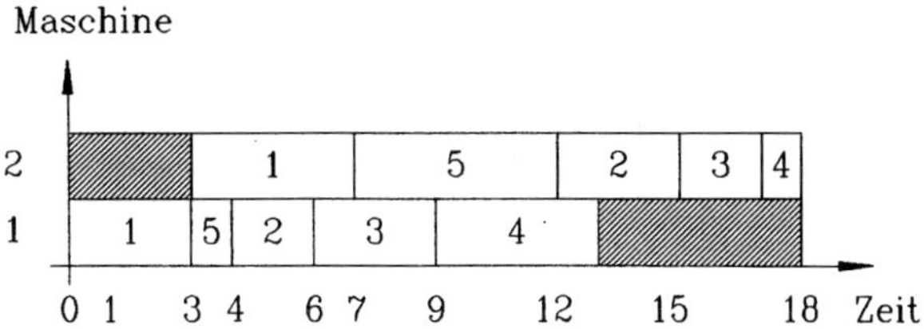

Abb. 5.41

Man kann Bedingungen angeben, unter denen die gefundene zulässige Lösung zugleich optimal ist. Eine einfache derartige Bedingung ist, daß zunächst ein Auftrag j mit $t_{j1} \le t_{j2}$ und minimaler Bearbeitungszeit auf der ersten Maschine eingeplant wird und auf der zweiten Maschine keine Leerzeit entsteht. Stimmt der mit der Heuristik erhaltene Wert mit der unteren Schranke $LB := \min \{a_j + t_{j1} \mid j = 1,...,n\} + \Sigma_j t_{j2}$ überein (wie in unserem Beispiel), so ist die Lösung zugleich optimal.

Hall (1994) beschreibt ein polynomiales $(1+\epsilon)$-Approximationsschema, basierend auf dem Johnson-Algorithmus. Es handelt sich somit um eine Klasse von Verfahren, deren Lösungen in Abhängigkeit von einem vorzugebenden ϵ dem Optimum beliebig angenähert werden können. Zugleich ist Hall (1994) eine der ersten Arbeiten überhaupt, die entsprechende Schemata für Probleme mit mehreren Arbeitsgängen pro Auftrag angibt.

Eine interessante Modifikation der Auftragscharakteristika a_j bzw. n_j behandelt Dell'Amico (1996), indem er sogenannte *Zwischenlaufzeiten* behandelt; nach Fertigstellung eines Auftrages auf der ersten Maschine muß ein Mindestabstand gewahrt bleiben, bevor der Auftrag auf der zweiten Maschine eingelastet werden kann. Als Lösungsverfahren schlägt Dell'Amico (1996) ein Tabu Search-Verfahren vor.

[F2 | a_j, n_j | Z]: Ein B&B-Verfahren zur Lösung dieses Problems beschreibt Grabowski (1980). Es handelt sich dabei um eine Vorgehensweise, die auch bei allgemeineren Job Shop-Problemen sehr erfolgreich angewendet wird. Die grundsätzliche Idee besteht dabei darin, geeignete Ein-Maschinen-Probleme als Relaxation zu behandeln.

Sei L = $<j_1,\ldots,j_n]$ ein zulässiger Plan für [F2 | a_j, n_j | Z]. Die Zykluszeit von L läßt sich wie folgt berechnen:

$$Z^* = \max \{ a_{j_p} + \sum_{j=j_p}^{j_q} t_{j1} + \sum_{j=j_q}^{j_r} t_{j2} + n_{j_r} \mid \text{alle } (p,q,r) \text{ mit } 1 \le p \le q \le r \le n \} \tag{5.38}$$

Die Festlegung eines Tripels (p,q,r) in (5.38) entspricht einem (zulässigen) Weg von einer Quelle (Bereitstellungstermin von j_p) zu einer Senke (Fertigstellungszeitpunkt von j_r) ähnlich der Vorgehensweise in konjunktiven Graphen (s. Kap. 5.3.2.1 sowie die Berechnung der Zykluszeit beim Problem [F2 | τ^i_{jk} | Z] gemäß (5.37)). In (5.38) wird unter allen derartigen Wegen ein längster, d.h. ein kritischer Weg gesucht. Darüber hinaus definieren p, q und r die Unterteilung von L in Blöcke, von denen $B_1 = <j_p,\ldots,j_q]$ und $B_2 = <j_q,\ldots,j_r]$ von besonderem Interesse sind. Unter Verwendung ähnlicher Ideen wie in Satz 5.1 werden, ausgehend von diesen Blöcken, Teilprobleme gebildet und gelöst (vgl. Kap. 5.6.4.2 für eine weiterführende Beschreibung im Rahmen von Job Shop-Problemen).

Strusevich und Zwaneveld (1994) zeigen, daß optimale Lösungen für [PF2 | a_j, n_j | Z] eine Worst Case-Schranke von 1.5 gegenüber optimalen Plänen besitzen, bei denen ein Überholen erlaubt ist. Ferner geben sie eine Heuristik mit linearem Aufwand an, die entsprechende Permutationspläne erzeugt.

5.5.1.4 Weitere Zielsetzungen

[F2 | | D]: Ignall und Schrage (1965) waren die ersten, die dieses NP-schwere Problem behandelten, indem sie ein B&B-Verfahren entwickelten. Die grundsätzliche Idee der Bestimmung unterer Schranken entspricht dabei der von uns für [PF | | Z] angegebenen Vorgehensweise (vgl. Kap. 5.5.5). Man beachte dabei, daß für [F2 | | D] stets eine optimale Lösung existiert, die zugleich Permutationsplan ist; vgl. z.B. Conway et al. (1967).

Van der Velde (1990) entwickelt ein B&B-Verfahren, welches das Prinzip der Lagrange-Relaxation verwendet. Relaxiert werden dabei diejenigen Bedingungen, die gewährleisten, daß jeder Auftrag zunächst auf der ersten und dann auf der zweiten Maschine gefertigt wird. Die Relaxation erlaubt also eine gleichzeitige Bearbeitung eines Auftrags auf beiden Maschinen. Numerische Ergebnisse von van der Velde (1990) zeigen, daß sein Verfahren dem Ignall und Schrage-Algorithmus für Daten mit 15 und 20 Aufträgen überlegen ist. Für Beispiele mit zehn Aufträgen verursacht es jedoch geringfügig höhere Rechenzeiten.

Heuristiken für [F2 | | D] werden von Krone und Steiglitz (1974) sowie Kohler und Steiglitz (1975) beschrieben. Verbesserte Heuristiken sowie neue untere Schranken beschreiben Della Croce et al. (1996).

Rajendran (1992) betrachtet [F2 | | Z] mit der lexikographisch nachgeordneten Zielsetzung der Durchlaufzeitminimierung. Unter allen optimalen Lösungen des Problems [F2 | | Z] ist dabei eine solche mit minimaler Summe der Durchlaufzeiten zu bestimmen. Der Autor beschreibt ein B&B-Verfahren, das ebenfalls auf dem Algorithmus von Ignall und Schrage beruht, sowie eine heuristische Vorgehensweise. Letztere geht von einer mit dem Johnson-Algorithmus bestimmten Lösung aus und versucht, sukzessive benachbarte Aufträge des Plans zu vertauschen, ohne dabei die Zykluszeit zu verändern.

[F2 | a_j | T_{max}]: Grabowski (1980) beschreibt ein B&B-Verfahren zur Lösung des Problems. Die grundlegende Idee besteht dabei in einer geeigneten Modifikation der Zielsetzung sowie einer Veränderung der Auftragscharakteristik und anschließender Lösung des so entstehenden Problems **[F2 | a_j, n_j | Z]**.

Ausgehend von den gewünschten Fertigstellungsterminen, definieren wir eine Konstante $f^* := \max \{f_j \mid j = 1,...,n\}$ sowie eine Nachlaufzeit $n_j := f^* - f_j$ für alle $j = 1,...,n$. Damit ergibt sich für jeden Auftrag j eine modifizierte Terminabweichung $T_j' := F_j + n_j$. Die maximale Terminabweichung $T_{max}' = \max \{T_j'\}$ unterscheidet sich somit von T_{max} lediglich um f^*. Damit läßt sich das Problem wie folgt interpretieren: Zusätzlich zu den beiden Maschinen M_1 und M_2 sei eine fiktive Fertigungsstufe M_3 mit beliebig vielen identischen parallelen Maschinen sowie Bearbeitungszeiten $t_{j3} := n_j$ gegeben (vgl. Kap. 5.3.2.1; analog lassen sich die Bereitstellungstermine a_j als Bearbeitungszeiten einer weiteren fiktiven Stufe M_0 interpretieren). Die Minimierung von T_{max} entspricht damit gerade der Minimierung der Zykluszeit dieses dreistufigen Problems. Basierend auf dieser Interpretation, lassen sich zur Lösung von [F2 | a_j | T_{max}] die für [F2 | a_j, n_j | Z] entwickelten Algorithmen verwenden. Man beachte, daß diese Art der Transformation auch bei anderen Problemen anwendbar ist und somit eine zusätzliche Begründung für die Wichtigkeit der Behandlung der Zielsetzung der Zykluszeitminimierung darstellt.

[F2 | τ_j^i | T_{max}]: Mit der Auftragscharakteristik τ_j^i bezeichnen wir *reihenfolgeunabhängige Rüstzeiten*, die sich nicht in die Bearbeitungszeiten von Aufträgen mit einrechnen lassen. Derartige Überlegungen sind z.B. anzustellen, falls (wie in Kap. 5.5.1.2 im Fall reihenfolgeabhängiger Rüstzeiten geschehen) für einen Auftrag j bereits auf der zweiten Maschine gerüstet werden kann, während j noch auf der ersten Maschine bearbeitet wird. Dileepan und Sen (1991) beschreiben zwei heuristische und ein B&B - Verfahren zur Lösung dieses Problems.

5.5.2 Modellbildung und Überblick zu allgemeinen Flow Shop - Problemen

Wir beginnen unsere Ausführungen mit einem Überblick zu allgemeinen Flow Shop - Problemen sowie einigen Literaturhinweisen. Danach folgen mathematische Formulierungen.

5.5.2.1 Ein Überblick zu Flow Shop - Problemen

In Tab. 5.16 geben wir einen Überblick über allgemeine Flow Shop - Probleme mit mehr als zwei Maschinen. Probleme, die bereits für zwei Maschinen NP-schwer sind, finden sich auch in Tab. 5.15 in Kap. 5.5.1. Zu weiteren Informationen vgl. z.B. Bellman et al. (1982), Blazewicz et al. (1986) sowie Lawler et al. (1993). Eine Arbeit, die Flow Shop - Probleme und Losgrößenplanung verbindet, ist Pinto und Rao (1992).

Ziel	β	Komplexität	Literatur / Bemerkungen
Z	o	NP-schwer	gilt bereits für m=3; **vgl. Kap. 5.5.3 und 5.5.4**
	n=2	O(m log m)	**vgl. Kap. 5.2**
	pmtn	NP-schwer	gilt bereits für m=3
	κ	NP-schwer	**vgl. Kap. 5.5.7**
	no wait	NP-schwer	gilt bereits für m=3; **vgl. Kap. 5.5.7.1**
	τ_{jk}^{i}	NP-schwer	gilt bereits für m=2 (**vgl. Kap. 5.5.1.2**); Heuristiken beschreibt Simons (1992)
	$t_{ji} = 1$	trivial	
	$t_{ji} \in \{0,1\}$	NP-schwer	Gonzalez (1982); bleibt auch für no wait NP-schwer
D	o	NP-schwer	gilt bereits für m=2; **vgl. Kap. 5.5.5**
	no wait	NP-schwer	gilt bereits für m=2; **vgl. Kap. 5.5.7.1**
	no wait, $t_{ji} > 0$	NP-schwer	offen für festes m $\geq$ 2; vgl. Adiri und Pohoryles (1982)
T_{max}	a_j	NP-schwer	gilt bereits für m=2; **vgl. Kap. 5.5.6**
V^{ω}	o	NP-schwer	**vgl. Kap. 5.5.6**
$V_{\#}$	o	NP-schwer	gilt bereits für m=2; vgl. Lenstra et al. (1977) sowie Hariri und Potts (1989)

Tab. 5.16: [F | ... | ...]

5.5.2.2 Mathematische Formulierungen für Flow Shop - Probleme

In der Literatur zu Flow Shop - Problemen existieren seit Ende der fünfziger Jahre umfangreiche Bemühungen, mathematische Modelle zu formulieren; vgl. Wagner (1959). Wir beschreiben im folgenden ein Grundmodell, welches in etwas allgemeinerer Form dem Konzept disjunktiver Graphen bei Job Shop-Problemen entspricht (vgl. Kap. 5.6.2.3). Daran anschließend diskutieren wir ein weiteres Modell, welches speziell für Permutations-Flow Shop-Probleme geeignet ist, da es auf einem Zuordnungsproblem basiert. Zu beiden Modellen erwähnen wir mögliche Modifikationen. Sie lassen mit kommerzieller Software für ganzzahlige lineare Optimierungsprobleme lediglich die exakte Lösung sehr kleiner Probleme zu, geben jedoch einen Einblick in die Probleme und lassen sich zur Entwicklung sowohl oberer als auch unterer Schranken im Rahmen von B&B-Verfahren verwenden. Ein theoretischer wie praktischer Vergleich der Formulierungen steht in der Literatur bislang jedoch aus.

Wir betrachten zunächst [F | | Z] und vereinfachen bzw. modifizieren die entsprechende mathematische Formulierung anschließend für die Bestimmung von Permutationsplänen sowie für weitere Ziele. Als nichtnegative kontinuierliche Variablen verwenden wir:

F_{ji} Fertigstellungszeitpunkt des Auftrags j auf Maschine i

Den Bereitstellungstermin eines Auftrags j kennzeichnen wir mit Hilfe einer künstlichen Maschine i = 0 sowie $F_{j0} := a_j$ (hier = 0) für alle j. Darüber hinaus definieren wir Binärvariablen

$$x^i_{jk} = \begin{cases} 1 & \text{Auftrag j wird auf Maschine i vor Auftrag k bearbeitet} \\ 0 & \text{sonst} \end{cases}$$

für alle i = 1,...,m sowie für alle j = 1,...,n–1 und k = j+1,...,n. Damit ergibt sich folgende Formulierung:

$$\text{Minimiere } Z = \max \{ F_{jm} \mid j = 1,...,n \} \tag{5.39}$$

unter den Nebenbedingungen

$$F_{ji} \geq F_{j,i-1} + t_{ji} \qquad \text{für alle } i = 1,...,m,\ j = 1,...,n \tag{5.40}$$

$$M \cdot x^i_{jk} + F_{ji} - F_{ki} \geq t_{ji} \qquad \text{für alle } i = 1,...,m,\ j = 1,...,n-1 \text{ und } k = j+1,...,n \tag{5.41}$$

$$M \cdot (1 - x^i_{jk}) + F_{ki} - F_{ji} \geq t_{ki} \qquad \text{für alle } i = 1,...,m,\ j = 1,...,n-1 \text{ und } k = j+1,...,n \tag{5.42}$$

$$x^i_{jk} \in \{0,1\} \qquad \text{für alle } i = 1,...,m,\ j = 1,...,n-1 \text{ und } k = j+1,...,n \tag{5.43}$$

Die Zielfunktion (5.39) beschreibt die Minimierung der Zykluszeit. Eine äquivalente, lineare Formulierung ergibt sich, indem man die Zielfunktion durch zusätzliche Nebenbedingungen $Z \geq F_{jm}$ für alle j = 1,...,n ersetzt und stattdessen den Wert der Variablen Z minimiert. Die Nebenbedingungen (5.40) lassen sich als Arbeitsgangfolgebedingungen charakterisieren; die Bearbeitung des j-ten Auftrags auf der i-ten Maschine kann erst begonnen werden, wenn die Bearbeitung dieses Auftrags auf der vorhergehenden Maschine abgeschlossen ist. Die Bedingungen (5.41) und (5.42) gewährleisten für jede Maschine und jede Kombination zweier Aufträge j und k, daß entweder j vor k oder k vor j gefertigt wird. Man beachte, daß aufgrund der Voraussetzung nichtnegativer Bearbeitungszeiten t_{ji} sowie der Definition der F_{j0} keine weiteren Bedingungen an die F_{ji} gestellt zu werden brauchen (bei M handelt es sich um eine genügend große Zahl).

Vgl. zu obiger Formulierung z.B. Srikar und Ghosh (1986), Stafford und Tseng (1990) sowie Brah et al. (1991). Weitere alternative Formulierungen sind denkbar; man beachte dazu unsere Modellformulierung zum Job Shop-Problem in Kap. 5.6.2.3, die sich leicht auf Flow Shop-Probleme übertragen läßt.

Betrachtet man Modifikationen des Problems [F | | Z], so lassen sich diese u.a. wie folgt abbilden:

α = **PF**: Anstelle der Variablen x^i_{jk} sind lediglich Binärvariablen x_{jk} zu betrachten.

β = **no wait**: In (5.40) ist für alle i = 2,...,m Gleichheit zu fordern, d.h. $F_{ji} = F_{j,i-1} + t_{ji}$ (vgl. Kap. 5.5.7.1).

$\beta = \tau^i_{jk}$: In (5.41) bzw. (5.42) sind zur rechten Seite entsprechende Werte τ^i_{kj} bzw. τ^i_{jk} zu addieren.

γ = **D**: Die Zielfunktion ist durch "Minimiere $\sum_{j=1}^{n} (F_{jm} - a_j)$" zu ersetzen.

Im folgenden beschreiben wir ein mathematisches Modell für **Permutations-Flow Shop-Probleme.** Seine Grundidee liegt darin, ein Zuordnungsproblem mit zusätzlichen Nebenbedingungen zu formulieren. Ist ein Auftrag vor einem anderen Auftrag zu fertigen, so gilt dies aufgrund der Voraussetzungen des Problems [PF | |] auf allen Maschinen. Demzufolge können wir Variablen definieren, die jeden Auftrag genau einer Position innerhalb eines Plans zuordnen:

$$x_{jp} = \begin{cases} 1 & \text{Auftrag j wird Position p zugeordnet (als p-ter Auftrag bearbeitet)} \\ 0 & \text{sonst} \end{cases}$$

Mit der Definition einer künstlichen Maschine i = 0 wie im obigen Modell und Variablen

F_{pi} Fertigstellungszeitpunkt des Auftrags an der p-ten Position auf Maschine i

mit $F_{p0} := 0$ für alle p = 1,...,n sowie $F_{0i} := 0$ für alle i = 1,...,m ergibt sich folgendes Modell:

$$\text{Minimiere } Z = F_{nm} \tag{5.44}$$

unter den Nebenbedingungen

$$\sum_{j=1}^{n} x_{jp} = 1 \qquad \text{für alle } p = 1,\ldots,n \tag{5.45}$$

$$\sum_{p=1}^{n} x_{jp} = 1 \qquad \text{für alle } j = 1,\ldots,n \tag{5.46}$$

$$F_{p,i-1} + \sum_{j=1}^{n} t_{ji} \cdot x_{jp} \le F_{pi} \qquad \text{für alle } p = 1,\ldots,n \text{ und } i = 1,\ldots,m \tag{5.47}$$

$$F_{p-1,i} + \sum_{j=1}^{n} t_{ji} \cdot x_{jp} \le F_{pi} \qquad \text{für alle } i = 1,\ldots,m \text{ und } p = 1,\ldots,n \tag{5.48}$$

$$x_{jp} \in \{0,1\} \qquad \text{für alle } j = 1,\ldots,n \text{ und } p = 1,\ldots,n \tag{5.49}$$

Die Zielfunktion minimiert den Fertigstellungszeitpunkt des Auftrags an der letzten, d.h. n-ten Position auf der m-ten Maschine und somit die Zykluszeit. Die Nebenbedingungen des Zuordnungsproblems (5.45) und (5.46) gewährleisten eine eindeutige Korrespondenz zwischen Aufträgen und Positionen; es ist also eine Permutation der n Aufträge gesucht. Mit den Arbeitsgangfolgebedingungen (5.47) fordern wir, daß die Bearbeitung des Auftrags in der p-ten Position auf einer Maschine i erst dann beendet sein kann, wenn er auf der vorhergehenden Maschine fertiggestellt und anschließend auf i bearbeitet worden ist. Die Bedingungen (5.48) stellen identische Auftragsfolgen auf allen Maschinen sicher. Erst nach Fertigstellung des Auftrags in (p−1)-ter Position sowie vollständiger Bearbeitung des Auftrags in p-ter Position auf Maschine i kann F_{pi} erreicht werden.

Entsprechende Formulierungen lassen sich auch für weitere Permutations-Flow Shop-Probleme angeben. Für die Modellierung von [PF | | D] ist die Zielfunktion durch "Minimiere $\Sigma_p F_{pm}$" zu ersetzen. Wird in (5.47) für i=2,...,m Gleichheit gefordert, so führt dies auf [PF | no wait |].

Eine zu (5.44) – (5.49) ähnliche Formulierung mit frühesten Anfangsterminen beschreibt Wilson (1989). Eine Erweiterung des Modells von Wagner (1959), welches ursprünglich für m = 3 formuliert war, läßt sich in modifizierter Form unseres Modells beschreiben. Dabei werden Variablen zur Beschreibung von Wartezeiten sowohl von Aufträgen als auch von Maschinen explizit berücksichtigt; vgl. French (1982, S. 132 ff.), Selen und Hott (1986) sowie Stafford (1988).

5.5.3 Heuristiken zur Minimierung der Zykluszeit

Bereits bei [F3 | | Z] handelt es sich um ein NP-schweres Problem, obwohl [F2 | | Z] in O(n log n) lösbar ist; vgl. Garey et al. (1976). Wegen Satz 5.2 in Kap. 5.5.4.2 gilt entsprechendes für Permutations-Flow Shop-Probleme.

Zur Bestimmung normaler Pläne für [F | | Z] lassen sich Heuristiken für Job Shop-Probleme anwenden. Darüber hinaus sind uns, sofern normale Pläne zu bestimmen sind, keine Verfahren bekannt, die die speziellere Problemstruktur des Flow Shop ausnutzen. Demzufolge beschränken wir uns im folgenden auf die Behandlung von Eröffnungs- und Verbesserungsverfahren für Permutations-Flow Shop-Probleme [PF | | Z].

Für [PF | | Z] sind mehrere Heuristiken entwickelt worden, die auf dem Prinzip des Johnson-Algorithmus sowie einfachen Entscheidungsregeln (vgl. Kap. 5.1.4) basieren. Danach werden z.B. Aufträge mit relativ geringen Bearbeitungszeiten auf den ersten Maschinen möglichst früh und solche mit relativ geringen Bearbeitungszeiten auf den letzten Maschinen möglichst spät eingeplant. Man beachte, daß zulässige Lösungen für diese Problemstellungen ebenfalls zulässig für Probleme mit anderen Zielsetzungen sind und dementsprechend die im folgenden beschriebenen Algorithmen zum Teil auch dort Anwendung finden.

Neben den im folgenden näher behandelten Problemen [PF | | Z] werden in der Literatur Probleme mit veränderten Auftragscharakteristika behandelt. Für [PF | τb_K | Z] beschreiben Sotskov et al. (1996) sowohl Eröffnungs- als auch Verbesserungsverfahren einschließlich Tabu Search und Simulated Annealing. Für [PF | τ^i_{jk} | Z] beschreiben Das et al. (1995) eine einfache Savings-Heuristik.

5.5.3.1 Eröffnungsverfahren für Permutations-Flow Shop-Probleme

Mit Eröffnungsverfahren für [PF | | Z] haben sich eine Vielzahl von Autoren auseinandergesetzt, so daß wir uns im folgenden auf die Darstellung einer Auswahl von Heuristiken beschränken. Wir unterteilen unsere Ausführungen dabei nach den prinzipiellen Vorgehensweisen der Verfahren, zu deren Erläuterung wir uns eines durchgängigen Beispiels mit folgenden Bearbeitungszeiten bedienen:

t_{ji}: j \ i	1	2	3
1	1	3	4
2	4	1	2
3	3	4	2
4	3	2	1

Tab. 5.17

Prioritätsregelverfahren:

Palmer (1965) beschreibt ein einfaches Prioritätsregelverfahren, welches als Verallgemeinerung des Johnson-Algorithmus aufgefaßt werden kann. Für jeden Auftrag j wird ein Rangwert

$$RW_j := \sum_{i=1}^{m} (2i-m-1) \cdot t_{ji} = 2 \sum_{i=1}^{m} i \cdot t_{ji} - (m+1) \sum_{i=1}^{m} t_{ji}$$

(engl. *slope index*) bestimmt. Daran anschließend werden die Aufträge nach monoton fallenden Werten RW_j eingeplant. Aufträge, die tendenziell von Maschine zu Maschine steigende Bearbeitungszeiten aufweisen, erhalten demnach eine hohe Priorität und solche mit eher sinkenden Bearbeitungszeiten eine niedrige Priorität. Ist die Anzahl der betrachteten Maschinen ungerade, so wird die Bearbeitungszeit der mittleren Maschine bei der Berechnung derartiger Werte nicht berücksichtigt (Multiplikation mit Null). Eine Modifikation der Rangwerte, die die Bearbeitungszeiten der mittleren Maschine mit in Betracht ziehen, behandeln Hundal und Rajgopal (1988).

Für unser Beispiel erhalten wir die Werte $RW_1 = 6$, $RW_2 = -4$, $RW_3 = -2$ und $RW_4 = -4$. Dementsprechend ergibt sich ein Plan < 1,3,2,4] mit Zykluszeit 14.

Eine weitere Möglichkeit, Prioritätswerte zu definieren, wird von Gupta (1971) vorgeschlagen:

$$RW_j := \operatorname{sgn}(t_{j1} - t_{jm}) / \min \{t_{ji} + t_{j,i+1} \mid i = 1,...,m-1\} \qquad \text{für alle } j = 1,...,n$$

Eine zulässige Lösung ergibt sich dann gemäß monoton steigender Prioritätswerte.

Für unser Beispiel erhalten wir die Werte $RW_1 = -1/4$, $RW_2 = 1/3$, $RW_3 = 1/6$ und $RW_4 = 1/3$. Somit ergibt sich z.B. der bereits ermittelte Plan <1,3,2,4] mit Zykluszeit 14.

Der Rechenaufwand beider Verfahren beträgt jeweils $O(n \cdot m + n \log n)$, da die Berechnung der Prioritätswerte über alle Aufträge und alle Maschinen läuft. Darüber hinaus ist der Aufwand für das Sortieren der Aufträge zu berücksichtigen.

Einen Überblick über weitere Prioritätsregelverfahren geben z.B. King und Spachis (1980).

Erweiterte Johnson-Algorithmen:

Unterteilt man die Maschinen in zwei Gruppen und addiert für jeden Auftrag jeweils die Bearbeitungszeiten innerhalb der Gruppen, so läßt sich ein entsprechendes Zwei-Maschinen-Problem mit Hilfe des Johnson-Algorithmus lösen (aufgrund der *Aggregation von Maschinen* spricht man bei derartigen Verfahren auch von Aggregationsheuristiken). Campbell et al. (1970) lösen insgesamt $m-1$ derartige Probleme, indem sie für jedes $k = 1,...,m-1$ ein aggregiertes Problem mit Bearbeitungszeiten

$$t'_{j1} = \sum_{i=1}^{k} t_{ji}, \quad t'_{j2} = \sum_{i=k+1}^{m} t_{ji}$$

für jeden Auftrag $j = 1,...,n$ betrachten.

Dannenbring (1977) löst lediglich *ein* Zwei-Maschinen-Problem mit folgenden modifizierten Bearbeitungszeiten:

$$t'_{j1} = \sum_{i=1}^{m} (m-i+1) \cdot t_{ji}, \quad t'_{j2} = \sum_{i=1}^{m} i \cdot t_{ji}$$

Der Rechenaufwand für die Berechnung der modifizierten Bearbeitungszeiten beträgt jeweils $O(n \cdot m)$ für jedes Problem. Unter Berücksichtigung des Johnson-Algorithmus beträgt der Aufwand für das Verfahren von Dannenbring (1977) also $O(n \cdot m + n \log n)$ und für das von Campbell et al. (1970) $O(n \cdot m^2 + m \cdot n \log n)$, da insgesamt $O(m)$ Zwei-Maschinen-Probleme zu lösen sind.

Einbeziehungsverfahren:

Ein einfaches Einbeziehungsverfahren wird von Nawaz et al. (1983) beschrieben. Es geht davon aus, daß alle Aufträge nach monoton fallenden Summen ihrer Bearbeitungszeiten $RW_j := \sum_{i=1}^{m} t_{ji}$ sortiert werden. Daran anschließend werden diese Aufträge sukzessive so in eine zu Beginn leere Liste L eingefügt, daß sich die Zykluszeit von L jeweils geringstmöglich erhöht. Der Rechenaufwand dieses Verfahrens beträgt $O(n^3 \cdot m)$, bedingt durch den zweiten Teil des Algorithmus. Insgesamt sind n Aufträge auf bis zu n Positionen einzufügen, und die Berechnung der zum Vergleich jeweils herangezogenen Zykluszeit benötigt $O(n \cdot m)$.

Eine geschickte Reorganisation der Berechnungen ermöglicht jedoch eine Reduktion des Aufwandes auf $O(n^2 \cdot m)$, indem zum Teil mehrfach benötigte Werte im vorhinein berechnet und gespeichert werden (bei entsprechend höherem Speicherplatzbedarf); vgl. Taillard (1990).

Aufgrund der prinzipiellen Wichtigkeit der dieser Aufwandsreduktion zugrundeliegenden Idee erläutern wir das **Einfügen eines Auftrags k in einer Iteration it = 1,...,n** des Verfahrens. Dazu definieren wir einen fiktiven Auftrag 0 sowie eine fiktive Maschine 0 bzw. m+1; alle entsprechenden Bearbeitungszeiten seien gleich 0.

Einfügen eines Auftrags k

Voraussetzung: L := < 1,...,it−1] Liste der bereits eingeplanten Aufträge (o.B.d.A. sei Position j mit Auftrag j belegt);

F_{ji} frühester Fertigstellungszeitpunkt von Auftrag j auf Maschine i

f_{pi} frühester Fertigstellungszeitpunkt von Auftrag k auf i, falls er an Position p eingefügt wird

n_{pi} Nachlaufzeit von Auftrag k, bezogen auf i, falls er an Position p eingefügt wird und die Aufträge an den Positionen p,...,it−1 um jeweils eins nach rechts verschoben werden

Z_p Zykluszeit, falls Auftrag k an der p-ten Position in L eingefügt wird

Start: $F_{0i} := n_{it,i} := 0$ für alle i = 1,...,m und $F_{j0} := f_{j0} := n_{j,m+1} := 0$ für alle j = 1,..,it−1

Schritt 1 (Vorwärtsrechnung):

Bestimme für alle j = 1,...,it−1 und i = 1,...,m: $F_{ji} := \max\{F_{j,i-1}, F_{j-1,i}\} + t_{ji}$

Bestimme für alle p = 1,...,it und i = 1,...,m: $f_{pi} := \max\{f_{p,i-1}, F_{p-1,i}\} + t_{ki}$

Schritt 2 (Rückwärtsrechnung):

Bestimme für alle p = it−1,...,1 und i = m,...,1: $n_{pi} := t_{pi} + \max\{n_{p,i+1}, n_{p+1,i}\}$

Schritt 3: Bestimme für alle p = 1,...,it: $Z_p := \max\{f_{pi} + n_{pi} \mid i = 1,...,m\}$

Füge Auftrag k an Position p* in L ein (d.h. alle Aufträge ab Position p* werden um eins verschoben) mit $Z_{p*} = \min\{Z_p \mid p = 1,...,it\}$.

Ergebnis: Ein um Auftrag k bestmöglich erweiterter Teilplan L.

* * *

Der Aufwand des Einfügens eines Auftrags in Iteration it beträgt somit $O(it \cdot m)$, und insgesamt reduziert sich der Aufwand des Einbeziehungsverfahrens auf $O(n^2 \cdot m)$.

Aussagen zum **Worst Case-Verhalten** obiger Heuristiken sind nur zum Teil verfügbar. So zeigen Nowicki und Smutnicki (1989) eine Schranke für Z/Z* von $\lceil m/2 \rceil$ für das Verfahren von Campbell et al. (1970). Ferner erhalten Nowicki und Smutnicki (1991) eine Schranke von $m/\sqrt{2}$ für die Heuristik von Dannenbring (1977) für Probleme mit einer ungeraden Anzahl an Maschinen. Für gerades m läßt sich diese Schranke lediglich asymptotisch, d.h. für $m \to \infty$, nachweisen.

Zu numerischen Vergleichen zu den meisten der von uns genannten Heuristiken vgl. auch Turner und Booth (1987).

5.5.3.2 Verbesserungsverfahren für Permutations-Flow Shop-Probleme

Verbesserungsverfahren für [PF | | Z] gehen von einem gegebenen zulässigen Permutationsplan $L = < j_1,...,j_n]$ der n Aufträge aus und versuchen, diesen im Rahmen einer Nachbarschaftssuche zu verbessern. Eine Möglichkeit, benachbarte Lösungen zu erzeugen, besteht darin, die Positionen zweier Aufträge innerhalb von L miteinander zu vertauschen (*Vertauschungsstrategie*; vgl. r-optimale Vertauschungsverfahren zur Lösung von TSPen). Vertauscht man z.B. in L die Aufträge der Positionen p und q (mit $p<q$), so führt dies zu einem veränderten Plan $L_N := < j_1,..,j_{p-1}, j_q, j_{p+1},..,j_{q-1}, j_p, j_{q+1},..,j_n]$. Bei dieser Art der Vertauschung existieren zu jedem Plan genau $n(n-1)/2$ Nachbarlösungen. Dannenbring (1977) schlägt eine vereinfachte Version dieser Strategie vor, indem er nur Vertauschungen zwischen benachbarten Aufträgen p und $q=p+1$ durchführt. Die Anzahl der möglichen Nachbarn einer Lösung beträgt dabei $n-1$.

Eine zweite Nachbarschaftsdefinition läßt sich als *Shiftstrategie* bezeichnen. Bei ihr wird ein Auftrag aus seiner Position herausgenommen und in einer anderen Position wieder eingefügt. Ein Vorwärtsverschieben des Auftrags von Position p zur Position q führt also zu $L_N = < j_1,..,j_{p-1}, j_{p+1},..,j_{q-1}, j_q, j_p, j_{q+1},..,j_n]$. Analog läßt sich ein Zurückverschieben durchführen. Man überlegt sich, daß die Shiftstrategie gerade einer speziellen 3-optimalen Vertauschung beim TSP entspricht.[10] Insgesamt existieren hierbei zu jeder Lösung $(n-1)^2$ Nachbarn. Zu einem Vergleich verschiedener Nachbarschaftsdefinitionen siehe Werner (1993).

Ho und Chang (1991) wenden die Shiftstrategie an. In jeder Iteration ihres Verfahrens wählen sie anhand geeigneter Maßzahlen mögliche Verschiebungen aus, für die Zielfunktionswertveränderungen geprüft werden. Läßt sich eine Verbesserung erzielen, so wird die entsprechende Vertauschung realisiert. Das Verfahren bricht ab, sobald in einer Iteration keine verbesserte Lösung mehr gefunden wird. Zur Bestimmung einer Ausgangslösung verwenden die Autoren den Algorithmus von Campbell et al. (1970). Numerische Ergebnisse zeigen sowohl für [PF | | Z] als auch für [PF | | D] deutliche Verbesserungen gegenüber den Ausgangslösungen.

Läßt das Verfahren von Ho und Chang (1991) im Laufe der Vertauschungen lediglich Verbesserungen der Zielfunktionswerte zu, so sind bei den im folgenden beschriebenen Vorgehensweisen auch temporäre Verschlechterungen möglich.

Osman und Potts (1989) beschreiben eine Implementierung von Simulated Annealing für beide oben beschriebenen Möglichkeiten der Nachbarschaftssuche. Als Startlösung wird jeweils ein zufällig erzeugter Plan gewählt. Rechentests liefern die besten Ergebnisse bei Anwendung der Shiftstrategie mit zufälliger Auswahl der zu betrachtenden Positionen. Ähnliche Aussagen finden sich in Ogbu und Smith (1990, 1991); vgl. ferner Ishibuchi et al. (1995).

---

10 Die Pfeile (p–1,p), (p,p+1) und (q,q+1) werden dabei durch (p–1,p+1), (q,p) und (p,q+1) ersetzt. Vgl. zu r-optimalen Verfahren z.B. Domschke (1997, S. 117 ff.).

Widmer und Hertz (1989) wenden als erste ein statisches Tabu Search-Verfahren mit oben beschriebener Vertauschungsstrategie an. Startlösungen werden mit einer Einbeziehungsheuristik bestimmt. Eigene Ergebnisse zeigen ein höheres Potential für dynamische Tabu Search-Verfahren, wie wir sie auch bei anderen Problemen angewendet haben; vgl. z.B. Domschke et al. (1992). Eine interessante Variante wendet Taillard (1990) mit Erfolg an, indem er nicht die Vertauschung zu vermeintlich schon besuchten Lösungen direkt verbietet, sondern solche Nachbarn einer Lösung tabu setzt, die zu bestimmten, in einer statischen Tabu-Liste gespeicherten Zielfunktionswerten der letzten Iterationen führen. Eine der derzeit effizientesten Tabu Search-Implementierungen beschreiben Nowicki und Smutnicki (1996); ihre Ergebnisse sind denen verschiedener Simulated Annealing-Implementierungen deutlich überlegen.

Genetische Algorithmen für [PF | |Z] werden z.B. von Cleveland und Smith (1989), Bierwirth (1993) sowie Reeves (1995) behandelt.

5.5.4 Exakte Verfahren zur Minimierung der Zykluszeit

Exakte Verfahren für Flow Shop-Probleme beziehen sich wie Heuristiken in der Regel auf die Bestimmung von Permutationsplänen. In Kap. 5.5.4.1 behandeln wir das bekannteste derartige B&B-Verfahren von Ignall und Schrage (1965). Daran anschließend weisen wir auf mögliche Unterschiede in der Lösungsgüte zwischen normalen und Permutationsplänen hin.

5.5.4.1 Das Branch & Bound-Verfahren von Ignall und Schrage

In diesem Kapitel beschreiben wir eine Grundversion des B&B-Verfahrens von Ignall und Schrage (1965) zur exakten Lösung von Permutations-Flow Shop-Problemen [PF | |Z]. Es liefert gleichzeitig zulässige Lösungen für allgemeine Flow Shop-Probleme [F | |Z]. Wir beschränken uns auf die wesentlichen Komponenten des Verfahrens.

Verzweigungsprozeß:

Der B&B-Baum umfaßt grundsätzlich n Stufen $k = 0,1,...,n-1$. Die Stufe 0 enthält nur das Ausgangsproblem P_0. Auf jeder Stufe $k = 1,...,n-2$ befinden sich Probleme P_k^L, bei denen jeweils die ersten k auszuführenden Aufträge $j_1,...,j_k$ in einer Liste $L := < j_1,...,j_k]$ festgelegt sind. Auf der Stufe n–1 wird die Reihenfolge der beiden letzten Aufträge bestimmt.

Der Baum wird nach dem LIFO-Prinzip (reine Tiefensuche) gebildet und abgearbeitet. Die Struktur eines derartigen Baumes verdeutlicht Abb. 5.43 auf S. 383.

Schrankenbildung:

Wie bei Minimierungsproblemen üblich, liefert die aktuell beste zulässige Lösung die (aktuelle) **obere Schranke** UB für den optimalen Zielfunktionswert.

Zur Berechnung möglichst guter **unterer Schranken** besteht grundsätzlich die Möglichkeit, sowohl maschinen- als auch auftragsbezogene Schranken zu bilden und unter allen eine mit maximalem Wert auszuwählen. Zu ihrer Beschreibung definieren wir mit $J = \{1,...,n\}$:

$\bar{L}$ Menge (oder unsortierte Liste) aller nicht in L enthaltenen Aufträge, d.h. $\bar{L} := J - L$

F_{Li} effektiver Fertigstellungszeitpunkt der eingeplanten Aufträge aus L auf Maschine i

Frühestens zum Zeitpunkt F_{Li} kann auf i mit der Bearbeitung der Aufträge aus $\bar{L}$ begonnen werden. Es handelt sich demzufolge um einen maschinenorientierten Bereitstellungszeitpunkt. Die für die Bearbeitung erforderliche Zeit, ohne die Berücksichtigung eventuell entstehender Leerzeiten, beträgt $\sum_{j\in\bar{L}} t_{ji}$. Nachdem sämtliche Aufträge aus $\bar{L}$ die Maschine i verlassen haben, muß der zuletzt bearbeitete Auftrag noch die Maschinen i+1,...,m durchlaufen. Er benötigt dafür eine (maschinenorientierte) Nachlaufzeit von mindestens $\min\{\sum_{h=i+1}^{m} t_{jh} \mid j\in\bar{L}\}$. Damit lassen sich m **maschinenorientierte Schranken** $SM_1,...,SM_m$ wie folgt bestimmen:

$$SM_i := F_{Li} + \sum_{j\in\bar{L}} t_{ji} + \min\{\sum_{h=i+1}^{m} t_{jh} \mid j\in\bar{L}\} \qquad \text{für } i = 1,...,m$$

Eine Verschärfung der Schranken $SM_2,...,SM_m$ erhält man durch Einbeziehung frühester Anfangszeitpunkte $FA_{\bar{L}i}$ aller Aufträge aus $\bar{L}$ auf Maschine i, die allgemein wie folgt berechnet werden können:

$$FA_{\bar{L}i} := \max\{\max\{FA_{\bar{L}\iota} + \min\{\sum_{h=\iota}^{i-1} t_{jh} \mid j\in\bar{L}\} \mid \iota = 1,...,i-1\},\ F_{Li}\} \qquad \text{für } i = 1,...,m$$

Man verdeutlicht sich dies anhand der Formel für i = 2:

$$FA_{\bar{L}2} := \max\{F_{L1} + \min\{t_{j1} \mid j\in\bar{L}\},\ F_{L2}\}$$

Mit der Bearbeitung der Aufträge aus $\bar{L}$ auf der zweiten Maschine kann frühestens zum Zeitpunkt $F_{L1} + \min\{t_{j1} \mid j\in\bar{L}\}$ begonnen werden, d.h. wenn mindestens ein Auftrag aus $\bar{L}$ die erste Maschine verlassen hat; dabei gilt $FA_{\bar{L}1} = F_{L1}$. Außerdem muß M_2 die Bearbeitung der Aufträge aus L beendet haben (F_{L2}). Unter Verwendung der $FA_{\bar{L}i}$ lassen sich die unteren Schranken $SM_1,...,SM_m$ wie folgt neu berechnen:

$$SM_i' := FA_{\bar{L}i} + \sum_{j\in\bar{L}} t_{ji} + \min\{\sum_{h=i+1}^{m} t_{jh} \mid j\in\bar{L}\} \qquad \text{für } i = 1,...,m$$

Dabei entspricht der Wert von SM_1' demjenigen von SM_1; für i = m entfällt der letzte Summand.

Auftragsorientierte Schranken können z.B. wie folgt angegeben werden:

$$SA_j := \max\{FA_{\bar{L}i} + \sum_{\iota=i}^{m} t_{j\iota} + \sum_{\substack{k\in\bar{L}\\ k\neq j}} \min\{t_{ki}, t_{km}\} \mid i = 1,...,m\} \qquad \text{für alle } j\in\bar{L}$$

Erläuterung: Wir betrachten für Auftrag $j\in\bar{L}$ seinen frühesten Anfangszeitpunkt $FA_{\bar{L}i}$ auf jeder Maschine i und addieren jeweils seine Restbearbeitungszeit auf i und allen folgenden

Maschinen hinzu. Die übrigen Aufträge $k \in \bar{L}$ werden auf allen Maschinen entweder vor oder nach j eingeplant. Dadurch erhöht jeder Auftrag k den möglichen Beginnzeitpunkt von j auf Maschine i um t_{ki} oder verlängert dessen Nachlaufzeit um t_{km}. Für bereits fixierte Aufträge ist es nicht nötig, Schranken zu berechnen, da die entsprechenden Größen bereits in maschinenorientierte Schranken eingehen.

Eine mögliche untere Schranke für die Zykluszeit einer optimalen Lösung des Problems P_k^L ist somit $LB_k^L := \max\{SM_1^!,...,SM_m^!, \max\{SA_j \mid j \in \bar{L}\}\}$.

Beispiel: Wir betrachten erneut das Problem aus Tab. 5.17 mit folgenden Bearbeitungszeiten:

t_{ji}

j \ i	1	2	3
1	1	3	4
2	4	1	2
3	3	4	2
4	3	2	1

Für P_0 mit leerer Liste L erhalten wir folgende Werte:

$F_{Li} = 0$ für $i = 1, 2, 3$;
$FA_{\bar{L}1} = F_{L1} = 0$; $FA_{\bar{L}2} = \max\{0+1, 0\} = 1$; $FA_{\bar{L}3} = \max\{0+4, 1+1, 0\} = 4$;
$SM_1^! = 0 + (1+4+3+3) + \min\{3+4, 1+2, 4+2, 2+1\} = 11 + 3 = 14$
$SM_2^! = 1 + 10 + 1 = 12$; $SM_3^! = 4 + 9 = 13$

$SA_1 = \max\{0 + 8 + \min\{4,2\} + \min\{3,2\} + \min\{3,1\}, 1+7+4, 4+4+5\} = 13$
$SA_2 = \max\{0+7+4, 1+3+6, 4+2+7\} = 13$
$SA_3 = \max\{0+9+4, 1+6+5, 4+2+7\} = 13$
$SA_4 = \max\{0+6+5, 1+3+6, 4+1+8\} = 13$
Damit ergibt sich als untere Schranke $LB_0 = 14$.

Für das Problem $P_2^{1,2}$ mit L = < 1,2] erhalten wir aus dem Gantt-Diagramm in Abb. 5.42 die Werte $F_{L1} = 5$, $F_{L2} = 6$ und $F_{L3} = 10$.

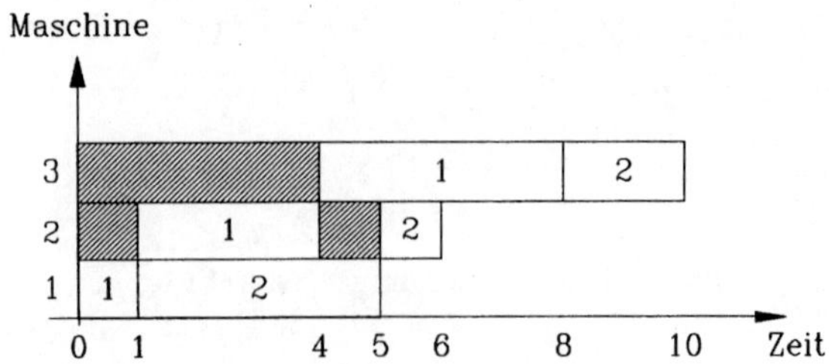

Abb. 5.42

Ferner gilt:

$FA_{\bar{L}1} = F_{L1} = 5$; $FA_{\bar{L}2} = \max\{5+3, 6\} = 8$; $FA_{\bar{L}3} = \max\{5+5, 8+2, 10\} = 10$;

$SM_1^! = 5 + 6 + 3 = 14$; $SM_2^! = 8 + 6 + 1 = 15$; $SM_3^! = 10 + 3 = 13$

$SA_3 = \max\{5+9+1, 8+6+1, 10+2+1\} = 15$

$SA_4 = \max\{5+6+2,\ 8+3+2,\ 10+1+2\} = 13$

Damit ergibt sich als untere Schranke $LB_2^{1,2} = 15$.

Der gesamte Lösungsgang wird aus Abb. 5.43 ersichtlich; die jeweiligen unteren Schranken LB_k^L sind als Knotenbewertungen notiert. Eine optimale Lösung ist $L = <1,3,2,4]$ mit Zielfunktionswert $Z = 14$.

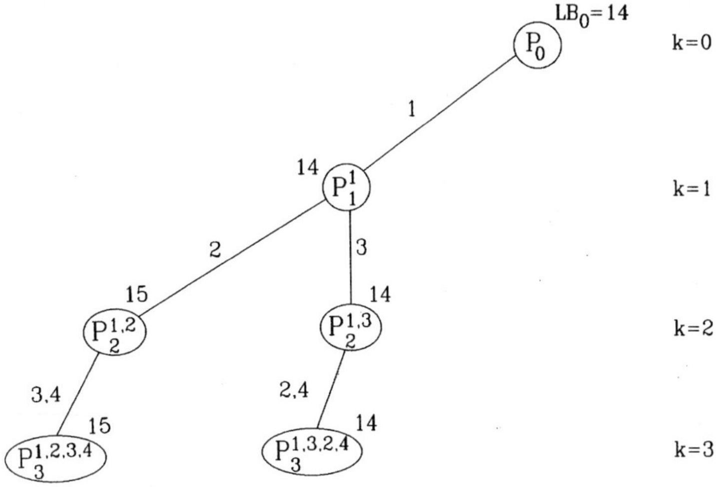

Abb. 5.43

Als weitere Möglichkeiten des Auslotens lassen sich Dominanz-Kriterien angeben; vgl. v.a. die Markierungs-Dominanzregel des B&B-Verfahrens FABLE in Kap. 4.3.3.2.

Weitere Schranken und B&B-Verfahren findet man z.B. bei Lomnicki (1965), McMahon (1969) sowie Carlier und Rebai (1996). Allgemeinere untere Schranken beschreiben Lageweg et al. (1978). Eine grundlegende Idee besteht dabei darin, zu geeignet modifizierten Daten maschinenorientierte Schranken für Zwei-Maschinen-Probleme mit Hilfe des Johnson-Algorithmus zu bestimmen. Weiterführende Überlegungen in diesem Sinne enthält Potts (1980). Letzterer modifiziert darüber hinaus die Verzweigungsstrategie insofern, als Teilpläne bidirektional gebildet werden. Dies bedeutet, daß durch Verzweigen auf der k-ten Stufe Probleme entstehen, in denen genau k Aufträge in einer Liste $L = <j_1,\ldots,j_p \mid j_{n-k+p+1},\ldots,j_n]$ festgelegt sind, wobei p dieser Aufträge zu Beginn des Plans und k−p am Ende von L stehen (vgl. auch Kap. 5.6.3.1).

Grabowski (1982) beschreibt eine Verallgemeinerung des Blockverfahrens, wie wir es für $[F2 \mid a_j, n_j \mid Z]$ in Kap. 5.5.1.3 skizziert haben.

5.5.4.2 Permutations- versus normale Pläne

Bei Flow Shop-Problemen ist es oft üblich (weil einfacher), Permutations- anstelle von normalen Plänen zu ermitteln. Daß dies nicht unbedingt zu optimalen Lösungen für Probleme $[F \mid \ \mid Z]$ führen muß, haben wir bereits in Kap. 5.2 für $[F \mid n=2 \mid Z]$ sowie in Kap. 5.5.1.2 für $[F \mid \tau_{jk}^i \mid Z]$ gesehen. Die Bestimmung optimaler Permutationspläne (z.B. mit dem

Algorithmus von Ignall und Schrage) führt demzufolge lediglich zu zulässigen Lösungen für [F | | Z]. Im Falle $m \leq 3$ sind diese Lösungen jedoch stets optimal, denn es gilt:

Satz 5.2: Jedes Flow Shop-Problem [F | | Z] besitzt eine optimale Lösung mit identischer Reihenfolge

i) auf den ersten beiden Maschinen

ii) auf den letzten beiden Maschinen

Beweise zu beiden Teilaussagen des Satzes sind unmittelbar durch paarweises Vertauschen von Auftragsreihenfolgen auf der ersten bzw. auf der letzten Maschine führbar; vgl. z.B. French (1982, S. 67 ff.).

Für praktische Probleme ist die mit Permutationsplänen erzielbare Lösungsgüte für $m \geq 4$ im allgemeinen ausreichend. Potts et al. (1991) zeigen jedoch, daß es Probleminstanzen gibt, für die das Verhältnis von optimalen Permutationsplänen (mit Zielfunktionswert Z_P^*) zu optimalen normalen Plänen (mit Zielfunktionswert Z^*) nicht durch eine Konstante beschränkt ist. Sie geben dazu Beispiele mit einem Verhältnis von $Z_P^*/Z^* \geq \sqrt{m}/2$ an.

Möchte man sich zur Lösung von Problemen [F | | Z] nicht auf Permutationspläne beschränken, so empfiehlt es sich, für allgemeine Flow Shop-Probleme mit $m \geq 4$ die in Kap. 5.6.4 für Job Shop-Probleme beschriebenen B&B-Verfahren anzuwenden.

5.5.5 Minimierung der mittleren Durchlaufzeit

Entsprechend den Aussagen des vorangegangenen Abschnittes beschränkt man sich bei der Zielsetzung der Minimierung der mittleren Durchlaufzeit bzw. der Summe der Durchlaufzeiten in den uns bekannten Literaturstellen zumeist wiederum auf die Bestimmung von Permutationsplänen.

Im folgenden beschreiben wir analog zu Kap. 5.5.4.1 mögliche Komponenten eines B&B-Verfahrens. Diese Komponenten werden dabei in zum Teil voneinander unabhängigen Arbeiten beschrieben, lassen sich jedoch auf grundsätzliche Ideen analog denen der Vorgehensweise von Ignall und Schrage (1965) zurückführen.

Verzweigungsprozeß:

Der Verzweigungsprozeß ist identisch mit demjenigen beim Verfahren von Ignall und Schrage für [PF | | Z] (siehe voriges Kapitel).

Schrankenbildung:

Zur Berechnung möglichst guter **unterer Schranken** besteht für ein Teilproblem grundsätzlich die Möglichkeit, mehrere Schranken zu bilden und unter allen eine mit maximalem Wert auszuwählen.

Zu ihrer Beschreibung verwenden wir mit $J = \{1,...,n\}$ wiederum:

$\bar{L}$ Liste aller bisher nicht eingeplanten Aufträge ($j \in J - L$)

F_{Li} Fertigstellungszeitpunkt der eingeplanten Aufträge aus L auf Maschine i

F_{ji} Fertigstellungszeitpunkt des Auftrags $j \in L$ auf Maschine i

Wir gehen davon aus, daß in $L := <j_1,...,j_k]$ genau k Aufträge eingeplant sind. Dann ist für jeden Auftrag $j \in L$ sein Fertigstellungszeitpunkt F_{jm} in der Zielfunktion zu berücksichtigen. Darüber hinaus lassen sich für jede Maschine $i = 1,...,m$ folgende Überlegungen anstellen; vgl. Bansal (1977):

Der früheste der $n-k$ nicht eingeplanten Aufträge aus $\bar{L}$ kann auf Maschine i zum Zeitpunkt

$$FA_{\bar{L}i} = \max \{ \max \{FA_{\bar{L}\iota} + \min_{j \notin L} \sum_{h=\iota}^{i-1} t_{jh} \mid \iota = 1,...,i-1\}, F_{Li}\}$$

beginnen. Ausgehend von diesen (für alle Aufträge identischen) Bereitstellungsterminen, läßt sich eine Reihung aller bisher nicht eingeplanten Aufträge auf der i-ten Maschine durch Lösen eines Problems [1| |D] mit Hilfe der SPT-Regel bestimmen (s. Kap. 5.3.3). Für eine so ermittelte Reihenfolge $\bar{L} = <l_1,...,l_{n-k}]$ ergibt sich die Summe der Durchlaufzeiten auf M_i zu:

$$\sum_{p=1}^{n-k} (n-k-p+1) \cdot t_{l_p i}$$

Eine untere Schranke für die Summe der Durchlaufzeiten der Aufträge aus $\bar{L}$ auf den Maschinen $i+1,...,m$ ist: $\sum_{p=1}^{n-k} \sum_{h=i+1}^{m} t_{l_p h}$

Damit lassen sich m **maschinenorientierte Schranken** $SM_1,...,SM_m$ wie folgt bestimmen:

$$SM_i := \sum_{j \in L} F_{jm} + (n-k) \cdot FA_{\bar{L}i} + \sum_{p=1}^{n-k} (n-k-p+1) \cdot t_{l_p i} + \sum_{p=1}^{n-k} \sum_{h=i+1}^{m} t_{l_p h} \quad \text{für } i = 1,...,m$$

Eine Verschärfung der Schranken $SM_2,...,SM_m$ erhält man durch Einbeziehung frühester Anfangszeitpunkte in die Berechnung der Bereitstellungstermine, so daß sich für jeden Auftrag j auf jeder Maschine i ggf. unterschiedliche früheste Anfangszeitpunkte ergeben:

$$FA_{\bar{L}ji} := \max \{ \max \{FA_{\bar{L}\iota} + \sum_{h=\iota}^{i-1} t_{jh} \mid \iota = 1,...,i-1\}, F_{Li}\}$$

Für jede Maschine M_i läßt sich in diesem Fall für jeden Knoten P_k^L als Relaxation ein Problem [1 | a_j, pmtn | D] mit $a_j = FA_{\bar{L}ji}$ lösen, für das mit Hilfe der SRPT-Regel ein Verfahren zur Verfügung steht; vgl. Ahmadi und Bagchi (1990) sowie Kap. 5.3.3.

Darüber hinaus kann man sich analog der Vorgehensweise in Kap. 5.5.4.1 weitere Verschärfungen überlegen.

Wie bei Minimierungsproblemen üblich, liefert die aktuell beste zulässige Lösung die (aktuelle) **obere Schranke** UB für den optimalen Zielfunktionswert.

Eine Heuristik für [PF | | D] beschreiben neben Bansal (1977) z.B. Rajendran und Chaudhuri (1991). Wir motivieren ihre Vorgehensweise anhand einiger Vorüberlegungen:

Erweitert man $L = <j_1,...,j_k]$ um einen Auftrag j zu $L' = <L, j]$, so gilt unter Berücksichtigung des Falles, daß j vor einer oder mehreren Maschinen warten muß:

$$F_{L'm} = F_{L1} + W_{Lj} + \sum_{i=1}^{m} t_{ji}$$

Dabei stellt W_{Lj} eine gegebenenfalls zu berücksichtigende Wartezeit dar:

$$W_{Lj} = \sum_{i=2}^{m} \max \{F_{Li} - F_{L',i-1}, 0\}$$

Ausgehend von $L = <\,]$ wird ein aktueller Plan L sukzessive jeweils durch Hinzufügen eines Auftrags j mit kleinstem Rangwert RW_j zu $L' = <L, j]$ erweitert. Die Rangwerte sind dabei in jeder Iteration neu zu berechnen. Als Kriterien schlagen Rajendran und Chaudhuri (1991) u.a. folgende Möglichkeiten vor:

$$RW_j = \sum_{i=2}^{m} \max \{F_{L',i-1} - F_{Li}, 0\} \qquad \text{für alle } j \notin L$$

$$RW_j = \sum_{i=2}^{m} |F_{L',i-1} - F_{Li}| \qquad \text{für alle } j \notin L$$

Das erste Kriterium ordnet jeweils denjenigen Auftrag zu L zu, der die geringste zusätzliche Leerzeit auf allen Maschinen aufweist. Das zweite Kriterium bezieht zusätzlich Wartezeiten mit ein.

Vertauschungsverfahren zur Verbesserung zulässiger Lösungen lassen sich analog den Vorgehensweisen beim Problem [PF | | Z] betrachten; lediglich die Berechnung der Zielfunktionswerte bei einer Vertauschung der Reihenfolge von Aufträgen wird bei der hier betrachteten Zielsetzung deutlich schwieriger (vgl. dazu auch die Ausführungen zur heuristischen Lösung von [F | no wait | D] in Kap. 5.5.7.1).

Für [PF | τb_K | D] beschreiben Sotskov et al. (1996) sowohl Eröffnungs- als auch Verbesserungsverfahren einschließlich Tabu Search und Simulated Annealing. Dabei werden zwei Problemvarianten betrachtet, bei denen sich die gewünschten Fertigstellungstermine auf die Fertigstellung ganzer Familien bzw. auf die einzelnen Aufträge innerhalb der Familien beziehen; vgl. Bem. 5.1.

5.5.6 Weitere Zielsetzungen

[F | a_j | T_{max}]: Grabowski et al. (1983) beschreiben eine unmittelbare Verallgemeinerung des Verfahrens von Grabowski (1980), welches wir in Kap. 5.5.1.3 und 5.5.1.4 für die Probleme [F2 | a_j, n_j | Z] und [F2 | a_j | T_{max}] angedeutet haben.

[PF | | V^ω]: Heuristiken zur Lösung dieses Problems beschreiben Ow (1985) sowie Adenso-Diaz (1992). Man beachte dabei, daß es sich bereits bei [1 | | V^ω] um ein NP-schweres Problem handelt; vgl. Karp (1972). Ein B&B-Verfahren für [PF | | V] beschreibt Kim (1995).

In Ow (1985) wird für spezielle Daten ein Prioritätsregelverfahren entwickelt, welches sich an den Bearbeitungszeiten der Aufträge auf einer Engpaßmaschine orientiert. Es wird unterstellt, daß die Bearbeitungszeiten der m Maschinen jeweils paarweise proportional zueinander sind (ähnlich der Darstellung bei uniformen parallelen Maschinen) bzw. näherungsweise diese Eigenschaft besitzen. Als Engpaßmaschine wäre dann eine Maschine aufzufassen, deren Geschwindigkeit am geringsten ist (vgl. den Begriff der dominierten Maschine in Kap. 5.5.1.1 bzw. 5.5.7.1) bzw. auf der die Aufträge tendenziell am längsten bearbeitet werden. Die Rangwerte innerhalb eines Prioritätsregelverfahrens orientieren sich dann an den möglicherweise entstehenden Leerzeiten an dieser Engpaßmaschine.

Adenso-Diaz (1992) beschreibt darauf aufbauend ein Verbesserungsverfahren. Er verwendet dabei einen statischen Tabu Search-Ansatz mit einer eingeschränkten Nachbarschaftsdefinition, die Vorteile hinsichtlich des Rechenaufwandes bei jeder durchzuführenden Vertauschung aufweist.

5.5.7 Flow Shop-Probleme mit Lagerkapazitätsbeschränkungen

Unsere bisherigen Ausführungen haben keine Aussagen zu Lagerkapazitätsbeschränkungen der betrachteten Maschinen eines Flow Shop-Problems enthalten. Implizit wurde dabei vorausgesetzt, daß zwischen den einzelnen Maschinen oder Stufen unbegrenzt viele Aufträge gelagert werden können (vgl. Bem. 5.23 zum Johnson-Algorithmus für Zwei-Maschinen-Flow Shop-Probleme in Kap. 5.5.1.1). Im folgenden betrachten wir explizit vorgegebene Lagerkapazitätsbeschränkungen. Wir beginnen dabei mit Untersuchungen zu Problemen mit der Auftragscharakteristik *no wait*, die eine spezielle Art der Beschränkung impliziert, bevor wir allgemeine Lagerkapazitätsbeschränkungen betrachten. Letztere Art der Beschränkungen verdeutlichen wir mit Hilfe eines Vektors $\boldsymbol{\kappa} = (\kappa_1,...,\kappa_{m-1})$ mit nichtnegativen ganzen Zahlen κ_i, $i=1,...,m-1$. Dabei bedeutet κ_i, daß im Lager zwischen der i-ten und der (i+1)-ten Maschine gleichzeitig bis zu κ_i auf M_i fertiggestellte Aufträge zwischengelagert werden können. Man beachte, daß bei Flow Shop-Problemen aufgrund der fest vorgegebenen Maschinenfolge κ_m nicht betrachtet zu werden braucht.

5.5.7.1 No wait Flow Shop

Im folgenden betrachten wir Probleme [F | no wait |]. Bei der Auftragscharakteristik no wait handelt es sich um eine sehr spezielle Ausprägung einer Lagerkapazitätsbeschränkung; vgl. den umfassenden Überblick über Literatur zu verschiedensten Modellen mit dieser Charakteristik in Hall und Sriskandarajah (1996).

Für den Fall m=2 stimmen [F2 | no wait |] und [F2 | $\boldsymbol{\kappa}$ |] mit $\kappa_1 = 0$ überein. Im folgenden zeigen wir, daß dies für $m \geq 3$ nicht zu gelten braucht. Gegenüber der Auftragscharakteristik no wait kann es für $\boldsymbol{\kappa} = (\kappa_1,...,\kappa_{m-1}) = (0,...,0)$ zum *Blockieren* einer Maschine durch einen Auftrag kommen, der zwar auf ihr fertiggestellt ist, aber weder in ein Lager gelangen noch auf der nächsten Maschine weiter bearbeitet werden kann, sofern ein dort befindlicher Auftrag noch bearbeitet wird. Wir verdeutlichen dies anhand eines Beispiels mit drei Aufträgen und folgenden Daten:

t_{ji}: j \ i	1	2	3
1	1	1	6
2	1	2	3
3	7	1	1

Abb. 5.44 zeigt die optimalen Lösungen für die Probleme [F3 | κ=(0,0) | Z] mit Z = 12 und [F3 | no wait | Z] mit Z = 14. Für den Plan L = < 1,2,3] ergeben sich zwei unterschiedliche Zielfunktionswerte, für den Plan L = < 1,3,2] stimmen sie überein.

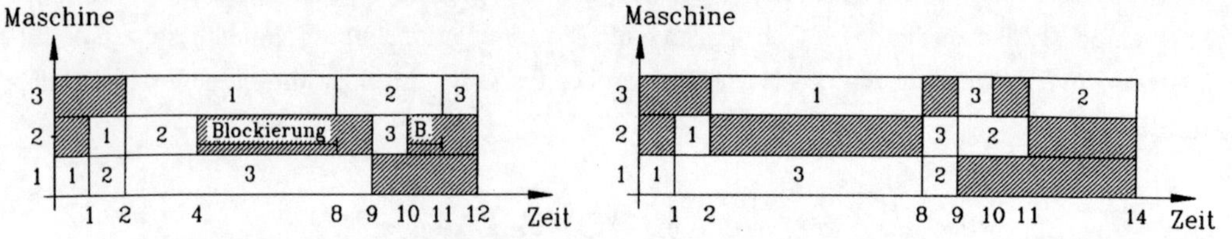

Abb. 5.44

Während [F2 | no wait | Z] polynomial lösbar ist (vgl. Kap. 5.5.1.3), handelt es sich bei [Fm | no wait | Z] für m ≥ 3 um ein NP-schweres Problem; vgl. Papadimitriou und Kanellakis (1980) sowie Röck (1984 a). Darüber hinaus ist [F3 | κ=(0,∞) | Z] ebenfalls NP-schwer, obwohl [F2 | κ=(0) | Z] bzw. [F2 | κ=(∞) | Z] polynomial lösbar sind; vgl. Röck (1984 b). Für [Fm | no wait | D] erweist sich das Problem schon für m ≥ 2 als NP-schwer, sofern nichtnegative Bearbeitungszeiten vorausgesetzt werden; vgl. Garey et al. (1976) sowie Adiri und Pohoryles (1982). Für positive, von Null verschiedene Bearbeitungszeiten ist uns die Komplexität des Problems, d.h. von [Fm | no wait, t_{ji} > 0 | D], nicht bekannt.[11]

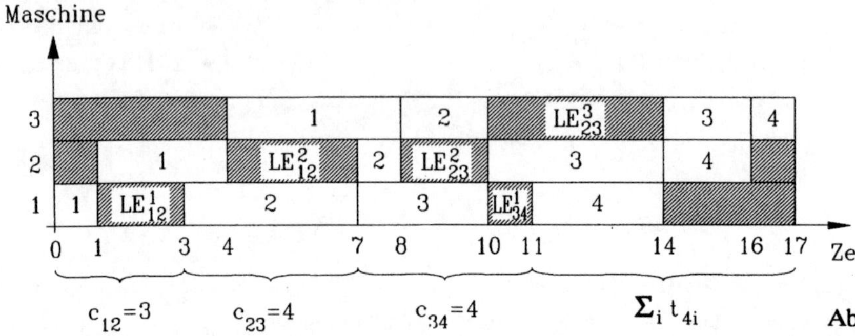

Abb. 5.45

Im folgenden geben wir, zunächst unabhängig von der Zielfunktion des jeweiligen Problems, Maße zur Beschreibung von [F | no wait |] wieder; vgl. z.B. Szwarc (1981). Zur Verdeut-

11 Man beachte hierbei, daß aufgrund der positiven Bearbeitungszeiten jede zulässige Lösung von [F | no wait, t_{ji} > 0 | ○] ein Permutationsplan ist; existieren Arbeitsgänge mit Bearbeitungszeiten 0, so braucht dies nicht der Fall zu sein.

lichung bedienen wir uns eines Beispiels. Abb. 5.45 zeigt eine zulässige Lösung eines Problems [F | no wait |], wie sie aufgrund der Daten in Tab. 5.18 entstehen kann. Die Aufträge werden in der Reihenfolge < 1,2,3,4] gefertigt.

t_{ji}: j \ i	1	2	3
1	1	3	4
2	4	1	2
3	3	4	2
4	3	2	1

Tab. 5.18

Die no wait-Charakteristik impliziert **effektive Leerzeiten** (bzw. Zwischenleerzeiten) auf den einzelnen Maschinen. Wir bezeichnen mit LE^i_{jk} die (effektive) Leerzeit zwischen den Aufträgen j und k auf der Maschine i, falls k unmittelbar nach j gefertigt wird. Man überlegt sich, daß die LE^i_{jk} gemäß folgender Beziehungen berechnet werden können:[12]

$$LE^1_{jk} = \max_{2 \le i \le m} \{ \sum_{h=2}^{i} t_{jh} - \sum_{h=1}^{i-1} t_{kh} , 0\}$$

$$LE^i_{jk} = LE^1_{jk} - \sum_{h=2}^{i} t_{jh} + \sum_{h=1}^{i-1} t_{kh} \qquad \text{für alle } i = 2,...,m$$

Die in Abb. 5.45 angegebenen effektiven Leerzeiten ergeben sich wie folgt:

$LE^1_{12} = \max\{3-4,\ 7-5,\ 0\} = 2;\ LE^2_{12} = 2-3+4 = 3;\ LE^3_{12} = 2-7+5 = 0;$

$LE^1_{23} = \max\{1-3,\ 3-7,\ 0\} = 0;\ LE^2_{23} = 0-1+3 = 2;\ LE^3_{23} = 0-3+7 = 4;$

$LE^1_{34} = \max\{4-3,\ 6-5,\ 0\} = 1;\ LE^2_{34} = 1-4+3 = 0;\ LE^3_{34} = 1-6+5 = 0$

Ist $L = < j_1,...,j_n]$ ein zulässiger Plan, so erhält man als Gesamtleerzeit der Maschine i:

$$LE_i = \sum_{k=1}^{n-1} LE^i_{j_k, j_{k+1}} \qquad \text{für alle } i = 1,...,m$$

Das Problem **[F | no wait | Z]** läßt sich als TSP formulieren. Die n Aufträge sowie ein fiktiver Auftrag n+1 (bzw. 0) mit Bearbeitungszeit 0 stellen die zu durchlaufenden Knoten dar. Die Distanz c_{jk} zwischen zwei Knoten j und k bezieht sich ausschließlich auf die Bearbeitungs- und Leerzeiten auf der ersten Maschine und berechnet sich wie folgt:

$$c_{n+1,j} \ (= c_{0j}) = 0 \qquad \text{für alle } j = 1,...,n$$

$$c_{jk} = t_{j1} + LE^1_{jk} = \max_{1 \le i \le m} \{ \sum_{h=1}^{i} t_{jh} - \sum_{h=1}^{i-1} t_{kh} \} \qquad \text{für alle } j, k = 1,...,n \ (j \ne k)$$

$$c_{j,n+1} = \sum_{i=1}^{m} t_{ji} \qquad \text{für alle } j = 1,...,n$$

$$c_{jj} = \infty \qquad \text{für alle } j = 1,...,n+1$$

12 Anschaulich gesehen, entstehen effektive Leerzeiten zwischen j und k, indem man die beiden Aufträge unter Beachtung der no wait-Bedingung so lange ineinanderschiebt, bis sie auf mindestens einer Maschine ohne Leerzeit aneinandergrenzen.

Für unser obiges Beispiel ergeben sich folgende Werte:

c_{jk} j \ k	1	2	3	4	5
1	∞	3	1	3	8
2	4	∞	4	4	7
3	6	4	∞	4	9
4	4	3	3	∞	6
5	0	0	0	0	∞

Tab. 5.19

Bemerkung 5.26:

a) Die Bewertungen c_{jk} geben prinzipiell eine notwendige Verschiebung des Beginns der Bearbeitung von Auftrag k an, falls j unmittelbar vor ihm gefertigt wird. Demzufolge läßt sich das Problem [F | no wait | Z] auch in ein äquivalentes Problem [F | r^i_{jk} | Z] überführen und umgekehrt (vgl. Kap. 5.5.1.2).

b) Das in Kap. 5.5.4.1 beschriebene B&B-Verfahren von Ignall und Schrage läßt sich für Probleme [F | no wait | Z] modifizieren, da jeder zulässige Plan dieses Problems ein spezieller Permutationsplan ist.

Ausgehend von obigem Problem lassen sich für Probleme mit modifizierten Auftragscharakteristika Bezüge bzw. Äquivalenzen zu verallgemeinerten Traveling Salesman-Problemen herstellen und entsprechende Lösungsverfahren übertragen. Wir betrachten zwei Beispiele:

Das Problem [F | no wait, a_j, $\bar{f}_j$ | Z] entspricht einem TSP mit Zeitfenstern; vgl. zu diesem Problem z.B. Haouari et al. (1990).

Das Problem **[F | no wait | D]** wird in der Literatur als *Continuous Flow Shop-Problem* bezeichnet; vgl. z.B. Szwarc (1981). Gegenüber obigem TSP verändert sich lediglich die Zielfunktion, indem die "Distanzen" c_{jk} mit Positionsgewichten multipliziert werden (vgl. die Vorgehensweise in Kap. 5.4.3.4; man kann die entstehende Zielfunktion auch als *kumulativ* bezeichnen). Dies entspricht einem TSP mit zeitabhängigen Entfernungen, so daß entsprechende Lösungsverfahren angewendet werden können; vgl. z.B. Alfa (1987) sowie Gouveia und Voß (1995). Einfache untere Schranken beschreiben van Deman und Baker (1974). [F2 | no wait | D] ist NP-schwer; ein entsprechender Beweis findet sich bei Röck (1984 b).

Im folgenden beschreiben wir eine heuristische Vorgehensweise zur Lösung des Continuous Flow Shop-Problems; vgl. Rajendran und Chaudhuri (1990). Es handelt sich dabei wiederum um ein Verfahren, das nach dem Prinzip der sukzessiven Einbeziehung vorgeht. Im Gegensatz zu den bisherigen Algorithmen dieser "Klasse von Verfahren" werden hier jedoch die zur Entscheidung herangezogenen Bewertungen aufgrund der in jeder Iteration getroffenen Entscheidungen dynamisch verändert (d.h. mit modifizierten Positionsgewichten multipliziert). Zur Reduktion des Rechenaufwandes werden dabei jedoch nicht alle Positionen hinsichtlich einer Einbeziehung geprüft.

Sukzessive Einbeziehung beim Continuous Flow Shop-Problem

Voraussetzung: Daten eines Problems [F | no wait | D]

Seien J die Menge aller Aufträge j = 1,...,n und L die Liste der in einer Lösung enthaltenen Aufträge. Darüber hinaus sei (c_{jk}) eine Matrix, wie oben für [F | no wait | Z] angegeben.

Start: $L := < j_0 = 0$ (bzw. n+1)]

Bestimme für jeden Auftrag $j \in J$ Rangwerte

$$RW_j := \sum_{i=1}^{m} (m - i + 1) \cdot t_{ji} \quad \text{sowie} \quad RW'_j := \sum_{i=1}^{m} t_{ji}.$$

Iteration it = 1,...,n:

Bestimme j* mit $RW_{j*} = \min \{RW_j \mid j \notin L\}$ (bei Gleichheit ist nach minimalem RW'_j auszuwählen).

Sei $L = < j_0,...,j_{it-1}]$ der aktuelle Teilplan. Bestimme diejenige Position $p \in \{ \lfloor it/2 \rfloor,...,it\}$ von L, in die sich j* bestmöglich einfügen läßt. D.h., bei Verschiebung der Aufträge ab Position p um jeweils eine Position nach rechts ist der Wert $\sum_{h=1}^{it} (it - h + 1) \cdot c_{j_{h-1} j_h}$ zu minimieren. Füge j* an der p-ten Stelle von L ein.

Ergebnis: L enthält eine zulässige Lösung mit Zielfunktionswert

$$D = \sum_{h=1}^{n} (n - h + 1) \cdot c_{j_{h-1} j_h} + \sum_{j=1}^{n} \sum_{i=1}^{m} t_{ji}.$$

* * *

Beispiel: Wir gehen erneut von den Daten in Tab. 5.18 aus, zu denen sich die entsprechenden Werte des TSP in Tab. 5.19 befinden. Die Rangwerte ergeben sich (in Vektorschreibweise) zu **RW** = (13,16,19,14) bzw. **RW'** = (8,7,9,6). Die Aufträge werden dementsprechend in der Reihenfolge (1,4,2,3) eingefügt.

Iteration 1: L = < 0,1]

Iteration 2: < 0,1,4] führt zu Kosten von 3 und < 0,4,1] zu Kosten von 4, so daß L = < 0,1,4] gewählt wird.

Iteration 3: Es werden die Einfügepositionen p = 1,2,3 überprüft. Die Kosten für < 0,1,4,2] betragen 9, für < 0,1,2,4] 10 und für < 0,2,1,4] 11, so daß L = < 0,1,4,2] gewählt wird.

Iteration 4: Es werden die Einfügepositionen p = 2,3,4 überprüft. Die Kosten für < 0,1,4,2,3] betragen 19, für < 0,1,4,3,2] 19 und für < 0,1,3,4,2] 14, so daß L = < 0,1,3,4,2] mit einem Zielfunktionswert von 14 + 30 = 44 gewählt wird.

Eine Vertauschung der Werte RW und RW' hat bei den von Rajendran und Chaudhuri (1990) durchgeführten Tests zu keinen signifikanten Veränderungen hinsichtlich der Lösungsgüte geführt. Eine Berücksichtigung der Werte $c_{j_{it}0}$ bei der Rangwertbestimmung ist ebenfalls möglich und gibt z.T. geringfügig verbesserte Werte.

Abschließend sei darauf hingewiesen, daß es auch bei der hier behandelten Problemstellung polynomial lösbare Spezialfälle gibt. Adiri und Pohoryles (1982) behandeln z.B. das Problem [PF | no wait | D] für den Fall monoton dominierter Maschinen und zeigen, daß mit Hilfe der SPT-Regel optimale Lösungen erzielt werden. Dabei dominiert eine Maschine M_h die Maschine M_i, falls folgende Bedingung erfüllt ist (vgl. Kap. 5.5.1.1):

$$\min\{t_{jh} \mid j=1,...,n\} \geq \max\{t_{ji} \mid j=1,...,n\} \tag{5.50}$$

Gilt (5.50) für alle Paare M_h, M_i mit $h, i \in \{1,...,m\}$ und $h \leq i$, so liegt ein System monoton (fallend) dominierter Maschinen vor. Entsprechend spricht man von monoton (steigend) dominierten Maschinen, falls (5.50) jeweils mit $\leq$ erfüllt ist. Im ersten Fall kann auf die Auftragscharakteristik no wait verzichtet werden (d.h. [PF | no wait | D] und [PF | | D] sind äquivalent), und eine optimale Lösung ergibt sich nach der SPT-Regel gemäß den Bearbeitungszeiten auf der ersten Maschine. Im zweiten Fall ist ein geeignet zu bestimmender Auftrag als erster einzuplanen und daran anschließend die SPT-Regel auf die Bearbeitungszeiten der verbleibenden Aufträge auf der letzten Maschine anzuwenden, um eine optimale Lösung zu erzielen.

5.5.7.2 Endliche Lagerkapazitätsbeschränkungen

Der Fall allgemeiner Lagerkapazitätsbeschränkungen bei Flow Shop-Problemen hat in der Literatur bislang vergleichsweise wenig Beachtung gefunden. Wir beschränken uns demzufolge auf einige Anmerkungen zu Problemen mit der Zielsetzung der Zykluszeitminimierung.

Bereits [F2 | κ | Z] ist für $\kappa_1 \notin \{0,\infty\}$, d.h. für endliche Lagerkapazitätsbeschränkungen, NP-schwer; vgl. Papadimitriou und Kanellakis (1980) sowie Strusevich und Zwaneveld (1994). Letztere Autoren zeigen darüber hinaus, daß optimale Lösungen keine Permutationspläne zu sein brauchen. Dutta und Cunningham (1975) sowie Reddi (1976) beschreiben exakte Algorithmen für dieses Problem, die jedoch nur für verhältnismäßig kleine Probleminstanzen anwendbar sind. Eine interessante theoretische Aussage wird von Papadimitriou und Kanellakis (1980) bewiesen. Bezeichnet man mit Z_0^* bzw. $Z_{\kappa_1}^*$ die optimalen Zielfunktionswerte für Probleme [F2 | κ | Z] mit $\kappa_1 = 0$ bzw. $\kappa_1 \geq 0$, so gilt:

$$Z_0^* / Z_{\kappa_1}^* \leq (2 \cdot \kappa_1 + 1) / (\kappa_1 + 1) \tag{5.51}$$

Die Auftragscharakteristik κ mit $\kappa_1 = 0$ entspricht der Charakteristik no wait. Für allgemeine Werte von κ_1 kann (5.51) zur Worst Case-Analyse der folgenden Heuristik verwendet werden:

Schritt 1: Bestimme eine optimale Lösung für [F2 | no wait | Z] (vgl. Kap. 5.5.1.3).

Schritt 2: Führe sukzessive für jeden Auftrag (j = 1,...,n) eine Linksverschiebung, d.h. Vorverlegung des Bearbeitungsbeginns, auf der ersten Maschine durch, ohne daß die Kapazität des Lagers überschritten wird, sofern der Auftrag nach Fertigstellung auf der ersten Maschine nicht unmittelbar auf der zweiten weiterbearbeitet werden kann. Für $\kappa_1 = 1$ ergibt sich so ein Verfahren mit einer Worst Case-Schranke von 3/2.

Der allgemeinere Fall mit mehr als zwei Maschinen läßt sich für praktische Problemgrößen derzeit lediglich heuristisch angehen. Rechentests von Leisten (1985, 1990) zeigen, daß sich grundsätzlich alle von uns in Kap. 5.5.3.1 beschriebenen Algorithmen für den Fall existierender Lagerkapazitätsbeschränkungen modifizieren lassen. Erwartungsgemäß zeigt dabei die oben behandelte Einbeziehungsheuristik die besten Ergebnisse hinsichtlich der erzielbaren Lösungsqualität. Zu modifizieren ist bei dieser Vorgehensweise lediglich die Berechnung der Zykluszeit, so daß wir auf eine detaillierte Beschreibung an dieser Stelle verzichten können. Eigene numerische Untersuchungen zeigen, daß diese Aussage grundsätzlich auf den Fall der Minimierung der Summe der Durchlaufzeiten übertragbar ist. Hierbei sind jedoch mit Blick auf Rechenzeiten gegebenenfalls Beschränkungen hinsichtlich möglicher Einfügepositionen analog dem Algorithmus zum Continuous Flow Shop-Problem (s. Kap. 5.5.7.1) vorzunehmen.

Die Behandlung endlicher Lagerkapazitätsbeschränkungen zeigt enge Bezüge des Flow Shop zu Problemen der ungetakteten Fließfertigung auf. Man überlegt sich, daß anstelle von m−1 Lagern (jeweils zwischen zwei Maschinen) ein gemeinsames Lager betrachtet werden kann, das der Aufnahme von Zwischenprodukten dient. Vgl. zu entsprechenden Problemen z.B. Melloy et al. (1990) sowie unsere Darstellungen in Abb. 4.2 b (s. Kap. 4.1) und bei stochastischen Problemen (s. Kap. 5.8.2).

5.5.7.3 Transporteinrichtungen zwischen den Maschinen

Betrachtet man Flow Shop-Probleme in Verbindung mit flexiblen Fertigungssystemen, so spielen dynamische (d.h. sich im Zeitablauf ändernde) Lagerkapazitätsbeschränkungen bei der Werkstückversorgung eine wesentliche Rolle. Wir erläutern derartige Aspekte an einem vereinfachten Problem mit **zwei Maschinen** sowie einem fahrerlosen Transportsystem, das zum Transport der Aufträge zur Verfügung steht.

Stern und Vitner (1990) sowie Panwalkar (1991) betrachten ein derartiges Problem, bei dem für den Transport der Aufträge zwischen den Maschinen genau ein Fahrzeug zur Verfügung steht, welches zu jedem Zeitpunkt höchstens einen Auftrag transportieren kann. In diesem Fall sind neben den Bearbeitungszeiten der Aufträge Transportzeiten τ_j für den Transport des Auftrags j zwischen den Maschinen sowie τ_R für die (Rück-) Fahrzeit des (leeren) Fahrzeugs von der zweiten zur ersten Maschine zu betrachten.

Das Problem mit der Zielsetzung "Minimiere die Zykluszeit" läßt sich wiederum als TSP formulieren. Ähnlich der Vorgehensweise in Kap. 5.5.7.1 betrachten wir die Belegungssituation auf M_2. Die Bewertungen

$$c_{jk} = \max \{\tau_R + \tau_k, t_{k1} + \tau_k - \tau_j, t_{j2}\} \quad \text{für alle } j, k = 1,\ldots,n \text{ mit } j \neq k \qquad (5.52)$$

geben den zeitlichen Abstand vom Beginn der Bearbeitung von Auftrag j bis zum Beginn der Bearbeitung von k auf M_2 an, falls j unmittelbar vor k gefertigt wird.

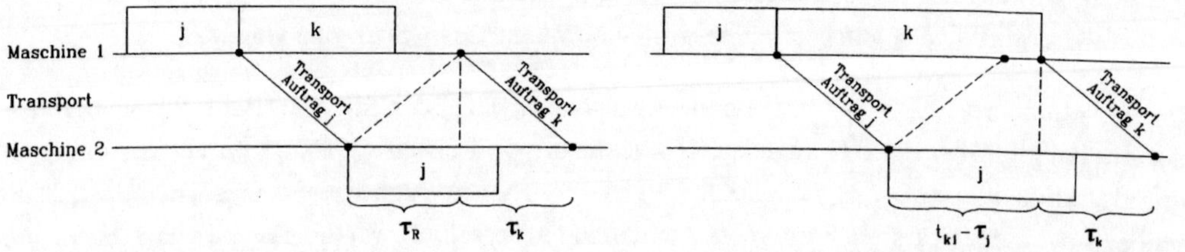

Abb. 5.46

Abb. 5.46 verdeutlicht die beiden Fälle, bei denen aufgrund der Fahrzeiten auf M_2 Leerzeiten auftreten können. Im ersten Fall wird Auftrag k auf M_1 fertiggestellt, bevor das Fahrzeug für den Transport von k zur zweiten Maschine eintrifft; im zweiten Fall muß das Fahrzeug an der ersten Maschine warten, bevor Auftrag k fertiggestellt ist und transportiert werden kann. Neben diesen beiden Fällen berücksichtigt (5.52), daß der Auftrag k auf M_2 zunächst die Fertigstellung von j abwarten muß.

Zusätzlich führen wir einen fiktiven Auftrag 0 und Bewertungen $c_{0j} := t_{j1} + \tau_j$ ein, da die Bearbeitung des ersten Auftrags auf M_2 erst nach seiner Bearbeitung auf M_1 und dem Transport zu M_2 beginnen kann. Der Vollständigkeit halber sind zusätzlich $c_{jj} = \infty$ für alle $j = 0,...,n$ und $c_{j0} = 0$ für alle $j = 1,...,n$ zu definieren.

Für das so formulierte TSP können wir, im Gegensatz zu dem in Kap. 5.5.1.3 beschriebenen, jedoch kein exaktes Lösungsverfahren mit polynomialem Aufwand angeben.

Über obiges Modell hinaus läßt sich unterstellen, daß das Fahrzeug zusätzlich die Transporte von einer Ladestation zu M_1 und von M_2 wieder dorthin durchführt. Auch dieses Problem läßt sich als TSP formulieren und lösen; vgl. Abb. 5.47 sowie z.B. Kise et al. (1991).

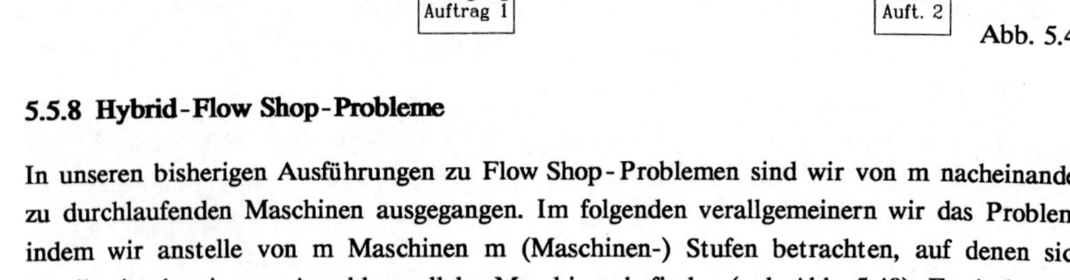

Abb. 5.47

5.5.8 Hybrid-Flow Shop-Probleme

In unseren bisherigen Ausführungen zu Flow Shop-Problemen sind wir von m nacheinander zu durchlaufenden Maschinen ausgegangen. Im folgenden verallgemeinern wir das Problem, indem wir anstelle von m Maschinen m (Maschinen-) Stufen betrachten, auf denen sich jeweils eine bestimmte Anzahl paralleler Maschinen befinden (vgl. Abb. 5.48). Es sind also n

Aufträge auf m Stufen zu bearbeiten, zuerst auf Stufe 1, dann auf Stufe 2 usw. bis hin zur m-ten Stufe. Auf jeder Stufe $i = 1,...,m$ stehen s_i parallele Maschinen zur Verfügung. In der Literatur werden derartige Probleme als **Hybrid-Flow Shop-Probleme** bezeichnet; vgl. z.B. Gupta (1988). Im Sinne unserer Klassifikation wählen wir in Abhängigkeit von der Art der Parallelität folgende Darstellung als Maschinencharakteristik: HF(P) mit $P \in \{1, IP, UP, HP\}$. Ist die Anzahl der Stufen von vornherein vorgegeben, so verdeutlichen wir dies durch die Schreibweise $[\,HFm(Ps_1,...,Ps_m)\,|\;\;|\;]$. Demgemäß beschreibt z.B. $[\,HF2(IPs_1,IPs_2)\,|\;\;|\,Z\,]$ ein Hybrid-Flow Shop-Problem mit genau zwei Stufen, auf denen sich s_1 bzw. s_2 identische parallele Maschinen befinden. Für $m = 2$ und $s_1 = s_2 = 1$ ergibt sich das in Kap. 5.5.1.1 behandelte Zwei-Maschinen-Flow Shop-Problem, für das mit dem Johnson-Algorithmus ein effizientes Lösungsverfahren zur Verfügung steht. Doch bereits für $m = 2$ mit $s_1 \geq 2$ (bei $s_2 = 1$) ist das Problem NP-schwer; vgl. Gupta (1988). Tab. 5.20 gibt einige Hinweise zu weiteren Problemen; zu Literaturübersichten vgl. Gupta und Tunc (1991) sowie Voß (1993).

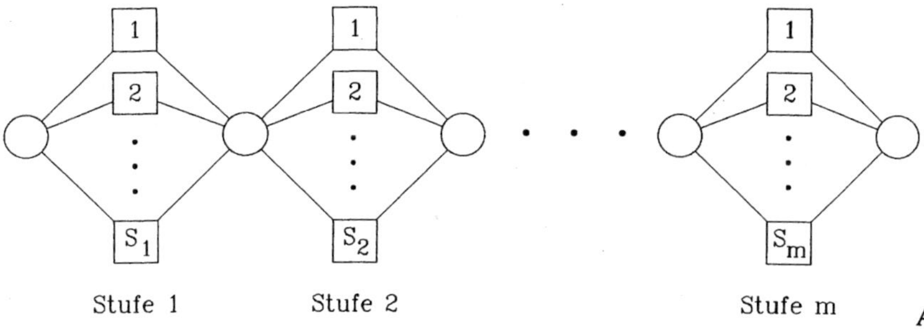

Abb. 5.48

Problem	Literatur / Bemerkungen
$[\,HF2(1,IPs_2)\,|\;\;|\,Z\,]$	Gupta und Tunc (1991); das Problem läßt sich analog zu $[\,HF2(IPs_1,1)\,|\;\;|\,Z\,]$ behandeln (s. u.)
$[\,HF2(1,IP2)\,|\,\text{no wait}\,|\,Z\,]$	NP-schwer; siehe Sriskandarajah und Ladet (1986)
$[\,HF(IP)\,|\;\;|\,Z\,]$	Brah und Hunsucker (1991) beschreiben ein B&B-Verfahren
$[\,HF(IP)\,|\,\text{no wait}\,|\,Z\,]$	Salvador (1973) beschreibt ein B&B-Verfahren
$[\,HF2(IPs_1,1)\,|\,\tau^i_{jk}\,|\,Z\,]$	Voß (1993) beschreibt und vergleicht Heuristiken
$[\,HF(IP)\,|\;\;|\,D\,]$	in Rajendran und Chaudhuri (1992) findet sich ein B&B-Verfahren

Tab. 5.20: $[\,HF(P)\,|\ldots|\ldots]$

Im folgenden behandeln wir kurz das Problem $[\,HF2(IPs_1,1)\,|\;\;|\,Z\,]$; vgl. Gupta (1988). Eine prinzipielle Vorgehensweise zu seiner heuristischen Lösung besteht in den folgenden beiden Schritten: Zunächst löst man relaxierend ein Problem $[\,F2\,|\;\;|\,Z\,]$ mit Hilfe des Johnson-Algorithmus; dadurch erhält man eine Reihung für die Maschine der zweiten Stufe. Im zweiten Schritt werden die Aufträge in dieser Reihenfolge auf den s_1 parallelen Maschinen eingeplant. Jeder Auftrag wird dabei derjenigen Maschine zugeordnet, bei der er spätestmöglich fertiggestellt wird, ohne eine zusätzliche Leerzeit auf der zweiten Stufe zu verursachen. Dies hat den zusätzlichen Effekt, die Anzahl benötigter Maschinen auf der ersten Stufe möglichst gering zu halten.

Bemerkung 5.27: Hybrid-Flow Shop-Probleme werden in jüngster Zeit verstärkt behandelt, da sie im Vergleich zu Flow Shop-Problemen größere Flexibilität aufweisen. Aus diesem Grund findet sich in der Literatur mittlerweile auch oft die Bezeichnung des *flexiblen Flow Shops*; zu einer aktuellen Literaturübersicht vgl. Voß (1997). Bei derartigen Problemen besteht Ähnlichkeit mit Fließbandabstimmungsproblemen bei parallelen Stationen (vgl. Kap. 4.3.6.1).

5.6 Job Shop-Probleme

In Kap. 5.2 haben wir uns bereits mit sehr speziellen Job Shop-Problemen mit zwei Aufträgen beschäftigt. Als Zielsetzung wurde dabei die Minimierung der Zykluszeit zugrundegelegt. Im folgenden wollen wir allgemeine Job Shop-Probleme eingehender betrachten.

Bei Job Shop-Problemen handelt es sich um verallgemeinerte Flow Shop-Probleme. Zur Verdeutlichung dieser Tatsache greifen wir zunächst ein Problem mit zwei Maschinen sowie einer eingeschränkten Anzahl an Arbeitsgängen pro Auftrag auf, welches sich unter Verwendung des Johnson-Algorithmus lösen läßt. Daran anschließend werden das auch in der Projektplanung verwendete Konzept disjunktiver Graphen zur Darstellung von Job Shop-Problemen sowie einige wesentliche Relaxationen behandelt. Die weiteren Abschnitte dieses Kapitels befassen sich mit einer Reihe von Heuristiken sowie exakten Verfahren. Darüber hinaus werden Modifikationen der Auftragscharakteristik sowie der Zielfunktion angesprochen.

5.6.1 Zwei-Maschinen-Job Shop-Probleme

Tab. 5.21 gibt eine Übersicht über einige Zwei-Maschinen-Job Shop-Probleme. Hierin fällt auf, daß es selbst für zwei Maschinen nur wenige polynomial lösbare Fälle gibt.[13] Wir betrachten als einziges aus dieser Klasse ein Problem, bei dem die Anzahl der Arbeitsgänge pro Auftrag beschränkt ist: $[\,J2\,|\,g_j \leq 2\,|\,Z\,]$. Es läßt sich mit Hilfe einer geeigneten Modifikation des Johnson-Algorithmus zur Lösung von Zwei-Maschinen-Flow Shop-Problemen (siehe Kap. 5.5.1.1) ebenfalls in O(n log n) exakt lösen.

Aufgrund der Einschränkung der Arbeitsgangzahl pro Auftrag läßt sich jeder Auftrag eindeutig einer von vier Mengen zuordnen.

J_1 Menge aller Aufträge, die aus einem einzigen Arbeitsgang bestehen ($g_j = 1$), der auf der ersten Maschine M_1 zu bearbeiten ist.

J_2 Menge aller Aufträge, die aus einem einzigen Arbeitsgang bestehen ($g_j = 1$), der auf der zweiten Maschine M_2 zu bearbeiten ist.

---

13 Für allgemeine Job Shop-Probleme sind uns keine realistischen Fragestellungen bekannt, die polynomial lösbar sind, so daß wir auf eine entsprechende Tabelle verzichten.

J_{12} Menge aller Aufträge, die aus zwei Arbeitsgängen bestehen ($g_j = 2$) und zuerst auf M_1 und dann auf M_2 zu bearbeiten sind.

J_{21} Menge aller Aufträge, die aus zwei Arbeitsgängen bestehen ($g_j = 2$) und zuerst auf M_2 und dann auf M_1 zu bearbeiten sind.

Ziel	β	Komplexität	Literatur / Bemerkungen
Z	o	NP-schwer	Garey et al. (1976)
	$n=2$	O(m log m)	siehe **Kap. 5.2**
	$g_j \leq 2$	O(n log n)	**siehe unten**; NP-schwer für $g_j \leq 3$ und $m \geq 3$, vgl. Lenstra et al. (1977) sowie Hefetz und Adiri (1982)
	$a_j, t_{ji}=1$	O(n log n)	Brucker (1981 b); NP-schwer für $m \geq 3$
	pmtn	NP-schwer	Gonzalez und Sahni (1978)
	tree, $t_{ji}=1$	NP-schwer	vgl. Blazewicz et al. (1986, S. 144)
	no wait, $t_{ji}=1$	NP-schwer	Sriskandarajah und Ladet (1986); Kubiak (1989) beschreibt einen pseudopolynomialen Algorithmus
	res 111, $t_{ji}=1$	NP-schwer	damit sind bis auf res 111, $t_{ji}=1, g_j \leq$ const. (offen) sämtliche Job Shop-Probleme mit Ressourcenbeschränkungen NP-schwer; vgl. Blazewicz et al. (1986, S. 145 f.)
D	$t_{ji}=1$	offen	NP-schwer für $m \geq 3$; vgl. Blazewicz et al. (1986, S. 144)
	tree, $t_{ji}=1$	NP-schwer	vgl. Blazewicz et al. (1986, S. 144)
	pmtn	NP-schwer	vgl. Blazewicz et al. (1986, S. 144)
	no wait	NP-schwer	Sahni und Cho (1979)
	no wait, $t_{ji}=1$	offen	NP-schwer für $m \geq 3$; Sriskandarajah und Ladet (1986)
T_{max}	$t_{ji}=1$	O(n log n)	Brucker (1981 b)
	$t_{ji}=1, a_j$	offen	vgl. Blazewicz et al. (1986, S. 144)
$V_{\#}^{\omega}$	$g_j \leq 2$	NP-schwer	bereits für identische f_j $\forall$ j; vgl. Jozefowska et al. (1994)

Tab. 5.21: [J2 |... |...]

Folgende Vorgehensweise von Jackson (1956) liefert eine optimale Lösung des Problems:

Schritt 1: Bestimme jeweils eine Reihenfolge der Aufträge in J_{12} und J_{21} mit Hilfe des Johnson-Algorithmus. Im Falle J_{21} ist zu beachten, daß M_2 als erste und M_1 als zweite Maschine durchlaufen wird. Die Aufträge der Mengen J_1 und J_2 sind in beliebiger Reihenfolge zu fertigen.

Schritt 2: Ordne die Aufträge auf M_1 zu einer Auftragsfolge (J_{12}, J_1, J_{21}) sowie die Aufträge auf M_2 zu einer Auftragsfolge (J_{21}, J_2, J_{12}).

Beispiel: Wir betrachten ein Problem mit $n = 8$ Aufträgen sowie den in nachstehenden Tabellen angegebenen Bearbeitungszeiten t_{ji} und Maschinenfolgen μ_{jh} (der h-te Arbeitsgang von Auftrag j ist auf Maschine μ_{jh} durchzuführen).

t_{ji}

j \ i	1	2
1	1	2
2	–	1
3	2	1
4	1	–
5	3	1
6	2	3
7	3	2
8	1	2

μ_{jh}

j \ h	1	2
1	2	1
2	2	–
3	1	2
4	1	–
5	2	1
6	2	1
7	1	2
8	1	2

$J_1 = \{4\}$, $J_2 = \{2\}$, $J_{12} = \{3,7,8\}$, $J_{21} = \{1,5,6\}$

Schritt 1: $< J_{12}] = < 8,7,3]$, $< J_{21}] = < 5,6,1]$

Schritt 2: Die optimale Reihenfolge auf M_1 ist $< 8,7,3; 4; 5,6,1]$, die optimale Reihenfolge auf M_2 ist $< 5,6,1; 2; 8,7,3]$, die Zykluszeit beträgt $Z = 13$; vgl. auch Abb. 5.49.

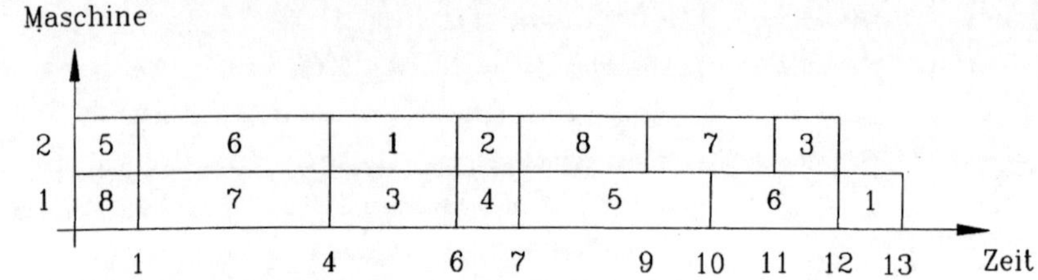

Abb. 5.49

Dell'Amico (1996) behandelt zusätzlich zur Auftragscharakteristik $g_j \leq 2$ *Zwischenlaufzeiten* (vgl. Kap. 5.5.1.3) zwischen den beiden Maschinen und schlägt zur Lösung ein Tabu Search-Verfahren vor.

5.6.2 Grundlagen zur Darstellung und Lösung von Job Shop-Problemen

Analog zu den vorangegangenen Kapiteln ist bei Job Shop-Problemen zur Bestimmung der Auftragsfolgen der Maschinen für alle Paare j und k von Aufträgen oder Arbeitsgängen eindeutig festzulegen, ob j vor k oder k vor j gefertigt wird. Dies läßt sich mit Hilfe des Konzeptes disjunktiver Graphen beschreiben. Nachdem wir einige wesentliche Begriffe und Definitionen eingeführt haben, werden wir auf dem Konzept disjunktiver Graphen basierende mathematische Modellformulierungen sowie Relaxationen angeben. Letztere spielen in den nachfolgenden Kapiteln zu Lösungsverfahren eine wesentliche Rolle.

5.6.2.1 Das Konzept disjunktiver Graphen

Maschinenbelegungsprobleme lassen sich oft als spezielle Probleme der "Projektplanung unter Berücksichtigung von Kapazitätsrestriktionen" formulieren. In Kap. 5.1.2 haben wir in diesem Zusammenhang, ausgehend von vorgegebenen Arbeitsgang- und Maschinenfolgen, einen sogenannten *Ablaufgraphen* definiert, um zulässige Lösungen z.B. für [J | | Z] veranschaulichen zu können. Im folgenden wollen wir dazu das Konzept disjunktiver Graphen beschreiben.

Wir betrachten das Problem [J | | Z]. Gegeben ist also ein Job Shop-Problem mit n Aufträgen, die auf m Maschinen zu fertigen sind. Gemäß der in Kap. 5.1.3 angegebenen Klassifikation liegen alle Aufträge zu Beginn des Bearbeitungszeitraumes vor ($a_j = 0$ für alle j). Jeder Auftrag j besteht aus einer Arbeitsgangfolge $A_{j1},...,A_{jg_j}$ mit Bearbeitungszeiten t_{jh} ($h=1,...,g_j$). Jeder Arbeitsgang A_{jh} ist auf einer vorgegebenen Maschine μ_{jh} zu bearbeiten.

Der Einfachheit halber setzen wir im folgenden voraus, daß $g_j = m$ gilt und jeder Auftrag auf jeder Maschine genau einmal mit positiver Bearbeitungszeit zu fertigen ist.

Für jeden Arbeitsgang A_{jh} definieren wir einen Knoten mit einer Bewertung t_{jh} und für je zwei unmittelbar aufeinanderfolgende Arbeitsgänge eines Auftrags einen Pfeil (A_{jh}, $A_{j,h+1}$). Der entsprechende gerichtete Graph wird als **konjunktiver Graph** bezeichnet. Für je zwei Arbeitsgänge (unterschiedlicher Aufträge), die auf derselben Maschine zu fertigen sind, führen wir eine ungerichtete Kante zwischen den entsprechenden Knoten ein. Der so entstehende Graph wird als **disjunktiver Graph** bezeichnet.

Kapazitätsrestriktionen entstehen dadurch, daß jede Maschine zu jedem Zeitpunkt höchstens einen Auftrag bearbeiten kann. Sie werden durch die ungerichteten bzw. *disjunktiven* Kanten verdeutlicht, während die *Arbeitsgangfolgebeziehungen* durch die (gerichteten) Pfeile beschrieben werden. Alle Kanten und Pfeile sind unbewertet. Der einfacheren Darstellung halber erweitert man den Graphen in der Regel um eine künstliche *Quelle* q, von der ein Pfeil zum ersten Arbeitsgang jedes Auftrags führt. Analog ergänzt man eine künstliche *Senke* s, in die ein Pfeil vom letzten Arbeitsgang eines jeden Auftrags mündet. q läßt sich als Startvorgang und s als Endvorgang, jeweils mit Bearbeitungszeit 0, interpretieren.

Beispiel: Wir betrachten ein Problem [J3 | n=3 | Z]; vgl. Kap. 5.1.2. Es sind folgende Bearbeitungszeiten t_{jh} für den h-ten Arbeitsgang von Auftrag j sowie Maschinenfolgen (der h-te Arbeitsgang von Auftrag j ist auf Maschine μ_{jh} durchzuführen) gegeben:

t_{jh}: j \ h	1	2	3
1	3	3	2
2	2	3	3
3	4	3	1

μ_{jh}: j \ h	1	2	3
1	1	2	3
2	2	3	1
3	2	1	3

Für dieses Problem kann der in Abb. 5.50 dargestellte disjunktive Graph angegeben werden. Da in dem hier betrachteten Problem jeder Auftrag jede Maschine genau einmal zu durchlaufen hat, ließen sich die Bearbeitungszeiten auch maschinenorientiert als t_{ji} angeben; vgl. dazu die Darstellung in Kap. 5.1.2.

Mit Hilfe des Konzeptes disjunktiver Graphen lassen sich Job Shop-Probleme wie folgt formulieren; vgl. Roy und Sussmann (1964) sowie Balas (1969):

Für jede disjunktive Kante ist einer der beiden[14] möglichen Richtungssinne zu wählen, so daß ein zyklenfreier, gerichteter Graph (Ablaufgraph) entsteht. Unter allen so erhältlichen Graphen wird derjenige (einer) gesucht, für den die Länge des kritischen Weges minimal ist.

---

[14] Von dieser zu fällenden 0-1-Entscheidung rührt die Bezeichnung "disjunktiv" her.

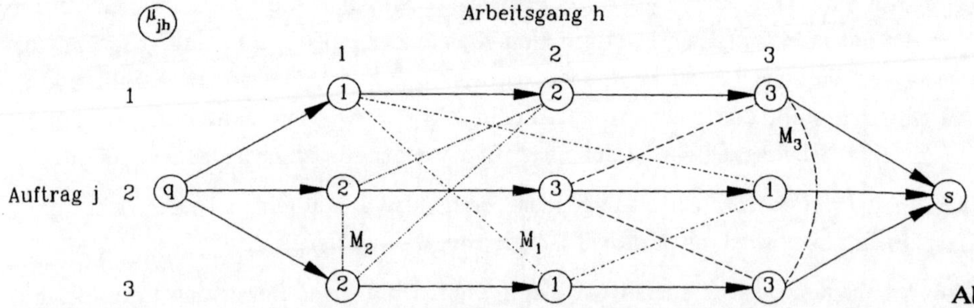

Abb. 5.50

Durch die Orientierung der disjunktiven Kanten erhält man für jede Maschine eine Auftragsfolge, so daß die Kapazitätsrestriktionen eingehalten werden. Der Teilgraph, der aus den disjunktiven Kanten hervorgeht, wird somit als *Auftragsfolgegraph* bezeichnet (vgl. Def. 5.1 in Kap. 5.6.2.2). Jede der m Zusammenhangskomponenten des Auftragsfolgegraphen beschreibt also die Auftragsfolge genau einer Maschine.

Beispiel: Abb. 5.51 zeigt einen zulässigen Ablaufgraphen für unser obiges Beispiel. Die Pfeile des Auftragsfolgegraphen sind gestrichelt dargestellt. Transitive disjunktive Pfeile sind redundant und können somit außer acht gelassen werden. Die der Zykluszeit entsprechende Länge des kritischen Weges, der in der Abbildung hervorgehoben ist, beträgt 15. Abb. 5.52 zeigt ein zugehöriges Gantt-Diagramm.

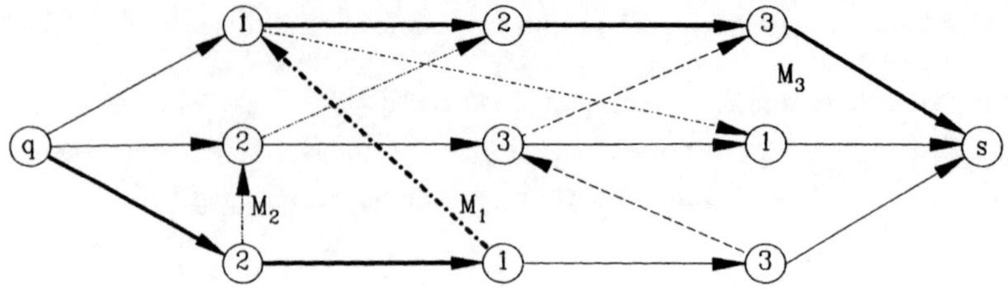

Abb. 5.51

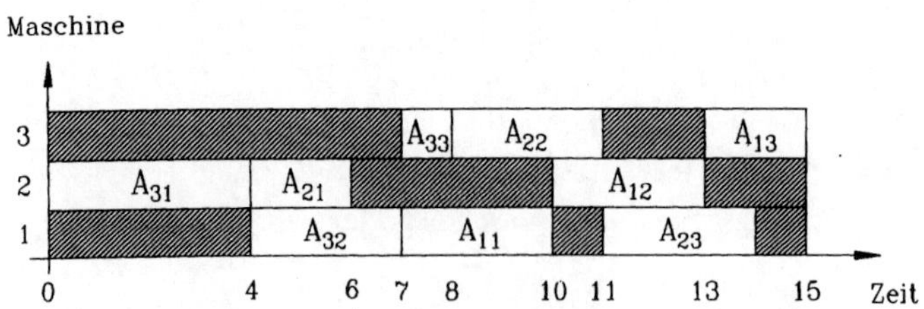

Abb. 5.52

5.6.2.2 Grundlegende Begriffe und Definitionen

Für die in den folgenden Abschnitten zu beschreibenden Lösungsverfahren definieren wir einige wesentliche Begriffe und Bezeichnungen. Wir beginnen dabei mit der Charakterisierung von Lösungen für Job Shop-Probleme, wie sie sich nach dem Konzept disjunktiver Graphen beschreiben lassen. Daran anschließend werden Eigenschaften einzelner Arbeitsgänge sowie von Plänen aufgezeigt.

Definition 5.1:

a) Die Festlegung des Richtungssinnes einer disjunktiven Kante wird als deren **Fixierung** bezeichnet. Eine Menge fixierter disjunktiver Kanten heißt **Selektion**. Bei einer **vollständigen Selektion** sind alle disjunktiven Kanten fixiert, d.h. es liegt eine Lösung des Job Shop-Problems vor (auf redundante, aus disjunktiven Kanten entstandene Pfeile wird verzichtet). Eine vollständige Selektion korrespondiert mit einem Auftragsfolgegraphen.

b) Ist eine vollständige Selektion gegeben, so besitzt jeder mit einem Arbeitsgang korrespondierende Knoten jeweils höchstens zwei Arbeitsgänge als (unmittelbare) Vorgänger und Nachfolger. Mit $\mathcal{V}_A(A_{jh}) := A_{j,h-1}$ bzw. $\mathcal{N}_A(A_{jh}) := A_{j,h+1}$ bezeichnen wir den Vorgänger bzw. Nachfolger eines Arbeitsganges A_{jh}, wie er sich aufgrund der Arbeitsgangfolge des zugehörigen Auftrags (einschließlich $q = A_{j,0}$ und $s = A_{j,m+1}$) ergibt. $\mathcal{V}_M(A_{jh})$ bzw. $\mathcal{N}_M(A_{jh})$ sind maschinenorientierte Vorgänger und Nachfolger von A_{jh} (bezogen auf μ_{jh}) mit $\mathcal{V}_M(A_{jh}) := 0$ bzw. $\mathcal{N}_M(A_{jh}) := 0$, falls A_{jh} als erster bzw. letzter Arbeitsgang auf μ_{jh} gefertigt wird.

Aufgrund von Fixierungen lassen sich in disjunktiven Graphen *Bereitstellungszeitpunkte* a_{jh} bzw. *Nachlaufzeiten* n_{jh} für die Arbeitsgänge A_{jh} durch Bestimmung längster Wege von der Quelle zum Knoten für A_{jh} bzw. von dort bis zur Senke des disjunktiven Graphen ermitteln. Diese können zur Berechnung unterer Schranken sowie heuristischer Lösungen dienen. Ist ein aktueller disjunktiver Graph gegeben, so verwenden wir folgende Bezeichnungen:

a_{jh} Bereitstellungszeitpunkt bzw. Vorlaufzeit von A_{jh}; Länge eines längsten Weges von q nach A_{jh}

n_{jh} Nachlaufzeit von A_{jh}; Länge eines längsten Weges von A_{jh} nach s

Unter Beachtung unserer Voraussetzung aus Kap. 5.6.2.1, wonach jeder Auftrag jede Maschine genau einmal zu durchlaufen hat, lassen sich darüber hinaus neben

t_{ji} Bearbeitungszeit von Auftrag j auf Maschine i ($t_{ji} = t_{jh}$ für $i = \mu_{jh}$)

auch maschinenorientierte Vor- und Nachlaufzeiten definieren:

a_{ji} Bereitstellungszeitpunkt bzw. Vorlaufzeit von Auftrag j auf Maschine i; Länge eines längsten Weges von q nach A_{jh} mit $\mu_{jh} = i$

n_{ji} Nachlaufzeit von Auftrag j auf Maschine i; Länge eines längsten Weges von A_{jh} mit $\mu_{jh} = i$ nach s

Zur Erleichterung einiger Schreibweisen treffen wir folgende Konvention. Ein Arbeitsgang A_{jh} (bzw. A_{ji}) läßt sich als **Operation o** bezeichnen. Es gilt:

$a(o) := a_{jh}, \quad t(o) := t_{jh}, \quad n(o) := n_{jh}$

Definition 5.2: Wir bezeichnen einen noch nicht eingeplanten Arbeitsgang A_{jh} als **einplanbar** in einem Zeitintervall $[t, t+t_{jh}]$, falls die Arbeitsgänge $A_{j1},...,A_{j,h-1}$ spätestens zum Zeitpunkt t ausgeführt sind (bzw. $a_{jh} \geq t$ gilt), keiner der Arbeitsgänge $A_{j,h+1},...,A_{jm}$ vor $t + t_{jh}$ beginnt und die Maschine μ_{jh} während $[t, t+t_{jh}]$ nicht belegt ist.

Erstellt man einen Plan in der Reihenfolge wachsender Planungszeitpunkte t, so ist ein Arbeitsgang A_{jh} einplanbar, falls $A_{j,h-1}$ bereits eingeplant und zum Zeitpunkt t oder früher beendet und die Maschine höchstens bis t belegt ist.

Definition 5.3: Zwei Arbeitsgänge A_{jh} und $A_{\iota\eta}$ mit $\mu_{jh} = \mu_{\iota\eta} = i$ **konkurrieren** zu einem Planungszeitpunkt t um eine Maschine i, falls einer der Arbeitsgänge in t auf i einplanbar ist und während seiner Bearbeitungszeit auf i der andere Arbeitsgang ebenfalls einplanbar ist.

Die folgenden Eigenschaften von Plänen formalisieren zum einen die (nicht immer angemessene) Idee, daß sinnvolle Lösungen bzw. Pläne für [J | |Z] zu keinem Zeitpunkt Leerzeiten auf den Maschinen besitzen, sofern es einplanbare Arbeitsgänge gibt. Andererseits kann es jedoch vorteilhaft sein, vorübergehend Leerzeiten in Kauf zu nehmen, um andere Aufträge unmittelbar zu ihrem Bereitstellungszeitpunkt einzuplanen.

Definition 5.4: Eine zulässige Verringerung der Beginnzeitpunkte für einen oder mehrere Arbeitsgänge ohne Änderung der Auftragsfolgen auf den Maschinen bezeichnet man als **lokale Linksverschiebung**. Unter einer **globalen Linksverschiebung** versteht man eine Verringerung von Beginnzeitpunkten für einen oder mehrere Arbeitsgänge, ohne daß ein Arbeitsgang später als zuvor beginnt.

Definition 5.5 *(Eigenschaften von Plänen)*:

a) Ein Ablaufplan heißt **semi-aktiv**, wenn es keine lokale Linksverschiebung gibt. Pläne, bei denen keine globale Linksverschiebung möglich ist, heißen **aktiv.**

b) Ein Ablaufplan heißt **verzögerungsfrei**, falls Leerzeiten nur in solchen Intervallen vorkommen, in denen kein Arbeitsgang einplanbar ist.

Aus Def. 5.5 folgt, daß die Menge aktiver Pläne Teilmenge der Menge semi-aktiver Pläne und diese Teilmenge der Menge aller zulässigen Pläne ist. Man überlegt sich leicht, daß zu jedem Ablaufgraphen ein semi-aktiver Plan angebbar ist. Darüber hinaus gilt die wichtige Eigenschaft, daß für [J | | Z] mindestens ein aktiver Plan existiert, der zugleich optimal ist. Dies bedeutet, daß man sich auf die Bestimmung aktiver Pläne beschränken kann. Die Menge verzögerungsfreier Pläne ist Teilmenge der Menge aktiver Pläne; es braucht jedoch kein verzögerungsfreier Plan zu existieren, der zugleich optimaler Plan ist.[15]

15 Mit der Unterscheidung von aktiven und verzögerungsfreien Plänen befassen sich z.B. Hutchison und Chang (1990).

Beispiel: Für das in Kap. 5.6.2.1 betrachtete Problem stellt der dem Gantt-Diagramm in Abb. 5.52 zugrundeliegende Ablaufplan einen semi-aktiven Plan dar. Während in diesem Plan keine lokale Linksverschiebung möglich ist, kann eine globale Linksverschiebung erfolgen. Das Gantt-Diagramm in Abb. 5.53 zeigt einen entsprechenden aktiven Plan mit Z = 14. Dieser Plan ist jedoch nicht verzögerungsfrei, da A_{22} auf M_3 zum Zeitpunkt t = 6 einplanbar ist, im (Zeit-) Intervall [6,7) jedoch eine Leerzeit existiert. Ein kritischer Weg ist < q, A_{31}, A_{32}, A_{33}, A_{22}, A_{23}, s].

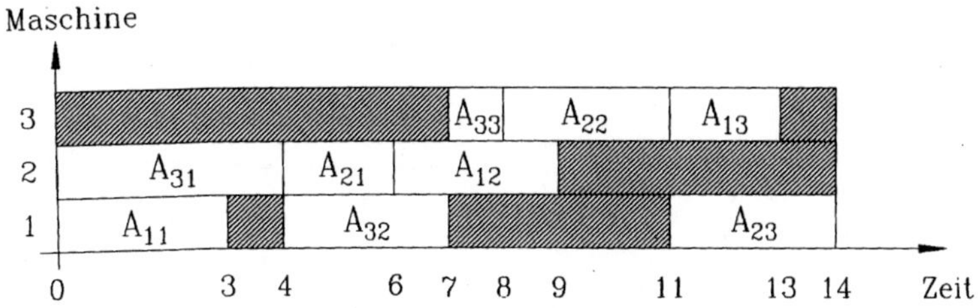

Abb. 5.53

5.6.2.3 Mathematische Formulierungen für Job Shop-Probleme

Das Konzept disjunktiver Graphen läßt sich auch in einer mathematischen Formulierung für Job Shop-Probleme verwenden. Dazu definieren wir Variablen B_{jh} für den realisierten Beginnzeitpunkt des h-ten Arbeitsganges von Auftrag j. Für Job Shop-Probleme [J | | Z] ergibt sich damit folgende Modellformulierung:

Minimiere Z (5.53)

unter den Nebenbedingungen

$B_{j1} \geq 0$ für alle j = 1,...,n (5.54)

$B_{jh} + t_{jh} \leq B_{j,h+1}$ für alle j = 1,...,n und h = 1,...,m−1 (5.55)

$B_{jh} + t_{jh} \leq B_{\iota\eta}$ **oder** $B_{\iota\eta} + t_{\iota\eta} \leq B_{jh}$

für alle i = 1,...,m und alle $A_{jh} \neq A_{\iota\eta}$ mit $\mu_{jh} = \mu_{\iota\eta} = i$ (5.56)

$B_{jm} + t_{jm} \leq Z$ für alle j = 1,...,n (5.57)

Die Bearbeitung beginnt gemäß (5.54) zum Zeitpunkt 0. Die Zielfunktion in Verbindung mit (5.57) stellt sicher, daß zum Zeitpunkt Z jeder Auftrag vollständig bearbeitet ist. Die Bedingungen (5.55) sichern für jeden Auftrag j die Einhaltung seiner Arbeitsgangfolge. Die disjunktiven Bedingungen (5.56) fordern, daß für jedes Paar A_{jh} und $A_{\iota\eta}$ miteinander um dieselbe Maschine i konkurrierender Arbeitsgänge eine Reihenfolge A_{jh} vor $A_{\iota\eta}$ oder $A_{\iota\eta}$ vor A_{jh} festgelegt wird. Die Bedingungen (5.55) und (5.56) garantieren bei positiven Bearbeitungszeiten gemeinsam, daß der zu entwickelnde Ablaufgraph keinen Zyklus enthält.

Eine weitere Modellformulierung findet sich z.B. bei Manne (1960).

Bemerkung 5.28: Bei nicht identischen Ankunftsterminen (d.h. $a_j \neq 0$) muß statt (5.54) für alle j die Ungleichung $B_{j1} \geq a_j$ erfüllt sein.

Prinzipiell lassen sich die disjunktiven Bedingungen (5.56) durch Einführen von Binärvariablen

$$x^i_{j\iota} = \begin{cases} 1 & \text{Auftrag j wird auf Maschine i vor Auftrag } \iota \text{ bearbeitet} \\ 0 & \text{sonst} \end{cases}$$

für alle i = 1,...,m sowie für alle j = 1,...,n–1 und $\iota = j+1,...,n$ durch die folgenden Bedingungen ersetzen (vgl. die Formulierung zum Flow Shop - Problem in Kap. 5.5.2.2):

$$M \cdot x^i_{j\iota} + B_{jh} \geq B_{\iota\eta} + t_{\iota\eta} \quad \textbf{und} \quad M \cdot (1 - x^i_{j\iota}) + B_{\iota\eta} \geq B_{jh} + t_{jh}$$

$$\text{für alle } i=1,...,m \text{ und alle } A_{jh} \neq A_{\iota\eta} \text{ mit } \mu_{jh} = \mu_{\iota\eta} = i \qquad (5.56)'$$

Bemerkung 5.29: Die Modellformulierung (5.53) – (5.57) läßt sich unmittelbar auf weitere Zielsetzungen übertragen. Für [J | | D] lautet das Modell wie folgt:

$$\text{Minimiere } \sum_{j=1}^{n} (B_{jm} + t_{jm}) \qquad (5.58)$$

unter den Nebenbedingungen (5.54) – (5.56)

Entsprechend läßt sich für [J | | T_{max}] folgendes Modell angeben:

$$\text{Minimiere } T_{max} \qquad (5.59)$$

unter den Nebenbedingungen (5.54) – (5.56) sowie

$$B_{jm} + t_{jm} - f_j \leq T_{max} \qquad (5.60)$$

Zur Anwendung des Konzeptes disjunktiver Graphen bei der Modellierung verallgemeinerter Probleme z.B. mit reihenfolgeabhängigen Rüstzeiten siehe White und Rogers (1990).

5.6.2.4 Relaxationsmöglichkeiten für Job Shop - Probleme

Wir betrachten eine Reihe verschiedener Möglichkeiten, Relaxationen von Job Shop - Problemen zur Entwicklung von Lösungsverfahren und zur Bestimmung unterer Schranken zu bilden. Die Fortschritte bei der Lösung von Job Shop - Problemen in den letzten Jahren gingen einher mit der Entwicklung immer differenzierterer Relaxationen.

LP-Relaxation der disjunktiven Formulierung:

Durch Weglassen der disjunktiven Bedingungen (5.56) entsteht eine LP-Relaxation der disjunktiven Formulierung (5.53) – (5.57). Dies wird deutlich, wenn man sich überlegt, daß die disjunktiven Bedingungen mit Hilfe von Binärvariablen abgebildet werden.

Eine weitere Möglichkeit der Bildung einer LP-Relaxation besteht darin, die Ganzzahligkeitsforderung für die Binärvariablen fallenzulassen.

Im Verlauf eines Lösungsverfahrens können zur Verschärfung einer LP-Relaxation zusätzliche Bedingungen eingeführt werden, die von zulässigen Plänen erfüllt werden müssen. Derartige Bedingungen oder **Schnitte** lassen sich z.B. im Rahmen von Schnittebenenverfahren einsetzen. Wir wollen zwei Klassen von Schnitten angeben (vgl. dazu und zu weiteren Klassen Applegate und Cook (1991) sowie die dort angegebene Literatur) und verwenden dabei J_1 als Bezeichnung für eine Teilmenge der Aufträge aus $J = \{1,...,n\}$ sowie zur Beschreibung einer Lösung wie oben die **Variablen**:

B_{ji} realisierter Beginnzeitpunkt von Auftrag j auf Maschine i ($B_{ji} = B_{jh}$ für $i = \mu_{jh}$)

1. Die folgenden Bedingungen sind in einer zulässigen Lösung (bestimmt durch die Beginnzeitpunkte B_{ji}) für alle Teilmengen $J_1 \subseteq J$ und für alle Maschinen $i = 1,...,m$ erfüllt:

$$\sum_{j \in J_1} t_{ji} \cdot B_{ji} \geq \min \{a_{ji} \mid j \in J_1\} \cdot \sum_{j \in J_1} t_{ji} + \sum_{\substack{j,k \in J_1 \\ j<k}} t_{ji} \cdot t_{ki} \tag{5.61}$$

   In den Bedingungen (5.61) können die Bearbeitungszeiten t_{ji} als Positionsgewichte aufgefaßt werden. Die rechte Seite läßt sich wie folgt erläutern: Kein Auftrag aus J_1 kann auf Maschine i früher beginnen als zum Zeitpunkt $\min \{a_{ji} \mid j \in J_1\}$. Zusätzlich muß für jedes Auftragspaar j und k aus J_1 die disjunktive Bedingung (5.56) erfüllt sein.

   Beispiel: Unterstellen wir für $J_1 := \{1,2,3\}$ mit $a := \min \{a_{j1} \mid j \in J_1\}$ auf Maschine 1 die Auftragsfolge $< 1, 2, 3]$, so gilt $B_{11} \geq a$; $B_{21} \geq a + t_{11}$; $B_{31} \geq a + t_{11} + t_{21}$. Durch Einsetzen der B_{ji} und Umgruppieren der Terme entsteht die rechte Seite von (5.61). Für andere Auftragsfolgen ergibt sich die Gültigkeit von (5.61) analog.

2. Folgende Bedingungen gelten für alle Paare $j, k \in J$ unterschiedlicher Aufträge, die miteinander um Maschine i *konkurrieren*:

$$(t_{ji} + a_{ji} - a_{ki}) \cdot B_{ji} + (t_{ki} + a_{ki} - a_{ji}) \cdot B_{ki} \geq t_{ji} \cdot t_{ki} + a_{ji} \cdot t_{ki} + a_{ki} \cdot t_{ji} \tag{5.62}$$

   Diese Bedingungen lassen sich durch ähnliche Überlegungen wie bei (5.61) begründen.

Relaxation mit Ein-Maschinen-Problemen:

Für jede Maschine $i = 1,...,m$ wird ein Problem $[\ 1 \mid a_j, n_j \mid Z\ ]$ betrachtet. Die auf Maschine i durchzuführenden Arbeitsgänge A_{ji} der Aufträge $j = 1,...,n$ werden als Aufträge mit Bereitstellungszeitpunkten a_{ji} und Nachlaufzeiten n_{ji} interpretiert. Die entstehenden Ein-Maschinen-Probleme können mit dem Verfahren von Carlier exakt gelöst werden (vgl. Kap. 5.3.2.1). Der Zielfunktionswert der Relaxation ergibt sich aus dem Maximum der Zykluszeiten der m verschiedenen Ein-Maschinen-Probleme.

Die Werte a_{ji} und n_{ji} können innerhalb eines Verfahrens aufgrund bereits eingeplanter Arbeitsgänge verschärft werden, so daß sich gegebenenfalls eine Verbesserung unterer Schranken ergibt. Entsprechende Vorgehensweisen verwenden wir in Kap. 5.6.3.2 sowie in Kap. 5.6.4.2.

Relaxation mit Zwei-Auftrags-Problemen:

Für jedes Paar j, k verschiedener Aufträge wird ein Problem [J | n=2, a_j, n_j | Z] betrachtet. Dabei werden wie bei der Relaxation mit Ein-Maschinen-Problemen Bereitstellungszeitpunkte a_{ji} bzw. a_{ki} und Nachlaufzeiten n_{ji} bzw. n_{ki} auf allen Maschinen i = 1,...,m berücksichtigt. Zur Lösung von Zwei-Auftrags-Problemen siehe Kap. 5.2. Zusätzlich zu der dort in Bem. 5.5 b angegebenen Verallgemeinerung zur Berücksichtigung von Bereitstellungszeitpunkten kann man sich überlegen, daß auch Nachlaufzeiten einfach einbeziehbar sind.

5.6.3 Heuristische Verfahren zur Minimierung der Zykluszeit

Heuristische Verfahren zu Job Shop-Problemen der Form [J | | Z] existieren in einer unüberschaubaren Vielzahl; vgl. zu einer sehr umfangreichen Übersicht über neuere Arbeiten Błazewicz et al. (1996 a). Zumeist handelt es sich dabei um Prioritätsregelverfahren, mit denen wir uns im folgenden zunächst beschäftigen. Daran anschließend gehen wir auf ein effizientes Verfahren ein, welches sukzessive Ein-Maschinen-Probleme als Relaxationen löst. Zum Abschluß beschreiben wir die grundsätzlichen Möglichkeiten, Vertauschungen im Rahmen von Verbesserungsverfahren vorzunehmen.

5.6.3.1 Prioritätsregelverfahren

Prioritätsregelverfahren zur Lösung von Job Shop-Problemen gehen davon aus, daß die Arbeitsgänge aller Aufträge nach einer vorgegebenen Entscheidungsregel (z.B. der SPT-Regel) eingeplant werden. Im Gegensatz zu den bisherigen Prioritätsregelverfahren bei Ein-Maschinen- und Permutations-Flow Shop-Problemen ist hier jedoch darauf zu achten, daß analog der Vorgehensweise bei Fließbandabstimmungsproblemen zusätzliche Reihenfolgebedingungen in Form der Arbeitsgangfolgen einzuhalten sind (vgl. Kap. 4.3.2.1). Einen umfangreichen Überblick zu derartigen Heuristiken geben z.B. Panwalkar und Iskander (1977) sowie Haupt (1989). Numerische Untersuchungen in der Literatur zeigen jedoch, daß entsprechende Verfahren z.T. Lösungen mit erheblichen Abweichungen vom Optimum liefern. Aus diesem Grund werden diverse modifizierte Prioritätsregelverfahren untersucht.

Ein gravierender Nachteil von Prioritätsregelverfahren besteht darin, daß im Verlauf des Verfahrens die Menge der alternativ einplanbaren (konkurrierenden) Arbeitsgänge abnimmt. Dementsprechend nimmt jedoch die Wahrscheinlichkeit zu, eine hinsichtlich der verfolgten Zielsetzung ungünstige Entscheidung in Kauf nehmen zu müssen.

Eine sehr allgemeine Vorgehensweise wird u.a. von O'Grady und Harrison (1985) vorgeschlagen. Die grundsätzliche Idee besteht dabei darin, vorgegebene Regeln miteinander zu kombinieren bzw. neue dynamische Regeln zu bilden. Darüber hinaus besteht die Möglichkeit, im Verlauf des Verfahrens die jeweils zugrundeliegende Entscheidungsregel geeignet zu modifizieren bzw. durch eine andere zu ersetzen. Derartige Vorgehensweisen können sowohl deterministischer als auch stochastischer Natur sein.

Eine Möglichkeit der Variation von Entscheidungsregeln im Verlauf des Verfahrens läßt sich wie folgt angeben: Unterteile die Zeitachse in T nicht notwendig gleichlange Intervalle. Für jedes Intervall wird die Menge der einplanbaren Arbeitsgänge bestimmt und nach einer (gegebenenfalls variierenden) Prioritätsregel in der Reihenfolge monoton wachsender Planungszeitpunkte eingeplant. Alternativ kann die verwendete Auswahlregel jeweils nach einer bestimmten Anzahl eingeplanter Arbeitsgänge gewechselt werden; vgl. z.B. Storer et al. (1992 a). Die zuletzt genannte Idee läßt sich in das Konzept genetischer Algorithmen einbinden, indem die verwendeten Prioritätsregeln codiert und geeignet reproduziert, gekreuzt bzw. mutiert werden; vgl. Storer et al. (1992 b) sowie Dorndorf und Pesch (1995).

Im folgenden diskutieren wir eine weitere Möglichkeit, den o.g. Nachteil zu kompensieren. Sie besteht darin, einen Plan sukzessive von beiden Seiten aufzubauen und dann "ineinanderzuschieben". Wir beschreiben dazu ein einfaches *bidirektionales* Prioritätsregelverfahren.

Bidirektionales Einplanen

Voraussetzung:

L_V, L_R Listen der von vorne (vorwärts) bzw. von hinten (rückwärts) eingeplanten Arbeitsgänge

A_V, A_R Menge der aktuell in L_V bzw. L_R zusätzlich einplanbaren Arbeitsgänge

Start: $L_V := <\,]$; $L_R := <\,]$; $A_V := \{A_{j1} \mid j = 1,...,n\}$; $A_R := \{A_{jm} \mid j = 1,...,n\}$ [16]

Iteration:

repeat

  if $A_V \neq \phi$ **then**

  begin

    wähle einen Arbeitsgang $A_{jh} \in A_V$ gemäß einer Prioritätsregel und plane ihn auf Maschine μ_{jh} frühestmöglich ein;

    $L_V := < L_V, A_{jh}]$; $A_V := A_V - \{A_{jh}\}$;

    if $A_{j,h+1} \notin A_R \cup L_R$ **then** $A_V := A_V \cup \{A_{j,h+1}\}$

  end;

  if $A_R \neq \phi$ **then**

  begin

    wähle einen Arbeitsgang $A_{jh} \in A_R$ gemäß einer Prioritätsregel und plane ihn auf Maschine μ_{jh} spätestmöglich vor allen Aufträgen aus L_R ein;

    $L_R := < A_{jh}, L_R\,]$; $A_R := A_R - \{A_{jh}\}$;

    if $A_{j,h-1} \notin A_V \cup L_V$ **then** $A_R := A_R \cup \{A_{j,h-1}\}$

  end;

until alle Arbeitsgänge sind eingeplant (d.h. $A_V \cup A_R = \phi$);

Ergebnis: Eine zulässige Lösung $< L_V, L_R\,]$.

---

16 O.B.d.A. gehen wir davon aus, daß $m \geq 2$ gilt. Daraus folgt, daß die beiden Mengen einplanbarer Arbeitsgänge disjunkt sind.

Das bidirektionale Einplanen geht davon aus, daß sukzessive zwei Teilpläne gebildet und miteinander verbunden werden. Zur detaillierten Ausgestaltung gehört die Festlegung einer oder zweier Prioritätsregeln. Dell'Amico und Trubian (1993) schlagen z.B. folgende Vorgehensweise vor:

In jedem Schritt des Verfahrens wird für jeden einplanbaren Arbeitsgang o eine untere Schranke $LB_o := a(o) + t(o) + n(o)$ für die Zykluszeit eines Plans bestimmt, in dem o als nächstes eingeplant wird. Die Vorlaufzeit a(o) entspricht dabei einem längsten Weg bis zu o, falls alle Arbeitsgänge gemäß L_V eingeplant werden. Analog ergibt sich die Nachlaufzeit vermöge eines längsten Weges, resultierend aus den gemäß L_R bereits eingeplanten Arbeitsgängen.

Die uns bekannten Arbeiten zu Prioritätsregelverfahren einschließlich numerischer Ergebnisse lassen eine allgemeingültige Empfehlung, welche Regeln angewendet werden sollten, nicht zu. Dies liegt u.a. daran, daß erst in jüngster Zeit umfangreiches vergleichbares Datenmaterial zugrundegelegt wird (abgesehen von einem berühmten Problem mit zehn Aufträgen und zehn Maschinen aus dem Jahre 1963; vgl. Kap. 5.1.1). Literaturdatensätze von Adams et al. (1988) sowie Applegate und Cook (1991) werden von den letztgenannten Autoren zur Verfügung gestellt. Betrachtet man Ergebnisse zu den dort angegebenen Problemen, so lassen sich den Vorgehensweisen von Storer et al. (1992 a) sowie Dell'Amico und Trubian (1993) sehr gute Erfolge bescheinigen.

5.6.3.2 Das Shifting Bottleneck-Verfahren

Im folgenden beschreiben wir ein heuristisches Verfahren von Adams et al. (1988), das zu den derzeit besten Eröffnungsverfahren für Job Shop-Probleme gehört.

Das Verfahren beginnt mit einem Problem, bei dem für keine der Maschinen Reihenfolgebeziehungen vorgesehen werden. Entsprechend dem Konzept disjunktiver Graphen werden lediglich die Arbeitsgangfolgebeziehungen berücksichtigt. Die Zykluszeit für diese *Relaxation* des Problems wird durch einen Auftrag mit der größten Summe der Bearbeitungszeiten bestimmt.

Die Durchführung des Verfahrens erfolgt in m Iterationen. In jeder Iteration i wird für genau eine weitere Maschine eine Auftragsfolge festgelegt. Dabei handelt es sich um diejenige Maschine $M_{\omega(i)}$, für die bei optimaler Einplanung der auf ihr zu fertigenden Aufträge unter Berücksichtigung der vorangegangenen Entscheidungen (Fixierungen) die aktuelle Zykluszeit Z_i am stärksten ansteigt. $M_{\omega(i)}$ wird als Engpaßmaschine bezeichnet, da eine vorherige Festlegung der Auftragsfolge einer anderen Maschine die mindestens in Kauf zu nehmende Zykluszeit zusätzlich erhöhen könnte.

Grundlegende Idee des Verfahrens in der i-ten Iteration ist die geeignete Berücksichtigung aller in den vorhergehenden Iterationen festgelegten Auftragsfolgen. Diese Auftragsfolgen sowie die Arbeitsgangfolgen sind die wesentlichen Elemente des in der i-ten Iteration zu betrachtenden Graphen. Als Relaxation des Job Shop-Problems wird für jede noch nicht eingeplante Maschine ein Problem $[\,1 \mid a_j, n_j \mid Z\,]$ gelöst, wobei die auf $M_{\omega(i)}$ zu bearbeitenden Arbeitsgänge als Aufträge interpretiert werden (vgl. hierzu die in Kap. 5.3.2.1 beschriebenen

Verfahren sowie Bem. 5.10 und Kap. 5.6.2.4). Die Werte a_j und n_j für den j-ten Auftrag entsprechen den in Kap. 5.6.2.2 definierten maschinenorientierten Vor- und Nachlaufzeiten $a_{j,\omega(i)}$ bzw. $n_{j,\omega(i)}$.

Beispiel: Wir betrachten unser Problem aus Kap. 5.6.2.1 mit den Daten

t_{jh}: j \ h	1	2	3
1	3	3	2
2	2	3	3
3	4	3	1

μ_{jh}: j \ h	1	2	3
1	1	2	3
2	2	3	1
3	2	1	3

t_{ji}: j \ i	1	2	3
1	3	3	2
2	3	2	3
3	3	4	1

Zu Beginn des Verfahrens ist für keine Maschine eine Auftragsfolge festgelegt; es gilt $Z_0 = 8$.

Iteration 1: In Tab. 5.22 sind für die auf den Maschinen zu fertigenden Arbeitsgänge Vorlauf-, Bearbeitungs- und Nachlaufzeiten angegeben. Mit Hilfe des Schrage-Algorithmus ergeben sich für die drei Maschinen die in Abb. 5.54 gezeigten Lösungen. Demnach wird M_2 als erste Maschine eingeplant, d.h. die in der Abbildung enthaltene Lösung realisiert. Die aktuelle Zykluszeit beträgt danach $Z_1 = 11$.

	M_1			M_2			M_3		
	A_{11}	A_{23}	A_{32}	A_{12}	A_{21}	A_{31}	A_{13}	A_{22}	A_{33}
a_j	0	5	4	3	0	0	6	2	7
t_j	3	3	3	3	2	4	2	3	1
n_j	5	0	1	2	6	4	0	3	0

Tab. 5.22

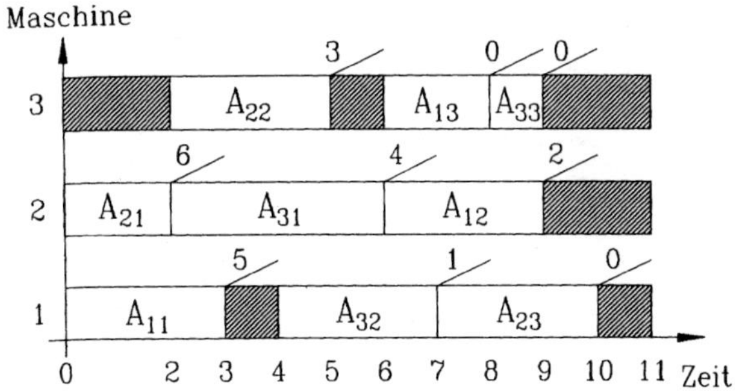

Abb. 5.54

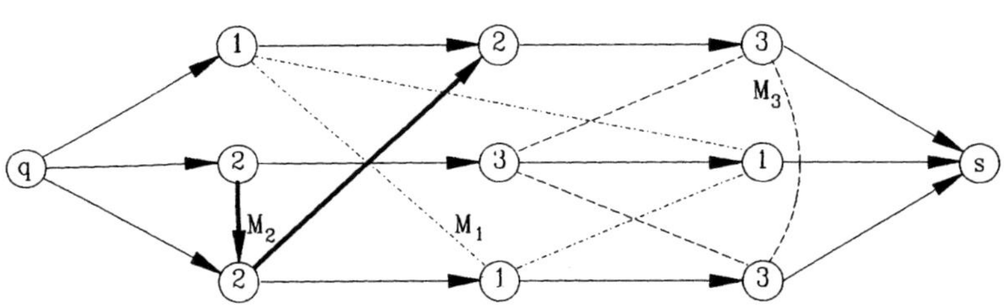

Abb. 5.55

Iteration 2: In Abb. 5.55 ist der zu Beginn der zweiten Iteration vorliegende Graph dargestellt. Daraus lassen sich die in Tab. 5.23 angegebenen Daten herleiten. Der Schrage-Algorithmus liefert für M_1 bzw. M_3 die in Abb. 5.56 gezeigten Lösungen, beide mit Z = 12.

	M_1			M_3		
	A_{11}	A_{23}	A_{32}	A_{13}	A_{22}	A_{33}
a_j	0	5	6	9	2	9
t_j	3	3	3	2	3	1
n_j	5	0	1	0	3	0

Tab. 5.23

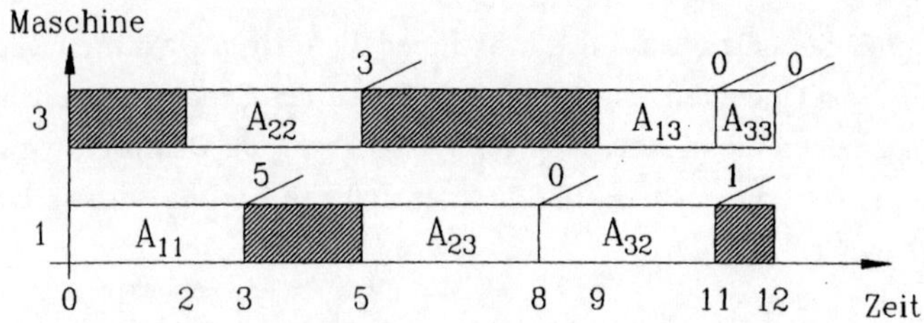

Abb. 5.56

Iteration 3: Realisiert man die in Iteration 2 für M_1 gefundene Lösung, so ergibt sich für M_3 erneut die in Abb. 5.56 gezeigte Auftragsfolge für das Ein-Maschinen-Problem. Die Lösung des gesamten Job Shop-Problems ist im Gantt-Diagramm in Abb. 5.57 wiedergegeben. Ihre Zykluszeit beträgt ebenfalls Z = 12.

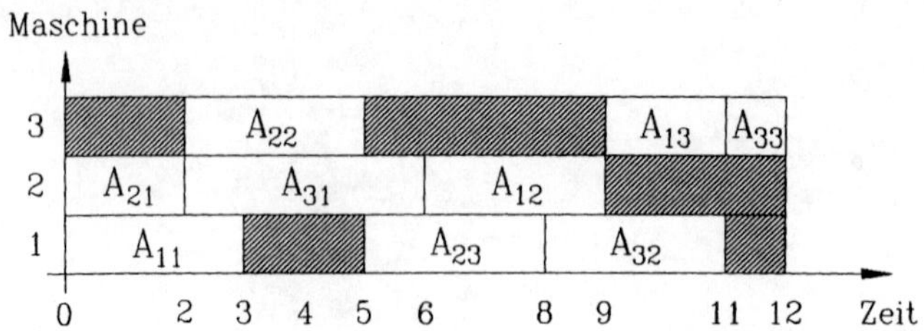

Abb. 5.57

In unserem Beispiel haben wir uns bei der Lösung der Ein-Maschinen-Probleme auf die Anwendung des Schrage-Algorithmus beschränkt und damit aufgrund der gegebenen Daten eine optimale Lösung erhalten. Bessere Lösungen bei entsprechend höherem Rechenaufwand erzielt man im allgemeinen jedoch durch die Anwendung des B&B-Verfahrens von Carlier.

Bemerkung 5.30:

a) In Iteration i des Verfahrens kann nach der Einplanung von $M_{\omega(i)}$ versucht werden, für bereits in früheren Iterationen eingeplante Maschinen verbesserte Auftragsfolgen zu finden. Dies ist für solche Maschinen sinnvoll, die sich auf einem kritischen Weg in dem nach Einplanung von $M_{\omega(i)}$ entstandenen Graphen befinden.

b) Eine grundlegende Modifikation des Verfahrens besteht darin, statt der wiederholten Lösung von Ein-Maschinen-Problemen als Relaxation Zwei-Auftrags-Probleme zu betrachten.

Numerische Ergebnisse verschiedener Autoren zeigen, daß das Shifting Bottleneck-Verfahren in unterschiedlichen Versionen zu den besten Eröffnungsverfahren für [J | | Z] zählt und deshalb vielfach zur Bestimmung oberer Schranken bei B&B-Verfahren gewählt wird; vgl. z.B. Adams et al. (1988), Applegate und Cook (1991) sowie Brucker et al. (1994).

5.6.3.3 Verbesserungsverfahren

Verbesserungsverfahren für Job Shop-Probleme gehen von einem gegebenen zulässigen Plan bzw. einer vollständigen Selektion aus und versuchen, diese im Rahmen einer geeigneten Nachbarschaftssuche zu verbessern. Wir beschreiben die grundsätzlichen Ideen von Verbesserungsverfahren für Job Shop-Probleme am Beispiel von [J | | Z].

Ausgehend von einer zulässigen Lösung, findet man eine benachbarte Lösung, indem man die Reihenfolge zweier aufeinanderfolgender Arbeitsgänge vertauscht. Dabei sollten beide Arbeitsgänge auf dem bzw. einem kritischen Weg liegen und auf derselben Maschine bearbeitet werden. Das Vertauschen anderer Arbeitsgänge als derjenigen eines kritischen Weges bringt hinsichtlich der Zielfunktion keine Verbesserung, da so kein kritischer Weg "verkürzt" wird. Das Vertauschen nicht direkt hintereinanderliegender Arbeitsgänge kann gegebenenfalls zu Zyklen im entstehenden disjunktiven Graphen führen. Weil die Erkennung von Zyklen aufwendig ist, wird diese Art der Vertauschung in der Regel nicht verwendet.

Eine Art der Nachbarschaftssuche besteht also darin, zwei Arbeitsgänge p und q verschiedener Aufträge, die auf derselben Maschine hintereinander bearbeitet werden und auf dem kritischen Weg liegen, auszuwählen. Die Abb. 5.58 a bzw. b zeigen die relevanten Pfeile einer Selektion vor bzw. nach einer Vertauschung. Es wird ersichtlich, daß lediglich die maschinenorientierten Vorgänger und Nachfolger von p und q (gestrichelte Pfeile) umzuspeichern sind, um die neue Lösung zu beschreiben.

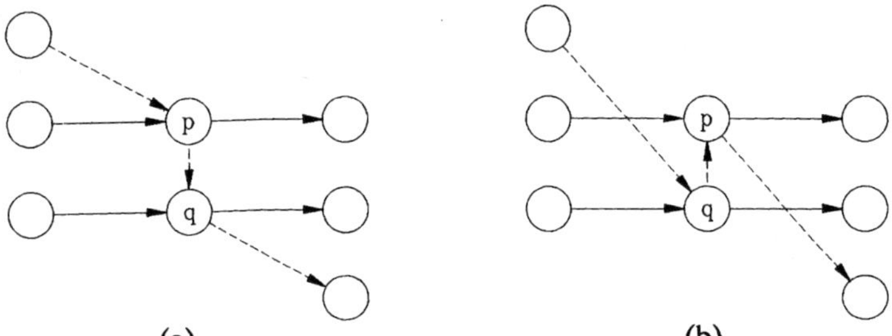

Abb. 5.58

Beispiel: Wir betrachten erneut das Beispiel aus Kap. 5.6.2.1 sowie die zulässige Lösung in Abb. 5.59 (= Abb. 5.53). Die einzigen Arbeitsgänge, auf die obige Art der Nachbarschaftssuche anwendbar ist, sind A_{33} und A_{22}. Durch die Vertauschung dieser beiden Arbeitsgänge wird eine lokale Linksverschiebung der Arbeitsgänge A_{22}, A_{33} und A_{13} um jeweils eine ZE sowie von A_{23} um zwei ZE möglich. Demzufolge besitzt die neue Lösung einen um zwei ZE besseren Zielfunktionswert Z = 12.

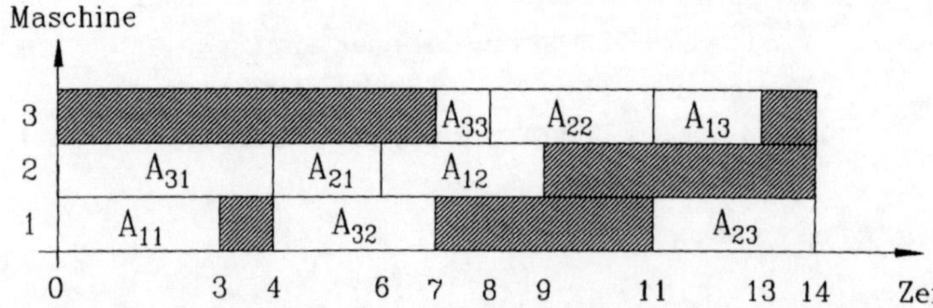

Abb. 5.59

Eine wesentliche Eigenschaft der von uns beschriebenen Nachbarschaftssuche ist, daß theoretisch eine endliche Folge von Vertauschungen existiert, die jede zulässige in eine optimale Lösung überführt. Dementsprechend wird diese Art in verschiedenen Strategien sehr erfolgreich angewendet. Van Laarhoven et al. (1992) binden sie in Simulated Annealing ein. Taillard (1994) beschreibt eine entsprechende Implementierung von Tabu Search mit zufällig variierender Länge der Tabu-Liste. Vgl. zu derartigen Ansätzen auch Dell'Amico und Trubian (1993).

Zur Reduktion von Rechenzeiten wird von den genannten Autoren vorgeschlagen, die längsten Wege gegebenenfalls nicht exakt, sondern mit Hilfe von unteren Schranken nur näherungsweise zu berechnen. Seien p und q zwei Arbeitsgänge, deren Reihenfolge vertauscht werden soll. Die veränderten Vor- und Nachlaufzeiten von p und q aufgrund des zu fixierenden Pfeiles (q,p) berechnen sich wie folgt:

$$a'(q) = \max\{a(\mathcal{V}_M(p)) + t(\mathcal{V}_M(p)),\ a(\mathcal{V}_A(q)) + t(\mathcal{V}_A(q))\}$$

$$a'(p) = \max\{a'(q) + t(q),\ a(\mathcal{V}_A(p)) + t(\mathcal{V}_A(p))\}$$

$$n'(p) = \max\{t(\mathcal{N}_M(q)) + n(\mathcal{N}_M(q)),\ t(\mathcal{N}_A(p)) + n(\mathcal{N}_A(p))\}$$

$$n'(q) = \max\{t(p) + n'(p),\ t(\mathcal{N}_A(q)) + n(\mathcal{N}_A(q))\}$$

Gilt $Z' := \max\{a'(p) + t(p) + n'(p),\ a'(q) + t(q) + n'(q)\} \geq Z$ (obere Schranke) oder liegen p und q weiterhin auf dem kritischen Weg, so entspricht Z' dem tatsächlichen Zielfunktionswert der neuen Selektion. Andernfalls ist Z' eine untere Schranke für den Zielfunktionswert der neuen Lösung.

Applegate und Cook (1991) modifizieren das Shifting Bottleneck-Verfahren zu einem Verbesserungsverfahren, indem sie von einer mit diesem Algorithmus bereits ermittelten Selektion ausgehen, die Auftragsfolgen einiger Maschinen festhalten und die der verbleibenden erneut bestimmen. Basierend auf dem Shifting Bottleneck-Verfahren beschreiben Dorndorf und Pesch (1995) einen genetischen Algorithmus. Die wesentliche Idee besteht darin, die Reihenfolge zu lösender Ein-Maschinen-Probleme zu codieren und mit Hilfe des Prinzips genetischer Algorithmen zu modifizieren.

Verfahren der lokalen Suche für [J | | Z] sind im Verlauf der 90er Jahre in nahezu unüberschaubarer Zahl entwickelt bzw. "wiederentdeckt" worden. Hierzu gehören im Prinzip alle derzeit diskutierten Metastrategien einschließlich des "Ameisen-Systems" (Colorni et al. (1994)), genetischer/evolutionärer Algorithmen (siehe z.B. Bierwirth (1995), Della Croce et al. (1996) und Mattfeld (1996)), der "Large-Step-Methode" (Lourenco (1995)), Verfahren der "Constraint Propagation" (Pesch und Tetzlaff (1996)) oder des "Guided Local Search" (Balas und Vazacopoulos (1994)). Übersichten geben Blazewicz et al. (1996 a) sowie Vaessens et al. (1996).

5.6.4 Branch & Bound-Verfahren zur Minimierung der Zykluszeit

Im folgenden beschreiben wir zunächst ein B&B-Verfahren zur Lösung von Job Shop-Problemen [J | | Z] durch Enumeration aktiver Pläne (siehe Def. 5.5 a). Daran anschließend geben wir die wesentlichen Komponenten eines B&B-Verfahrens wieder, das auf dem Konzept disjunktiver Graphen aufbaut.

Zu einer sehr umfangreichen Übersicht über neuere Arbeiten zu exakten Verfahren für [J | | Z] siehe Blazewicz et al. (1996 a).

5.6.4.1 Ein auf aktiven Plänen basierendes Verfahren

Aufgrund der Definition aktiver Pläne und der betrachteten Zielfunktion ist jede optimale Lösung von [J | | Z] entweder ein aktiver Plan oder in einen solchen ohne Verschlechterung des Zielfunktionswertes überführbar. Eine Möglichkeit zur Lösung von Job Shop-Problemen besteht also darin, alle aktiven Pläne zu generieren und unter diesen den oder einen besten auszuwählen. Wir beschreiben dazu ein B&B-Verfahren, bei dem aktive Pläne sukzessive durch Verzweigen nach dem jeweils nächsten einzuplanenden Arbeitsgang aufgebaut werden. Die folgende algorithmische Darstellung beschreibt den **Verzweigungsprozeß**, der auf dem Algorithmus von Giffler und Thompson (1960) zur Erzeugung aktiver Pläne basiert.

Ein Knoten (Teilproblem) des Entscheidungsbaumes wird durch den bisher erzeugten *partiellen Plan* Pl und die zugehörige Menge A der aktuell *einplanbaren Arbeitsgänge* beschrieben; daher wird für jeden Knoten ein entsprechendes Paar (Pl, A) in einer Kandidatenliste gespeichert. In jeder Iteration wird ein partieller Plan Pl aus K gewählt. Aus der Menge der einplanbaren Arbeitsgänge A wird ein Element a* mit frühestem Endzeitpunkt FE bestimmt, und Pl um dieses erweitert. Existieren weitere Arbeitsgänge, die auf derselben Maschine i* während der Bearbeitung von a* einplanbar sind bzw. werden (also um dieselbe Maschine i* konkurrieren), so werden, ausgehend von Pl, zusätzliche partielle Pläne gebildet. In jedem derartigen Plan wird anstelle von a* genau einer der mit ihm konkurrierenden Arbeitsgänge eingeplant.

Verzweigungsprozeß zur Enumeration aktiver Pläne

Voraussetzung:

$P_\mu = (Pl_\mu, A_\mu)$ aktuelles Teilproblem mit partiellem Plan Pl_μ und der Menge einplanbarer Arbeitsgänge A_μ

FA_a Frühester Anfangszeitpunkt für einen einplanbaren Arbeitsgang a im aktuellen Teilproblem (Maximum aus dem Fertigstellungszeitpunkt des vorhergehenden Arbeitsganges desselben Auftrags und dem Verfügbarkeitszeitpunkt der Maschine, auf der a zu bearbeiten ist)

FE Frühester Endzeitpunkt aller einplanbaren Arbeitsgänge im aktuellen Problem

K Kandidatenmenge aktuell zu betrachtender Teilprobleme

Start: $P_0 := (Pl_0, A_0)$ mit $Pl_0 := <\,]$ und $A_0 := \{A_{j1} \mid j=1,...,n\}$; $K := \{P_0\}$

Iteration:

while $K \neq \phi$ **do**
begin
  wähle gemäß einer verwendeten Auswahlstrategie ein Problem $P_\mu = (Pl_\mu, A_\mu)$ aus K;
  berechne FA_a für alle $a \in A_\mu$;
  bestimme $FE := \min \{FA_a + t(a) \mid a \in A_\mu\}$ sowie den Arbeitsgang a* und die Maschine i*, für die FE eintreten würde[17]
  $\iota := 0$;
  for $a \in A_\mu$ mit $FA_a < FE$ und a ist auf i* zu bearbeiten **do**
  begin
    $\iota := \iota + 1$;
    $Pl_{\mu_\iota} := < Pl_\mu, a\,]$; (Arbeitsgang a wird an Pl_μ angefügt)
    $A_{\mu_\iota} := A_\mu - \{a\} \cup \{\mathcal{N}_A(a)\}$; $P_{\mu_\iota} := (Pl_{\mu_\iota}, A_{\mu_\iota})$;
    if $A_{\mu_\iota} \neq \phi$ **then** $K := K \cup \{P_{\mu_\iota}\}$
    else speichere die neue zulässige Lösung, falls sie die aktuell beste ist
  end;
  $K := K - \{P_\mu\}$;
  if ($\iota = 1$ **and** $P_{\mu_1} \in K$) **then** benenne P_{μ_1} in P_μ um;[18]
end;

Ergebnis: Die beste gefundene (gespeicherte) Lösung ist optimal.

* * *

17 Ist keine eindeutige Wahl möglich, so kann i* mit Hilfe einer Prioritätsregel ausgewählt werden (wähle i* z.B. so, daß die Anzahl der auf a* folgenden Arbeitsgänge desselben Auftrags maximal ist).

18 Falls es keine mit a* konkurrierenden Arbeitsgänge gibt und damit keine Verzweigung eines Problems in mehrere Teilprobleme erfolgt, ist es vor allem der Darstellung halber (s. Beispiel) sinnvoll, die ursprüngliche Problemnummer beizubehalten.

Bemerkung 5.31: Bei der Beschreibung des Verzweigungsprozesses haben wir ganz allgemein von der Auswahlstrategie zur Bestimmung des nächsten zu verzweigenden Teilproblems gesprochen und die Kandidatenliste in Form einer Menge verwaltet. Giffler und Thompson (1960) verzweigen den Baum stufenweise, d.h. es werden zunächst alle Pläne mit einem Arbeitsgang, dann alle mit zwei Arbeitsgängen usw. erzeugt. Diese Vorgehensweise wird auch als Breitensuche bezeichnet. Um jedoch schnell zulässige Lösungen, die erst für $A_\mu = \phi$ zustandekommen, und damit bessere Auslotmöglichkeiten zu erhalten, wird man eher eine LIFO-Strategie (Tiefensuche mit vollständiger Verzweigung) verfolgen. Dabei können die in jedem Knoten erzeugten Teilprobleme nach der MLB-Regel sortiert werden. Mit dieser Vorgehensweise kann erwartet werden, daß die erste zulässige schon eine relativ gute Lösung ist.

Schrankenbestimmung und Ausloten:

Zum Ausloten von Teilproblemen (Pl, A) werden maschinenbezogene und auftragsbezogene untere Schranken für den Zielfunktionswert herangezogen (vgl. Kap. 5.5.4.1).

Bei der **Berechnung von maschinenorientierten unteren Schranken** SM_i betrachtet man jeweils eine Maschine isoliert von den übrigen, vernachlässigt also Interdependenzen zwischen den Maschinen. Bezeichnen $F_{Pl,i}$ den effektiven Fertigstellungszeitpunkt der eingeplanten Arbeitsgänge aus Pl auf Maschine i und n_i die Summe der Bearbeitungszeiten aller noch auf Maschine i zu fertigenden Arbeitsgänge (interpretierbar als maschinenbezogene Nachlaufzeiten), so erhält man untere Schranken $SM_i := F_{Pl,i} + n_i$ für alle $i = 1,...,m$.

Auftragsorientierte untere Schranken SA_j ergeben sich durch isolierte Betrachtung einzelner Aufträge. Bezeichnen wir mit FA_j den frühesten Anfangszeitpunkt des nächsten (einzuplanenden) Arbeitsganges $A_{jh} \in A$ von j und sei $n_j := \sum_{k=h}^{m} t_{jk}$ die Summe der Bearbeitungszeiten der noch nicht eingeplanten Arbeitsgänge von j (auftragsbezogene Nachlaufzeit), so ergeben sich untere Schranken $SA_j := FA_j + n_j$ für alle $j = 1,...,n$.

Für ein betrachtetes Teilproblem P_μ erhält man damit als untere Schranke:

$$LB_\mu := \max\{SM_1,...,SM_m; SA_1,...,SA_n\}$$

Beispiel: Wir betrachten erneut das in Kap. 5.6.2.1 angegebene Problem mit folgenden Daten

μ_{jh}: j \ h	1	2	3
1	1	2	3
2	2	3	1
3	2	1	3

t_{jh}: j \ h	1	2	3
1	3	3	2
2	2	3	3
3	4	3	1

t_{ji}: j \ i	1	2	3
1	3	3	2
2	3	2	3
3	3	4	1

und verwenden die LIFO-Strategie mit vollständiger Verzweigung. Zur einfacheren Darstellung werden die Knoten $P_\mu = (Pl_\mu, A_\mu)$ des B&B-Baumes in der Reihenfolge ihrer Erzeugung numeriert. Verzweigt wird jeweils das auf einer Stufe zuerst erzeugte Problem. Neue Knoten werden nur dann generiert, wenn durch Verzweigung zusätzliche Teilprobleme gebildet werden. Auf die explizite Verwaltung der Kandidatenliste wird verzichtet. Zur

Verdeutlichung ist zu jedem Arbeitsgang A_{jh} die ihm zugeordnete Maschine μ_{jh} in Klammern angegeben. Die Zykluszeit der aktuell besten Lösung (obere Schranke) wird mit UB bezeichnet. Es ergibt sich folgender Lösungsgang:

P_0: $Pl_0 := <]$; $A_0 := \{A_{11}(\mu_{11} = 1), A_{21}(2), A_{31}(2)\}$; $\mathbf{FA} := (FA_1, FA_2, FA_3) = (0, 0, 0)$
$LB_0 := \max\{0+9, 0+9, 0+6; 0+8, 0+8, 0+8\} = 9$
$FE := \min\{3, 2, 4\} = 2$ auf Maschine $i^* = 2$
Verzweigung in zwei Teilprobleme P_1 bzw. P_2 durch Einplanung von A_{21} bzw. A_{31}.

P_1: $Pl_1 := < A_{21}]$; $A_1 := \{A_{11}(1), A_{22}(3), A_{31}(2)\}$; $\mathbf{FA} := (0, 2, 2)$
$LB_1 := \max\{0+9, 2+7, 0+6; 0+8, 2+6, 2+8\} = 10$
$FE := \min\{3, 5, 6\} = 3$ auf $i^* = 1$; Einplanen von A_{11}

$Pl_1 := < A_{21}, A_{11}]$; $A_1 := \{A_{12}(2), A_{22}(3), A_{31}(2)\}$; $\mathbf{FA} := (3, 2, 2)$
$LB_1 := \max\{3+6, 2+7, 0+6; 3+5, 2+6, 2+8\} = 10$
$FE := \min\{6, 5, 6\} = 5$ auf $i^* = 3$; Einplanen von A_{22}

$Pl_1 := < A_{21}, A_{11}, A_{22}]$; $A_1 := \{A_{12}(2), A_{23}(1), A_{31}(2)\}$; $\mathbf{FA} := (3, 5, 2)$
$SM := \max\{3+6, 2+7, 5+3; 3+5, 5+3, 2+8\} = 10$
$FE := \min\{6, 8, 6\} = 6$ auf $i^* = 2$;
Verzweigung in zwei Teilprobleme P_3 bzw. P_4 durch Einplanung von A_{31} bzw. A_{12}.

P_3: $Pl_3 := < A_{21}, A_{11}, A_{22}, A_{31}]$; $A_3 := \{A_{12}(2), A_{23}(1), A_{32}(1)\}$; $\mathbf{FA} := (6, 5, 6)$
$LB_3 := \max\{3+6, 6+3, 5+3; 6+5, 5+3, 6+4\} = 11$
$FE := \min\{9, 8, 9\} = 8$ auf $i^* = 1$
Verzweigung in zwei Teilprobleme P_5 bzw. P_6 durch Einplanung von A_{23} bzw. A_{32}.

P_5: $Pl_5 := < A_{21}, A_{11}, A_{22}, A_{31}, A_{23}]$; $A_5 := \{A_{12}(2), A_{32}(1)\}$; $\mathbf{FA} := (6, -, 8)$
$LB_5 := \max\{8+3, 6+3, 5+3; 6+5, 8, 8+4\} = 12$
$FE := \min\{9, 11\} = 9$ auf $i^* = 2$; Einplanen von A_{12}

$Pl_5 := < A_{21}, A_{11}, A_{22}, A_{31}, A_{23}, A_{12}]$; $A_5 := \{A_{13}(3), A_{32}(1)\}$; $\mathbf{FA} := (9, -, 8)$
$LB_5 := \max\{8+3, 9, 5+3; 9+2, 8, 8+4\} = 12$
$FE := \min\{11, 11\} = 11$ auf $i^* = 1$ (oder auch $i^* = 3$); Einplanen von A_{32}

$Pl_5 := < A_{21}, A_{11}, A_{22}, A_{31}, A_{23}, A_{12}, A_{32}]$; $A_5 := \{A_{13}(3), A_{33}(3)\}$; $\mathbf{FA} := (9, -, 11)$
$LB_5 := \max\{11, 9, 5+3; 9+2, 8, 11+1\} = 12$
$FE := \min\{11, 12\} = 11$ auf $i^* = 3$; Einplanen von A_{13} und anschließend von A_{33}

$Pl_5 := < A_{21}, A_{11}, A_{22}, A_{31}, A_{23}, A_{12}, A_{32}, A_{13}, A_{33}]$; $A_5 := \phi$
Zulässige Lösung mit Zykluszeit $UB := 12$.

P_6: $Pl_6 := < A_{21}, A_{11}, A_{22}, A_{31}, A_{32}]$; $A_6 := \{A_{12}(2), A_{23}(1), A_{33}(3)\}$; $\mathbf{FA} := (6, 9, 9)$
$LB_6 := \max\{9+3, 6+3, 5+3; 6+5, 9+3, 9+1\} = 12$; Ausloten wegen $LB_6 \geq UB$

P_4: $Pl_4 := < A_{21}, A_{11}, A_{22}, A_{12}]$; $A_4 := \{A_{13}(3), A_{23}(1), A_{31}(2)\}$; **FA**$:= (6,5,6)$
$LB_4 := \max\{3+6,\ 6+4,\ 5+3;\ 6+2,\ 5+3,\ 6+8\} = 14$; Ausloten wegen $LB_4 \geq UB$

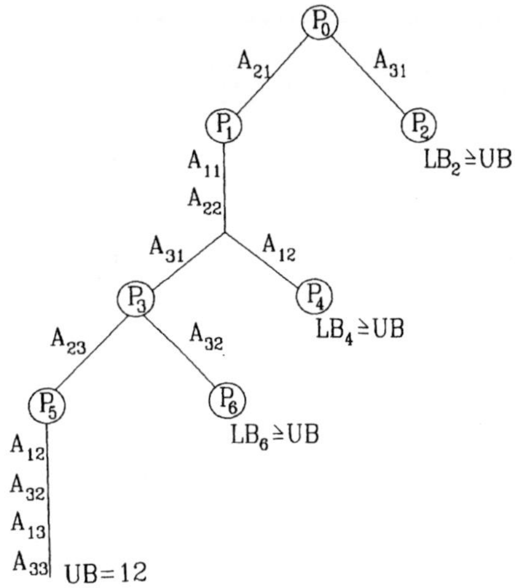

Abb. 5.60

P_2: $Pl_2 := < A_{31}]$; $A_2 := \{A_{11}(1), A_{21}(2), A_{32}(1)\}$; **FA**$:= (0,4,4)$
$LB_2 := \max\{0+9,\ 4+5,\ 0+6;\ 0+8,\ 4+8,\ 4+4\} = 12$; Ausloten wegen $LB_2 \geq UB$

Abb. 5.60 zeigt den B&B-Baum, der sich nach obigem Lösungsgang ergibt. Die ermittelte optimale Lösung wird durch das Gantt-Diagramm in Abb. 5.61 veranschaulicht.

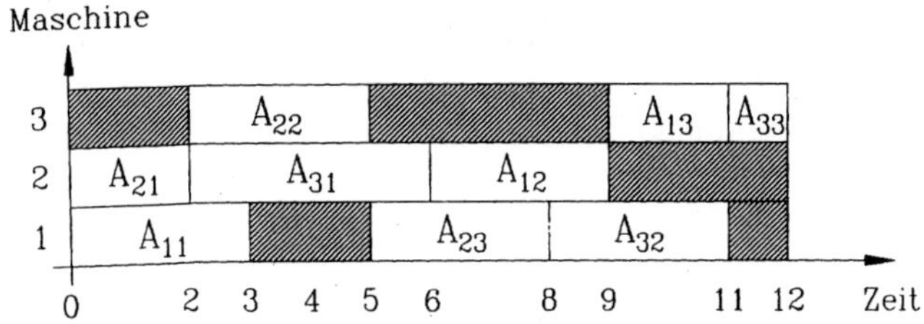

Abb. 5.61

5.6.4.2 Ein auf dem Konzept disjunktiver Graphen basierendes Verfahren

Wir beschreiben im folgenden die wesentlichen Komponenten eines B&B-Verfahrens für das Problem [J | | Z], das die Eigenschaften des Konzeptes disjunktiver Graphen intensiv ausnutzt. Das Verfahren zielt darauf ab, disjunktive Kanten so zu fixieren, daß möglichst frühzeitig gute zulässige Lösungen gefunden oder Knoten aufgrund scharfer unterer Schranken ausgelotet werden können. Dabei wird jedes **Teilproblem** durch eine Selektion disjunktiver Kanten bestimmt. Die Reihenfolge der Fixierungen spielt eine erhebliche Rolle für die Leistungsfähigkeit des Verfahrens.

Wesentliche Ideen zur Schrankenbestimmung basieren auf der Bildung von Ein-Maschinen-Problemen als Relaxationen; vgl. z.B. Bratley et al. (1973). Die grundsätzliche Vorgehensweise für das Verfahren findet sich in Carlier und Pinson (1989) sowie in einer Weiterentwicklung in Carlier und Pinson (1990). Verbesserungen lassen sich u.a. durch eine geschicktere Verzweigungsstrategie erzielen. Eine effiziente Art der Verzweigung basiert auf einer Idee von Grabowski et al. (1986) für Ein-Maschinen-Probleme und wird von Brucker et al. (1994) verwendet.[19] Unsere Ausführungen lehnen sich im wesentlichen an deren Beschreibung an. Eine weitere Art der Verzweigung findet man in Brucker et al. (1994).

Wir beginnen mit einer Beschreibung der Vorgehensweise zur Gewinnung oberer Schranken, da diese Ausgangspunkt für die Verzweigung von Teilproblemen sind. Anschließend gehen wir auf Möglichkeiten zur Bestimmung unterer Schranken und auf logische Tests ein.

Obere Schranken:

In jedem Teilproblem P_μ wird mit Hilfe einer Heuristik eine *lokale obere Schranke* UB_μ bestimmt. Zunächst berechnet man, ausgehend von der jeweils vorliegenden Selektion disjunktiver Kanten, neue Bereitstellungszeitpunkte a_{jh} und Nachlaufzeiten n_{jh} durch Bestimmung längster Wege im entsprechenden disjunktiven Graphen. Danach wird unter den einplanbaren Arbeitsgängen jeweils ein Arbeitsgang a* mit minimalem frühestem Fertigstellungszeitpunkt ermittelt (vgl. den Verzweigungsprozeß beim B&B-Verfahren in Kap. 5.6.4.1 sowie Bem. 5.31). Aus der Menge A der mit a* um die betreffende Maschine i* konkurrierenden Arbeitsgänge (inklusive a*) wird ein Arbeitsgang ausgewählt und eingeplant. Die Auswahl erfolgt anhand von unteren Schranken für die Zykluszeit, die durch Lösen von Ein-Maschinen-Problemen $[\,1 \mid pmtn, prec, a_j, n_j \mid Z\,]$ (siehe Bem. 5.8 c und 5.10 in Kap. 5.3.2.1) gewonnen werden. Dabei werden alle noch auf i* einzuplanenden Arbeitsgänge berücksichtigt und jeweils einer der Arbeitsgänge aus A als erster eingeplant. Ein solcher (erster) Arbeitsgang, der zur kleinsten Schranke führt, wird ausgewählt.

Die bisher beste lokale obere Schranke bestimmt jeweils den Wert der *globalen oberen Schranke* UB für die Zykluszeit einer optimalen Lösung.

Beispiel: Wir betrachten erneut das Problem aus Kap. 5.6.2.1 und bestimmen in P_0 eine lokale obere Schranke UB_0 mit der angegebenen Heuristik:

Iteration 1: $a^* = A_{21}$ auf Maschine $i^* = 2$; $A = \{A_{21}, A_{31}\}$;
Daten (a_{jh}, t_{jh}, n_{jh}) des Ein-Maschinen-Problems $[\,1 \mid pmtn, prec, a_j, n_j \mid Z\,]$ für Maschine 2:
$a_{12} := 3$; $a_{21} := 0$; $a_{31} := 0$; $t_{12} := 3$; $t_{21} = 2$; $t_{31} = 4$; $n_{12} := 2$; $n_{21} := 6$; $n_{31} := 4$
$Z = 11$ für A_{21} vor A_{31}; $Z = 12$ für A_{31} vor A_{21}; daher Einplanen von A_{21}

Iteration 2: Einplanen von $a^* = A_{11}$ auf $i^* = 1$ (keine konkurrierenden Arbeitsgänge)

Iteration 3: Einplanen von $a^* = A_{22}$ auf $i^* = 3$ (keine konkurrierenden Arbeitsgänge)

---

19 Ein Programmcode wird von den genannten Autoren zur Verfügung gestellt. Entsprechendes gilt für das Verfahren von Applegate und Cook (1991), das die in Kap. 5.6.2.4 beschriebenen Schnitte verwendet.

Iteration 4: $a^* = A_{12}$ auf Maschine $i^* = 2$; $A = \{A_{12}, A_{31}\}$;
Daten des Ein-Maschinen-Problems für Maschine 2:
$a_{12} := 3$; $a_{31} := 2$ (wegen Einplanung von A_{21}); $t_{12} = 3$; $t_{31} = 4$; $n_{12} := 2$; $n_{31} := 4$
$Z = 11$ für A_{31} vor A_{12}; $Z = 14$ für A_{12} vor A_{31}; daher Einplanen von A_{31}

Iteration 5: $a^* = A_{23}$ auf Maschine $i^* = 1$; $A = \{A_{23}, A_{32}\}$;
Daten des Ein-Maschinen-Problems für Maschine 1:
$a_{23} := 5$; $a_{32} := 6$; $t_{23} = 3$; $t_{32} = 3$; $n_{23} := 0$; $n_{32} := 1$
$Z = 11$ für A_{23} vor A_{32}; $Z = 12$ für A_{32} vor A_{23}; daher Einplanen von A_{23}

Iterationen 6-9: Einplanen von A_{12}, A_{32}, A_{13} und A_{33}.

Es ergibt sich die Lösung aus Abb. 5.61 mit $UB := UB_0 = 12$.

Verzweigung:

Wie bei den meisten B&B-Verfahren für Job Shop-Probleme erfolgt die Verzweigung von (Teil-) Problemen P_μ durch Fixierung von disjunktiven Kanten. Im Ausgangsproblem P_0 liegen keine Fixierungen vor. In jedem Problem P_μ wird von der zur Ermittlung der lokalen oberen Schranke berechneten heuristischen Lösung (also einer vollständigen Selektion) ausgegangen und ein kritischer Weg im korrespondierenden Ablaufgraphen ermittelt. Auf dem kritischen Weg werden Teilfolgen (Teilwege) von Arbeitsgängen bestimmt, die auf derselben Maschine bearbeitet werden müssen. Enthält eine solche Teilfolge eine maximale Anzahl an Elementen (mindestens zwei), so wird sie als **Block** bezeichnet (vgl. Grabowski et al. (1986) sowie Kap. 5.3.2.1). Die p verschiedenen Blöcke des kritischen Weges sollen in der Reihenfolge ihres Auftretens mit B_k $(k = 1,...,p)$ bezeichnet werden.

Auf dem kritischen Weg der in Abb. 5.51 und 5.52 (Kap. 5.6.2.1) angegebenen Lösung unseres Beispiels gibt es einen einzigen Block $B_1 = \{A_{32}, A_{11}\}$ auf Maschine 1. Bei der Lösung mit $Z = 12$ in Abb. 5.61 existieren z.B. die Blöcke $B_1 = \{A_{21}, A_{31}, A_{12}\}$ und $B_2 = \{A_{13}, A_{33}\}$.

Die Vorgehensweise zur Verzweigung beruht nun auf folgender Überlegung: Wenn die heuristische Lösung mit Zielfunktionswert UB_μ verbessert werden soll, so muß mindestens ein Arbeitsgang, der bisher nicht am Beginn oder am Ende eines Blockes eingeplant ist, entweder vor oder nach allen anderen Arbeitsgängen des Blockes eingeplant werden. Dies läßt sich wie folgt begründen:

- Zwischen den Arbeitsgängen eines Blockes tritt keine Leerzeit auf, da sie sich auf dem kritischen Weg befinden. Somit läßt sich die Lösung höchstens durch eine Verschiebung mit Reihenfolgeänderung auf dem kritischen Weg verbessern.

- Ein Vertauschen zweier Elemente, die nicht am Beginn oder Ende eines Blockes liegen, führt nicht zu einer Verbesserung der Lösung. Dies rührt daher, daß die Summe der Bearbeitungszeiten konstant ist und nur der Bereitstellungszeitpunkt des ersten und die Nachlaufzeit des letzten Arbeitsganges innerhalb des Blockes Auswirkungen auf die Zykluszeit haben können; vgl. Satz 5.1 in Kap. 5.3.2.1 und dessen Beweis sowie die unten angegebene Bedingung (5.65).

Daher werden für jeden Block $B_k = <b_{k1}, b_{k2}, ..., b_{k,l(k)}]$ mit Länge l(k) die Menge der **Beginnkandidaten** BK_k und die Menge der **Endekandidaten** EK_k wie folgt gebildet:[20]

$$BK_k := B_k - \{b_{k1}\} \quad \text{und} \quad EK_k := B_k - \{b_{k1}, b_{k,l(k)}\} \qquad \text{für alle } k = 1,...,p$$

Ausgehend vom kritischen Weg werden für jeden Block B_k folgende Pfeilmengen definiert, die festlegen, daß b_{k1} als erster und $b_{k,l(k)}$ als letzter Arbeitsgang des Blockes durchzuführen sind:

$$E'_k := \{(b_{k1}, j) \mid j \in BK_k\} \quad \text{und} \quad E''_k := \{(j, b_{k,l(k)}) \mid j \in EK_k\} \qquad \text{für alle } k = 1,...,p$$

Darüber hinaus betrachten wir eine **Liste** $L = <\mathcal{P}_1, \mathcal{P}_2, ..., \mathcal{P}_{2p}]$ der Pfeilmengen E'_k und E''_k, die durch Sortierung der Blöcke nach monoton abnehmender Länge entsteht. Dabei wird für jeden Block B_k die Pfeilmenge E'_k unmittelbar vor E''_k angeordnet.

Verzweigungsalgorithmus:

Ein Teilproblem P_μ wird unter Verwendung der Liste L durch Fixierung jedes Beginnkandidaten (Endekandidaten) am Beginn (Ende) seines Blockes wie folgt in mindestens zwei Teilprobleme verzweigt:

for k:= 1 **to** p **do**
begin

Teil a:

bestimme den Index q, so daß $\mathcal{P}_q = E'_k$ gilt;
for (all) $b \in BK_k$ **do**
bilde ein Teilproblem von P_μ durch Fixierung aller Pfeile der ersten q–1 Pfeilmengen $\mathcal{P}_1, \mathcal{P}_2, ..., \mathcal{P}_{q-1}$ von L sowie durch Fixierung der Pfeilmenge $\{(b, j) \mid j \in B_k - \{b\}\}$, die bewirkt, daß Arbeitsgang b vor allen anderen Arbeitsgängen des Blockes B_k durchzuführen ist;

Teil b:

bestimme den Index q, so daß $\mathcal{P}_q = E''_k$ gilt;
for (all) $e \in EK_k$ **do**
bilde ein Teilproblem von P_μ durch Fixierung aller Pfeile der ersten q–1 Pfeilmengen $\mathcal{P}_1, \mathcal{P}_2, ..., \mathcal{P}_{q-1}$ von L sowie durch Fixierung der Pfeilmenge $\{(j, e) \mid j \in B_k - \{e\}\}$, die bewirkt, daß Arbeitsgang e nach allen anderen Arbeitsgängen des Blockes B_k durchzuführen ist;

end;

* * *

Dadurch entstehen in jedem Knoten des B&B-Baumes für den k-ten Block l(k)–1 Teilprobleme in Teil a und l(k)–2 Teilprobleme in Teil b. Dies bedeutet, daß in jedem Knoten des B&B-Baumes insgesamt $\sum_{k=1}^{p} (2 \cdot l(k) - 3)$ Teilprobleme zu bilden sind.

20 Sind schon disjunktive Kanten fixiert, so ist dies bei der Bestimmung der Beginn- und Endekandidaten zur Vermeidung von Zyklen zu berücksichtigen. Die Länge l(k) eines Blockes B_k entspricht der Anzahl der in ihm enthaltenen Arbeitsgänge.

Die Vorgehensweise des Verzweigungsalgorithmus ähnelt derjenigen bei Subtour-Eliminations-Verfahren für das TSP; vgl. Domschke (1997, S. 100 ff.).

Bei den ersten $l(1)-1$ zu bildenden Teilproblemen in Teil a von Iteration 1 wird b_{11} dadurch als erster Arbeitsgang von B_1 verboten, daß jeweils ein anderer Arbeitsgang $j \in B_1$ an den Beginn von B_1 fixiert wird.

Bei den nächsten $l(1)-2$ Teilproblemen in Teil b wird b_{11} an den Beginn von B_1 fixiert, während $b_{1,l(1)}$ als letzter Arbeitsgang verboten wird, indem $b_{12},...,b_{1,l(1)-1}$ an das Ende von B_1 fixiert werden. b_{11} ist kein Endekandidat, da ansonsten im disjunktiven Graphen ein Zyklus entstünde.

In Teil a der zweiten Iteration werden b_{11} an den Beginn und $b_{1,l(1)}$ an das Ende von B_1 fixiert. Block B_2 wird nun genauso behandelt wie Block B_1 in Teil a der ersten Iteration.

Auf diese Weise erhält man durch die Verzweigung von P_μ disjunkte Teilprobleme, da in jedem Teilproblem ein Arbeitsgang an den Beginn oder das Ende fixiert ist, der in keinem der anderen dort angeordnet werden kann. Die Vereinigungsmenge der zulässigen Bereiche aller gebildeten Teilprobleme umfaßt sämtliche zulässigen Lösungen, die nicht die Pfeilmenge $\mathcal{P} = \mathcal{P}_1 \cup \mathcal{P}_2 \cup ... \cup \mathcal{P}_{2p}$ enthalten. Lösungen, bei denen $\mathcal{P}$ fixiert ist, können außer acht gelassen werden (ein entsprechendes Teilproblem ist nicht zu bilden), da sie keinen besseren Zielfunktionswert als UB_μ aufweisen können. Dies beruht darauf, daß in jeder derartigen Lösung mindestens ein Weg mit Länge UB_μ existiert.

Beispiel: Ausgehend von der oben angegebenen heuristischen Lösung mit $UB_0 = 12$, führen wir die Verzweigung von P_0 durch. Es gilt: $B_1 = \{A_{21}, A_{31}, A_{12}\}$ und $B_2 = \{A_{13}, A_{33}\}$

$BK_1 := \{A_{31}, A_{12}\}$; $EK_1 := \{A_{31}\}$; $BK_2 := \{A_{33}\}$; $EK_2 := \phi$

$E_1' := \{(A_{21}, A_{31}), (A_{21}, A_{12})\}$; $E_1'' := \{(A_{31}, A_{12})\}$

$E_2' := \{(A_{13}, A_{33})\}$; $E_2'' := \phi$; $L := < E_1', E_1'', E_2', E_2'']$

Iteration $k=1$:

Teil a:

$q=1$ $b = A_{31}$: Problem $\mathbf{P_1}$ mit Fixierung der Pfeile (A_{31}, A_{21}) und (A_{31}, A_{12})

$b = A_{12}$: Problem $\mathbf{P_2}$ mit Fixierung von (A_{12}, A_{31}) und (A_{12}, A_{21})

Teil b:

$q=2$ $e = A_{31}$: Problem $\mathbf{P_3}$ mit Fixierung von (A_{21}, A_{31}) und (A_{21}, A_{12}) aus E_1' sowie von (A_{12}, A_{31}) und (A_{21}, A_{31}), damit A_{31} an das Ende von B_1 gelangt

Iteration $k=2$:

Teil a:

$q=3$ $b = A_{33}$: Problem $\mathbf{P_4}$ mit Fixierung von (A_{21}, A_{31}), (A_{21}, A_{12}), (A_{31}, A_{12}) aus E_1' und E_1'' sowie von (A_{33}, A_{13}), damit A_{33} an den Anfang von B_2 gelangt

Teil b entfällt.

Die Bildung der Teilprobleme und ihre Speicherung in der Kandiatenliste erfolgt gemäß der LIFO-Strategie in Form der reinen Tiefensuche, um möglichst schnell gute obere Schranken zu bekommen. Grundsätzlich ist die Reihenfolge, in der die Teilprobleme von P_μ mit obigem Verzweigungsalgorithmus gebildet werden, beliebig. Brucker et al. (1994) schlagen als günstige Regel vor, die Teilprobleme in der Reihenfolge monoton wachsender Bereitstellungszeitpunkte bzw. Nachlaufzeiten des jeweils betrachteten Arbeitsganges b bzw. e zu erzeugen.

Untere Schranken:

Zur Berechnung unterer Schranken LB_μ können z.B. die in Kap. 5.6.2.4 angegebenen Relaxationen mit Ein-Maschinen- bzw. Zwei-Auftrags-Problemen verwendet werden.

Brucker et al. (1994) schlagen folgende Vorgehensweise zur Bestimmung von LB_μ an verschiedenen Stellen des B&B-Verfahrens vor:

1. Berechnung des frühesten Fertigstellungszeitpunktes $F_b(B)$ eines Blockes B, wenn während der Verzweigung durch Fixierung ein Arbeitsgang b vor allen anderen Arbeitsgängen von B eingeplant wird:

$$F_b(B) := a(b) + t(b) + \max\{\max\{t(j) + n(j) \mid j \in B - \{b\}\},\ \sum_{\substack{j \in B \\ j \neq b}} t(j) + \min\{n(j) \mid j \in B - \{b\}\}\}$$

   Analog können früheste Fertigstellungszeitpunkte $F_e(B)$ für den Fall, daß ein Arbeitsgang e nach allen anderen Arbeitsgängen eines Blockes B eingeplant wird, berechnet werden:

$$F_e(B) := \max\{\max\{a(j) + t(j) \mid j \in B - \{e\}\}, \min\{a(j) \mid j \in B - \{e\}\} + \sum_{\substack{j \in B \\ j \neq e}} t(j)\} + t(e) + n(e)$$

2. Während der Berechnung von Bereitstellungszeitpunkten und Nachlaufzeiten entsteht für jeden Arbeitsgang j (inklusive Quelle und Senke des disjunktiven Graphen) eine untere Schranke $LB_\mu(j) := a(j) + t(j) + n(j)$.

3. Mit Hilfe der während der Bestimmung oberer Schranken zu lösenden Ein-Maschinen-Probleme $[\,1 \mid pmtn, prec, a_j, n_j \mid Z\,]$ ergeben sich ebenfalls untere Schranken für die Zykluszeit des betrachteten Job Shop-Problems.

Die untere Schranke LB_μ ergibt sich aus dem Maximum der gemäß obiger Vorschriften berechneten Schranken.

Beispiel: Wir betrachten das oben gebildete Teilproblem P_2 mit Fixierung von (A_{12}, A_{31}) und (A_{12}, A_{21}). Es gilt mit $b = A_{12}$:

1. $F_b(B_1) := 3 + 3 + \max\{\max\{2+6, 4+4\}, 6 + \min\{6,4\}\} = 6 + \max\{8, 10\} = 16$

2. Für Arbeitsgang $j = A_{31}$ ergibt sich mit den Daten $a(j) := 6$ (wegen A_{12} vor A_{31}), $t(j) = 4$ und $n(j) = 4$ eine untere Schranke von 14.

3. Auf Maschine 2 ist u.a. das Ein-Maschinen-Problem mit den Arbeitsgängen (Aufträgen) A_{21} und A_{31} und den Daten $a_{21} = a_{31} := 6$ (wegen Einplanung von A_{12} vor A_{21} und A_{31}), $t_{21} = 2$, $t_{31} = 4$, $n_{21} = 6$ und $n_{31} = 4$ zu lösen. Es ergibt sich eine untere Schranke von 16.

Die angegebenen Schrankenberechnungen führen für P_2 zu einer unteren Schranke $LB_2 = 16$.

Ausloten:

Ein Teilproblem kann ausgelotet werden, wenn $LB_\mu \geq UB$ gilt. Eine vollständige Selektion (also eine zulässige Lösung) liegt vor oder kann erzeugt werden, wenn auf dem kritischen Weg keine Blöcke existieren oder aufgrund von Fixierungen für letztere keine Beginn- und Endekandidaten vorhanden sind. In diesem Fall ist das betrachtete Teilproblem voll verzweigt und kann ausgelotet werden.

Falls während der Fixierung disjunktiver Kanten im Ablaufgraphen Zyklen entstehen, kann das entsprechende Teilproblem ausgelotet werden. Zyklen können im Rahmen der Berechnung von Vor- und Nachlaufzeiten festgestellt werden.

In unserem **Beispiel** können neben P_2 mit $LB_2 = 16 \geq UB$ alle anderen Teilprobleme ebenfalls ausgelotet werden, und die Lösung mit UB = 12 ist optimal:

Für P_1 erhält man beim Verzweigen mit $b = A_{31}$ den Fertigstellungszeitpunkt $F_b(B_1) := 4 + \max\{\max\{3+2, 2+6\}, 5 + \min\{2,6\}\} = 12$.
Für P_3 ergibt sich mit $e = A_{31}$ der Wert $F_e(B_1) := \max\{\max\{3+3, 0+2\}, \min\{0,2\} + 5\} + 4 + 4 = 14$ und für P_4 mit $b = A_{33}$ der Wert $F_b(B_2) := 9 + 1 + 2 + 0 = 12$.
Dies bedeutet, daß LB_1, LB_3 und LB_4 mindestens so groß wie UB sind.

Logische Tests:

Um in einem Teilproblem zusätzliche Fixierungen vorzunehmen, schlagen Carlier und Pinson (1989) vor, für jede Maschine i folgende Bedingungen zu überprüfen. Dabei bezeichne A eine mindestens zweielementige Teilmenge aller Arbeitsgänge auf der betrachteten Maschine und c einen Arbeitsgang, der auf derselben Maschine auszuführen, aber nicht in A enthalten ist:

$$a(c) + t(c) + \sum_{j \in A} t(j) + \min\{n(j) \mid j \in A\} \geq UB \tag{5.63}$$

$$\min\{a(j) \mid j \in A\} + \sum_{j \in A} t(j) + t(c) + n(c) \geq UB \tag{5.64}$$

$$\min\{a(j) \mid j \in A\} + \sum_{j \in A} t(j) + t(c) + \min\{n(j) \mid j \in A\} \geq UB \tag{5.65}$$

Die linke Seite der Bedingung (5.63) beschreibt eine untere Schranke für den Fall, daß ein Arbeitsgang c vor allen anderen Arbeitsgängen aus A auf der Maschine eingeplant wird. Entsprechendes gibt (5.64) für c als letzten Arbeitsgang auf der Maschine an. Die linke Seite von (5.65) enthält eine untere Schranke für den Fall, daß c weder erster noch letzter Arbeitsgang ist (vgl. Satz 5.1 in Kap. 5.3.2.1).

Damit ergibt sich der folgende *logische Test* zur zusätzlichen Fixierung von disjunktiven Kanten in einem Teilproblem P_μ:

a) Falls für einen Arbeitsgang $c \notin A$ die Bedingungen (5.63) und (5.65) gelten, so können die Pfeile (j,c) mit $j \in A$ fixiert werden.

b) Falls für einen Arbeitsgang $c \notin A$ die Bedingungen (5.64) und (5.65) gelten, so können die Pfeile (c,j) mit $j \in A$ fixiert werden.

Weitere Verfahren und numerische Ergebnisse:

Weitere B&B-Verfahren für [J | | Z] stammen z.B. von Charlton und Death (1969; vgl. auch Kap. 4.3.4.2), von McMahon und Florian (1975) sowie von Applegate und Cook (1991).

Brucker et al. (1994) testen ihr Verfahren für eine Reihe von Problemen aus der Literatur. Darunter befindet sich ein sehr bekanntes Problem mit 10 Maschinen und 10 Aufträgen, das von Muth und Thompson (1963) angegeben wurde und erst durch das B&B-Verfahren von Carlier und Pinson (1989) exakt gelöst werden konnte.

Brucker et al. stellen fest, daß ihr Verfahren für die meisten Testprobleme mit 5 Maschinen und bis zu 20 Aufträgen bzw. mit 10 Maschinen und 10 oder 30 Aufträgen sehr schnell optimale Lösungen lieferte. Bei Problemen mit 10 Maschinen und 15 oder 20 Aufträgen bzw. mit 15 Maschinen und 15 Aufträgen können nur wenige Probleme (bei sehr hohen Rechenzeiten) exakt gelöst werden. Bei Abbruch des Verfahrens ohne den Nachweis einer optimalen Lösung werden zwar häufig die heuristischen Lösungen des Shifting Bottleneck-Verfahrens von Adams et al. (1988) verbessert, jedoch mit sehr viel höherem Rechenaufwand erkauft.
Für einen Großteil der Datensätze von Adams et al. werden auch in den Arbeiten von Carlier und Pinson (1990, 1994) sowie Applegate und Cook (1991) Ergebnisse angegeben. Eine Dominanz eines der Verfahren über die anderen kann daraus jedoch nicht abgeleitet werden. Auffällig ist, daß bei Problemen mit 15 Maschinen und 15 Aufträgen die Rechenzeiten bei Brucker et al. deutlich über denjenigen der anderen Verfahren liegen bzw. die Qualität der Schranken schlechter ist.

5.6.5 Weitere Modelle

Abschließend skizzieren wir einige Modifikationen des bisher betrachteten Problems [J | | Z]. Wir gehen zunächst auf andere Zielsetzungen und eine spezielle Auftragscharakteristik ein. Es folgen zwei praxisrelevante Verallgemeinerungen des Job Shop-Problems. Zum einen weichen wir von der bisherigen Annahme ab, daß jeder Arbeitsgang genau einer Maschine zugeordnet ist, zum anderen davon, daß Arbeitsgangfolgen fest vorgegeben sind. Ferner lassen sich analog der Definition von Hybrid-Flow Shop-Problemen in Kap. 5.5.8 auch Hybrid-Job Shop-Probleme betrachten; vgl. Voß (1997) für eine Übersicht hierzu.

Weitere Zielsetzungen:

Die grundsätzlichen Überlegungen für [J | | Z] sind auf modifizierte Zielsetzungen übertragbar. Dies betrifft insbesondere das Konzept disjunktiver Graphen und die darauf basierenden Algorithmen.

[J | | V]: Eine mathematische Formulierung sowie eine Dekompositionsheuristik beschreiben Raman und Talbot (1993). Wilhelm (1994) korrigiert dieses Modell und weist auf einfache Verallgemeinerungsmöglichkeiten z.B. für Hybrid-Job Shop-Probleme hin. Eine Übersicht über mögliche Prioritätsregeln gibt Baker (1984). Es zeigt sich dabei, daß die wesentlichen Überlegungen von den bereits bekannten Prioritätsregeln wie z.B. der EDD-Regel ausgehen.

Darüber hinaus werden in einigen weiteren Regeln die gewünschten Fertigstellungstermine zusammen mit Wartezeiten oder summierten "Restbearbeitungszeiten" (vgl. die SRPT-Regel) berücksichtigt.

Die *Kürzeste-Schlupfzeitregel* basiert auf zeitbezogenen Rangwerten $RW_j(t) := f_j - t - tr_j(t)$, wobei $tr_j(t)$ die zum Zeitpunkt t verbleibende Restbearbeitungszeit des Auftrags j beschreibt.

Vepsalainen und Morton (1987) verallgemeinern eine Reihe von Regeln für die Behandlung von [J | | V^ω].

[J | | K_T]: Das Problem mit $K_T = \sum_{j=1}^{n} |T_j|$ wird z.B. von Storer et al. (1992 b) behandelt. Die Autoren beschreiben einen genetischen Algorithmus analog der in Kap. 5.6.3.1 angegebenen Vorgehensweise.

No wait Job Shop:

Wir betrachten das Problem [J | no wait, no passing | Z]. Wir erlauben, daß ein Auftrag mit mehreren, jedoch nicht unmittelbar aufeinanderfolgenden Arbeitsgängen auf einer Maschine zu bearbeiten ist. Jeder Auftrag wird dabei auf jeder Maschine mindestens einmal bearbeitet. Ein einmal (mit seinem ersten Arbeitsgang) begonnener Auftrag darf bis zu seiner vollständigen Fertigstellung weder unterbrochen werden, noch vor einer der Maschinen warten (no wait). Die sehr restriktive Auftragscharakteristik no passing bedeutet, daß die zu bestimmenden Auftragsfolgen für alle Maschinen identisch sind; erst wenn der letzte Arbeitsgang eines Auftrages auf einer Maschine gefertigt ist, kann dort ein anderer Auftrag begonnen werden.

Unter diesen Annahmen läßt sich eine Formulierung des Problems als TSP angeben; siehe Lenstra und Rinnooy Kan (1975).

Probleme mit Mehrzweckmaschinen

Eine wesentliche Eigenschaft flexibler Fertigungssysteme ist, daß Aufträge nicht grundsätzlich auf fest vorgegebenen Maschinen zu fertigen sind, sondern in Abhängigkeit von der jeweiligen Werkzeugausstattung wahlweise auf einer von mehreren Maschinen. Im Gegensatz zu unseren bisherigen Annahmen sind in diesem Fall keine festen Maschinenfolgen μ_j für jeden Auftrag j gegeben. Für entsprechende Job Shop-Probleme läßt sich jedem Arbeitsgang A_{jh} eines Auftrags j eine Menge von sogenannten *Mehrzweckmaschinen* $\mathcal{M}_{jh}$ zuordnen. Bei der Bestimmung von Ablaufplänen ist nun simultan zur Bestimmung der Auftragsfolgen festzulegen, auf welcher Maschine die einzelnen Arbeitsgänge jeweils auszuführen sind.

Brucker und Schlie (1990) betrachten derartige Probleme mit der Zielsetzung der Zykluszeitminimierung für n=2 Aufträge unter der vereinfachenden Annahme, daß die Bearbeitungszeiten t_{jh} der einzelnen Arbeitsgänge A_{jh} auf jeder Maschine aus $\mathcal{M}_{jh}$ identisch sind. Die Autoren zeigen, daß sich für diesen Fall das Verfahren von Akers (vgl. Kap. 5.2) verallgemeinern läßt und beschreiben einen entsprechenden Algorithmus.

Insbesondere bei Problemen mit Mehrzweckmaschinen im Rahmen von flexiblen Fertigungssystemen können gegebenenfalls Aspekte der Werkzeugbestückung in Form zusätzlicher Nebenbedingungen (engl. *tooling constraints*) zu berücksichtigen sein. Dies kann auch die Bereitstellung von Arbeitskräften als zusätzliche Ressourcen betreffen. Eine Simulationsstudie zu derartigen Problemen unter Berücksichtigung reihenfolgeabhängiger Rüstzeiten findet sich z.B. bei Ghosh et al. (1992).

Probleme mit verallgemeinerten Arbeitsgangfolgebeziehungen

In Kap. 5.1 sind wir davon ausgegangen, daß technologisch determinierte Arbeitsgangfolgen eine feste Reihenfolge vorgeben, in der die Arbeitsgänge eines Auftrags durchzuführen sind. Derartige Arbeitsgangfolgen lassen sich auch als Vorranggraphen mit Vorrangstrenge 1 (vgl. Def. 4.1 und 4.3) bzw. als serielle Produktstruktur auffassen. Eine realistische Verallgemeinerung dieser Voraussetzung besteht darin, allgemeine Vorranggraphen zur Beschreibung der Beziehungen zwischen den Arbeitsgängen zuzulassen. Dies läßt sich mit der in Kap. 5.1 beschriebenen Modifikation der Auftragscharakteristik β_3 darstellen, wobei sich die zu bildenden Reihenfolgebeziehungen jeweils nur auf einen Auftrag beziehen.

Zur heuristischen Lösung derartiger Probleme lassen sich unmittelbar Prioritätsregelverfahren anwenden, wie wir sie in Kap. 5.6.3.1 und Kap. 4.3.2.1 beschrieben haben; vgl. z.B. Fox (1987). Entsprechende Modifikationen der exakten Verfahren (s. Kap. 5.6.4) sind ebenfalls denkbar.

Gravel et al. (1992) berichten von einer Simulationsstudie für derartige Probleme unter Berücksichtigung des Kanban-Prinzips.

5.6.6 Bezüge zur Projektplanung unter Kapazitätsrestriktionen

Zwischen dem von uns in Kap. 5.6 hauptsächlich betrachteten Modell [J | | Z] und Modellen der Projektplanung unter Berücksichtigung von Kapazitätsrestriktionen bestehen enge Beziehungen. Auch dort interessiert man sich für die Minimierung der Projektdauer, d.h. der Zykluszeit. Als exakte Verfahren existieren B&B-Verfahren, die ebenfalls auf dem Konzept disjunktiver Graphen beruhen; vgl. u.a. Balas (1971) oder Bartusch (1983). Neuere B&B-Verfahren stammen von Demeulemeester und Herroelen (1992), Mingozzi et al. (1995), Brucker et al. (1996) sowie Sprecher (1996). Vielfältige Möglichkeiten zur Berechnung unterer Schranken beschreiben Klein und Scholl (1997). Ferner lassen sich Heuristiken wie z.B. Prioritätsregelverfahren auf beide Problemstellungen gleichermaßen anwenden. Vgl. zu Modellen der Projektplanung unter Berücksichtigung von Kapazitätsrestriktionen und Lösungsmöglichkeiten z.B. den Sammelband von Slowinski und Weglarz (1989) sowie die Übersichtsartikel Domschke und Drexl (1991) oder Drexl et al. (1997) und die dort angegebene Literatur.

5.7 Open Shop-Probleme

Im Gegensatz zu anderen "Shop-Problemen" besitzen Open Shop-Probleme weder Arbeitsgang- noch Maschinenfolgen. Im Vergleich mit der Vielzahl an Veröffentlichen zu Flow Shop und Job Shop existieren zum Open Shop bislang nur sehr wenige Arbeiten; diese beschäftigen sich vorwiegend mit Zwei-Maschinen-Problemen. Wir geben daher zunächst einen Überblick über Modelle und Lösungsmöglichkeiten im Zwei-Maschinen-Fall. In Kap. 5.7.2 beschreiben wir den Algorithmus von Gonzalez und Sahni für das Problem [O2 | | Z], betrachten in Kap. 5.7.3 kurz weitere Zielsetzungen und schließen das Kapitel mit einigen Hinweisen, wie sich Open Shop-Probleme mit Aspekten des Flow Shop und des Job Shop kombinieren lassen.

5.7.1 Ein Überblick zu Zwei-Maschinen-Problemen

Tab. 5.24 enthält einen Überblick über Arbeiten, die sich mit Zwei-Maschinen-Open Shop-Problemen beschäftigen. Weitere Hinweise zu allgemeineren Open Shop-Problemen geben wir im folgenden Text.

Ziel	β	Komplexität	Literatur / Bemerkungen
Z	o	O(n)	Gonzalez und Sahni (1976); **vgl. Kap. 5.7.2**; das Verfahren läßt sich unverändert für [O2 | pmtn | Z] anwenden
	a_j	NP-schwer	Lawler et al. (1981)
	pmtn, a_j	O(n)	Lawler et al. (1981)
	tree	NP-schwer	s. Lawler et al. (1993)
	no wait	NP-schwer	Sahni und Cho (1979)
T_{max}	o	NP-schwer	Lawler et al. (1981)
	pmtn	O(n)	Lawler et al. (1981)
D	o	NP-schwer	Achugbue und Chin (1982)
	pmtn	NP-schwer	Du und Leung (1993)
	pmtn, f_j	NP-schwer	Liu und Bulfin (1985)

Tab. 5.24: [O2 | ... | ...]

5.7.2 Minimierung der Zykluszeit

In diesem Abschnitt beschreiben wir ein grundlegendes Verfahren zur exakten Lösung von [O2 | | Z], das Verfahren von Gonzalez und Sahni (1976).

Bezeichnet man mit $\bar{M}_i := \sum_{j=1}^{n} t_{ji}$ die Summe aller Bearbeitungszeiten auf Maschine i, so läßt sich der optimale Zielfunktionswert Z* des betrachteten Problems wie folgt bestimmen:

$$Z^* = \max \{ \bar{M}_1, \bar{M}_2, \max \{ t_{j1} + t_{j2} \mid j = 1,...,n \} \} \tag{5.66}$$

Mit dem folgenden Algorithmus wird konstruktiv ein optimaler Ablaufplan mit der Zykluszeit Z* entwickelt.

Algorithmus von Gonzalez und Sahni

Voraussetzung: Daten eines Problems $[\,O2\,|\;|\,Z\,]$;

J Menge der auszuführenden Aufträge

Start:

Berechne $\bar{M}_i := \sum_{j=1}^{n} t_{ji}$ für i = 1, 2 und bestimme ein $\iota \in J$ mit $t_{\iota 1} + t_{\iota 2} = \max\{t_{j1} + t_{j2} \mid j \in J\}$.

Durchführung und Ergebnis:

Fall 1 $(Z^* = t_{\iota 1} + t_{\iota 2})$:

Sei $J' := J - \{\iota\}$. Wegen $\bar{M}_i \le t_{\iota 1} + t_{\iota 2}$ für i = 1, 2 (d.h. $\bar{M}_1 - t_{\iota 2} \le t_{\iota 1}$ und $\bar{M}_2 - t_{\iota 1} \le t_{\iota 2}$) bilden $<\iota, J']$ als Auftragsfolge auf M_1 und $<J', \iota]$ als Auftragsfolge auf M_2 einen optimalen Ablaufplan. Dabei spielt die Reihenfolge der Aufträge in J' keine Rolle.

Fall 2 $(Z^* = \bar{M}_1$ oder $Z^* = \bar{M}_2)$:

Unterteile die Menge J der Auftäge in zwei disjunkte Teilmengen $J_1 := \{j \mid t_{j1} \le t_{j2}\}$ und $J_2 := \{j \mid t_{j1} > t_{j2}\}$.

Fall 2a $(J_2 = \phi$ und damit $Z^* = \bar{M}_2)$: Wähle einen Auftrag q mit $t_{q2} \ge \max\{t_{j1} \mid j \in J\}$ und bilde $J' := J - \{q\}$.

Die Auftragsfolgen $<J', q]$ auf M_1 und $<q, J']$ auf M_2 bilden einen optimalen Ablaufplan; dabei ist die Reihenfolge in J' beliebig, aber auf beiden Maschinen identisch.

Fall 2b $(J_1 = \phi$ und damit $Z^* = \bar{M}_1)$: Wähle einen Auftrag r mit $t_{r1} \ge \max\{t_{j2} \mid j \in J\}$ und bilde $J' := J - \{r\}$.

Die Auftragsfolgen $<r, J']$ auf M_1 und $<J', r]$ auf M_2 bilden einen optimalen Ablaufplan; dabei ist die Reihenfolge in J' beliebig, aber auf beiden Maschinen identisch.

Fall 2c $(J_1 \ne \phi, J_2 \ne \phi)$:

Wähle zwei beliebige Aufträge q und r mit $t_{q2} \ge \max\{t_{j1} \mid j \in J_1\}$ und $t_{r1} \ge \max\{t_{j2} \mid j \in J_2\}$ und bilde $J_1' := J_1 - \{q,r\}$ sowie $J_2' := J_2 - \{q,r\}$.

Berechne $\Delta := (\bar{M}_1 - t_{q1}) - (\bar{M}_2 - t_{r2})$.

if $\Delta \ge 0$ **then**

die Auftragsfolgen $<q, J_1', J_2', r]$ auf M_1 und $<r, q, J_1', J_2']$ auf M_2 bilden einen optimalen Plan, wobei die Reihenfolge in J_1' und J_2' beliebig, aber auf beiden Maschinen identisch ist

else

die Auftragsfolgen $<J_1', J_2', r, q]$ auf M_1 und $<q, J_1', J_2', r]$ auf M_2 bilden einen optimalen Plan, wobei die Reihenfolge in J_1' und J_2' beliebig, aber auf beiden Maschinen identisch ist

* * *

Bemerkung 5.32: Im Fall 1 ergibt sich eine Leerzeit von $Z^* - \bar{M}_1$ auf der ersten Maschine und eine Leerzeit von $Z^* - \bar{M}_2$ auf der zweiten Maschine. Im Fall 2 gibt es stets eine Lösung, bei der auf mindestens einer Maschine keine Leerzeit entsteht; die Leerzeit der jeweils anderen Maschine beträgt $|\bar{M}_1 - \bar{M}_2|$. Für $\bar{M}_1 = \bar{M}_2$ weisen demzufolge beide Maschinen keine Leerzeiten auf. Treten Leerzeiten auf, so läßt sich in der Regel eine Vielzahl optimaler Pläne mit unterschiedlicher Lage der Leerzeiten entwickeln.

Der Beweis dafür, daß die Vorgehensweise einen optimalen Plan liefert, erfordert für Fall 2c eine Reihe von Fallunterscheidungen.

Beispiel: Wir betrachten ein Problem mit n = 9 Aufträgen und folgenden Bearbeitungszeiten:

j	1	2	3	4	5	6	7	8	9
t_{j1}	3	2	3	2	1	2	2	3	4
t_{j2}	4	3	3	2	1	1	1	2	3

Es liegt Fall 2c mit $J_1 = \{1,2,3,4,5\}$ und $J_2 = \{6,7,8,9\}$ sowie z.B. q = 1 und r = 9 vor. Den Lösungsgang sowie eine optimale Lösung veranschaulicht Abb. 5.62. Die Leerzeit auf Maschine 1 könnte z.B. auch am Ende der Fertigung eingeplant werden.

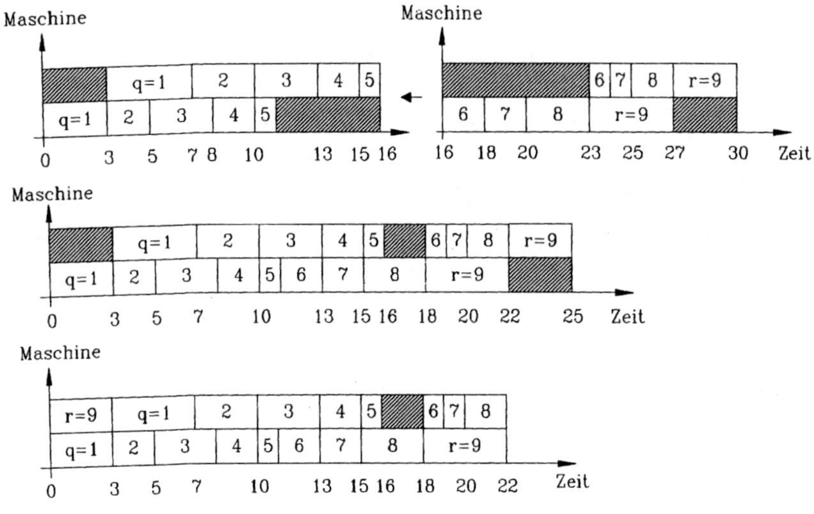

Abb.5.62

Der Algorithmus von Gonzalez und Sahni läßt sich auf spezielle Drei-Maschinen-Probleme übertragen, wenn eine der Maschinen durch die anderen dominiert wird; vgl. Adiri und Aizikowitz (1989). Die Vorgehensweise verläuft dabei analog derjenigen für entsprechende Flow Shop-Probleme, wie wir sie in Kap. 5.5.1.1 beschrieben haben.

Im Gegensatz zu [O2 | | Z] sind allgemeinere Probleme, d.h. [Om | | Z] für festes $m \geq 3$ sowie [O | | Z], NP-schwer; vgl. Gonzalez und Sahni (1976). Heuristiken zu [O | | Z] beschreiben z.B. Achugbue und Chin (1982); zu einem sehr einfachen B&B-Verfahren siehe Kleinau (1991).

Aufgrund der in Tab. 5.24 angegebenen Resultate zu Zwei-Maschinen-Problemen besteht wenig Hoffnung, allgemeine Open Shop-Probleme mit verschiedenen Auftragscharakteristika mit polynomialem Aufwand zu lösen. Eine Ausnahme bildet das Problem [O | pmtn | Z]; vgl. Gonzalez und Sahni (1976) sowie Lawler und Labetoulle (1978) und Gonzalez (1979).

Probleme mit speziellen Bearbeitungszeiten betrachten u.a. Fiala (1983), Liu und Bulfin (1988) sowie Bräsel et al. (1994). Eine Übersicht findet sich in Brucker (1995, S. 146 ff.).

5.7.3 Weitere Zielsetzungen

Zu Open Shop-Problemen mit Zielsetzungen, die sich nicht am Kriterium der Zykluszeit ausrichten, sind uns nur sehr wenige Arbeiten bekannt. Wir beschränken uns daher auf die Betrachtung zweier spezieller Probleme.

Liu und Bulfin (1985) zeigen, daß [O3 | pmtn | D] NP-schwer ist. Cho und Sahni (1981) beschreiben ein interessantes exaktes Verfahren zur Lösung von [O | pmtn, a_j | T_{max}]. Wir skizzieren die Grundidee dieses Algorithmus:

In einem ersten Schritt wird ein geeigneter Wert für T_{max} angenommen, und mit Hilfe eines linearen Optimierungsproblems wird überprüft, ob ein zulässiger Plan für diesen Wert existiert. Eine optimale Lösung wird dann durch mehrfache Anwendung dieser Vorgehensweise im Rahmen eines Intervallhalbierungsverfahrens bestimmt (vgl. zu diesem Prinzip Bem. 2.1 in Kap. 2.3.1 sowie den Algorithmus Multi-Fit-Decrease in Kap. 5.4.1.4).

5.7.4 Open Shop versus Flow und Job Shop

Open Shop-Probleme besitzen, wie oben angegeben, weder Arbeitsgang- noch Maschinenfolgen. Eine interessante Verallgemeinerung insbesondere im Hinblick auf flexible Fertigungssysteme entsteht bei der Bewertung möglicher Maschinenfolgen. Analog zur Berücksichtigung reihenfolgeabhängiger Rüstzeiten bei anderen Problemen lassen sich hier die Bearbeitungszeiten z.B. in Abhängigkeit realisierter Maschinenfolgen betrachten. Prinzipiell sind dabei für alle möglichen Folgen (m! bei m Maschinen) entsprechende Bearbeitungszeiten anzugeben. Setzt man die Bearbeitungszeiten für alle möglichen Folgen bis auf eine gleich unendlich, so ergibt sich ein Job Shop- bzw. ein Flow Shop-Problem. Obwohl die entsprechenden Zwei-Maschinen-Probleme [O2 | | Z], [F2 | | Z] sowie [J2 | $g_j \leq 2$ | Z] polynomial lösbar sind, gehört diese verallgemeinerte Fragestellung bereits für zwei Maschinen zur Klasse der NP-schweren Probleme; vgl. Adiri und Amit (1983).

Eine weitere Möglichkeit der Kombination von Shop-Problemen besteht darin, sowohl Aufträge mit Maschinenfolgen als auch solche ohne jegliche Vorgaben zu betrachten und geeignete Pläne zu bestimmen. In der Literatur findet sich hierfür u.a. die Bezeichnung **Super Shop-Problem**; vgl. z.B. Masuda et al. (1985) und Strusevich (1991).

Eine weitere Modifikation von Open Shop-Problemen, die u.a. aus der Betrachtung flexibler Fertigungssysteme motiviert ist, betrachten de Werra und Solot (1991). Sie gehen davon aus, daß eine Lösung eines Open Shop-Problems so zu bestimmen ist, daß bei zyklischer Wiederholung aller Auftragsfolgen die Gesamtbearbeitungszeit eines Plans zu minimieren bzw. die Anzahl der in einem Planungszeitraum zu fertigenden Produkte (Aufträge) zu maximieren ist. Man beachte dabei, daß bei derartigen Zyklen ein "Überlappen" aufeinanderfolgender Pläne stattfinden kann, sofern geeignete Leerzeiten durch ein Ineinanderschieben der Pläne beseitigt werden können (vgl. die Vorgehensweise des oben beschriebenen Algorithmus von Gonzalez und Sahni). Eine derartige Verallgemeinerung läßt sich analog bei Flow Shop- und Job Shop-Problemen betrachten. Insbesondere bei Flow Shop-Problemen lassen sich dabei bekannte Verfahren (insbesondere Einbeziehungsverfahren) geeignet modifizieren, da die prinzipielle Lage von Leerzeiten sowohl zu Beginn als auch am Ende eines Plans bekannt ist; vgl. zu derartigen Permutations-Flow Shop-Problemen mit zwei Maschinen z.B. Matsuo (1990).

5.8 Stochastische Modelle

In unseren bisherigen Ausführungen zu Maschinenbelegungsproblemen sind wir stets von deterministischen Daten ausgegangen. Darüber hinaus wurde die Kenntnis aller Daten bereits zum Planungsbeginn als gegeben angenommen (z.B. Vorgabe fester Werte a_j bei dynamischen Problemen). Ferner haben wir unterstellt, daß die vorhandenen Maschinen auch stets einsatzbereit (verfügbar) sind.

In stochastischen Modellen kann z.B. angenommen werden, daß Maschinen mit einer bestimmten stochastischen Ausfallrate einen Defekt erleiden, daß Reparaturdauern, Bearbeitungszeiten, Rüstzeiten, Ankunftszeitpunkte etc. stochastische Größen sind. Hinsichtlich der Zielsetzungen sind dann z.B. statt der Zykluszeit oder der Durchlaufzeit der Erwartungswert der Zykluszeit oder der Erwartungswert der Durchlaufzeit zu minimieren.

Aus der Vielzahl möglicher stochastischer Modelle wählen wir im folgenden einige einfache Beispiele aus. Zur vertiefenden Behandlung stochastischer Modelle verweisen wir auf die Übersichten von Pinedo und Schrage (1982), Weiss (1982), Pinedo (1984), Forst (1984), Möhring et al. (1984, 1985) sowie Möhring und Radermacher (1985). Darüber hinaus finden sich in den angegebenen Arbeiten zum Teil auch Bezüge zu stochastischen Modellen der Projektplanung; vgl. dazu ferner Slowinski und Weglarz (1989) sowie Neumann (1990).

5.8.1 Modelle mit stochastischen Bearbeitungszeiten

Modelle mit parallelen Maschinen:

Wir betrachten zunächst zwei Modelle mit parallelen Maschinen. Die Bearbeitungszeiten t_j der Aufträge $j=1,...,n$ seien exponential-verteilt, abgekürzt $t_j = \exp(\lambda_j)$. Dabei stellt $1/\lambda_j$ den Erwartungswert für die Bearbeitungszeit t_j dar.

1) Das Problem [IP | $t_j = \exp(\lambda_j)$ | EZ], bei dem der Erwartungswert der Zykluszeit zu minimieren ist, läßt sich exakt mit Hilfe der *Shortest Expected Processing Time-Regel* lösen. Nach dieser Regel werden die Aufträge nach monoton wachsenden Erwartungswerten $1/\lambda_j$ sortiert.

2) Das Problem [IP | $t_j = \exp(\lambda_j)$ | ED], bei dem der Erwartungswert der Summe der Durchlaufzeiten zu minimieren ist, läßt sich exakt mit Hilfe der *Longest Expected Processing Time-Regel* lösen. Nach dieser Regel werden die Aufträge nach monoton fallenden Erwartungswerten $1/\lambda_j$ sortiert.

Vgl. zu diesen und weiteren Problemen z.B. Weiss und Pinedo (1980) sowie Bruno et al. (1981).

Flow Shop-Probleme:

Für einfache Modelle gelten ähnliche Überlegungen wie bei Problemen mit parallelen Maschinen. So läßt sich z.B. [F2 | $t_{ji} = \exp(\lambda_{ji})$ | EZ] optimal lösen, falls man nach monoton fallenden Differenzen $\lambda_{j1} - \lambda_{j2}$ sortiert.

5.8.2 Modelle mit stochastischen Maschinenausfallraten

In der Literatur wird eine große Zahl von Modellen betrachtet, bei denen zwar Zeitgrößen deterministisch sind, bei denen aber unterstellt wird, daß die vorhandenen Maschinen aufgrund von stochastisch auftretenden Defekten ausfallen können. Als Beispiel sei ein Flow Shop-Problem genannt, bei dem n Aufträge auf m Maschinen zu fertigen sind. Jede Maschine ist in jeder Periode des Planungszeitraumes mit einer bestimmten Wahrscheinlichkeit verfügbar (up) oder nicht verfügbar (down). Die Wahrscheinlichkeit des Ausfalls der Maschine in einer Periode ist unabhängig vom Zustand der Maschine in der davorliegenden Periode. Gesucht ist der Erwartungswert der Zykluszeit.

Für diese Art von Modellen ist es sinnvoll, Lagerkapazitäten zwischen den Maschinen einzubeziehen, da ohne Lager mit dem Ausfall einer Maschine unter Umständen verfügbare vor- bzw. nachgelagerte Maschinen blockiert bzw. ohne Beschäftigung sind. Bezüglich derartiger Problemstellungen verweisen wir auf Maimon und Gershwin (1988) sowie Bai und Gershwin (1995) und die dort angegebene Literatur.

Ausgehend von Modellen mit Maschinenausfallraten, läßt sich z.B. die Wartung von Maschinen mit einbeziehen. Dies kann bei deterministischen Modellen in fest vorgegebenen Zeitabständen geschehen, in stochastischen sind derartige Zeitabstände nicht vorhersehbar. Solche Fragestellungen sind aus praktischer Sicht insbesondere bei Job Shop-Problemen sowie bei flexiblen Fertigungssystemen von Interesse. Bei der Modellierung dieser Probleme spielen Aspekte der Warteschlangentheorie eine bedeutende Rolle; vgl. hierzu z.B. Yao und Buzacott (1985) sowie Hsu und Tapiero (1987).

5.9 Literaturverzeichnis

Achugbue, J.O. und F.Y. Chin (1982): Scheduling the open shop to minimize mean flow time. SIAM Journal on Computing **11**, S. 709 - 720.

Adams, J.; E. Balas und D. Zawack (1988): The shifting bottleneck procedure for job shop scheduling. Management Science **34**, S. 391 - 401.

Adenso-Diaz, B. (1992): Restricted neighborhood in the tabu search for the flowshop problem. European Journal of Operational Research **62**, S. 27 - 37.

Adiri, I. und N. Aizikowitz (1989): Open-shop scheduling problems with dominated machines. Naval Research Logistics **36**, S. 273 - 281.

Adiri, I. und N. Amit (1983): Route-dependent open-shop scheduling. IIE Transactions **15**, S. 231 - 234.

Adiri, I. und D. Pohoryles (1982): Flowshop/no-idle or no-wait scheduling to minimize the sum of completion times. Naval Research Logistics Quarterly **29**, S. 495 - 504.

Ahmadi, R.H. und U. Bagchi (1990): Improved lower bounds for minimizing the sum of completion times of n jobs over m machines in a flow shop. European Journal of Operational Research **44**, S. 331 - 336.

Akers, S.B. (1956): A graphical approach to production scheduling problems. Operations Research **4**, S. 244 - 245.

Alfa, A.S. (1987): A heuristic algorithm for the travelling salesman problem with time-varying travel costs. Engineering Optimization **12**, S. 325 - 338.

Alidaee, B. und I. Dragan (1997): A note on minimizing the weighted sum of tardy and early completion penalties in a single machine: A case of small common due date. European Journal of Operational Research **96**, S. 559-563.

Anderson, E.J.; C.A. Glass und C.N. Potts (1997): Machine scheduling. In: Aarts, E. und J.K. Lenstra (Hrsg.): Local search in combinatorial optimization, Wiley, Chichester u.a.

Applegate, D. und W. Cook (1991): A computational study of the job-shop scheduling problem. ORSA Journal on Computing **3**, S. 149 - 156.

Bai, S.X. und S.B. Gershwin (1995): Scheduling manufacturing systems with work-in-process inventory control: Single-part-type systems. IIE Transactions **27**, S. 599 - 617.

Baker, K.R. (1974): Introduction to sequencing and scheduling. Wiley, New York u.a.

Baker, K.R. (1984): Sequencing rules and due-date assignments in a job shop. Management Science **30**, S. 1093 - 1104.

Baker, K.R. und G.D. Scudder (1990): Sequencing with earliness and tardiness penalties: A review. Operations Research **38**, S. 22 - 36.

Baker, K.R. und Z.-S. Su (1974): Sequencing with due-dates and early start times to minimize maximum tardiness. Naval Research Logistics Quarterly **21**, S. 171 - 176.

Balas, E. (1969): Machine sequencing via disjunctive graphs: an implicit enumeration algorithm. Operations Research **17**, S. 941 - 957.

Balas, E. (1971): Project scheduling with resource constraints. In: Beale, E.M.L. (Hrsg.): Applications of mathematical programming techniques, The English Universities Press, London, S. 187 - 200.

Balas, E. und A. Vazacopoulos (1994): Guided local search with shifting bottleneck for job shop scheduling. Management Science Research Report #MSRR-609, Graduate School of Industrial Administration, Carnegie Mellon University, Pittsburgh.

Ball, M.O. und M.J. Magazine (1988): Sequencing of insertions in printed circuit board assembly. Operations Research **36**, S. 192 - 201.

Bansal, S.P. (1977): Minimizing the sum of completion times of n jobs over m machines in a flowshop - a branch and bound approach. AIIE Transactions **9**, S. 306 - 311.

Bartusch, M. (1983): Optimierung von Netzplänen mit Anordnungsbeziehungen bei knappen Betriebsmitteln. Dissertation, RWTH Aachen.

Bellman, R.; A.O. Esogbue und I. Nabeshima (1982): Mathematical aspects of scheduling & applications. Pergamon Press, Oxford u.a.

Bierwirth, C. (1993): Flowshop Scheduling mit parallelen genetischen Algorithmen. Deutscher Universitäts-Verlag, Wiesbaden.

Bierwirth, C. (1995): A generalized permutation approach to job shop scheduling with genetic algorithms. OR Spektrum **17**, S. 87 - 92.

Bitran, G.R. und S.M. Gilbert (1990): Sequencing production on parallel machines with two magnitudes of sequence-dependent setup cost. Journal of Manufacturing and Operations Management **3**, S. 24 - 52.

Blazewicz, J. (1987): Selected topics in scheduling theory. Annals of Discrete Mathematics **31**, S. 1 - 60.

Blazewicz, J.; W. Cellary, R. Slowinski und J. Weglarz (1986): Scheduling under resource constraints - deterministic models. Annals of Operations Research **7**, Baltzer, Basel.

Blazewicz, J.; W. Cellary und J. Weglarz (1977): A strategy for scheduling splittable tasks to reduce schedule length. Acta Cybernetika **3**, S. 99 - 106.

Blazewicz, J.; W. Domschke und E. Pesch (1996 a): The job shop scheduling problem: Conventional and new solution techniques. European Journal of Operational Research **93**, S. 1 - 33.

Blazewicz, J.; M. Dror und J. Weglarz (1991): Mathematical programming formulations for machine scheduling: a survey. European Journal of Operational Research **51**, S. 283 - 300.

Blazewicz, J.; K. Ecker, E. Pesch, G. Schmidt und J. Weglarz (1996 b): Scheduling in computer and manufacturing processes. Springer, Berlin u.a.

Bräsel, H.; D. Kluge und F. Werner (1994): A polynomial algorithm for the $[n/m/O,t_{ij}=1,tree/C_{max}]$ open shop problem. European Journal of Operational Research **72**, S. 125 - 134.

Brah, S.A. und J.L. Hunsucker (1991): Branch and bound algorithm for the flow shop with multiple processors. European Journal of Operational Research **51**, S. 88 - 99.

Brah, S.; J. Hunsucker und J. Shah (1991): Mathematical modeling of scheduling problems. Journal of Information & Optimization Sciences **12**, S. 113 - 137.

Bratley, P.; M. Florian und P. Robillard (1973): On sequencing with earliest starts and due dates with application to computing bounds for the $(n/m/G/F_{max})$ problem. Naval Research Logistics Quarterly **20**, S. 57 - 67.

Brucker, P. (1981 a): Scheduling. Akademische Verlagsgesellschaft, Wiesbaden.

Brucker, P. (1981 b): Minimizing maximum lateness in a two-machine unit-time job shop. Computing **27**, S. 367 - 370.

Brucker, P. (1988): An efficient algorithm for the job-shop problem with two jobs. Computing **40**, S. 353 - 359.

Brucker, P. (1995): Scheduling algorithms. Springer, Berlin u.a.

Brucker, P.; M.R. Garey und D.S. Johnson (1977): Scheduling equal-length tasks under treelike precedence constraints to minimize maximum lateness. Mathematics of Operations Research **2**, S. 275 - 284.

Brucker, P.; B. Jurisch und A. Krämer (1994): The job-shop problem and immediate selection. Annals of Operations Research **50**, S. 73 - 114.

Brucker, P.; B. Jurisch und B. Sievers (1994): A fast branch & bound algorithm for the job-shop scheduling problem. Discrete Applied Mathematics **49**, S. 107 - 127.

Brucker, P. und M.Y. Kovalyov (1996): Single machine batch scheduling to minimize the weighted number of late jobs. ZOR - Mathematical Methods of Operations Research **43**, S. 1 - 8.

Brucker, P. und R. Schlie (1990): Job-shop scheduling with multi-purpose machines. Computing **45**, S. 369 - 375.

Brucker, P.; A. Schoo und O. Thiele (1996): A branch & bound algorithm for the resource-constrained project scheduling problem. Erscheint in: European Journal of Operational Research.

Bruno, J.; E.G. Coffman und R. Sethi (1974): Scheduling independent tasks to reduce mean finishing time. Communications of the ACM **17**, S. 382 - 387.

Bruno, J. und P. Downey (1978): Complexity of task sequencing with deadlines, set-up times and changeover costs. SIAM Journal on Computing **7**, S. 393 - 404.

Bruno, J.; P. Downey und G.N. Frederickson (1981): Sequencing tasks with exponential service times to minimize the expected flow time or makespan. Journal of the ACM **28**, S. 100 - 113.

Campbell, H.G.; R.A. Dudek und M.L. Smith (1970): A heuristic algorithm for the n job, m machine sequencing problem. Management Science **16**, S. 630 - 637.

Carlier, J. (1982): The one-machine sequencing problem. European Journal of Operational Research **11**, S. 42 - 47.

Carlier, J. und E. Pinson (1989): An algorithm for solving the job-shop problem. Management Science **35**, S. 164 - 176.

Carlier, J. und E. Pinson (1990): A practical use of Jackson's preemptive schedule for solving the job shop problem. Annals of Operations Research **26**, S. 269 - 287.

Carlier, J. und E. Pinson (1994): Adjustment of heads and tails for the job-shop problem. European Journal of Operational Research **78**, S. 146 - 161.

Carlier, J. und I. Rebai (1996): Two branch and bound algorithms for the permutation flow shop problem. European Journal of Operational Research **90**, S. 238 - 251.

Carter, M.W.; M.J. Magazine und T.S. Moon (1988): A warning about cyclic lot scheduling with sequence dependent set-up times. International Journal of Production Research **26**, S. 1281 - 1283.

Chan, D. und D. Mercier (1989): IC insertion: An application of the travelling salesman problem. International Journal of Production Research **27**, S. 1837 - 1841.

Charlton, J.M. und C.C. Death (1969): A general method for machine scheduling. International Journal of Production Research **7**, S. 207 - 217.

Chen, Z.-L. (1997): Scheduling with batch setup times and earliness-tardiness penalties. European Journal of Operational Research **96**, S. 518 - 537.

Cheng, T.C.E. (1990): A note on a partial search algorithm for the single-machine optimal common due-date assignment and sequencing problem. Computers & Operations Research **17**, S. 321 - 324.

Cheng, T.C.E. und Z.-L. Chen (1994): Parallel machine scheduling with batch setup times. Operations Research **42**, S. 1171 - 1174.

Cheng, T.C.E.; Z.-L. Chen, M.Y. Kovalyov und B.M.T. Lin (1996): Parallel-machine batching and scheduling to minimize total completion time. IIE Transactions **28**, S. 953 - 956.

Cheng, T.C.E. und C.C.S. Sin (1990): A state-of-the-art review of parallel-machine scheduling research. European Journal of Operational Research **47**, S. 271 - 292.

Cho, Y. und S. Sahni (1981): Preemptive scheduling of independent jobs with release and due times on open, flow and job shops. Operations Research **29**, S. 511 - 522.

Cleveland, G.A. und S.F. Smith (1989): Using genetic algorithms to schedule flow shop releases. In: Schaffer, J.D. (Hrsg.): Proceedings of the third international conference on genetic algorithms, Morgan Kaufmann, San Mateo, S. 160 - 169.

Coffman, E.G. (1976): Computer & job/shop scheduling. Wiley, New York.

Coffman, E.G.; M.R. Garey und D.S. Johnson (1978): An application of bin-packing to multiprocessor scheduling. SIAM Journal on Computing **7**, S. 1 - 17.

Coffman, E.G.; M.R. Garey und D.S. Johnson (1984): Approximation algorithms for bin-packing - an updated survey. In: Ausiello, G.; M. Lucertini und P. Serafini (Hrsg.): Algorithm design for computer system design, Springer, Berlin u.a., S. 49 - 106.

Coffman, E.G. und R.L. Graham (1972): Optimal scheduling for two processors systems. Acta Informatica **1**, S. 200 - 213.

Coffman, E.G. und R. Sethi (1976): A generalized bound on LPT sequencing. Revue francaise d'Automatique, Informatique et de Recherche Operationnelle **10**, S. 17 - 25.

Colorni, A.; M. Dorigo, V. Maniezzo und M. Trubian (1994): Ant system for job-shop scheduling. Belgian Journal of Operations Research, Statistics and Computer Science **34**, S. 39 - 53.

Conway, R.W.; W.L. Maxwell und L.W. Miller (1967): Theory of scheduling. Addison-Wesley, Reading.

Corwin, B.D. und A.O. Esogbue (1974): Two machine flow shop scheduling problems with sequence dependent setup times: a dynamic programming approach. Naval Research Logistics Quarterly **21**, S. 515 - 524.

Crauwels, H.A.J.; C.N. Potts und L.N. van Wassenhove (1996): Local search heuristics for single-machine scheduling with batching to minimize the number of late jobs. European Journal of Operational Research **90**, S. 200-213.

Dammeyer, F. und S. Voß (1993): Dynamic tabu list management using the reverse elimination method. Annals of Operations Research **41**, S. 31 - 46.

Dannenbring, D.G. (1977): An evaluation of flow shop sequencing heuristics. Management Science **23**, S. 1174 - 1182.

Das, S.R.; J.N.D. Gupta und B.M. Khumawala (1995): A savings index heuristic algorithm for flowshop scheduling with sequence dependent set-up times. Journal of the Operational Research Society **46**, S. 1365 - 1373.

Daub, A. (1994): Ablaufplanung - Modellbildung, Kapazitätsabstimmung und Unsicherheit. Eul, Bergisch Gladbach - Köln.

Davis, E. und J.M. Jaffe (1981): Algorithms for scheduling tasks on unrelated processors. Journal of the ACM **28**, S. 721 - 736.

Dekel, E. und S. Sahni (1983): Parallel scheduling algorithms. Operations Research **31**, S. 24 - 49.

Della Croce, F.; V. Narayan und R. Tadei (1996): The two-machine total completion time flow shop problem. European Journal of Operational Research **90**, S. 227-237.

Dell'Amico, M. (1996): Shop problems with two machines and time lags. Operations Research **44**, S. 777-787.

Dell'Amico, M. und M. Trubian (1993): Applying tabu-search to the job-shop scheduling problem. Annals of Operations Research **41**, S. 231 - 252.

Demeulemeester, E. und W. Herroelen (1992): A branch-and-bound procedure for the multiple resource-constrained project scheduling problem. Management Science **38**, S. 1803 - 1818.

Dempster, M.A.H.; J.K. Lenstra und A.H.G. Rinnooy Kan (1982): Deterministic and stochastic scheduling. Reidel, Dordrecht.

de Souza, J.P. (1988): Single machine scheduling: Minimizing the weighted number of late jobs. Investigacao Operacional **8**, S. 65 - 76.

Dessouky, Y.M. und G.T. Mackulak (1990): Scheduling to minimize makespan when a changeover penalty exists. Journal of Manufacturing Systems **9**, S. 139 - 150.

de Werra, D. und P. Solot (1991): Compact cylindrical chromatic scheduling. SIAM Journal on Discrete Mathematics **4**, S. 528 - 534.

Dileepan, P. und T. Sen (1991): Job lateness in a two-machine flowshop with setup times separated. Computers & Operations Research **18**, S. 549 - 556.

Domschke, W. (1997): Logistik: Rundreisen und Touren. 4. Aufl., Oldenbourg, München - Wien.

Domschke, W. und A. Drexl (1991): Kapazitätsplanung in Netzwerken: Eine Übersicht über neuere Modelle und Verfahren. OR Spektrum **13**, S. 63 - 76.

Domschke, W. und A. Drexl (1995): Einführung in Operations Research. 3. Aufl., Springer, Berlin u.a.

Domschke, W.; P. Forst und S. Voß (1992): Tabu search techniques for the quadratic semi-assignment problem. In: Fandel, G.; T. Gulledge und A. Jones (Hrsg.): New directions for Operations Research in manufacturing, Springer, Berlin u.a., S. 389 - 405.

Dorndorf, U. und E. Pesch (1995): Evolution based learning in a job shop scheduling environment. Computers & Operations Research **22**, S. 25 - 40.

Drexl, A. (1988): A simulated annealing approach to the multiconstraint zero-one knapsack problem. Computing **40**, S. 1 - 8.

Drexl, A.; R. Kolisch und A. Sprecher (1997): Neuere Entwicklungen in der Projektplanung. Zeitschrift für betriebswirtschaftliche Forschung **49**, S. 95 - 120.

Dror, M.; H.I. Stern und J.K. Lenstra (1987): Parallel machine scheduling: processing rates dependent on number of jobs in operation. Management Science **33**, S. 1001 - 1009.

Du, J. und J.Y.-T. Leung (1990): Minimizing total tardiness on one machine is NP-hard. Mathematics of Operations Research **15**, S. 483 - 495.

Du, J. und J.Y.-T. Leung (1993): Minimizing mean flow time in two-machine open shops and flow shops. Journal of Algorithms **14**, S. 24 - 44.

Dudek, R.A.; S.S. Panwalkar und M.L. Smith (1992): The lessons of flowshop scheduling research. Operations Research **40**, S. 7 - 13.

Dutta, S.K. und A.A. Cunningham (1975): Sequencing two-machine flow-shops with finite intermediate storage. Management Science **21**, S. 989 - 996.

Fiala, T. (1983): An algorithm for the open-shop problem. Mathematics of Operations Research **8**, S. 100 - 109.

Forst, F.G. (1984): A review of the static, stochastic job sequencing literature. Opsearch **21**, S. 127 - 144.

Fox, M.S. (1987): Constraint-directed search: A case study of job-shop scheduling. Pitman, London.

French, S. (1982): Sequencing and scheduling: An introduction to the mathematics of the job-shop. Horwood, Chichester.

Friedrich, H.; J. Keßler, E. Pesch und B. Schildt (1991): Batch scheduling on parallel units in acrylic-glass production. Zeitschrift für Operations Research **35**, S. 321 - 345.

Friesen, D.K. und M.A. Langston (1983): Bounds for multifit scheduling on uniform processors. SIAM Journal on Computing **12**, S. 60 - 70.

Garey, M.R. und D.S. Johnson (1975): Complexity results for multiprocessor scheduling under resource constraints. SIAM Journal on Computing **4**, S. 397 - 411.

Garey, M.R. und D.S. Johnson (1976): Scheduling tasks with nonuniform deadlines on two processors. Journal of the ACM **23**, S. 461 - 467.

Garey, M.R. und D.S. Johnson (1977): Two-processor scheduling with start-times and deadlines. SIAM Journal on Computing **6**, S. 416 - 426.

Garey, M.R.; D.S. Johnson und R. Sethi (1976): The complexity of flowshop and jobshop scheduling. Mathematics of Operations Research **1**, S. 117 - 129.

Garey, M.R.; D.S. Johnson, B.B. Simmons und R.E. Tarjan (1981): Scheduling unit-time tasks with arbitrary release times and deadlines. SIAM Journal on Computing **10**, S. 256 - 269.

Garey, M.R.; R.E. Tarjan und G.T. Wilfong (1988): One-processor scheduling with symmetric earliness and tardiness penalties. Mathematics of Operations Research **13**, S. 330 - 348.

Ghosh, S.; S.A. Melnyk und G.L. Ragatz (1992): Tooling constraints and shop floor scheduling: evaluating the impact of sequence dependency. International Journal of Production Research **30**, S. 1237 - 1253.

Giffler, B. und G.L. Thompson (1960): Algorithms for solving production-scheduling problems. Operations Research **8**, S. 487 - 503.

Giftge, C.; G. Schneidereit und S. Voß (1996): A special case of scheduling under continuously renewable resource constraints. Berichte des Instituts für Wirtschaftswissenschaften der Technischen Universität Braunschweig, AP - Nr. 96/18.

Gilmore, P.C. und R.E. Gomory (1964): Sequencing a one state-variable machine: A solvable case of the traveling salesman problem. Operations Research **12**, S. 655 - 679.

Golden, B.; L. Levy und R. Dahl (1981): Two generalizations of the traveling salesman problem. OMEGA **9**, S. 439 - 441.

Gonzalez, T. (1979): A note on open shop preemptive schedules. IEEE Transactions on Computers **C-28**, S. 782 - 786.

Gonzalez, T. (1982): Unit execution time shop problems. Mathematics of Operations Research **7**, S. 57 - 66.

Gonzalez, T.; O.H. Ibarra und S. Sahni (1977): Bounds for LPT schedules on uniform processors. SIAM Journal on Computing **6**, S. 155 - 166.

Gonzalez, T.F. und D.B. Johnson (1980): A new algorithm for preemptive scheduling of trees. Journal of the ACM **27**, S. 287 - 312.

Gonzalez, T.; E.L. Lawler und S. Sahni (1990): Optimal preemptive scheduling of two unrelated processors. ORSA Journal on Computing **2**, S. 219 - 224.

Gonzalez, T. und S. Sahni (1976): Open shop scheduling to minimize finish time. Journal of the ACM **23**, S. 665 - 679.

Gonzalez, T. und S. Sahni (1978): Flowshop and jobshop schedules: complexity and approximation. Operations Research **26**, S. 36 - 52.

Gouveia, L. und S. Voß (1995): A classification of formulations for the (time-dependent) traveling salesman problem. European Journal of Operational Research **83**, S. 69 - 82.

Grabowski, J. (1980): On two-machine scheduling with release and due dates to minimize maximum lateness. Opsearch **17**, S. 133 - 154.

Grabowski, J. (1982): A new algorithm of solving the flow shop problem. In: Feichtinger, G. und P. Kall (Hrsg.): Operations Research in progress, Reidel, Dordrecht, S. 57 - 75.

Grabowski, J.; E. Nowicki und S. Zdrzalka (1986): A block approach for single-machine scheduling with release dates and due dates. European Journal of Operational Research **26**, S. 278 - 285.

Grabowski, J.; E. Skubalska und C. Smutnicki (1983): On flow shop scheduling with release and due dates to minimize maximum lateness. Journal of the Operational Research Society **34**, S. 615 - 620.

Graham, R.L. (1969): Bounds on multiprocessing timing anomalies. SIAM Journal on Applied Mathematics **17**, S. 416 - 429.

Graham, R.L.; E.L. Lawler, J.K. Lenstra und A.H.G. Rinnooy Kan (1979): Optimization and approximation in deterministic sequencing and scheduling: A survey. Annals of Discrete Mathematics **5**, S. 287 - 326.

Gravel, M.; J.M. Martel, R. Nadeau, W. Price und R. Tremblay (1992): A multicriterion view of optimal resource allocation in job-shop production. European Journal of Operational Research **61**, S. 230 - 244.

Günther, H. (1972): Trilemma oder Dilemma der Ablaufplanung. Zeitschrift für Betriebswirtschaft **42**, S. 297 - 300.

Gupta, J.N.D. (1971): A functional heuristic algorithm for the flowshop scheduling problem. Operational Research Quarterly **22**, S. 39 - 47.

Gupta, J.N.D. (1975): A search algorithm for the generalized flowshop scheduling problem. Computers & Operations Research **2**, S. 83 - 90.

Gupta, J.N.D. (1988): Two-stage, hybrid flowshop scheduling problem. Journal of the Operational Research Society **39**, S. 359 - 364.

Gupta, J.N.D. und W.P. Darrow (1985): Approximate schedules for the two-machine flowshop with sequence dependent setup times. Indian Journal of Management and Systems **1**, S. 6 - 11.

Gupta, J.N.D. und W.P. Darrow (1986): The two-machine sequence dependent flowshop scheduling problem. European Journal of Operational Research **24**, S. 439 - 446.

Gupta, J.N.D. und E.A. Tunc (1991): Schedules for a two-stage hybrid flowshop with parallel machines at the second stage. International Journal of Production Research **29**, S. 1489 - 1502.

Gupta, S.K. und J. Kyparisis (1987): Single machine scheduling research. OMEGA **15**, S. 207 - 227.

Gusfield, D. (1984): Bounds for naive multiple machine scheduling with release times and deadlines. Journal of Algorithms **5**, S. 1 - 6.

Hall, L.A. (1994): A polynomial approximation scheme for a constrained flow-shop scheduling problem. Mathematics of Operations Research **19**, S. 68 - 85.

Hall, N.G. und C. Sriskandarajah (1996): A survey of machine scheduling problems with blocking and no-wait in process. Operations Research **44**, S. 510 - 525.

Haouari, M.; P. Dejax und M. Desrochers (1990): Les problemes de tournees avec contraintes de fenetres de temps, l'etat de l'art. Revue francaise d'Automatique, Informatique et de Recherche Operationnelle **24**, S. 217 - 244.

Hardgrave, W.W. und G.L. Nemhauser (1963): A geometric model and a graphical algorithm for a sequencing problem. Operations Research **11**, S. 889 - 900.

Hariri, A.M.A. und C.N. Potts (1989): A branch and bound algorithm to minimize the number of late jobs in a permutation flow-shop. European Journal of Operational Research **38**, S. 228 - 237.

Hariri, A.M.A. und C.N. Potts (1991): Heuristics for scheduling unrelated parallel machines. Computers & Operations Research **18**, S. 323 - 331.

Haupt, R. (1989): A survey of priority rule-based scheduling. OR Spektrum **11**, S. 3 - 16.

Hefetz, N. und I. Adiri (1982): An efficient optimal algorithm for the two-machines unit-time jobshop schedule-length problem. Mathematics of Operations Research **7**, S. 354 - 360.

Herrbach, L.A. und J.Y.-T. Leung (1990): Preemptive scheduling of equal length jobs on two machines to minimize mean flow time. Operations Research **38**, S. 487 - 494.

Ho, J.C. und Y.-L. Chang (1991): A new heuristic for the n-job, M-machine flow-shop problem. European Journal of Operational Research **52**, S. 194 - 202.

Ho, J.C. und Y.-L. Chang (1995): Minimizing the number of tardy jobs for m parallel machines. European Journal of Operational Research **84**, S. 343 - 355.

Hochbaum, D.S. und D. Landy (1994): Scheduling with batching: Minimizing the weighted number of tardy jobs. Operations Research Letters **16**, S. 79 - 86.

Hochbaum, D.S. und D.B. Shmoys (1987): Using dual approximation algorithms for scheduling problems: theoretical and practical results. Journal of the ACM **34**, S. 144 - 162.

Horn, W.A. (1973): Minimizing average flow time with parallel machines. Operations Research **21**, S. 846 - 847.

Horn, W.A. (1974): Some simple scheduling algorithms. Naval Research Logistics Quarterly **21**, S. 177 - 185.

Horowitz, E. und S. Sahni (1976): Exact and approximate algorithms for scheduling nonidentical processors. Journal of the ACM **23**, S. 317 - 327.

Horvath, E.C.; S. Lam und R. Sethi (1977): A level algorithm for preemptive scheduling. Journal of the ACM **24**, S. 32 - 43.

Hsu, L.-F. und C.S. Tapiero (1987): Maintenance of an unreliable M/G/1 queue-like job shop. Queueing Systems **2**, S. 333 - 350.

Hu, T.C. (1961): Parallel sequencing and assembly line problems. Operations Research **9**, S. 841 - 848.

Hübscher, R. und F. Glover (1994): Applying tabu search with influential diversification to multiprocessor scheduling. Computers & Operations Research **21**, S. 877 - 884.

Hundal, T.S. und J. Rajgopal (1988): An extension of Palmer's heuristic for the flow-shop scheduling problem. International Journal of Production Research **26**, S. 1119 - 1124.

Hutchison, J. und Y.-L. Chang (1990): Optimal nondelay job shop schedules. International Journal of Production Research **28**, S. 245 - 257.

Ibarra, O.H. und C.E. Kim (1977): Heuristic algorithms for scheduling independent tasks on nonidentical processors. Journal of the ACM **24**, S. 280 - 289.

Ignall, E. und L. Schrage (1965): Application of the branch and bound technique to some flow-shop scheduling problems. Operations Research **13**, S. 400 - 412.

Ishibuchi, H.; S. Misaki und H. Tanaka (1995): Modified simulated annealing algorithms for the flow shop sequencing problem. European Journal of Operational Research **81**, S. 388 - 398.

Jackson, J.R. (1955): Scheduling a production line to minimize maximum tardiness. Research Report 43, Management Research Project, University of California, Los Angeles.

Jackson, J.R. (1956): An extension of Johnson's results on job lot scheduling. Naval Research Logistics Quarterly **3**, S. 201 - 203.

Johnson, S.M. (1954): Optimal two- and three-stage production schedules with setup times included. Naval Research Logistics Quarterly **1**, S. 61 - 68.

Jordan, C. (1996): Batching and scheduling - models and methods for several problem classes. Lecture Notes in Economics and Mathematical Systems **437**, Springer, Berlin u.a.

Jozefowska, J.; B. Jurisch und W. Kubiak (1994): Scheduling shops to minimize the weighted number of late jobs. Operations Research Letters **16**, S. 277 - 283.

Karp, R.M. (1972): Reducibility among combinatorial problems. In: Miller, R.E. und J.W. Thatcher (Hrsg.): Complexity of computer computation, Plenum Press, New York, S. 85 - 103.

Kim, Y.-D. (1995): Minimizing total tardiness in permutation flowshops. European Journal of Operational Research **85**, S. 541 - 555.

King, J.R. und A.S. Spachis (1980): Heuristics for flow-shop scheduling. International Journal of Production Research **18**, S. 345 - 357.

Kise, H.; T. Shioyama und T. Ibaraki (1991): Automated two-machine flowshop scheduling: A solvable case. IIE Transactions **23**, S. 10 - 16.

Klein, R. und A. Scholl (1997): Computing lower bounds by destructive improvement - An application to resource constrained project scheduling. Schriften zur Quantitativen BWL 4/97, TH Darmstadt.

Kleinau, U. (1991): On some new methods for solving machine scheduling problems. Arbeitspapier, Technische Universität Magdeburg, Fakultät für Mathematik.

Kohler, W.H. und K. Steiglitz (1975): Exact, approximate and guaranteed accuracy algorithms for the flow-shop problem $n/2/F/\bar{F}$. Journal of the ACM **22**, S. 106 - 114.

Kolen, A.W.J.; A.H.G. Rinnooy Kan, C.P.M. van Hoesel und A.P.M. Wagelmans (1994): Sensitivity analysis of list scheduling heuristics. Discrete Applied Mathematics **55**, S. 145 - 162.

Koulamas, C. (1996): Single-machine scheduling with time windows and earliness/tardiness penalties. European Journal of Operational Research **91**, S. 190 - 202.

Krone, M.J. und K. Steiglitz (1974): Heuristic-programming solution of a flowshop-scheduling problem. Operations Research **22**, S. 629 - 638.

Kubiak, W. (1989): A pseudo-polynomial algorithm for a two-machine no-wait job-shop scheduling problem. European Journal of Operational Research **43**, S. 267 - 270.

Küpper, W.; K. Lüder und L. Streitferdt (1975): Netzplantechnik. Physica, Würzburg - Wien.

Labetoulle, J.; E.L. Lawler, J.K. Lenstra und A.H.G. Rinnooy Kan (1984): Preemptive scheduling of uniform machines subject to release dates. Progress in combinatorial optimization, Academic Press, Toronto, S. 245 - 261.

Lageweg, B.J.; J.K. Lenstra, E.L. Lawler und A.H.G. Rinnooy Kan (1982): Computer-aided complexity classification of combinatorial problems. Communications of the ACM **25**, S. 817 - 822.

Lageweg, B.J.; J.K. Lenstra und A.H.G. Rinnooy Kan (1976): Minimizing maximum lateness on one machine: Computational experience and some applications. Statistica Neerlandica **30**, S. 25 - 41.

Lageweg, B.J.; J.K. Lenstra und A.H.G. Rinnooy Kan (1978): A general bounding scheme for the permutation flow-shop problem. Operations Research **26**, S. 53 - 67.

Lashine, S.; B. Foote und A. Ravindran (1991): A nonlinear mixed integer goal programming model for the two-machine closed flow shop. European Journal of Operational Research **55**, S. 57 - 70.

Lawler, E.L. (1973): Optimal sequencing of a single machine subject to precedence constraints. Management Science **19**, S. 544 - 546.

Lawler, E.L. (1976): Sequencing to minimize the weighted number of tardy jobs. Revue francaise d'Automatique, Informatique et de Recherche Operationnelle **10**, S. 27 - 33.

Lawler, E.L. (1978): Sequencing jobs to minimize weighted completion time subject to precedence constraints. Annals of Discrete Mathematics **2**, S. 75 - 90.

Lawler, E.L. (1982): Preemptive scheduling of precedence-constrained jobs on parallel machines. In: Dempster, M.A.H.; J.K. Lenstra und A.H.G. Rinnooy Kan (Hrsg.): Deterministic and stochastic scheduling, Reidel, Dordrecht, S. 101 - 123.

Lawler, E.L. (1983): Recent results in the theory of machine scheduling. In: Bachem, A.; M. Grötschel und B. Korte (Hrsg.): Mathematical programming: The state of art, Springer, Berlin u.a., S. 202 - 234.

Lawler, E.L. und J. Labetoulle (1978): On preemptive scheduling of unrelated parallel processors by linear programming. Journal of the ACM **25**, S. 612 - 619.

Lawler, E.L.; J.K. Lenstra und A.H.G. Rinnooy Kan (1981): Minimizing maximum lateness in a two-machine open shop. Mathematics of Operations Research **6**, S. 153 - 158. Erratum. Mathematics of Operations Research **7**, S. 635.

Lawler, E.L.; J.K. Lenstra, A.H.G. Rinnooy Kan und D.B. Shmoys (Hrsg.) (1985): The traveling salesman problem. Wiley, Chichester.

Lawler, E.L.; J.K. Lenstra, A.H.G. Rinnooy Kan und D.B. Shmoys (1993): Sequencing and scheduling: Algorithms and complexity. In: Graves, S.C.; A.H.G. Rinnooy Kan und P.H. Zipkin (Hrsg.): Handbooks in Operations Research and Management Science, Vol. 4: Logistics of production and inventory, Elsevier, Amsterdam.

Lawler, E.L. und J.M. Moore (1969): A functional equation and its application to resource allocation and sequencing problems. Management Science **16**, S. 77 - 84.

Lee, C.Y. und J.Y. Choi (1995): A genetic algorithm for job sequencing problems with distinct due dates and general early-tardy penalty weights. Computers & Operations Research **22**, S. 857 - 869.

Lee, C.-Y. und L. Lei (Hrsg.) (1997): Scheduling: Theory and applications. Annals of Operations Research **70**, Baltzer, Basel.

Lee, Y. und H.D. Sherali (1994): Unrelated machine scheduling with time-window and machine downtime constraints: An application to a naval battle-group problem. Annals of Operations Research **50**, S. 339 - 365.

Leisten, R. (1985): Die Einbeziehung beschränkter Zwischenlager in die Auftragsreihenfolge-Planung bei Reihenfertigung. VDI-Verlag, Düsseldorf.

Leisten, R. (1990): Flowshop sequencing problems with limited buffer storage. International Journal of Production Research **28**, S. 2085 - 2100.

Lenstra, J.K. und A.H.G. Rinnooy Kan (1975): Some simple applications of the travelling salesman problem. Operational Research Quarterly **26**, S. 717 - 733.

Lenstra, J.K. und A.H.G. Rinnooy Kan (1978): Complexity of scheduling under precedence constraints. Operations Research **26**, S. 22 - 35.

Lenstra, J.K.; A.H.G. Rinnooy Kan und P. Brucker (1977): Complexity of machine scheduling problems. Annals of Discrete Mathematics **1**, S. 343 - 362.

Liao, C.-J.; R.-H. Huang und S.-T. Tseng (1992): Use of variable range in solving multiple criteria scheduling problems. Computers & Operations Research **19**, S. 453 - 460.

Liu, C.Y. und R.L. Bulfin (1985): On the complexity of preemptive open-shop scheduling problems. Operations Research Letters **4**, S. 71 - 74.

Liu, C.Y. und R.L. Bulfin (1988): Scheduling open shops with unit execution times to minimize functions of due dates. Operations Research **36**, S. 553 - 559.

Lomnicki, Z.A. (1965): A "branch-and-bound" algorithm for the exact solution of the three-machine scheduling problem. Operational Research Quarterly **16**, S. 89 - 100.

Lourenco, H.R. (1995): Job-shop scheduling: Computational study of local search and large-step optimization methods. European Journal of Operational Research **83**, S. 347 - 364.

Maas, C. und S. Voß (1991): Anwendungen des Rundreiseproblems in der Ablauforganisation. Mitteilungen der Mathematischen Gesellschaft in Hamburg **12**, S. 723 - 740.

MacCarthy, B.L. und J. Liu (1993): Addressing the gap in scheduling research: A review of optimization and heuristic methods in production scheduling. International Journal of Production Research **31**, S. 59 - 79.

Maimon, O.Z. und S.B. Gershwin (1988): Dynamic scheduling and routing for flexible manufacturing systems that have unreliable machines. Operations Research **36**, S. 279 - 292.

Manne, A.S. (1960): On the job-shop scheduling problem. Operations Research **8**, S. 219 - 223.

Masuda, T.; H. Ishii und T. Nishida (1985): The mixed shop scheduling problem. Discrete Applied Mathematics **11**, S. 175 - 186.

Masuda, T.; H. Ishii und T. Nishida (1990): Two machine flow shop scheduling problem with fuzzy processing times. In: Ahn, B.-H. (Hrsg.): Asian-Pacific Operations Research: APORS '88, S. 419 - 423.

Matsuo, H. (1990): Cyclic sequencing problems in the two-machine permutation flow shop: Complexity, worst-case, and average-case analysis. Naval Research Logistics **37**, S. 679 - 694.

Mattfeld, D.C. (1996): Evolutionary search and the job shop. Physica, Heidelberg.

McMahon, G.B. (1969): Optimal production schedules for flow shops. Canadian Operations Research Society Journal **7**, S. 141 - 151.

McMahon, G. und M. Florian (1975): On scheduling with ready times and due dates to minimize maximum lateness. Operations Research **23**, S. 475 - 482.

McNaughton, R. (1959): Scheduling with deadlines and loss functions. Management Science **6**, S. 1 - 12.

Melloy, B.J.; A.L. Soyster und M.J. Chandra (1990): An observation on storage allocation in a flow line with a common buffer. European Journal of Operational Research **46**, S. 388 - 392.

Mensch, G. (1972): Das Trilemma der Ablaufplanung. Zeitschrift für Betriebswirtschaft **42**, S. 77 - 88.

Mingozzi, A.; V. Maniezzo, S. Ricciardelli und L. Bianco (1995): An exact algorithm for project scheduling with resource constraints based on a new mathematical formulation. Erscheint in: Management Science.

Mitten, L.G. (1958): Sequencing n jobs on two machines with arbitrary time lags. Management Science **5**, S. 293 - 298.

Möhring, R.H. und F.J. Radermacher (1985): Introduction to stochastic scheduling problems. In: Neumann, K. und D. Pallaschke (Hrsg.): Contributions to Operations Research, Lecture Notes in Economics and Mathematical Systems **240**, Springer, Berlin u.a., S. 72 - 130.

Möhring, R.H.; F.J. Radermacher und G. Weiss (1984): Stochastic scheduling problems I: General strategies. Zeitschrift für Operations Research **28**, S. 193 - 260.

Möhring, R.H.; F.J. Radermacher und G. Weiss (1985): Stochastic scheduling problems II: Set strategies. Zeitschrift für Operations Research **29**, S. 65 - 104.

Monma, C.L. (1979): The two-machine maximum flow time problem with series-parallel precedence constraints: An algorithm and extensions. Operations Research **27**, S. 792 - 798.

Monma, C.L. und A.H.G. Rinnooy Kan (1983): A concise survey of efficiently solvable special cases of the permutation flow-shop problem. Revue francaise d'Automatique, Informatique et de Recherche Operationnelle **17**, S. 105 - 119.

Moore, J.M. (1968): An n job, one machine sequencing algorithm for minimizing the number of late jobs. Management Science **15**, S. 102 - 109.

Morton, T.E. und D.W. Pentico (1993): Heuristic scheduling systems. With applications to production systems and project management. Wiley, New York u.a.

Muntz, R.R. und E.G. Coffman (1969): Optimal preemptive scheduling on two-processor systems. IEEE Transactions on Computers **18**, S. 1014 - 1020.

Muth, J.F. und G.L. Thompson (Hrsg.) (1963): Industrial scheduling. Prentice-Hall, Englewood Cliffs.

Nawaz, M.; E.E. Enscore und I. Ham (1983): A heuristic algorithm for the m-machine, n-job flow-shop sequencing problem. OMEGA **11**, S. 91 - 95.

Neumann, K. (1990): Stochastic project networks. Lecture Notes in Economics and Mathematical Systems **344**, Springer, Berlin u.a.

Nowicki, E. und C. Smutnicki (1989): Worst-case analysis of an approximation algorithm for flow-shop scheduling. Operations Research Letters **8**, S. 171 - 177.

Nowicki, E. und C. Smutnicki (1991): Worst-case analysis of Dannenbring's algorithm for flow-shop scheduling. Operations Research Letters **10**, S. 473 - 480.

Nowicki, E. und C. Smutnicki (1996): A fast tabu search algorithm for the permutation flow-shop problem. European Journal of Operational Research **91**, S. 160 - 175.

Nowicki, E. und S. Zdrzalka (1986): A note on minimizing maximum lateness in a one-machine sequencing problem with release dates. European Journal of Operational Research **23**, S. 266 - 267.

Nowicki, E. und S. Zdrzalka (1990): A survey of results for sequencing problems with controllable processing times. Discrete Applied Mathematics **26**, S. 271 - 287.

Ogbu, F.A. und D.K. Smith (1990): The application of the simulated annealing algorithm to the solution of the $n/m/C_{max}$ flowshop problem. Computers & Operations Research **17**, S. 243 - 253.

Ogbu, F.A. und D.K. Smith (1991): Simulated annealing for the permutation flowshop problem. OMEGA **19**, S. 64 - 67.

O'Grady, P.J. und C. Harrison (1985): A general search sequencing rule for job shop sequencing. International Journal of Production Research **23**, S. 961 - 973.

Ong, H.L. (1982): Approximate algorithms for the travelling purchaser problem. Operations Research Letters **1**, S. 201 - 205.

Osman, I.H. und C.N. Potts (1989): Simulated annealing for permutation flow-shop scheduling. OMEGA **17**, S. 551 - 557.

Ow, P.S. (1985): Focused scheduling in proportionate flowshops. Management Science **31**, S. 852 - 869.

Palmer, D.S. (1965): Sequencing jobs through a multi-stage process in the minimum total time - a quick method of obtaining a near optimum. Operational Research Quarterly **16**, S. 101 - 107.

Panwalkar, S.S. (1991): Scheduling of a two-machine flowshop with travel time between machines. Journal of the Operational Research Society **42**, S. 609 - 613.

Panwalkar, S.S. und W. Iskander (1977): A survey of scheduling rules. Operations Research **25**, S. 45 - 61.

Papadimitriou, C.H. und P.C. Kanellakis (1980): Flowshop scheduling with limited temporary storage. Journal of the ACM **27**, S. 533 - 549.

Pesch, E. und U.A.W. Tetzlaff (1996): Constraint propagation based scheduling of job shops. INFORMS Journal on Computing **8**, S. 144 - 157.

Pinedo, M.L. (1984): Optimal policies in stochastic shop scheduling. Annals of Operations Research **1**, S. 305 - 329.

Pinedo, M. (1995): Scheduling - Theory, algorithms, and systems. Prentice Hall, Englewood Cliffs.

Pinedo, M. und L. Schrage (1982): Stochastic shop scheduling: A survey. In: Dempster, M.A.H.; J.K. Lenstra und A.H.G. Rinnooy Kan (Hrsg.): Deterministic and stochastic scheduling, Reidel, Dordrecht, S. 181 - 196.

Pinto, P.A. und B.M. Rao (1992): Joint lot-sizing and scheduling for multi-stage multi-product flow shops. International Journal of Production Research **30**, S. 1137 - 1152.

Potts, C.N. (1980): An adaptive branching rule for the permutation flow-shop problem. European Journal of Operational Research **5**, S. 19 - 25.

Potts, C.N. (1985 a): Analysis of a linear programming heuristic for scheduling unrelated parallel machines. Discrete Applied Mathematics **10**, S. 155 - 164.

Potts, C.N. (1985 b): Analysis of heuristics for two-machine flow-shop sequencing subject to release dates. Mathematics of Operations Research **10**, S. 576 - 584.

Potts, C.N.; D.B. Shmoys und D.P. Williamson (1991): Permutation vs. non-permutation flow shop schedules. Operations Research Letters **10**, S. 281 - 284.

Potts, C.N. und L.N. van Wassenhove (1988): Algorithms for scheduling a single machine to minimize the weighted number of late jobs. Management Science **34**, S. 843 - 858.

Potts, C.N. und L.N. van Wassenhove (1992): Integrating scheduling with batching and lot-sizing: A review of algorithms and complexity. Journal of the Operational Research Society **43**, S. 395 - 406.

Queyranne, M. und J.B. Mazzola (Hrsg.) (1990): Production planning and scheduling / Automated manufacturing systems. Annals of Operations Research **26**, Baltzer, Basel.

Rajendran, C. (1992): Two-stage flowshop scheduling problem with bicriteria. Journal of the Operational Research Society **43**, S. 871 - 884.

Rajendran, C. und D. Chaudhuri (1990): Heuristic algorithms for continuous flow-shop problem. Naval Research Logistics **37**, S. 695 - 705.

Rajendran, C. und D. Chaudhuri (1991): An efficient heuristic approach to the scheduling of jobs in a flowshop. European Journal of Operational Research **61**, S. 318 - 325.

Rajendran, C. und D. Chaudhuri (1992): A multi-stage parallel-processor flowshop problem with minimum flowtime. European Journal of Operational Research **57**, S. 111 - 122.

Raman, N. und F.B. Talbot (1993): The job shop tardiness problem: A decomposition approach. European Journal of Operational Research **69**, S. 187 - 199.

Reddi, S.S. (1976): Sequencing with finite intermediate storage. Management Science **23**, S. 216 - 217.

Reddi, S.S. und C.V. Ramamoorthy (1972): On the flow-shop sequencing problem with no wait in process. Operational Research Quarterly **23**, S. 323 - 331.

Reeves, C.R. (1995): A genetic algorithm for flowshop sequencing. Computers & Operations Research **22**, S. 5 - 13.

Röck, H. (1984 a): The three-machine no-wait flow shop problem is NP-complete. Journal of the ACM **31**, S. 336 - 345.

Röck, H. (1984 b): Some new results in flow shop scheduling. Zeitschrift für Operations Research **28**, S. 1 - 16.

Roy, B. und B. Sussmann (1964): Les problemes d'ordonnancement avec contraintes disjointives. Note DS #9 bis, SEMA, Paris.

Sahni, S. und Y. Cho (1979): Complexity of scheduling shops with no wait in process. Mathematics of Operations Research **4**, S. 448 - 457.

Salvador, M.S. (1973): A solution to a special class of flow shop scheduling problems. In: Elmaghraby, S.E. (Hrsg.): Symposium on the theory of scheduling and its applications, Lecture Notes in Economics and Mathematical Systems **86**, Springer, Berlin u.a., S. 83 - 91.

Sanlaville, E. und G. Schmidt (1997): Machine scheduling with availability constraints. Arbeitspapier des Instituts für Information und Technology Management der Universität Saarbrücken, B 9701.

Scholl, A.; R. Klein und C. Jürgens (1997): BISON: A fast hybrid procedure for exactly solving the one-dimensional bin packing problem. Computers & Operations Research **24**, S. 627 - 645.

Seelbach, H. (1975): Ablaufplanung. Physica, Würzburg.

Selen, W.J. und D.D. Hott (1986): A mixed-integer goal-programming formulation of the standard flow-shop scheduling problem. Journal of the Operational Research Society **37**, S. 1121 - 1128.

Sethi, R. (1977): On the complexity of mean flow time scheduling. Mathematics of Operations Research **2**, S. 320 - 330.

Sidney, J.B. (1979): The two-machine maximum flow time problem with series parallel precedence relations. Operations Research **27**, S. 782 - 791.

Siegel, T. (1974): Optimale Maschinenbelegungsplanung. Schmidt, Berlin.

Simeone, B. (1986): An asymptotically exact polynomial algorithm for equipartition problems. Discrete Applied Mathematics **14**, S. 183 - 293.

Simons, J.V. (1992): Heuristics in flow shop scheduling with sequence dependent setup times. OMEGA **20**, S. 215 - 225.

Slowinski, R. und J. Weglarz (Hrsg.) (1989): Advances in project scheduling. Elsevier, Amsterdam u.a.

Smith, W.E. (1956): Various optimizers for single-stage production. Naval Research Logistics Quarterly **3**, S. 59 - 66.

Sotskov, Y.N.; T. Tautenhahn und F. Werner (1996): Heuristics for permutation flow shop scheduling with batch setup times. OR Spektrum **18**, S. 67 - 80.

Sprecher, A. (1996): Solving the RCPSP efficiently at modest memory requirements. Arbeitspapier, Universität zu Kiel.

Srikar, B.N. und S. Ghosh (1986): A MILP model for the n-job, M-stage flowshop with sequence dependent set-up times. International Journal of Production Research **24**, S. 1459 - 1474.

Sriskandarajah, C. und P. Ladet (1986): Some no-wait shops scheduling problems: Complexity aspect. European Journal of Operational Research **24**, S. 424 - 438.

Stafford, E.F. (1988): On the development of a mixed-integer linear programming model for the flowshop sequencing problem. Journal of the Operational Research Society **39**, S. 1163 - 1174.

Stafford, E.F. und F.T. Tseng (1990): On the Srikar-Ghosh MILP model for the NxM SDST flowshop problem. International Journal of Production Research **28**, S. 1817 - 1830.

Stern, H.I. und G. Vitner (1990): Scheduling parts in a combined production-transportation work cell. Journal of the Operational Research Society **41**, S. 625 - 632.

Storer, R.H.; S.D. Wu und R. Vaccari (1992 a): New search spaces for sequencing problems with application to job shop scheduling. Management Science **38**, S. 1495 - 1509.

Storer, R.H.; S.D. Wu und R. Vaccari (1992 b): Local search in problem and heuristic space for job shop scheduling genetic algorithms. In: Fandel, G.; T. Gulledge und A. Jones (Hrsg.): New directions for Operations Research in manufacturing, Springer, Berlin u.a., S. 149 - 160.

Strusevich, V.A. (1991): Two-machine super-shop scheduling problem. Journal of the Operational Research Society **42**, S. 479 - 492.

Strusevich, V.A. und C.M. Zwaneveld (1994): On non-permutation solutions to some two machine flow shop scheduling problems. ZOR - Mathematical Methods of Operations Research **39**, S. 305 - 319.

Suresh, V. und D. Chaudhuri (1994): Minimizing maximum tardiness for unrelated parallel machines. International Journal of Production Economics **34**, S. 223 - 229.

Szwarc, W. (1981): A note on the flow-shop problem without interruptions in job processing. Naval Research Logistics Quarterly **28**, S. 665 - 669.

Szwarc, W. und S.K. Mukhopadhyay (1996): Solution of the generalized townsend single machine scheduling model. European Journal of Operational Research **91**, S. 203 - 210.

Taillard, E. (1990): Some efficient heuristic methods for the flow shop sequencing problem. European Journal of Operational Research **47**, S. 65 - 74.

Taillard, E. (1994): Parallel taboo search techniques for the job shop scheduling problem. ORSA Journal on Computing **6**, S. 108 - 117.

Tovey, C.A. (1986): Rescheduling to minimize makespan on a changing number of identical processors. Naval Research Logistics Quarterly **33**, S. 717 - 724.

Trietsch, D. und K.R. Baker (1993): Basic techniques for lot streaming. Operations Research **41**, S. 1065 - 1076.

Turner, S. und D. Booth (1987): Comparison of heuristics for flow shop sequencing. OMEGA **15**, S. 75 - 78.

Ullman, J.D. (1975): NP-complete scheduling problems. Journal of Computer and System Sciences **10**, S. 384 - 393.

Vaessens, R.J.M.; E.H.L. Aarts und J.K. Lenstra (1996): Job shop scheduling by local search. INFORMS Journal on Computing **8**, S. 302 - 317.

van Deman, J.M. und K.R. Baker (1974): Minimizing mean flowtime in the flow shop with no intermediate queues. AIIE Transactions **6**, S. 28 - 34.

van der Velde, S.L. (1990): Minimizing the sum of the job completion times in the two-machine flow shop by lagrangian relaxation. Annals of Operations Research **26**, S. 257 - 268.

van Hoesel, C.P.M.; A.P.M. Wagelmans und M. van Vliet (1996): An O(n log n) algorithm for the two-machine flow shop problem with controllable machine speeds. INFORMS Journal on Computing **8**, S. 376 - 382.

van Laarhoven, P.J.M.; E.H.L. Aarts und J.K. Lenstra (1992): Job shop scheduling by simulated annealing. Operations Research **40**, S. 113 - 125.

van Wassenhove, L.N. und K.R. Baker (1982): A bicriterion approach to time/cost trade-offs in sequencing. European Journal of Operational Research **11**, S. 48 - 54.

van Wassenhove, L.N. und L.F. Gelders (1980): Solving a bicriterion scheduling problem. European Journal of Operational Research **4**, S. 42 - 48.

Vepsalainen, A.P.J. und T.E. Morton (1987): Priority rules for job shops with weighted tardiness costs. Management Science **33**, S. 1035 - 1047.

Villarreal, F.J. und R.L. Bulfin (1983): Scheduling a single machine to minimize the weighted number of tardy jobs. IIE Transactions **15**, S. 337 - 343.

Voß, S. (1993): The two-stage hybrid-flowshop scheduling problem with sequence-dependent setup times. In: Fandel, G.; T. Gulledge und A. Jones (Hrsg.): Operations Research in production planning and control, Springer, Berlin u.a.

Voß, S. (1996): Dynamic tabu search strategies for the traveling purchaser problem. Annals of Operations Research **63**, S. 253 - 275.

Voß, S. (1997): Hybrid-flowshop and hybrid-jobshop scheduling - A survey. Arbeitspapier des Instituts für Wirtschaftswissenschaften der TU Braunschweig.

Wagner, H.M. (1959): An integer linear-programming model for machine scheduling. Naval Research Logistics Quarterly **6**, S. 131 - 140.

Weglarz, J. (1981): Project scheduling with continuously-divisible, doubly constrained resources. Management Science **27**, S. 1040 - 1053.

Weglarz, J. (1989): Scheduling under continuous performing speed vs. resource amount activity models. In: Slowinski, R. und J. Weglarz (Hrsg.): Advances in project scheduling, Elsevier, Amsterdam u.a., S. 273 - 295.

Weiss, G. (1982): Multiserver stochastic scheduling. In: Dempster, M.A.H.; J.K. Lenstra und A.H.G. Rinnooy Kan (Hrsg.): Deterministic and stochastic scheduling, Reidel, Dordrecht, S. 157 - 179.

Weiss, G. und M.L. Pinedo (1980): Scheduling tasks with exponential service times on non-identical processors to minimize various cost functions. Journal of Applied Probability **17**, S. 187 - 202.

Werner, F. (1993): On the heuristic solution of the permutation flow shop problem by path algorithms. Computers & Operations Research **20**, S. 707 - 722.

White, K.P. und R.V. Rogers (1990): Job-shop scheduling: Limits of the binary disjunctive formulation. International Journal of Production Research **28**, S. 2187 - 2200.

Widmer, M. und A. Hertz (1989): A new heuristic method for the flow shop sequencing problem. European Journal of Operational Research **41**, S. 186 - 193.

Wilhelm, S. (1994): The job shop tardiness problem: A corrected model. European Journal of Operational Research **79**, S. 549 - 550.

Wilson, J.M. (1989): Alternative formulations of a flow-shop scheduling problem. Journal of the Operational Research Society **40**, S. 395 - 399.

Wittrock, R.J. (1990): Scheduling parallel machines with major and minor setup times. International Journal of Flexible Manufacturing Systems **2**, S. 329 - 341.

Woolsey, R.E.D. (1990): Production scheduling quick and dirty methods for parallel machines. Production and Inventory Management Journal **31**, S. 84 - 87.

Yao, D.D.W. und J.A. Buzacott (1985): Queueing models for a flexible machining station, parts I & II. European Journal of Operational Research **19**, S. 233 - 240 und 241 - 252.

Sachverzeichnis

9 783540 635604